场论基础

易中 著

北 京
冶 金 工 业 出 版 社
2014

内 容 简 介

本书从连续介质运动、非完整力学系统、电磁关系、引力场、量子效应、基本粒子构造、场的量子理论、场规范、随机场九个方面介绍了电磁场、引力场、量子场、规范场、统计场的初步知识。

本书可供暖通、化工、金融、土木、机电、计算机和建筑物理等专业的科技人员使用。

图书在版编目(CIP)数据

场论基础/易中著. —北京:冶金工业出版社,2013.6
(2014.3 重印)
ISBN 978-7-5024-5554-5

Ⅰ.①场… Ⅱ.①易… Ⅲ.①场论 Ⅳ.①O412.3

中国版本图书馆 CIP 数据核字(2013)第 077091 号

出 版 人 谭学余
地　　址 北京北河沿大街嵩祝院北巷 39 号,邮编 100009
电　　话 (010)64027926 电子信箱 yjcbs@cnmip.com.cn
责任编辑 于昕蕾 李 臻 美术编辑 李 新 版式设计 孙跃红
责任校对 王永欣 责任印制 牛晓波
ISBN 978-7-5024-5554-5
冶金工业出版社出版发行;各地新华书店经销;三河市双峰印刷装订有限公司印刷
2013 年 6 月第 1 版,2014 年 3 月第 2 次印刷
850mm×1168mm 1/32; 18.625 印张; 497 千字; 583 页
59.00 元
冶金工业出版社投稿电话:(010)64027932 投稿信箱:tougao@cnmip.com.cn
冶金工业出版社发行部 电话:(010)64044283 传真:(010)64027893
冶金书店 地址:北京东四西大街 46 号(100010) 电话:(010)65289081(兼传真)
(本书如有印装质量问题,本社发行部负责退换)

前　言

场是物理学中最基本、最重要的概念之一，场论是物理学的重要组成部分。场的概念贯穿物理学始终，无论是微观物理、介观物理，还是宏观物理、宇观物理，尤其是以相对论与量子力学为标志的近代物理学，场的思想十分突出。

场和粒子是统一的物质的两种表现形式，场反映物质的连续特性，粒子反映物质的断续特性。从某种意义上讲，场理论的主要内容是建立场方程，即描述场的运动性质的方程，如麦克斯韦电磁场方程、狄拉克相对论性电子运动方程、爱因斯坦引力场方程、杨-米尔斯场方程等。

本书从连续介质运动、非完整力学系统、电磁关系、引力场、量子效应、基本粒子构造、场的量子理论、场规范、随机场九个方面介绍了电磁场、引力场、量子场、规范场、统计场的初步知识。

本书可供暖通、化工、金融、土木、机电、计算机和建筑物理等专业的科技人员使用。

限于作者的水平，书中必定有许多不妥之处，恳请读者不吝赐教。

作　者

前 言

目 录

1 连续介质运动

1.1 基本方程

1.1.1 质量守恒

先推证一个有用的公式。设物质体积为 $V(t)$、界面为 $S(t)$、物理量为 $A(\boldsymbol{r},t)$，物质在 $V(t)$ 上的总量为 $\int_V A(r,t)\mathrm{d}V$，于是

$$\frac{\mathrm{d}}{\mathrm{d}t}\int_{V(t)} A(\boldsymbol{r},t)\mathrm{d}V = \int_V\left[\frac{\partial A}{\partial t} + \nabla\cdot(A\boldsymbol{v})\right]\mathrm{d}V \tag{1.1}$$

事实上，分析 $V(t)$ 的变化，

$$\frac{\mathrm{d}}{\mathrm{d}t}\int_{V(t)} A(\boldsymbol{r},t)\mathrm{d}V = \lim_{\Delta t\to 0}\frac{1}{\Delta t}\left[\int_{V+\Delta V} A(\boldsymbol{r},t+\Delta t)\mathrm{d}V - \int_V A(\boldsymbol{r},t)\mathrm{d}V\right]$$

$$= \lim_{\Delta t\to 0}\frac{1}{\Delta t}\int_V[A(\boldsymbol{r},t+\Delta t) - A(\boldsymbol{r},t)]\mathrm{d}V + \lim_{\Delta t\to 0}\frac{1}{\Delta t}\int_{\Delta V} A(\boldsymbol{r},t+\Delta t)\mathrm{d}V$$

式中第一项 $\frac{1}{\Delta t}$ 可移进积分号内，取极限为 A 对时间 t 的导数；第二项是体积 ΔV 中 A 的贡献，体积的变化应为 $t+\Delta t$ 时刻界面 $S(t+\Delta t)$ 与 t 时刻界面 $S(t)$ 之差，面元 $\mathrm{d}S$ 的外法线为 $\boldsymbol{n}$，$\mathrm{d}S$ 处发生的区域变化为 $\mathrm{d}V = v_n\Delta t\mathrm{d}S$ 且 $v_n = \boldsymbol{n}\cdot\boldsymbol{v}$，对整个曲面积分应是 Δt 内该物质体积的变化 ΔV，命 $\boldsymbol{n}\mathrm{d}S = \mathrm{d}\boldsymbol{S}$，

$$\lim_{\Delta t\to 0}\frac{1}{\Delta t}\int_{\Delta V} A(\boldsymbol{r},t+\Delta t)\mathrm{d}V = \lim_{\Delta t\to 0}\frac{1}{\Delta t}\oint_S A v_n\Delta t\mathrm{d}S = \oint_S A\boldsymbol{v}\cdot\mathrm{d}\boldsymbol{S}$$

应用高斯公式，

$$\oint_S A\boldsymbol{v}\cdot\mathrm{d}\boldsymbol{S} = \int_V \nabla\cdot(A\boldsymbol{v})\mathrm{d}V$$

两项相加就得到式(1.1)。

现讨论质量守恒问题。设 M 为物质质量，根据物质不灭原理，有

$$\frac{\mathrm{d}M}{\mathrm{d}t}=0 \tag{1.2}$$

用 V 表示连续介质占据的体积、ρ 为其密度，对于 $M=\int_V \rho \mathrm{d}V$，依式(1.1)，

$$\frac{\mathrm{d}M}{\mathrm{d}t}=\frac{\mathrm{d}}{\mathrm{d}t}\int_V \rho \mathrm{d}V=\int_V\left[\frac{\partial \rho}{\partial t}+\nabla\cdot(\rho \boldsymbol{v})\right]\mathrm{d}V=0$$

由 V 的任意性知

$$\frac{\partial \rho}{\partial t}+\nabla\cdot(\rho \boldsymbol{v})=0 \tag{1.3}$$

或
$$\left(\frac{\partial \rho}{\partial t}+\boldsymbol{v}\cdot\nabla\rho\right)+\rho\nabla\cdot\boldsymbol{v}=0$$

或
$$\frac{\mathrm{d}\rho}{\mathrm{d}t}+\rho\nabla\cdot\boldsymbol{v}=0 \tag{1.4}$$

称式(1.3)为连续性方程。利用式(1.1)、式(1.4)可以推出

$$\frac{\mathrm{d}}{\mathrm{d}t}\int_V \rho A\,\mathrm{d}V=\int_V \rho\,\frac{\mathrm{d}A}{\mathrm{d}t}\mathrm{d}V \tag{1.5}$$

1.1.2 运动方程

设 $\boldsymbol{f}$ 为单位质量力、$\boldsymbol{\sigma}$ 为应力张量，故体积为 V 的连续介质所受质量力的合力 $\int_V \boldsymbol{f}\rho \mathrm{d}V$，通过界面 S 所受表面力的总和为 $\oint_S \boldsymbol{\sigma}\cdot \mathrm{d}\boldsymbol{S}$，而连续介质的总动量为 $\int_V \boldsymbol{v}\rho \mathrm{d}V$，依牛顿第二定律，

$$\frac{\mathrm{d}}{\mathrm{d}t}\int_V \boldsymbol{v}\rho \mathrm{d}V=\int_V \boldsymbol{f}\rho \mathrm{d}V+\oint_S \boldsymbol{\sigma}\cdot \mathrm{d}\boldsymbol{S} \tag{1.6}$$

左端利用式(1.5)，右端第二项利用高斯定理，

$$\frac{\mathrm{d}}{\mathrm{d}t}\int_V \boldsymbol{v}\rho \mathrm{d}V=\int_V \rho\,\frac{\mathrm{d}\boldsymbol{v}}{\mathrm{d}t}\mathrm{d}V$$

$$\oint_S \boldsymbol{\sigma}\cdot \mathrm{d}\boldsymbol{S}=\int_V \nabla\cdot\boldsymbol{\sigma}\mathrm{d}V$$

式(1.6)写成

$$\iint_V \left[\rho \frac{\mathrm{d}\boldsymbol{v}}{\mathrm{d}t} - \rho \boldsymbol{f} - \nabla \cdot \boldsymbol{\sigma}\right] \mathrm{d}V = 0$$

从 V 的任意性推出连续介质运动方程

$$\frac{\mathrm{d}\boldsymbol{v}}{\mathrm{d}t} = \boldsymbol{f} + \frac{1}{\rho} \nabla \cdot \boldsymbol{v} \tag{1.7}$$

或

$$\rho \frac{\mathrm{d}v_i}{\mathrm{d}t} = \rho f_i + \frac{\partial \sigma_{ji}}{\partial x_j} \quad (i = 1,2,3)$$

关于动能问题。今以 $\boldsymbol{v}$ 点积式(1.7),

$$\rho \boldsymbol{v} \cdot \frac{\mathrm{d}\boldsymbol{\sigma}}{\mathrm{d}t} = \rho \boldsymbol{v} \cdot \boldsymbol{f} + \boldsymbol{v} \cdot (\nabla \cdot \boldsymbol{\sigma}) \tag{1.8}$$

而

$$\rho \boldsymbol{v} \cdot \frac{\mathrm{d}\boldsymbol{v}}{\mathrm{d}t} = \rho \frac{\mathrm{d}}{\mathrm{d}t}\left(\frac{v^2}{2}\right)$$

又定义张量缩并运算 $A : B = A_{ij} B_{ji}$,由此知

$$\nabla \cdot (\boldsymbol{v} \cdot \boldsymbol{\sigma}) = \frac{\partial}{\partial x_k}(v_i \sigma_{ik}) = \boldsymbol{v} \cdot (\nabla \cdot \boldsymbol{\sigma}) + \boldsymbol{\sigma} : \nabla \boldsymbol{v} \tag{1.9}$$

利用 $\boldsymbol{\sigma}$ 的对称性可以证明

$$\boldsymbol{\sigma} : \nabla \boldsymbol{v} = \boldsymbol{\sigma} : \boldsymbol{e} + \boldsymbol{\sigma} : \boldsymbol{\varphi}$$

式中 $\boldsymbol{e}$ 为应变张量且 $\boldsymbol{\varphi}$ 是反对称性的,从而 $\boldsymbol{\sigma} : \boldsymbol{\varphi} = 0$,表明连续介质刚性转动时应力作功为零,即

$$\boldsymbol{v} \cdot (\nabla \cdot \boldsymbol{\sigma}) = \nabla \cdot (\boldsymbol{v} \cdot \boldsymbol{\sigma}) - \boldsymbol{\sigma} : \boldsymbol{e}$$

这样得到动能定理的微分形式

$$\rho \frac{\mathrm{d}}{\mathrm{d}t}\left(\frac{v^2}{2}\right) = \rho \boldsymbol{v} \cdot \boldsymbol{f} + \nabla \cdot (\boldsymbol{v} \cdot \boldsymbol{\sigma}) - \boldsymbol{\sigma} : \boldsymbol{e} \tag{1.10}$$

当质量力有势时 $\boldsymbol{f} = -\nabla \varepsilon$,其中 ε 为单位质量在外场中的势能,它依赖于时间 $\varepsilon = \varepsilon(\boldsymbol{r}, t)$,结果

$$\boldsymbol{v} \cdot \boldsymbol{f} = -\boldsymbol{v} \cdot \nabla \varepsilon = -\left(\frac{\mathrm{d}\varepsilon}{\mathrm{d}t} - \frac{\partial \varepsilon}{\partial t}\right) \tag{1.11}$$

式(1.10)变成

$$\rho \frac{\mathrm{d}}{\mathrm{d}t}\left(\frac{1}{2} v^2 + \varepsilon\right) = \rho \frac{\partial \varepsilon}{\partial t} + \nabla \cdot (\boldsymbol{v} \cdot \boldsymbol{\sigma}) - \boldsymbol{\sigma} : \boldsymbol{e} \tag{1.12}$$

对确定体积 V 的连续介质，通过对式(1.10)在 V 上积分，并使用高斯定理得到动能定理的积分形式

$$\frac{\mathrm{d}}{\mathrm{d}t}\int_V \frac{1}{2}\rho v^2 \mathrm{d}V = \int_V \boldsymbol{v}\cdot\boldsymbol{f}\mathrm{d}V + \oint_S \boldsymbol{\sigma}\cdot\boldsymbol{v}\cdot\mathrm{d}\boldsymbol{S} - \int_V \boldsymbol{\sigma}:\boldsymbol{e}\mathrm{d}V \quad (1.13)$$

式(1.13)左端是体积为 V 的连续介质总动能变化率；右端第一项是单位时间内质量力作功的总和，第二项是单位时间内 S 表面表面力作功的总和；最后一项是单位时间内因为形变内应力作功的总和，它是机械能、热能之间的转化项。由于形变，应力所作功为正时是机械能转变为热能，系统动能相应减少，因此该项前取负号，系统的机械能不守恒。

下面讨论角动量问题。体积为 V、界面为 S 的连续介质，对某定点角动量的变化率应当等于质量力以及来自界面外的表面力力矩之和。质量元 $\rho\mathrm{d}V$ 的角动量为 $\mathrm{d}\boldsymbol{J}=\boldsymbol{r}\times\boldsymbol{v}\rho\mathrm{d}V$，$\rho\mathrm{d}V$ 受到质量力力矩为 $\boldsymbol{r}\times\boldsymbol{f}\rho\mathrm{d}V$，$S$ 表面面元 $\mathrm{d}S$ 上的表面力力矩为 $\boldsymbol{r}\times(\boldsymbol{\sigma}\cdot\mathrm{d}\boldsymbol{S})$，则物体 V 的角动量定理为

$$\frac{\mathrm{d}}{\mathrm{d}t}\int_V \boldsymbol{r}\times\boldsymbol{v}\rho\mathrm{d}V = \int_V \boldsymbol{r}\times\boldsymbol{f}\rho\mathrm{d}V + \oint_S \boldsymbol{r}\times(\boldsymbol{\sigma}\cdot\mathrm{d}\boldsymbol{S}) \quad (1.14)$$

应用式(1.5)、高斯定理并考虑 V 的任意性，产生

$$\frac{\mathrm{d}}{\mathrm{d}t}(\boldsymbol{r}\times\boldsymbol{v}) = \boldsymbol{r}\times\boldsymbol{f} + \frac{1}{\rho}\nabla\cdot(\boldsymbol{r}\times\boldsymbol{\sigma}) \quad (1.15)$$

通过式(1.15)、式(1.7)可以自然地导出应力张量 $\boldsymbol{\sigma}$ 的对称性。

1.1.3 热力学约束

根据热力学第一定律，

$$\frac{\mathrm{d}E}{\mathrm{d}t} = \frac{\mathrm{d}W}{\mathrm{d}t} + \frac{\mathrm{d}Q}{\mathrm{d}t} \quad (1.16)$$

对于体积为 V、表面为 S 的连续介质，取比内能为 e_0、比动能为 $\frac{1}{2}v^2$，又单位质量力为 $\boldsymbol{f}$、热源密度为 h、热流强度为 $\boldsymbol{q}$、应力张量为 $\boldsymbol{\sigma}$，所以物体的总能量变化是

$$\frac{\mathrm{d}E}{\mathrm{d}t}=\frac{\mathrm{d}}{\mathrm{d}t}\int_V\left(\frac{1}{2}v^2+e_0\right)\rho\mathrm{d}V$$

外力作机械功为

$$\frac{\mathrm{d}W}{\mathrm{d}t}=\int_V\boldsymbol{f}\cdot\boldsymbol{v}\rho\mathrm{d}V+\oint_S\boldsymbol{\sigma}\cdot\boldsymbol{v}\cdot\mathrm{d}\boldsymbol{S}$$

单位时间热源放出的总热量是$\int_V h\rho\mathrm{d}V$，单位时间通过界面S流入的热量是$-\oint_S\boldsymbol{q}\cdot\mathrm{d}\boldsymbol{S}$；于是单位时间增加的热量是

$$\frac{\mathrm{d}Q}{\mathrm{d}t}=\int_V h\rho\mathrm{d}V-\oint_S\boldsymbol{q}\cdot\mathrm{d}\boldsymbol{S}$$

代入式(1.16)得到积分形式的能量方程

$$\frac{\mathrm{d}}{\mathrm{d}t}\int_V\left(\frac{1}{2}v^2+e_0\right)\rho\mathrm{d}V=\int_V(h+\boldsymbol{f}\cdot\boldsymbol{v})\rho\mathrm{d}V+\oint_S(\boldsymbol{\sigma}\cdot\boldsymbol{v}-\boldsymbol{q})\cdot\mathrm{d}\boldsymbol{S}\tag{1.17}$$

利用式(1.5)得到微分形式的能量方程

$$\rho\frac{\mathrm{d}}{\mathrm{d}t}\left(\frac{1}{2}v^2+e_0\right)=\rho\boldsymbol{f}\cdot\boldsymbol{v}+\rho h+\nabla\cdot(\boldsymbol{\sigma}\cdot\boldsymbol{v})-\nabla\cdot\boldsymbol{q}\tag{1.18}$$

再依动能定理得到微分形式的内能公式

$$\rho\frac{\mathrm{d}e_0}{\mathrm{d}t}=\rho h-\nabla\cdot\boldsymbol{q}+\boldsymbol{\sigma}:\boldsymbol{e}$$

能量方程建立了连续介质在运动变形过程中机械能、热能的相互转化与守恒关系，同样连续介质发生的任何运动也受到热力学第二定律的约束。

1.2 本构关系

在1.1节中建立了连续介质的基本方程，即质量守恒、动量守恒、能量守恒，

$$\frac{\mathrm{d}\rho}{\mathrm{d}t}+\rho\nabla\cdot\boldsymbol{v}=0\tag{1.19}$$

$$\rho \frac{\mathrm{d}\boldsymbol{v}}{\mathrm{d}t} = \rho \boldsymbol{f} + \nabla \cdot \boldsymbol{\sigma} \tag{1.20}$$

$$\rho \frac{\mathrm{d}e_0}{\mathrm{d}t} = \rho h - \nabla \cdot \boldsymbol{q} + \boldsymbol{\sigma} : \boldsymbol{e} \tag{1.21}$$

因为本构关系与坐标系的选择无关，本构关系具有时间、空间平移不变性和空间旋转不变性，所以本构方程必定为张量形式。

1.2.1 理想弹性体

理想弹性体就是小变形的各向同性的线性形变的连续介质，其形变可逆。于是单位体积的形变势能为

$$W(e_{ij}) = \frac{1}{2}\lambda e_{ii}^2 + \mu e_{ij}^2 \tag{1.22}$$

式(1.22)为等温形变理想弹性体形变能的一般表达式；λ、μ 为弹性常数(拉梅系数)，由实验确定。理想弹性体的应力应变关系为

$$\sigma_{ij} = \lambda e \sigma_{ij} + 2\mu e_{ij} \quad (i,j = 1,2,3) \tag{1.23}$$

式中

$$e = \nabla \cdot \boldsymbol{u} \quad (\boldsymbol{u}\text{ 为位移})$$

$$e_{ij} = \frac{1}{2}\left(\frac{\partial u_i}{\partial x_j} + \frac{\partial u_j}{\partial x_i}\right)$$

对理想流体，无黏滞阻力，切应力为零，则

$$\sigma_{ij} = -p\delta_{ij} \quad (p\text{ 为压强}) \tag{1.24}$$

最普通的各向异性连续介质的形变能为

$$W = \frac{1}{2}C_{ijkl}e_{ij}e_{kl} \tag{1.25}$$

其应力应变关系为

$$\sigma_{ij} = C_{ijkl}e_{kl} \tag{1.26}$$

$C_{ijkl} = C_{klij}$ 称为弹性模量张量。

1.2.2 黏滞弹性体

弱黏滞弹性体有内摩擦，为此应增加黏滞应力 σ_{ij}'，即

$$\sigma_{ij} = \lambda e\delta_{ij} + 2\mu e_{ij} + \sigma'_{ij}$$

而

$$\sigma'_{ij} = \lambda'\dot{e}\delta_{ij} + 2\mu'\dot{e}_{ij} \tag{1.27}$$

式中

$$\dot{e} = \frac{\partial v_i}{\partial x_i}$$

$$\dot{e}_{ij} = \frac{1}{2}\left(\frac{\partial v_i}{\partial x_j} + \frac{\partial v_j}{\partial x_i}\right)$$

推出

$$\sigma_{ij} = \lambda e\delta_{ij} + 2\mu e_{ij} + \lambda'\dot{e}\delta_{ij} + 2\mu'\dot{e}_{ij}\delta_{ij} \tag{1.28}$$

式(1.28)对流体称为牛顿黏性流体,对固体称为黏弹性体。当小变形时 $\dot{e}_{ij}=\frac{\partial e_{ij}}{\partial t}$,故

$$\sigma_{ij} = \left(\lambda + \lambda'\frac{\partial}{\partial t}\right)e\delta_{ij} + 2\left(\mu + \mu'\frac{\partial}{\partial t}\right)e_{ij} \tag{1.29}$$

这里 $\lambda+\lambda'\frac{\partial}{\partial t}$、$\mu+\mu'\frac{\partial}{\partial t}$ 称为黏弹算子。

研究流体时参照式(1.24),从本构关系

$$\sigma_{ij} = -p\delta_{ij} + \lambda'\dot{e}\delta_{ij} + 2\mu'\dot{e}_{ij} \tag{1.30}$$

推出

$$\sigma_{ij} = -3p + 3\left(\lambda' + \frac{2}{3}\mu'\right)\dot{e}$$

通常 $\mu'=\eta$ 称为动力黏滞系数、$\xi=\lambda'+\frac{2}{3}\mu'$ 称为体积黏滞系数,实验表明 $\xi\approx0$,有

$$\lambda' = -\frac{2}{3}\mu' = -\frac{2}{3}\eta$$

同时

$$p = -\frac{1}{3}\sigma_{ij}$$

推出

$$\sigma_{ij} = -\left(p + \frac{2}{3}\eta\dot{e}\right)\delta_{ij} + 2\eta\dot{e}_{ij} \tag{1.31}$$

这种黏滞流体就是牛顿流体，它的剪切模量为零，切应力不为零，这是由流体之间相对运动内摩擦引起的。

1.2.3 线性热弹性体

线性热弹性体是温度变化范围不大的小形变连续介质，为此增加了由温度变化产生的热应力项 $\beta(T-T_0)\delta_{ij}$ ，

$$\sigma_{ij}=\lambda e\delta_{ij}+2\mu e_{ij}+\beta(T-T_0)\delta_{ij}$$

式中 $\beta=-Ka$、$K=\lambda+\dfrac{2}{3}\mu$ 为体积压缩模量，这样

$$\sigma_{ij}=\lambda e\delta_{ij}+2\mu e_{ij}-Ka(T-T_0)\delta_{ij} \tag{1.32}$$

对自由膨胀 $\sigma_{ij}=0$ 且 $e_{ij}=0(i\neq j)$，得到

$$e=a(T-T_0) \tag{1.33}$$

这里 a 为热膨胀系数，式(1.33)表明了体积相对变化与温度变化的关系。

1.2.4 物质联络

本节对连续介质的本构关系做一般性讨论。

设 $\mathscr{D}$ 为集、G 为群，定义映射 $R:\mathscr{D}\times G\to\mathscr{D}$，对所有 $x\in\mathscr{D}$，令

$$R_G(x)=xG$$

称映射 $\psi:\mathscr{D}\to\mathscr{V}$ 服从关于 G 的广义对称条件。若对所有 $\overline{G}\in G$ 满足

$$\psi(x\overline{G})=\psi(x)\overline{G}\quad(x\in\mathscr{D}) \tag{1.34}$$

则一些本构关系的对称性可以当作式(1.34)的特例。引入 $\mathscr{D}$ 上的等价关系，即对某些 $\overline{G}\in G$，$x\sim y$ 等价于 $y=xG$。关于该等价关系的等价类 $\mathscr{X}$ 称为 $\mathscr{D}$ 中 G 的左余集，也就是当 $x\in\mathscr{X}$ 时

$$\mathscr{X}=xG$$

可以证明满足同格群 G 的广义对称条件式(1.34)的函数 ψ 为

$$\psi(x)=\psi(x_{\mathscr{X}})G$$

式中 $x_{\mathscr{X}}$ 为对于包括 x 的左余集 $\mathscr{X}$ 的固定表示元，使

$$x=x_{\mathscr{X}}G$$

并且 $\psi(\mathscr{X})$满足

$$\psi(x_{\mathscr{X}}) \in \mathscr{V}x_{\mathscr{X}}$$

这样关于同格群的本构关系就可以明确表达出来了。

物质联络是描述物质特性的手段，今分析非均匀弹性体的物质联系问题。某些物体和联络的关系是：

(1)一个固体是局部均匀的，当且仅当它存在一个平坦的物质联络；

(2)每个各向同性固体存在唯一一个无挠率的联络，并且此物质联络为物体中任意内蕴的黎曼度规的黎曼联络；

(3)横贯各向同性物体存在一个无挠率联络，当且仅当物体中内蕴黎曼度规的黎曼联络彼此重合，这个唯一的黎曼联络就是唯一的无挠率的物质联络。

对于物体流形 B，切丛为

$$T(B) = \bigcup_{x\in B}(x,v) \quad (v \in B_x)$$

式中 B_x 为在 x 点的切空间。投影映射 $\pi : T(B)\to B$。它的定义是对所有 $x\in B$，

$$\pi(B_x) = x$$

记(x,v)为 $T(B)$的一个点，(x,v)点的纵空间 $V_{(x,v)} = \mathrm{Ker}\pi_{*(x,v)}$，$V_{(x,v)}$是纤维 B_x 的切空间。从 $T(B)_{(x,v)} = V_{(x,v)} \oplus H_{(x,v)}$确定横空间 $H_{(x,v)}$，横空间的光滑场就是 $T(B)$的联络。若沿任意曲线的相对平移属于丛的结构群，则该联络为结构联络。令 u 为一个特殊物质坐标图集，$T(B,u)$是关于 u 的物质切丛，物质切丛 $T(B,u)$的结构联络称为物质联络。物质联络存在的充要条件是参数框架丛 $\varepsilon(B,u)$有一个结构联络；$\varepsilon(B)$上的联络 $\hat{H}$ 为结构联络的充要条件，是它对所有的 $A\in L$，在 R_A 下是不变的，即

$$R_{A*}(\hat{H}) = \hat{H} \tag{1.35}$$

式中 L 为$\varepsilon(B)$的右乘变换群。

这个结构联络是存在的。因为 L 为李群，所以在 L 上有由左不变向量场组成的李代数 I。今考虑纤维 E_x 及覆盖 x 的丛坐标

卡(u_a,η_a)，如果$v\in I$且取$\hat{V}_x=\eta_{ax*}^{-1}(v)$，那么$B$中对所有的$x$，$\hat{V}_x$的全体构成$E(B)$上的向量场$\hat{V}$。对于李代数$I$中的所有的$V$，其对应的$\hat{v}$形成李代数$\hat{I}$。在任意点$(x,a)\in E(B)$，限制映射$|_{(x,v)}$为$I$与$\hat{V}_{(x,v)}$的同构映射，其中$E(B)_{(x,v)}=\hat{V}_{(x,v)}\oplus\hat{H}_{(x,v)}$。

投影映射$\hat{\delta}_{(x,v)}:E(B)_{(x,v)}\rightarrow\hat{V}_{(x,v)}$；取复合映射$|_{(x,v)}^{-1}\circ\hat{\delta}_{(x,\sigma)}=\hat{\Omega}$称为$\hat{H}$的联络形式，而$\hat{H}_{(x,v)}=\mathrm{Ker}[\hat{\Omega}_{(x,v)}]$。它是$E(B)$上的联络，该联络符合式(1,35)，故它是结构联络，表明物质联络存在。

1.3 位移场方程

当物体的形变充分小时，所有的固体都是理想弹性体；这里仅讨论各向同性的理想弹性介质。因为小形变，有

$$|v_i|\ll 1\quad \left|\frac{\partial u_i}{\partial x_j}\right|\ll 1$$

所以

$$\boldsymbol{v}=\frac{\mathrm{d}\boldsymbol{u}}{\mathrm{d}t}=\frac{\partial \boldsymbol{u}}{\partial t}+\boldsymbol{v}\cdot\nabla\boldsymbol{u}\approx\frac{\partial \boldsymbol{u}}{\partial t}$$

注意到$v_j\dfrac{\partial}{\partial x_j}\ll\dfrac{\partial}{\partial t}$，同样加速度可表达为

$$\frac{\mathrm{d}\boldsymbol{v}}{\mathrm{d}t}=\frac{\partial^2\boldsymbol{u}}{\partial t^2}$$

式(1.20)变为

$$\rho\frac{\partial^2\boldsymbol{u}}{\partial t^2}=\rho\boldsymbol{f}+\nabla\cdot\boldsymbol{\sigma}\tag{1.36}$$

或

$$\rho\frac{\partial^2 u_i}{\partial t^2}=\rho f_i+\frac{\partial\sigma_{ki}}{\partial x_k}\tag{1.37}$$

理想弹性体遵守式(1.23)，即

$$\sigma_{ki}=\sigma_{ik}=\lambda e\delta_{ki}+2\mu e_{ki}$$

又由于

$$\frac{\partial \sigma_{ki}}{\partial x_k} = \lambda \delta_{ki} \frac{\partial}{\partial x_k}(\nabla \cdot \boldsymbol{u}) + \mu \frac{\partial}{\partial x_k} \frac{\partial}{\partial x_k} u_i + \mu \frac{\partial}{\partial x_k} \frac{\partial}{\partial x_i} u_k$$

式中 $\delta_{ki} \frac{\partial}{\partial x_k} = \frac{\partial}{\partial x_i}$、$\frac{\partial}{\partial x_k} \frac{\partial}{\partial x_k} = \nabla^2$，导出

$$\frac{\partial}{\partial x_k} \frac{\partial}{\partial x_i} u_k = \frac{\partial}{\partial x_i} \frac{\partial}{\partial x_k} u_k = \frac{\partial}{\partial x_i}(\nabla \cdot \boldsymbol{u})$$

$$\frac{\partial \sigma_{ki}}{\partial x_k} = \lambda \frac{\partial}{\partial x_i}(\nabla \cdot \boldsymbol{u}) + \mu \nabla^2 u_i + \mu \frac{\partial}{\partial x_i}(\nabla \cdot \boldsymbol{u})$$

将各分量相加，得

$$\rho \frac{\partial^2 \boldsymbol{u}}{\partial t^2} = \rho \boldsymbol{f} + (\lambda + \mu) \nabla (\nabla \cdot \boldsymbol{u}) + \mu \nabla^2 \boldsymbol{u} \tag{1.38}$$

依

$$\nabla \times (\nabla \times \boldsymbol{u}) = -\nabla^2 \boldsymbol{u} + \nabla (\nabla \cdot \boldsymbol{u})$$

代入式(1.38)，

$$\rho \frac{\partial^2 \boldsymbol{u}}{\partial t^2} = \rho \boldsymbol{f} + (\lambda + 2\mu) \nabla (\nabla \cdot \boldsymbol{u}) - \mu \nabla \times (\nabla \times \boldsymbol{u}) \tag{1.39}$$

式(1.39)就是理想弹性体位移场满足的方程，称之为纳维尔方程，其中

$$\rho = \rho_0 (1 - \nabla \cdot \boldsymbol{u}) \tag{1.40}$$

(1)在边界上两介质分界面两侧应力连续；以 $\boldsymbol{n}$ 表示界面上某面元的法线，σ_{nn} 表示界面法应力，σ_{nt} 表示界面切应力，即

$$\boldsymbol{n} \cdot \boldsymbol{\sigma}^{(1)} = \boldsymbol{n} \cdot \boldsymbol{\sigma}^{(2)} \tag{1.41}$$

(2)在边界上两介质分界面两侧位移连续，即

$$\boldsymbol{u}^{(1)} = \boldsymbol{u}^{(2)} \tag{1.42}$$

当界面为弹性体的包围面时，可把(2)介质的应力与位移看作已知量。

令 $\rho \frac{\partial^2 \boldsymbol{u}}{\partial t^2} = 0$，得到弹性静力学平衡方程

$$\rho \boldsymbol{f} + (\lambda + \mu) \nabla (\nabla \cdot \boldsymbol{u}) + \mu \nabla^2 \boldsymbol{u} = \boldsymbol{0} \tag{1.43}$$

也得到应力平衡方程

$$\rho \boldsymbol{f} + \nabla \cdot \boldsymbol{\sigma} = \boldsymbol{0} \tag{1.44}$$

其在界面 S 上的边界条件为 $\boldsymbol{n}\cdot\boldsymbol{\sigma}=\boldsymbol{F}_n$、$\boldsymbol{u}=\boldsymbol{u}_0$，而 $\boldsymbol{F}_n$、$\boldsymbol{u}_0$ 为给定的外应力和位移。

1.4 黏滞流体

对式(1.31)求导

$$\frac{\partial\sigma_{ij}}{\partial x_j}=-\frac{\partial p}{\partial x_i}-\frac{2}{3}\eta\frac{\partial}{\partial x_i}(\nabla\cdot\boldsymbol{v})+\eta\nabla^2 v_i+\eta\frac{\partial}{\partial x_i}(\nabla\cdot\boldsymbol{v})$$

结合式(1.20)并将各分量相加，得

$$\rho\frac{\mathrm{d}\boldsymbol{v}}{\mathrm{d}t}=\rho\boldsymbol{f}-\nabla p+\frac{1}{3}\eta\nabla(\nabla\cdot\boldsymbol{v})+\eta\nabla^2\boldsymbol{v} \tag{1.45}$$

式(1.45)称为纳维尔-斯托克斯方程，即黏滞流体的运动方程；η 为动力黏滞系数。引入运动黏滞系数 ν，

$$\nu=\frac{\eta}{\rho} \tag{1.46}$$

式(1.45)变为

$$\frac{\partial\boldsymbol{v}}{\partial t}+\boldsymbol{v}\cdot\nabla\boldsymbol{v}=\boldsymbol{f}-\frac{1}{\rho}\nabla p+\frac{1}{3}\nu\nabla(\nabla\cdot\boldsymbol{v})+\nu\nabla^2\boldsymbol{v} \tag{1.47}$$

注意到

$$\sigma_{ij}\dot{e}_{ij}=-p\nabla\cdot\boldsymbol{v}-\frac{2}{3}\eta\dot{e}^2+2\eta\dot{e}_{ij}^2$$

于是黏滞流体的内能方程为

$$\rho\frac{\mathrm{d}e_0}{\mathrm{d}t}=\rho h-\nabla\cdot\boldsymbol{q}-p\nabla\cdot\boldsymbol{v}-\frac{2}{3}\eta\dot{e}^2+2\eta\dot{e}_{ij}^2 \tag{1.48}$$

状态方程

$$\begin{aligned}e_0&=\rho_0(\rho,T)\\ p&=p(\rho,T)\end{aligned} \tag{1.49}$$

黏滞流体的边界条件为在两介质分界面上，

$$\begin{cases}(\boldsymbol{\sigma}\cdot\boldsymbol{n})^{(1)}=(\boldsymbol{\sigma}\cdot\boldsymbol{n})^{(2)}\\ (\boldsymbol{v})_1=(\boldsymbol{v})_2\end{cases} \tag{1.50}$$

在自由表面

$$\boldsymbol{\sigma} \cdot \boldsymbol{n} = -\boldsymbol{n} p_0 \quad (p_0 \text{ 为大气压强}) \tag{1.51}$$

当 ρ 为常数时流体就是不可压缩的，这时

$$\begin{cases} \rho \dfrac{\mathrm{d}\boldsymbol{v}}{\mathrm{d}t} = \rho \boldsymbol{f} - \nabla p + \eta \nabla^2 \boldsymbol{v} & (1.52) \\ \nabla \cdot \boldsymbol{v} = 0 & (1.53) \end{cases}$$

对理想流体而言 $\eta=0$，式(1.52)改为

$$\rho \frac{\mathrm{d}\boldsymbol{v}}{\mathrm{d}t} = \rho \boldsymbol{f} - \nabla p$$

或

$$\frac{\partial \boldsymbol{v}}{\partial t} + \boldsymbol{v} \cdot \nabla \boldsymbol{v} + \frac{1}{\rho} \nabla p = \boldsymbol{f} \tag{1.54}$$

这就是理想不可压缩流体的欧拉方程，相应的内能公式为

$$\frac{\mathrm{d}e_0}{\mathrm{d}t} = h - \frac{1}{\rho} \nabla \cdot \boldsymbol{q} \tag{1.55}$$

如果状态方程与热力学温度 T 无关，且只有

$$\rho = \rho(p) \tag{1.56}$$

那么这种流体称为正压流体。流体的等温、绝热过程都具有正压性。定义正压流体的压力函数 P 替代正压流体的压强 p，也就是

$$\mathrm{d}P = \frac{\mathrm{d}p}{\rho} \tag{1.57}$$

压力函数的物理意义与实现流体的正压性有关，对绝热过程压力函数为热力学焓，对等温过程压力函数为热力学势。当 P、p、ρ 为空间、时间函数时，从式(1.57)知

$$\frac{\partial P}{\partial x_i} \mathrm{d}x_i = \frac{1}{\rho} \frac{\partial p}{\partial x_j} \mathrm{d}x_j$$

或

$$\nabla P = \frac{1}{\rho} \nabla p \tag{1.58}$$

式(1.58)代入式(1.54)，有

$$\frac{\partial \boldsymbol{v}}{\partial t} + \boldsymbol{v} \cdot \nabla \boldsymbol{v} + \nabla P = \boldsymbol{f} \tag{1.59}$$

式(1.59)为正压流体的欧拉方程。

【例 1.1】 讨论不可压缩黏滞流体沿直圆管的稳定流动。

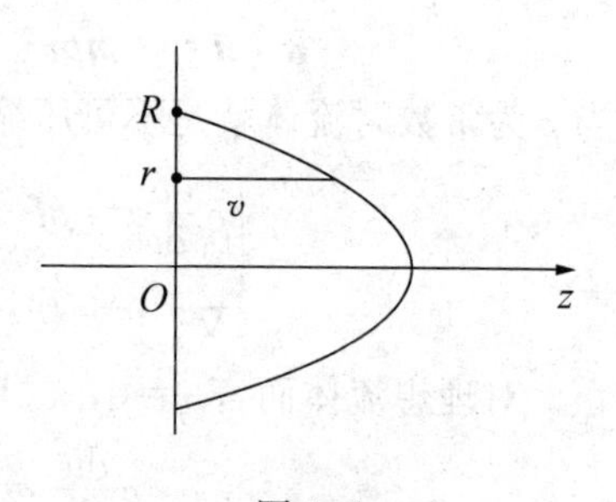

图 1.1

解: 如图 1.1 所示。取 z 轴沿圆管轴顺流方向，圆管半径为 R，又设无质量力，流体沿管稳定流动$\left(\frac{\partial}{\partial t}=0\right)$。根据轴对称性可以断言：速度场矢量只有 z 分量不为零，也就是

$$v_x = v_y = 0 \quad v_z = v$$

由不可压缩流体的连续方程，

$$\nabla \cdot \boldsymbol{v} = \frac{\partial v_z}{\partial z} = \frac{\partial v}{\partial z} = 0$$

于是

$$v = v(x, y)$$

把 $\boldsymbol{v} = v_z \boldsymbol{k} = v\boldsymbol{k}$ 代入式(1.52)，得

$$\begin{cases} 0 = -\dfrac{\partial p}{\partial x} \\ 0 = -\dfrac{\partial p}{\partial y} \\ \rho \boldsymbol{v} \cdot \nabla \boldsymbol{v} = -\dfrac{\partial p}{\partial z} + \eta \nabla^2 v \end{cases} \qquad ①$$

从式①，

$$p = p(z)$$

在 xy 平面上建立极坐标，利用轴对称性，而各物理量与 θ 无关，有

$$v = v(r)$$

因为

$$\boldsymbol{v} \cdot \nabla \boldsymbol{v} = v(r)\boldsymbol{k} \cdot \nabla [v(r)\boldsymbol{k}] = v(r)\frac{\partial}{\partial z} v(r)\boldsymbol{k} = \boldsymbol{0}$$

代入式①，

$$-\frac{\partial p}{\partial z}+\eta\nabla^2 v=0$$

或

$$\nabla^2 v(r)=\frac{1}{\eta}\frac{\partial}{\partial z}p(z)=C \quad ②$$

在式②中变量 r、z 分离了,故 C 为常数,表明压强梯度$\frac{\partial}{\partial z}p(z)$也为常数。当管长为 l、压强差为 Δp 时平均压强梯度为$\frac{\Delta p}{l}$,推出

$$\frac{1}{\eta}\frac{\partial p}{\partial z}=-\frac{\nabla p}{l}=C$$

负号是由于 Δp 为下游压强(小)减掉上游压强(大)。用柱坐标

$$\nabla^2=\frac{1}{r}\frac{\mathrm{d}}{\mathrm{d}r}\left(r\frac{\mathrm{d}}{\mathrm{d}r}\right)$$

依式②,得

$$\frac{1}{r}\frac{\mathrm{d}}{\mathrm{d}r}\left[r\frac{\mathrm{d}}{\mathrm{d}r}v(r)\right]=-\frac{\Delta p}{\eta l} \quad ③$$

积分式③,

$$v(r)=-\frac{\Delta p}{4\eta l}r^2+B\ln r+C \quad ④$$

在 $r=0$ 处 $v(0)$有限,有 $B=0$;在 $r=R$ 处由黏性知 $v(k)=0$,有 $C=\frac{\Delta p}{4\eta l}R^2$。$B$、$C$ 代入式④,

$$v(r)=\frac{\Delta p}{4\eta l}(R^2-r^2) \quad ⑤$$

而管道流量 Q 为

$$Q=\int_0^R v(\rho 2\pi r\mathrm{d}r)$$

故

$$Q=\frac{\pi\Delta p}{8\nu l}R^4 \quad ⑥$$

式中 $\nu=\frac{\eta}{\rho}$。式⑥称为泊肃叶公式,它在工程上有广泛的应用。

1.5 诺特定理

设 $q^\alpha(x^\nu)$ 为描述场的场量，x^ν 为独立坐标。取拉格朗日密度为

$$\mathscr{L} = \mathscr{L}(q^\alpha, q^\alpha_{,\nu}) \tag{1.60}$$

或

$$\mathscr{L} = \mathscr{L}(q^\alpha, q^\alpha_{,\mu}, q^\alpha_{,\mu\nu}) \tag{1.61}$$

字母中的逗号表示对独立坐标的导数。定义作用量

$$H(q^\alpha) = \int_R \mathscr{L} \mathrm{d}^{n+1} x \tag{1.62}$$

式(1.62)$\mathrm{d}^{n+1}x = \mathrm{d}x^0 \mathrm{d}x^1 \cdots \mathrm{d}x^n$，积分遍及 n 维曲面 ∂R 所包围的 $n+1$ 维体积 R，而 $\delta q^\alpha|_{\partial R} = 0$；将式(1.60)代入式(1.62)，求其变分

$$\begin{aligned} \delta H(q^\alpha) &= \int_R \left(\frac{\partial \mathscr{L}}{\partial q^\alpha} \delta q^\alpha + \frac{\partial \mathscr{L}}{\partial q^\alpha_{,\nu}} \delta q^\alpha_{,\nu} \right) \mathrm{d}^{n+1} x \\ &= \int_R \left[\frac{\partial \mathscr{L}}{\partial q^\alpha} - \left(\frac{\partial \mathscr{L}}{\partial q^\alpha_{,\nu}} \right)_{,\nu} \right] \delta q^\alpha \mathrm{d}^{n+1} x + \int_R \left(\frac{\partial \mathscr{L}}{\partial q^\alpha_{,\nu}} q^\alpha \right)_{,\nu} \mathrm{d}^{n+1} x \end{aligned} \tag{1.63}$$

考虑到 $\delta q^\alpha_{,\nu} = (\delta q^\alpha)_{,\nu}$ 并利用高斯定理，有

$$\int_R \left(\frac{\partial \mathscr{L}}{\partial q^\alpha_{,\nu}} \delta q^\alpha \right)_{,\nu} \mathrm{d}^{n+1} x = \oint_{\partial R} \frac{\partial \mathscr{L}}{\partial q^\alpha_{,\nu}} n_\nu \delta q^\alpha \mathrm{d}S = 0 \tag{1.64}$$

其中 n_ν 为 ∂R 上的外法向单位矢量。把式(1.64)代入式(1.63)，推出拉格朗日方程

$$\frac{\partial \mathscr{L}}{\partial q^\alpha} - \left(\frac{\partial \mathscr{L}}{\partial q^\alpha_{,\nu}} \right)_{,\nu} = 0 \tag{1.65}$$

由边界条件 $\delta q^\alpha|_{\partial R} = \delta q^\alpha_{,\mu}|_{\partial R} = 0$，得

$$\frac{\partial \mathscr{L}}{\partial q^\alpha} - \left(\frac{\partial \mathscr{L}}{\partial q^\alpha_{,\nu}} \right)_{,\nu} + \left(\frac{\partial \mathscr{L}}{\partial q^\alpha_{,\mu\nu}} \right)_{,\mu\nu} = 0 \tag{1.66}$$

在推证式(1.66)时使用了 $\delta q^\alpha_{,\nu} = (\delta q^\alpha)_{,\nu}$、$\delta q^\alpha_{,\mu\nu} = (\delta q^\alpha_{,\mu})_{,\nu}$ 等式。今记变换

$$x^\mu \to \tilde{x}^\mu \quad q^\mu \to \tilde{q}^\mu \tag{1.67}$$

且命场在变换群式(1.67)作用下不变，或者说场方程不变，它的条件是作用量式(1.62)形式不变，即对体积有

$$\int_R \mathscr{L}[\tilde{q}(\tilde{x}),\tilde{q}^{\alpha}_{,\nu}(\tilde{x})]\mathrm{d}^{n+1}\tilde{x} = \int_R \mathscr{L}[q^{\alpha}(x),q^{\alpha}_{,\nu}(x)]\mathrm{d}^{n+1}x \tag{1.68}$$

使式(1.68)成立的变换群式(1.67)称为对称群。因为在对称群作用下式(1.68)成立，所以称作用量 $H(q^{\alpha})$ 具有不变性。对任意无穷小变换群

$$\begin{aligned} x^{\mu} &\rightarrow \tilde{x}^{\mu} + \delta x^{\mu} \\ q^{\alpha} &\rightarrow \tilde{q}^{\alpha} = q^{\alpha}(x) + \delta q^{\alpha}(x) \end{aligned} \tag{1.69}$$

当其使式(1.68)成立时称之为连续对称群；即在连续对称群作用下式(1.68)成立，也表明 $H(q^{\alpha})$ 具有无穷小不变性。

诺特定理 如果作用量 $H(q^{\alpha})$ 在 q^{α} 处具有无穷小不变性，那么

$$f^{\mu}_{,\mu} = 0 \tag{1.70}$$

式中

$$f^{\mu} = \left(\mathscr{L}\delta^{\mu}_{\nu} - \frac{\partial \mathscr{L}}{\partial q^{\alpha}_{,\mu}} q^{\alpha}_{,\nu}\right)\delta x^{\nu} + \frac{\partial \mathscr{L}}{\partial q^{\alpha}_{,\mu}}\delta q^{\alpha} \tag{1.71}$$

式中 δ^{μ}_{ν} 为克罗内克张量。

证明：依式(1.68)，有

$$\int_R \mathscr{L}(q^{\alpha} + \delta q^{\alpha}, q^{\alpha}_{,\nu} + \delta q^{\alpha}_{,\nu})\mathrm{d}^{n+1}\tilde{x} = \int_R \mathscr{L}(q^{\alpha}, q^{\alpha}_{,\nu})\mathrm{d}^{n+1}x \tag{1.72}$$

当 $R \rightarrow \tilde{R}$ 时体元变换为

$$\mathrm{d}^{n+1}\tilde{x} = J\mathrm{d}^{n+1}x \tag{1.73}$$

雅可比行列式 J 为

$$J = \left|\frac{\partial(\tilde{x})}{\partial(x)}\right| = \begin{vmatrix} \dfrac{\partial \tilde{x}^0}{\partial x^0} & \dfrac{\partial \tilde{x}^0}{\partial x^1} & \cdots & \dfrac{\partial \tilde{x}^0}{\partial x^n} \\ \dfrac{\partial \tilde{x}^1}{\partial x^0} & \dfrac{\partial \tilde{x}^1}{\partial x^1} & \cdots & \dfrac{\partial \tilde{x}^1}{\partial x^n} \\ \vdots & \vdots & & \vdots \\ \dfrac{\partial \tilde{x}^n}{\partial x^0} & \dfrac{\partial \tilde{x}^n}{\partial x^1} & \cdots & \dfrac{\partial \tilde{x}^n}{\partial x^n} \end{vmatrix}$$

$$
= \begin{vmatrix} 1+\frac{\partial}{\partial x^0}(\delta x^0) & \frac{\partial}{\partial x^1}(\delta x^0) & \cdots & \frac{\partial}{\partial x^n}(\delta x^0) \\ \frac{\partial}{\partial x^0}(\delta x^1) & 1+\frac{\partial}{\partial x^1}(\delta x^1) & \cdots & \frac{\partial}{\partial x^n}(\delta x^1) \\ \vdots & \vdots & & \vdots \\ \frac{\partial}{\partial x^0}(\delta x^n) & \frac{\partial}{\partial x^1}(\delta x^n) & \cdots & 1+\frac{\partial}{\partial x^n}(\delta x^n) \end{vmatrix}
$$

当近似到 δx^μ 的一阶项时

$$
\frac{\partial \tilde{x}^\mu}{\partial x^\nu} = \delta^\mu_\nu + \frac{\partial x^\mu}{\partial x^\nu}
$$

即

$$
J = 1 + \frac{\partial}{\partial x^\mu}(\delta x^\mu) \tag{1.74}
$$

把 $\mathscr{L}$ 展成泰勒级数,取线性部分

$$
\mathscr{L}(q^\alpha + \delta q^\alpha, q^\alpha_{,\nu} + \delta q^\alpha_{,\nu}) = \mathscr{L}(q^\alpha, q^\alpha_{,\nu}) + \frac{\partial \mathscr{L}}{\partial q^\alpha}\delta q^\alpha + \frac{\partial \mathscr{L}}{\partial q^\alpha_{,\nu}}\delta q^\alpha_{,\nu} \tag{1.75}
$$

以式(1.74)、式(1.75)代入式(1.72),

$$
\int_R \left[\frac{\partial \mathscr{L}}{\partial q^\alpha}\delta q^\alpha + \frac{\partial}{\partial q^\alpha_{,\nu}}(\delta q^\alpha_{,\nu}) + \mathscr{L}\frac{\partial}{\partial x^\mu}(\delta x^\mu)\right] \mathrm{d}x^{n+1} = 0 \tag{1.76}
$$

注意到

$$
\begin{aligned}
\delta q^\alpha_{,\nu} &= \frac{\partial \tilde{q}^\alpha}{\partial \tilde{x}^\nu} - q^\alpha_{,\nu} = \frac{\partial x^\mu}{\partial \tilde{x}^\nu}\frac{\partial}{\partial x^\mu}(q^\alpha + \delta q^\alpha) - q^\alpha_{,\nu} \\
&= [q^\alpha_{,\mu} + (\delta q^\alpha)_{,\mu}][\delta^\mu_\nu - (\delta x^\mu)_{,\nu}] - q^\alpha_{,\nu} \\
&\approx -q^\alpha_{,\mu}(\delta x^\mu)_{,\nu} + (\delta q^\alpha)_{,\nu}
\end{aligned} \tag{1.77}
$$

应用式(1.65)

$$
\frac{\partial \mathscr{L}}{\partial q^\alpha}\delta q^\alpha = \left(\frac{\partial \mathscr{L}}{\partial q^\alpha_{,\mu}}\right)_{,\mu}\delta q^\alpha = \left(\frac{\partial \mathscr{L}}{\partial q^\alpha_{,\mu}}\delta q^\alpha\right)_{,\mu} - \frac{\partial \mathscr{L}}{\partial q^\alpha_{,\mu}}(\delta q^\alpha)_{,\mu} \tag{1.78}
$$

$$
\begin{aligned}
\frac{\partial \mathscr{L}}{\partial q^\alpha_{,\mu}}\delta q^\alpha_{,\mu} &= \frac{\partial \mathscr{L}}{\partial q^\alpha_{,\mu}}[-q^\alpha_{,\mu}(\delta x^\nu)_{,\mu} + (\delta q^\alpha)_{,\mu}] \\
&= -\left(\frac{\partial \mathscr{L}}{\partial q^\alpha_{,\mu}}q^\alpha_{,\mu}\delta x^\nu\right)_{,\mu} + \left(\frac{\partial \mathscr{L}}{\partial q^\alpha_{,\mu}}\right)_{,\mu}q^\alpha_{,\nu}\delta x^\nu
\end{aligned}
$$

$$+\frac{\partial \mathscr{L}}{\partial q^{\alpha}_{,\mu}}\delta q^{\alpha}_{,\nu\mu}\delta x^{\nu}+\frac{\partial}{\partial q^{\alpha}_{,\mu}}(\delta q^{\alpha})_{,\mu} \tag{1.79}$$

$$\mathscr{L}\frac{\partial}{\partial x^{\mu}}(\delta x^{\mu})=(\mathscr{L}\delta^{\mu}_{\nu}\delta x^{\nu})_{,\mu}-\mathscr{L}_{,\nu}\delta x^{\mu} \tag{1.80}$$

把式(1.80)、式(1.79)、式(1.78)代入式(1.76),得

$$\iint_R\left[\left(\mathscr{L}\delta^{\mu}_{\nu}-\frac{\partial \mathscr{L}}{\partial q^{\alpha}_{,\mu}}q^{\alpha}_{,\nu}\right)\delta x^{\nu}+\frac{\partial \mathscr{L}}{\partial q^{\alpha}_{,\mu}}\delta q^{\alpha}\right]_{,\mu}\mathrm{d}^{n+1}x=\int_R f^{\mu}_{,\mu}\mathrm{d}^{n+1}x=0 \tag{1.81}$$

由 R 的任意性知

$$f^{\mu}_{,\mu}=0$$

取四维时空 $x^0=ct$(c 为光速、t 为时间),式(1.70)可写成

$$f^{0}_{,0}+f^{i}_{,i}=f^{0}_{,0}+\nabla\cdot\boldsymbol{f}=0$$

依空间曲面∂R 包围的体积 D,积分上式,再从高斯定理,

$$\frac{1}{c}\frac{\mathrm{d}}{\mathrm{d}t}\int_D f^0\mathrm{d}V=-\int_D f^{i}_{,i}\mathrm{d}V=-\int_D\nabla\cdot\boldsymbol{f}\mathrm{d}V=-\oint_{\partial D}\boldsymbol{f}\cdot\mathrm{d}\boldsymbol{S} \tag{1.82}$$

式中 $\mathrm{d}V=\mathrm{d}x^1\mathrm{d}x^2\mathrm{d}x^3$;设在 $x^i\to\infty$处场及其导数为零,也就是 $f^{\mu}=0$。于是对无穷大区域 D

$$\frac{\mathrm{d}}{\mathrm{d}t}\int_D f^0\mathrm{d}V=0 \tag{1.83}$$

即

$$\frac{\mathrm{d}}{\mathrm{d}t}\int_D\left[\left(\mathscr{L}\delta^{0}_{\nu}-\frac{\partial \mathscr{L}}{\partial q^{\alpha}_{,\nu}}\right)\delta x^{\nu}+\frac{\partial \mathscr{L}}{\partial q^{\alpha}_{,0}}\right]\mathrm{d}V=0 \tag{1.84}$$

显然积分部分为与时间变量无关的守恒量。从式(1.71)还可以得到

$$\oint_{\partial R}f^{\mu}n_{\mu}\mathrm{d}S=0 \tag{1.85}$$

表明 $n+1$ 维矢量 f^{μ} 出、入∂R 的通量为零。式(1.85)等价于式(1.70),分别形式地称之为场的守恒定律的积分形式和微分形式。

若取式(1.61),则场方程为式(1.60)在式(1.69)作用下,$H(q^\alpha)$保持不变,这时的诺特定理可以推广为 $f^\mu_{,\mu}=0$,而

$$f^\mu=\mathscr{L}\delta x^\mu+\frac{\partial\mathscr{L}}{\partial q^\alpha_{,\mu}}(\delta q^\alpha-q^\alpha_{,\sigma}\delta x^\sigma)+\frac{\partial\mathscr{L}}{\partial q^\alpha_{,\mu\nu}}(\delta q^\alpha-q^\alpha_{,\sigma}\delta x^\sigma)_{,\nu}$$

$$-\left(\frac{\partial\mathscr{L}}{\partial q^\alpha_{,\mu\nu}}\right)_{,\nu}(\delta q^\alpha-q^\alpha_{,\sigma}\delta x^\sigma) \tag{1.86}$$

1.6 不可压缩流体的数学结构

1.6.1 索伯列夫空间

今以 $x=(x_1,x_2,\cdots,x_\Gamma)$、$y=(y_1,y_2,\cdots,y_\Gamma)$表示 Γ 维欧几里得空间 R^Γ 中的点,且令 $|x|=\sqrt{x_1^2+x_2^2+\cdots+x_\Gamma^2}$;命 Ω 为 R^Γ 中的开集,$u(x)$为 Ω 上的函数。记$\frac{\partial}{\partial x_1}$、$\frac{\partial}{\partial x_2}$、$\cdots$、$\frac{\partial}{\partial x_\Gamma}$为一阶微分算子,记$\partial_1$、$\partial_2$、$\cdots$、$\partial_\Gamma$ 为高阶导数;令 $\alpha=(\alpha_1,\alpha_2,\cdots,\alpha_\Gamma)$、$\beta=(\beta_1,\beta_2,\cdots,\beta_\Gamma)$、$\cdots$,其中 α_i、β_i 等为非负整数。

取

$$\partial^\alpha=\frac{\partial^{|\alpha|}}{\partial x_1^{\alpha_1}\partial x_2^{\alpha_2}\cdots\partial x_\Gamma^{\alpha_\Gamma}}$$

式中 $|\alpha|=\alpha_1+\alpha_2+\cdots+\alpha_\Gamma$;又记$|\alpha|=m$,于是用 D^m 表示集合$\{\partial^\alpha\}_{|\alpha|=m}$。在一般情况下假定 Ω 的边界充分光滑。

对 $1\leqslant p<\infty$,令

$$\|u\|_{0,p,\Omega}=\left(\int_\Omega|u(x)|^p\mathrm{d}x\right)^{\frac{1}{p}} \tag{1.87}$$

用 $L^p(\Omega)$表示 Ω 上所有使式(1.87)为有限的勒贝格可测函数的集合。在范数式(1.87)下 $L^p(\Omega)$为巴拿赫空间;用

$$\|u\|_{0,\infty,\Omega}=\operatorname*{ess\,sup}_\Omega|u(x)|=\inf_N\sup_{\Omega\setminus N}|u(x)| \tag{1.88}$$

这里 N 为 Ω 内任意一个零测度集合;用 $L^\infty(\Omega)$表示 Ω 上所有使式(1.88)为有限的勒贝格可测函数的集合,在范数式(1.88)下 $L^\infty(\Omega)$也为巴拿赫空间。对于 $p=2$,$L^2(\Omega)$还是希尔伯特空间,定义

$$(u,v) = \int_{\Omega} u(x)v(x)\mathrm{d}x$$

作为它的内积。设

$$\| u \|_{m,p,\Omega} = \Big(\sum_{|\alpha|\leqslant m} \| \partial^{\alpha} u \|_{0,p,\Omega}^{p}\Big)^{\frac{1}{p}} \tag{1.89}$$

其中$\partial^{\alpha} u$ 为广义导数。依范数式(1.89)得到的巴拿赫空间，记作 $W^{m,p}(\Omega)$；当 $p=2$ 时记其为 $H^{m}(\Omega)$。当 $p=\infty$时定义

$$\| u \|_{m,\infty,\Omega} = \max_{|\alpha|\leqslant m} \| \partial^{\alpha} u \|_{0,\infty,\Omega}$$

对应的空间记作 $W^{m,\infty}(\Omega)$。在上述范数中若对于开集 Ω 不发生误会，则 Ω 可以不写。当 $p=2$ 时 p 也可以省略。

在空间 $W^{m,p}(\Omega)$中使用半范数

$$| u |_{m,p,\Omega} = \Big(\sum_{|\alpha|=m} \| \partial^{\alpha} u \|_{0,p,\Omega}^{p}\Big)^{\frac{1}{p}} \quad (1 \leqslant p < \infty)$$

$$| u |_{m,p,\Omega} = \max_{|\alpha|=m} \| \partial^{\alpha} u \|_{0,\infty,\Omega}$$

以上为非负整数阶索伯列夫空间定义。又以 $C^{k}(\Omega)$、$C^{k}(\overline{\Omega})$表示在 Ω 上、在$\overline{\Omega}$上 k 次连续可导函数的集合，对于 $C^{k}(\overline{\Omega})$若引入范数

$$\| u \|_{C^{k}(\overline{\Omega})} = \sum_{|\alpha|\leqslant k} \| \partial^{\alpha} u \|_{0,\infty,\Omega}$$

则 $C^{k}(\overline{\Omega})$也是巴拿赫空间；$C_{0}^{k}(\Omega)$表示在 Ω 中 k 次连续可导有紧支集函数的集合。在上述定义中 k 可以等于∞。取 $0<\lambda\leqslant 1$，且

$$\| u \|_{C^{k,\lambda}(\overline{\Omega})} = \| u \|_{C^{k}(\overline{\Omega})} + \max_{|\alpha|=k} \sup_{x,y\in\overline{\Omega}} \frac{| \partial^{\alpha} u(x) - \partial^{\alpha} u(y) |}{| x-y |^{\lambda}} \tag{1.90}$$

故它对应的空间 $C^{k,\lambda}(\overline{\Omega})$也是巴拿赫空间，式(1.90)中的第二项称为 Hölder 系数。

空间 $C_{0}^{\infty}(\Omega)$在 $W^{\infty,p}(\Omega)$中的闭包记作 $W_{0}^{m,p}(\Omega)$，其也是巴拿赫空间，当 $p=2$ 时记其为 $H_{0}^{m}(\Omega)$。

设 $s=k+\lambda>0$(k 为整数，$0<\lambda<1$)，引进范数

$$\| u \|_{s,p,\Omega} = \| u \|_{k,p,\Omega} + \Big(\sum_{|\alpha|=k} \iint_{\Omega} \frac{| \partial^{\alpha} u(x) - \partial^{\alpha} u(y) |}{| x-y |^{\Gamma-p\lambda}} \mathrm{d}x\mathrm{d}y\Big)^{\frac{1}{p}}$$

得到的空间记作 $W^{s,p}(\Omega)$，当 $p=2$ 时记其为 $H^{s}(\Omega)$；同理还有

$W_0^{s,p}(\Omega)$、$H_0^s(\Omega)$。

置$\frac{1}{p}+\frac{1}{q}=1$、$p\geqslant1$、$q\geqslant1$、$s\geqslant0$，空间 $W^{s,q}(\Omega)$ 的对偶空间为 $W^{-s,p}(\Omega)$，其范数为

$$\| u \|_{-s,p,\Omega} = \sup_{v\in W_0^{s,q}(\Omega)} \frac{\langle v,u\rangle}{\| v \|_{s,q,\Omega}}$$

同样当 $p=2$ 时记 $W^{-s,p}(\Omega)$ 为 $H^{-s}(\Omega)$。令 u 为可测函数，称 $u\in W^{-s,p}(\Omega)$ 的含义为对一切 $v\in W_0^{s,q}(\Omega)$

$$\int_\Omega uv\mathrm{d}x = \langle v,u\rangle$$

上式是对偶积，u 对应于 $W^{-s,p}(\Omega)$ 中的一个元素；这时 $W^{s_1,p}(\Omega)\subset W^{s_2,p}(\Omega)$，这里实数 $s_2<s_1$。

上述关于索伯列夫空间的定义还可以作某种推广。设 X 为巴拿赫空间，定义映射 $f:(0,T)\rightarrow X$，可以对 f 的集合定义类似的索伯列夫空间，记其为 $W^{s,p}(0,T;X)$。

为方便，取 Ω 的边界为充分光滑、有界，且 C、C_0、C_1、…、M、M_0、M_1、…表示具有某种意义的常数。

若赋范空间 A、B 满足

(1)A 为 B 的子空间；

(2)对一切 $a\in A$，由 $I:a\rightarrow a$ 定义的从 A 到 B 的恒同算子是连续的。

则称 A 嵌入到 B，记作 $A\rightarrow B$。

整数阶索伯列夫空间嵌入定理：若 $1\leqslant p<\infty$，则

(1)当 $mp<\Gamma$ 时 $W^{m,p}(\Omega)\rightarrow L^q(\Omega)$，其中

$$p\leqslant q\leqslant\frac{\Gamma p}{\Gamma-mp}$$

(2)当 $mp=\Gamma$ 时 $W^{m,p}(\Omega)\rightarrow L^q(\Omega)$，其中

$$p\leqslant q<\infty$$

(3)当 $mp>\Gamma>(m-1)p$ 时 $W^{m,p}(\Omega)\rightarrow C^{0,\lambda}(\overline{\Omega})$，其中

$$0<\lambda\leqslant m-\frac{\Gamma}{p}$$

如果 Ω 为有界区域，那么上述嵌入除了(1)外都是紧的。

对分数阶索伯列夫空间，这里仅讨论 $p=2$ 的嵌入定理：若 $s>0$、$2\leqslant q<\infty$，$\eta=s-\dfrac{\Gamma}{2}+\dfrac{\Gamma}{q}$，则当 $\eta\geqslant 0$ 时 $H^{s}(\Omega)\to W^{s,q}(\Omega)$。

迹定理表示了不同维数区域上空间的嵌入，但此处只研究特例。对于上述区域，有

$$\| u \|_{s-\frac{1}{2},\partial\Omega} \leqslant C \| u \|_{s,\Omega} \quad \left(s \geqslant \frac{1}{2}\right)$$

此外，对于边界上的法向导数，有

$$\left\| \frac{\partial^{j} u}{\partial n^{j}} \right\|_{s-j-\frac{\lambda}{2},\partial\Omega} \leqslant C \| u \|_{s,\Omega} \quad \left(s \geqslant j+\frac{1}{2}\right)$$

空间 $H'_{0}(\Omega)$ 有一个重要性质，即泊松不等式；若 Ω 为有界区域，则对所有 $u\in H'_{0}(\Omega)$

$$\| u \|_{0,\Omega} \leqslant C \mid u \mid_{1,\Omega}$$

以上均为标量函数空间，后面还将用到矢量函数空间。如 $(L^{2}(\Omega))^{3}$，$u\in(L^{2}(\Omega))^{3}$ 意味着 $=u(u_{1},u_{2},u_{3})$，其每个分量分别属于 $L^{2}(\Omega)$，它的范数为

$$\| u \|_{0,\Omega} = \left(\sum_{i=1}^{3} \| u_{i} \|_{0,\Omega}^{2}\right)^{\frac{1}{2}}$$

置集合 $\{u|\nabla\cdot u=0, u\in(C_{0}^{\infty}(\Omega))^{\Gamma}\}$，在 $(L^{2}(\Omega))^{\Gamma}$ 中取闭包，得到的空间记为 X。在某种意义下它是 $(L^{2}(\Omega))^{\Gamma}$ 中所有满足 $\nabla\cdot u=0$、$u\cdot n|_{\partial\Omega}=0$ 的函数的集合，这里 n 为外法向单位矢量。当 Ω 为有界区域并且其边界适当正则时，可以将 $(L^{2}(\Omega))^{\Gamma}$ 做如下正交分解：

$$(L^{2}(\Omega))^{\Gamma} = X \oplus G$$

式中 $G=\{u|u=\nabla p, p\in H^{1}(\Omega), u\in(L^{2}(\Omega))^{\Gamma}\}$。若 Ω 不是有界区域，则上述分解也存在，只不过 G 的定义减弱为

$$G = \{u \mid u = \nabla p, p \in L_{10c}^{2}(\Omega), u \in (L^{2}(\Omega))^{\Gamma}\}$$

式中 $L_{10c}^{2}(\Omega)$ 表示任意一个紧子区域上属于 L^{2} 的函数。依此分解可以得到一个正交投影，

$$P:(L^{2}(\Omega))^{\Gamma} \to X$$

称之为 Helmholtz 投影算子;因为它是正交投影,所以它是有界算子。

假定空间维数 $\Gamma=3$ 且 Ω 为有界的单连通区域,它的边界充分光滑,于是旋度算子 curl 具有如下性质:

(1) 在空间 $X\cap(H^1(\Omega))^2$ 中,范数 $\|\text{curl}\cdot\|_0$ 等价于 $\|\cdot\|_1$;

(2)当 $s\geqslant 0$ 时

$$\text{curl}: X\cap(H^{s+1}(\Omega))^3\to\{v\mid\nabla\cdot v=0, v\in(H^s(\Omega))^3\}$$

为同构映射。

关于内插问题,为方便,仍假定 Ω 为边界充分光滑的区域,故而对于 $W^{s_1,p}(\Omega)$、$W^{s_2,p}(\Omega)$、$W^{s_3,p}(\Omega)$($p>1, 0\leqslant s_1\leqslant s_2\leqslant s_3$)有内插不等式:

$$\|u\|_{s_2,p}\leqslant C\|u\|_{s_1,p}^{1-\theta}\|u\|_{s_3,p}^{\theta}\quad(\text{对所有 } u\in W^{s_3,p}(\Omega))\tag{1.91}$$

这里 $\theta=\dfrac{s_2-s_1}{s_3-s_1}$。

设 B_0、B_1 为巴拿赫空间,Y 为拓扑矢量空间,B_0、B_1 连续嵌入 Y,而恒同算子 $I: B_0\to Y$、$I: B_1\to Y$ 为连续的。令

$$B_0+B_1=\{b_0+b_1\in Y\mid b_0\in B_0, b_1\in B_1\}$$

$$\|u;B_0+B_1\|=\inf_{b_j\in B_j}(\|b_0\|_{B_0}+\|b_1\|_{B_1})\quad(b_0+b_1=u)$$

定义 $C\to B_0+B_1$ 的子空间是

$$F(B_0,B_1)=\{f\mid f:\sigma+i\tau\to B_0+B_1, i=\sqrt{-1}\text{且 } f \text{ 满足(1)、(2)、(3)、(4)}\}$$

式中

(1)f 在 $0<\sigma<1$ 内全纯;

(2)f 在 $0\leqslant\sigma\leqslant 1$ 内连续有界;

(3)对 $\tau\in R$、$f(i\tau)\in B_0$,$\tau\to f(i\tau)$连续

$$\lim_{|\tau|\to\infty}f(i\tau)=0$$

(4)对 $\tau\in R$、$f(1+i\tau)\in B_1$,$\tau\to f(1+i\tau)$连续

$$\lim_{|\tau|\to 0} f(1+i\tau)=0$$

又定义范数

$$\| f;F(B_0,B_1)\| = \max\{\sup_{\tau\in R}\| f(i\tau)\|_{B_0},\sup_{\tau\in R}\| f(1+i\tau)\|_{B_1}\}$$

由此定义知它是巴拿赫空间。对任意 $\sigma\in[0,1]$可定义“中间空间”:$[B_0,B_1]_\sigma=\{u\mid u\in B_0+B_1$,存在 $f\in F(B_0,B_1)$,使 $u=f(\sigma)\}$;赋予范数

$$\| u;[B_0,B_1]_\sigma\| = \inf_{f\in F(B_0,B_1)}\| f;F(B_0,B_1)\| \quad (u=f(\sigma))$$

据该范数知它也是巴拿赫空间。

可以证明:当 $0\leqslant s_1\leqslant s_2\leqslant s_3$ 时

$$H^{s_3}(\Omega)=[H^{s_1}(\Omega),H^{s_2}(\Omega)]_\theta \quad \left(\theta=\frac{s_2-s_1}{s_3-s_1}\right)$$

对于内插空间,如下的算子内插定理非常重要,即:设 ϕ、ψ 为拓扑矢量空间,以 $\mathscr{L}(\phi,\psi)$表示所有从 ϕ 到 ψ 的线性连续映射构成的空间。今设 X、Y 为希尔伯特空间,其具有上述关于 B_0、B_1 的性质,又取 $\mathscr{X}$、$\mathscr{Y}$为希尔伯特空间,它们也有上述性质,$\pi\in\mathscr{L}(X;\mathscr{X})$且 $\pi\in\mathscr{L}(Y,\mathscr{Y})$,于是

$$\pi\in\mathscr{L}([X,Y]_\theta;[\mathscr{X},\mathscr{Y}]_\theta) \quad (0<\theta<1)$$

并有

$$\|\pi a\|_{[\mathscr{X},\mathscr{Y}]_\theta}\leqslant C\max(\alpha,\beta)\| a\|_{[X,Y]_\theta} \tag{1.92}$$

其中 C 为与 θ 有关的常数;α、β 为 π 在空间 $\mathscr{L}(X,\mathscr{X})$、$\mathscr{L}(Y,\mathscr{Y})$中的范数。

1.6.2 椭圆型偏微分方程解的估计

仍假定 $\Omega\subset R^\Gamma$ 为边界充分光滑的有界区域,先考虑泊松的狄里赫里问题

$$\begin{cases}-\nabla^2\psi=\omega & (1.93)\\ \psi|_{\partial\Omega}=0 & (1.94)\end{cases}$$

设 $s\geqslant -1$、$p\in(1,\infty)$。当 $\omega\in W^{s,p}(\Omega)$时 $\psi\in W^{s+2,p}(\Omega)$,且有估计

$$\| \psi \|_{s+2,p} \leqslant C \| \omega \|_{s,p} \tag{1.95}$$

还可增加非齐次边界条件

$$\psi |_{\partial \Omega} = g \tag{1.96}$$

于是式(1.93)、式(1.90)的解有估计

$$\| \psi \|_{s+2,p,\Omega} \leqslant C(\| \omega \|_{s,p,\Omega} + \| g \|_{s+2-\frac{1}{p},p,\partial\Omega}) \tag{1.97}$$

也可考虑局部估计。取$\Omega' \subset \Omega$、$\gamma = \partial\Omega \cap \partial\Omega'$，又命$\gamma$为$\Gamma-1$维的光滑曲面(曲线)，$\Omega'' \subset \Omega'$且$\overline{\Omega}''$在$\Omega' \cup \gamma$中紧，因此

$$\| \psi \|_{s+3,p,\Omega''} = C(\| \omega \|_{s,p,\Omega'} + \| g \|_{s+2-\frac{1}{p},p,\gamma} + \| \psi \|_{s_0,p,\Omega'}) \tag{1.98}$$

对于式(1.93)、式(1.94)的解还有 Schauder 型估计

$$\| \psi \|_{C^{m+2,\lambda}(\overline{\Omega})} \leqslant C \| \omega \|_{C^{m,\lambda}(\overline{\Omega})} \quad (0 < \lambda < 1) \tag{1.99}$$

式中m为任意非负整数；也有 Schauder 型局部估计。设Ω'、Ω''如上所述，则

$$\| \psi \|_{C^{m+2,\lambda}(\overline{\Omega}'')} \leqslant C(\| \omega \|_{C^{m,\lambda}(\overline{\Omega}')} + \| g \|_{C^{m+2,\lambda}(\gamma)} + \| \psi \|_{C^0(\overline{\Omega}')}) \tag{1.100}$$

注意，当$\lambda=0$时 Schauder 型估计不成立。

关于弱估计，取$\omega \in L^\infty(\Omega)$、$G(x,z)$表示对应于式(1.93)的格林函数，所以

$$\psi(x) = \int_\Omega G(x,z)\omega(z)\mathrm{d}z \tag{1.101}$$

其一阶导数为

$$\nabla\psi(x) = \int_\Omega \nabla_x G(x,z)\omega(z)\mathrm{d}z \tag{1.102}$$

在$\overline{\Omega}$上任取x、y，记$r=|x-y|$并以x为中心、$2r$为半径作球(圆)Σ，故

$$| \nabla\psi(x) - \nabla\psi(y) | \leqslant C \| \omega \|_{0,\infty} \left\{ \int_{\Omega\cap\Sigma} (| \nabla_x G(x,z) | + | \nabla_y G(y,z) |)\mathrm{d}z + \int_{\Omega\backslash\Sigma} | \nabla_x G(x,z) - \nabla_y G(y,z) | \mathrm{d}z \right\}$$

对于格林函数有下列估计

$$|DG(x,z)|\leqslant C|x-z|^{1-\Gamma}$$

$$|D^2G(x,z)|\leqslant C|x-z|^{\Gamma}$$

于是

$$|\nabla\psi(x)-\nabla\psi(y)|\leqslant C\|\omega\|_{0,\infty}\left\{\int_{\Sigma}|x-z|^{1-\Gamma}\mathrm{d}z\right.$$

$$\left.+\int_{\Sigma}|y-z|^{1-\Gamma}\mathrm{d}z+\int_{2r\leqslant|x-z|<d_0}|x-y||x-z|^{-\Gamma}\mathrm{d}z\right\}$$

$$\leqslant C(r+r|\ln r|)\|u\|_{0,\infty}$$

式中 d_0 为 Ω 的直径，即

$$|\nabla\psi(x)-\nabla\psi(y)|\leqslant C(|x-y|$$
$$+|x-y||\ln|x-y||)\|\omega\|_{0,\infty}\tag{1.103}$$

若 $\Omega=d_0^\Gamma$，则以 x 为中心，以给定的常数 d_0 为半径作球 $B(2r\leqslant d_0)$，在 B 内的估计如上所述，在 B 外依 $D^2G(x,z)$ 的有界性，得到

$$\left|\int_{d_0^\Gamma\setminus B}[\nabla_xG(x,z)-\nabla_yG(y,z)\omega(z)]\mathrm{d}z\right|$$

$$\leqslant C|x-y|\int_{d_0^\Gamma\setminus B}|\omega(z)|\mathrm{d}z\leqslant C|x-y|\ \|\omega\|_{0,1,d_0^\Gamma}$$

导出

$$|\nabla\psi(x)-\nabla\psi(y)|\leqslant C(|x-y|$$
$$+|x-y\|\ln|x-y\|)\|\omega\|_{0,\infty,d_0^\Gamma}$$
$$+C|x-y|\ \|\omega\|_{0,1,d_0^\Gamma}\tag{1.104}$$

显见对 $2r>d_0$，式(1.104)也成立。

对 Neumann 问题也有类似估计。设边界条件为

$$\left.\frac{\partial\psi}{\partial n}\right|_{\partial\Omega}=g\tag{1.105}$$

当 $s\geqslant0$、$p\in(1,\infty)$ 且 $\omega\in W^{s,p}(\Omega)$、$g\in W^{s+1-\frac{1}{p},p}(\partial\Omega)$ 时，式(1.105)、式(1.93)的解满足估计

$$\|\nabla\psi\|_{s+1,p,\Omega}\leqslant C(\|\omega\|_{s,p,\Omega}+\|g\|_{s+1-\frac{1}{p},p,\partial\Omega})$$

当 $\Omega=d_0^\Gamma$ 时同样估计导数

$$\|\psi\|_{m+2,p,d_0^\Gamma} \leqslant C\|\omega\|_{m,p,d_0^\Gamma} \quad (m \text{ 为非负整数}) \tag{1.106}$$

对斯托克斯方程有完全类似的估计。分析刚性壁问题

$$\begin{cases} -\nu\nabla^2 u+\dfrac{1}{\rho}\nabla p=f \\ \nabla\cdot u=0 \\ u|_{\partial\Omega}=0 \end{cases}$$

对任意 $s\geqslant-1$,得

$$\|u\|_{s+2} \leqslant C\|f\|_s \tag{1.107}$$

对双调和方程,取

$$\begin{cases} \nabla^2 u=0 \\ u|_\gamma=g_1 \\ \dfrac{\partial u}{\partial h}|_\gamma=g_2 \end{cases}$$

与局部估计式(1.98)对应的有

$$\|u\|_{s+1,\Omega'} \leqslant C\Big(\|g_1\|_{s+\frac{1}{2},\gamma} + \|g_2\|_{s-\frac{1}{2},\gamma}+\|u\|_{0,\Omega'}\Big) \quad (s\geqslant 1) \tag{1.108}$$

利用前面的估计可以证明 Helmholtz 投影算子 P 为有界算子,即 $P:(H^s(\Omega))^\Gamma\to(H^s(\Omega))^\Gamma(s\geqslant0)$,而 $u\in(H^s(\Omega))^\Gamma$,于是

$$u=v+w \tag{1.109}$$

式中 $v=Pu\in X$、$w=\nabla p\in G$,对式(1.109)取散度,

$$\nabla\cdot u=\nabla^2 p$$

在边界上用 n 作内积,有

$$u\cdot n|_{\partial\Omega}=w\cdot n|_{\partial\Omega}=\left.\frac{\partial p}{\partial n}\right|_{\partial\Omega}$$

于是依式(1.97)

$$\|\nabla p\|_{s+1,\Omega} \leqslant C(\|\nabla\cdot u\|_{s,\Omega}+\|u\cdot n\|_{s+\frac{1}{2},\partial\Omega}) \quad (s\geqslant 0)$$

从逆定理,

$$\|\nabla p\|_{s+1,\Omega} \leqslant C\|u\|_{s+1,\Omega}$$

也就是

$$\| w \|_{s+1,\Omega} \leqslant C \| u \|_{s+1,\Omega}$$

由式(1.109)

$$\| Pu \|_{s+1} \leqslant C \| u \|_{s+1}$$

根据内插定理知

$$\| Pu \|_{s} \leqslant C \| u \|_{s} \quad (s \geqslant 0)$$

可以断言：设 V 为可分的实希尔伯特空间、$\| \cdot \|_V$ 为范数，$a(u,v)$ 为定义于 $V \times V$ 上的线性连续泛函，并满足椭圆型条件——存在常数 $a>0$，使对所有 $u \in V$，有

$$a(u,u) \geqslant \alpha \| u \|_V^2$$

又令 V' 为 V 的对偶空间，于是对任意 $l \in V'$，存在唯一 $u \in V$，使对所有 $v \in V$，有

$$a(u,v) = \langle l,v \rangle$$

且有

$$\| u \|_V \leqslant C \| l \|_{V'}$$

1.6.3 三维欧拉方程的初值

下面的讨论也适用于二维情况，在区域 $R^3 \times [0,T]$ 中分析初值问题

$$\begin{cases} \dfrac{\partial u}{\partial t} + (u \cdot \nabla) u + \dfrac{1}{\rho} \nabla p = f & (1.110) \\ \nabla \cdot u = 0 & (1.111) \\ u \big|_{t=0} = u_0 & (1.112) \end{cases}$$

其中流速 $u=(u_1, u_2, u_3)$；单位质量力 $f=(f_1, f_2, f_3)$。

定理 1.1 若 $m \geqslant 3$、$u_0 \in (H^m(R^3))^3$、$\nabla \cdot u_0 = 0$、$f \in L^1(0,T;(H^m(R^3))^3)$，则存在常数 $T_* \in [0,T]$，使式(1.110)～式(1.112)有唯一的解 $u \in L^\infty(0,T_*;(H^m(R^3))^3)$，又 $\nabla p \in L^\infty(0,T_*;(H^m(R^3))^3)$，$p$ 按如下的意思是唯一的：它可以加上任意一个取决于时间 t 的标量函数。事实上，先做估计。对式(1.110)取散度，

$$\frac{1}{\rho} \nabla^2 p = \nabla \cdot f - \frac{\partial u_j}{\partial x_i} \frac{\partial u_i}{\partial x_j} \qquad (1.113)$$

在式(1.113)及全书中经常使用爱因斯坦求和约定。对几乎所有 t，$\nabla\cdot f\in H^{m-1}(R^3)$，又暂假定 $u\in(H^m(R^3))^3$，由式(1.106)得

$$|p|_{k+1}\leqslant C\left\|\nabla\cdot f-\frac{\partial u_j}{\partial x_i}\frac{\partial u_i}{\partial x_j}\right\|_{k-1}\quad(1\leqslant k\leqslant m)\tag{1.114}$$

为使式(1.114)有意义，必须检验 $\frac{\partial u_j}{\partial x_i}\frac{\partial u_i}{\partial x_j}\in H^{k-1}(R^3)$。现以 $k=3$ 为例说明，其余类似。置 $|\alpha|=2$，则

$$\partial^\alpha\left(\frac{\partial u_j}{\partial x_i}\frac{\partial u_i}{\partial x_j}\right)=\sum_{0\leqslant\beta\leqslant\alpha}c_{\alpha\beta}\partial^\beta\left(\frac{\partial u_j}{\partial x_i}\right)\partial^{\alpha-\beta}\left(\frac{\partial u_i}{\partial x_j}\right)$$

这里 $c_{\alpha\beta}$ 为常数，$0\leqslant\beta\leqslant\alpha$ 表明每个分量都满足相应的不等式。

对 $|\beta|=0$，依嵌入定理，

$$\left\|\frac{\partial u_j}{\partial x_j}\partial^\alpha\left(\frac{\partial u_i}{\partial x_j}\right)\right\|_0\leqslant C\left\|\frac{\partial u_j}{\partial x_i}\right\|_{0,\infty}\left\|\partial^\alpha\left(\frac{\partial u_i}{\partial x_j}\right)\right\|_0$$

$$\leqslant C\left\|\frac{\partial u_j}{\partial x_i}\right\|_2\left\|\frac{\partial u_i}{\partial x_j}\right\|_2\leqslant C\|u\|_3^2$$

对 $|\beta|=1$，推出

$$\left\|\partial^\beta\left(\frac{\partial u_j}{\partial x_i}\right)\partial^{\alpha-\beta}\left(\frac{\partial u_i}{\partial x_j}\right)\right\|_0=\left[\int\left|\partial^\beta\left(\frac{\partial u_j}{\partial x_i}\right)\partial^{\alpha-\beta}\left(\frac{\partial u_i}{\partial x_j}\right)\right|^2\mathrm{d}x\right]^{\frac{1}{2}}$$

$$\leqslant\left[\int\left|\partial^\beta\left(\frac{\partial u_j}{\partial x_i}\right)\right|^4\mathrm{d}x\right]^{\frac{1}{4}}\left[\int\left|\partial^{\alpha-\beta}\left(\frac{\partial u_i}{\partial x_j}\right)\right|^4\mathrm{d}x\right]^{\frac{1}{4}}$$

$$=\left\|\partial^\beta\left(\frac{\partial u_j}{\partial x_i}\right)\right\|_{0,4}\left\|\partial^{\alpha-\beta}\left(\frac{\partial u_i}{\partial x_j}\right)\right\|_{0,4}$$

$$\leqslant C\left\|\partial^\beta\left(\frac{\partial u_j}{\partial x_i}\right)\right\|_1\left\|\partial^{\alpha-\beta}\left(\frac{\partial u_i}{\partial x_j}\right)\right\|_1\leqslant C\|u\|_3^2$$

对 $|\beta|=2$，估计式与 $|\beta|=0$ 情形相同；总之，

$$\left\|\frac{\partial u_j}{\partial x_i}\frac{\partial u_i}{\partial x_j}\right\|_{k-1}\leqslant C\|u\|_k^2\tag{1.115}$$

记 H^m 的内积为 $((\cdot,\cdot))_m$，用 $\partial^\alpha(|\alpha|\leqslant m)$ 作用于方程，并以 $\partial^\alpha u$ 乘之；在 R^3 上积分并关于 α 求和，有

$$\frac{1}{2}\frac{\mathrm{d}}{\mathrm{d}t}\|u\|_m^2=-\left(\left(u_j\frac{\partial u}{\partial u_j},u\right)\right)_m+\frac{1}{\rho}((\nabla p,u))_m+((f,u))_m\tag{1.116}$$

估计式(1.116)。估计第3项，

$$((f,u))_m \leqslant \| f \|_m \| u \|_m$$

估计第2项，

$$(\nabla \partial^\alpha p, \partial^\alpha u) = 0$$

于是

$$\frac{1}{\rho}((\nabla p, u))_m = 0$$

从第1项的估计，

$$-\left(\left(u_j \frac{\partial u}{\partial x_j}, u\right)\right)_m = -\sum_{|\alpha|\leqslant m}\left((u \cdot \nabla)\partial^\alpha u + \sum_{0<\beta<\alpha} c_{\alpha\beta}(\partial^\beta u \cdot \nabla)\partial^{\alpha-\beta}, \partial^\alpha u\right)$$

进行积分，

$$((u \cdot \nabla)\partial^\alpha u, \partial^\alpha u) = \int u_i \left(\frac{\partial}{\partial x_i}\partial^\alpha u_j\right)\partial^\alpha u_j \mathrm{d}x$$

$$= -\int \frac{\partial u_i}{\partial x_i}(\partial^\alpha u_j)^2 \mathrm{d}x - \int u_i \partial^\alpha u_j \frac{\partial}{\partial x_i}\partial^\alpha u_j \mathrm{d}x$$

$$= -\int u_i \partial^\alpha u_j \frac{\partial}{\partial x_i}\partial^2 u_j \mathrm{d}x = -((u \cdot \nabla)\partial^\alpha u, \partial^\alpha u)$$

所以

$$((u \cdot \nabla)\partial^\alpha u, \partial^\alpha u) = 0 \tag{1.117}$$

有

$$-\left(\left(u_j \frac{\partial u}{\partial x_j}, u\right)\right)_m \leqslant \sum_{\alpha,\beta} | c_{\alpha\beta} | \, \| (\partial^\beta u \cdot \nabla)\partial^{\alpha-\beta} u \|_0 \| \partial^\alpha u \|_0$$

这里 $0 \leqslant |\alpha| \leqslant m$、$0 < \beta \leqslant \alpha$，将 $\partial^\beta u \in (H^{m-|\beta|}(R^3))^3$ 嵌入 $(L^\rho(R^3))^3$、$\partial_i \partial^{\alpha-\beta} u \in (H^{m-|\alpha-\beta|-1}(R^3))^3$ 嵌入$(L^\sigma(R^3))^3$。关于ρ、σ的情形分析：

(1)当 $m-|\beta| > \frac{3}{2}$ 时 $\rho \to \infty$，有

$$\| (\partial^\beta u \cdot \nabla)\partial^{\alpha-\beta} u \|_0 \leqslant \| \partial^\beta u \|_{0,\infty} \| \nabla \partial^{\alpha-\beta} u \|_0$$
$$\leqslant C \| \partial^\beta u \|_{m-|\beta|} \| \nabla \partial^{\alpha-\beta} u \|_0 \leqslant C \| u \|_m^3$$

(2)当 $m-|\beta| < \frac{3}{2}$ 但 $m-|\alpha-\beta|-1 > \frac{3}{2}$ 时，同样可以估计；

(3)当 $m-|\beta|<\frac{3}{2}$ 且 $m-|\alpha-\beta|-1<\frac{3}{2}$ 时，取

$$\frac{1}{\rho}=\frac{1}{2}-\frac{m-|\beta|}{3} \quad \frac{1}{\sigma}=\frac{1}{2}-\frac{1}{\rho}$$

产生

$$\frac{1}{\sigma}=\frac{m-|\beta|}{3}>\frac{1}{2}-\frac{m-|\alpha-\beta|-1}{3}$$

利用 Hölder 不等式，得

$$\|(\partial^{\alpha}u\cdot\nabla)\partial^{\alpha-\beta}u\|_{0}\leqslant C\|\partial^{\beta}u\|_{0,\rho}\|\nabla\partial^{\alpha-\beta}u\|_{0,\sigma}$$

再依嵌入定理

$$\|\partial^{\beta}u\|_{0,\rho}\leqslant C\|\partial^{\beta}u\|_{m-|\beta|}\leqslant C\|u\|_{m}$$

$$\|\nabla\partial^{\alpha-\beta}u\|_{0,\sigma}\leqslant C\|\nabla\partial^{\alpha-\beta}u\|_{\frac{3}{2}-\frac{3}{\sigma}}\leqslant C\|\nabla\partial^{\alpha-\beta}u\|_{m-|\alpha-\beta|-1}$$

总之有

$$\|(\partial^{\beta}u\cdot\nabla)\partial^{\alpha-\beta}u\|_{0}\leqslant C\|u\|_{m}^{2}$$

综合而言，

$$\frac{1}{2}\frac{\mathrm{d}}{\mathrm{d}t}\|u\|_{m}^{2}\leqslant C(\|f\|_{m}+\|u\|_{m}^{2})\|u\|_{m}$$

或

$$\frac{\mathrm{d}}{\mathrm{d}t}\|u\|_{m}\leqslant C(\|f\|_{m}+\|u\|_{m}^{2}) \tag{1.118}$$

又有初始条件 $\|u(0)\|_{m}=\|u_0\|_{m}$。

对应的常微分方程的初值问题是

$$\begin{cases}y'=C(\|f\|_{m}+y^{2})\\ y(0)=\|u_0\|_{m}\end{cases}$$

它有一个局部解 $y(t)$，因此取定常数 $C_0>0$，存在常数 $T_*\leqslant T$，当 $t\in[0,T]$ 时 $|y(t)|\leqslant C_0$。容易证明 $\|u\|_{m}\leqslant y(t)$，故此区间上 $\|u\|_{m}\leqslant C_0$。

1.6.4 三维欧拉方程的初边值

设 Ω 为 R^3 中的有界区域，其边界 $\partial\Omega$ 充分光滑。在 $\Omega\times[0,T]$ 中分析初边值问题，

$$
\begin{cases}
\frac{\partial u}{\partial t}+(u\cdot\nabla)u+\frac{1}{\rho}\nabla p=f & (1.119)\\
\nabla\cdot u=0 & (1.120)\\
u\cdot n\,|_{x\in\partial\Omega}=0 & (1.121)\\
u\,|_{t=0}=u_0 & (1.122)
\end{cases}
$$

定理 1.2 若 $m\geqslant 3$、$u_0\in(H^m(\Omega))^3$、$\nabla\cdot u_0=0$、$u_0\cdot n|_{\partial\Omega}=0$、$f\in L^1(0,T;(H^m(\Omega))^3)$，则存在常数 $T_*\in[0,T]$，使式(1.119)～式(1.122)有唯一的解 $u\in L^\infty(0,T_*;(H^m(\Omega))^3)$、$p\in L^\infty(0,T;H^{m+1}(\Omega))$在允许相差一个取决于时间 t 的标量函数的定义下也是唯一的。

证明:先做估计。在$\partial\Omega$ 上用 n 与式(1.119)作内积，得

$$\frac{1}{\rho}\frac{\partial p}{\partial n}\bigg|_{x\in\partial\Omega}=\left(f\cdot n-u_i\frac{\partial u_j}{\partial x_i}n_j\right)\bigg|_{x\in\partial\Omega} \tag{1.123}$$

在$\partial\Omega$ 上任取一点，在它的一个邻域内$\partial\Omega$ 可表示成 $\phi(x)=0$。因此外法向单位矢量就是

$$n(x)=\frac{\nabla\phi(x)}{|\nabla\phi(x)|}$$

边界条件式(1.121)可以写成

$$u(x)\cdot\nabla\phi(x)\,|_{x\in\partial\Omega}=0 \tag{1.124}$$

因为函数 $u\cdot\nabla\phi$ 在$\partial\Omega$ 上取值为零，所以梯度$\nabla(u\cdot\nabla\phi)$就和$\nabla\phi$ 在$\partial\Omega$ 上平行，即

$$\nabla(u\cdot\nabla\phi)\,|_{x\in\partial\Omega}=k\nabla\phi\,|_{x\in\partial\Omega}$$

式中 k 为比例系数，于是

$$\frac{\partial u_j}{\partial x_i}\frac{\partial\phi}{\partial x_j}+u_j\frac{\partial^2\phi}{\partial x_i\partial x_j}=k\frac{\partial\phi}{\partial x_i}$$

用 u_i 乘上式、对 i 求和，并利用式(1.124)，有

$$u_i\frac{\partial u_j}{\partial x_i}\frac{\partial\phi}{\partial x_j}+u_iu_j\frac{\partial^2\phi}{\partial x_i\partial x_j}=0$$

代入式(1.123)，

$$\frac{1}{\rho}\frac{\partial p}{\partial n}\Big|_{x\in\partial\Omega}=(f\cdot n+u_iu_j\phi_{ij})\,|_{x\in\partial\Omega} \tag{1.125}$$

式(1.125)中,

$$\phi_{ij}=\frac{1}{|\nabla\phi(x)|}\frac{\partial^2\phi}{\partial x_i\partial x_j}$$

对于 Neuman 问题式(1.125)、式(1.113),应用

$$\|\nabla\psi\|_{s+1,p,\Omega}\leqslant C(\|\omega\|_{s,p,\Omega}+\|g\|_{s+1-\frac{1}{p},p,\partial\Omega})\tag{1.126}$$

导出

$$\|\nabla p\|_{m,\Omega}\leqslant C\Big(\Big\|\nabla\cdot f-\frac{\partial u_j}{\partial x_i}\frac{\partial u_i}{\partial x_j}\Big\|_{m-1,\Omega}+\|f\cdot n+u_iu_j\phi_{ij}\|_{m-\frac{1}{2},\partial\Omega}\Big)$$

上式第一项可以利用式(1.115),对其第二项可以利用迹定理,得

$$\|f\cdot n+u_iu_j\phi_{ij}\|_{m-\frac{1}{2},\partial\Omega}\leqslant C(\|f\|_m+\|u\|_m^2)$$

所以

$$\|\nabla p\|_{m,\Omega}\leqslant C(\|f\|_m+\|u\|_m^2)\tag{1.127}$$

同理可得式(1.116),但是其中第二项的估计略有不同,注意到$(\nabla p,u)=0$,有

$$-\frac{1}{\rho}((\nabla p,u))_m\leqslant\frac{1}{\rho}\sum_{k=1}^{m}|\nabla p|_k|u|_k$$

用式(1.127)代入上式,推出

$$-\frac{1}{\rho}((\nabla p,u))_m\leqslant C(\|f\|_m+\|u\|_m^2)\|u\|_m$$

表明式(1.118)仍然成立。

1.6.5 二维欧拉方程

在三维的讨论中,限于篇幅省略了解的存在性证明,有兴趣的读者可以参阅有关文献。需要说明的是,以上的存在性定理都是局部的,而二维情况却可以得到整体解的存在性。本节对初值问题加以证明,所有方法也适用于初边值问题。

设特征线在四维空间中经过点(x,t),以τ表示特征线上的时间,于是特征线可以表达为$\xi=\xi(\tau;x,t)$,满足

$$
\begin{cases}
\dfrac{\mathrm{d}\xi}{\mathrm{d}\tau} = u(\xi(\tau;x,t),\tau) & (1.128) \\
\xi(\tau;x,t) = x & (1.129)
\end{cases}
$$

有时为了表示 ξ 为一个五元函数，式(1.128)的左边也可写成$\dfrac{\partial\xi}{\partial\tau}$。对于特征线上的点$(\xi,\tau)$，$x$ 称为它的拉格朗日坐标，沿特征线拉格朗日坐标不变。

定理 1.3 如果 $u\in C^1$，那么由特征方程式(1.128)、式(1.129)所确定的映射 $Z: x\to\xi$，对任意 τ、t 都是保测度的。

证明： 雅可比行列式 $J(\tau)$ 为

$$
J(\tau) = \begin{vmatrix} \dfrac{\partial\xi_1}{\partial x_1} & \dfrac{\partial\xi_1}{\partial x_2} \\ \dfrac{\partial\xi_2}{\partial x_1} & \dfrac{\partial\xi_2}{\partial x_2} \end{vmatrix}
$$

式中 ξ_1、ξ_2、x_1、x_2 为分量，显见 $J(\tau)=1$；依式(1.128)，

$$
\frac{\partial J}{\partial\tau} = \begin{vmatrix} \dfrac{\partial^2\xi_1}{\partial\tau\partial x_1} & \dfrac{\partial^2\xi_1}{\partial\tau\partial x_2} \\ \dfrac{\partial\xi_2}{\partial x_1} & \dfrac{\partial\xi_2}{\partial x_2} \end{vmatrix} + \begin{vmatrix} \dfrac{\partial\xi_1}{\partial x_1} & \dfrac{\partial\xi_1}{\partial x_2} \\ \dfrac{\partial^2\xi_2}{\partial\tau\partial x_1} & \dfrac{\partial^2\xi_2}{\partial\tau\partial x_2} \end{vmatrix}
$$

$$
= \left(\frac{\partial u_1}{\partial x_1} + \frac{\partial u_2}{\partial x_2}\right) \begin{vmatrix} \dfrac{\partial\xi_1}{\partial x_1} & \dfrac{\partial\xi_1}{\partial x_2} \\ \dfrac{\partial\xi_2}{\partial x_1} & \dfrac{\partial\xi_2}{\partial x_2} \end{vmatrix} = (\nabla\cdot u)J = 0
$$

因此 $J=1$，表明映射 Z 是保测度的。

定理 1.4 若 $m\geqslant 3$、$u_0\in(H^m(R^2))^2$、$\nabla\cdot u_0=0$、$\nabla\times u_0\in L^1(R^2)$、$f\in L^1(0,T;(H^m(R^2))^2)$、$\nabla\times f\in L^1(0,T;L^1(R^2))$，则式(1.110)～式(1.112)在 $L^\infty(0,T;(H^m(R^2))^2)$中有唯一的解 u。

证明： 按定理 1.1，上述问题在$[0,T_*]$上有解。下面只需证明一个与 T_* 无关的估计 $\|u(t)\|_m\leqslant C$ 就可以将解延拓到区间$[0,T]$，今仅证明 $m=3$ 的情形，其余类似。

引入涡度 $\omega=-\nabla\times u$、流函数 ψ，式(1.110)～式(1.112)变为

$$\begin{cases} \dfrac{\partial \omega}{\partial t} + u \cdot \nabla \omega = F & (1.130) \\ \qquad -\nabla^2 \psi = \omega \quad (u = \nabla \times \psi) & (1.131) \\ \qquad \omega\big|_{t=0} = \omega_0 & (1.132) \end{cases}$$

这里 $\omega_0 = -\nabla \times u_0$，由式(1.128)、式(1.129)定义特征线 $\xi(\tau; x, t)$，故积分式(1.130)，

$$\omega(x,t) = \omega_0(\xi(0;x,t)) + \int_0^\tau F(\xi(\tau;x,t),\tau)\mathrm{d}\tau \quad (1.133)$$

用嵌入定理，$\omega_0 \in L^\infty(R^2)$，$F \in L^1(0,T;L^\infty(R^2))$。从式(1.133)得 $|\omega(x,t)| \leqslant C$。注意，$C$ 不依赖于 T_*，以后出现的类似常数也有该特点。又从式(1.133)，

$$\int_{R^2} |\omega(x,t)|\,\mathrm{d}x \leqslant \int_{R^2} |\omega_0(\xi(0;x,t))|\,\mathrm{d}x + \iint_{R^2}\int_0^\tau |F(\xi(\tau;x,t),\tau)|\,\mathrm{d}x\mathrm{d}\tau$$

由定理1.3，上式右边等于

$$\int_{R^2} |\omega_0(\xi)|\,\mathrm{d}\xi + \iint_{R^2}\int_0^\tau |F(\xi,\tau)|\,\mathrm{d}\xi\mathrm{d}\tau$$

从本定理的假设 $\|\omega(\cdot,t)\|_{0,1,R^2} \leqslant C$ 及式(1.102)知 $|\nabla\psi(x,t)| \leqslant C$，即 $|u| \leqslant C$；依式(1.104)，

$$|u(x) - u(y)| \leqslant C|x-y|(1 + |\ln|x-y||)$$

估计函数 $\xi(\tau;x,t)$ 关于 x 的 Hölder 系数，由式(1.128)导出

$$\left|\frac{\partial}{\partial\tau}(\xi(\tau;x,t) - \xi(\tau;y,t))\right| = |u(\xi(\tau;x,t),\tau) - u(\xi(\tau;y,t),\tau)| \leqslant C|\xi(\tau;x,t) - \xi(\tau;y,t)|(1 + |\ln|\xi(\tau;x,t) - \xi(\tau;y,t)||)$$

取 $\beta = \exp(-kCT)$ 且命 $|x-y|^\beta < \dfrac{1}{e}$、$z = |\xi(\tau;x,t) - \xi(\tau;y,t)|$、$\tau \leqslant t$；当 $\tau \leqslant t$ 时 $|z| < \dfrac{1}{e}$，表明有 $t_1 < t$，对 $\tau \in [t_1, t]$ 均存在 $|z| < \dfrac{1}{e}$。在此区间上，

$$\left|\frac{\mathrm{d}z}{\mathrm{d}\tau}\right| < 2Cz \mid \ln z \mid$$

得到

$$\frac{\mathrm{d}}{\mathrm{d}\tau}[\exp(-2C\tau)\ln z] = \left(-2C\ln z + \frac{1}{z}\frac{\mathrm{d}z}{\mathrm{d}\tau}\right)\exp(-2C\tau) \geqslant 0$$

所以

$$\exp(-2C\tau)\ln z(\tau) \leqslant \exp(-2C\tau)\ln \mid x - y \mid$$

从而

$$z(\tau) \leqslant \mid x - y \mid^{\exp[-2C(t-\tau)]} < \mid x - y \mid^{\exp(-2C\tau)} < \frac{1}{e}$$

根据该式，t_1 可以继续向下延拓，直到 $t_1 = 0$，它就证明了：当 $|x-y|^{\beta} < \dfrac{1}{e}$ 时

$$\mid \xi(\tau; x, t) - \xi(\tau; y, t) \mid \leqslant \mid x - y \mid^{\beta} \tag{1.134}$$

从式(1.133)，

$$\mid \omega(x,t) - \omega(y,t) \mid \leqslant \mid \omega_0(\xi(0;x,t)) - \omega_0(\xi(0;y,t)) \mid$$

$$+ \int_0^{\tau} \mid F(\xi(\tau;x,t),\tau) - F(\xi(\tau;y,t),\tau) \mid \mathrm{d}\tau$$

利用嵌入定理知 $H^{m-1} \to C^{0,\lambda}(0<\lambda<1)$，以式(1.134)代入即可。只要 $|x-y|^{\beta} < \dfrac{1}{e}$ 就有

$$\mid \omega(x,t) - \omega(y,t) \mid \leqslant C \mid x - y \mid^{\lambda\beta}$$

依式(1.131)、式(1.100)，

$$\| \psi \|_{C^{2,\lambda\beta}} \leqslant C \qquad \| u \|_{C^{1,\lambda\beta}} \leqslant C$$

对式(1.128)x 求导，

$$\frac{\partial^2 \xi}{\partial \tau \partial x} = \frac{\partial u}{\partial \xi}\frac{\partial \xi}{\partial x}$$

于是

$$\left|\frac{\partial^2 \xi}{\partial \tau \partial x}\right| \leqslant C\left|\frac{\partial \xi}{\partial x}\right|$$

已知

$$\left.\frac{\partial \xi}{\partial x}\right|_{t=\tau} = I \quad (I\text{ 为单位矩阵})$$

应用 Gronwall 不等式得

$$\left|\frac{\partial \xi}{\partial x}\right| \leqslant \exp(C \mid t-\tau \mid)$$

由式(1.133)

$$\frac{\partial \omega}{\partial x}=\frac{\partial \omega_0}{\partial \xi}\frac{\partial \xi}{\partial x}+\int_0^\tau \frac{\partial F}{\partial \xi}\frac{\partial \xi}{\partial \lambda}\mathrm{d}\tau$$

使用嵌入定理，$\frac{\partial \omega_0}{\partial \xi} \in H^{m-1}$ 可嵌入 $L^p(1 \leqslant p<\infty)$，同理 $\frac{\partial F}{\partial \xi}$ 也可作此嵌入，据定理 1.3，

$$\left\|\frac{\partial \omega}{\partial x}\right\|_{0,p} \leqslant C\left\|\frac{\partial \omega_0}{\partial \xi}\right\|_{0,p}+\int_0^\tau\left\|\frac{\partial F}{\partial \xi}\right\|_{0,p}\mathrm{d}\tau \leqslant C$$

由式(1.106)，

$$\mid \psi \mid_{3,p} \leqslant C \quad \mid u \mid_{2,p} \leqslant C$$

注意式(1.128)，置 $|\alpha|=2$、$|\beta|=1(\beta<\alpha)$，表明

$$\frac{\partial}{\partial \tau}\partial^\alpha \xi_i=\frac{\partial u_i}{\partial \xi}\partial^\alpha \xi+(\partial^{\alpha-\beta}\xi)^T\frac{\partial^2 u_i}{\partial \xi^2}\partial^\alpha \xi \quad (i=1,2,\cdots)$$

以 $|\partial^\alpha \xi|^{p-2}\partial^\alpha \xi$ 乘上式并对 i、α 求和$(p \geqslant 2)$，在 R^2 上积分

$$\frac{\mathrm{d}}{\mathrm{d}\tau}\| D_x^2 \xi \|_{0,p}^{p} \leqslant C \| D_x^2 \xi \|_{0,p}^{2}+C\int_R\left|\frac{\partial^2 u}{\partial \xi^2}\right| \mid \partial_x^2 \xi \mid^{p-1}\mathrm{d}x$$

再用 Hölder 不等式，结合定理 1.3，

$$\frac{\mathrm{d}}{\mathrm{d}\tau}\| D_x^2 \xi \|_{0,p}^{p} \leqslant C \| D_x^2 \xi \|_{0,p}^{p}+C\left(\int_{R^2}\left|\frac{\partial^2 u}{\partial \xi^2}\right|^p \mathrm{d}x\right)^{\frac{1}{p}}\left(\int_{R^2}| D_x^2 \xi |^p \mathrm{d}x\right)^{\frac{p-1}{p}}$$

$$=C \| D_x^2 \xi \|_{0,p}^{p}+C\left(\int_{R^2}\left|\frac{\partial^2 u}{\partial \xi^2}\right|^p \mathrm{d}\xi\right)^{\frac{1}{p}}\left(\int_{R^2} \mid D_x^2 \xi \mid^p \mathrm{d}x\right)^{\frac{p-1}{p}}$$

$$\leqslant C(\| D_x^2 \xi \|_{0,p}^{p}+\mid u \mid_{2,p}^{p})$$

由 Gronwall 不等式知 $\| D_0^2 \xi \|_{0,p} \leqslant C$。取 $p=4$，从式(1.133)导出

$$\| D_x^2 \omega \|_0 \leqslant C\left[\left\|\frac{\partial \omega_0}{\partial \xi}\right\|_{0,4} \| D_0^2 \xi \|_{0,4}+\left\|\frac{\partial^2 \omega_0}{\partial \xi^2}\right\|_0\right.$$

$$\left.+\int_0^\tau\left(\left\|\frac{\partial F}{\partial \xi}\right\|_{0,4} \| D_0^2 \xi \|_{0,4}+\left\|\frac{\partial^2 F}{\partial \xi^2}\right\|_0\right)\mathrm{d}\tau\right] \leqslant C$$

再依式(1.106)得$|u|_3<C$。此外$\|u\|_0$的估计是常规的，由定理1.1等可进一步得到

$$\|u\|_0 \leqslant \|u_0\|_0 + \int_0^T \|f(t)\|_0 \mathrm{d}t$$

即$\|u\|_3 \leqslant C$。以$t=T_*$时的解作初值即存在$t>T_*$时的解，不断向上延拓，最终达到整个区间$[0,T]$。

1.6.6 线性算子半群

定义 1.1 设X为巴拿赫空间，有界算子的单参数族$T(t)(0\leqslant t<\infty): X\to X$，称为半群，如果

(1)$T(0)=\tau$;

(2)$T(t+s)=T(t)T(s) \quad (t,s\geqslant 0)$。

定义 1.2 半群$T(t)$称为强连续的(C_0半群)，如果对所有$x\in X$，

$$\lim_{t\to 0+0} T(t)x = x$$

定义 1.3 半群$T(z)$称为解析半群，如果它定义于区域

$$D = \{z \mid z\in C, \varphi_1 < \arg z < \varphi_2, \varphi_1 < 0 < \varphi_2\}$$

上，当$z\in D$时$T(z)$为有界线性算子，满足：

(1)$z\to T(z)$在D内解析；

(2)$T(0)=I, \lim\limits_{z\to 0} T(z)x=x(z\in D$，对所有$x\in X)$；

(3)$T(z_1+z_2)=T(z_1)T(z_2)$(对所有z_1、$z_2\in D$)。

显然解析半群在正实轴上的限制为C_0半群。

定义 1.4 设$D(A)\subset X$，线性算子$A: D(A)\to X$称为半群$T(t)$的无穷小生成元，如果

$$Ax = \lim_{t\to 0+0} \frac{T(t)x - x}{t} \quad (\text{对所有 } x\in D(A))$$

定理 1.5 算子A为C_0半群$T(t)$的无穷小生成元的充要条件为：

(1)A为闭算子，$\overline{D(A)}=X$；

(2)A的预解集$\rho(A)$包括在正实轴R^+，且

$$\| R(\lambda;A) \| \leqslant \frac{1}{\lambda} \quad (对所有 \lambda > 0)$$

定理 1.6 若 $T(t)$为一致有界的 C_0 半群，A 为其无穷小生成元且 $0\in\rho(A)$，则下列的表述等价：

(1)$T(t)$可以延拓为 $D_\delta=\{z\,|\arg z|<\delta\}$上的解析半群，对 $\delta'<\delta$，$\| T(z) \|$ 在闭区域$\overline{D'}_\delta$ 上一致有界；

(2) $\| R(\sigma+i\tau;A) \| < \dfrac{C}{|\tau|}$($\tau\neq0$，对所有 $\sigma>0$)；

(3)存在 $\delta\in\left(0,\dfrac{\pi}{2}\right)$，使

$$\rho(A) \supset \Sigma = \left\{\lambda \mid \arg\lambda \mid < \frac{\pi}{2} + \delta\right\} \cup \{0\}$$

同时

$$\| R(\lambda;A) \| \leqslant \frac{M}{|\lambda|} \quad (\lambda \neq 0,对所有 \lambda \in \Sigma)$$

(4)$T(t)$在 $t>0$ 时可导，并有

$$\| A(t) \| \leqslant \frac{C}{t}$$

今取 $T(z)$为解析半群，$-A$ 为无穷小生成元，$0\in\rho(A)$。因为 $\rho(A)$是开集，所以必有 0 的一个邻域在 $\rho(A)$内，于是存在 $\delta>0$，使$-A+\delta$ 仍为解析半群的无穷小生成元。为方便，将与$-A$对应的半群记作 e^{-tA}，则

$$\| e^{-t(-A+\delta)} \| \leqslant M$$

即

$$\| e^{-tA} \| \leqslant Me^{-\delta t}$$

任给 $\alpha>0$，定义 A 的负乘幂为

$$A^{-\alpha} = \frac{1}{\Gamma(\alpha)}\int_0^\infty t^{\alpha-1} e^{-tA}\,\mathrm{d}t$$

容易验证当 $\alpha=1$、2、…时，以上定义与 $A^{-\alpha}$的定义相同。

定理 1.7 $A^{-\alpha}$具有性质：

(1)$A^{-(\alpha+\beta)}=A^{-\alpha-\beta}$；

(2) $\| A^{-\alpha} \| \leqslant C \quad (0\leqslant\alpha\leqslant1)$；

(3) $\lim\limits_{\alpha\to 0} A^{-\alpha}x = x$ （对所有 $x\in X$）；

(4) $A^{-\alpha}$ 为双射。

记 A 的正乘幂为 $A^{\alpha}=(A^{-\alpha})^{-1}$。

定理 1.8 A^{α} 具有性质：

(1) A^{α} 为闭算子，$D(A^{\alpha})=R(A^{-\alpha})$；

(2) 当 $\alpha\geqslant\beta>0$ 时 $D(A^{\alpha})\subset D(A^{\beta})$；

(3) $\overline{D(A^{\alpha})}=X(\alpha\geqslant 0)$；

(4) $A^{\alpha+\beta}x=A^{\alpha}A^{\beta}x$ （对所有 $x\in D(A^{\gamma_0})$）

式中 α、β 为实数；$\gamma_0=\max(\alpha,\beta,\alpha+\beta)$；

(5) $A^{\alpha}x = \dfrac{\sin\pi\alpha}{\pi}\displaystyle\int_0^{\infty} t^{\alpha-1}A(tI+A)^{-1}x\mathrm{d}t$

式中 $0<\alpha<1$，对所有 $x\in D(A)$；

(6) $\| A^{\alpha}x \| \leqslant C(\rho^{\alpha}\| x \| + \rho^{\alpha-1}\| Ax \|)$

$\| A^{\alpha}x \| \leqslant C\| x \|^{1-\alpha}\| Ax \|^{\alpha}(0<\alpha<1$，对所有 $x\in D(A))$

式中常数 $\rho>0$。

分数次幂与半群结合。

定理 1.9

(1) $e^{-tA}: X\to D(A^{\alpha})$ （$\alpha\geqslant 0$，对所有 $t>0$）；

(2) $e^{-tA}A^{\alpha}x=A^{\alpha}e^{-tA}x$ （对所有 $x\in D(A^{\alpha})$）；

(3) $\| A^{\alpha}e^{-tA} \| \leqslant M_{\alpha}t^{-\alpha}e^{-\delta t}$；

(4) $\| e^{-tA}x-x \| \leqslant C_{\alpha}t^{\alpha}\| A^{\alpha}x \|$ （$x\in D(A^{\alpha})$，对所有 $D\leqslant\alpha\leqslant 1$）

式中 M_{α}、C_{α} 为依赖于 α 的常数。

1.6.7 斯托克斯算子

设 $\Omega\subset R^{\Gamma}$ 为边界充分光滑的有界区域、P 为 Helmholtz 投影算子，定义 $A=-P\nabla^2$ 为斯托克斯算子，其定义域

$$D(A)=\{u\mid u\in(H^2(\Omega))^{\Gamma},\nabla\cdot u=0,u\mid_{\partial\Omega}=0\}$$

于是 $A: D(A)\to X$；置 $f\in X$，有

$$Au=f \tag{1.135}$$

及斯托克斯问题

$$\begin{cases} -\nabla^2 u + \nabla^2 p = f \\ \nabla \cdot u = 0 \\ u|_{\partial\Omega} = 0 \end{cases} \tag{1.136}$$

式(1.136)等价于式(1.135)。如果 u 为式(1.136)的解，那么以 P 作用于方程得到式(1.135)；如果 u 为式(1.135)的解，那么可以将 $-\nabla^2 u$ 作分解，

$$-\nabla^2 u = f_1 + f_2 \quad (f_1 \in G, f_2 \in X)$$

表明存在 $p \in H^1(\Omega)$，使 $-\nabla p = f_1$，另 $f_2 = P(-\nabla^2 u) = Au$，也就是 $f_2 = f$，u、p 符合式(1.136)。由于已知式(1.136)的解存在并唯一，因此 A 是从 $D(A)$ 到 X 的双射。考察

$$(\lambda I + A)u = f \quad (f \in X, u \in D(A))$$

取 $v \in (H_0^1(\Omega))^\Gamma \cap X$，作 L^2 内积，

$$\lambda(u,v) + (\nabla u, \nabla v) = (f,v) \tag{1.137}$$

依对称性，谱点都在实轴上。当 $\lambda \geqslant 0$ 时由 Lax-Milgram 定理，它有唯一的解，说明谱点均为负数。当 $\lambda > 0$ 时取 $v = u$，得

$$\lambda \|u\|_X^2 \leqslant \|f\|_X \|u\|_X$$

结果

$$\|u\|_X \leqslant \frac{\|f\|_X}{\lambda}$$

注意到 $A^{-1}: X \to D(A)$ 为有界算子，可以断言它是闭算子；又

$$\{u \mid u \in (C_0^\infty(\Omega))^\Gamma, \nabla \cdot u = 0\}$$

在 X 中稠密，所以 $D(A)$ 在 X 中也稠密。利用定理 1.5 知 $-A$ 为 C_0 半群的无穷小生成元，也记为 e^{-tA}。

当 $\lambda = \sigma + i\tau (\sigma > 0)$ 时置 $v = u$，取式(1.137)的虚部，产生

$$i\tau \|u\|_X^2 = i\mathrm{Im}(f,u)$$

或

$$\|u\|_X \leqslant \frac{\|f\|_X}{|\tau|}$$

根据定理 1.6(1)、(2)，e^{-tA} 可以延拓为解析半解。

为了分析 A 的乘幂，先讨论 $B=-\nabla^2$ 的乘幂，B 的定义域为 $D(B)=H^2(\Omega)\cap H_0^1(\Omega)$。以上关于 A 的讨论对于 B 也适用。因此 $-B$ 为解析半群 e^{-tB} 的无穷小生成元，在定义乘幂 B^α 之后可以证明其定义域就是内插空间。

$$D(B^\alpha)=[L^2(\Omega),D(B)]_\alpha \quad (0\leqslant\alpha\leqslant 1) \tag{1.138}$$

显然

$$H_0^2(\Omega)\subset D(B)\subset H^2(\Omega)$$

推出

$$[L^2(\Omega),H_0^2(\Omega)]_\alpha\subset D(B^\alpha)\subset[L^2(\Omega),H^2(\Omega)]_\alpha \tag{1.139}$$

但是两端的两个空间就是 $H_0^{2\alpha}(\Omega)$、$H^{2\alpha}(\Omega)$，它们有相同的范数 $\|\cdot\|_{2\alpha}$，于是空间 $D(B^\alpha)$ 上的范数等价于 $\|\cdot\|_{2\alpha}$；如果 $\alpha=\frac{1}{2}$ 时 $D(B^{\frac{1}{2}})$ 上的范数就是 $\|\cdot\|_1$。

此外，从式(1.139)还可以得到关于空间 $D(B^\alpha)$ 的某些描述，如当 $\alpha=\frac{1}{2}$ 时由定理 11.8②，

$$D(B)\subset D(B^{\frac{1}{2}})$$

就是

$$H^2(\Omega)\cap H_0^1(\Omega)\subset D(B^{\frac{1}{2}})$$

因为按照范数 $\|\cdot\|_1$，$D(B^{\frac{1}{2}})$ 为巴拿赫空间，所以 $H^2(\Omega)\cap H_0^1(\Omega)$ 按照范数 $\|\cdot\|_1$，取闭包应该在 $D(B^{\frac{1}{2}})$ 内，即 $H_0^1(\Omega)\subset D(B^{\frac{1}{2}})$。但是

$$D(B^{\frac{1}{2}})\subset[L^2(\Omega),H_0^2(\Omega)]_{\frac{1}{2}}=H_0^1(\Omega)$$

故有

$$D(B^{\frac{1}{2}})=H_0^1(\Omega)$$

当 $0\leqslant\alpha\leqslant\frac{1}{2}$ 时取 $L^2(\Omega)$、$H_0^1(\Omega)$ 作内插，也就是

$$D(B^\alpha)=[L^2(\Omega),H_0^1(\Omega)]_{2\alpha}=H_0^{2\alpha}(\Omega) \tag{1.140}$$

当$\frac{1}{2}\leqslant\alpha\leqslant 1$时取$H_0^1(\Omega)$、$D(B)$作内插，也就是

$$\begin{aligned}D(B^\alpha) &= [H_0^1(\Omega), H^2(\Omega)\cap H_0^1(\Omega)]_{2\alpha-1} \\ &= H_0^1(\Omega)\cap [H^1(\Omega), H^2(\Omega)]_{2\alpha-1} \\ &= H_0^1(\Omega)\cap H^{2\alpha}(\Omega) \end{aligned} \tag{1.141}$$

式(1.140)、式(1.141)完全描述了当$0\leqslant\alpha\leqslant 1$时的$D(B^\alpha)$。对于$\alpha>1$，如$1\leqslant\alpha\leqslant 2$，可使用

$$B^\alpha = B^{\alpha-1}B$$

来描述定义域$D(B^\alpha)$与范数。

下面建立$D(B^\alpha)$、$D(A^\alpha)$的关系，为此先将B定义于矢量函数的空间$(H^2(\Omega))^\Gamma\cap(H_0^1(\Omega))^\Gamma$。

定理 1.10 存在连续算子$\widetilde{P}:(L^2(\Omega))^\Gamma-X$，使

$$\widetilde{P}\mid_{D(B)}: D(B)\to D(A)$$

为连续的。

事实上，令$\widetilde{P}f=-A^{-1}P\nabla^2 f=A^{-1}PBf$；当$f\in D(B)$时$\widetilde{P}f\in D(A)$，所以只要证明$\widetilde{P}$可以延拓为从$(L^2(\Omega))^\Gamma$到$X$的有界算子即可。

考虑对偶算子$\widetilde{P}^*=BIA^{-1}$(I为恒同算子)，由斯托克斯问题的先验估计，得

$$\|\widetilde{P}^* f\|_0\leqslant\|A^{-1}f\|_2\leqslant\|f\|_0$$

因此$\widetilde{P}^*: X\to(L^2(\Omega))^\Gamma$是有界的；其对偶$\widetilde{P}:(L^2(\Omega))^\Gamma\to X$也有界。

定理 1.11 $[X,D(A)]_\alpha=[(L^2(\Omega))^\Gamma,D(B)]_\alpha\cap X$。

证明：首先有$D(A)=D(B)\cap X$。

任给$u\in[X,D(A)]_\alpha$，依内插空间定义，存在$f\in F(X,D(A))$，使$u=f(\alpha)$。显然$f\in F((L^2(\Omega))^\Gamma,D(B))$。于是$u\in[(L^2(\Omega))^\Gamma,D(B)]_\alpha$，因为$D(A)\subset X$，所以$f\in X$，有$u\in X$，表明

$$u\in[(L^2(\Omega))^\Gamma,D(B)]_\alpha\cap X$$

反之，任给$u\in[(L^2(\Omega))^\Gamma,D(B)]_\alpha\cap X$，则存在

$$f\in F((L^2(\Omega))^\Gamma,D(B))$$

使 $u=f(\alpha)$。对于 $\tilde{P}f$，有 $\tilde{P}f\in F(X,D(A))$。当 $f\in D(A)$ 时由定义知 $\tilde{P}f=f$，所以 $\tilde{P}$ 在 $D(A)$ 内为同恒映射。$D(A)$ 在 X 内稠密，于是 $\tilde{P}$ 在 X 上也为恒同算子。取 $u\in X$，得 $\tilde{P}u=u$，或 $\tilde{P}f(\alpha)=u$，故 $u\in[X,D(A)]_{\alpha}$。

对丁线性斯托克斯方程，

$$
\begin{cases}
\dfrac{\partial u}{\partial t}+\dfrac{1}{\rho}\nabla p=\nu\nabla^{2}u+f & (1.142)\\
\nabla\cdot u=0 & (1.143)\\
u\,|_{x\in\partial\Omega}=0 & (1.144)\\
u\,|_{t=0}=u_{0} & (1.145)
\end{cases}
$$

置 $u_0\in X$、$f\in L^1(0,T;(L^2(\Omega))^\Gamma)$，结果式(1.142)～式(1.145)的解为

$$
u(t)=u_0\exp(-\nu tA)+\int_0^t p\exp[-\nu(t-\tau)]f(\tau)\mathrm{d}\tau \tag{1.146}
$$

现验证式(1.140)在弱定义下满足式(1.142)。

任取 $v\in X\cap(H_0^1(\Omega))^\Gamma$、$\varphi\in C_0^\infty(0,T)$，并以 $v\varphi'(t)$ 与式(1.146)作内积，

$$
\begin{aligned}
\int_0^T(u,v)\varphi'(t)\mathrm{d}t &= \int_0^T(u_0\exp(-\nu tA),v)\varphi'(t)\mathrm{d}t \\
&+\int_0^T\int_0^\tau Pf(\tau)(\exp(-\nu(t-\tau)A),v)\varphi'(t)\mathrm{d}\tau\mathrm{d}t \\
&=\int_0^T(\nu u_0A\exp(-\nu tA),v)\varphi(t)\mathrm{d}t-\int_0^T\Big[(Pf(t),v)-\int_0^t(\nu Af(\tau)P\cdot \\
&\exp(-\nu(t-\tau),v))\mathrm{d}\tau\Big]\varphi(t)\mathrm{d}t
\end{aligned}
$$

用式(1.140)代入，右边得

$$
\int_0^T(u,v)\varphi'(t)\mathrm{d}t=\int_0^T(\nu Au,v)\varphi(t)\mathrm{d}t-\int_0^T(f(t),v)\varphi(t)\mathrm{d}t
$$

即

$$
\int_0^T(u,v)\varphi'(t)\mathrm{d}t=-\int_0^T(\nu\nabla^2u+f,v)v(t)\mathrm{d}t
$$

这就是弱解的表达式。当提高 u_0、f 的正则性时解的正则性也提高。若命 $u_0 \in D(A)$、$f \in W^{1,1}(0,T;(L^2(\Omega))^\Gamma)$，则 $w=\dfrac{\partial u}{\partial t}$ 为下列问题的弱解，

$$\begin{cases} \dfrac{\partial w}{\partial t}+\dfrac{1}{\rho}\nabla p=\nu\nabla^2 w+\dfrac{\partial f}{\partial t} \\ \nabla\cdot w=0 \\ w\,|_{x\in\partial\Omega}=0 \\ w\,|_{t=0}=P[\nu\nabla^2 u_0+f(x,0)] \end{cases}$$

从而可进一步讨论 $\dfrac{\partial u}{\partial t}$ 的正则性。

对于纳维尔-斯托克斯方程的初边值，

$$\begin{cases} \dfrac{\partial u}{\partial t}+(u\cdot\nabla)u+\dfrac{1}{\rho}\nabla p=\nu\nabla^2 u+f & (1.147) \\ \nabla\cdot u=0 & (1.148) \\ u\,|_{x\in\partial\Omega}=0 & (1.149) \\ u\,|_{t=0}=u_0 & (1.150) \end{cases}$$

若 $V=D(A^{\frac{1}{2}})$、V' 为 V 的对偶空间，$u_0\in X$、$f\in L^2(0,T;V')$，则式(1.147)～式(1.150)不论二维还是三维在 $[0,T]$ 上存在一个弱解。

1.7 非线性水波

1.7.1 线性水波

当流体不可压缩时的连续方程为

$$\nabla\cdot\boldsymbol{u}=0 \tag{1.151}$$

运动方程可取为

$$\frac{\mathrm{d}\boldsymbol{u}}{\mathrm{d}t}=-\nabla\left(\frac{P}{\rho}+gz\right)+\nu\nabla^2\boldsymbol{u} \tag{1.152}$$

若流体作无旋运动，则 $\nabla\times\boldsymbol{u}=\boldsymbol{0}$；这表明流动存在速度势 Φ 使

$$\boldsymbol{u}=\nabla\Phi \tag{1.153}$$

式中 g 为重力加速度；z 为铅直坐标(取向上为正)，应用公式

$$\boldsymbol{u}\cdot\nabla\boldsymbol{u}=\nabla\left(\frac{u^2}{2}\right)-\boldsymbol{u}\times(\nabla\times\boldsymbol{u})$$

并忽略黏性，代入式(1.152)再积分，有

$$-\frac{P}{\rho}=gz+\frac{\partial\Phi}{\partial t}+\frac{1}{2}|\nabla^2\Phi|^2+C(t)$$

上式称为广义伯努利积分。若适当选用势函数使之满足下述关系，从而积分常数 $C(t)$ 可隐含于 Φ 中或认为 $C(t)=0$。选

$$\frac{\partial\Phi'}{\partial t}=\frac{\partial\Phi}{\partial t}+\frac{P_a}{\rho}+C(t)$$

$$\nabla\Phi'=\nabla\Phi$$

这里 P_a 为大气压强，一般为常数，这相当于 $C(t)=0$，结果

$$-\frac{P}{\rho}=gz+\frac{\partial\Phi}{\partial t}+\frac{1}{2}|\nabla^2\Phi|^2 \tag{1.154}$$

设想流体的底边界为刚性，当 $z=-h(x,y)$ 时

$$\frac{\partial\Phi}{\partial n}=0 \tag{1.155}$$

$\boldsymbol{n}$ 表示底面的单位法矢量，规定它指向流体的一侧为正方向。为了求出在底面上的速度表达式，取

$$z=\eta(x,y,t) \tag{1.156}$$

或

$$F(\boldsymbol{r},t)=z-\eta(x,y,t)=0$$

式中为方便把 x、y 写成平面极坐标矢量 $\boldsymbol{r}$，如表面某点的质点速度为 $\boldsymbol{q}$，流体中的质点速度为 $\boldsymbol{u}$，得

$$F(\boldsymbol{r}+\boldsymbol{q}\mathrm{d}t,t+\mathrm{d}\tau)=0$$

展开，

$$\frac{\partial F}{\partial t}+\boldsymbol{q}\cdot\nabla F=0$$

在 $z=\eta$ 的表面上质点速度连续，于是在底面上

$$\frac{\partial F}{\partial t}+\boldsymbol{u}\cdot\nabla F=0 \tag{1.157}$$

对于自由表面，若其表面为式(1.156)的形式，则

$$\left.\begin{array}{r}\frac{\partial\eta}{\partial t}+\frac{\partial\Phi}{\partial x}\frac{\partial\eta}{\partial x}+\frac{\partial\Phi}{\partial y}\frac{\partial\eta}{\partial y}=\frac{\partial\Phi}{\partial z}\\ z=\eta\end{array}\right\} \tag{1.158}$$

置 $h(x,y)$ 为常数,将式(1.153)代入式(1.151),

$$\nabla^2\Phi=0 \tag{1.159}$$

在式(1.154)中不计非线性,得

$$P=-\rho gz-\rho\frac{\partial\Phi}{\partial t} \tag{1.160}$$

在自由面上 $P=P_a$。在推证式(1.154)中使用了 $\Phi-\frac{P_a t}{\rho}$ 代替 Φ,如果从中提取后一项,式(1.160)变为

$$-\frac{P-P_a}{\rho}=gz+\frac{\partial\Phi}{\partial t} \tag{1.161}$$

舍非线性部分,在自由面上式(1.158)变为

$$\frac{\partial\eta}{\partial t}=\frac{\partial\Phi}{\partial z}\quad(z=0) \tag{1.162}$$

同理底部的边界条件式(1.155)变为

$$\left.\frac{\partial\Phi}{\partial z}\right|_{z=-h}=0 \tag{1.163}$$

下面仅讨论角频为 ω 的简谐水波。为此置

$$\left\{\begin{array}{l}\eta(x,y,t)=\xi(x,y)\exp(-j\omega t)\\ \Phi(x,y,t)=\varphi(x,y,z)\exp(-j\omega t)\quad(j=\sqrt{-1})\\ u(x,y,t)=U(x,y,z)\exp(-j\omega t)\end{array}\right. \tag{1.164}$$

把式(1.164)代入式(1.159)～式(1.163),有

$$\left\{\begin{array}{l}\nabla^2\varphi=0\quad(-h<z<0)\\ \frac{\partial\varphi}{\partial z}=0\quad(z=-h)\\ \frac{\partial\varphi}{\partial z}+j\omega\xi=0\quad(z=0)\\ g\xi-j\omega\varphi=0\quad(z=0)\end{array}\right. \tag{1.165}$$

命

$$\xi = A\exp(jkz) \tag{1.166}$$

代入式(1.165)推出

$$\left.\begin{aligned} \varphi &= B\mathrm{ch}[h(z+h)]\exp(jkz) \\ B &= \frac{gA}{j\omega}\frac{1}{\mathrm{ch}(kh)} \end{aligned}\right\} \tag{1.167}$$

且

$$\omega^2 = gk\,\mathrm{th}(kh) \tag{1.168}$$

而相速度

$$C_u = \frac{\omega}{k} = \sqrt{\frac{g}{k}\mathrm{th}(kh)} \tag{1.169}$$

为频散方程;近似的关系有

$$C_u = \begin{cases} \sqrt{gh} & (kh \ll 1) \\ \sqrt{\dfrac{g}{k}} & (kh \gg 1) \end{cases} \tag{1.170}$$

称$\sqrt{gh}$为浅水波(长波)相速,即当$kh \ll 1$时其频散可以忽略;称$\sqrt{\dfrac{g}{k}}$为深水波(短波)相速,它有频散。

1.7.2 浅水中的非线性波

对水波方程无量纲化。作

$$(x',y') = k(x,y) \quad z' = \frac{z}{h} \quad t' = \omega t = tk\sqrt{gh}$$

$$\eta' = \frac{\eta}{A} \quad \Phi' = \frac{\Phi}{\dfrac{A}{kh}\sqrt{gh}} \tag{1.171}$$

据此得到

$$(u,v) = \left(\frac{\partial}{\partial x},\frac{\partial}{\partial y}\right)\Phi = \frac{A}{h}\sqrt{gh}(u',v') \tag{1.172}$$

式中$u' = \dfrac{\partial \Phi'}{\partial x'}$、$v' = \dfrac{\partial \Phi'}{\partial y'}$。

同理

$$W=\frac{\partial \Phi}{\partial z}=\frac{1}{kh}\frac{A}{h}\sqrt{gh}W' \tag{1.173}$$

$$W'=\frac{\partial \Phi'}{\partial z'}$$

记

$$\mu=kh \quad \varepsilon=\frac{A}{h} \tag{1.174}$$

把这些变换代入式(1.154)、式(1.158)、式(1.159),并略去撇号,导出

$$\mu^2(\Phi_{xx}+\Phi_{yy})+\Phi_{zz}=0 \quad (-1<z<\varepsilon\eta) \tag{1.175}$$

$$\mu^2(\eta_t+\varepsilon\Phi_x\eta_x+\varepsilon\Phi_y\eta_y)=\Phi_z \quad (z=\varepsilon\eta) \tag{1.176}$$

$$\begin{cases} \mu^2(\Phi_t+\eta)+\dfrac{1}{2}\varepsilon[\mu^2(\Phi_x^2+\Phi_y^2)+\Phi_z^2]=0 \\ z=\varepsilon\eta \end{cases} \tag{1.177}$$

$$\Phi\big|_{z=-1}=0 \tag{1.178}$$

取浅水近似 $\mu=kh\ll1$,但 $\varepsilon=\dfrac{A}{h}$,展开 Φ,

$$\Phi(x,y,z,t)=\sum_{n=0}^{\infty}(1+z)^n\Phi_n \tag{1.179}$$

这里

$$\Phi_n=\Phi_n(x,y,t)=\frac{1}{n!}\frac{\partial^n\Phi}{\partial z^n}\bigg|_{z=-1} \quad (n=0,1,2,\cdots) \tag{1.180}$$

以$\nabla=\left(\dfrac{\partial}{\partial x},\dfrac{\partial}{\partial y}\right)$为二维算子,代入式(1.175),推出

$$\Phi_{n+1}=-\frac{\mu^2\nabla^2\Phi_n}{(n+1)(n+2)} \quad (n=0,1,2,\cdots) \tag{1.181}$$

从式(1.178),

$$\Phi_1=\frac{\partial\Phi}{\partial z}\bigg|_{z=-1}=0$$

所以

$$\Phi_1=\Phi_3=\cdots=\Phi_{2m+1}=\cdots=0$$

将其代入式(1.179)，

$$\Phi = \Phi_0 - \frac{1}{2}\mu^2(1+z)^2 \nabla^2\Phi_0 + \frac{1}{24}\mu^4(1+z)^4 \nabla^4\Phi_0 + O(\mu^4) \tag{1.182}$$

命

$$H = 1+\varepsilon\eta \quad \boldsymbol{u}_0 = \nabla\Phi_0 \tag{1.183}$$

式(1.183)、式(1.182)代入式(1.176)、式(1.177)，

$$\frac{1}{2}H_t + \nabla H \cdot \left(\boldsymbol{u}_0 - \frac{1}{2}\mu^2 H^2 \nabla^2\boldsymbol{u}_0\right) + H\nabla\cdot\boldsymbol{u}_0 - \frac{1}{6}\mu^2 H^3 \nabla^2(\nabla\cdot\boldsymbol{u}_0) = O(\mu^4) \tag{1.184}$$

并

$$\boldsymbol{u}_{0t} + \varepsilon\boldsymbol{u}_0\cdot\nabla\boldsymbol{u}_0 + \frac{1}{3}\nabla H + \mu^2\nabla\left[-\frac{1}{2}\varepsilon H^2\boldsymbol{u}_0\cdot\nabla\boldsymbol{u}_0 + \frac{1}{2}\varepsilon H^2(\nabla\cdot\boldsymbol{u}_0)^2 - \frac{1}{2}H^2\nabla\cdot\boldsymbol{u}_{0t}\right] = O(\mu^4) \tag{1.185}$$

对式(1.182)取二维算子和$\frac{\partial}{\partial z}$，

$$\nabla\Phi = \boldsymbol{u}_0 - \frac{1}{2}\mu^2(1+z)^2\nabla(\nabla\cdot\boldsymbol{u}_0) + O(\mu^4) \tag{1.186}$$

$$W = \frac{\partial\Phi}{\partial z} = -\mu^2(1+z)\nabla^2\Phi_0 = \mu^2(1+z)\nabla\cdot\boldsymbol{u}_0 + O(\mu^4) \tag{1.187}$$

在式(1.186)中使用了$\nabla\times(\nabla\times\boldsymbol{u}_0)=\boldsymbol{0}$，于是$\nabla^2\boldsymbol{u}_0=\nabla(\nabla\cdot\boldsymbol{u}_0)$。把伯努利积分写成无量纲形式，

$$-P = z + \varepsilon\left\{\Phi_t + \frac{1}{2}\varepsilon\left[(\nabla\Phi)^2 + \frac{1}{\mu^2}\Phi_z^2\right]\right\} \tag{1.188}$$

应用式(1.182)、式(1.186)、式(1.187)，保留到μ^2，有

$$-P = z + \varepsilon\left\{\left[\Phi_{0t} - \frac{1}{2}\mu^2(1+z)^2\nabla\cdot\boldsymbol{u}_{0t}\right] + \frac{1}{2}\varepsilon[u_0^2 - \mu^2(1+z)^2\boldsymbol{u}_0\cdot\nabla^2\boldsymbol{u}_0\right.$$

$$+\mu^2(1+z)^2(\nabla\cdot\boldsymbol{u}_0)]\Big\} \tag{1.189}$$

式(1.182)代入式(1.177)解出 Φ_{0t}，再将其他代入式(1.189)，

$$P=(\varepsilon\eta-z)-\frac{1}{2}\mu^2[H^2-(1+z)^2]\{\nabla\cdot\boldsymbol{u}_{0t}$$

$$+\varepsilon[\boldsymbol{u}_0\cdot\nabla^2\boldsymbol{u}_0-(\nabla\cdot\boldsymbol{u}_0)^2]\}+O(\mu^4) \tag{1.190}$$

在水层内对速度求平均 $\langle\boldsymbol{u}\rangle$，应用式(1.186)，

$$\langle\boldsymbol{u}\rangle=\frac{1}{H}\int_{-1}^{\varepsilon\eta}\nabla\Phi\mathrm{d}z=\boldsymbol{u}_0+\frac{1}{6}\mu^2H^2\nabla^2\boldsymbol{u}_0-O(\mu^4)$$

导出 $\boldsymbol{u}_0$ 代入式(1.184)、式(1.185)，

$$\frac{\partial H}{\partial t}+\varepsilon\nabla\cdot(H\langle\boldsymbol{u}\rangle)=0 \tag{1.191}$$

且

$$\frac{\partial}{\partial t}\langle\boldsymbol{u}\rangle+\varepsilon\langle\boldsymbol{u}\rangle\cdot\nabla\langle\boldsymbol{u}\rangle+\frac{1}{\varepsilon}\nabla H+\frac{1}{6}\mu^2\frac{\partial}{\partial t}(H^2\nabla^2\langle\boldsymbol{u}\rangle)$$

$$+\mu^2\nabla^2\Big[-\frac{1}{3}\varepsilon H^2\langle\boldsymbol{u}\rangle\cdot\nabla^2\langle\boldsymbol{u}\rangle+\frac{1}{2}\varepsilon H^2(\nabla\cdot\langle\boldsymbol{u}\rangle)^2$$

$$-\frac{1}{2}H^2\nabla\cdot\left(\frac{\partial}{\partial t}\langle\boldsymbol{u}\rangle\right)\Big]=O(\mu^4) \tag{1.192}$$

需要说明的是，当 $\boldsymbol{u}_0$ 代入式(1.190)时只取到 μ^2 量级，故所得的式子在式(1.190)中 $\boldsymbol{u}_0$ 用 $\langle\boldsymbol{u}\rangle$ 代替即可。

假设 $O(\varepsilon)=O(\mu^2)\ll1$，也就是 ε、μ^2 均为高阶小量。若只取到 ε 或 μ^2 的项，则式(1.190)～式(1.192)在这样近似下可写成

$$\frac{\partial\eta}{\partial t}+\nabla\cdot[(\varepsilon\eta+1)\boldsymbol{u}]=0 \tag{1.193}$$

$$\frac{\partial\boldsymbol{u}}{\partial t}+\varepsilon\boldsymbol{u}\cdot\nabla\boldsymbol{u}+\nabla\eta-\frac{1}{3}\mu^2\nabla\left[\nabla\cdot\left(\frac{\partial\boldsymbol{u}}{\partial t}\right)\right]=\boldsymbol{0} \tag{1.194}$$

$$P=\varepsilon\eta-z+\frac{1}{2}\mu^2(z^2-2z)\nabla\cdot\left(\frac{\partial\boldsymbol{u}}{\partial t}\right)=0 \tag{1.195}$$

今讨论一维行波，这时坐标为 x、时间为 t，作

$$\sigma=x-t\quad\tau=\varepsilon t \tag{1.196}$$

于是

$$\frac{\partial}{\partial x}=\frac{\partial}{\partial \sigma}$$

$$\frac{\partial}{\partial t}=\frac{\partial \sigma}{\partial t}\frac{\partial}{\partial \sigma}+\frac{\partial \tau}{\partial t}\frac{\partial}{\partial \tau}=-\frac{\partial}{\partial \sigma}+\varepsilon\frac{\partial}{\partial \tau}$$

把它们代入式(1.193)、式(1.194)的一维形式,对式(1.196)作变换,并相加结果,

$$\frac{\partial}{\partial \tau}(u+\eta)+u\frac{\partial u}{\partial \sigma}+\frac{\partial}{\partial \sigma}(u\eta)+\frac{\mu^2}{\eta\varepsilon}\frac{\partial^3 u}{\partial \sigma^3}=O(\mu^2) \quad (1.197)$$

式(1.197)左边各项同阶,式(1.196)应用于式(1.194)且结果零级近似,

$$\frac{\partial u}{\partial \sigma}=\frac{\partial \eta}{\partial \sigma}$$

或近似地有 $u=\eta$,又将其用于式(1.197),

$$\frac{\partial u}{\partial \tau}+\frac{3}{2}u\frac{\partial u}{\partial \sigma}+\frac{\mu^2}{6\varepsilon}\frac{\partial^3 u}{\partial \sigma^3}=0 \quad (1.198)$$

因为在式(1.198)中第一级近似 $u=\eta$ 条件求得,所以 ξ 代替 u,则有

$$\frac{\partial \xi}{\partial \tau}+\frac{3}{2}\xi\frac{\partial \xi}{\partial \sigma}+\frac{\mu^2}{6\varepsilon}\frac{\partial^3 \xi}{\partial \sigma^3}=0 \quad (1.199)$$

恢复量纲,

$$\frac{\partial u}{\partial \tau}+\frac{3}{2}u\frac{\partial u}{\partial \sigma}+\frac{1}{6}\frac{\partial^3 u}{\partial \sigma^3}=0 \quad (1.200)$$

式(1.200)属于 KdV 型方程。令

$$u\rightarrow\frac{4}{6^{3/2}}u \quad \sigma\rightarrow\frac{\sigma}{6^{3/2}}$$

推出

$$\frac{\partial u}{\partial \tau}-6u\frac{\partial u}{\partial \sigma}+\frac{\partial^3 u}{\partial \sigma^3}=0 \quad (1.201)$$

式(1.201)为标准型 KdV 方程;其中第二项为非线性项,第三项为频散项。

1.7.3 深水中的非线性波

当 kh 很大时的水波动变成深水波问题。在理想介质中频散

效应和非线性效应的变动可能产生永恒的波动，由此可知在满足某些条件后，有可能产生孤波甚至孤子。

利用式(1.174)、式(1.178)处理不可压缩流体的有势运动，即

$$\begin{cases} -\dfrac{P}{\rho} = gz + \phi_t + \dfrac{1}{2}\mid \nabla\phi \mid^2 \\ \quad z = \eta(x,y,t) \\ \quad \phi_z = \eta_t + \nabla\phi \cdot \nabla\eta \\ \nabla^2\phi = 0 \\ \qquad\qquad -h < z < \eta(x,y,t) \end{cases} \tag{1.202}$$

边界条件

$$\phi_z \mid_{z=-h} = 0 \tag{1.203}$$

$$\phi_y \mid_{y=0,b} = \phi_x \mid_{x=-l,l} = 0 \tag{1.204}$$

在 $k\eta_{max} \ll 1$ 下，应用多标微扰法求解上述方程组，取到三阶近似，消除微扰解中的长期项，得到非线性薛定谔方程，

$$j\frac{\partial u}{\partial t} + \frac{\partial^2 u}{\partial x^2} + \nu \mid u \mid^2 u = 0 \quad (j = \sqrt{-1}) \tag{1.205}$$

式中 ν 为常数。对行波解，置

$$X = x - Ct$$

把 u 表示成

$$u = v(X)\exp[j(kx - \omega t)] \tag{1.206}$$

这里 k、ω 为常数，v 为实函数。式(1.206)代入式(1.205)且命虚部为零，

$$\frac{\partial^2 v}{\partial X^2} - \alpha v + \nu v^2 = 0 \tag{1.207}$$

$$\alpha = \frac{1}{4}C^2 - \omega \quad k = \frac{1}{2}C$$

式(1.200)乘 v_X 并积分，有

$$\left(\frac{\partial v}{\partial X}\right)^2 - \alpha v^3 + \frac{1}{4}\nu^4 = A \tag{1.208}$$

取积分常数 $A=0$，当 ν、$\alpha>0$ 时式(1.208)为椭圆积分。经过

化简，

$$v(x,t)=\sqrt{\frac{2\alpha}{\nu}}\mathrm{sh}[\sqrt{\alpha}(x-Ct)] \tag{1.209}$$

式(1.209)代入式(1.206)知 $v(x-Ct)$为包迹函数;式(1.209)表示孤波且为行波性的孤波，$\sqrt{\frac{2\alpha}{\nu}}$为振幅，$C$ 为传播速度，两者相互独立。KdV 方程孤波的解为

$$u(x,t)=-\frac{1}{3}K_P^2\mathrm{sh}^2\left[\frac{1}{2}K_P(x-K_P^2t)\right]$$

它的振幅与传播速度有关。显然，当 $\nu>0$ 时式(1.205)才有孤波解。以上仅讨论的是特例而非通解。

2 非完整力学系统

非完整力学系统有许多问题尚不清楚，中国许多学者对此做过深入研究，如郭仲衡、梅凤翔等都进行过积极探索，而且取得了不少重要成果。

2.1 一般拉格朗日系统的几何表述

今考察一个具有 m 个自由度的力学系统，其构形空间是 m 维流形 M。这里使用 1 - jet 流形 $j^1(\boldsymbol{R}\times M)$，并将 $j^1(\boldsymbol{R}\times M)$ 与 $\boldsymbol{R}\times TM$ 等同相看，于是仅在 $\boldsymbol{R}\times TM$ 上作分析；局部坐标记作 $(t, q^i, \dot{q}^i)$。

定义 2.1 拉格朗日函数 L 是指 $\boldsymbol{R}\times TM$ 上的光滑函数，且力的形式 F 是指 $\boldsymbol{R}\times TM$ 上的 1 - 形式，它在局部坐标下表示成

$$F = f_i(t, q^i, \dot{q}^i)\mathrm{d}q^i$$

称 (L, F) 为 $\boldsymbol{R}\times TM$ 上的拉格朗日系统；称

$$\theta^i = \mathrm{d}q^i - \dot{q}^i \mathrm{d}t$$

为接触形式；称

$$\theta(L) = L\mathrm{d}t + \frac{\partial L}{\partial \dot{q}^i}(\mathrm{d}q^i - \dot{q}^i \mathrm{d}t)$$

为 L 的嘉当 1 - 形式；称

$$\Omega(L) = \mathrm{d}\theta + F \wedge \mathrm{d}t$$

为动力学 2 - 形式。验证可知

$$\Omega = \left[\mathrm{d}\left(\frac{\partial L}{\partial \dot{q}^i}\right) - \frac{\partial L}{\partial q^i}\mathrm{d}t\right] \wedge \theta^i + F \wedge \mathrm{d}t \tag{2.1}$$

取 $\phi: \boldsymbol{R}\rightarrow M$ 为光滑映射，在局部坐标下 $\phi: t \rightarrow (q^i(t))$，称

$$j^1(\phi): t \in R \rightarrow (t, q^i(t), \dot{q}^i(t)) \in \boldsymbol{R}\times TM$$

为 ϕ 的一阶延伸曲线。$j^1(\phi)$ 的切矢量记作 $\boldsymbol{Q}(t)$，在局部坐标下的形式为

$$\boldsymbol{a}(t) = \frac{\partial}{\partial t} + \dot{q}^i \frac{\partial}{\partial q^i} + \ddot{q}^i \frac{\partial}{\partial \dot{q}^i}$$

事实上,$\boldsymbol{a} \lrcorner \Omega = 0$ 等价于在局部坐标下

$$\frac{\mathrm{d}}{\mathrm{d}t} \frac{\partial L}{\partial \dot{q}^i} - \frac{\partial L}{\partial q^i} = f_i$$

式中 $\boldsymbol{a} \lrcorner \Omega$ 为 $\boldsymbol{a}$、Ω 的里积,即对任意 $\boldsymbol{R} \times TM$ 中的切矢量场 V 均有

$$\boldsymbol{a} \lrcorner \Omega(V) = \Omega(\boldsymbol{a}, V)$$

定义 2.2 $\phi: \boldsymbol{R} \to M$ 称为拉格朗日系统(L,F)的运动轨线,当 ϕ 的一阶延伸 $j^1(\phi)$的切矢量场 $\boldsymbol{a}$ 满足

$$\boldsymbol{a} \lrcorner \Omega = 0$$

2.2 一般标架下的牛顿-拉格朗日方程

假定 $\mathrm{d}t$、ω^1、ω^2、…、ω^n 为 $\boldsymbol{R} \times M$ 上线性无关的 1-形式,局部表达为

$$\omega^i = A^i_j \mathrm{d}q^j + A^i \mathrm{d}t$$

这里 A^i_j、A^i 为 q^1、q^2、…、q^m、t 的函数,且矩阵(A^i_j)的秩为 m。在 $\boldsymbol{R} \times TM$ 上引入 m 个函数 η^1、η^2、…、η^m,η^k 的局部表达为

$$\eta^k(t, q^i, \dot{q}^i) = \left\langle \frac{\partial}{\partial t} + \dot{q}^i \frac{\partial}{\partial q^i}, \omega^k \right\rangle = A^k_j \dot{q}^j + A^k$$

表明了

$$\mathrm{d}\eta^k = A^k_j \mathrm{d}\dot{q}^j + \mathrm{d}q^k \tag{2.2}$$

与 $\mathrm{d}t$ 的线性组合。依(A^i_j)的非退化性可求出 $\mathrm{d}\dot{q}^i$ 作为 $\mathrm{d}t$、ω^1、ω^2、…、ω^m、$\mathrm{d}\eta^1$、$\mathrm{d}\eta^2$、…、$\mathrm{d}\eta^m$ 的线性组合。这样 $\mathrm{d}t$、ω^1、ω^2、…、ω^m、$\mathrm{d}\eta^1$、$\mathrm{d}\eta^2$、…、$\mathrm{d}\eta^m$ 就构成了 $\mathscr{X}^*(\boldsymbol{R} \times TM)$的一组基。从 η^k 得

$$\frac{\partial L}{\partial \dot{q}^i} = \frac{\partial L}{\partial \eta^k} A^k_i \tag{2.3}$$

据此产生 $\theta(L)$在一般标架下的形式,

$$\theta(L) = L\mathrm{d}t + \frac{\partial L}{\partial \dot{q}^i}(\mathrm{d}q^i - \dot{q}^i \mathrm{d}t)$$

$$=L\mathrm{d}t+\frac{\partial L}{\partial \eta^{k}}[(A_{i}^{k}\mathrm{d}q^{i}+A^{k}\mathrm{d}t)-(A_{i}^{k}\dot{q}^{i}+A^{k})\mathrm{d}t]$$

$$=L\mathrm{d}t+\frac{\partial L}{\partial \eta^{k}}(\omega^{k}-\eta^{k}\mathrm{d}t)$$

因为 $\mathrm{d}t$、ω^1、ω^2、…、ω^m 构成 $\mathscr{X}^*(\boldsymbol{R}\times M)$上的一组基，所以 $\mathrm{d}\omega^i$ 为

$$\mathrm{d}\omega^{i}=-\frac{1}{2}C_{kl}^{i}\,\omega^{k}\wedge\omega^{l}-C_{0k}^{i}\mathrm{d}t\wedge\omega^{k} \tag{2.4}$$

其中 $C_{kl}^i=-C_{lk}^i(i、k、l=1,2,\cdots,m)$。

又取 X_0、X_1、…、X_m 为 $\mathrm{d}t$、ω^1、ω^2、…、ω^m 的一组对偶基，满足

$$\langle X_0,\mathrm{d}t\rangle=1\quad\langle X_0,\omega^k\rangle=0$$

$$\langle X_i,\mathrm{d}t\rangle=0\quad\langle X_i,\omega^k\rangle=\delta_i^k$$

$$(i、k=1,2,\cdots,m)$$

结果

$$\mathrm{d}\omega^{i}(X_k,X_l)=-\omega^{i}([X_k,X_l])=-C_{kl}^{i}$$

$$\mathrm{d}\omega^{i}(X_0,X_k)=-\omega^{i}([X_0,X_k])=-C_{0k}^{i}$$

推出

$$[X_k,X_l]=C_{kl}^{j}X_j \tag{2.5}$$

$$[X_0,X_k]=C_{0k}^{j}X_j \tag{2.6}$$

而 $k、l、j=1,2,\cdots,m$。$\mathrm{d}L$ 在基 $\mathrm{d}t$、ω^1、ω^2、…、ω^m、$\mathrm{d}\eta^1$、$\mathrm{d}\eta^2$、…、$\mathrm{d}\eta^m$ 下可唯一表出

$$\mathrm{d}L=L_t\mathrm{d}t+L_k\omega^k+L_{m+k}\mathrm{d}\eta^k \tag{2.7}$$

对式(2.7)取$\frac{\partial}{\partial\dot{q}^i}$，

$$\left\langle\frac{\partial}{\partial\dot{q}^i},\mathrm{d}L\right\rangle=L_{m+k}\left\langle\frac{\partial}{\partial\dot{q}^i},\mathrm{d}\eta^k\right\rangle$$

即

$$\frac{\partial L}{\partial\dot{q}^i}=L_{m+k}\left\langle\frac{\partial}{\partial\dot{q}^i},\mathrm{d}\eta^k\right\rangle=L_{m+k}A_i^k$$

也从 η^k 的表达式有

$$\frac{\partial L}{\partial\dot{q}^i}=\frac{\partial L}{\partial\eta^k}A_i^k$$

故

$$\frac{\partial L}{\partial \eta^k} A_i^k = L_{m+k} A_i^k$$

$\mathrm{d}L$ 为

$$\mathrm{d}L = L_t \mathrm{d}t + L_k \omega^k + \frac{\partial L}{\partial \eta^k} \mathrm{d}\eta^k$$

进一步计算得到 Ω 在一般标架下的表达式

$$\begin{aligned}\Omega &= \mathrm{d}\theta + F \wedge \mathrm{d}t \\ &= \left[-L_t \mathrm{d}t + \mathrm{d}\left(\frac{\partial L}{\partial \eta^i}\right)\right] \wedge (\omega^i - \eta^i \mathrm{d}t) \\ &= -\frac{\partial L}{\partial \eta^i}\left(C_{0k}^i \mathrm{d}t \wedge \omega^k + \frac{1}{2} C_{kl}^i \omega^k \wedge \omega^l\right) + F \wedge \mathrm{d}t\end{aligned}$$

在一般标架下展开 $\boldsymbol{a} \lrcorner\, \Omega = 0$ 并由 ω^k 的系数为零得

$$\frac{\mathrm{d}}{\mathrm{d}t} \frac{\partial L}{\partial \eta^i} - L_i - \frac{\partial L}{\partial \eta^k}(C_{0i}^k + \eta^l C_{il}^k) = Q_i \qquad (2.8)$$

注意到 $Q_i \omega^i = f_i \mathrm{d}q^i = F$，式(2.8)就是在一般标架下拉格朗日系统$(L, F)$的运动轨线方程。

2.3 约束性力学系统

设 L 为正则拉格朗日函数，矩阵$\left(\frac{\partial^2 L}{\partial \dot{q}^i \partial \dot{q}^j}\right)$、$\left(\frac{\partial^2 L}{\partial \eta^i \partial \eta^j}\right)$的秩为 m，由 Ω 的表达式知 Ω 的秩为 $2m$。由于 $\boldsymbol{R} \times TM$ 的维数是 $2m+1$，因此存在唯一的矢量场 X_L 满足

$$X_L \lrcorner\, \mathrm{d}t = 1 \qquad (2.9)$$

$$X_L \lrcorner\, \Omega = 0 \qquad (2.10)$$

命 $\phi: \boldsymbol{R} \to M$ 为拉格朗日系统的运动轨迹，$\boldsymbol{a}$ 如前所述，即 $\boldsymbol{a} \lrcorner\, \Omega = 0$，应用 $\boldsymbol{a}$ 局部表示可以验证 $\boldsymbol{a} \lrcorner\, \mathrm{d}t = 1$，这样 $\boldsymbol{a}$ 满足式(2.9)、式(2.10)，依唯一性知 $\boldsymbol{a}(t) = X_L(j^1(\phi))$，其中 $j^1(\phi)$ 为 ϕ 的一阶延伸曲线。

事实上，$\phi: \boldsymbol{R} \to M$ 为拉格朗日系统的运动轨线的充要条件是 $j^1(\phi)$ 为矢量场 X_L 的积分曲线。

定义 2.3 在 $\boldsymbol{R} \times TM$ 上的一个法普组 $P = \{P_1, P_2, \cdots, P_k\}$

称为一个约束，其中 P_1、P_2、…、P_k 为 $\boldsymbol{R}\times TM$ 上的 1 - 形式。

定义 2.4 (L,F,P)称为约束性力学系统。

定义 2.5 $\phi:\boldsymbol{R}\to M$ 称为力学系统(L,F,P)的运动轨线，当 ϕ 的一阶延伸曲线 $j^1(\phi)$的切矢量 $\boldsymbol{a}(t)$符合

$$\boldsymbol{a}(t)\lrcorner\ \Omega\in P \tag{2.11}$$

$$\boldsymbol{a}(t)\lrcorner\ P=0 \tag{2.12}$$

当 P 在 Frobeniues 意义下完全可积时，(L,F,P)称为完整力学系统；否则称为非完整力学系统。

【例 2.1】 设力学系统受约束

$$A_{ai}\dot{q}^i+A_a=0\quad(a=l+1,l+2,\cdots,m)$$

命

$$P_a=A_{ai}\mathrm{d}\dot{q}^i+A_a\mathrm{d}t$$

$P=\{P_{l+1},P_{l+2},\cdots,P_m\}$符合定义 2.3。依定义 2.5，曲线 $\phi:\boldsymbol{R}\to M$ 为系统(L,F,P)的运动轨线的充要条件是

$$\boldsymbol{a}\lrcorner\ P=0\qquad \boldsymbol{a}\lrcorner\ \Omega\in P$$

或

$$\boldsymbol{a}\lrcorner\ P=0$$

$$\boldsymbol{a}\lrcorner\ \Omega=\lambda^a P_a\quad(a=l+1,l+2,\cdots,m)$$

将 $\boldsymbol{a}\lrcorner\ \Omega=0$ 左端展开，并令 $\mathrm{d}q^i$ 的系数为零，得到

$$\frac{\mathrm{d}}{\mathrm{d}t}\frac{\partial L}{\partial\dot{q}^i}-\frac{\partial L}{\partial q^i}-Q_i=\lambda^a A_{ai}$$

$\boldsymbol{a}\lrcorner\ P=0$ 展开恰为

$$A_{ai}\dot{q}^i+A_a=0\quad(a=l+1,l+2,\cdots,m)$$

【例 2.2】 讨论一阶非线性约束。设

$$f_a(q^i,\dot{q}^i,t)=0\quad(a=l+1,l+2,\cdots,m)$$

置

$$P_a=f_a\mathrm{d}t+\frac{\partial f_a}{\partial\dot{q}^i}(\mathrm{d}q^i-\dot{q}^i\mathrm{d}t)$$

$P=\{P_a\,|\,a=l+1,l+2,\cdots,m\}$符合定义 2.4。取 $\phi:\boldsymbol{R}\to M$ 为力

学系统(L,F,P)的运动轨线，则

$$\boldsymbol{a} \lrcorner \, P = 0 \qquad \boldsymbol{a} \lrcorner \, \Omega = \lambda^a P_a$$

在局部坐标下展开$\boldsymbol{a} \lrcorner \, \Omega=\lambda^a P_a$，有

$$\frac{\mathrm{d}}{\mathrm{d}t}\frac{\partial L}{\partial \dot{q}^i} - \frac{\partial L}{\partial q^i} = Q_i + \lambda^a \frac{\partial f_a}{\partial \dot{q}^i}$$

展开$\boldsymbol{a} \lrcorner \, P=0$恰为$f_a(q^i,\dot{q}^i,t)=0$。

在一般标架下展开$\boldsymbol{a} \lrcorner \, \Omega=\lambda^a P_a$，推出

$$\frac{\mathrm{d}}{\mathrm{d}t}\frac{\partial L}{\partial \eta^i} - L_i - \frac{\partial L}{\partial \eta^k}(C_{0i}^k + \eta^j C_{ji}^k) = Q_i + \lambda^a \frac{\partial f_a}{\partial \dot{q}^i}$$

式中i、j、$k=1,2,\cdots,m$；$a=l+1,l+2,\cdots,m$；而L_i由式

$$\mathrm{d}L = L_t \mathrm{d}t + L_i \omega^i + \frac{\partial L}{\partial \eta^k}$$

确定。

3 电 磁 关 系

3.1 似稳电磁场

法拉第发现

$$\mathscr{E}_i = -\frac{\mathrm{d}\Phi}{\mathrm{d}t} \tag{3.1}$$

而磁通为

$$\Phi = \int_S \boldsymbol{B} \cdot \mathrm{d}\boldsymbol{S}$$

代入式(3.1)，

$$\mathscr{E}_i = -\frac{\mathrm{d}}{\mathrm{d}t}\int_S \boldsymbol{B} \cdot \mathrm{d}\boldsymbol{S} \tag{3.2}$$

实验指出感生电动势的大小只与 Φ 的时间变化率有关，与 Φ 变化的物理因素无关；所以法拉第电感应定律不仅适用于导体不动的磁场变化情况，而且适用于导体运动的磁场不变情况。

当静态的导电回路处于变化的磁场中时，磁通的变化是由于磁场随时间的变化而产生的，因回路所围面积不变，故电磁关系可表达成

$$\mathscr{E}_i = -\int_S \frac{\partial \boldsymbol{B}}{\partial t} \cdot \mathrm{d}\boldsymbol{S} \tag{3.3}$$

在不动的导体中出现感生电流，说明导体中的静态电荷受到电力的作用，可见磁场的变化在导体中激发电场。这种电场不是电荷激发的，因此不同于静电场，称之为感生电场。根据电动势的概念，感生电场沿导电回路一周的线积分就是感生电动势，从而式(3.3)改成

$$\oint_L \boldsymbol{E} \cdot \mathrm{d}\boldsymbol{l} = -\int_S \frac{\partial \boldsymbol{B}}{\partial t} \cdot \mathrm{d}\boldsymbol{S} \tag{3.4}$$

式中 $\boldsymbol{E}$ 为感生电场。依高斯定理可以导出

$$\int_S (\nabla \times \boldsymbol{E}) \cdot \mathrm{d}\boldsymbol{S} = -\int_S \frac{\partial \boldsymbol{B}}{\partial t} \cdot \mathrm{d}\boldsymbol{S}$$

注意到积分区域 S 的任意性，有

$$\nabla \times \boldsymbol{E} = -\frac{\partial \boldsymbol{B}}{\partial t} \tag{3.5}$$

式(3.5)为微分形式的法拉第电磁感应定律。据此知感生电场为涡旋场，其电场线闭合，其旋涡在磁场随时间变化之处。

当$\frac{\partial \boldsymbol{B}}{\partial t} = \boldsymbol{0}$时$\nabla \times \boldsymbol{E} = \boldsymbol{0}$，这就是静电场方程。

带电粒子在磁场中运动受到洛仑兹力的作用，

$$\boldsymbol{F} = q\boldsymbol{v} \times \boldsymbol{B}$$

式中 q 为粒子电量。$\boldsymbol{F}$ 可以等价成电场 $\boldsymbol{E}'$，

$$\boldsymbol{E}' = \boldsymbol{v} \times \boldsymbol{B} \tag{3.6}$$

对应的电动势为

$$\oint_L \boldsymbol{E}' \cdot \mathrm{d}\boldsymbol{l} = \oint_L (\boldsymbol{v} \times \boldsymbol{B}) \cdot \mathrm{d}\boldsymbol{l}$$

可以证明

$$\oint_L (\boldsymbol{v} \times \boldsymbol{B}) \cdot \mathrm{d}\boldsymbol{l} = -\frac{\mathrm{d}\Phi}{\mathrm{d}t} \tag{3.7}$$

若导体在磁场中运动，则

$$\oint_L \boldsymbol{E}' \cdot \mathrm{d}\boldsymbol{l} = -\int_S \frac{\partial \boldsymbol{B}}{\partial t} \cdot \mathrm{d}\boldsymbol{S} + \oint_L (\boldsymbol{v} \times \boldsymbol{B}) \cdot \mathrm{d}\boldsymbol{l} \tag{3.8}$$

这里 $\boldsymbol{E}'$是以回路为参考系时回路的线元 $\mathrm{d}\boldsymbol{l}$ 处的电场。当回路导电时它就产生电流，因此随导体运动的观察者观察的电场有两部分：因磁场变化导致的感生电场和因导体运动导致的动生电场。但从静止系看电场只是磁场变化，其仍符合式(3.5)，可见式(3.5)与场中导体的运动无关。

如果电源的频率较低且系统又非十分大的区域，那么系统内磁场的变化可视为与电源同时发生，场决定于同一时刻的电荷、电流分布，称该电磁场为似稳电磁场。

在似稳条件下，电场随时间的变化类似于稳定电场性质，故

在大部分区域内电场满足

$$\nabla \times \boldsymbol{E}(\boldsymbol{r},t) = \boldsymbol{0} \tag{3.9}$$

$$\nabla \cdot \boldsymbol{E}(\boldsymbol{r},t) = \rho(\boldsymbol{r},t) \tag{3.10}$$

依电势概念，

$$\varphi(\boldsymbol{r},t) = -\int_{\infty}^{P} \boldsymbol{E}(\boldsymbol{r},t) \cdot \mathrm{d}\boldsymbol{l} \tag{3.11}$$

只有在少数集中区域，

$$\nabla \times \boldsymbol{E}_i(\boldsymbol{r},t) = -\frac{\partial}{\partial t}\boldsymbol{B}(\boldsymbol{r},t) \tag{3.12}$$

$$\nabla \cdot \boldsymbol{E}_i(\boldsymbol{r},t) = 0 \tag{3.13}$$

其中 $\boldsymbol{E}_i$ 为感生电场，它的线积分就是感生电动势

$$\int_L \boldsymbol{E}_i(\boldsymbol{r},t) \cdot \mathrm{d}\boldsymbol{l} \tag{3.14}$$

电流与磁场相似，在大部分区域内近似地有

$$\nabla \cdot \boldsymbol{J}(\boldsymbol{r},t) = 0$$

$$\nabla \times \boldsymbol{H}(\boldsymbol{r},t) = \boldsymbol{J}(\boldsymbol{r},t)$$

式中 $\boldsymbol{H}$ 为磁场强度、$\boldsymbol{J}$ 为电流密度。

3.2 麦克斯韦方程

已知的电磁规律为

$$\begin{cases} \nabla \times \boldsymbol{H} = \boldsymbol{J} & (3.15) \\ \nabla \times \boldsymbol{E} = -\dfrac{\partial \boldsymbol{B}}{\partial t} & (3.16) \\ \nabla \cdot \boldsymbol{D} = \rho & (3.17) \\ \nabla \cdot \boldsymbol{B} = 0 & (3.18) \end{cases}$$

其中 $\boldsymbol{B}$ 为磁感应强度、$\boldsymbol{D}$ 为电位移、ρ 为电荷体密度。对式(3.16)取散度，有

$$\nabla \cdot (\nabla \times \boldsymbol{E}) = -\frac{\partial}{\partial t}(\nabla \cdot \boldsymbol{B}) = 0$$

证明$\nabla \cdot \boldsymbol{B}$不随时间变化。对式(3.17)求导，

$$\frac{\partial \rho}{\partial t} = \nabla \cdot \frac{\partial \boldsymbol{D}}{\partial t}$$

于是将式(3.15)改成

$$\nabla\times\boldsymbol{H}=\frac{\partial\boldsymbol{D}}{\partial t}+\boldsymbol{J} \tag{3.19}$$

或

$$\nabla\times\boldsymbol{H}=\boldsymbol{J}_d+\boldsymbol{J} \tag{3.20}$$

而

$$\boldsymbol{J}_d=\frac{\partial\boldsymbol{D}}{\partial t} \tag{3.21}$$

称 $\boldsymbol{J}_d$ 为位移电流密度。再利用 $\boldsymbol{D}$、$\boldsymbol{E}$、$\boldsymbol{P}$(介质的极化强度)的关系 $\boldsymbol{D}=\varepsilon_0\boldsymbol{E}+\boldsymbol{P}$($\varepsilon_0$ 为真空中的介电常数),式(3.21)变成

$$\boldsymbol{J}=\varepsilon_0\frac{\partial\boldsymbol{E}}{\partial t}+\frac{\partial\boldsymbol{P}}{\partial t} \tag{3.22}$$

对于真空 $\boldsymbol{P}=\boldsymbol{0}$,即在真空中位移电流只代表电场的变化率,不代表电荷运动;在介质中$\frac{\partial\boldsymbol{P}}{\partial t}$称为极化电流密度。对式(3.20)取散度,

$$\nabla\cdot(\boldsymbol{J}_d+\boldsymbol{J})=0$$

上式表明在不稳定条件下,尽管传导电流不闭合,但是位移电流与传导电流的“合流”是闭合的。

麦克斯韦作了存在位移电流的假设,总结出了电场、磁场的关系,其理论也被实验证实,这就是麦克斯韦方程

$$\begin{cases}\nabla\times\boldsymbol{H}=\dfrac{\partial\boldsymbol{D}}{\partial t}+\boldsymbol{J} & (3.23)\\ \nabla\times\boldsymbol{E}=-\dfrac{\partial\boldsymbol{B}}{\partial t} & (3.24)\\ \nabla\cdot\boldsymbol{D}=\rho & (3.25)\\ \nabla\cdot\boldsymbol{B}=0 & (3.26)\end{cases}$$

并且

$$\boldsymbol{D}=\varepsilon\boldsymbol{E}\quad(\varepsilon=\varepsilon_0\varepsilon_r) \tag{3.27}$$

$$\boldsymbol{B}=\mu\boldsymbol{H}\quad(\mu=\mu_0\mu_r) \tag{3.28}$$

ε、μ 为介质的介电常数和介质磁导率。

电荷系统受到的洛仑兹力为

$$f = \rho(\boldsymbol{E} + \boldsymbol{v} \times \boldsymbol{B}) \tag{3.29}$$

注意,$\boldsymbol{E}$、$\boldsymbol{B}$ 为 ρ 所在处总的电磁场。电荷运动遵守守恒定律为

$$\nabla \cdot \boldsymbol{J} = -\frac{\partial \rho}{\partial t} \tag{3.30}$$

若场中有导体,则除了极化、磁化外,还有传导电流;若导体中有非电磁源的外来场,则电流是由电场 $\boldsymbol{E}$ 及外来场 $\boldsymbol{E}'_e$ 共同形成,此时

$$\boldsymbol{J} = \sigma(\boldsymbol{E} + \boldsymbol{E}_e) \quad (\sigma \text{为电导率}) \tag{3.31}$$

式(3.31)、式(3.28)、式(3.29)称为电磁性质方程或介质的状态方程,它们在特定条件下适用。在边界上,

$$\begin{aligned} \boldsymbol{n} \times (\boldsymbol{H}_2 - \boldsymbol{H}_1) &= \boldsymbol{i} \\ \boldsymbol{n} \times (\boldsymbol{E}_2 - \boldsymbol{E}_1) &= \boldsymbol{0} \\ \boldsymbol{n} \cdot (\boldsymbol{D}_2 - \boldsymbol{D}_1) &= \sigma \\ \boldsymbol{n} \cdot (\boldsymbol{B}_2 - \boldsymbol{B}_1) &= 0 \end{aligned} \tag{3.32}$$

式中 $\boldsymbol{n}$ 为分界面上法向单位矢量、σ 为电荷面密度、$\boldsymbol{i}$ 为电流强度。

3.3 推迟势

3.3.1 矢势和标势

在稳恒场中由 $\boldsymbol{B}$ 的无源性引入矢势 $\boldsymbol{A}$,使

$$\boldsymbol{B} = \nabla \times \boldsymbol{A} \tag{3.33}$$

$\boldsymbol{A}$ 的物理意义是:在任意时刻 $\boldsymbol{A}$ 沿任意闭合回路的线积分等于该时刻通过回路内的磁通量。一般而言,电场有源、有旋,不可能用一个标势描述;但当情况变化时电场、磁场直接发生联系,因而电场表达式中必然包括矢势 $\boldsymbol{A}$。式(3.33)代入麦克斯韦方程,得

$$\nabla \times \left(\boldsymbol{E} + \frac{\partial \boldsymbol{A}}{\partial t}\right) = \boldsymbol{0}$$

它表示矢量 $\boldsymbol{E} + \dfrac{\partial \boldsymbol{A}}{\partial t}$ 无旋,也同样可用标势 φ 表述,

$$\boldsymbol{E}+\frac{\partial \boldsymbol{A}}{\partial t}=-\nabla\varphi$$

这样

$$\boldsymbol{E}=-\nabla\varphi-\frac{\partial \boldsymbol{A}}{\partial t} \tag{3.34}$$

式(3.34)、式(3.33)把电磁场用标势、矢势表达出来了，注意此时$\boldsymbol{E}$已不是保守场了，没有势能的概念，标势φ也失去了电场中电势的意义。故在高频系统中电压的概念消失。在变化的电磁场中须用矢势、标势加以描述。

3.3.2 势的规范变换

以$\boldsymbol{A}$、φ表述电磁场不是唯一的，设ψ为实函数，作变换

$$\begin{cases}\boldsymbol{A}\rightarrow\boldsymbol{A}'=\boldsymbol{A}+\nabla\psi\\ \varphi\rightarrow\varphi'=\varphi-\dfrac{\partial\psi}{\partial t}\end{cases} \tag{3.35}$$

有

$$\nabla\times\boldsymbol{A}'=\nabla\times\boldsymbol{A}=\boldsymbol{B}$$

$$-\nabla\varphi'-\frac{\partial \boldsymbol{A}'}{\partial t}=-\nabla\varphi-\frac{\partial \boldsymbol{A}}{\partial t}=\boldsymbol{E}$$

$(\boldsymbol{A}',\varphi')$、$(\boldsymbol{A},\varphi)$描述同一个电磁场，称式(3.35)为势的规范变换，称$(\boldsymbol{A},\varphi)$为规范。因为表示电磁场性质的是可测物理量$\boldsymbol{E}$、$\boldsymbol{B}$，而不同规范对应着同一的$\boldsymbol{E}$、$\boldsymbol{B}$，所以如何用势描述电磁场应该和势的特殊的规范选择无关。当势作规范变换时所有物理量、物理规律应当保持不变，这种不变性称为规范不变性。规范不变性是一条重要的物理原则，在近代物理中有广泛应用。在计算中适当的辅助条件可以化简基本方程，并且物理意义也较明显。

3.3.2.1 库仑规范

辅助条件

$$\nabla\cdot\boldsymbol{A}=0 \tag{3.36}$$

在此规范中$\boldsymbol{A}$是无源场，因而电场为

$$\boldsymbol{E}=-\nabla\varphi-\frac{\partial \boldsymbol{A}}{\partial t}$$

其中$-\frac{\partial \boldsymbol{A}}{\partial t}$为无源场（横场）、$-\nabla\varphi$为无旋场（纵场）。这个规范的特点是$\boldsymbol{E}$的纵场部分完全由$\varphi$描述，其横场部分由$\boldsymbol{A}$描述，$-\frac{\partial \boldsymbol{A}}{\partial t}$不含纵场部分。$-\nabla\varphi$对应于库仑场，$-\frac{\partial \boldsymbol{A}}{\partial t}$对应于感应电场。这种划分有利于分析某些问题。

3.3.2.2 洛仑兹规范

辅助条件

$$\nabla \cdot \boldsymbol{A} + \frac{1}{c^2}\frac{\partial \varphi}{\partial t} = 0 \quad (c\text{ 为光速}) \tag{3.37}$$

此规范有利于研究辐射问题。

3.3.3 达朗伯方程

在真空中将式(3.33)、式(3.34)代入麦克斯韦方程，

$$\nabla \times (\nabla \times \boldsymbol{A}) = \mu_0 \boldsymbol{J} - \mu_0 \varepsilon_0 \frac{\partial}{\partial t}\nabla\varphi - \mu_0\varepsilon_0 \frac{\partial^2 \boldsymbol{A}}{\partial t^2}$$

$$-\nabla^2\varphi - \frac{\partial}{\partial t}\nabla \cdot \boldsymbol{A} = \frac{\rho}{\varepsilon_0}$$

而$\mu_0\varepsilon_0 = \frac{1}{c^2}$，有

$$\nabla^2 \boldsymbol{A} - \frac{1}{c^2}\frac{\partial^2 \boldsymbol{A}}{\partial t^2} - \nabla\left(\nabla \cdot \boldsymbol{A} + \frac{1}{c^2}\frac{\partial \varphi}{\partial t}\right) = -\mu_0 \boldsymbol{J}$$

$$\nabla^2\varphi + \frac{\partial}{\partial t}\nabla \cdot \boldsymbol{A} = -\frac{\rho}{\varepsilon_0} \tag{3.38}$$

式(3.38)适用于一般规范。当取库仑规范时由式(3.36)，

$$\nabla^2 \boldsymbol{A} - \frac{1}{c^2}\frac{\partial^2 \boldsymbol{A}}{\partial t^2} - \frac{1}{c^2}\frac{\partial}{\partial t}\nabla\varphi = -\mu_0 \boldsymbol{J}$$

$$\nabla^2\varphi = -\frac{\rho}{\varepsilon_0} \quad (\nabla \cdot \boldsymbol{A} = 0) \tag{3.39}$$

其解为库仑势；从中求出$\boldsymbol{A}$确定辐射电磁场。当取洛仑兹规范时由式(3.39)、式(3.38)，

$$\nabla^2 \boldsymbol{A} - \frac{1}{c^2}\frac{\partial^2 \boldsymbol{A}}{\partial t^2} = -\mu_0 \boldsymbol{J}$$

$$\nabla^2\varphi-\frac{1}{c^2}\frac{\partial^2\varphi}{\partial t^2}=-\frac{\rho}{\varepsilon_0}\qquad\left(\nabla\cdot\boldsymbol{A}+\frac{1}{c^2}\frac{\partial\varphi}{\partial t}=0\right)\tag{3.40}$$

称式(3.40)为达朗伯方程，它是非齐次波动方程；从中求出的 $\boldsymbol{E}$、$\boldsymbol{B}$ 以波动形式在空间传播。当然 $\boldsymbol{E}$、$\boldsymbol{B}$ 的波动性质与规范无关。

定义四维标量算子

$$\Box^2=\nabla^2-\frac{1}{c^2}\frac{\partial^2}{\partial t^2}\tag{3.41}$$

称之为达朗伯算子。

3.3.4 推迟势定义

今求解方程

$$\Box^2\varphi=-\frac{\rho}{\varepsilon_0}\tag{3.42}$$

式中 $\rho=\rho(\boldsymbol{r},t)$ 为空间电荷密度。式(3.42)属于线性方程，表明电磁场的迭加性；正因为如此，可以先考虑某一个体元内的可变电荷激发的势，而后对电荷分布区域积分，求出总标势。

设原点处有电荷 $Q(t)$，其 $\rho(\boldsymbol{x},t)=Q(t)\delta(\boldsymbol{x})$。这时电荷辐射的势为

$$\Box^2\varphi=-\frac{1}{\varepsilon_0}Q(t)\delta(\boldsymbol{x})\tag{3.43}$$

因球对称性，φ 只取决于 r、t，与角变量无关。于是式(3.43)变为

$$\frac{1}{r^2}\frac{\partial}{\partial r}\left(r^2\frac{\partial\varphi}{\partial r}\right)-\frac{1}{c^2}\frac{\partial^2\varphi}{\partial t^2}=-\frac{1}{\varepsilon_0}Q(t)\delta(\boldsymbol{x})\tag{3.44}$$

除原点外 φ 满足

$$\frac{1}{r^2}\frac{\partial}{\partial r}\left(r^2\frac{\partial\varphi}{\partial r}\right)-\frac{1}{c^2}\frac{\partial^2\varphi}{\partial t^2}=0\quad(r\neq0)\tag{3.45}$$

从式(3.45)中产生球面波。当 r 增大而势减小时作代换，

$$\varphi(r,t)=\frac{u(r,t)}{r}\tag{3.46}$$

式(3.46)代入式(3.45)，

$$\frac{\partial^2u}{\partial r^2}-\frac{1}{c^2}\frac{\partial^2u}{\partial t^2}=0\tag{3.47}$$

式(3.47)形式为一维波动方程,通解为

$$u(r,t)=f\left(t-\frac{r}{c}\right)+g\left(t+\frac{r}{c}\right) \tag{3.48}$$

依式(3.46)可得到除原点外 φ 的解

$$\varphi(r,t)=\frac{1}{r}\left[f\left(t-\frac{r}{c}\right)+g\left(t+\frac{r}{c}\right)\right] \tag{3.49}$$

式(3.49)中的第一项为向外发散的球面波,第二项为向内收敛的球面波。

对于静电场,Q 激发的电势为

$$\varphi=\frac{Q}{4\pi\varepsilon_0 r}$$

对变化电场,由式(3.49)推想式(3.43)解为

$$\varphi=\frac{1}{4\pi\varepsilon_0 r}Q\left(t-\frac{r}{c}\right) \tag{3.50}$$

可以证明式(3.50)为式(3.49)的解。事实上,当 $r\neq 0$ 时式(3.50)满足式(3.45),$r=0$ 为式(3.50)的奇点,因此

$$\Box^2\left[\frac{1}{4\pi\varepsilon_0 r}Q\left(t-\frac{r}{c}\right)\right] \tag{3.51}$$

只可能在 $r=0$ 处不为零,在该处式(3.51)可能有 δ 函数形式的奇异性,为此作一个半径 η 的小球包围原点,式(3.51)在小球内积分,

$$\lim_{\eta\to 0}\int_0^{\eta}4\pi r^2\Box^2\left[\frac{1}{4\pi\varepsilon_0 r}Q\left(t-\frac{r}{c}\right)\right]\mathrm{d}r$$

令 $Q\left(t-\frac{r}{c}\right)\to Q(t)$,

$$\frac{Q}{4\pi\varepsilon_0}\int_V\nabla^2\left(\frac{1}{r}\right)\mathrm{d}V=-\frac{Q(t)}{\varepsilon_0}$$

由广义函数 δ 知

$$\Box^2\left[\frac{1}{4\pi\varepsilon_0 r}Q\left(t-\frac{r}{c}\right)\right]=-\frac{1}{\varepsilon_0}Q(t)\delta(\boldsymbol{x}) \tag{3.52}$$

当 Q 在 $\boldsymbol{x}'$ 时命 $r=|\boldsymbol{x}-\boldsymbol{x}'|$,

$$\varphi(\boldsymbol{x},t)=\frac{1}{4\pi\varepsilon_0 r}Q\left(\boldsymbol{x}',t-\frac{r}{c}\right)$$

依场的迭加性，对电荷 $\rho(\boldsymbol{x}',t)$激发的标势为

$$\varphi(\boldsymbol{x},t)=\int_{V'}\frac{1}{4\pi\varepsilon_0 r}\rho\left(\boldsymbol{x}',t-\frac{r}{c}\right)\mathrm{d}V' \tag{3.53}$$

同理，对电流 $\boldsymbol{J}(\boldsymbol{x}',t)$激发的矢势为

$$\mathbf{A}(\boldsymbol{x},t)=\frac{\mu_0}{4\pi}\int_{V'}\frac{1}{r}\boldsymbol{J}\left(\boldsymbol{x}',t-\frac{r}{c}\right)\mathrm{d}V' \tag{3.54}$$

容易验证 $\mathbf{A}$、φ 符合洛仑兹条件。式(3.54)、式(3.53)称为 $\mathbf{A}$、φ 的推迟势；推迟势的存在表明电磁作用以有限速度传播。

3.4　电多极子

在静电场中电势

$$\varphi(\boldsymbol{R})=\int_V\frac{\rho(\boldsymbol{r})}{|\boldsymbol{R}-\boldsymbol{r}|}\mathrm{d}V$$

其中 $\varphi(\boldsymbol{R})$为点 $\boldsymbol{R}$ 处的电势。展开，

$$\varphi(\boldsymbol{R})=\int_V\frac{\rho(\boldsymbol{r})}{|\boldsymbol{R}-\boldsymbol{r}|}\mathrm{d}V=\sum_{n=0}^{\infty}\frac{\sigma_n}{R^{n+1}}$$

记 $l=\dfrac{r}{R}$、$x=\cos\theta$，有

$$\begin{aligned}\frac{1}{|\boldsymbol{R}-\boldsymbol{r}|}&=\frac{1}{\sqrt{R^2+r^2-2Rr\cos\theta}}\\&=\frac{1}{R\sqrt{1+l^2-2lx}}=\frac{1}{R}H(l,x)\end{aligned}$$

$H(l,x)$称为生成函数。而

$$\begin{aligned}H(l,x)&=\frac{1}{\sqrt{1+l^2-2lx}}\\&=\sum_{n=0}^{\infty}\frac{1}{n!}\frac{\partial^n}{\partial l^n}(1+l^2-2lx)^{-\frac{1}{2}}\bigg|_{l=0}\end{aligned} \tag{3.55}$$

推出

$$\begin{cases} \sigma_0 = \int_V \rho \mathrm{d}V & \text{（总电荷）} \\ \sigma_1 = \int_V r\rho\cos\theta \mathrm{d}V & \text{（偶极矩）} \\ \sigma_2 = \int_V r^2 \rho \frac{3\cos^2\theta - 1}{2} \mathrm{d}V & \text{（四极矩）} \end{cases}$$

σ_0、σ_1、σ_2 与勒让德多项式 $P_0(x)$、$P_1(x)$、$P_2(x)$一致，因此推断

$$H(l,x) = \frac{1}{\sqrt{1+l^2-2lx}} = \sum_{n=0}^{\infty} P_n(x) l^n \quad (l<1) \tag{3.56}$$

事实上，可以利用$\frac{1}{|\boldsymbol{R}-\boldsymbol{r}|}$为拉普拉斯方程解的事实，即

$$\nabla^2 \frac{1}{|\boldsymbol{R}-\boldsymbol{r}|} = 0 \tag{3.57}$$

将

$$\frac{1}{|\boldsymbol{R}-\boldsymbol{r}|} = \frac{1}{R} \sum_{n=0}^{\infty} P_n(x) \left(\frac{r}{R}\right)^n \tag{3.58}$$

代入式(3.57)，

$$\sum_{n=0}^{\infty} \frac{1}{R^{n+1}} \nabla^2 [P_n(\cos\theta) r^n] = 0 \tag{3.59}$$

以 R 乘式(3.59)，得

$$\nabla^2 (P_0 r^0) + \sum_{n=1}^{\infty} \frac{1}{R^n} \nabla^2 [P_n(\cos\theta) r^n] = 0 \tag{3.60}$$

当 $R \to \infty$时

$$\nabla^2 (P_0 r^0) = 0 \tag{3.61}$$

以 R^2 乘式(3.59)并 $R \to \infty$，

$$\nabla^2 (P_1 r^1) = 0 \tag{3.62}$$

以此类推，有

$$\nabla^2 (P_n r^n) = 0 \tag{3.63}$$

注意

$$\nabla^2 = \frac{1}{r^2}\frac{\partial}{\partial r}\left(r^2\frac{\partial}{\partial r}\right) + \frac{1}{r^2\sin\theta}\frac{\partial}{\partial\theta}\left(\sin\theta\frac{\partial}{\partial\theta}\right) + \frac{1}{r^2\sin^2\theta}\frac{\partial^2}{\partial\varphi^2} \tag{3.64}$$

$$\frac{1}{r^2}\frac{\partial}{\partial r}\left(r^2\frac{\partial}{\partial r}\right)r^n = n(n+1)r^{n-2}$$

故式(3.63)可写成

$$\nabla^2[P_n(\cos\theta)r^n] = r^{n-2}\left\{n(n+1)P_n + \frac{1}{\sin\theta}\frac{\mathrm{d}}{\mathrm{d}\theta}\left[\sin\theta\frac{\mathrm{d}}{\mathrm{d}\theta}P_n(\cos\theta)\right]\right\} = 0 \tag{3.65}$$

或

$$\frac{\mathrm{d}}{\mathrm{d}x}\left[(1-x^2)\frac{\mathrm{d}}{\mathrm{d}x}P_n(x)\right] = -n(n+1)P_n(x) \tag{3.66}$$

式(3.66)就是勒让德方程。现在比较 $P_n(x)$ 与勒让德多项式；记算子

$$H = \frac{\mathrm{d}}{\mathrm{d}x}\left[(1-x^2)\frac{\mathrm{d}}{\mathrm{d}x}\right]$$

$$HP_n(x) = -n(n+1)P_n(x) \tag{3.67}$$

式(3.67)中的 $P_n(x)$ 称为 H 的特征函数。当 H 在 $-1 \leqslant x \leqslant 1$ 上为埃尔米特算子时，$P_n(x)$ 就构成正交系。因为

$$\int_{-1}^{1}\varphi^* H\psi\mathrm{d}x = \int_{-1}^{1}\varphi^*\frac{\mathrm{d}}{\mathrm{d}x}\left[(1-x^2)\frac{\mathrm{d}\psi}{\mathrm{d}x}\right]\mathrm{d}x = \int_{-1}^{1}(1-x^2)\frac{\mathrm{d}\psi}{\mathrm{d}x}\frac{\mathrm{d}\varphi^*}{\mathrm{d}x}\mathrm{d}x$$

类似地

$$\int_{-1}^{1}\psi^* H\varphi\mathrm{d}x = -\int_{-1}^{1}(1-x^2)\frac{\mathrm{d}\psi^*}{\mathrm{d}x}\frac{\mathrm{d}\varphi}{\mathrm{d}x}\mathrm{d}x = \left[-\int_{-1}^{1}(1-x^2)\frac{\mathrm{d}\psi}{\mathrm{d}x}\frac{\mathrm{d}\varphi^*}{\mathrm{d}x}\mathrm{d}x\right]^*$$

从而

$$\int_{-1}^{1}\varphi^* H\psi\mathrm{d}x = \left[\int_{-1}^{1}\psi^* H\varphi\mathrm{d}x\right]^*$$

表明 H 为埃尔米特的，所以多项式 $P_n(x)$ 成正交系。又

$$P_n(x)=\frac{1}{n!}\frac{\partial^n}{\partial l^n}(1+l^2-2lx)^{-\frac{1}{2}}\bigg|_{l=0}$$

若 $P_n(1)=1$，则已指出的唯一决定勒让德的3个条件均满足。当 $x=1$ 时

$$\frac{1}{\sqrt{1+l^2-2l}}=\frac{1}{1-l}=\sum_{n=0}^{\infty}l^n\quad(l<1)\tag{3.68}$$

但依式(3.56)，

$$\frac{1}{1-l}=\sum_{n=0}^{\infty}P_n(1)l^n\tag{3.69}$$

比较式(3.69)、式(3.68)，

$$P_n(1)=1$$

为了计算勒让德多项式，式(3.56)取对数并求导，

$$\frac{-l+x}{1+l^2-2lx}=\frac{\sum_n nP_nl^{n-1}}{\sum_n P_nl^n}\tag{3.70}$$

进一步简化，得到递推公式

$$(n+1)P_{n+1}(x)-(2n+1)xP_n(x)+nP_{n-1}(x)=0\tag{3.71}$$

利用勒让德多项式与球谐函数 Y_{lm} 的关系，$\varphi(\boldsymbol{R})$ 也可表达成

$$\varphi(\boldsymbol{R})=\sum_{l=0}^{\infty}\sum_{m=-1}^{l}\frac{Y_{lm}(\theta,\varphi)Q_{lm}}{R^{l+1}}\tag{3.72}$$

这里 Q_{lm} 取决于原坐标的选择，且

$$Q_{lm}=\frac{4\pi}{2l+1}\int Y_{lm}^{*}(\theta',\varphi')r^l\rho(\boldsymbol{r})\mathrm{d}^3(\boldsymbol{r})$$

3.5 高斯光束

3.5.1 亥姆霍兹方程的波束解

波束场强在横截面上的分布形式是由具体激发条件确定的。今讨论一种比较简单的形式；这种波束能量分布具有轴对称性，

在中部场强最大，靠近边缘处强度快速衰减。取波束对称轴为 z，且选用高斯函数

$$\exp\left(-\frac{x^2+y^2}{w^2}\right)$$

式中 $\sqrt{x^2+y^2}$ 为到 z 的距离，当 $\sqrt{x^2+y^2}>w$ 时高斯函数值迅速下降，因此参数 w 表示波束的宽度。

基于波动的特点，波束在传播中一般不能保持截面不变，因此 w 为 z 的函数。当 w 增大时场强减弱，于是波振幅也为 z 的函数。以 $u=u(x,y,z)$ 表示电磁场的任意直角分量，考虑到上述情况，u 为

$$u(x,y,z)=g(z)\exp[-f(z)(x^2+y^2)]\exp(ikz)\quad (i=\sqrt{-1}) \tag{3.73}$$

其中 $\exp(ikz)$ 表示沿 z 方向的传播因子。如果电磁波具有确定的沿 z 轴方向的波矢量 $\boldsymbol{k}$，那么它就是唯一的取决于 z 的因子。因为具有确定波矢量的电磁波为广延于全空间的平面波，所以任何有限宽度的射束不能具有确定的波矢量；射束只能有大致的传播方向，$\exp(ikz)$ 为主因子。$\exp[-f(z)(x^2+y^2)]$ 为限制波束空间宽度的因子，而射束不能有完全确定的波矢量，结果 w 应为 z 的缓变函数。$g(z)$ 表示波振幅，同时也包括传播因子和纯平面波因子 $\exp(ikz)$ 偏离的部分。置

$$\psi(x,y,z)=g(z)\exp[-f(z)(x^2+y^2)] \tag{3.74}$$

设 $\psi(x,y,z)$ 当 $z\sim\lambda$ 时变化很小，故在它对 z 的展开式中可以忽略高次项。

$u(x,y,z)$ 符合亥姆霍兹方程

$$\nabla^2 u+k^2 u=0 \tag{3.75}$$

将

$$u(x,y,z)=\psi(x,y,z)\exp(ikz) \tag{3.76}$$

代入式(3.75)并舍 $\frac{\partial^2\psi}{\partial z^2}$，得

$$\frac{\partial^2\psi}{\partial x^2}+\frac{\partial^2\psi}{\partial y^2}+2ki\frac{\partial\psi}{\partial z}=0 \tag{3.77}$$

式(3.74)代入式(3.77)，

$$(x^2+y^2)(2gf^2-ikgf')-(2fg-ikg')=0$$

f'为对 z 的导数，从上式导出

$$2f^2=2kf' \tag{3.78}$$

$$2fg=ikg' \tag{3.79}$$

从式(3.78)，

$$f(z)=\frac{1}{A+\dfrac{2i}{k}z} \tag{3.80}$$

A 为复积分常数。比较式(3.78)、式(3.79)知 $g=Cf$(C 为常数)为式(3.79)的解，

$$g(z)=\frac{u_0}{1+\dfrac{2i}{kA}z} \tag{3.81}$$

u_0 为积分常数。A 的虚部可用$-\dfrac{2i}{k}z$ 抵消，也就是总可以选 z 轴原点使 A 为实数。取 A 为实数，$f(z)$写成

$$f(z)=\frac{1}{A\left(1+\dfrac{4z^2}{k^2A^2}\right)}\left(1-\frac{2i}{kA}z\right) \tag{3.82}$$

记 $A=w_0^2$，

$$w_0^2(z)=A\left(1+\frac{4z^2}{k^2A^2}\right)=w_0^2\left[1+\left(\frac{2z}{kw_0^2}\right)^2\right] \tag{3.83}$$

推出

$$f(z)=\frac{1}{w^2(z)}\left(1-\frac{2iz}{kw_0^2}\right)$$

由式(3.74)，

$$\exp[-f(z)(x^2+y^2)]=\exp\left[-\frac{x^2+y^2}{w^2(z)}\left(1-\frac{2iz}{kw_0^2}\right)\right] \tag{3.84}$$

式(3.81)变为

$$g(z)=\frac{u_0}{\sqrt{1+\left(\frac{2z}{kw_0^2}\right)^2}}\exp(-i\phi)=u_0\frac{w_0}{w}\exp(-i\phi) \tag{3.85}$$

$$\phi=\operatorname{arctg}\left(\frac{2z}{kw_0^2}\right) \tag{3.86}$$

式(3.85)、式(3.84)代入式(3.74)、式(3.76)得到光束场强，

$$u(x,y,z)=u_0\frac{w_0}{w}\exp\left(-\frac{x^2+y^2}{w^2}\right)\exp(i\Phi) \tag{3.87}$$

$$\Phi=kz+\frac{k(x^2+y^2)}{2z\left[1+\left(\frac{kw_0^2}{2z}\right)^2\right]}-\phi \tag{3.88}$$

3.5.2 高斯光束的传播特性

现在分析式(3.87)的意义。在式(3.87)中 $\exp(i\Phi)$ 为相因子，其他因子表示各处的波振幅。但

$$\exp\left(-\frac{x^2+y^2}{w^2}\right)$$

为限制 w 的因子。从式(3.83)知在 $z=0$ 处 w 最小，称之为光束腰部；离腰部越远，w 越大。

$u_0\frac{w_0}{w}$ 为 z 轴上的波振幅、u_0 为波束腰部波振幅、$\frac{w_0}{w}$ 为当波束变宽后波振幅相应减少。

Φ 为波相位，波阵面是等相位面，由方程 $\Phi=$ 常数确定。依式(3.88)、式(3.86)，当 $z=0$ 时 $\Phi=0$，故 $z=0$ 平面为波阵面，即在光束腰部处波阵面为垂直于 z 的平面。

距腰部远处，若

$$z\gg kw_0^2 \tag{3.89}$$

则从式(3.86)中有 $\phi\to\frac{\pi}{2}$，因此在讨论远处等相面时可舍弃 ϕ 项，由式(3.88)远处等相面是

$$z+\frac{x^2+y^2}{2z}=C \quad (\text{常数}) \tag{3.90}$$

对于 $z^2 \gg x^2+y^2$，

$$\sqrt{1+\frac{x^2+y^2}{z^2}} \approx 1+\frac{x^2+y^2}{2z^2}$$

于是等相面

$$z\sqrt{1+\frac{x^2+y^2}{z^2}} \approx C$$

或

$$r=\sqrt{x^2+y^2+z^2} \approx C \tag{3.91}$$

表明在远处波阵面变成以腰部中点为球心的球面。波阵面从腰部的平面逐渐过渡到远处的球面形状。

由式(3.83)，

$$w(z) \approx \frac{2z}{kw_0} \tag{3.92}$$

波束的发散角用 $\mathrm{tg}\theta=\dfrac{w}{z}$决定，如图 3.1 所示。利用式(3.92)，

$$\theta=\frac{2}{kw_0} \tag{3.93}$$

注意 w_0 越小 θ 越大。如果要求好的聚焦(w_0 小)，那么 θ 必须充分大；如果要求好的定向(θ 小)，那么 w_0 不能太小。偏离轴向的波矢横向分量为 $\Delta k_\perp \approx k\theta$，代入式(3.93)，

$$\Delta k_\perp\, w_0 = O(1)$$

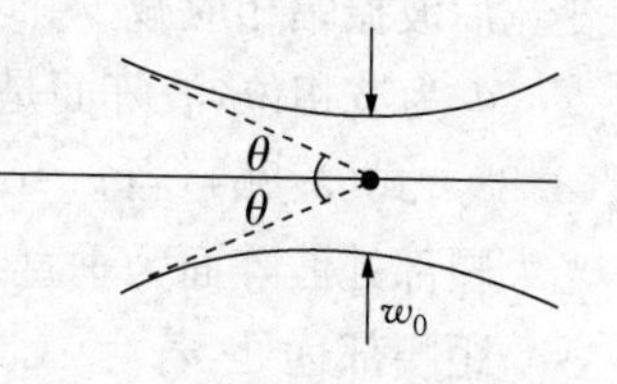

图 3.1

上式表示波的空间分布宽度和波矢横向分量宽度的关系，为波动的普遍现象。只有无限宽度的波才有完全确定的波矢量，任何有限宽度的射束都没有完全确定的波矢量。

3.6 电磁场张量

3.6.1 四维时空电磁场张量

取四维矢量

$$A_\mu = (A_1, A_2, A_3, A_4) \tag{3.94}$$

其中$A_1=A_x$、$A_2=A_y$、$A_3=A_z$、$A_4=\dfrac{i}{c}\varphi(i=\sqrt{-1})$，于是洛仑兹条件可写成

$$\frac{\partial A_\mu}{\partial x^\mu} = 0 \tag{3.95}$$

式(3.95)为不变式，它对任何惯性系都成立，称式(3.95)是洛仑兹协变的，称$A_\mu=\left(\boldsymbol{A},\dfrac{i}{c}\varphi\right)$为四维势。引进

$$J_\mu = (J_1, J_2, J_3, J_4) \tag{3.96}$$

其中$J_1=J_x$、$J_2=J_y$、$J_3=J_z$、$J_4=ic\rho$，于是电荷守恒式

$$\nabla \cdot \boldsymbol{J} + \frac{\partial \rho}{\partial t} = 0 \tag{3.97}$$

可以写成

$$\frac{\partial J_\mu}{\partial x^\mu} = 0 \tag{3.98}$$

称$J_\mu=(\boldsymbol{J}, ic\rho)$为四维电流密度；使用达朗伯算子，有

$$\Box^2 A_\mu = -\mu_0 J_\mu \tag{3.99}$$

注意只有当A_μ、J_μ为四维矢量时才能使式(3.99)、式(3.98)、式(3.95)对所有惯性系都成立；这时ρ、φ不再是标量而与$\boldsymbol{J}$、$\boldsymbol{A}$构成四维矢量。但是电量Q为四维标量，也就是

$$Q' = Q \tag{3.100}$$

定义电磁场张量

$$F_{\mu\nu} = \frac{\partial A_\nu}{\partial x^\mu} - \frac{\partial A_\mu}{\partial x^\nu}$$

并通过

$$\boldsymbol{B} = \nabla \times \boldsymbol{A} \quad \boldsymbol{E} = -\nabla\varphi - \frac{\partial \boldsymbol{A}}{\partial t}$$

得到

$$F_{\mu\nu} = \begin{bmatrix} 0 & B_3 & -B_2 & -\frac{i}{c}E_1 \\ -B_3 & 0 & B_1 & -\frac{i}{c}E_2 \\ B_2 & -B_1 & 0 & -\frac{i}{c}E_3 \\ \frac{i}{c}E_1 & \frac{i}{c}E_2 & \frac{i}{c}E_3 & 0 \end{bmatrix}$$

$$\varepsilon^{\alpha\beta\gamma\tau}F_{\alpha\beta}F_{\gamma\tau} = \frac{\boldsymbol{E}\cdot\boldsymbol{B}}{c} \quad （\varepsilon^{\alpha\beta\gamma\tau}\text{ 为置换张量}）$$

也称 A_μ 为四维旋度，$F_{\mu\nu}$ 是二阶反对称张量。麦克斯韦方程的第一、三式合写成

$$\frac{\partial F_{\mu\nu}}{\partial x^\nu} = \mu_0 J_\mu \tag{3.101}$$

麦克斯韦方程的第二、四式合写成

$$\frac{\partial F_{\mu\nu}}{\partial x^\lambda} + \frac{\partial F_{\nu\lambda}}{\partial x^\mu} + \frac{\partial F_{\lambda\mu}}{\partial x^\nu} = 0 \tag{3.102}$$

3.6.2 闵可夫斯基空间电磁场张量

因为光束不变，所以

$$x^2 + y^2 + z^2 - c^2t^2 = \text{不变量}$$

记 $x^0 = ct$、$x^1 = x$、$x^2 = y$、$x^3 = z$，故其度规形式为

$$g_{\mu\nu}x^\mu x^\nu = \text{不变量}$$

x^μ 称为闵可夫斯基空间，且

$$g_{\mu\nu} = \begin{bmatrix} 1 & 0 & 0 & 0 \\ 0 & 1 & 0 & 0 \\ 0 & 0 & 1 & 0 \\ 0 & 0 & 0 & -1 \end{bmatrix} \qquad g^{\mu\nu} = \begin{bmatrix} 1 & 0 & 0 & 0 \\ 0 & 1 & 0 & 0 \\ 0 & 0 & 1 & 0 \\ 0 & 0 & 0 & -1 \end{bmatrix}$$

表明 $g_{\mu\nu}$ 为常数。由于 $\det(g_{\mu\nu}) < 1$，因此闵可夫斯基空间是伪欧

几里得空间。仍取四维矢量

$$A^{\mu} = (A_1, A_2, A_3, A_4)$$

这里 $A_1 = A_x$、$A_2 = A_y$、$A_3 = A_z$、$A_4 = \frac{1}{c}\varphi$,但

$$A_{\mu} = g_{\mu\nu}A^{\nu} = (A_1, A_2, A_3, -A_4)$$

同样定义电磁场张量

$$F_{\mu\nu} = \frac{\partial A_{\nu}}{\partial x^{\mu}} - \frac{\partial A_{\mu}}{\partial x^{\nu}}$$

并且得到

$$F_{\mu\nu} = \begin{bmatrix} 0 & B_3 & -B_2 & \frac{1}{c}E_1 \\ -B_3 & 0 & B_1 & \frac{1}{c}E_2 \\ B_2 & -B_1 & 0 & \frac{1}{c}E_3 \\ -\frac{1}{c}E_1 & -\frac{1}{c}E_2 & -\frac{1}{c}E_3 & 0 \end{bmatrix}$$

$$F^{\mu\nu} = g^{\mu\alpha}g^{\nu\beta}F_{\alpha\beta} = \begin{bmatrix} 0 & B_3 & -B_2 & -\frac{1}{c}E_1 \\ -B_3 & 0 & B_1 & -\frac{1}{c}E_2 \\ B_2 & -B_1 & 0 & -\frac{1}{c}E_3 \\ \frac{1}{c}E_1 & \frac{1}{c}E_2 & \frac{1}{c}E_3 & 0 \end{bmatrix}$$

在闵可夫斯基空间中的电磁场张量无需引入虚数 i,更具有现实性。

3.7 电磁场中带电粒子的哈密顿函数

3.7.1 非相对论情形

拉格朗日方程为

$$\frac{\mathrm{d}}{\mathrm{d}t}\frac{\partial T}{\partial \dot{q}_i} - \frac{\partial T}{\partial q_i} = Q_i \tag{3.103}$$

式中 T 为粒子动能、Q_i 为广义力、q_i 为广义坐标、$\dot{q}_i$ 为广义速度。对于保守系统，存在势能 $V(q_i)$，

$$Q_i = -\frac{\partial V}{\partial q_i}$$

由拉格朗日量 $\mathscr{L}=T-V$ 知，

$$\frac{\mathrm{d}}{\mathrm{d}t}\frac{\partial \mathscr{L}}{\partial \dot{q}_i} - \frac{\partial \mathscr{L}}{\partial q_i} = 0 \tag{3.104}$$

对于非保守系统，Q_i 可用函数 $U(q_i, \dot{q}_i, t)$ 表出

$$Q_i = -\frac{\partial U}{\partial q_i} - \frac{\mathrm{d}}{\mathrm{d}t}\frac{\partial U}{\partial \dot{q}_i} \tag{3.105}$$

这时

$$\mathscr{L} = T - U \tag{3.106}$$

当带电粒子在电磁场运动时，粒子受力

$$\boldsymbol{F} = e(\boldsymbol{E} + \boldsymbol{v} \times \boldsymbol{B}) \tag{3.107}$$

应用矢势 $\mathbf{A}$、标势 φ 可使

$$\boldsymbol{F} = e\left[-\nabla\varphi - \frac{\partial \mathbf{A}}{\partial t} + \boldsymbol{v} \times (\nabla \times \mathbf{A})\right] \tag{3.108}$$

或

$$\boldsymbol{F} = -e\nabla(\varphi - \boldsymbol{v} \cdot \mathbf{A}) - e\left[\frac{\partial \mathbf{A}}{\partial t} + (\boldsymbol{v} \cdot \nabla)\boldsymbol{A}\right] \tag{3.109}$$

注意到

$$\frac{\mathrm{d}\mathbf{A}}{\mathrm{d}t} = \frac{\partial \mathbf{A}}{\partial t} + (\boldsymbol{v} \cdot \nabla)\boldsymbol{A}$$

式(3.109)变为

$$\boldsymbol{F} = -e\nabla(\varphi - \boldsymbol{v} \cdot \mathbf{A}) - e\frac{\mathrm{d}\mathbf{A}}{\mathrm{d}t} \tag{3.110}$$

记

$$U = e(\varphi - \boldsymbol{v} \cdot \mathbf{A}) \tag{3.111}$$

由 $\boldsymbol{x}$、$\boldsymbol{v}$ 的独立性，式(3.110)具有形式

$$F_i = -\frac{\partial U}{\partial x_i} + \frac{\mathrm{d}}{\mathrm{d}t}\frac{\partial U}{\partial \dot{x}_i} \tag{3.112}$$

式(3.112)、式(3.105)相似，因此

$$\mathscr{L}=\frac{1}{2}mv^2-e(\varphi-\boldsymbol{v}\cdot\boldsymbol{A}) \tag{3.113}$$

定义粒子正则动量

$$P_i=\frac{\partial\mathscr{L}}{\partial\dot{x}_i} \tag{3.114}$$

依式(3.113)，

$$\boldsymbol{P}=m\boldsymbol{v}+e\boldsymbol{A} \tag{3.115}$$

哈密顿量定义为

$$\mathscr{H}=\boldsymbol{v}\cdot\boldsymbol{P}-\mathscr{L}=\frac{1}{2}mv^2+e\varphi=\frac{1}{2m}(\boldsymbol{P}-e\boldsymbol{A})^2+e\varphi \tag{3.116}$$

正则动量 $\boldsymbol{P}$ 与力学动量 $\boldsymbol{p}=m\boldsymbol{v}$ 的关系为

$$\boldsymbol{p}=\boldsymbol{P}-e\boldsymbol{A} \tag{3.117}$$

故正则方程

$$\begin{cases}\dot{q}_i=\dfrac{\partial\mathscr{H}}{\partial P_i}\\ \dot{P}_i=-\dfrac{\partial\mathscr{H}}{\partial q_i}\end{cases} \tag{3.118}$$

在非相对论意义下，带电粒子在电磁场中的运动可用式(3.116)描述。

3.7.2　相对论情形

力学方程

$$\frac{\mathrm{d}}{\mathrm{d}t}\left(\frac{m_0}{\sqrt{1-\frac{v^2}{c^2}}}\boldsymbol{v}\right)=e(\boldsymbol{E}+\boldsymbol{v}\times\boldsymbol{B}) \tag{3.119}$$

由于

$$\frac{m_0}{\sqrt{1-\frac{v^2}{c^2}}}v_i=\frac{\partial}{\partial v_i}\left(-m_0c^2\sqrt{1-\frac{v^2}{c^2}}\right)$$

考虑相对论效应，

$$\mathscr{L}=-m_0c^2\sqrt{1-\frac{v^2}{c^2}}-e(\varphi-\boldsymbol{v}\cdot\boldsymbol{A}) \tag{3.120}$$

注意上式右端第一项并非动能，改写成式(3.120)

$$\frac{\mathscr{L}}{\sqrt{1-\frac{v^2}{c^2}}}=-m_0c^2+cA_\mu U_\mu \tag{3.121}$$

式中 A_μ 为四维势、U_μ 为四维速度。式(3.121)右端是洛仑兹不变量，因而左端 $\gamma\mathscr{L}$ 也是不变量 $\left(\gamma=\frac{1}{\sqrt{1-\frac{v^2}{c^2}}}\right)$。作用量为

$$S=\int\mathscr{L}\mathrm{d}t=\int\gamma\mathscr{L}\mathrm{d}\tau$$

其中 $\mathrm{d}\tau$ 为粒子的固有时。因为固有时是不变量，所以 S 也是不变量。作用量的洛仑兹不变性在近代物理中有重要意义，它是寻找一个物理系统拉格朗日函数的根据。

对于自由粒子有不变量 $U_\mu U_\mu=-c^2$，于是 $\gamma\mathscr{L}=a$(常数)，

$$\mathscr{L}=a\sqrt{1-\frac{v^2}{c^2}}$$

当 $v\ll c$ 时 $a=-m_0c^2$，即

$$\mathscr{L}=-m_0c^2\sqrt{1-\frac{v^2}{c^2}}$$

在电磁场中运动的带电粒子，除 U_μ 外，$\mathscr{L}$ 还取决于 A_μ、$F_{\mu\nu}$，使 $U_\mu A_\mu$ 为不变量，所以 $\gamma\mathscr{L}$ 中可以包括 $bU_\mu A_\mu$(b 为待定常数)。如静电场中 $v\ll c$ 时，这项应等于粒子负势能 $-e\varphi$，由此知 $b=e$。

正则动量

$$\boldsymbol{P}=\frac{\partial\mathscr{L}}{\partial\boldsymbol{v}}=\frac{m_0}{\sqrt{1-\frac{v^2}{c^2}}}\boldsymbol{v}+e\boldsymbol{A}=\boldsymbol{p}+e\boldsymbol{A} \tag{3.122}$$

其哈密顿量为

$$\mathscr{H}=\boldsymbol{P}\cdot\boldsymbol{v}-\mathscr{L}$$

式(3.122)、式(3.120)代入上式，

$$\mathscr{H}=\frac{m_0c^2}{\sqrt{1-\frac{v^2}{c^2}}}+e\varphi$$

另外,

$$\frac{m_0c^2}{\sqrt{1-\frac{v^2}{c^2}}}=\sqrt{p^2c^2+m_0^2c^4}=\sqrt{(\mathbf{P}-e\mathbf{A})^2c^2+m_0^2c^4}$$

故

$$\mathscr{H}=\sqrt{(\mathbf{P}-e\mathbf{A})^2c^2+m_0^2c^4}+e\varphi \tag{3.123}$$

当 $v \ll c$ 时

$$\mathscr{H}\approx\frac{1}{2m}(\mathbf{P}-e\mathbf{A})+e\varphi$$

因为式(3.123)右边对应于 $p_\mu+eA_\mu$ 的第四分量,为此引进四维矢量

$$P_\mu=p_\mu+eA_\mu \tag{3.124}$$

所以哈密顿量对应于 P_μ 的第四分量,

$$P_\mu=\left(\boldsymbol{P},\frac{i}{c}\mathscr{H}\right) \tag{3.125}$$

3.8 电磁流体

已知麦克斯韦方程

$$\begin{cases}\nabla\times\boldsymbol{H}=\boldsymbol{J}+\dfrac{\partial\boldsymbol{D}}{\partial t}\\ \nabla\times\boldsymbol{E}=-\dfrac{\partial\boldsymbol{B}}{\partial t}\\ \nabla\cdot\boldsymbol{D}=\rho_e\\ \nabla\cdot\boldsymbol{B}=0\end{cases}$$

且

$$\boldsymbol{D}=\varepsilon\boldsymbol{E}$$

$$\boldsymbol{B}=\mu\boldsymbol{H}$$

式中 ρ_e 为电荷密度。由于洛仑兹力的作用,因此欧姆定律形式为

$$\boldsymbol{J} = \sigma(\boldsymbol{E} + \boldsymbol{v} \times \boldsymbol{B}) \quad (\sigma \text{ 为电导率})$$

而连续方程为

$$\frac{\partial \rho}{\partial t} + \nabla \cdot (\rho \boldsymbol{v}) = 0$$

但是动量、能量方程应修正为

$$\frac{\mathrm{d}\boldsymbol{v}}{\mathrm{d}t} = \boldsymbol{f} + \frac{1}{\rho} \nabla p + \nu \nabla^2 \boldsymbol{v} + \frac{1}{3} \nu \nabla (\nabla \cdot \boldsymbol{v}) + \frac{1}{\rho} (\boldsymbol{J} \times \boldsymbol{B}) + \frac{\rho_e}{\rho} \boldsymbol{E}$$

$$\rho T \frac{\mathrm{d}s}{\mathrm{d}t} = (\boldsymbol{\sigma}' \cdot \nabla) \boldsymbol{v} + \nabla \cdot (\lambda \nabla T) + \frac{J^2}{\sigma}$$

这里 T 为热力学温度、ρ 为电磁流体密度、$\boldsymbol{\sigma}'$ 为黏性张量、s 为比熵、λ 为导热系数、ν 为运动黏性系数、p 为电磁流体压强。

综上所述，得到电磁流体力学方程

$$\begin{cases} \nabla \times \boldsymbol{H} = \boldsymbol{J} + \dfrac{\partial \boldsymbol{D}}{\partial t} \\ \nabla \times \boldsymbol{E} = -\dfrac{\partial \boldsymbol{B}}{\partial t} \\ \dfrac{\partial \rho}{\partial t} + \nabla \cdot (\rho \boldsymbol{v}) = 0 \\ \dfrac{\mathrm{d}\boldsymbol{v}}{\mathrm{d}t} = \boldsymbol{f} - \dfrac{1}{\rho} \nabla p + \nu \nabla^2 \boldsymbol{v} + \dfrac{1}{3} \nu \nabla (\nabla \cdot \boldsymbol{v}) \\ \qquad + \dfrac{1}{\rho} (\boldsymbol{J} \times \boldsymbol{B}) + \dfrac{\rho_e}{\rho} \boldsymbol{E} \\ \rho T \dfrac{\mathrm{d}s}{\mathrm{d}t} = (\boldsymbol{\sigma}' \cdot \nabla) \boldsymbol{v} + \nabla \cdot (\lambda \nabla T) + \dfrac{J^2}{\sigma} \end{cases}$$

3.9 切仑柯夫辐射

在真空中匀速运动带电粒子不产生辐射电磁场，但是当其在介质中运动时介质内产生诱导电流，由这些诱导电流激发次波。若带电粒子的速度超过介质内的光速，则这些次波与原粒子的电磁场互相干涉，形成辐射电磁场，称这种辐射为切仑柯夫辐射。

切仑柯夫辐射的物理机制如图 3.2 所示。设在介质内粒子

匀速运动且 $v>\frac{c}{n}$（n 为折射率）。在粒子路径附近介质的分子电流受到扰动产生次波。取粒子在时刻 t_1、t_2、…依次经过点 M_1、

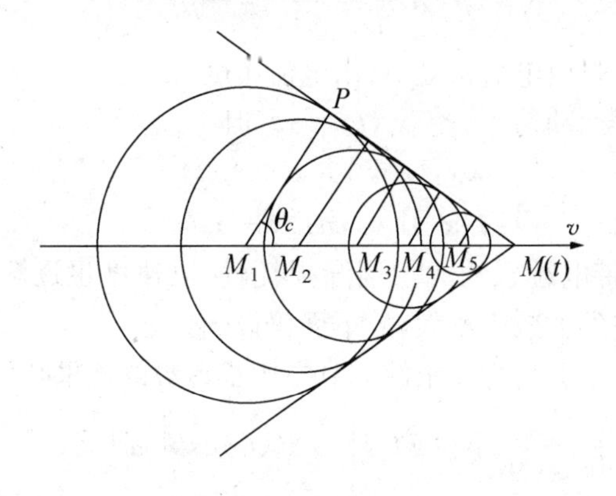

图 3.2

M_2、…，在 t 时间到达 M 点。对同一个 t，M_1 处产生次波已到达半径为 M_1P 的球面上，

$$\overline{M_1P}=\frac{c}{n}(t-t_1) \quad \overline{M_1M}=v(t-t_1)$$

显然，当 $v>\frac{c}{n}$ 时粒子路径上各点产生的次波在时刻 t 都在一个锥体内。在锥面上各次波互相迭加形成波面，从而产生向锥面法线方向传播的辐射电磁波。辐射方向和粒子运动方向夹角的关系为

$$\cos\theta_c=\frac{c}{nv} \tag{3.126}$$

切仑柯夫辐射是运动的带电粒子与介质内的束缚电荷、诱导电流产生的集体效应，在宏观现象中介质内束缚电荷、电流分布产生的宏观效应可以归结为介电常数 ε、磁导率 μ。为方便研究先设 ε、μ 为不取决于频率的常数且 $\mu=\mu_0$，这样在介质内 $\frac{c}{n}=\frac{1}{\sqrt{\varepsilon_r}}$（$n$ 为介质折射率）。如果 n 是常数，那么在介质中

$$\begin{cases} \nabla^2\varphi - \dfrac{n^2}{c^2}\dfrac{\partial^2\varphi}{\partial t^2} = -\dfrac{\rho}{\varepsilon} \\ \nabla^2\mathbf{A} - \dfrac{n^2}{c^2}\dfrac{\partial^2\mathbf{A}}{\partial t^2} = -\mu\boldsymbol{J} \end{cases} \tag{3.127}$$

式中ρ、$\boldsymbol{J}$为自由电荷密度、自由电流密度。

设粒子运动匀速、$\boldsymbol{x}=\boldsymbol{x}_e(t)=\boldsymbol{v}t$，但

$$\begin{cases} \rho(\boldsymbol{x},t) = e\delta[\boldsymbol{x}-\boldsymbol{x}_e(t)] \\ \boldsymbol{J}(\boldsymbol{x},t) = e\boldsymbol{v}\delta[\boldsymbol{x}-\boldsymbol{x}_e(t)] \end{cases} \tag{3.128}$$

因为辐射，带电粒子的能量逐渐损耗，所以速度也逐渐变小。但是由减速引发的效应不大，故下面仍设$\boldsymbol{v}$不变。

采用频谱分析方法求解。真空中推迟势的傅里叶变换从式

$$\mathbf{A}_\omega(\boldsymbol{x}) = \frac{e}{8\pi^2\varepsilon_0 c^2 R}\exp(ikR)\int_{-\infty}^{\infty}\boldsymbol{v}(t')\exp\left[i\omega\left(t'-\frac{\boldsymbol{x}\cdot\boldsymbol{x}_e}{c}\right)\right]\mathrm{d}t' \tag{3.129}$$

给出，这里频率分量波数$k=\dfrac{\omega}{c}$。在式(3.129)中$c\to\dfrac{c}{n}$可得到介质中推迟势的傅里叶变换。令$\mu=\mu_0=\dfrac{1}{\varepsilon_0 c^2}$，有

$$\mathbf{A}_\omega(\boldsymbol{x}) = \frac{e}{8\pi^2\varepsilon_0 c^2 R}\exp(ikR)\int_{-\infty}^{\infty}\exp\left[i\omega\left(t'-\frac{n}{c}\boldsymbol{n}\cdot\boldsymbol{x}_e\right)\right]\boldsymbol{v}(t')\mathrm{d}t' \tag{3.130}$$

式中$\boldsymbol{n}$为辐射方向单位矢量。取$\boldsymbol{v}$沿x轴方向，在图3.3中，$\boldsymbol{n}\cdot\boldsymbol{x}_e=x_e\cos\theta$、$\boldsymbol{v}(t')\mathrm{d}t'=\mathrm{d}\boldsymbol{x}_e$、$t'=\dfrac{x_e}{v}$，依式(3.130)知

$$\mathbf{A}_\omega = \frac{e}{8\pi^2\varepsilon_0 c^2 R}\exp(ikR)\int_{-\infty}^{\infty}\exp\left[i\omega x_e\left(\frac{1}{v}-\frac{n}{c}\cos\theta\right)\right]\mathrm{d}\boldsymbol{x}$$

介质中波数$k=\dfrac{\omega}{c}n$。磁场的傅里叶变换为

$$\boldsymbol{B}_\omega = i\boldsymbol{k}\times\mathbf{A}_\omega = \frac{i\omega n}{c}\boldsymbol{n}\times\mathbf{A}_\omega \tag{3.131}$$

$$\boldsymbol{B}_\omega = \frac{i\omega ne}{8\pi^2\varepsilon_0 c^3 R}\sin\theta\exp(ikR)\int_{-\infty}^{\infty}\exp\left[i\omega x_e\left(\frac{1}{v}-\frac{n}{c}\cos\theta\right)\right]\mathrm{d}x_e \tag{3.132}$$

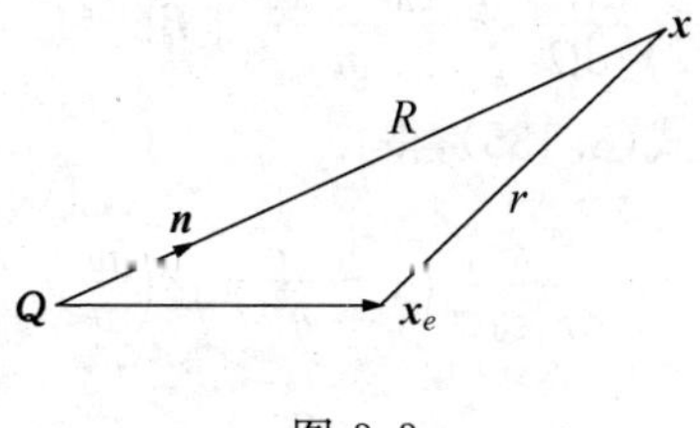

图 3.3

式中的积分为 δ 函数，

$$\int_{-\infty}^{\infty}\exp\left[i\omega x_e\left(\frac{1}{v}-\frac{n}{c}\cos\theta\right)\right]\mathrm{d}x_e=2\pi\delta\left(\frac{\omega}{v}-\frac{\omega n}{c}\cos\theta\right)\tag{3.133}$$

于是

$$B_\omega=\frac{i\omega ne}{4\pi\varepsilon_0c^3R}\sin\theta\exp(ikR)\delta\left(\frac{\omega}{v}-\frac{\omega n}{c}\cos\theta\right)\tag{3.134}$$

应用 δ 性质知当 $\cos\theta\neq\frac{c}{nv}$ 时 $B_\omega=0$。

若 $v<\frac{c}{n}$，则对所有 θ 有 $\cos\theta<\frac{c}{nv}$，表明此时没有辐射；若 $v>\frac{c}{n}$，则在 $\cos\theta=\frac{c}{nv}$ 方向上 B_ω 为无穷大，表明此方向上产生辐射电磁场。

上述 n 为与 ω 无关的常数，结果得到确定辐射角 $\cos\theta_c=\frac{c}{nv}$，在这个辐射下电磁场为无穷大。事实上介质中的 n 与 ω 有关。对很大的 ω，$n\to1$；因此辐射频谱在高频下截断，辐射场不会在一个尖锐的辐射角下变无穷大，而是分布于一定宽度的辐射角内。

以玻印廷矢量 $\boldsymbol{S}\cdot\boldsymbol{n}=EH=\frac{1}{\sqrt{\mu\varepsilon}}BH=\frac{c}{n\mu}B^2$，由辐射能量的角分布公式

$$\frac{\mathrm{d}W}{\mathrm{d}\Omega}=\int_{-\infty}^{\infty}\boldsymbol{S}\cdot\boldsymbol{n}R^2\mathrm{d}t\tag{3.135}$$

推出

$$\frac{dW_{\omega}}{d\Omega} = \frac{4\pi\varepsilon_0 c^3 R^2}{n} \mid \boldsymbol{B}_{\omega} \mid^2 \tag{3.136}$$

将式(3.134)代入式(3.135),得

$$\frac{d^2}{d\Omega dL}\dot{W}_{\omega} = \frac{e^2\omega^2 n}{8\pi^2\varepsilon_0 c^3}\left(1 - \frac{c^2}{n^2 v^2}\right)\delta\left(\frac{\omega}{v} - \frac{\omega n}{c}\cos\theta\right) \tag{3.137}$$

可表示只有在 $\cos\theta = \frac{c}{nv}$ 上才发生辐射。式(3.137)要求路程 L 远大于辐射波长。单位路程单位频率的辐射能量为

$$\begin{aligned}\frac{dW_{\omega}}{dL} &= \frac{e^2\omega^2 n}{8\pi^2\varepsilon_0 c^3}\left(1 - \frac{c^2}{n^2 v^2}\right)\oint_{\Omega}\delta\left(\frac{\omega}{v} - \frac{\omega n}{c}\cos\theta\right)d\Omega \\ &= \frac{e^2}{4\pi\varepsilon_0 c^2}\left(1 - \frac{c^2}{n^2 v^2}\right)\omega\end{aligned} \tag{3.138}$$

若 $n^2 = \varepsilon(\omega)$,则

$$\frac{dW_{\omega}}{dL} = \frac{e^2}{4\pi\varepsilon_0 c^2}\left[1 - \frac{c^2}{v^2\varepsilon(\omega)}\right]\omega \tag{3.139}$$

式中 $\varepsilon(\omega) > \frac{c^2}{v^2}$。

3.10 横越磁场扩散

3.10.1 弱电离等离子体

3.10.1.1 扩散系数

当无磁场时设粒子是单能的,碰撞后速度分布是各向同性的,粒子密度 $n(x)$ 只在 x 方向上变化,如图 3.4 所示;在 $x=0$ 处垂直于 x 方向的面积 dA 的粒子通量可以对所有在某处碰撞后 dA 的粒子积分得到。如在 P 点的单位体积碰撞率为

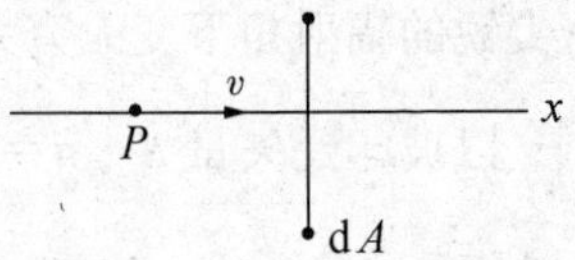

$$\frac{v}{\lambda}n(P) \tag{3.140}$$

图 3.4

式中 v 为粒子速度、λ 为与靶子碰撞中心碰撞的平均自由程。在

碰撞的粒子中$\frac{1}{3}$粒子碰撞后在 x 方向运动，这些粒子的$\frac{1}{2}$向 $\mathrm{d}A$ 运动。最后这些粒子不再经过碰撞到达 $\mathrm{d}A$ 的几率是 $\exp\left(-\frac{|x|}{\lambda}\right)$；故在 P 上单位体积内由于碰撞的单位面积通量为

$$\frac{nv}{6\lambda}\exp\left(-\frac{|x|}{\lambda}\right) \tag{3.141}$$

总通量 F 为

$$F=\frac{v}{6\lambda}\left[\int_{-\infty}^{0} n(x)\exp\left(\frac{x}{\lambda}\right)\mathrm{d}x-\int_{0}^{\infty} n(x)\exp\left(-\frac{x}{\lambda}\right)\mathrm{d}x\right] \tag{3.142}$$

式(3.142)在原点展开，

$$F=-\frac{v}{3\lambda}\frac{\mathrm{d}n}{\mathrm{d}x}\int_{0}^{\infty} x\exp\left(-\frac{x}{\lambda}\right)\mathrm{d}x=-\frac{\lambda v}{3}\frac{\mathrm{d}n}{\mathrm{d}x} \tag{3.143}$$

依 $\boldsymbol{F}=-D\nabla n$ 知此时扩散系数

$$D_0=\frac{1}{3}\lambda v \tag{3.144}$$

当有磁场时粒子作圆周运动，如图 3.5 所示。在垂直方向从左方穿过 $\mathrm{d}A$ 的粒子是从拉摩半径 r_0 下面一个圆的某处经历碰撞而来的。同样，那些从右方穿过 $\mathrm{d}A$ 的粒子为在前一个时段从上面一个圆上经历碰撞而来的。如果沿任意路程从 $\mathrm{d}A$ 到碰撞点的距离为 s，那么用上述相同的方法得到从左边来的粒子通量

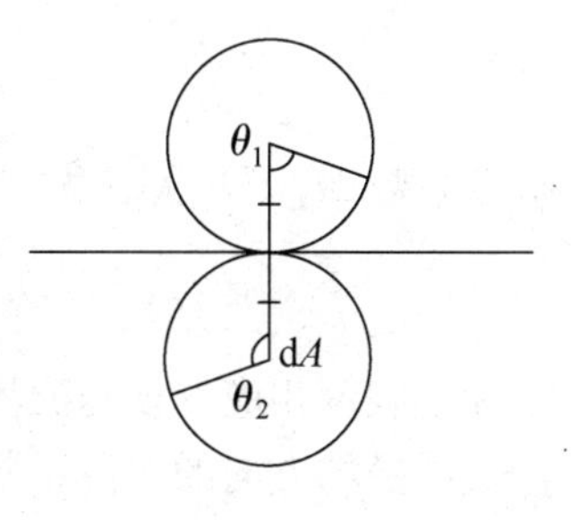

图 3.5

$$F_+=\int_{0}^{\infty} n(s_2)\,\frac{v}{6\lambda}\exp\left(-\frac{s_2}{\lambda}\right)\mathrm{d}s_2$$

从右边来的粒子通量

$$F_-=\int_{0}^{\infty} n(s_1)\,\frac{v}{6\lambda}\exp\left(-\frac{s_1}{\lambda}\right)\mathrm{d}s_1$$

其中 s_1、s_2 为沿上圆、下圆的轨道长度。n 如上述处理方法，得到

$$F = \frac{v}{6\lambda}\frac{\mathrm{d}n}{\mathrm{d}x}\left[\int_0^{\infty} x_2 \exp\left(-\frac{s_2}{\lambda}\right)\mathrm{d}s_2 - \int_0^{\infty} x_1 \exp\left(-\frac{s_1}{\lambda}\right)\mathrm{d}s_1\right]$$

而 $s_1=r_0\theta_1$、$s_2=r_0\theta_2$、$x_1=r_0\sin\theta_1$、$x_2=-r_0\sin\theta_2$，于是

$$F = -\frac{vr_0^2}{3\lambda}\frac{\mathrm{d}n}{\mathrm{d}x}\int_0^{\infty}\sin\theta\exp\left(-\frac{r_0}{\lambda}\theta\right)\mathrm{d}\theta \tag{3.145}$$

或

$$F = -\frac{\lambda v}{3}\frac{1}{1+\left(\frac{\lambda}{r_0}\right)^2}\frac{\mathrm{d}n}{\mathrm{d}x}$$

此时扩散系数

$$D = \frac{1}{3}\lambda v\frac{1}{1+\left(\frac{\lambda}{r_0}\right)^2} \tag{3.146}$$

当 $B=0$ 时 $r_0 \to \infty$，式(3.146)变为式(3.144)。拉摩半径与角频率的关系为

$$\omega r_0 = v \tag{3.147}$$

两次碰撞之间的平均时间间隔 τ 为

$$\tau = \frac{\lambda}{v} \tag{3.148}$$

扩散系数 $D_{\perp}$、D_0 关系为

$$D_{\perp} = \frac{D_0}{1+(\omega\tau)^2} \tag{3.149}$$

下标$\perp$表示相应的横越磁场的参数。

沿磁场方向的扩散系数与无磁场状况相同，即此方向上运动粒子不受磁场作用。以 $D_{\parallel}$ 表示在磁场方向上的扩散系数，

$$D_{\parallel} = D_0 = \frac{1}{3}\lambda v \tag{3.150}$$

3.10.1.2　双极扩散

等离子体包括电子、离子两种带电粒子，除了在接近器壁的薄层之外，它几乎是严格的电中性。可以证明准电中性的必要性。取 n 为等离子体中电子密度，且在半厚度为 x 的薄层等离子体中完全没有电子。从层的中心到外面的电势差为

$$\frac{\partial^2 V}{\partial v^2} = 4\pi ne$$

$$\Delta V = 2\pi nex^2$$

电子横越层的势能改变为

$$\Delta E_p = 2\pi e^2 x^2$$

定义等离子体中的特征长度 h(即德拜屏蔽长度),

$$h = \sqrt{\frac{kT}{4\pi ne^2}} \tag{3.151}$$

它是电子电荷密度与离子电荷密度存在显著不同的距离的量度。如果 kT 以电子伏特计,那么式(3.151)可写成

$$h = C\sqrt{\frac{kT}{n}} \quad (C\text{为常数}) \tag{3.152}$$

弱电离等离子体定义为其中电子与中性原子以及离子与中性原子碰撞的平均自由程远小于带电粒子之间有较大偏转的库仑散射的平均自由程。

当无磁场时电子的内在扩散系数是

$$D_0^- = \frac{1}{3}\lambda^- v^- \tag{3.153}$$

离子的内在扩散系数是

$$D_0^+ = \frac{1}{3}\lambda^+ v^+ \tag{3.154}$$

这里 λ 为与中性靶子碰撞的平均自由程、v 为带电粒子的速度,上标的正、负号表示离子、电子。一般情况下平均自由程相差不大,在相似温度条件下电子速度远大于离子速度。因为电子密度梯度等于离子密度梯度,所以电子与离子相比更倾向于离开等离子体。总的扩散率可以通过包括由外加电场引起的带电粒子的迁移率计算出来。

仍考虑一维状况。在单位面积的左方距 dA 为 s 处的点上经历碰撞的一个粒子,粒子的平均热速度为 v,其向左、向右的几率相等。故它以恒定的加速度 $a=\frac{eE}{m}$向右运动。设在两次碰撞之

间速度净增量远小于热速度，碰撞后向左运动的粒子将不通过 $\mathrm{d}A$，向右运动的粒子通过 $\mathrm{d}A$ 后增加的速度

$$v' = \sqrt{v^2 + 2as}$$

从左边通过 $\mathrm{d}A$ 的通量为

$$F_+ = \int_0^{+\infty} \frac{n}{2\lambda} \sqrt{v^2 + 2as} \exp\left(-\frac{s}{\lambda}\right) \mathrm{d}s$$

注意上式中使用了$\frac{1}{2}n$ 而非$\frac{1}{6}n$，这是因为所有在三维空间中运动的粒子都被电场向右加速。所求结果可以通过将平方根项以$\frac{2a}{v}$的幂次展开并减去从右方来的通量而得。第一个不为零的项是（如图 3.6 所示）

$$F = \frac{na\lambda}{v}\int_0^{\infty} \frac{s}{\lambda} \exp\left(-\frac{s}{\lambda}\right)\frac{\mathrm{d}s}{\lambda} = \frac{e\lambda}{m} nE$$

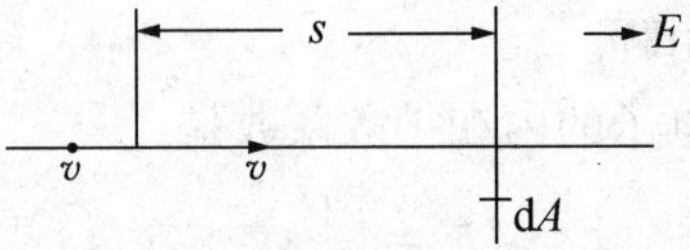

图 3.6

迁移率 μ 定义为通量表达式中 nE 的系数。这样

$$F = \mu nE \tag{3.155}$$

而

$$\mu = \frac{e\lambda}{mv} \tag{3.156}$$

式(3.156)可以写成

$$\mu = \lambda v \frac{e}{mv^2} = \frac{\lambda v}{3} \frac{e}{kT} = \frac{eD}{kT} \tag{3.157}$$

其中 D 为普通扩散系数。

现在可以得到电子、离子从等离子体中流出的共同速率的表达式。电子通量形式为

$$F^- = -D_0^- \frac{\partial n^-}{\partial x} + \mu_0^- n^- E_x \tag{3.158}$$

离子通量形式为

$$F^{+}=-D_0^{+}\frac{\partial n^{+}}{\partial x}+\mu_0^{+}n^{+}E_x \tag{3.159}$$

设密度梯度与电场只有 x 方向上的分量,最后的粒子守恒方程为

$$\frac{\partial n}{\partial t}=-\nabla\cdot\boldsymbol{F}^{-}=-\frac{\partial F^{-}}{\partial x}$$

或

$$\frac{\partial n^{-}}{\partial t}=D_0^{-}\frac{\partial^2 n^{-}}{\partial x^2}-\mu_0^{-}\frac{\partial}{\partial x}(n^{-}E_x) \tag{3.160}$$

对离子,

$$\frac{\partial n^{+}}{\partial t}=D_0^{+}\frac{\partial^2 n^{+}}{\partial x^2}-\mu_0^{+}\frac{\partial}{\partial x}(n^{+}E_x) \tag{3.161}$$

基于等离子体是准电中性的基本假设 $n^{+}\approx n^{-}=n$,因此式(3.160)乘以 μ_0^{+},式(3.161)乘以 μ_0^{-},并求差而消去电磁场,有

$$\frac{\partial n}{\partial t}=\frac{\mu_0^{+}D_0^{-}-\mu_0^{-}D_0^{+}}{\mu_0^{+}-\mu_0^{-}}\frac{\partial^2 n}{\partial x^2} \tag{3.162}$$

显然电子、离子有共同的有效扩散系数。此“双极”量为

$$\mathscr{D}_0=\frac{\mu_0^{+}D_0^{-}-\mu_0^{-}D_0^{+}}{\mu_0^{+}-\mu_0^{-}} \tag{3.163}$$

式(3.157)代入式(3.163),

$$\mathscr{D}_0=\frac{D_0^{+}D_0^{-}\left(\dfrac{1}{kT_{+}}+\dfrac{1}{kT_{-}}\right)}{\dfrac{D_0^{+}}{kT_{+}}+\dfrac{D_0^{-}}{kT_{-}}}$$

而 $D_0^{-}\gg D_0^{+}$,式(3.163)变为

$$\mathscr{D}_0\approx 2D_0^{+} \tag{3.164}$$

若存在磁场,则横越磁场的迁移率为

$$\mu_{+}=\frac{\mu_0}{1+(\omega\tau)^2} \tag{3.165}$$

在大多数情况下等离子体的密度很低而磁场很强,所以电子、离子的$(\omega\tau)^2\gg 1$。因为 $\omega\tau=\dfrac{\lambda}{r_0}$,即粒子在磁场中回转多次才

发生一次碰撞。从式(3.149)知

$$D_{\perp}^{+} \approx \frac{D_{0}^{+}}{(\omega^{+} \tau^{+})^{2}}$$

$$D_{\perp}^{-} \approx \frac{D_{0}^{-}}{(\omega^{-} \tau^{-})^{2}}$$

这些扩散系数与磁场强度的平方成反比，

$$D \sim \frac{m^{2} v^{3}}{\lambda B^{2}} = \frac{\sqrt{m}(kT)^{\frac{3}{2}}}{\lambda B^{2}}$$

于是对于相近的温度与平均自由程，

$$D_{\perp}^{+} \gg D_{\perp}^{-} \tag{3.166}$$

对于横越磁场，离子扩散快于电子；这和沿磁场线的行为相反。

设磁场线无限长并在磁场线上没有电子、离子的扩散。此时扩散均为横越磁场线的且在该方向上也应生成电场，使电场、离子通量相等维持电中性。式(3.158)～式(3.163)中的推证方法完全可用，只是将下标改成⊥，

$$\mathscr{D}_{\perp} = \frac{\mu_{\perp}^{+} D_{\perp}^{-} - \mu_{\perp}^{-} D_{\perp}^{+}}{\mu_{\perp}^{+} - \mu_{\perp}^{-}} = \frac{D_{\perp}^{+} D_{\perp}^{-} \left(\dfrac{1}{kT_{+}} + \dfrac{1}{kT_{-}}\right)}{\dfrac{D_{\perp}^{+}}{kT_{+}} + \dfrac{D_{\perp}^{-}}{kT_{-}}} \tag{3.167}$$

利用式(3.166)，在相等温度下

$$\mathscr{D}_{\perp} \approx 2D_{\perp}^{-} \tag{3.168}$$

3.10.1.3　有限等离子体中的扩散

现分析有限等离子体中的扩散，如图 3.7 所示。对于两维等离子体，它在各个方向被导体壁包围；其宽度为 R、长度为 l，且平均自由程远小于 l，于是粒子在垂直、平行磁场线方向上扩散。电子守恒条件为

$$\frac{\partial n^{-}}{\partial t} = D_{0}^{-} \frac{\partial^{2} n^{-}}{\partial x^{2}} - \mu_{0}^{-} \frac{\partial}{\partial x}(n^{-} E_{x}) + D_{\perp}^{-} \frac{\partial^{2} n}{\partial y^{2}} - \mu_{\perp}^{-} \frac{\partial}{\partial y}(n^{-} E_{y}) \tag{3.169}$$

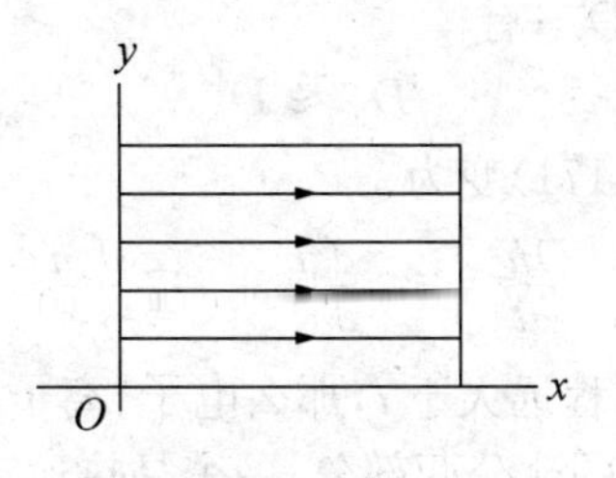

图 3.7

对离子，

$$\frac{\partial n^+}{\partial t}=D_0^+\frac{\partial^2 n^+}{\partial x^2}-\mu_0^+\frac{\partial}{\partial x}(n^- E_x)$$

$$+D_\perp^+\frac{\partial^2 n}{\partial y^2}-\mu_\perp^+\frac{\partial}{\partial y}(n^+ E_y) \qquad (3.170)$$

如果 R、l 相差不多，那么在两个方向上的电场同数量级，两者为同一个标势 V 的位置导数，

$$E_x=o\left(\frac{V}{l}\right)\quad E_y=o\left(\frac{V}{l}\right)$$

另一方面，在式(3.170)、式(3.169)中

$$\mu_\perp=\frac{\mu_0}{(\omega\tau)^2}\ll\mu_0$$

表明式(3.170)、式(3.169)可以不计 y 方向的迁移项。取等离子体为准电中性。式(3.169)乘以 μ_0^+、式(3.170)乘以 μ_0^- 后，结果

$$\frac{\partial n}{\partial t}=\frac{\mu_0^+D_0^- -\mu_0^-D_0^+}{\mu_0^+-\mu_0^-}\frac{\partial^2 n}{\partial x^2}+\frac{\mu_0^+D_\perp^- -\mu_0^-D_\perp^+}{\mu_0^+-\mu_0^-}\frac{\partial^2 n}{\partial y^2} \qquad (3.171)$$

在 x 方向上有效净扩散系数为

$$D_0=\frac{\mu_0^+D_\perp^- -\mu_0^-D_\perp^+}{\mu_0^+-\mu_0^-}$$

而横越磁场的有效扩散系数为

$$D_\perp=\frac{\mu_0^+D_\perp^- -\mu_0^-D_\perp^+}{\mu_0^+-\mu_0^-} \qquad (3.172)$$

但 $\mu_0^+ \ll \mu_0^-$、$D_\perp^+ \gg D_\perp^-$，有

$$D_\perp \approx D_\perp^+ \tag{3.173}$$

依上述分析，式(3.171)变为

$$\frac{\partial n}{\partial t} = \mathscr{D}_0 \frac{\partial^2 n}{\partial x^2} + D_\perp^+ \frac{\partial^2 n}{\partial y^2} \tag{3.174}$$

如果平均自由程远大于 l，那么电子、离子流到而非扩散到两端器壁。x 方向上的流分两部分：一个是热运动流 nv_x（v_x 为等离子体的平均 $|v_x|$），另一个是因电场加速导致的速度增量，末速 v' 与初速 v 关系为

$$v'^2 = v^2 + 2as$$

设

$$v' \approx v \pm \frac{as}{v}$$

$$\Delta v = \frac{eE}{m} \frac{l}{2v}$$

由于行程的平均距离为 $\frac{1}{2}l$，因此等离子体外的净单位面粒子流为

$$F \approx nv_x + n\frac{el}{2mv_x}E \tag{3.175}$$

又令净粒子损失是均匀地由等离子的全部区域产生的，于是

$$\begin{cases} \dfrac{\partial n^-}{\partial t} = D_\perp^- \dfrac{\partial^2 n^-}{\partial y^2} - \mu_\perp^- \dfrac{\partial}{\partial y}(n^- E_y) - \dfrac{n^- v_x^-}{l} + \dfrac{n^- |e| E_x}{2m^- v_x^-} \\ \dfrac{\partial n^+}{\partial t} = D_\perp^+ \dfrac{\partial^2 n^+}{\partial y^2} - \mu_\perp^+ \dfrac{\partial}{\partial y}(n^+ E_y) - \dfrac{n^+ v_x^+}{l} + \dfrac{n^+ |e| E_x}{2m^+ v_x^+} \end{cases} \tag{3.176}$$

容易证明：在 y 方向上迁移率大约比 E_x 的流量小一个因数

$$f = \frac{r_0}{L} \frac{1}{\omega\tau}$$

式中 r_0 为拉摩半径、L 为气体在 y 方向上的特征长度（$L \geqslant r_0$）。略去 y 方向上的迁移项再消去 E_x，得到

$$\frac{\partial n}{\partial t} = \frac{m^- v_x^- D_\perp^- + m^+ v_x^+ D_\perp^+}{m^+ v_x^+ + m^- v_x^-} \frac{\partial^2 n}{\partial y^2} - \frac{n}{l} \frac{m^- (v_x^-)^2 + m^+ (v_x^+)^2}{m^+ v_x^+ + m^- v_x^-} \tag{3.177}$$

当温度相等时 $m^+ v_x^+ \gg m^- v_x^-$，

$$\frac{\partial n}{\partial t} \approx D_\perp^+ \frac{\partial^2 n}{\partial y^2} - \frac{2nv_x^+}{l} \tag{3.178}$$

3.10.2 完全电离等离子体

3.10.2.1 一级扩散

在定态中若不计电场、重力场、宏观运动速度的非线性部分，则等离子体的动力学方程为

$$\nabla P = \boldsymbol{J} \times \boldsymbol{B} \tag{3.179}$$

式中 P 为等离子体气体压强；类似地欧姆定律为

$$\boldsymbol{J} = \frac{\sigma}{c^2}(\boldsymbol{v} \times \boldsymbol{B}) \quad (\sigma \text{ 为电导率}) \tag{3.180}$$

式(3.180)中认为等离子体的电荷密度为零，综合两式，

$$\nabla P = \frac{\sigma}{c^2}[(\boldsymbol{v} \cdot \boldsymbol{B})\boldsymbol{B} - B^2 \boldsymbol{v}] \tag{3.181}$$

表明宏观运动速度垂直于磁场方向上存在一个分量，其正比于压强梯度，

$$\boldsymbol{v}_\perp = -\frac{c^2}{\sigma B^2} \nabla P \tag{3.182}$$

对不变温度，

$$n\boldsymbol{v}_\perp = -\frac{nkTc^2}{\sigma B^2} \nabla n \quad (n \text{ 为粒子密度})$$

有效扩散系数

$$D_\perp = \frac{nkTc^2}{\sigma B} \tag{3.183}$$

已知

$$\sigma \approx \frac{na^2\lambda}{mv} \tag{3.184}$$

这里 λ 为电子-离子的平均自由程，代入式(3.183)，

$$D_\perp \approx \frac{mvc^2kT}{e^2\lambda B^2} = \frac{m^2v^2c^2}{3e^2\lambda B^2}$$

今有

$$\omega^2 = \frac{e^2 B^2}{m^2 c^2}$$

$$\tau = \frac{\lambda}{v}$$

故

$$D_\perp \approx \frac{\lambda v}{3} \frac{1}{(\omega\tau)^2} \tag{3.185}$$

从式(3.179)，

$$\boldsymbol{J} \cdot \nabla P = 0$$

并且电子、离子以相同速率扩散。可以证明电流散度为零。因为在磁场中一个带电粒子的回转中心处于 $\boldsymbol{r}_c$ 点，它的位置取决于粒子的瞬时位置、速度，于是

$$\boldsymbol{r}_c - \boldsymbol{r} = \frac{mc}{eB^2} \boldsymbol{v} \times \boldsymbol{B} \tag{3.186}$$

式中 $\boldsymbol{r}$、$\boldsymbol{v}$ 为粒子位置、速度，当两个粒子作弹性碰撞时动量变化为

$$\Delta(m_1 \boldsymbol{v}_1 + m_2 \boldsymbol{v}_2) = \boldsymbol{0}$$

由于电阻率是电子、离子碰撞产生的，因此电子、离子的扩散率必须相等，至少以拉摩半径的幂次展开的一次项必须相等。

3.10.2.2　同类粒子扩散

考虑带电粒子气体中的扩散时，欧姆定律不成立，但动力学方程仍然成立，

$$\nabla P = \boldsymbol{J} \times \boldsymbol{B}$$

电流和宏观运动速率关系为

$$\boldsymbol{J} = \frac{ne}{c} \boldsymbol{v} \tag{3.187}$$

推出

$$\nabla P = \frac{ne}{c} \boldsymbol{v} \times \boldsymbol{B} \tag{3.188}$$

上式证明对于只有一种粒子的简单气体，在密度梯度方向上不应设有电流、宏观运动速度，

$$v_{\perp}=\frac{3}{32}\frac{r_0^2}{\tau}\frac{\mathrm{d}}{\mathrm{d}x}\left(\frac{1}{n}\frac{\mathrm{d}^2 n}{\mathrm{d}x^2}\right) \tag{3.189}$$

类似的高次结果对于电场产生的同类粒子的扩散也是正确的。

3.11 麦克斯韦方程的外形式

将矢势 $\boldsymbol{A}$、标势 φ 与相应的余切标架“合成”1 - 形式，

$$A=A_i\mathrm{d}x^i+\varphi\mathrm{d}t=A_\mu\mathrm{d}x^\mu \tag{3.190}$$

取规范场 2 - 形式

$$F=\mathrm{d}A=\frac{\partial A_\mu}{\partial x^\nu}\mathrm{d}x^\nu\wedge\mathrm{d}x^\mu=\frac{1}{2}F_{\mu\nu}\mathrm{d}x^\mu\wedge\mathrm{d}x^\nu \tag{3.191}$$

式中电磁场张量为

$$F_{\mu\nu}=\frac{\partial A_\nu}{\partial x^\mu}-\frac{\partial A_\nu}{\partial x^\mu} \tag{3.192}$$

另，

$$\begin{cases}\boldsymbol{E}=-\nabla\varphi-\dfrac{\partial\boldsymbol{A}}{\partial t}\\ \boldsymbol{B}=\nabla\times\boldsymbol{A}\end{cases} \tag{3.193}$$

从式(3.191)得

$$F=E_i\mathrm{d}x^i\wedge\mathrm{d}t+\frac{1}{2}\varepsilon_{ijk}B^i\mathrm{d}x^j\wedge\mathrm{d}x^k \tag{3.194}$$

而 $B^i=g^{ij}B_j$。注意到 $F=\mathrm{d}A$ 为恰当形式，应满足比安基公式，

$$\mathrm{d}F=0 \tag{3.195}$$

式(3.195)对应的麦克斯韦方程为

$$\begin{cases}\nabla\times\boldsymbol{E}=-\dfrac{\partial\boldsymbol{B}}{\partial t}\\ \nabla\cdot\boldsymbol{B}=0\end{cases} \tag{3.196}$$

式(3.194)使用 Hodge 算子 $*$

$$*F=\frac{1}{2}\varepsilon_{ijk}E^i\mathrm{d}x^j\wedge\mathrm{d}x^k+B_i\mathrm{d}x^i\wedge\mathrm{d}t \tag{3.197}$$

其中 $E^i=g^{ij}E_j$。比较式(3.197)、式(3.194)，上述运算相当于电磁对偶变换。F 满足的方程可以写成

$$\delta F=J=J_\mu\mathrm{d}x^\mu \tag{3.198}$$

式(3.198)对应的麦克斯韦方程为

$$\begin{cases}\nabla\times\boldsymbol{B}=\boldsymbol{J}+\dfrac{\partial\boldsymbol{E}}{\partial t}\\ \nabla\cdot\boldsymbol{E}=\rho\end{cases}\tag{3.199}$$

式(3.198)取余微分 δ,有

$$\delta J=0\tag{3.200}$$

式(3.200)对应的电荷守恒定律,

$$\frac{\partial\rho}{\partial t}+\nabla\cdot\boldsymbol{J}=0$$

对规范势 A,

$$A\rightarrow A'=A+\mathrm{d}\psi\tag{3.201}$$

以上的 δ 为余微分、d 为外微分。式(3.201)对应的规范变换,

$$\begin{cases}\boldsymbol{A}\rightarrow\boldsymbol{A}'=\boldsymbol{A}+\nabla\psi\\ \varphi\rightarrow\varphi'=\varphi+\dfrac{\partial\psi}{\partial t}\end{cases}\tag{3.202}$$

综合式(3.195)、式(3.198),得到麦克斯韦方程的外形式,

$$\begin{cases}\mathrm{d}F=0\\ \delta F=J\end{cases}$$

定义拉格朗日密度 $\mathscr{L}$

$$\mathscr{L}=\frac{1}{2}(\boldsymbol{E}^2-\boldsymbol{B}^2)=-\frac{1}{2}\mid F\mid^2=-\frac{1}{4}g^{\alpha\beta}g^{\mu\nu}F_{\alpha\beta}F_{\mu\nu}\tag{3.203}$$

以作用量 I 表示的 $\mathscr{L}$的时空积分:

$$I=\int\mathscr{L}\mathrm{d}^4x\tag{3.204}$$

为标准的相对于度规张量的二阶洛仑兹不变式。当作洛仑兹变换时$\boldsymbol{E}^2-\boldsymbol{B}^2$ 保持不变;2 - 形式 F 为具有物理定义的协变量。麦克斯韦方程的外形式是闵可夫斯基流形上的方程,它不仅在惯性系中有这种形式而且在任何坐标中都有这种形式,这正是它优于张量形式之处。

事实上,根据电荷守恒定律,应用微分几何就可以推出麦克

斯韦方程。

3.12 天体磁场

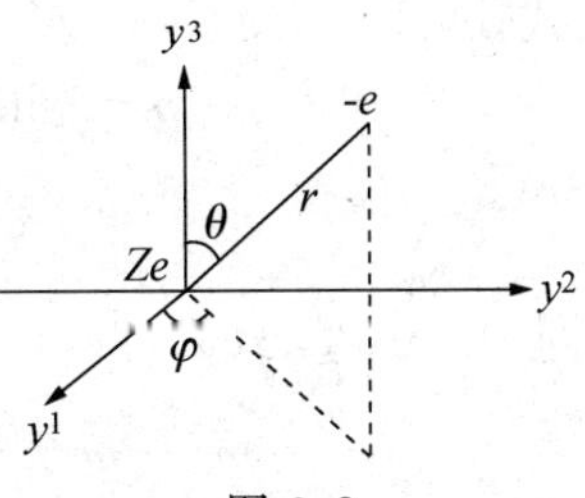

图 3.8

【例 3.1】 如图 3.8 所示，研究电子 $-e$ 在电荷为 Ze 的核力场中的运动（Z 为原子序数）。

解：建立球坐标系

$$x^1 = r \quad x^2 = \theta \quad x^3 = \varphi$$

$$\begin{cases} y^1 = r\sin\theta\cos\varphi \\ y^2 = r\sin\theta\sin\varphi \\ y^3 = r\cos\theta \end{cases}$$

于是度规张量 g_{ij} 为

$$g_{ij} = \begin{pmatrix} 1 & 0 & 0 \\ 0 & r^2 & 0 \\ 0 & 0 & r^2\sin^2\theta \end{pmatrix}$$

动能

$$T = \frac{1}{2}mg_{ij}v^i v^j = \frac{1}{2}m(\dot{r}^2 + r^2\dot{\theta}^2 + r^2\dot{\varphi}^2\sin^2\theta)$$

电势能

$$V = -\frac{1}{4\pi\varepsilon_0}\frac{Ze^2}{r} = -\frac{a}{r} \qquad \left(a = \frac{Ze^2}{4\pi\varepsilon_0}\right)$$

拉格朗日函数

$$L = T - V = \frac{1}{2}m(\dot{r}^2 + r^2\dot{\theta}^2 + r^2\dot{\varphi}^2\sin\theta) + \frac{a}{r}$$

代入

$$\frac{\mathrm{d}}{\mathrm{d}t}\frac{\partial L}{\partial \dot{x}^i} - \frac{\partial L}{\partial x^i} = 0$$

推出

$$\begin{cases} m\ddot{r} - mr\dot{\theta}^2 - mr\dot{\varphi}^2\sin^2\theta + \dfrac{a}{r^2} = 0 & ① \\ \dfrac{\mathrm{d}}{\mathrm{d}t}(mr^2\dot{\theta}) - mr^2\dot{\varphi}^2\sin\theta\cos\theta = 0 & ② \\ \dfrac{\mathrm{d}}{\mathrm{d}t}(mr^2\dot{\varphi}\sin^2\theta) = 0 & ③ \end{cases}$$

从式③，

$$mr^2\dot{\varphi}\sin^2\theta = C \qquad (\text{常数})$$

$$\dot{\varphi} = \frac{C}{mr^2\sin^2\theta} \tag{④}$$

式④代入式①、式②，得

$$m\ddot{r} - mr\dot{\theta}^2 - \frac{C^2}{m^2r^2\sin^2\theta} + \frac{a}{r^2} = 0 \tag{⑤}$$

$$\frac{\mathrm{d}}{\mathrm{d}t}(mr^2\dot{\theta}) = C^2\frac{\cos\theta}{mr^2\sin^2\theta} \tag{⑥}$$

式⑤、式⑥中不含 φ，表明电子在平面内运动，这是库仑作用的结果。当 $\varphi=0$ 时 $\dot{\varphi}=0$、$C=0$，故电子在该平面内的运动方程为

$$\begin{cases} m\ddot{r} - mr\dot{\theta}^2 + \dfrac{a}{r^2} = 0 & ⑦ \\ \dfrac{\mathrm{d}}{\mathrm{d}t}(mr^2\dot{\theta}) = 0 & ⑧ \end{cases}$$

【例 3.2】 讨论平行板电容器形成的电场。

解：如果考虑平行板电容器的内部而非两端的静电场，那么近似地将内部电场视作均匀的。当分析一端的静电场并忽略另一端的影响时，可以将平行板电容器表达成两个半平面的形状，如图 3.9 所示。以 $2h$ 表示平行板的距离，其电势为 $\pm b(b>0)$；为此计算平面静电场的复势 $w=f(z)$。区域 D 内的解析函数 $f(z)$ 满足边界条件

$$\psi(z) = \mathrm{Im}f(z) = \begin{cases} b & (z \in CEA) \\ -b & (z \in ABC) \end{cases} \tag{①}$$

且

$$\lim_{z\to C}\varphi(z) = \infty \qquad \lim_{z\to A}\varphi(z) = -\infty \quad (z \in \overline{D})$$

这里 $\varphi(z)=\mathrm{Re}f(z)$。

寻找区域 D 到 w 平面上宽为 $2b$ 的带形域 G 的保角映射，如图 3.9 所示，使 D 的边界点 A、B、C、E 对应 A_1、B_1、C_1、E_1。利用施瓦兹公式得到保角映射

$$\begin{cases} w = f(z) = g^{-1}(z) \\ g(z) = \dfrac{h}{\pi}\left[\exp\left(\dfrac{\pi}{b}w\right) + \dfrac{\pi}{b}w + 1\right] \end{cases} \qquad ②$$

注意 $g^{-1}(z)$ 为 $z=g(w)$ 的反函数。

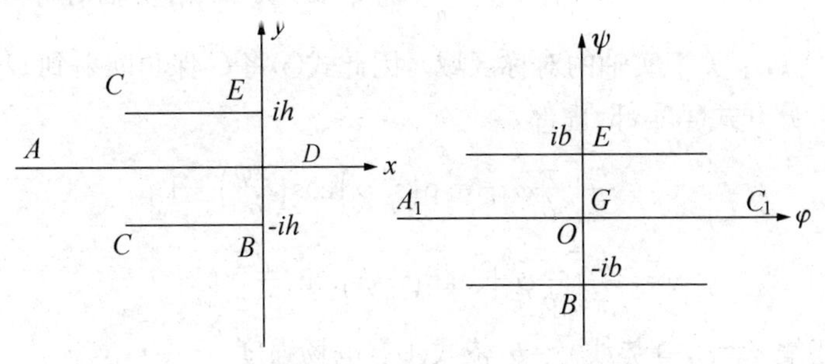

图 3.9

式②把 D 的上半平面 D_1 保角映射到 G 的上半平面 G_1，引入辅助上半平面 Ω：从 $\mathrm{Im}\xi>0$ 知 Ω 保角映射到带形域 G_1 且使边界点 A_0、C_0、E_0 与 G_1 的边界点 A_1、C_1、E_1 对应关系式

$$w = f_1(\xi) = \frac{b}{\pi}\ln\xi \qquad ③$$

反函数

$$\xi = f_1^{-1}(w) = \exp\left(\frac{\pi}{b}w\right)$$

另外，可把 D_1 看成 ΔACE，它的顶点 A、C、E 的内角为 0、$-\pi$、2π，于是把 Ω 变到 D_1 使 Ω 的边界点 A_0、C_0、E_0（如图 3.10 所示）与边界点 A、C、E 对应的保角变换

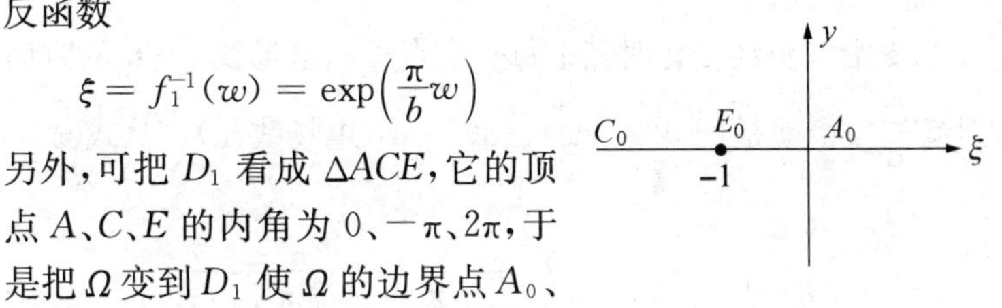

图 3.10

$$z = f_2(\xi) = C_1\int_1^{\xi}\frac{1+\xi}{\xi}\mathrm{d}\xi + C_2 = C_1(\ln\xi + \xi) + C_2 \qquad ④$$

先确定 C_1。当 ξ 从 A_0 的左边按顺时针沿以 A_0 为心的小半圆转到 A_0 的右边时 $\Delta z = -h_i + O(1)$，依式④知 $\Delta z = C_1 i\Delta\arg\xi$，即 $-hi = -\pi C_1 i$，$C_1 = \dfrac{h}{\pi}$。结合式④、式②得到把 G_1 保角映射到 D_1

的单叶解析函数

$$z=\frac{h}{\pi}\left[\frac{\pi}{b}w+\exp\left(\frac{\pi}{b}w\right)\right]+C_2=g(w) \quad ⑤$$

把 $w=ib$ 变到 $z=ih$，有 $C_2=\frac{h}{\pi}$，把 $g(w)$ 从 D_1 沿实轴对称开拓到 D_2（D_1 关于实轴的对称区域），因此式⑤将 G 保角映射到 D。

分开式④实部、虚部，

$$\begin{cases} x=\dfrac{h}{\pi}\left[\dfrac{\pi}{b}\varphi+\exp\left(\dfrac{\pi}{b}\varphi\right)\cos\left(\dfrac{\pi\psi}{b}\right)+1\right] \\ y=\dfrac{h}{\pi}\left[\dfrac{\pi}{b}\psi+\exp\left(\dfrac{\pi}{b}\psi\right)\sin\dfrac{\pi\psi}{b}\right] \end{cases} \quad ⑥$$

电场线 $\varphi=a$，等势线 $\psi=b$，依式④有电场强度

$$E=-i\,\overline{f'(z)}=-i\,\overline{\frac{\mathrm{d}w}{\mathrm{d}z}}=-i\,\frac{b}{h}\,\frac{1}{1+\exp\left(\frac{\pi}{b}\,\overline{w}\right)} \quad ⑦$$

在平行板电容器内部当 $z\to A$ 时 $w\to-\infty$，导出 $E\approx-i\,\frac{b}{h}$，接近匀强电场；当 z 在平行板电容器的一端时，即接近于 $E'(B)$ 时 $w\approx\pm bi$，而 E 缓大。

当 z 沿等势线变化时其上每一个点可以电场线 $\varphi=a$ 的方向来计算 $\frac{\mathrm{d}w}{\mathrm{d}z}$，也就是 $|\mathrm{d}w|=|\mathrm{d}\psi|$、$|\mathrm{d}z|=\mathrm{d}s$（电场线元）。从式⑥，

$$\begin{aligned}\mathrm{d}s&=\sqrt{\mathrm{d}x^2+\mathrm{d}y^2}\\&=\frac{h}{b}\sqrt{\exp\left(\frac{2\pi}{b}\varphi\right)+2\exp\left(\frac{\pi}{b}\varphi\right)\cos\left(\frac{\pi}{b}\psi\right)+1}\ \mathrm{d}\psi\end{aligned}$$

所以

$$|E|=\frac{\mathrm{d}\psi}{\mathrm{d}s}=\frac{b}{h}\left[\exp\left(\frac{2\pi}{b}\varphi\right)+2\exp\left(\frac{\pi}{b}\varphi\right)\cos\left(\frac{\pi}{b}\varphi\right)+1\right]^{-\frac{1}{2}}$$

沿等势线 $\frac{2\pi}{b}\left[\exp\left(\frac{2\pi}{b}\varphi\right)+2\exp\left(\frac{\pi}{b}\varphi\right)\cos\left(\frac{\pi}{b}\psi\right)\right]>0$，当 $\left|\frac{\pi}{b}\psi\right|<\frac{\pi}{2}$、即当 $|\psi|<\frac{b}{2}$ 时 $|E|$ 在 $|\psi|<\frac{b}{2}$ 上为随 φ 的增大而单调增长。

对于 $\psi=\pm\frac{b}{2}$，$|E|=\frac{b}{h}\left[\exp\left(\frac{2\pi}{b}\varphi\right)+1\right]^{-\frac{1}{2}}$；当 $\varphi\to-\infty$、即在电容器的左端点时 $|E|$ 极大。若制造的电容器使之两极具有等势线 $\psi=\pm\frac{1}{2}b$ 的形状，则当接近于其边缘时 $|E|$ 减少，称这种电容器为路高夫斯基电容器。

设有 $n+1$ 个电势为 ψ_0、ψ_1、…、ψ_n 的电极 $(-\infty,a_1)$、(a_1,a_2)、…、(a_n,∞) 的半平面，其中 a_1、a_2、…、a_n 为绝缘点，如图 3.11 所示。下面推导相应的复势及电场强度。

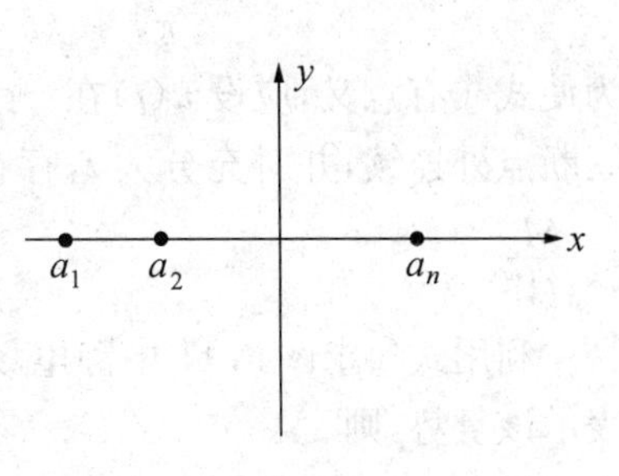

图 3.11

此处应用上半平面 D：$\mathrm{Im}z>0$ 上的施瓦兹积分，先根据单位圆 Γ：$|\xi|<1$ 上的施瓦兹积分

$$g(\xi)=iC+\frac{1}{2\pi i}\int\limits_{|\tau|=1}\mathrm{Re}g(\tau)\,\frac{\tau+\xi}{\tau-\xi}\,\frac{\mathrm{d}\tau}{\tau} \qquad ⑧$$

取把 D 保角映射到 Γ 的分式线性变换 $\xi=\frac{z-i}{z+i}$，它把实轴 $z=t(-\infty<t<\infty)$ 变到单位圆周 $\xi=\tau=\exp(i\theta)\ (0\leqslant\theta<2\pi)$，有 $\tau=\exp(i\theta)\frac{t-i}{t+i}$，但

$$\frac{\tau+\xi}{\tau-\xi}\,\frac{\mathrm{d}\tau}{\tau}=2\left(\frac{1}{t-z}-\frac{t}{t^2+1}\right)\mathrm{d}t$$

记 $f(z)=g\left(\frac{z-i}{z+i}\right)$、$u(z)=\mathrm{Re}f(z)=\mathrm{Re}g\left(\frac{z-i}{z+i}\right)$、$C=-\frac{1}{\pi}\int_{-\infty}^{\infty}\frac{u(t)}{t^2+1}\mathrm{d}t+b$，代入式⑧得到上半平面 $\mathrm{Im}z>0$ 的施瓦兹公式

$$f(z)=\frac{1}{2\pi i}\int\mathrm{Re}f(z)\left(\frac{2}{1-z}-\frac{2t}{t^2+1}\right)\mathrm{d}t+iC$$

$$=\frac{1}{\pi i}\int_{-\infty}^{\infty}\frac{u(t)}{t-z}\mathrm{d}t+ib \tag{9}$$

b 为实常数。上半平面 $\mathrm{Im}z>0$ 上调和函数 $u(z)$ 的泊松公式为

$$u(z)=\mathrm{Re}\frac{1}{\pi i}\int_{-\infty}^{\infty}\frac{u(t)(t-\bar{z})}{(t-z)(t-\bar{z})}\mathrm{d}t$$

$$=\frac{1}{\pi}\int_{-\infty}^{\infty}\frac{u(t)y}{(t-x)^2+y^2}\mathrm{d}t \tag{10}$$

为使式⑩有意义，应设 $u(t)$ 在 $-\infty<t<\infty$ 上除了有限个第一类间断点外连续，并对充分大 t，存在正常数 $a(<1)$、M，使 $|u(t)|\leqslant\frac{M}{|t|^n}$。

利用式⑩求图 3.11 中静电场复势。事实上，若用 $w=f(z)$ 表示该复势，则

$$F(z)=-if(z)-\psi_0=\psi(z)-i\varphi(z)$$

为上半平面 D 的解析函数，$\psi(x)-\psi_0=\mathrm{Re}F(z)$ 在 $(-\infty,a_1)$、(a_n,∞) 为零，依式⑩知

$$F(z)=-if(z)-\psi_0=\frac{1}{\pi i}\int_{-\infty}^{\infty}\frac{\psi(t)-\psi_0}{t-z}\mathrm{d}t+ib$$

$$=\frac{1}{\pi i}\Big[\int_{a_1}^{a_2}\frac{\psi_1-\psi_0}{t-z}\mathrm{d}t+\int_{a_2}^{a_3}\frac{\psi_2-\psi_0}{t-z}\mathrm{d}t+\cdots$$

$$+\int_{a_{n-1}}^{a_n}\frac{\psi_{n-1}-\psi_0}{t-z}\mathrm{d}t+ib$$

$$=\frac{\psi_1-\psi_0}{\pi i}\ln\frac{a_2-z}{a_1-z}+\frac{\psi_2-\psi_0}{\pi i}\ln\frac{a_3-z}{a_2-z}+\cdots$$

$$+\frac{\psi_{n-1}-\psi_0}{\pi i}\ln\frac{a_n-z}{a_{n-1}-z}+ib \tag{11}$$

故

$$f(z)=i\psi_0+\frac{\psi_0-\psi_1}{\pi}\ln(z-a_1)+\frac{\psi_1-\psi_2}{\pi}\ln(z-a_2)$$

$$+\cdots+\frac{\psi_{n-1}-\psi_0}{\pi}\ln(z-a_1)-b \tag{12}$$

这里 $\ln(z-a_j)(j=1,2,\cdots,n)$ 为对数主支，且

$$E = -i\overline{f'(z)} = \frac{1}{\pi i}\left(\frac{\psi_0 - \psi_1}{\bar{z} - a_1} + \frac{\psi_1 - \psi_2}{\bar{z} - a_2} + \cdots + \frac{\psi_{n-1} - \psi_0}{\bar{z} - a_n}\right)$$

对于图 3.12 中的平面静电场，它在 AB、EA 的电势为零，而在 BC、CE 上的电势为

$$\psi(t) = \begin{cases} \psi_0 & (t \in BC) \\ (\psi_2 - \varphi_1)t + \psi_1 & (t \in CE) \end{cases} \qquad ⑬$$

ψ_0、ψ_1、ψ_2 为正常数。式②用于 $-if(z)$，有

$$\begin{aligned} -if(z) &= \frac{1}{\pi i}\int_{-\infty}^{\infty} \frac{\psi(t)}{t - z}\mathrm{d}t + ib \\ &= \frac{\psi_0}{\pi i}\ln\frac{z}{z+1} + \frac{1}{\pi i}\left\{[(\psi_2 - \psi_1)z + \psi_1]\ln\frac{z-1}{z}\right. \\ &\quad \left. + (\psi_2 - \psi_1)\right\} + ib \end{aligned}$$

推出

$$f(z) = \frac{\psi_0}{\pi}\ln\frac{z}{1+z} + \frac{1}{\pi}[(\psi_2 - \psi_1)z + \psi_1]\ln\frac{z-1}{z} + b_0$$

式中 $b_0 = -b + \frac{\psi_2 - \psi_1}{\pi}$ 可以舍弃。

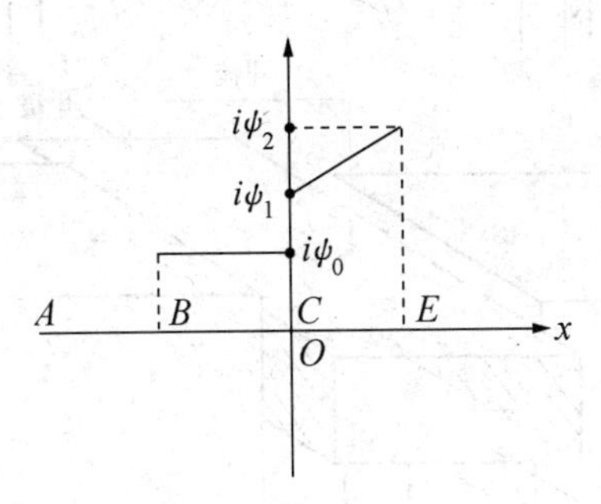

图 3.12

【例 3.3】 讨论磁流体发电。

解：如图 3.13 所示磁流体发电器结构，对非黏性的可压缩导电气体，当无热交换时其流动可由基本方程表述：

$$\rho\left(\frac{\partial}{\partial t}+\boldsymbol{V}\cdot\nabla\right)\boldsymbol{V}=\boldsymbol{j}\times\boldsymbol{B}-\nabla p \qquad ①$$

式①为运动方程，又

$$\rho\frac{\partial}{\partial t}\left(\frac{v^2}{2}+U+\frac{\varepsilon E^2}{2}+\frac{B^2}{2\mu}\right)+\rho\boldsymbol{V}\cdot\nabla\left(\frac{v^2}{\rho}+U\right)$$

$$=-\nabla\cdot(\boldsymbol{V}p)-\nabla\cdot\left(\frac{\boldsymbol{E}\times\boldsymbol{B}}{\mu}\right) \qquad ②$$

式②为能量方程，而

$$\left(\frac{\partial}{\partial t}+\boldsymbol{V}\cdot\nabla\right)\rho=-\rho\nabla\cdot\boldsymbol{V} \qquad ③$$

式③为连续方程。式中 U 为气体内能、p 为压强、$\boldsymbol{j}$ 为电流密度、$\boldsymbol{V}$ 为气体流速、v 为流速 y 轴分量、$\boldsymbol{B}$ 为磁感强度、$\boldsymbol{E}$ 为电场强度。

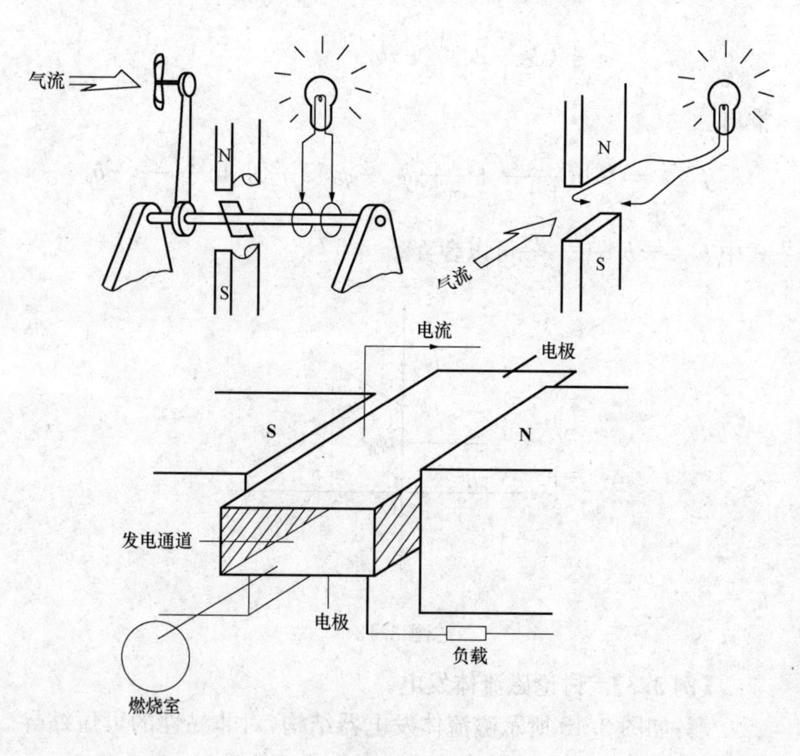

图 3.13

当描述磁流体发电器内的气体时，对时间的导数一般较小，在方程中可略去。依玻印廷定理知流过单位体积的净电功率为

$$\nabla\cdot\left(\frac{\boldsymbol{E}\times\boldsymbol{B}}{\mu}\right)=-\boldsymbol{j}\cdot\boldsymbol{E}$$

气体通常为稳定的、单维的，此时可简化基本方程为

$$\rho u\,\frac{\mathrm{d}u}{\mathrm{d}x}+(\nabla p)_x=(\boldsymbol{j}\times\boldsymbol{B})_x \qquad ④$$

$$\rho u\,\frac{\mathrm{d}}{\mathrm{d}x}\left(\frac{u^2}{2}+h\right)=\boldsymbol{j}\cdot\boldsymbol{E} \qquad ⑤$$

$$\rho Au=C \quad (C\text{ 为常数}) \qquad ⑥$$

式中焓 h、u 为流速 x 轴分量、A 为通过气体的通道截面。

若通道中气体流速为常数，则基本方程进一步简化为

$$\nabla p=\boldsymbol{j}\times\boldsymbol{B} \qquad ⑦$$

$$\rho u\,\frac{\mathrm{d}h}{\mathrm{d}x}=\boldsymbol{j}\cdot\boldsymbol{E} \qquad ⑧$$

$$\rho A=C \qquad ⑨$$

考虑摩擦及热交换之后，基本方程变为

$$\frac{\mathrm{d}p}{\rho}+\frac{1}{2}\gamma M^2\left(\frac{\mathrm{d}M^2}{M^2}+\frac{\mathrm{d}T}{T}\right)$$

$$+\frac{1}{2}\gamma M^2\left(\frac{4C_f}{D}+\frac{j_yB}{0.5\gamma M^2Ap}\right)\mathrm{d}x=0 \qquad ⑩$$

$$\frac{\delta Q-\mathrm{d}W}{RT}=\frac{\mathrm{d}h}{RT}+\frac{1}{2}\gamma\,\mathrm{d}M^2+\frac{1}{2}\gamma M^2\,\frac{\mathrm{d}T}{T} \qquad ⑪$$

$$\frac{\mathrm{d}p}{\rho}-\frac{1}{2}\,\frac{\mathrm{d}T}{T}+\frac{1}{2}\,\frac{\mathrm{d}M^2}{M^2}+\frac{\mathrm{d}A}{A}=0 \qquad ⑫$$

式中 M 为马赫数、D 为通道水力直径、h 为气体焓、Q 为输入单位气体质量中的热量、W 为从单位气体质量引出的电能、C_f 为通道壁的摩擦系数、$\gamma=\dfrac{C_p}{C_v}$。

摩擦和热交换效应出现在边界层，在大型磁流体发电器中边界层只占通道的一小部分；如将气流芯及边界层分开处理可给出

更精确的结果。

设电导率σ、磁感强度B为常数，而$j=\sigma uB$；从式④可计算长度L_u，在L_u中不可压缩流体的速度在恒压下转化为零，

$$L_u=\frac{\rho u}{\sigma B^2} \tag{13}$$

在恒速下压强转化为零的长度L_p为

$$L_p=\frac{p}{\sigma u B^2} \tag{14}$$

L_u、L_p称为相互作用长度。在两种情况下其近似等于一个距离，在该距离上磁场的作用将使气体的动力性质明显变化。

$$\frac{L_u}{L_p}=\frac{\rho u^2}{p}=\gamma M^2$$

因为磁流体发电装置主要作用是让气体膨胀，而非改变它的速度，所以在发电器通道中$M\approx 1$，两个长度数量相同。

关于滞止参数概念，定义$S_u=\dfrac{x}{L_u}$、$S_p=\dfrac{x}{L_p}$（x为特征长度）。若霍尔效应已经补偿，则$j=(1-k)\sigma uB$，k为负荷系数，由式②确定；式⑤变换后为

$$\mathrm{d}L=\frac{\rho}{k(1-k)\sigma u B^2}\mathrm{d}h_0$$

式中h_0为滞止焓。应用关系

$$\frac{p_0}{p}=\left(1+\frac{\gamma-1}{2}M^2\right)^{\frac{1}{\gamma-1}}$$

命$h_0=C_pT_0$，有

$$\mathrm{d}L=\frac{\gamma}{\gamma-1}\left(1+\frac{\gamma-1}{2}M^2\right)^{\frac{1}{1-\gamma}}\frac{1}{k(1-k)}\frac{p_0}{\sigma u B^2}\frac{\mathrm{d}h_0}{h_0}$$

取 $$\gamma=1.67、k=0.75、\frac{\Delta h_0}{h_0}=\frac{1}{4}、M=1$$

$$\Delta L=4\left\langle\frac{p_0}{\sigma u B^2}\right\rangle\approx 4L_p$$

表明磁流体发电器的长度为滞止长度的 4 倍。由于 $\omega\tau \propto \frac{B}{p}$，因此

$$L_{h} \propto \frac{1}{\sigma u \omega^{2} \tau^{2} p_{0}}$$

其中 $\omega = \frac{eB}{m_e}$ 为回转频率、τ 为两次碰撞之间的平均时间。

当气体在喷嘴中膨胀时它的速度增大，而其温度、电导率下降，表明存在最佳马赫数。

若已补偿霍尔效应，则 $j = (1-k)\sigma u B$，比功率为

$$P_0 = \boldsymbol{j} \cdot \boldsymbol{E} = k(1-k)\sigma u^2 B^2$$

当由单位通道长度中引出焓量最佳化时，依式⑤得

$$\frac{\mathrm{d}}{\mathrm{d}x}\left(\frac{u^2}{2} + h\right) = \frac{\boldsymbol{j} \cdot \boldsymbol{E}}{\rho u} = \frac{k(1-k)\sigma u B^2}{\rho}$$

对于 $\gamma = 1.2$、$T_0 = 3500\mathrm{K}$，最佳马赫数为 0.8。

磁流体发电器在绝热过程中的全内效率为

$$\eta_{0i} = \frac{(h_i - h_f)_r}{(h_i - f_f)_S} \tag{15}$$

式中 h_i、h_f 为滞止初焓、终焓，r 表示真实过程、S 表示等熵过程。在磁流体发电器中 η_{0i} 取决于摩擦、经过通道壁的热耗与焦耳放热。局部多变效率为

$$\eta_{11} = \frac{(\mathrm{d}h_0)_r}{(\mathrm{d}h_0)_S} \tag{16}$$

这里 h_0 为局部滞止焓、η_{11} 为对无限小过程不可逆性的量度。据热力学第一定律，

$$(\mathrm{d}h_0)_S = \delta Q + \frac{\mathrm{d}p_0}{\rho_0}$$

对于绝热 $\delta Q = 0$，

$$(\mathrm{d}h_0)_S = \frac{\mathrm{d}p_0}{\rho_0}$$

代入式⑯，得

$$\eta_{11}=\rho_0\frac{\mathrm{d}h_0}{\mathrm{d}p_0}=\frac{p_0}{RT_0}\frac{\mathrm{d}h_0}{\mathrm{d}p_0}=\frac{\gamma}{\gamma-1}\frac{\mathrm{dln}h_0}{\mathrm{dln}\,p_0} \tag{⑯'}$$

如果 η_{11}、γ 不变,那么

$$\frac{\eta_{02}}{\eta_{01}}=\left(\frac{p_{02}}{p_{01}}\right)^{\eta_{11}\frac{\gamma-1}{\gamma}} \tag{⑰}$$

式中下标 1、2 表示通道入口处,出口处的滞止参数。式⑰代入式⑮给出

$$\eta_{0i}=\frac{1-\left(\dfrac{p_{02}}{p_{01}}\right)^{\eta_{11}\frac{\gamma-1}{\gamma}}}{1-\left(\dfrac{p_{02}}{p_{01}}\right)^{\frac{\gamma-1}{\gamma}}} \tag{⑱}$$

$$\lim_{\left(\frac{p_{02}}{p_{01}}\right)\to 0}\eta_{0i}=1$$

对于通道的电效率

$$\eta_e=\frac{|\boldsymbol{j}\cdot\boldsymbol{E}|}{|\boldsymbol{u}\cdot(\boldsymbol{j}\times\boldsymbol{B})|}\qquad(\boldsymbol{u}\text{ 为速度}) \tag{⑲}$$

式中 $|\boldsymbol{j}\cdot\boldsymbol{E}|$ 为吸取功率、$|\boldsymbol{u}\cdot(\boldsymbol{j}\times\boldsymbol{B})|$ 为制动功率。η_e 确定气体通过磁场时所做功转化为电能的效率。利用关系

$$\boldsymbol{j}\cdot\boldsymbol{j}=\sigma[\boldsymbol{j}\cdot(\boldsymbol{u}\times\boldsymbol{B})+\boldsymbol{j}\cdot\boldsymbol{E}]-\frac{\omega\tau}{B}\boldsymbol{j}\cdot(\boldsymbol{j}\times\boldsymbol{B})$$

有

$$\frac{j^2}{\sigma}=-\boldsymbol{u}\cdot(\boldsymbol{j}\times\boldsymbol{B})+\boldsymbol{j}\cdot\boldsymbol{E}$$

在右手坐标系中 $\boldsymbol{u}\cdot(\boldsymbol{j}\times\boldsymbol{B})$、$\boldsymbol{j}\cdot\boldsymbol{E}$ 在发电器状况下为负量。

对于简单的法拉第型发电器而言,气体沿 x 方向流动,有以下关系

$$\begin{cases}j_y=(1-k)\sigma uB\\E_y=kuB\\P_0=k(1-k)\sigma u^2B^2\end{cases}$$

代入式⑲,

$$\eta_e=k \tag{⑳}$$

在单维流通情形下，式⑯可表达为

$$\eta_{11}=\frac{p_0}{RT_0}\frac{\frac{\mathrm{d}h_0}{\mathrm{d}x}}{\frac{\mathrm{d}p_0}{\mathrm{d}x}} \tag{21}$$

依式④、式⑤，以电量置换热量，

$$\rho u\frac{\mathrm{d}h_0}{\mathrm{d}x}=\rho u\frac{\mathrm{d}}{\mathrm{d}x}\left(\frac{u^2}{2}+h\right)=\boldsymbol{j}\cdot\boldsymbol{E} \tag{22}$$

考虑等熵关系

$$\frac{p_0}{\rho}=\left(\frac{T_0}{T}\right)^{\frac{\gamma}{\gamma-1}}$$

得

$$\frac{1}{p_0}\frac{\mathrm{d}p_0}{\mathrm{d}x}-\frac{1}{p}\frac{\mathrm{d}p}{\mathrm{d}x}=\frac{\gamma}{\gamma-1}\left(\frac{1}{T_0}\frac{\mathrm{d}T_0}{\mathrm{d}x}-\frac{1}{T}\frac{\mathrm{d}T}{\mathrm{d}x}\right)$$

而 $\mathrm{d}h=C_p\mathrm{d}T$、$p=\rho RT$，

$$\frac{1}{p_0}\frac{\mathrm{d}p_0}{\mathrm{d}x}=\frac{1}{p}\left(\frac{\mathrm{d}p}{\mathrm{d}x}-\rho\frac{\mathrm{d}h}{\mathrm{d}x}\right)+\frac{1}{RT_0}\frac{\mathrm{d}h_0}{\mathrm{d}x} \tag{23}$$

从式⑤，

$$\rho u\frac{\mathrm{d}h}{\mathrm{d}x}=\boldsymbol{j}\cdot\boldsymbol{E}-\rho u\frac{\mathrm{d}}{\mathrm{d}x}\left(\frac{u^2}{2}\right)$$

从式④，

$$u\frac{\mathrm{d}p}{\mathrm{d}x}=\boldsymbol{u}\cdot(\boldsymbol{j}\times\boldsymbol{B})-\rho u\frac{\mathrm{d}}{\mathrm{d}x}\left(\frac{u^2}{2}\right)$$

结合式㉓，有

$$\rho u\frac{RT_0}{p_0}\frac{\mathrm{d}p_0}{\mathrm{d}x}=\frac{T_0}{T}[\boldsymbol{u}\cdot(\boldsymbol{j}\times\boldsymbol{B})-\boldsymbol{j}\cdot\boldsymbol{E}]+\boldsymbol{j}\cdot\boldsymbol{E} \tag{24}$$

式㉔、式㉒代入式㉑，

$$\eta_{11}=\frac{\eta_e}{\frac{T_0}{T}-\left(\frac{T_0}{T}-1\right)\eta_e} \tag{25}$$

注意到，

$$\frac{T_0}{T}=1+\frac{\gamma-1}{2}M^2$$

于是

$$\eta_{11}=\frac{\eta_e}{1+\dfrac{\gamma-1}{2}M^2(1-\eta_e)} \quad ㉖$$

当 M 较小时 $\eta_{11}\approx\eta_e$。

定义参数

$$\begin{cases} a_e=\dfrac{\boldsymbol{j}\cdot\boldsymbol{E}}{\boldsymbol{j}\cdot\boldsymbol{E}+\rho u\left(\dfrac{\mathrm{d}h_0}{\mathrm{d}x}\right)_q} \\ b_e=\dfrac{\boldsymbol{j}\times\boldsymbol{B}}{(\boldsymbol{j}\times\boldsymbol{B})+\left(\dfrac{\mathrm{d}p}{\mathrm{d}x}\right)_f} \end{cases} \quad ㉗$$

在式㉗中表示热耗的项为

$$\left(\rho u\frac{\mathrm{d}h_0}{\mathrm{d}x}\right)_q=-\mathrm{St}\rho uC_p(T_0-T_1)\frac{C}{A} \quad ㉘$$

式中 St 为斯坦顿准数、T_0 为滞止温度、T_1 为通道壁温度、C 为通道周长、A 为通道截面。摩擦产生的压强损失取决于

$$\left(\frac{\mathrm{d}p}{\mathrm{d}x}\right)_f=-\frac{1}{2}\rho u^2C_f\frac{C}{A} \quad ㉘'$$

C_f 为壁上摩擦系数。

考虑式㉗、式㉘后，式④、式⑤变为

$$\rho u\frac{\mathrm{d}h_0}{\mathrm{d}x}=\frac{\boldsymbol{j}\cdot\boldsymbol{E}}{a_e} \quad ㉙$$

$$\rho\boldsymbol{u}\frac{\mathrm{d}u}{\mathrm{d}x}+\nabla p=\frac{x(\boldsymbol{j}\times\boldsymbol{B})}{b_e} \quad ㉙'$$

故

$$\eta_{11}=\frac{b_e\eta_e}{\dfrac{T_0}{T}-\left(\dfrac{T_0}{T}-1\right)\left(\dfrac{b_e}{a_e}\eta\right)} \quad ㉚$$

$$\lim_{\left(\frac{T_0}{T}\right)\to1}\eta_{11}=b_e\eta_e$$

研究矩形通道的绝缘壁的边界层可分成以下两种特征情况：

(1)在边界层中的气体电导率与气流芯中的电导率相比很小。由于气体的局部温度对电导率的影响极大，因此当多原子气体在有冷壁的通道中流动时这个条件可以满足，当有极大马赫数时边界层中的气体温度达到最高，这个条件可能不满足。

(2)在边界层中的气体电导率在数量级上等于气流芯中的电导率。该条件在热壁情况下可以满足；在单原子气体中由于对电离平衡的偏离，因此在冷壁的情况下也可能满足。

对于(1)，磁流体效应对于边界层中的流动状况无影响，故在给定外部边界条件下，可用普通气体动力学近似。

对于(2)，电动力对边界层影响重大，电流密度为

$$j_y = j_{y\infty} + \sigma(u - u_\infty)B$$

式中 $j_{y\infty}$、u_∞ 分别为气流芯中的电流密度、速度，如果在气流芯中的速度不变，那么$\dfrac{dp}{dx} = -j_{y\infty}B$，边界层上的运动方程为

$$\rho u \frac{\partial u}{\partial x} + \rho v \frac{\partial u}{\partial y} = \frac{\partial}{\partial y}\left(\mu \frac{\partial u}{\partial y}\right) - \sigma(u - u_\infty)B^2$$

随着远离入口处，当相互作用参数

$$\delta_0 = \frac{\sigma B^2 x}{\rho_\infty u_\infty} > 1$$

时出现哈德曼边界层；此边界层厚度恒定，其中速度分布为

$$\frac{u}{u_\infty} = 1 - \exp\left(-y\sqrt{\frac{\sigma B}{\mu}}\right) \tag{31}$$

$$\text{哈德曼准数} = \frac{\text{磁流体力}}{\text{黏性力}} = \mathrm{Ha} = \sqrt{\frac{\sigma B^2 L^2}{\mu}}$$

Ha 增大使边界层变薄，使传热、摩擦增加；若在绝缘壁上的边界层是导电的，则磁流体系应将使壁上损耗比通常的气体动力学情况下大。如果 $\delta_0 < 4$，那么在边界层中的电导率一般比气流芯中的电导率小，而气流状态为湍流。对于 $\delta_0 > 1$，有

$$C_f = 0.064\left(\frac{\sigma B^2 x}{\rho u Re_x}\right)^{\frac{1}{3}} \tag{32}$$

$B=0$ 时，

$$C_f=0.058Re_x^{-0.2} \tag{33}$$

这里 Re_x 为按纵坐标的流动值而计算的雷诺数。

若磁流体装置在发电器状况下运行，则在边界层中的洛仑兹力在电极壁上指向气流上游，在绝缘壁上指向气流下游。在电极壁上的边界层，写出运动方程

$$\rho u\frac{\partial u}{\partial x}+\rho v\frac{\partial u}{\partial y}=\frac{\partial}{\partial y}\left(\mu\frac{\partial u}{\partial y}\right)-\frac{\mathrm{d}p}{\mathrm{d}x}+j_yB$$

应用气流芯的方程式④，置换上式右边的最后两项，

$$\rho u\frac{\partial u}{\partial x}+\rho v\frac{\partial u}{\partial y}=\frac{\partial}{\partial y}\left(\mu\frac{\partial u}{\partial y}\right)+\rho_\infty u_\infty\frac{\mathrm{d}u_\infty}{\mathrm{d}x}$$

表明即使存在负压强梯度，气流芯的制动现象可能会引起边界层的断开。

在恒速条件下若 $\boldsymbol{u}\cdot\boldsymbol{B}=0$，而电导率为标量，则从式⑧、式⑦，

$$\frac{\gamma}{\gamma-1}\frac{p}{T}\frac{\mathrm{d}T}{\mathrm{d}p}=\frac{E}{uB}=\eta_e$$

积分

$$\frac{p_1}{p_2}=\left(\frac{T_1}{T_2}\right)^{\frac{\gamma}{\gamma-1}\eta_{11}} \tag{34}$$

依式⑦，计算气体从压强 p_1 膨胀到 p_2 所需长度，

$$L=-\int_{p_1}^{p_2}\frac{\mathrm{d}p}{(1-\eta_e)\sigma uB}$$

当 η_e、σ、B 不变且 u 为常数时

$$L=\frac{p_1}{(1-\eta_e)\sigma uB^2}\left(1-\frac{p_2}{p_1}\right) \tag{35}$$

式㉞代入式㉟，

$$L=\frac{p_1}{(1-\eta_e)\sigma uB^2}\left[1-\left(\frac{T_1}{T_2}\right)^{\frac{\gamma}{\gamma-1}\eta_{11}}\right] \tag{36}$$

对于较小马赫数，滞止温度之比近似等于静温度之比；对于任意马赫数，

$$\frac{T_{01}}{T_{02}}=\frac{T_1}{T_2}\frac{1+\frac{\gamma-1}{2}\frac{u^2}{\gamma R T_1}}{1+\frac{\gamma-1}{2}\frac{u^2}{\gamma R T_2}}$$

在恒马赫数条件下若在式④、式⑤中利用 $\mathrm{d}u^2=\gamma R M^2\mathrm{d}T$，则

$$\frac{\mathrm{dln}T}{\mathrm{dln}p}=\frac{\gamma-1}{\gamma}\frac{\eta_e}{1+(1-\eta_e)\frac{\gamma-1}{2}M^2}=\frac{\gamma-1}{\gamma}\eta_{11} \tag{37}$$

积分，

$$\frac{p_1}{p_2}=\left(\frac{T_1}{T_2}\right)^{\frac{\gamma}{\gamma-1}\eta_{11}} \tag{38}$$

若在喷嘴中及扩散器中的损耗可忽略，则静压强比等于滞止压强之比。以式

$$\frac{\rho}{\rho_1}=\frac{p}{p_1}\frac{T_1}{T}=\left(\frac{T}{T_1}\right)^{\frac{\gamma}{\gamma-1}\eta_{11}^{-1}}$$

有

$$\mathrm{d}x=\frac{p_1}{k(1-k)\sigma u_1 B^2}\frac{\gamma}{\gamma-1}\left(1+\frac{\gamma-1}{2}M^2\right)\left(\frac{T}{T_1}\right)^{\frac{\gamma}{\gamma-1}\eta_{11}^{-1,5}}\mathrm{d}\left(\frac{T}{T_1}\right)$$

当 σB^2 为常数时积分上式，

$$L=\frac{p_1}{k(1-k)\sigma u_1 B^2}\frac{1+\frac{\gamma-1}{2}M^2}{\frac{1}{\eta_{11}}-\frac{\gamma-1}{2\gamma}}\left[1-\left(\frac{T_2}{T_1}\right)^{\frac{\gamma}{\gamma-1}\eta_{11}^{-0.5}}\right] \tag{39}$$

由式㉖给出

$$L=\frac{p_1}{\eta_{11}(1-\eta_{11})\sigma u_1 B^2}\frac{\left(1+\frac{\gamma-1}{2}\eta_{11}M^2\right)^2}{\frac{1}{\eta_{11}}-\frac{\gamma-1}{2\gamma}}\left[1-\left(\frac{T_2}{T_1}\right)^{\frac{\gamma}{\gamma-1}\eta_{11}^{-0.5}}\right] \tag{39'}$$

取 $M=0.5$、$\gamma=1.67$、$\eta_{11}=0.75$，

$$L=5.33\frac{p_1}{\sigma u_1 B^2}\left[1-\left(\frac{T_2}{T_1}\right)^{2.83}\right] \tag{39''}$$

对于亚音速，式㊴′中包含 M 的乘数近似于 1，所得解与 u 为常数

情况下的式㊱相似。

在恒温条件下全部输出功由气体的动能所做，利用式④、式⑤，

$$\frac{p_1}{p_2}=\exp\left[\gamma\frac{1-\eta_e}{2\eta_e}(M_1^2-M_2^2)\right] \tag{40}$$

或

$$\frac{p_1}{p_2}=\exp\left[\frac{1-\eta_e}{\eta_e}\frac{\gamma}{\gamma-1}\left(1+\frac{\gamma-1}{2}M_1^2\right)\left(1-\frac{h_{02}}{h_{01}}\right)\right] \tag{41}$$

式㊵代入式④，

$$L=\frac{p_1}{\eta_e(1-\eta_e)\sigma u_1 B^2}\gamma M\exp\left(1-\gamma\frac{1-\eta_e}{2\eta_e}M_1^2\right)\cdot \int_{M_1}^{M_2}\exp\left(\frac{1-h_e}{2\eta_e}\gamma M^2\right)\mathrm{d}M \tag{42}$$

此时静压强之比和滞止压强之比差别很大。

$$\frac{p_{01}}{p_{02}}=\frac{p_1}{p_2}\left[\frac{1+\frac{\gamma-1}{2}M_1^2}{1+\frac{\gamma-1}{2}M_2^2}\right]^{\frac{\gamma}{\gamma-1}} \tag{43}$$

在恒压条件下发电器可称作冲击发电器。介于 p 为常数与 T 为常数两种情况之间的流动对于霍尔发电器、串接发电器最有利，这时电导率、霍尔参数、通道截面从入口处到出口处变化尽可能小。依式⑤，式④，

$$c_p(T_2-T_1)=1-\eta_e\frac{u_1^2-u_2^2}{2} \tag{44}$$

式㊹代入式④，得到发电器长度

$$L=\frac{p_1}{(1-k)\sigma u_1 B^2}\frac{1}{(\gamma-1)a}\ln\left[\frac{(a+1)\left(a-\frac{u_2}{u_1}\right)}{(a-1)\left(a+\frac{u_2}{u_1}\right)}\right] \tag{45}$$

音速

$$a=\sqrt{1+\frac{2}{(\gamma-1)(1-k)M_1^2}}$$

在 T 为常数和 p 为常数两种情况下一般假定气流为超音速，而马赫数从入口处到出口处下降。

在 u 为常数和 M 为常数的条件下电导率可能沿通道长度变化很大。引进平均值

$$\langle\sigma\rangle=\sqrt{\sigma_1\sigma_2} \quad ㊻$$

使式㉟、式㊱更加精确，而 σ_1、σ_2 为通道入口处、出口处的电导率。事实上，当 u 为常数时平均电导率为

$$\frac{1}{\langle\sigma\rangle}=\frac{1}{p_1-p_2}\int_{p_1}^{p_2}\frac{\mathrm{d}p}{\sigma} \quad ㊼$$

如果电子、离子碰撞为无关重要的且电子、原子的相互作用截面不随温度变化，那么

$$\frac{\sigma}{\sigma_1}=\sqrt{\frac{p_1}{p}}\left(\frac{T}{T_1}\right)^{\frac{1}{4}}\exp\left[\frac{e\varepsilon_i}{2k}\left(\frac{1}{T_1}-\frac{1}{T}\right)\right]\approx\left(\frac{p}{p_1}\right)^N \quad ㊽$$

式中 ε_i 为电离电势、N 为符合真实变化的常数；于是

$$\frac{p_1-p_2}{\langle\sigma\rangle}=\int_{p_1}^{p_2}\frac{\mathrm{d}p}{\sigma}\approx\frac{p_1^N}{\sigma_1}\int_{p_1}^{p_2}p^{-N}\mathrm{d}p=\frac{1}{1-N}\left(\frac{p_1}{\sigma_1}-\frac{p_2}{\sigma_2}\right) \quad ㊾$$

其中

$$\langle\sigma\rangle=(1-N)\sigma_1\frac{1-\dfrac{p_2}{p_1}}{1-\dfrac{\sigma_1}{\sigma_2}\dfrac{p_2}{p_1}}$$

或

$$\langle\sigma\rangle=(1-N)\sigma_1\frac{1-\left(\dfrac{\sigma_2}{\sigma_1}\right)^{\frac{1}{N}}}{1-\left(\dfrac{\sigma_1}{\sigma_2}\right)^{1-\frac{1}{N}}} \quad ㊿$$

结合式㉞、式㊳，

$$N=\frac{\gamma-1}{\gamma}\eta_e\left[\frac{1}{4}-\frac{1-\dfrac{T_2}{T_1}}{\ln\left(\dfrac{T_2}{T_1}\right)}\frac{e\varepsilon_i}{2kT_2}\right]-\frac{1}{2} \quad (51)$$

注意到$\frac{T_1}{T_2}$不很大，从而 $\ln\left(\frac{T_2}{T_1}\right)\approx -1+\frac{T_2}{T_1}$，取 $\varepsilon_i=3\text{eV}$、$T_2\approx 2000\text{K}$、$\gamma=1.4$、$\eta_e=0.75$，$N=2$，得到

$$\langle\sigma\rangle=\sqrt{\sigma_1\sigma_2}$$

关于磁流体发电器中的非平衡态等离子体问题。

在有非平衡态等离子体的磁流发电器中，依靠焦耳放热保持必要的电离与电导率水平。因为在发电器通道入口处气体的电导率接近于零，所以在磁流体发电器的通道入口处应有一个过渡区，在该过渡区中气体进行电离且其电离率从零提高到正常值，这就是电离波前。在与运动气体相联系的坐标系统中，电离波前的传播主要取决于该区域内对电子供给能量的速度。这里还存在热力学平衡，但是载荷粒子的浓度变化已经充分快了。写出

$$E_i v_\phi \frac{\mathrm{d}N_e}{\mathrm{d}x}\sim\frac{\mathrm{d}q}{\mathrm{d}x} \tag{52}$$

这里 v_ϕ 为电离波前速度、q 为热通量、N_e 为电子浓度、E_i 为电离电势，在电子传热下

$$E_i v_\phi N_e\approx\kappa_e\frac{\mathrm{d}T}{\mathrm{d}x}=\kappa_e\frac{1}{v_\phi}\frac{\mathrm{d}T_e}{\mathrm{d}t} \tag{53}$$

κ_e 为传热系数。取近似关系

$$\frac{\mathrm{d}T_e}{\mathrm{d}t}\approx\frac{T_e}{N_e}\frac{2T_e}{E_i}\frac{\mathrm{d}N_e}{\mathrm{d}t} \tag{54}$$

当电离速度取决于电子浓度变化

$$\frac{\mathrm{d}N_e}{\mathrm{d}t}\approx\frac{N_e}{\tau_H} \tag{55}$$

时供给焦耳能量的速度，而

$$\tau_H\approx\frac{E_iN_e}{I^2\sigma}\approx\frac{E_i}{T_e}\frac{M_a}{m_e}\tau_e$$

平均值为

$$I=\overline{[\langle\sigma\rangle\langle\sigma^{-1}\rangle(1+\beta^2)-\beta^2]^{-1}}$$

据此，

$$v_{\phi T} \sim \left(\frac{T_e}{E_i}\right)^{\frac{3}{2}} \sqrt{\frac{T_e}{M_a}} \frac{1}{\sqrt{1+\beta^2}} \quad ⑯$$

式中 M_a 为原子质量。对于依靠辐射供给能量的情形也有类似计算，故

$$v_{\phi H} \approx \frac{h\nu}{T_e}\left(\frac{h\nu}{E_i}\frac{N^*}{N_e}\right)^2 \frac{M_a}{m_e}\frac{\gamma^2 \tau_e}{k_0^y} \quad ⑰$$

式中 $h\nu$ 为量子能量、N^* 为激发原子的浓度、γ 为自发光几率、k_0^y 为谱线中心的吸收系数。

发电器的全功率为

$$W_D \approx \frac{\sigma v^2 B^2}{c^2} D^2 L_\Gamma$$

其中 D 为通道直径、L_Γ 为通道长度。在全电离状态下预电离器的功率为

$$\frac{\delta E_i N_s}{L_H} v L_H D^2 = \delta E_i N_s v D^2$$

式中 L_H 为预电离器长度、N_s 为种子原子浓度，

$$系数(\delta) = \frac{当一个原子电离时实际消耗的能量}{原子电离电势}$$

预电离的功率与发电器功率之比为

$$\frac{N_H}{N_\Gamma} \sim \frac{\delta E_i N_e c^2}{\sigma B^2 v L_\Gamma}$$

发电器的最大功率当 $L_\Gamma \sim \frac{\rho v c^2}{\sigma B^2}$ 时得到，故

$$\frac{N_H}{N_\Gamma} \sim \frac{N_s}{N_0}\frac{\delta E_i}{M_a v^2} \sim \frac{N_s}{N_0}\frac{\delta E_i}{k T_0} \quad ⑱$$

N_0 为气体原子全浓度、M_a 为原子质量、T_0 为滞止温度。

关于单维不均匀对发电器的电效率

$$\eta_e = \frac{N_\Gamma}{N_\tau}$$

的影响，而

$$\begin{cases} N_\Gamma = \boldsymbol{j} \cdot \boldsymbol{E} \\ E_\tau = \dfrac{j_\perp vB}{C} \end{cases}$$

$j_\perp$为垂直气体速度的电流分量。利用上述公式,在法拉第发电器中

$$\eta_e = k = \frac{\langle E_0 \rangle}{vB}$$

$$\langle E_0 \rangle = vB - \langle E_{\tau p} \rangle$$

这里$\langle E_{\tau p} \rangle$为加热电场。对于霍尔发电器而言,结果与层的方向有关。如果层的方向沿气流速度方向,那么

$$\eta_e = \frac{\eta_1}{\eta_{e0}}$$

$$\begin{cases} A_1 = \left[1 - \dfrac{\langle \Delta \bar{\sigma}^2 \rangle}{1 + \langle \Delta \bar{\sigma}^2 \rangle} \dfrac{k_x}{1 - k_x}(1 + \beta_e^2)\right] \\ \eta_{e0} = \dfrac{E_{x0}}{\beta_e vB} \\ \beta_e = \dfrac{\Omega_e}{v_e} \end{cases}$$

Ω_e 为电子拉摩频率、v_e 为电子碰撞频率。如果层的方向为垂直于气流速度方向,那么

$$\eta_e = A_2 \eta_{e0}$$

$$A_2 = (1 - \langle \Delta \bar{\sigma}^2 \rangle)\left(1 + \frac{1 - k_x}{1 + k_x \beta_e^2} \langle \Delta \bar{\sigma}^2 \rangle\right)$$

而

$$k_x = \frac{E_x}{\beta_e vB} \qquad \Delta \bar{\sigma} = \frac{\Delta \sigma}{\langle \sigma \rangle}$$

在单维模型中等离子体的非均匀性不影响法拉第发电器可达到的极限效率,只是降低其比功率;在霍尔发电器中,等离子体的非均匀性对能量交换的效率有重大影响。

在湍流等离子体的普遍情况下电导率的实验值为

$$\sigma_r \approx \sigma_H \frac{1 + 2\beta_e}{1 + \beta_e^2} \tag{59}$$

式中 σ_H 为层流电导率。电子的能量平衡方程为

$$\sigma_\tau E_{\mathrm{rp}}^2 = 3\frac{m_e}{M_a}\delta k(T_e - T_i)\frac{N_e}{\tau_e} \quad ⑥⓪$$

以气流的气体动力学参数表示加热电场

$$E_{\mathrm{rp}} = (1-\eta_e)B\sqrt{\gamma R T_0 \frac{M^2}{1+\frac{\gamma-1}{2}M^2}} \quad ⑥①$$

R 为气体常数、γ 为比热比、M 为马赫数。当已知滞止温度 T_0、种子浓度 N_s、气体浓度 N_a 时，可以建立关系 $E_{\mathrm{rp}}=f(\tau_e)$；当已知负荷系数 k 时可给出关系 $E_{\mathrm{rp}}=f(M)$。在发电器入口处全压强为

$$p_0 = N_0 k T_0\left(1+\frac{\gamma-1}{2}M^2\right)^{\frac{1}{\gamma-1}} \quad ⑥②$$

表明给定 η_e 时得到关系 $p=f(M)$。利用发电器长度与滞止参数之间的比值

$$\frac{L_v}{S} = \frac{1}{\eta_e(1-\eta_e)}\frac{1}{\gamma-1}\frac{1+\frac{\gamma-1}{2}M^2}{M^2}\xi_H \quad ⑥③$$

ξ_H 为变换系数，滞止参数

$$S = \frac{\rho\nu}{\sigma_\tau B^2} = \frac{p_0}{\sigma_\tau B^2\sqrt{RT_0}}\sqrt{\gamma M^2}\left(1+\frac{\gamma-1}{2}M^2\right)^{\frac{\gamma}{2(1-\gamma)}} \quad ⑥④$$

若知发电器的长度并取其相对长度 $\lambda=10\sim15$，则可计算工质的流量 G 及有给定 ξ_H 时发电器功率为

$$N_v = G c_p \xi_H T_0 \quad ⑥⑤$$

其中 c_p 为定压比热容。

3.12.1 磁场内的谱线

磁场内辐射转移矩阵可表达为

$$\cos\theta\frac{\mathrm{d}\boldsymbol{I}}{\mathrm{d}\tau} = (\boldsymbol{I}_0+\boldsymbol{\eta})(\boldsymbol{I}-\boldsymbol{B}) \quad (3.205)$$

式中 θ 为辐射方向与日面法线的交角，τ 为连续光谱的光学深度。式(3.205)与一般的辐射转移方程相似，$\boldsymbol{I}$ 为辐射强度矢量，

$$\boldsymbol{I}=\begin{pmatrix}I_1\\I_2\\U\\V\end{pmatrix}\tag{3.206}$$

而斯托克斯参数 I_1、I_2、U、V 为

$$\begin{cases}I_1=\xi_1^2\\I_2=\xi_2^2\\U=2\langle\xi_1\xi_2\cos(\varepsilon_1-\varepsilon_2)\rangle\\V=2\langle\xi_1\xi_2\sin(\varepsilon_1-\varepsilon_2)\rangle\end{cases}\tag{3.207}$$

ξ_1、ξ_2 为振幅、ε_1、ε_2 是相位角、$\langle\rangle$表示平均。$\boldsymbol{I}_0$ 为单位矢量、$\boldsymbol{B}$ 为能源函数矢量。

$$\boldsymbol{B}=\begin{pmatrix}\frac{1}{2}B\\\frac{1}{2}B\\0\\0\end{pmatrix}\tag{3.208}$$

B 为普朗克函数，吸收系数矩阵 $\boldsymbol{\eta}$ 为

$$\boldsymbol{\eta}=\begin{bmatrix}a_+&0&b&c\\0&a_-&b&c\\b&b&\frac{a_++a_-}{2}&0\\c&c&0&\frac{a_++a_-}{2}\end{bmatrix}\tag{3.209}$$

式中

$$\begin{cases}a_\pm=\frac{1}{2}\left[\eta_l-\frac{1}{2}(\eta_l+\eta_r)\right]\sin^2\gamma(1\pm\cos2X)+\frac{1}{2}(\eta_l+\eta_r)\\b=\frac{1}{2\sqrt{2}}\left[\eta_p-\frac{1}{2}(\eta_l+\eta_r)\right]\sin^2\gamma\sin2X\\c=\frac{1}{2\sqrt{2}}(\eta_l-\eta_r)\cos\gamma\end{cases}\tag{3.210}$$

X 为偏振面方位角，γ 为光线传播方向与磁场强度方向夹角。

$$\begin{cases}\eta_p = \eta_0 H(\alpha, v) \\ \eta_l = \eta_0 H(\alpha, v - v_H) \\ \eta_r = \eta_0 H(\alpha, v + v_H)\end{cases} \tag{3.211}$$

η_0 为谱线中心的吸收系数与该处连续吸收系数之比，H 为沃伊特函数，$\alpha = \frac{\gamma_d}{\Delta\lambda_D}$（$\gamma_d$ 为阻尼系数），$v = \frac{\Delta\lambda}{\Delta\lambda_D}$、$v_H = \frac{\Delta\lambda_H}{\Delta\lambda_D}$，而塞曼分裂量 $\Delta\lambda_H$ 为

$$\Delta\lambda_H = 4.67 \times 10^{-5} g\lambda^5 H \tag{3.212}$$

在一条谱线范围内，折射率会发生较大的变化，称之为反常色散。一般而言，该效应可以不计。但是当存在磁场时反常色散比较重要。由于不同塞曼支线的折射系数之间的差异，因此对于纵向磁场，左旋、右旋偏振光之间会出现位相差，于是产生法拉第旋转。

当无多普勒致宽时，谱线内的折射系数 n 取决于

$$n - 1 = \frac{K_0\lambda}{4\pi^{3/2} H(\alpha, 0)} \frac{v}{v^2 + \alpha^2} \tag{3.213}$$

式中 K_0 为线心的吸收系数、$H(\alpha, 0)$ 为 $v=0$ 时的沃伊特函数。当有多普勒致宽时，折射系数 n 取决于

$$n - 1 = \frac{K_0\lambda}{2\pi H(\alpha, 0)} F(\alpha, v) \tag{3.214}$$

式中

$$F(\alpha, v) = \frac{1}{2\pi}\int_{-\infty}^{\infty} \frac{u^2}{u^2 + \alpha^2} \exp[-(u - v)^2] \mathrm{d}u \tag{3.215}$$

把 $F(\alpha, v)$ 近似展开为级数，

$$F(\alpha, v) \approx \sum_{i=0}^{s} \alpha^i F_i(v) \tag{3.216}$$

对于反常色散，转移方程式(3.205)中的吸收系数 η 应变为 $\eta_a + \eta_\delta$，而 η_α 由式(3.209)给出，η_δ 为

$$\eta_\delta=\begin{bmatrix} 0 & 0 & d & \frac{1}{\sqrt{2}}e\sin 2X \\ 0 & 0 & -d & -\frac{1}{\sqrt{2}}e\sin 2X \\ -d & d & 0 & -e\cos 2X \\ -\frac{1}{\sqrt{2}}e\sin 2X & \frac{1}{\sqrt{2}}e\sin 2X & e\cos 2X & 0 \end{bmatrix} \tag{3.217}$$

其中

$$\begin{cases} d=\frac{1}{\sqrt{2}}(\delta_r-\delta_b)\cos\gamma \\ e=-\left[\delta_p-\frac{1}{2}(\delta_r+\delta_b)\right]\sin^2\gamma \\ \delta_p=\eta_0 F(\alpha,v) \\ \delta_r=\eta_0 F(\alpha,v-v_H) \\ \delta_b=\eta_0 F(a,v+v_H) \end{cases} \tag{3.218}$$

对于磁场内谱线的形成,非热动平衡的辐射转移理论与局部热动平衡的辐射转移理论的主要差别在于后者的普朗克函数

$$B_\lambda=\frac{2hc^2}{\lambda^5}\left[\exp\left(\frac{hc}{k\lambda T}\right)-1\right]^{-1}$$

作为能源函数,而前者能源函数取作

$$S_\lambda=\frac{2hc^2}{\lambda^5}\left(\frac{g_k}{g_i}\frac{N_i}{N_k}-1\right)^{-1}$$

据此,该能源函数由上、下静态的原子数(N_k,N_i)确定,与是否存在局部热动平衡无关。为确定能态分布,需求解一组能态平衡方程,其大致形式为$\sum N_{i\to k}=\sum N_{k\to i}$,表示在一定时间内进入、离开某一能态的各类跃迁的总数相等。通常先将从该组方程得到的N_i、N_k 代入 S_λ 表达式,再把 S_λ 代入辐射转移方程

$$\cos\frac{\mathrm{d}I_\lambda}{\mathrm{d}\tau_\lambda}=I_\lambda-S_\lambda$$

即把辐射转移方程与能态平衡方程联立计算。

依海野的 4 个斯托克斯参数的转移方程，将能源函数 B_λ 变为

$$\begin{cases} \xi_I = \dfrac{1}{2}\left[\xi_p \sin^2\theta + \dfrac{1}{2}(\xi_p + \xi_r)(1+\cos^2\theta)\right] \\ \xi_Q = \dfrac{1}{2}\left[\xi_p - \dfrac{1}{2}(\xi_b + \xi_r)\right]\sin^2\theta\cos 2\varphi \\ \xi_U = \dfrac{1}{2}\left[\xi_p - \dfrac{1}{2}(\xi_b + \xi_r)\right]\sin^2\theta\sin 2\varphi \\ \xi_V = \dfrac{1}{2}(\xi_r - \xi_b)\cos\theta \end{cases} \tag{3.219}$$

以上的讨论基于经典物理，其量子理论正在发展。

3.12.2 太阳黑子磁场

黑子是太阳活动的主体，为其日面上磁场最强的区域。若黑子气体密度 $\rho=1.5\times10^{-7}\,\mathrm{g/cm^3}$、速度 $v=2\mathrm{km/s}$，则单位体积的动能$\frac{1}{2}\rho v^2=3\times10^3\,\mathrm{erg}$，当磁场强度 $H=1000\mathrm{G}$ 时单位体积的磁能达 $4\times10^4\,\mathrm{erg}$。判据

$$\frac{H^2}{8\pi} \gg \frac{1}{2}\rho v^2 \tag{3.220}$$

对黑子成立，即当单位体积磁场能量$\frac{H^2}{8\pi}$远大于气体热运动能量$\frac{1}{2}\rho v^2$ 时，磁场对等离子体的运动起主导作用；此时气体“冻结”于磁场中，物质基本上沿磁场线分布、运动。

比较太阳光球，太阳黑子的主要特征是强磁场和低温度，且磁性为黑子现象的最本质因素。

应用电磁流体力学可以分析太阳黑子磁场。这里列出有关的基本方程。连续方程，

$$\frac{\mathrm{d}\rho}{\mathrm{d}t} + \rho\nabla\cdot\boldsymbol{v} = 0 \tag{3.221}$$

动量方程，

$$\rho\frac{\mathrm{d}\boldsymbol{v}}{\mathrm{d}t} = \rho\boldsymbol{g} + \frac{1}{c}\boldsymbol{j}\times\boldsymbol{H} - \nabla P \tag{3.222}$$

热能方程，

$$\frac{\mathrm{d}U}{\mathrm{d}t}+U\nabla\cdot\boldsymbol{v}=\boldsymbol{j}\cdot\left(\boldsymbol{E}+\frac{1}{2}\boldsymbol{v}\times H\right)-P\nabla\cdot\boldsymbol{v}-\nabla\cdot\boldsymbol{F} \tag{3.223}$$

物态方程，

$$P=\frac{k\rho T}{\mu} \tag{3.224}$$

电流方程，

$$\frac{m_e}{n_e e^2}\frac{\partial\boldsymbol{j}}{\partial t}+\frac{1}{n_e ec}\boldsymbol{j}\times\boldsymbol{H}+\frac{1}{\sigma}\boldsymbol{j}=\boldsymbol{E}+\frac{1}{c}\boldsymbol{v}\times H+\frac{1}{n_e c}\nabla P_e \tag{3.225}$$

麦克斯韦方程，

$$\begin{cases}\dfrac{\partial\boldsymbol{H}}{\partial t}=-c\,\nabla\times\boldsymbol{E}\\[2mm] \boldsymbol{j}=\dfrac{c}{4\pi}\nabla\times\boldsymbol{H}\\[2mm] \nabla\cdot\boldsymbol{E}=4\pi q\\ \nabla\cdot\boldsymbol{H}=0\end{cases} \tag{3.226}$$

关于黑子磁场的产生和衰减，利用式(3.226)、式(3.225)得到电流方程，

$$\boldsymbol{j}=\sigma\left(\boldsymbol{E}+\frac{1}{c}\boldsymbol{v}\times\boldsymbol{H}\right) \tag{3.227}$$

并可给出$\dfrac{\mathrm{d}\boldsymbol{H}}{\mathrm{d}t}$，注意计算中使用了公式

$$\nabla\times(\nabla\times\boldsymbol{H})=\nabla(\nabla\cdot\boldsymbol{H})-\nabla^2\boldsymbol{H} \tag{3.228}$$

有

$$\frac{\partial\boldsymbol{H}}{\partial t}=\nabla\times(\boldsymbol{v}\times\boldsymbol{H})+\frac{c^2}{4\pi\sigma}\nabla^2\boldsymbol{H} \tag{3.229}$$

若物质静止、$\boldsymbol{v}=\mathbf{0}$，则式(3.229)变为扩散方程

$$\frac{\partial\boldsymbol{H}}{\partial t}=\frac{c^2}{4\pi\sigma}\nabla^2\boldsymbol{H} \tag{3.230}$$

式(3.230)表示欧姆耗散引起的磁场自然衰减率。就数量级

而言，

$$\nabla^2 \boldsymbol{H} = \frac{\partial^2 H}{\partial x^2} + \frac{\partial^2 H}{\partial y^2} + \frac{\partial^2 H}{\partial z^2} \approx \frac{H}{l^2} \tag{3.231}$$

式中 l 为物体尺度，从式(3.231)、式(3.230)知

$$\frac{H}{t_0} = \frac{c^2}{4\pi\sigma}\frac{H}{l^2} \tag{3.232}$$

得到磁场衰减的时间常数，

$$t_0 = \frac{4\pi\sigma l^2}{c^2} \tag{3.233}$$

天文观测表明，超米粒物质的运动具有“侵蚀”作用，可以使黑子磁场一小块一小块地消失。

太阳黑子温度(4300K)低于太阳光球温度(5700K)。物理学家认为黑子磁场以某种方式影响向上的能量传播，并导致黑子冷却。

在式(3.222)中取$\boldsymbol{v}=\boldsymbol{0}$，得到黑子平衡态，

$$\nabla P = \rho \boldsymbol{g} + \frac{1}{\boldsymbol{c}}\boldsymbol{j} \times \boldsymbol{H} \tag{3.234}$$

式(3.234)右端第二项表示磁力的作用；当其为零时，式(3.234)变为一般流体静力学平衡方程。满足该条件的磁场称为无力场，可以麦克斯韦第二方程表达，

$$(\nabla \times \boldsymbol{H}) \times \boldsymbol{H} = \boldsymbol{0} \tag{3.235}$$

或

$$\nabla \times \boldsymbol{H} = \alpha \boldsymbol{H} \tag{3.236}$$

式中 α 为标量，为时间、位置的函数。

设太阳光球下有一根水平的磁场线管，且它处于流体静力学平衡状态、$\boldsymbol{v}=\boldsymbol{0}$，此时式(3.234)成立。将该式代入麦克斯韦第二方程，即

$$\nabla P = \rho \boldsymbol{g} + \frac{1}{4\pi}(\nabla \times \boldsymbol{H}) \times \boldsymbol{H} \tag{3.237}$$

取直角坐标系 $Oxyz$，使 Oz 在铅直方向，Ox 平行线磁场线，故有

$$\frac{\partial}{\partial y}\left(P+\frac{H^2}{8\pi}\right)=0 \tag{3.238}$$

积分，

$$P_o=P_i+\frac{H^2}{8\pi} \tag{3.239}$$

P_o、P_i 分别为磁场线管外、内的压强。由于上式右边第一项总为正，因此总有 $P_o>P_i$。若磁场线管内的物质与环境保持热平衡，则依物态方程，式(3.239)变为

$$P_o=P_i+\frac{\mu}{kT}\frac{H^2}{8\pi} \tag{3.240}$$

即

$$(P_o-P_i)g=\frac{\mu g}{kT}\frac{H^2}{8\pi} \tag{3.241}$$

式(3.241)左端为单位体积的磁场线管承受的力，称之为磁浮力。一般而言，几百高斯的磁场强度就可产生足够的磁浮力。

太阳黑子在日面上纬度分布有一定的规律。当太阳活动开始时南北两半球的黑子一般出现在高纬区 $\varphi=25°\sim30°$；随着时间的推移，黑子产生区域的纬度逐渐减小，到太阳活动峰年，平均纬度 $\varphi=10°\sim15°$；当太阳活动 11 年周期结束时，黑子大多出现在赤道 $\varphi=5°\sim15°$附近，称这种现象为斯波勒定律。

今以较差自转理论加以解释。

在较差自转前太阳的原始磁场已有分布。在纬度 φ 处的磁场强度为 H_φ、赤道处的磁场强度为 H_0，其关系为

$$H_\varphi=H_0 f(\varphi) \tag{3.242}$$

$f(\varphi)$为纬度函数，取

$$f(\varphi)=\sec\varphi \tag{3.243}$$

已知太阳自转角速度 ω 与日面纬度 φ 的关系

$$\omega=\omega_0-b\sin^2\varphi \tag{3.244}$$

b 为常数。由天文观测知，若较差自转使磁场线缠绕的现象在太阳活动周开始前 m 年已有作用，则在太阳活动周开始后的几年，纬度 φ 处和赤道处的角速度之差 $\Theta=\omega_0-\omega$ 为

$$\Theta = b(n+m)\sin^2\varphi \tag{3.245}$$

因为较差自转，所以在日面经线方向上的磁场线逐渐偏离该方向，并和经线夹角 ψ 角有关系

$$\mathrm{tg}\psi = \frac{\mathrm{d}\Theta}{\mathrm{d}\varphi}\cos\varphi \tag{3.246}$$

导出

$$\sin\varphi\cos\varphi = \frac{\sqrt{3}m}{4(n+m)} \tag{3.247}$$

$$H_\varphi \sin\varphi\cos^2\varphi = \frac{n}{n+m} H_{\varphi c}\sin\varphi_c\cos^2\varphi_c \tag{3.248}$$

这里 c 表示临界数值。

当黑子纬度飘移速度 $v(\varphi)=\frac{\mathrm{d}\varphi}{\mathrm{d}n}$时，式

$$\frac{v(\varphi)}{H_\varphi\cos\varphi}\left[\frac{2(\cos 2\varphi-\sin^2\varphi)}{\sin^2 2\varphi}+\frac{1}{\sin 2\varphi}\frac{1}{H_\varphi}\frac{\mathrm{d}H_\varphi}{\mathrm{d}\varphi}\right]=-\frac{b}{H_c} \tag{3.249}$$

为常数。在一般情况下，利用式(3.245)得到式

$$\frac{v(\varphi)}{f(\varphi)\cos\varphi}\left[\frac{1}{2\sin^2\varphi}-\frac{1}{\cos^2\varphi}+\frac{1}{\sin 2\varphi}\frac{1}{f(\varphi)}\frac{\mathrm{d}f(\varphi)}{\mathrm{d}\varphi}\right]=-b\frac{H_0}{H_c} \tag{3.250}$$

也为常数。依此给出 H_φ、$f(\varphi)$，即可了解日面磁场。称式(3.250)、式(3.249)为戈多利判据。

命 $H_\varphi = H_0\cos^\alpha\varphi$，推出斯波勒定律的表达式，

$$\sin\varphi\cos^{\alpha+2}\varphi = \frac{m}{n+m}\frac{(\alpha+2)^{\frac{\alpha+2}{2}}}{(\alpha+3)^{\frac{\alpha+3}{2}}} \tag{3.251}$$

当 $\alpha=1$ 时计算结果与天文观测相符。

当然，较差自转理论并未说明产生较差自转的原因。

关于恒星的稳定性问题。恒星的稳态主要靠重力维持，但在强磁场作用下，稳态可能被破坏。现将维里定理推广到有磁场的情况，得到

$$2T+3(\gamma-1)U+M+Q=0 \tag{3.252}$$

式中 T 为动能、U 为热能、M 为磁能、Q 为重力势能、γ 为定压比热容与定容比热容之比。如果恒星稳定，取 $T=0$，那么式(3.252)变为

$$3(\gamma-1)U+M+Q=0 \tag{3.253}$$

星体的总能量 E 为

$$E=U+M+Q \tag{3.254}$$

推出

$$E=-\frac{3\gamma-4}{3(\gamma-1)}(|Q|-M) \tag{3.255}$$

当 $\gamma>\frac{4}{3}$ 时，动力学稳定性存在的条件为

$$M=\frac{1}{8\pi}\iiint\langle H^2\rangle \mathrm{d}x\mathrm{d}y\mathrm{d}z=\frac{1}{6}R^3\langle H^2\rangle<|Q| \tag{3.256}$$

式中 R 为恒星半径、$\langle H^2\rangle$ 为磁场强度平方的平均值。对于密度均匀的球形星体，$Q=-\frac{3}{5}\frac{Gm}{R}$，而 G 为万有引力常数、m 为恒星质量。以太阳为例，

$$\sqrt{\langle H^2\rangle}<2.0\times10^8\frac{m}{R^2} \tag{3.257}$$

式(3.257)为恒星稳定性的判据。当磁能超过势能时星体出现不稳定。对 Ap 星而言，其 $\sqrt{\langle H^2\rangle}<3000\mathrm{G}$，上述判据易被破坏；由于磁星表面的磁场约 $10^3\sim10^4\mathrm{G}$，因此它内部的磁场就更强了。据此推想，磁星可能不稳定，出现脉动。

3.12.3 星际磁场

在银河系的星际空间存在磁场，其强度为 $10^{-6}\mathrm{G}$，星际磁场“冻结”在物质中，它随物质一同收缩。对于完全“冻结”在物质中的磁场而言，其磁场强度 H 与物质密度 ρ 的关系为 $H\propto\rho^{\frac{2}{3}}$，故磁压力为

$$\frac{H^2}{8\pi} \propto \rho^{\frac{4}{3}} \tag{3.258}$$

在收缩过程中不断变大，从而磁压力也相应变大。由于磁压力和自吸引力的作用方向相反，因此当收缩到一定阶段时，即气体云的质量达到临界值 M_c，气体云因磁压过大而分裂。偏心率为 e 的椭球体的临界质量为

$$M_c = \frac{1}{48\pi^2}\left(\frac{5k}{G}\right)^{\frac{3}{2}}\left(\frac{H}{\rho^{2/3}}\right)^3 \frac{1}{1-e^2} \tag{3.259}$$

式中常数 k 与 e 有关。当 $e=0\to1$ 时 $k=1\to\frac{1}{4}$。依式(3.259)知，$M_c \propto H^3$，表明磁场是恒星形成的重要因素。

宇宙射线是宇宙中的一种高能粒子流，能量达 10^{20} eV。宇宙射线或由质子、α 粒子、重粒子组成，而主要是质子流。星际磁场对宇宙射线的运动、加速有影响。

在理想条件下，电荷为 Ze、质量为 m_i 的质点在磁场中的运动轨迹为环绕磁场线的螺旋线，质点绕磁场线运动的角速度 ω_i 以及轨迹投影在与磁场线垂直的平面上的圆半径 γ_i 取决于

$$\begin{cases} \omega_i = \dfrac{ZeH}{m_i c}\sqrt{1-\dfrac{v^2}{c^2}} = \dfrac{ZeH}{m_i c}\dfrac{m_i c^2}{E} \\ r_i = \dfrac{c\sin\theta}{\omega_i} = \dfrac{E\sin\theta}{300ZH} \end{cases} \tag{3.260}$$

式(3.260)考虑了相对论效应，E 的单位是 eV。

关于宇宙射线加速机理尚不完全清楚，有多种解释；其中一种观点认为：在磁流体冲击波前的加速。

若带电质点轨迹的半径比冲击波前的宽度大得多，质点的速度比波动的速度大得多，则质点即可多次穿越冲击波前。由于波前前、后的磁场强度不同，因此穿越波前时的角度、速度也不同，从而引起动量 p 变化，

$$p = p_0 \exp\int_{\varphi_0}^{\frac{\pi}{2}} \frac{A}{B} \mathrm{d}\varphi \tag{3.261}$$

$$
\begin{cases}
A = 2\left(1-\dfrac{v_2}{v_1}\right)\cos^2\varphi \\
B = \dfrac{v_2}{v_1}(\pi + 2\varphi) + (\pi - 2\varphi) - \left(1-\dfrac{v_2}{v_1}\right)\sin 2\varphi
\end{cases}
$$

式中 p_0、φ_0 分别为质点第一次穿越波前时的动量及其与法线的夹角，v_1、v_2 为质点在穿越波前前、后对于波前的速度。

4 引 力 场

4.1 爱因斯坦方程

爱因斯坦的引力理论基于两条基本原理，即：

(1)等效原理

一个存在引力场的惯性系与一个作加速运动的非惯性系在本质上没有差别。

(2)广义协变原理

物理定律在所有参考系中是协变的。

本节通过变分原理推导引力场方程。设作用量 I 为

$$I = I_G + I_F = \frac{1}{c}\int_{\Omega}(L_G + L_F)\sqrt{-g}\mathrm{d}\Omega \tag{4.1}$$

$$\mathrm{d}\Omega = \mathrm{d}x^0\mathrm{d}x^1\mathrm{d}x^2\mathrm{d}x^3 \quad (x^0 = ct \quad x^1 = x \quad x^2 = y \quad x^3 = z)$$

式中 I_G 为引力场的作用量、I_F 为其他场的作用量，L_G 为引力场的拉格朗日密度、L_F 为其他场的拉格朗日密度。取黎曼曲率标量 R 与量纲因子$\frac{c^4}{16\pi G}$的乘积作为 L_G，于是变分为

$$\delta I = 0$$

或

$$\frac{c^3}{16\pi G}\delta\int_{\Omega}R\sqrt{-g}\mathrm{d}\Omega + \delta I_F = 0 \tag{4.2}$$

而

$$\delta I_G = \frac{c^3}{16\pi G}\left[\int_{\Omega}\delta R_{\mu\nu}g^{\mu\nu}\sqrt{-g}\mathrm{d}\Omega + \int_{\Omega}R_{\mu\nu}\delta(g^{\mu\nu}\sqrt{-g})\mathrm{d}\Omega\right] \tag{4.3}$$

式中 c 为光速、G 为引力常数、$g=\det(g^{\mu\nu})$为度规行列式、$g^{\mu\nu}$为黎曼度规张量、$R_{\mu\nu}$为里奇张量且 $R=g^{\mu\nu}R_{\mu\nu}$、在伪黎曼空间中 $g<0$，

$\sqrt{-g}\mathrm{d}\Omega$ 为不变体积元。

$$R_{\mu\nu}=R^{\alpha}_{\mu\alpha\nu}=\frac{\partial\Gamma^{\alpha}_{\mu\nu}}{\partial x^{\alpha}}-\frac{\partial\Gamma^{\alpha}_{\mu\alpha}}{\partial x^{\nu}}+\Gamma^{\alpha}_{\mu\nu}\Gamma^{\beta}_{\alpha\beta}-\Gamma^{\alpha}_{\mu\beta}\Gamma^{\beta}_{\nu\alpha}\tag{4.4}$$

第二类克里斯托夫符号 $\Gamma^{\sigma}_{\mu\nu}$ 为联络，即

$$\Gamma^{\sigma}_{\mu\nu}=\frac{1}{2}g^{\sigma\lambda}\left(\frac{\partial g_{\lambda\mu}}{\partial x^{\nu}}+\frac{\partial g_{\lambda\nu}}{\partial x^{\mu}}-\frac{\partial g_{\mu\nu}}{\partial x^{\lambda}}\right)$$

使用短程线坐标系，则

$$\delta R_{\mu\nu}=(\delta\Gamma^{\alpha}_{\mu\nu})_{;\alpha}-(\delta\Gamma^{\alpha}_{\mu\nu})_{;\nu}\tag{4.5}$$

等式中的分号、逗号分别表示协变导数、对坐标的导数，全书如此。对 $-g$ 的变分，

$$\delta(-g)=-gg^{\mu\nu}\delta g_{\mu\nu}=gg_{\mu\nu}\delta g^{\mu\nu}\tag{4.6}$$

利用式(4.6)、式(4.5)以及度规张量的协变导数为零的性质，式(4.3)变为

$$\delta I_G=\frac{c^3}{16\pi G}\left[\int_{\Omega}(g^{\mu\nu}\delta\Gamma^{\alpha}_{\mu\nu}-g^{\mu\alpha}\delta\Gamma^{\beta}_{\mu\beta})_{;\alpha}\sqrt{-g}\mathrm{d}\Omega\right.$$

$$\left.+\int_{\Omega}\left(R_{\mu\nu}-\frac{1}{2}g_{\mu\nu}R\right)\delta g^{\mu\nu}\sqrt{-g}\mathrm{d}\Omega\right]\tag{4.7}$$

可以证明式(4.7)中的第一项为零。$g^{\mu\nu}\delta R_{\mu\nu}$ 为标量，从而依式(4.5)推知 $g^{\mu\nu}\delta\Gamma^{\alpha}_{\mu\nu}-g^{\mu\alpha}\Gamma^{\beta}_{\beta\mu}$ 为矢量。由公式

$$A^{\mu}_{;\mu}=\frac{1}{\sqrt{-g}}\frac{\partial}{\partial x^{\mu}}(A^{\mu}\sqrt{-g})\tag{4.8}$$

得到

$$\int_{\Omega}(g^{\mu\nu}\delta\Gamma^{\alpha}_{\mu\nu}-g^{\mu\alpha}\Gamma^{\beta}_{\mu\beta})_{;\alpha}\sqrt{-g}\mathrm{d}\Omega=\int_{\Omega}[\sqrt{-g}(g^{\mu\nu}\delta\Gamma^{\alpha}_{\mu\nu}-g^{\mu\alpha}\Gamma^{\beta}_{\beta\mu})]_{,\alpha}\mathrm{d}\Omega\tag{4.9}$$

应用高斯定理并因变分在边界上为零，故式(4.9)右边为零，式(4.7)成为

$$\delta I_G=\frac{c^3}{16\pi G}\int_{\Omega}\left(R_{\mu\nu}-\frac{1}{2}g_{\mu\nu}R\right)\delta g^{\mu\nu}\sqrt{-g}\mathrm{d}\Omega\tag{4.10}$$

在推导此结果时尚未完全确定除 $g^{\mu\nu}$ 之外的变量。对于作用

量的其他部分，假定不存在 $g^{\mu\nu}$ 的高于一阶的导数。I_F 的变分为

$$\delta I_F = \frac{1}{c}\iint\limits_{\Omega}\left[\frac{\partial}{\partial g^{\mu\nu}}(L_F\sqrt{-g})\delta g^{\mu\nu} + \frac{\partial}{\partial g^{\mu\nu}_{,\alpha}}(L_F\sqrt{-g})\delta g^{\mu\nu}_{,\alpha}\right]\mathrm{d}\Omega \tag{4.11}$$

但是

$$\frac{\partial}{\partial g^{\mu\nu}_{,\alpha}}(L_F\sqrt{-g})\delta g^{\mu\nu}_{,\alpha} = \left[\delta g^{\mu\nu}\frac{\partial}{\partial g^{\mu\nu}_{,\alpha}}(L_F\sqrt{-g})\right]_{,\alpha} - \left[\frac{\partial}{\partial g^{\mu\nu}_{,\alpha}}(L_F\sqrt{-g})\right]_{,\alpha}\delta g^{\mu\nu} \tag{4.12}$$

式(4.12)右边的第一项为零，又变分在边界上为零。据此，

$$\delta I_F = \frac{1}{c}\iint\limits_{\Omega}\left\{\frac{\partial}{\partial g^{\mu\nu}}(L_F\sqrt{-g}) - \left[\frac{\partial}{\partial g^{\mu\nu}_{,\alpha}}(L_F\sqrt{-g})\right]_{,\alpha}\right\}\delta g^{\mu\nu}\mathrm{d}\Omega \tag{4.13}$$

式(4.13)中右边被积函数等于$\frac{1}{2}T_{\mu\nu}\sqrt{-g}$；而能量-动量张量 $T_{\mu\nu}$

$$\frac{1}{\sqrt{-g}}\left\{\left[\frac{\partial}{\partial g^{\mu\nu}_{,\alpha}}(L_F\sqrt{-g})\right]_{,\alpha} - \frac{\partial}{\partial g^{\mu\nu}}(L_F\sqrt{-g})\right\} = \frac{1}{2}T_{\mu\nu} \tag{4.14}$$

综合式(4.14)、式(4.13)、式(4.10)、式(4.1)，有

$$R_{\mu\nu} - \frac{1}{2}g_{\mu\nu}R = \frac{8\pi G}{c^4}T_{\mu\nu} \tag{4.15}$$

式(4.15)称为爱因斯坦引力场方程。由黎曼曲率张量的协变导数关系，即比安基恒等式

$$R^{\mu}_{\sigma\beta\alpha\,;\nu} + R^{\mu}_{\sigma\nu\beta\,;\alpha} + R^{\mu}_{\sigma\alpha\nu\,;\beta} = 0 \tag{4.16}$$

知

$$T^{\nu}_{\mu\,;\nu} = 0 \tag{4.17}$$

以 $g^{\sigma\beta}$乘式(4.16)，

$$g^{\sigma\beta}(R^{\mu}_{\sigma\beta\alpha\,;\nu} + R^{\mu}_{\sigma\nu\beta\,;\alpha} + R^{\mu}_{\sigma\alpha\nu\,;\beta}) = 0 \tag{4.18}$$

注意到 $g^{\sigma\beta}$的协变导数为零，依式(4.4)，得

$$R^{\nu}_{\sigma\beta\alpha} = -R^{\nu}_{\sigma\alpha\beta}$$

于是式(4.18)变为

$$\left(R_{\alpha}^{\nu}-\frac{1}{2}\delta_{\alpha}^{\nu}R\right)_{;\nu}=G_{\alpha;\nu}^{\nu}=0 \tag{4.19}$$

称张量 $G_{\alpha}^{\nu}=R_{\alpha}^{\nu}-\frac{1}{2}\delta_{\alpha}^{\nu}R$ 为爱因斯坦张量。

4.2 引力波和引力红移

4.2.1 引力波

当无引力场时黎曼度规张量具有闵可夫斯基的形式

$$g_{\mu\nu}=\eta_{\mu\nu}$$

上式满足谐和坐标条件，因此谐和坐标可以视为闵可夫斯基空间中的笛氏坐标在引力条件下的推广。

对于弱引力场，黎曼度规张量可表达成

$$g_{\mu\nu}=\eta_{\mu\nu}+h_{\mu\nu} \tag{4.20}$$

且 $|h_{\mu\nu}|\ll 1$，当近似时只保留 $h_{\mu\nu}$ 的线性部分，于是

$$\begin{aligned}\Gamma_{\alpha\beta}^{\mu}&=\frac{1}{2}\eta^{\mu\nu}(h_{\alpha\nu,\beta}+h_{\beta\nu,\alpha}-h_{\alpha\beta,\nu})\\&=\frac{1}{2}(h_{\alpha,\beta}^{\mu}+h_{\beta,\alpha}^{\mu}-h_{\alpha\beta}^{,u})\end{aligned} \tag{4.21}$$

线性化后，里奇张量为

$$\begin{aligned}R_{\mu\nu}&=\Gamma_{\mu\lambda,\nu}^{\lambda}-\Gamma_{\mu\nu,\lambda}^{\lambda}\\&=\frac{1}{2}(h_{\mu\nu,\alpha}^{,\alpha}+h_{,\mu\nu}-h_{\mu,\nu\alpha}^{\alpha}-h_{\nu,\mu\alpha}^{\alpha})\end{aligned} \tag{4.22}$$

式中

$$h=h_{\alpha}^{\alpha}=\eta^{\alpha\beta}h_{\alpha\beta}$$

且 $h_{\mu,\nu\alpha}^{\alpha}=h_{\mu,\nu,\alpha}^{\alpha}$，其他类似之处也作此约定。为研究引力场方程，定义

$$H_{\mu\nu}=h_{\mu\nu}-\frac{1}{2}\eta_{\mu\nu}h \tag{4.23}$$

可以证明其逆变换是

$$H_{\mu\nu}^{*}=H_{\mu\nu}-\frac{1}{2}\eta_{\mu\nu}H=h_{\mu\nu} \tag{4.24}$$

利用 $H_{\mu\nu}$，线性化的场方程

$$r_{\mu\nu} = R_{\mu\nu} - \frac{1}{2}\eta_{\mu\nu}R = \frac{8\pi G}{c^4}T_{\mu\nu} \tag{4.25}$$

或

$$H_{\mu\nu}{}^{;\alpha}{}_{,\alpha} + \eta_{\mu\nu}H_{\alpha\beta}{}^{;\alpha\beta} - H_{\mu\alpha}{}^{;\alpha}{}_{,\nu} - H_{\nu\alpha}{}^{;\alpha}{}_{,\mu} = \frac{16\pi G}{c^4}T_{\mu\nu} \tag{4.26}$$

这里 $H_{\alpha\beta}^{;\alpha\beta} = H_{\alpha\beta}^{;\alpha}{}^{,\beta}$，其他类似之处也作此约定。

若在坐标上加上谐和条件限制，式(4.26)将简化，则由

$$g^{\mu\nu}g^{\lambda\sigma}(g_{\sigma\mu,\nu} + g_{\sigma\nu,\mu} - g_{\mu\nu,\sigma}) = 0 \tag{4.27}$$

知

$$H_{\mu\alpha}^{;\alpha} = 0 \tag{4.28}$$

这样式(4.26)的左端的后三项为零，所以

$$H_{\mu\nu}{}^{;\alpha}{}_{,\alpha} = \frac{16\pi G}{c^4}T_{\mu\nu} \tag{4.29}$$

式(4.29)、式(4.28)就是谐和坐标的线性引力场方程，它类似于电动力学中的场方程及洛仑兹规范条件，故解式(4.28)为引力势的洛仑兹规范条件。

取坐标变换

$$X^\mu \rightarrow X^\mu + \xi^\mu \tag{4.30}$$

而 ξ^μ、$h_{\mu\nu}$ 为同级小量，结果

$$h_{\mu\nu} \rightarrow h_{\mu\nu} - \xi_{\mu,\nu} - \xi_{\nu,\mu} \tag{4.31}$$

显然

$$\xi_{\mu}{}^{;\alpha}{}_{;\alpha} = 0 \tag{4.32}$$

式(4.30)并不破坏 $h_{\mu\nu}$ 的洛仑兹规范性。在一组确定的坐标下求出 $H_{\mu\nu}$ 后，度规场为

$$g_{\mu\nu} = \eta_{\mu\nu} + h_{\mu\nu} = \eta_{\mu\nu} + H_{\mu\nu} - \frac{1}{2}\eta_{\mu\nu}H \tag{4.33}$$

$H_{\mu\nu}$ 形式上满足的场方程式(4.29)就是闵可夫斯基空间中的波动方程，表明引力场与电磁场一样以光速 c 传播、辐射。

当引力波处于真空中时 $T_{\mu\nu}=0$，可用 $R_{\mu\nu}=0$ 替代式(4.25)，

式(4.29)改为

$$h_{\mu\nu,\alpha}^{,\alpha} = 0 \tag{4.34}$$

洛仑兹规范条件写成

$$h_{\mu\alpha}^{,\alpha} - \frac{1}{2}\eta_{\mu\alpha}h^{,\alpha} = 0 \tag{4.35}$$

沿 x 方向传播的单色平面波为

$$h_{\mu\nu} = A_{\mu\nu}\exp[(kx - \omega t)i] \qquad (i = \sqrt{-1}) \tag{4.36}$$

式(4.34)决定 $k=\omega$。洛仑兹规范条件要求

$$a_{\mu}^{1} = a_{\mu}^{0} \tag{4.37}$$

而

$$a_{\mu}^{\nu} = A_{\mu}^{\nu} - \frac{1}{2}\delta_{\mu}^{\nu}A_{\alpha}^{\alpha}$$

取符合式(4.32)的函数,

$$\xi_{\mu} = \xi_{\mu}^{(0)}\exp[(kx - \omega t)i] \tag{4.38}$$

依式(4.31)、式(4.30)作规范变换,适当选 $\xi_{\mu}^{(0)}$ 使

$$a_{1}^{0} = a_{2}^{0} = a_{3}^{0} = 0 \tag{4.39}$$

$$a_{2}^{2} + a_{3}^{3} = 0 \tag{4.40}$$

式(4.37)、式(4.39)让 $\mu=0$、1(或 $\nu=0$、1)的振幅 $a_{\mu\nu}$ 均为零。也就是只有 2、3 分量不为零。注意到此波沿 $x^1=x$ 方向传播,于是所用规范称为横波规范。其他非零振幅为

$$\begin{pmatrix} a_{2}^{2} & a_{2}^{3} \\ a_{2}^{3} & a_{3}^{3} \end{pmatrix}$$

它既对称又无迹,结果只有两个独立分量;因为 $a_{\alpha}^{\alpha}=0$,所以

$$A_{\mu\nu} = a_{\mu\nu}$$

据此断言:沿 x 方向传播的平面引力波式(4.36)的振幅 $A_{\mu\nu}$ 在横向无迹的洛仑兹规范下只有两个独立分量,取之为 A_{23}、A_{22}、A_{33}。

4.2.2 引力红移

当光子在稳定引力场中传播时,不同地点的静观测者将测到不同的光频率。称之为引力红移,它是等效原理的推论。

对于稳定引力场,适当地选择坐标,可使黎曼度规张量 $g_{\mu\nu}$ 与 x_0 无关。静观测者得到的光子能量为

$$E=-p_\mu U^\mu \tag{4.41}$$

式中 p_μ 为光子的四维动量,U^μ 为观测者的四维速度,其形式为

$$U^\mu=\frac{1}{\sqrt{-g_{00}}}(1,0,0,0) \tag{4.42}$$

代入式(4.41)

$$E=-\frac{p_0}{\sqrt{-g_{00}}} \tag{4.43}$$

依普朗克公式 $E=h\nu$(h 为普朗克常数),式(4.43)可变为

$$\nu\sqrt{-g_{00}}=-\frac{p_0}{h} \tag{4.44}$$

式(4.44)右边为常数。因为当粒子在稳定引力场中运动时 p_0 为守恒量,所以式(4.44)表明光频 ν 与当地的 $\sqrt{-g_{00}}$ 成反比。

在史瓦西引力场中,

$$-g_{00}=1-\frac{2GM}{r}$$

代入式(4.44)

$$\nu\sqrt{1-\frac{2GM}{r}}=-\frac{p_0}{h} \tag{4.45}$$

在离引力中心越远处观测的光频率越小,故此叫做引力红移。它是不同于多普勒红移的红移机制。

在弱引力场中引力红移量很小。若太阳表面测出的光频率应为 ν_0 的光在传播远方后光频率变为 ν,则

$$\frac{\nu}{\nu_0}=\sqrt{1-\frac{2GM}{R}}\approx 1-\frac{GM}{R} \tag{4.46}$$

依红移量定义 $Z=\frac{\nu_0}{\nu}-1$,于是

$$Z\approx\frac{GM}{R} \tag{4.47}$$

其红移量约为 10^{-6},事实证明理论值符合观测结果。

4.3 水星进动

相对论中的比内公式为

$$\frac{\mathrm{d}^2}{\mathrm{d}\varphi^2}\left(\frac{1}{r}\right)+\frac{1}{r}=\frac{GM}{L^2}+\frac{3GM}{r^2} \tag{4.48}$$

式中 L 为积分常数。定义无量纲变量

$$u=\frac{GM}{r} \tag{4.49}$$

有

$$\frac{\mathrm{d}^2 u}{\mathrm{d}\varphi^2}+u=\left(\frac{GM}{L}\right)^2+3u^2 \tag{4.50}$$

忽略相对论效应,即舍弃 u^2,得到牛顿力学中的比内公式

$$\frac{\mathrm{d}^2 u}{\mathrm{d}\varphi^2}+u=\left(\frac{GM}{L}\right)^2 \tag{4.51}$$

其解为

$$u=\left(\frac{GM}{L}\right)^2(1+e\cos\varphi) \tag{4.52}$$

对行星而言,偏心率 $e<1$,轨道为椭圆。

在太阳系中太阳的 $GM=1.5\times10^3\,\mathrm{m}$,水星的轨道半径 $r=5\times10^{10}\,\mathrm{m}$ 最小(即 u 最大);u 的量级为 10^{-7} 。

牛顿解式(4.52)可以作为式(4.50)的零级近似;考虑到修正项,非线性微分方程可变为线性非齐次方程

$$\begin{aligned}\frac{\mathrm{d}^2 u}{\mathrm{d}\varphi^2}+u&=\left(\frac{GM}{L}\right)^2+3\left(\frac{GM}{L}\right)^4(1+e\cos\varphi)^2\\&\approx\left(\frac{GM}{L}\right)^2+3\left(\frac{GM}{L}\right)^4+6\left(\frac{GM}{L}\right)^4 e\cos\varphi\end{aligned} \tag{4.53}$$

水星的 $e\ll1$,近似于圆轨道。式(4.53)改为

$$\frac{\mathrm{d}^2 u}{\mathrm{d}\varphi^2}+u=\left(\frac{GM}{L}\right)^2+6\left(\frac{GM}{L}\right)^4 e\cos\varphi \tag{4.54}$$

置解

$$u=u_1+u_2$$

且

$$\frac{\mathrm{d}^2 u_1}{\mathrm{d}\varphi^2} + u_1 = \left(\frac{GM}{L}\right)^2 \tag{4.55}$$

$$\frac{\mathrm{d}^2 u_2}{\mathrm{d}\varphi^2} + u_2 = 6\left(\frac{GM}{L}\right)^4 e\cos\varphi \tag{4.56}$$

从式(4.55)，

$$u_1 = \left(\frac{GM}{L}\right)^2 (1 + e\cos\varphi)$$

从式(4.56)，

$$u_2 = 3\left(\frac{GM}{L}\right)^2 e\varphi\sin\varphi$$

推出

$$\begin{aligned} u &= \left(\frac{GM}{L}\right)^2 \left[1 + e\cos\varphi + 3\left(\frac{GM}{L}\right)^2 e\varphi\cos\varphi\right] \\ &\approx \left(\frac{GM}{L}\right)^2 \left\{1 + e\cos\left[1 - 3\left(\frac{GM}{L}\right)^2\right]\varphi\right\} \end{aligned} \tag{4.57}$$

这里最后的等式需忽略$\left(\frac{GM}{L}\right)^6$以上的小量。

爱因斯坦的水星轨道式(4.57)与牛顿的轨道式(4.52)的差别在于轨道近日点、远日点产生的进动，近日点的标志为

$$\left[1 - 3\left(\frac{GM}{L}\right)^2\right]\varphi = 2n\pi \qquad (n = 0,1,2,\cdots) \tag{4.58}$$

或

$$\varphi = \frac{2n\pi}{1 - 3\left(\frac{GM}{L}\right)^2} \approx 2n\pi\left[1 + 3\left(\frac{GM}{L}\right)^2\right] \tag{4.59}$$

两个相邻的近日点方位角差是

$$\Delta\varphi = 6\pi\left(\frac{GM}{L}\right)^2 \tag{4.60}$$

利用水星观测资料知 $\Delta\varphi = 0.1''$，故一百年积累的近日点偏转角为 $43''$。

今取 λ 为仿射参数，定义光子的四维动量

$$p^\mu = \frac{\mathrm{d}x^\mu}{\mathrm{d}\lambda} \tag{4.61}$$

当光子在史瓦西引力场中沿短程线运动时 p_0、p_3 守恒，记

$$r^2\frac{\mathrm{d}\varphi}{\mathrm{d}\lambda}=L \tag{4.62}$$

$$\left(1-\frac{2GM}{r}\right)\frac{\mathrm{d}r}{\mathrm{d}\lambda}=E \tag{4.63}$$

式中 L、E 为常数。依 $g_{\mu\nu}p^\mu p^\nu=0$ 给出第三个初积分，得到

$$\left(\frac{\mathrm{d}r}{\mathrm{d}\lambda}\right)^2=E^2-\frac{L^2}{r^2}\left(1-\frac{2GM}{r}\right) \tag{4.64}$$

式(4.64)、式(4.62)为光子的动力学方程。消去 λ 导出光子的轨道

$$\left(\frac{1}{r^2}\frac{\mathrm{d}r}{\mathrm{d}\varphi}\right)^2=\left(\frac{E}{L}\right)^2-\frac{1}{r^2}\left(1-\frac{2GM}{r}\right) \tag{4.65}$$

式(4.65)取决于参数$\dfrac{E}{L}$；置

$$b=\frac{L}{E}$$

称 b 为碰撞参数；在远处 E 为动量，L 为角动量。定义光子的等效势 $B^2(r)$，

$$B^2(r)=\frac{r^2}{1-\dfrac{2GM}{r}} \tag{4.66}$$

从而式(4.65)变为

$$\left(\frac{1}{r^2}\frac{\mathrm{d}r}{\mathrm{d}\varphi}\right)^2=\frac{1}{b^2}-\frac{1}{B^2(r)} \tag{4.67}$$

函数 $B(r)$ 如图 4.1 所示。根据 $B(r)$ 的特点，光子的可能运动必须满足

$$b^2\leqslant B^2(r)$$

当光子以 $b>3\sqrt{3}GM$ 入射时它将被散射回无穷远处，当光子以 $b<3\sqrt{3}GM$ 入射时它将回旋落入力心。

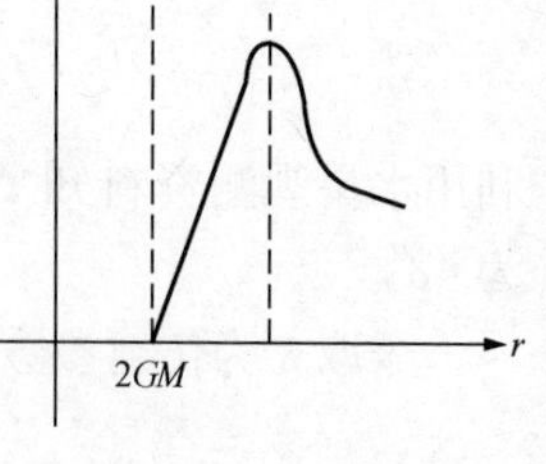

图 4.1

欲使光子被引力场强烈偏转，引

力源的几何半径必是 $3GM$ 的量级;除中子星外已知的恒星半径不符合条件。

利用无量纲变量 $u=\frac{GM}{r}$ 使光子轨迹方程变为

$$\frac{\mathrm{d}^2 u}{\mathrm{d}\varphi^2}+u=3u^2 \tag{4.68}$$

因为太阳半径远大于 GM,u 永远为小量,所以用逐次逼近法。先舍 u^2,得到零级近似,

$$u=u_0\cos\varphi \tag{4.69}$$

它是一条垂直极轴的直线,然后把零级近似代入式(4.68),计算二级小项引发的光线偏折,即

$$\frac{\mathrm{d}^2 u}{\mathrm{d}\varphi^2}+u=3u_0^2\cos^2\varphi \tag{4.70}$$

方程特解

$$u=u_0^2(1+\sin^2\varphi) \tag{4.71}$$

据此知偏折光线的一级近似解

$$u=u_0\cos\varphi+u_0^2(1+\sin^2\varphi) \tag{4.72}$$

零级解式(4.69)在远处($u=0$)的方位角为$\pm\frac{\pi}{2}$,一级解式(4.72)在远处的方位角$\pm\left(\frac{\pi}{2}+\alpha\right)$($\alpha$ 为小量),满足

$$\alpha=2u_0=\frac{2GM}{R}$$

这里 R 为太阳半径,于是最终光线的偏折角为

$$\Delta\theta=2\alpha=\frac{4GM}{R} \tag{4.73}$$

根据太阳的观测资料推出 $\Delta\theta=1.75''$。

4.4 守恒定律

在狭义相对论中,对 $T_{\mu,\nu}^{\nu}=0$ 空间坐标积分,得到能量和动量守恒定律。而

$$\frac{\partial}{\partial x^0}\int_\omega T_0^0 \mathrm{d}\omega = -\int_\omega \left(\frac{\partial T_0^1}{\partial x^1}+\frac{\partial T_0^2}{\partial x^2}+\frac{\partial T_0^3}{\partial x^3}\right)\mathrm{d}\omega = -\int_s T_0^i \mathrm{d}S_i \tag{4.74}$$

式中 $\mathrm{d}\omega=\mathrm{d}x^1\mathrm{d}x^2\mathrm{d}x^3$；上式最右边的体积分已变为面积分，其中 $\mathrm{d}S_i$ 为边界上的面元矢量。此结果将某给定体积内的能量变化同进入该体积的能量 - 动量流联系起来。

若采用非洛仑兹度规，则情况有所不同。这时 $T_{\mu;\nu}^{\nu}=0$，因对称性，$T_{\mu\nu}$ 可表示成

$$T_{\mu;\nu}^{\nu} = (-g)^{-\frac{1}{2}}(T_\mu^\nu \sqrt{-g})_{,\nu} - \frac{1}{2}g_{\alpha\beta,\mu}T^{\alpha\beta} \tag{4.75}$$

当度规依赖于时间时对 $\mu=0$，式(4.75)的第二项表示在每一个体积元之内引力场同其他场之间取决于时间的能量、动量的交换。为积分式(4.74)，寻找 t_ν^μ，满足

$$(-g)^{-\frac{1}{2}}(t_\mu^\nu \sqrt{-g})_{,\nu} = -\frac{1}{2}g_{\alpha\beta,\mu}T^{\alpha\beta} \tag{4.76}$$

式(4.75)变为

$$[(T_\mu^\nu + t_\mu^\nu)\sqrt{-g}]_{,\nu} = 0 \tag{4.77}$$

在一般情况下对式(4.77)积分可得到包括引力场在内的守恒定律。式(4.76)不能唯一确定 t_μ^ν。从式(4.76)知 t_μ^ν 非张量。若使用某种变换群，t_μ^ν 类似于张量，则称之为能量—动量伪张量。引力作用量

$$I_G = \frac{c^3}{16\pi G}\int_\Omega R\sqrt{-g}\,\mathrm{d}\Omega \tag{4.78}$$

包括 $g^{\mu\nu}$ 对空间、时间的二阶导数，包括二阶导数的部分可以写成面积分形式。事实上，

$$\begin{aligned}
R\sqrt{-g} &= g^{\mu\nu}R_{\mu\nu}\sqrt{-g} \\
&= (g^{\mu\nu}\Gamma_{\mu\nu,\alpha}^{\alpha} - g^{\mu\nu}\Gamma_{\mu\alpha,\nu}^{\alpha} + g^{\mu\nu}\Gamma_{\mu\nu}^{\alpha}\Gamma_{\alpha\beta}^{\beta} - g^{\mu\nu}\Gamma_{\mu\beta}^{\alpha}\Gamma_{\nu\alpha}^{\beta})\sqrt{-g} \\
&\quad (g^{\mu\nu}\Gamma_{\mu\nu,\alpha}^{\alpha} - g^{\mu\nu}\Gamma_{\mu\alpha,\nu}^{\alpha})\sqrt{-g} \\
&= (g^{\mu\nu}\Gamma_{\mu\nu}^{\alpha}\sqrt{-g})_{,\alpha} - (g^{\mu\nu}\Gamma_{\mu\alpha}^{\alpha}\sqrt{-g})_{,\nu}
\end{aligned} \tag{4.79}$$

$$-\Gamma^{\alpha}_{\mu\nu}(g^{\mu\nu}\sqrt{-g})_{,\nu}+\Gamma^{\alpha}_{\mu\alpha}(g^{\mu\nu}\sqrt{-g})_{,\nu} \tag{4.80}$$

注意到

$$\frac{\partial g}{\partial x^{u}}=gg^{lk}g_{ek,\alpha}\quad \Gamma^{\beta}_{\mu\beta}=\frac{1}{2}g^{lk}g_{kl;\mu}$$

$$g^{\mu\nu}_{;\alpha}=0\quad g^{\mu\nu}_{,\alpha}=-\Gamma^{\mu}_{\gamma\alpha}g^{\gamma\nu}-\Gamma^{\nu}_{\gamma\alpha}g^{\mu\gamma}$$

式(4.80)后两项写为

$$\begin{aligned}&-\Gamma^{\alpha}_{\mu\nu}(g^{\mu\nu}\sqrt{-g})_{,\alpha}+\Gamma^{\alpha}_{\mu\alpha}(g^{\mu\nu}\sqrt{-g})_{,\nu}\\&=2g(\Gamma^{\alpha}_{\mu\beta}\Gamma^{\beta}_{\nu\alpha}-\Gamma^{\alpha}_{\mu\nu}\Gamma^{\beta}_{\alpha\beta})\sqrt{-g}\end{aligned} \tag{4.81}$$

利用式(4.81)、式(4.80)、式(4.79),式(4.78)表示为

$$\begin{aligned}\int_{\Omega}R\sqrt{-g}\mathrm{d}\Omega=&\int_{\Omega}g^{\mu\nu}(\Gamma^{\alpha}_{\mu\beta}\Gamma^{\beta}_{\nu\alpha}-\Gamma^{\alpha}_{\mu\nu}\Gamma^{\beta}_{\alpha\beta})\sqrt{-g}\mathrm{d}\Omega\\&+\int_{\Omega}[\sqrt{-g}(g^{\alpha\beta}\Gamma^{\sigma}_{\nu\beta}-g^{\alpha\sigma}\Gamma^{\beta}_{\alpha\beta})]_{,\sigma}\mathrm{d}\Omega\end{aligned} \tag{4.82}$$

式(4.82)右边的第一个积分仅为 $g^{\mu\nu}$ 及其一阶导数的函数,第二个积分可用高斯定理变为面积分。由于作用量变分在边界上化为零,因此只需式(4.82)右边的第一个积分。今定义 $\mathscr{L}_G$ 为

$$\mathscr{L}_G=\frac{c^4}{16\pi G}g^{\mu\nu}(\Gamma^{\alpha}_{\mu\beta}\Gamma^{\beta}_{\nu\alpha}-\Gamma^{\alpha}_{\mu\nu}\Gamma^{\beta}_{\alpha\beta}) \tag{4.83}$$

而总拉格朗日密度为

$$\mathscr{L}=\mathscr{L}_G+L_F \tag{4.84}$$

L_F 为非引力场的拉格朗日密度。因为式(4.83)仅包括引力拉格朗日量中无二阶导数的部分,L_F 也只含有场变量及其一阶导数,所以作用量

$$I=\frac{1}{c}\int_{\Omega}\mathscr{L}\sqrt{-g}\mathrm{d}\Omega \tag{4.85}$$

依此产生场方程为

$$\frac{\partial}{\partial x^{\alpha}}\frac{\partial}{\partial g^{\mu\nu}_{,\alpha}}(\mathscr{L}\sqrt{-g})-\frac{\partial}{\partial g^{\mu\nu}}(\mathscr{L}\sqrt{-g})=0 \tag{4.86}$$

使用式(4.84)及爱因斯坦引力场方程,有

$$\frac{16\pi G}{c^4}\left[\frac{\partial}{\partial g^{\mu\nu}}(\mathscr{L}_G\sqrt{-g})-\frac{\partial}{\partial x^{\alpha}}\frac{\partial}{\partial g^{\mu\nu}_{,\alpha}}(\mathscr{L}_G\sqrt{-g})\right]$$

$$= \left(R_{\mu\nu} - \frac{1}{2} g_{\mu\nu} R\right) \sqrt{-g} = -\frac{8\pi G}{c^4} T_{\mu\nu} \sqrt{-g} \quad (4.87)$$

根据

$$T^{\gamma}_{\beta} = \delta^{\gamma}_{\beta} L - q^{\alpha}_{,\beta} \frac{\partial L}{\partial q^{\alpha}_{,\gamma}} \quad (4.88)$$

这里 q^{α} 为场变量;定义总正则能量 - 动量伪张量为

$$\tau^{\nu}_{\mu} \sqrt{-g} = \delta^{\nu}_{\mu} \mathscr{L} \sqrt{-g} - g^{\sigma\beta}_{,\mu} \frac{\partial}{\partial g^{\sigma\beta}_{,\nu}} (\mathscr{L} \sqrt{-g}) \quad (4.89)$$

其中引力部分为

$$t^{\nu}_{\mu} \sqrt{-g} = \delta^{\nu}_{\mu} \mathscr{L}_G \sqrt{-g} - g^{\sigma\beta}_{,\mu} \frac{\partial}{\partial g^{\sigma\beta}_{,\nu}} (\mathscr{L}_G \sqrt{-g}) \quad (4.90)$$

且

$$(\tau^{\nu}_{\mu} \sqrt{-g})_{,\nu} = (t^{\nu}_{\mu} \sqrt{-g} + T^{\nu}_{\mu} \sqrt{-g})_{,\nu} = 0 \quad (4.91)$$

式(4.87)、式(4.86)将爱因斯坦的引力场方程表示成拉格朗日方程的形式。

作无穷小变换

$$x'^{\mu} = x^{\mu} + \delta x^{\mu} \quad (4.92)$$

依 $g^{\mu\nu}$ 的变化特点,式(4.92)有相应的变化

$$\delta g^{\kappa\mu} = g^{\kappa\alpha} \frac{\partial}{\partial x^{\alpha}} (\delta x^{\mu}) + g^{\mu\alpha} \frac{\partial}{\partial x^{\alpha}} (\delta x^{\kappa})$$

$$= g'^{\kappa\mu}(x') - g^{\kappa\mu}(x) \quad (4.93)$$

$$\delta g^{\kappa\mu}_{,\beta} = \frac{\partial}{\partial x'^{\beta}} g'^{\kappa\mu}(x') - \frac{\partial}{\partial x^{\beta}} g^{\kappa\mu}(x)$$

$$= \frac{\partial}{\partial x^{\beta}} (\delta g^{\kappa\mu}) - g^{\kappa\beta}_{,\gamma} \frac{\partial}{\partial x^{\beta}} (\delta x^{\gamma}) \quad (4.94)$$

$$\delta \mathscr{L} = \frac{\partial \mathscr{L}_G}{\partial g^{\kappa\mu}} \delta g^{\kappa\mu} + \frac{\partial \mathscr{L}_G}{\partial g^{\kappa\mu}_{,\alpha}} \delta g^{\kappa\mu}_{,\alpha} \quad (4.95)$$

上式的产生基于标量 L_F,从而 $\delta L_F = 0$。利用式(4.94),式(4.93)得

$$\delta \mathscr{L} = \left(2 \frac{\partial \mathscr{L}_G}{\partial g^{\kappa\mu}} g^{\kappa\nu} + 2 \frac{\partial \mathscr{L}_G}{\partial g^{\kappa\mu}_{,\alpha}} g^{\kappa\nu}_{,\alpha} - \frac{\partial \mathscr{L}_G}{\partial g^{\kappa\beta}_{,\nu}} g^{\kappa\beta}_{,\mu}\right) (\delta x^{\mu})_{,\nu}$$

$$+2\frac{\partial \mathscr{L}_G}{\partial g^{\kappa\mu}_{,\alpha}}g^{\kappa\nu}(\delta x^{\mu})_{,\nu\alpha} \tag{4.96}$$

于是

$$\frac{\partial \mathscr{L}_G}{\partial g^{\kappa\mu}}=\frac{\partial}{\partial g^{\kappa\mu}}\left[(\mathscr{L}_G\sqrt{-g})(-g)^{-\frac{1}{2}}\right]$$

$$=\frac{1}{\sqrt{-g}}\frac{\partial}{\partial g^{\kappa\mu}}(\mathscr{L}_G\sqrt{-g})+\frac{1}{2}g_{\kappa\mu}\mathscr{L}_G \tag{4.97}$$

又知 $\mathrm{d}g=-gg_{\mu\nu}\,\mathrm{d}x^{\mu\nu}$，且 $\sqrt{-g}$ 不包括 $g^{\kappa\mu}_{,\beta}$，式(4.97)用于式(4.96)有

$$(\delta\mathscr{L})\sqrt{-g}=\left[2g^{\kappa\nu}\frac{\partial}{\partial g^{\kappa\beta}}(\mathscr{L}_G\sqrt{-g})+(\mathscr{L}_G\sqrt{-g})\delta^{\nu}_{\mu}\right.$$

$$\left.+2g^{\kappa\nu}_{,\beta}\frac{\partial}{\partial g^{\kappa\mu}_{,\beta}}(\mathscr{L}_G\sqrt{-g})-g^{\kappa\beta}_{,\mu}\frac{\partial}{\partial g^{\kappa\beta}_{,\nu}}(\mathscr{L}_G\sqrt{-g})\right]\cdot$$

$$(\delta x^{\mu})_{,\nu}+2g^{\kappa\nu}(\delta x^{\mu})_{,\nu\alpha}\frac{\partial}{\partial g^{\kappa\mu}_{,\alpha}}(\mathscr{L}_G\sqrt{-g}) \tag{4.98}$$

$\mathscr{L}$ 在线性坐标变换下不变；对此变换，式(4.98)右端的最后一项和 $\delta\mathscr{L}$ 均为零，故其余项也为零，即

$$2g^{\kappa\nu}\frac{\partial}{\partial g^{\kappa\mu}}(\mathscr{L}_G\sqrt{-g})+(\mathscr{L}_G\sqrt{-g})\delta^{\gamma}_{\mu}$$

$$+2g^{\kappa\nu}_{,\beta}\frac{\partial}{\partial g^{\kappa\mu}_{,\beta}}(\mathscr{L}_G\sqrt{-g})-g^{\kappa\beta}_{,\mu}\frac{\partial}{\partial g^{\kappa\beta}_{,\nu}}(\mathscr{L}_G\sqrt{-g})=0 \tag{4.99}$$

注意到式(4.99)不含 δx^{μ}，则其为恒等式。据此得出，对于一般的坐标变换，式(4.98)引致

$$(\delta\mathscr{L})\sqrt{-g}=2g^{\kappa\nu}(\delta x^{\mu})_{,\nu\alpha}\frac{\partial}{\partial g^{\kappa\nu}_{,\alpha}}(\mathscr{L}_G\sqrt{-g}) \tag{4.100}$$

对于任意的坐标变换，若其不改变 $g^{\mu\nu}$ 及其一阶导数在积分域的边界上的值，则面积分项为零；结果

$$\delta\int_{\Omega}\left[\left(\frac{c^3}{16\pi G}\right)R+L_F\right]\sqrt{-g}\mathrm{d}\Omega=\delta\int_{\Omega}\mathscr{L}\sqrt{-g}\mathrm{d}\Omega \tag{4.101}$$

式(4.101)左端由于积分为标量而化为零，于是在右端有

$$\delta\int_{\Omega}\mathscr{L}\sqrt{-g}\mathrm{d}\Omega=\int_{\Omega}\delta\mathscr{L}\sqrt{-g}\mathrm{d}\Omega+\int_{\Omega}\mathscr{L}\delta(\sqrt{-g}\mathrm{d}\Omega)=0$$

(4.102)

式(4.102)右端第二个积分因$\sqrt{-g}\,\mathrm{d}\Omega$为标量而等于零,导致第一个积分也等于零,式(4.100)代入第一个积分,

$$\int_{\Omega} g^{\kappa\nu}(\delta x^{\mu})_{,\nu\alpha}\frac{\partial}{\partial g^{\kappa\mu}_{,\alpha}}(\mathscr{L}_G\sqrt{-g})\mathrm{d}\Omega=0 \tag{4.103}$$

将式(4.103)写成

$$\int_{\Omega}\left\{\left[(\delta x^{\mu})_{,\alpha}g^{\kappa\nu}\frac{\partial}{\partial g^{\kappa\mu}_{,\alpha}}(\mathscr{L}_G\sqrt{-g})\right]_{,\nu}\right.$$

$$\left.-(\delta x^{\mu})_{,\alpha}\left[g^{\kappa\nu}\frac{\partial}{\partial g^{\kappa\mu}_{,\alpha}}(\mathscr{L}_G\sqrt{-g})\right]_{,\nu}\right\}\mathrm{d}\Omega=0 \tag{4.104}$$

式(4.104)的第一项可变为面积分,如果δx^{μ}及其导数在边界上充分快速地趋近于零,那么该面积分也为零。式(4.104)中其余的积分可划分为两部分:一部分可转变为等于零的面积分,另一部分对任意δx^{μ}给出

$$\left[g^{\kappa\nu}\frac{\partial}{\partial g^{\kappa\mu}_{,\alpha}}(\mathscr{L}_G\sqrt{-g})\right]_{,\nu\alpha}=0 \tag{4.105}$$

从上式得到以散度形式表达的守恒量,

$$\tau^{\nu}_{\mu}\sqrt{-g}=(T^{\nu}_{\mu}+t^{\nu}_{\mu})\sqrt{-g}=-2\left[g^{\kappa\nu}\frac{\partial}{\partial g^{\kappa\mu}_{,\alpha}}(\mathscr{L}_G\sqrt{-g})\right]_{,\alpha} \tag{4.106}$$

以$g^{\kappa\nu}$乘式(4.86)并把第一项写成两项之差,推出

$$\left[g^{\kappa\nu}\frac{\partial}{\partial g^{\kappa\mu}_{,\alpha}}(\mathscr{L}\sqrt{-g})\right]_{,\alpha}-g^{\kappa\nu}_{,\alpha}\frac{\partial}{\partial g^{\kappa\mu}_{,\alpha}}(\mathscr{L}\sqrt{-g})$$

$$-g^{\kappa\nu}\frac{\partial}{\partial g^{\kappa\mu}}(\mathscr{L}\sqrt{-g})=0 \tag{4.107}$$

式(4.107)对x^{ν}求导,并利用式(4.105)、式(4.99)可以导出式(4.90)、式(4.89)。

现考虑

$$\frac{\partial}{\partial g^{\alpha\beta}_{,\gamma}}(\mathscr{L}_G\sqrt{-g})\qquad\frac{\partial}{\partial g^{\mu\nu}}(\mathscr{L}_G\sqrt{-g})$$

的表达式。先计算

$$\frac{\partial}{\partial g^{\rho\sigma}_{,\gamma}}(g^{\mu\nu}\Gamma^{\alpha}_{\mu\nu}\Gamma^{\beta}_{\alpha\beta})=g^{\mu\nu}\Gamma^{\alpha}_{\mu\nu}\frac{\partial\Gamma^{\beta}_{\alpha\beta}}{\partial g^{\rho\sigma}_{,\gamma}}+\Gamma^{\beta}_{\alpha\beta}\frac{\partial}{\partial g^{\rho\sigma}_{,\gamma}}(g^{\mu\nu}\Gamma^{\alpha}_{\mu\nu}) \tag{4.108}$$

由式

$$\frac{\partial g}{\partial x^\alpha} = g g^{\mu\nu} \frac{\partial g_{\mu\nu}}{\partial x^\alpha} = - g g_{\mu\nu} \frac{\partial g^{\mu\nu}}{\partial x^\alpha} \tag{4.109}$$

$$\Gamma^{\alpha}_{\alpha\mu} = -\frac{1}{2} g_{\mu\nu} \frac{\partial g^{\mu\nu}}{\partial x^\alpha} = \frac{1}{2g} \frac{\partial g}{\partial x^\mu} = \frac{\partial}{\partial x^\mu}(\ln \sqrt{-g}) \tag{4.110}$$

知

$$\frac{\partial \Gamma^{\beta}_{\alpha\beta}}{\partial g^{\rho\sigma}_{,\gamma}} = -\frac{1}{2} g_{\rho\sigma} \delta^{\gamma}_{\alpha} \tag{4.111}$$

而 $g^{\alpha\beta}_{;\beta} = g^{\alpha\beta}_{,\mu} + \Gamma^{\alpha}_{\beta\nu} g^{\beta\nu} + \Gamma^{\beta}_{\mu\nu} g^{\alpha\nu} = 0$，命其中 $\beta = \mu$ 并使用式(4.110)，有

$$\frac{\partial}{\partial g^{\rho\sigma}_{,\gamma}}(g^{\mu\nu}\Gamma^{\alpha}_{\mu\nu}) = -\frac{1}{2}(\delta^{\alpha}_{\rho}\delta^{\gamma}_{\sigma} + \delta^{\alpha}_{\sigma}\delta^{\gamma}_{\rho}) + \frac{1}{2} g^{\alpha\gamma} g_{\rho\sigma} \tag{4.112}$$

$$\frac{\partial}{\partial g^{\rho\sigma}_{,\gamma}}(g^{\mu\nu}\Gamma^{\alpha}_{\mu\nu}\Gamma^{\beta}_{\alpha\beta}) = -\frac{1}{2} g^{\mu\nu}\Gamma^{\gamma}_{\mu\nu} g_{\rho\sigma} + \Gamma^{\nu}_{\mu\nu}\left[-\frac{1}{2}(\delta^{\alpha}_{\rho}\delta^{\gamma}_{\sigma} + \delta^{\alpha}_{\sigma}\delta^{\gamma}_{\rho}) + \frac{1}{2} g^{\mu\gamma} g_{\rho\sigma}\right] \tag{4.113}$$

同样，

$$\frac{\partial}{\partial g^{\rho\sigma}_{,\gamma}}(g^{\mu\nu}\Gamma^{\beta}_{\mu\alpha}\Gamma^{\alpha}_{\nu\beta}\sqrt{-g}) = -\Gamma^{\gamma}_{\rho\sigma}\sqrt{-g} \tag{4.114}$$

由式(4.114)，式(4.113)及 $\mathscr{L}_G$ 定义导出

$$\frac{\partial}{\partial g^{\rho\sigma}_{,\gamma}}(\mathscr{L}_G\sqrt{-g}) = \left[-\Gamma^{\gamma}_{\rho\sigma} + \frac{1}{2}(g^{\mu\nu}\Gamma^{\gamma}_{\mu\nu} - g^{\alpha\gamma}\Gamma^{\beta}_{\alpha\beta}) g_{\rho\sigma} + \frac{1}{2}(\delta^{\gamma}_{\rho}\Gamma^{\alpha}_{\sigma\alpha} + \delta^{\gamma}_{\sigma}\Gamma^{\alpha}_{\rho\alpha})\right]\left(\frac{c^4}{16\pi G}\sqrt{-g}\right) \tag{4.115}$$

利用式(4.87)，得

$$\frac{\partial}{\partial g^{\rho\sigma}}(\mathscr{L}_G\sqrt{-g}) = \left(R_{\rho\sigma} - \frac{1}{2} g_{\rho\sigma} R\right)\left(\frac{c^4}{16\pi G}\sqrt{-g}\right) + \left[\frac{\partial}{\partial g^{\rho\sigma}_{,\gamma}}(\mathscr{L}_G\sqrt{-g})\right]_{,\gamma} \tag{4.116}$$

故

$$\left(\frac{16\pi G}{c^4}\right)\frac{\partial}{\partial g^{\rho\sigma}}(\mathscr{L}_G\sqrt{-g}) = \left[-\Gamma^{\alpha}_{\rho\beta}\Gamma^{\beta}_{\sigma\alpha}\right.$$

$$+\frac{1}{2}(g^{\mu\nu}\Gamma^{\alpha}_{\mu\nu}-g^{\mu\alpha}\Gamma^{\beta}_{\rho\beta})(g_{\sigma\iota}\Gamma^{\iota}_{\rho\alpha}+g_{\rho\iota}\Gamma^{\iota}_{\sigma\alpha})$$

$$-\frac{8\pi G}{c^4}g_{\rho\sigma}\mathscr{L}_G+\Gamma^{\mu}_{\rho\mu}\Gamma^{\nu}_{\sigma\nu}\Big]\sqrt{-g} \tag{4.117}$$

对 τ^{ν}_{μ},仿式(4.74)表出

$$\frac{\partial}{\partial x^0}\int_{\omega}\tau^0_{\mu}\sqrt{-g}\,\mathrm{d}\omega=-\int_{S}\tau^j_{\mu}\sqrt{-g}\,\mathrm{d}S_j \tag{4.118}$$

在孤立系统中,当 $g_{\mu\nu}$ 充分快速地趋近于洛仑兹度规,且 T^{ν}_{μ} 只在有限区域中异于零时,式(4.118)右边的面积分为零;而面积分

$$P_{\mu}=\frac{1}{c}\int_{\omega}\tau^0_{\mu}\sqrt{-g}\,\mathrm{d}\omega \tag{4.119}$$

与时间无关(τ 处处正则)。从式(4.89)得出,如果各系统的

$$g^{\sigma}\frac{\partial}{\partial g^{\iota\mu}_{,\alpha}}(\mathscr{L}_G\sqrt{-g}) \tag{4.120}$$

在封闭曲面上具有相同的值,那么这些系统具有相同的 P_{μ};在洛仑兹变换下 τ^0_{μ} 的变换类似于四维张量,P_{μ} 的变换类似于狭义相对论的四维能量-动量矢量。

4.5 冷星

当恒星中心的核能耗尽之后,它将变成一颗冷星;本节讨论冷星问题。

决定恒星基本特征的两种作用:一种是自身的引力,其使星体收缩,另一种是压力,其抵抗引力的压缩。当压力与引力平衡时就形成平衡的星体。当然只有稳定的平衡才可能存在,不稳定的平衡将因小扰动而瓦解。

考虑一个球形星体,在半径 r 处的压力为 $P(r)$,这样从 r 到 $r+\Delta r$ 的球壳,由于压力差而受到的向外的单位面积上的力为

$$P(r)-P(r+\Delta r)=-\frac{\mathrm{d}P(r)}{\mathrm{d}r}\Delta r$$

而引力导致的向内的力为

$$\frac{GM(r)}{r^2}\rho(r)\Delta r$$

式中 $\rho(r)$ 为 r 处的物质密度、$M(r)$ 为在半径 r 内的物质质量，即

$$M(r)=\int_0^r 4\pi r^2\rho\mathrm{d}r \tag{4.121}$$

因此当引力、压力平衡时

$$\frac{\mathrm{d}P(r)}{\mathrm{d}r}=-\frac{GM(r)}{r^2}\rho(r) \tag{4.122}$$

式(4.122)为牛顿力学中球形星体的基本方程。广义相对论中球形星体的基本方程为

$$\frac{\mathrm{d}P}{\mathrm{d}r}=-\frac{\left[GM(r)+\frac{4\pi GPr^3}{c^2}\right]\left(\rho+\frac{P}{c^2}\right)}{r^2\left[1-\frac{2GM(r)}{rc^2}\right]} \tag{4.123}$$

比较式(4.123)、式(4.122)，作变换

$$\left.\begin{aligned}GM(r)&\rightarrow GM(r)+\frac{4\pi GPr^3}{c^2}\\ \rho&\rightarrow\rho+\frac{P}{c^2}\\ r^2&\rightarrow r^2\left[1-\frac{2GM(r)}{rc^2}\right]\end{aligned}\right\}$$

此代换可作为一种判据以判别牛顿引力和爱因斯坦引力的影响。当 $c\rightarrow\infty$ 时式(4.123)回到式(4.122)。

在牛顿理论中定义

$$M=\int_0^R 4\pi r^2\rho(r)\mathrm{d}r$$

$$N=\int_0^R 4\pi r^2 n(r)\mathrm{d}r$$

这里 R 为星球半径、M 和 N 分别为星体的总质量级总粒子数、$n(r)$ 为粒子的数密度。

在爱因斯坦理论中定义

$$M=4\pi\int_0^R \rho r^2\mathrm{d}r \tag{4.124}$$

$$N=4\pi\int_0^R\left[1-\frac{2GM(r)}{rc^2}\right]^{-\frac{1}{2}}nr^2\mathrm{d}r \tag{4.125}$$

今作均匀近似，认为在整个星体内部 ρ、n 为常数，于是依式(4.125)、式(4.124)、式(4.121)得到

$$M = \frac{4}{3}\pi R^3 \rho \tag{4.126}$$

$$N = 4\pi n \int_0^R \left(1 - \frac{8\pi}{3}\frac{G\rho}{c^2} r^2\right)^{-\frac{1}{2}} r^2 \mathrm{d}r$$

$$= 2\pi n R^3 \left(\frac{x - \sin x \cos x}{\sin^2 x}\right) \tag{4.127}$$

式中 $\sin x = \left(\frac{2GM}{Rc^2}\right)^{\frac{1}{2}}$。物态方程为

$$\rho = \rho(n) \tag{4.128}$$

通过热力学关系导出压力、密度关系，

$$\frac{P}{c^2} = n\frac{\mathrm{d}\rho}{\mathrm{d}n} - \rho \tag{4.129}$$

利用式(4.128)、式(4.127)、式(4.126)，有

$$M = M(N, n)$$

星体的平衡条件为 M 对 n 的极值，

$$\left(\frac{\mathrm{d}M}{\mathrm{d}n}\right)_N = 0$$

稳定性的判据为

$$\frac{\mathrm{d}^2 M}{\mathrm{d}n^2} > 0$$

也就是 M 对 n 的极小值可能稳定。

对弱引力场天体，即当 $\frac{GM}{c^2R} \ll 1$ 时将式(4.127)、式(4.126)在 $\frac{GM}{c^2R}$ 处展开，

$$\begin{cases} M = N\dfrac{\rho}{n}\left[1 - \dfrac{3}{5}\left(\dfrac{GM}{c^2R}\right) - \dfrac{99}{350}\left(\dfrac{GM}{c^2R}\right)^2 + \cdots\right] & (4.130) \\ R = \left(\dfrac{3N}{4\pi n}\right)^{\frac{1}{3}}\left[1 - \dfrac{1}{5}\left(\dfrac{GM}{c^2R}\right) - \dfrac{47}{380}\left(\dfrac{GM}{c^2R}\right)^2 + \cdots\right] & (4.131) \end{cases}$$

其零级解为

$$\begin{cases} M^{(0)} = N\dfrac{\rho}{n} \\ R^{(0)} = \left(\dfrac{3N}{4\pi n}\right)^{\frac{1}{3}} \end{cases}$$

这是忽略引力的解。

若在式(4.131)、式(4.130)中保留$\dfrac{GM}{c^2R}$的一次幂，推出牛顿引力中的解，

$$M^{(1)} = N\frac{\rho}{n}\left[1 - \frac{3}{5} - \frac{GM^{(0)}}{c^2R^{(0)}}\right]$$

$$= N\frac{\rho}{n} - \frac{3}{5}\left(\frac{4\pi}{3}\right)^{\frac{1}{3}}\frac{GN^{\frac{5}{3}}}{c^2}\left(\frac{\rho}{n}\right)^2 n^{\frac{1}{3}} \tag{4.132}$$

二级解为后牛顿近似。在许多情况下物态方程有标准形式

$$\rho = nm + Kn^{\gamma} \tag{4.133}$$

其中 m 为粒子质量、K 及 γ 为常数。nm 表示静质量对质量密度 ρ 的贡献，Kn^{γ} 表示动能或相互作用能对 ρ 的贡献。一般而言 $nm \gg Kn^{\gamma}$，而物态本身为非相对论性的；所以式(4.133)为多方物态方程，依式(4.129)，有

$$\frac{P}{c^2} = K_0\rho^{\gamma} \quad \left(K_0 = \frac{K\gamma}{m^{\gamma}}\right)$$

γ 为多方指数；上式为标准型的多方物态方程。

式(4.133)代入式(4.132)，

$$M^{(1)} = Nm + NKn^{\gamma-1} - \frac{3}{5}\left(\frac{4\pi}{3}\right)^{\frac{1}{3}}\frac{GN^{\frac{5}{3}}}{c^2}m^2 n^{\frac{1}{3}}$$

推证上式中使用了式(4.133)的第二项小于第一项条件。以此 $M^{(1)}$ 代入星体平衡、稳定条件，即可断言：当 $\gamma > \dfrac{4}{3}$ 时存在稳定的平衡解；当 $\gamma < \dfrac{4}{3}$ 时无稳定的平衡解；当 $\gamma = \dfrac{4}{3}$ 时为临界状态。这时

$$M^{(1)} = Nm + NKn^{\frac{1}{3}} - \frac{3}{5}\left(\frac{4\pi}{3}\right)^{\frac{1}{3}}\frac{GN^{\frac{5}{3}}}{c^2}m^2 n^{\frac{1}{3}}$$

$$=Nm+\left[NK-\frac{3}{5}\left(\frac{4\pi}{3}\right)^{\frac{1}{3}}\frac{GN^{\frac{5}{3}}}{c^2}m^2\right]n^{\frac{1}{3}}$$

显然 $M^{(1)}$ 随 n 单调变化，无极值、无平衡解；但有随遇平衡，如果

$$NK=\frac{3}{5}\left(\frac{4\pi}{3}\right)^{\frac{1}{3}}\frac{GN^{\frac{5}{3}}m^2}{c^2}$$

而 $M^{(1)}\approx Nm$，那么上式变为

$$M^{(1)}=\left(\frac{5}{3}\right)^{\frac{3}{2}}\left(\frac{3}{4\pi}\right)^{\frac{1}{2}}\left(\frac{c^2}{G}\right)^{\frac{3}{2}}\frac{K^{\frac{3}{2}}}{m^2} \qquad (4.134)$$

这是 $\gamma=\frac{4}{3}$ 对应的星体质量。

白矮星是以电子简并压力为主的星球；如果用理想的简并费米气体模型描述电子系统，那么电子气的费米动量 p_F 和电子的数密度 n 的关系为

$$p_F=(3\pi^2 n)^{\frac{1}{3}}\frac{h}{2\pi} \quad (h\ \text{为普朗克常数}) \qquad (4.135)$$

电子及粒子系统的物态方程约为

$$\rho=nm_N\mu+\frac{n}{c^2}\frac{\int_0^{p_F}(p^2c^2+m_e^2c^4)^{\frac{1}{2}}p^2\mathrm{d}p}{\int_0^{p_F}p^2\mathrm{d}p} \qquad (4.136)$$

式(4.136)中的 m_N、m_e 为核子、电子质量，μ 表示每个电子对应的核子数，应用式(4.136)、式(4.135)可表示成

$$p=6.01\times10^{22}f(y)$$

$$f(y)=y(2y^2-3)(y^2+1)^{\frac{1}{2}}+3\mathrm{arsh}y$$

$$y=\frac{p_F}{m_ec}$$

由式(4.135)知当 n 不太大时 $p_F\ll m_ec$，于是

$$\rho\approx nm_N\mu+\frac{3}{10}(3\pi^2)^{\frac{2}{3}}\frac{n^{\frac{5}{3}}}{m_ec^2}\left(\frac{h}{2\pi}\right)^2$$

这是 $\gamma=\frac{5}{3}$ 对应的多方方程，它有稳定解。

在该解中当星体质量增加时 n 也加大，表明 p_F 也加大，当

$$p_F \gg m_e c$$

时物态方程为

$$\rho \approx n m_N \mu + \frac{3}{4}(3\pi^2)^{\frac{1}{2}} \frac{n^{\frac{4}{3}}}{c}\left(\frac{h}{2\pi}\right)$$

这是$\gamma=\dfrac{4}{3}$对应的多方方程。依式(4.134)知临界状态的星体质量为

$$M^{(1)} = \left(\frac{5}{4}\right)^{\frac{3}{2}}\left(\frac{3}{4\pi}\right)^{\frac{1}{2}} \frac{(3\pi^2)^{\frac{3}{4}}}{(m_N\mu)^2}\left(\frac{hc}{2\pi G}\right)^{\frac{3}{2}} = 7.1\mu^{-2}M_\odot \tag{4.137}$$

当进一步增加星体质量，n 也增高时就不会有稳定平衡解，因此式(4.137)中的 $M^{(1)}$ 即为由电子简并压力维持的星体的质量上限。式(4.137)为在均匀近似条件下取得的，而精确结果为

$$M_{\max}^{(1)} = 5.9\mu^{-2}M_\odot \quad (M_\odot \text{ 为太阳质量})$$

称之为钱德拉极限。对于白矮星，其相关参数为

$$n = \frac{1}{3\pi^2}\left(\frac{2\pi}{h}m_e c\right)^3 \approx 10^{30} \quad (\mathrm{cm}^{-3})$$

$$\rho = n m_N \mu \approx 10^6 \mu \quad (\mathrm{g/cm^3})$$

$$R = \left(\frac{3N}{4\pi n}\right)^{\frac{1}{3}} = \left(\frac{3M}{4\pi\rho}\right)^{\frac{1}{3}} \approx 10^4 \quad (\mathrm{km})$$

与地球大小相近。而中子星

$$\begin{cases} n = 10^{39} & (\mathrm{cm}^{-3}) \\ \rho = 10^{15} & (\mathrm{g/cm^3}) \\ R = 10 & (\mathrm{km}) \end{cases}$$

4.6 银河亮度的涨落

假定星球、星云均匀分布在一个无限大平面上，系统在视线方向延伸到直线距离为 L，并且

(1)在 $t=\tau$ 处长度元 $\mathrm{d}\tau$ 对 $t=0$ 时测到的密度的确定性贡献为 $\beta\mathrm{d}\tau$，这是由于星球沿 t 均匀分布出现所产生的；

(2)以平均光学厚度 τ_* 作为特征的星云，在长度为 t 的任何

区间按泊松分布

$$\frac{(\lambda t)^n \exp(-\lambda t)}{n!}$$

的形式出现,这里 λ 为 t 方向上单位长度区间中出现一个星云的几率;

(3)一个星云的透明度为 q,几率密度为 $\psi(q)$,故 $\alpha\psi(q)\mathrm{d}q$ 是 t 的单位距离中已知强度为 I 的辐射变到 $I(q)\sim I(q+\mathrm{d}q)$ 之间的几率;称一个星云具有 q 是指该星云把处于其后面的星球光辐射强度减弱了因子 q。

基于(1)、(2)、(3),确定观测到的亮度 I 的几率密度为 $g(I,L)$,于是有 Münch 关于 $g(I,L)$ 的积分方程

$$g(u,\xi)+\frac{\partial}{\partial u}g(u,\xi)+\frac{\partial}{\partial \xi}g(u,\xi)=\int_{\frac{u}{\xi}}^{1} g\left(\frac{u}{q},\xi\right)\psi(q)\,\frac{\mathrm{d}q}{q} \tag{4.138}$$

式中 u 为观测亮度,ξ 为系统沿视线的延伸。在上式中 u、ξ 以适当的天体物理的单位计量。

关于式(4.138)的推导,设几率密度 $g(u,\xi)$ 定义的随机过程是马尔可夫型的,系统的状态以 (u,ξ) 确定,并考虑由 ξ 的变化 $\mathrm{d}\xi$ 引发的 $g(u,\xi)$ 变化。今分析几率密度 $g(u,\xi+\mathrm{d}\xi)$ 的构成:

(1)系统处于状态 (u',ξ) 且在区间 $(\xi,\xi+\mathrm{d}\xi)$ 中转移到状态 $(u,\xi)(u>u')$,系统处于 u' 的几率为 $g(u',\xi)\mathrm{d}u'$,此部分大小为

$$\alpha g(u',\xi)\psi\left(\frac{u}{u'}\right)\frac{\mathrm{d}u}{u}\mathrm{d}u'\mathrm{d}\xi \tag{4.139}$$

而 $q=\frac{u}{u'}$,在式(4.139)对 u' 积分得到的总贡献为

$$\alpha \mathrm{d}u\mathrm{d}\xi\int_{u'} g(u',\xi)\psi\left(\frac{u}{u'}\right)\frac{\mathrm{d}u'}{u} \tag{4.140}$$

(2)系统处于 (u,ξ) 且在 $(\xi,\xi+\mathrm{d}\xi)$ 中强度从 u 减到 u',此部分减少的量为

$$\alpha g(u,\xi)\mathrm{d}u\mathrm{d}\xi\int_0^u \psi\left(\frac{u'}{u}\right)\frac{\mathrm{d}u'}{u}=\alpha g(u,\xi)\mathrm{d}u\mathrm{d}\xi \tag{4.141}$$

事实上，

$$\int_0^1 \psi(q)\mathrm{d}q = 1 \tag{4.142}$$

(3)系统处于$(u-\beta\mathrm{d}\xi,\xi)$且在$(\xi,\xi+\mathrm{d}\xi)$中的确定性部分$\beta\mathrm{d}\xi$使系统从$(u-\beta\mathrm{d}\xi,\xi)$转移到$(u,\xi+\mathrm{d}\xi)$。

因为上述各事件互不相容，所以

$$\begin{aligned} g(u,\xi+\mathrm{d}\xi)\mathrm{d}u =& -\alpha g(u,\xi)\mathrm{d}u\mathrm{d}\xi + g(u-\beta\mathrm{d}\xi,\xi)\mathrm{d}u \\ & + \alpha\mathrm{d}u\mathrm{d}\xi\int_{u'} g(u',\xi)\psi\left(\frac{u}{u'}\right)\frac{\mathrm{d}u'}{u} \end{aligned} \tag{4.143}$$

取极限，

$$\frac{\partial}{\partial\xi}g(u,\xi) = -\alpha g(u,\xi) - \beta\frac{\partial}{\partial u}g(u,\xi) + \alpha\int_u^\beta g(u',\xi)\psi\left(\frac{u}{u'}\right)\frac{\mathrm{d}u'}{u} \tag{4.144}$$

在式(4.144)中u'的积分从u到$\beta\xi$，对于$u>\beta\xi$，

$$g(u,\xi) = 0$$

若在式(4.144)中置$\alpha=\beta=1$，则有 Münch 积分方程式(4.138)。因为对$\beta=1$有

$$\int_u^\xi g(u',\xi)\psi\left(\frac{u}{u'}\right)\frac{\mathrm{d}u'}{u} = \int_{\frac{u}{\xi}}^1 g\left(\frac{u}{q},\xi\right)\psi(q)\frac{\mathrm{d}q}{q}$$

关于式(4.138)的解，采用梅林变换。问题的物理条件要求

$$u \geqslant 0 \tag{4.145}$$

$$\int_u g(u,\xi)\mathrm{d}u = 1 \quad (\text{对所有 } \xi) \tag{4.146}$$

$$g(u,0) = \delta(u) \quad (0 \leqslant q \leqslant 1) \tag{4.147}$$

对复s，记

$$p(s,\xi) = \int_0^\infty g(u,\xi)u^s\mathrm{d}u$$

$$\varphi(s) = \int_0^\infty \psi(q)q^s\mathrm{d}q = \int_0^1 \psi(q)q^s\mathrm{d}q$$

分别表示$g(u,\xi)$和$\psi(q)$的梅林变换。对式(4.138)作上述梅林变换，得到差分微分方程

$$\frac{\partial}{\partial \xi} p(s,\xi) = -p(s,\xi) + \varphi(s) p(s,\xi) + s p(s-1,\xi) \quad (4.148)$$

式(4.148)的初始条件

$$p(s,0) = \begin{cases} 0 & (s \neq 0) \\ 1 & (s = 0) \end{cases} \quad (4.149)$$

这是由于 $g(u,0)=\delta(u)$，并对一切 ξ 有 $p(0,\xi)=1$。

定义

$$\psi(q') = \delta(q' - q) \quad (4.150)$$

式(4.150)为星云有相同透明度假定的数学表示。从 $\varphi(s)$ 的定义知式(4.150)等价于 $\varphi(s)=q^s$。

采用迭代法，当 $s=n$ 时式(4.148)的解为

$$p(n,\xi) = n! \sum_{k=0}^{n} \frac{\exp\{-[1-\varphi(k)]\xi\}}{\prod_{j=0}^{n} [\varphi(k) - \varphi(j)]} \quad (j \neq k)$$

$$= n! \sum_{k=0}^{n} \frac{\exp[-(1-q^k)\xi]}{\prod_{j=0}^{n} (q^k - q^j)} \quad (4.151)$$

式中 $n=0、1、2、\cdots$。若置

$$(-1)^n A_k^n = \frac{1}{\prod_{j=0}^{n} (q^k - q^j)} \quad (j \neq k)$$

则 $p(n,\xi)$ 可表达成

$$p(n,\xi) = \xi^n \exp(-\xi) + n! \exp(-\xi) \sum_{m=1}^{\infty} \frac{\xi^{n+m}}{(n+m)!} \sum_{k=0}^{m} (-1)^m A_k^m q^{(m+n)k} \quad (4.152)$$

以 s 代 n 可验证式(4.152)符合式(4.148)，故式(4.152)为当 $\varphi(s)=q^s$ 时解。

运用反演定理于式(4.148)，若 $g^l < u \leqslant q^{l-1}$，则

$$g(u,\xi) = \delta(u-\xi)\exp(-\xi) \sum_{m=l}^{\infty} \sum_{k=0}^{l-1} \frac{A_k^m (u - \xi q^k)^{m-1}}{(m-1)!} \quad (4.153)$$

式(4.153)为当所有星云的透明度相等时 Münch 方程的解。

命矢量$\boldsymbol{t}=(t^{(0)},t^{(2)},\cdots,t^{(n)})$表示$n$维空间中点的位置、随机变量$\rho(\boldsymbol{t})$表示$\boldsymbol{t}$处的密度，$\boldsymbol{t}$的几率分布函数为$P_{\rho}(\boldsymbol{t})$。引入随机变量

$$X(V)=\int_{V}\rho \mathrm{d}v \tag{4.154}$$

式中V为积分区域、$\mathrm{d}v=\mathrm{d}t^{(1)}\mathrm{d}t^{(2)}\cdots\mathrm{d}t^{(n)}$。从$X(V)$的定义可写$\rho\mathrm{d}v_1=\mathrm{d}X(v_1)$，而$\mathrm{d}v_1=\mathrm{d}t_1^{(1)}\mathrm{d}t_1^{(2)}\cdots\mathrm{d}t_1^{(n)}$等等。将$V$分成$k$个部分$\mathrm{d}v_1$、$\mathrm{d}v_2$、$\cdots$、$\mathrm{d}v_k$，令

$$X(V)=\sum_{i=1}^{k}\mathrm{d}X(v_i)\quad(k\to\infty) \tag{4.155}$$

记$X(V)$的n阶矩为$\mathscr{E}\{X^n(V)\}$，对$k\to\infty$，

$$\mathscr{E}\{X^n(V)\}=\mathscr{E}\{\mathrm{d}X(v_1)+\mathrm{d}X(v_2)+\cdots+\mathrm{d}X(v_n)\}^n \tag{4.156}$$

$$\mathscr{E}\{X(V)\}=\mathscr{E}\{\mathrm{d}X(v_1)\}+\mathscr{E}\{\mathrm{d}X(v_2)\}+\cdots+\mathscr{E}\{\mathrm{d}X(v_n)\} \tag{4.157}$$

也就是

$$\mathscr{E}\{X(V)\}=\int_{V}\mathscr{E}\{\rho(\boldsymbol{t}_1)\}\mathrm{d}v_1 \tag{4.158}$$

事实上，

$$\mathscr{E}\{\mathrm{d}X(v_i)\}=\int_{V}\mathscr{E}\{\rho(\boldsymbol{t}_i)\}\mathrm{d}v_i \tag{4.159}$$

假定对所有i、j，有

$$\mathscr{E}\{\mathrm{d}X(v_i)\mathrm{d}X(v_j)\}=O(\mathrm{d}v_i\mathrm{d}v_j) \tag{4.160}$$

取

$$\mathscr{E}\{\rho(\boldsymbol{t}_i)\rho(\boldsymbol{t}_j)\}\mathrm{d}v_i\mathrm{d}v_j \tag{4.161}$$

表示式(4.160)定义的数学期望。综上，$\mathscr{E}\{\rho(\boldsymbol{t}_i)\rho(\boldsymbol{t}_j)\}$表示点$\boldsymbol{t}_i$、$\boldsymbol{t}_j$之间的密度相关。如果考虑$n$个点$\boldsymbol{t}_1$、$\boldsymbol{t}_2$、$\cdots$、$\boldsymbol{t}_n$，那么

$$\mathscr{E}\{\mathrm{d}X(v_1)\cdots\mathrm{d}X(v_n)\}=\mathscr{E}\{\rho(\boldsymbol{t}_1)\cdots\rho(\boldsymbol{t}_n)\}\mathrm{d}v_1\cdots\mathrm{d}v_n \tag{4.162}$$

当$k\to\infty$时

$$\mathscr{E}\{X^n(V)\}=\int_{V^n}\mathscr{E}\{\rho(\boldsymbol{t}_1)\cdots\rho(\boldsymbol{t}_n)\}\mathrm{d}^n v \tag{4.163}$$

这里 $\mathrm{d}^n v=\mathrm{d}v_1\cdots\mathrm{d}v_n$、$\int\limits_{V^n}=\iint\limits_{VV}\cdots\int\limits_{V}$，式(4.163)表明低于 n 阶的相关不出现在 $X(V)$ 的 n 阶矩的表达式中。记

$$P_{\rho_1\rho_2}(\boldsymbol{t}_1,\boldsymbol{t}_2)\mathrm{d}\rho_2=\mathscr{F}\{\rho(\boldsymbol{t}_2)=\rho_2\mid\rho(\boldsymbol{t}_1)=\rho_1\}$$

即 $P_{\rho_1\rho_2}(\boldsymbol{t}_1,\boldsymbol{t}_2)$ 为在已知 $\rho(\boldsymbol{t}_1)=\rho_2$ 的条件下 $\rho(\boldsymbol{t}_2)=\rho_2$ 的条件几率。如果 $\boldsymbol{t}$ 为连续参数，那么 $P_{\rho_1\rho_2}(\boldsymbol{t}_1,\boldsymbol{t}_2)$ 仅在 $\boldsymbol{t}$ 是一维的。相应的随机过程关于于 t 是齐次的并在具有马尔可夫性质的情况下才能确定。若过程是齐次的，则对 $t_2>t_1$，有 $P_{\rho_1\rho_2}(t_1,t_2)=P_{\rho_1\rho_2}(t_2-t_1)$。又若存在函数 $Q_{\rho_1\rho_2}$ 使

$$\lim_{t_2\to t_1}P_{\rho_1\rho_2}(t_2-t_1)=(t_2-t_1)Q_{\rho_1\rho_2}\qquad(\rho_1\neq\rho_2)$$

则条件几率 $P_{\rho_1\rho_2}(t_2-t_1)$ 可用 $Q_{\rho_1\rho_2}$ 表达。注意 $\boldsymbol{t}$ 是一维的假定。可以证明在适当的条件下

$$\lim_{t_2\to t_1}P_{\rho_1\rho_2}(t_2-t_1)=Q_{\rho_1\rho_2}T+\delta(\rho_2-\rho_1)\phi(T)$$

式中 $T=t_2-t_1$，同时

$$\phi(T)=1-T\int\limits_{\rho_2}Q_{\rho_1\rho_2}\mathrm{d}\rho_2$$

当上式存在极限时 $P_{\rho_1\rho_2}(T)$ 满足前向方程

$$\frac{\partial}{\partial t_2}P_{\rho_1\rho_2}(T)=-P_{\rho_1\rho_2}(T)\int\limits_{\rho'}Q_{\rho_2\rho'}\mathrm{d}\rho'+\int\limits_{\rho'}P_{\rho\rho'}(T)Q_{\rho'\rho_2}\mathrm{d}\rho'\tag{4.164}$$

为了计算相关函数，必须考虑在已知 $\rho(t_0)=\rho_0$ 的条件下 $\rho(t_n)=\rho_n$、$\rho(t_{n-1})=\rho_{n-1}$、…、$\rho(t_1)=\rho_1$ 的联合几率。如果随机过程关于时间 t 是齐次马尔可夫型，那么

$$P_{\rho_0\rho_1\cdots\rho_n}(t_0,t_1,\cdots,t_n)=P_{\rho_0\rho_1}(t_1-t_0)P_{\rho_1\rho_2}(t_2-t_1)\cdots P_{\rho_{n-1}\rho_n}(t_n-t_{n-1})$$

根据上述，

$$\mathscr{E}\{\rho(t_1)\cdots\rho(t_n)\}=\iint\limits_{\rho_n\rho_{n-1}}\cdots\int\limits_{\rho_1}\rho_1\rho_2\cdots\rho_nP_{\rho_0\rho_1}(t_1-t_0)\cdot P_{\rho_1\rho_2}(t_2-t_1)\cdots P_{\rho_{n-1}\rho_n}(t_n-t_{n-1})\mathrm{d}\rho_1\cdots\mathrm{d}\rho_n\tag{4.165}$$

另外，如果当 $t_1-t_0\to\infty$ 时存在一个平稳分布，即

$$\lim_{t_1-t_0\to\infty} P_{\rho_0\rho_1}(t_1-t_0)=\psi(\rho_1)$$

那么得到

$$\mathscr{E}\{\rho(t_1)\cdots\rho(t_n)\}=\int_{\rho_n}\cdots\int_{\rho_1}\rho_1\cdots\rho_n\psi(\rho_1)\cdot$$

$$P_{\rho_1\rho_2}(t_2-t_1)\cdots P_{\rho_{n-1}\rho_n}(t_n-t_{n-1})\mathrm{d}\rho_1\cdots\mathrm{d}\rho_n \tag{4.166}$$

这是 n 次相关函数的形式表达式，用相应的随机过程的条件几率 $P_{\rho_i\rho_{i-1}}(t_i-t_{i-1})(i=2,3,\cdots,n)$ 表出，其中 n 为正整数。

为了得到马尔可夫型密度场的 n 次相关函数的显式，假设

$$\lim_{T\to 0}P_{\rho\rho'}(T)=TQ_{\rho\rho'}$$

这里 $T=|t'-t|$，其次命 $Q_{\rho\rho'}$ 只取决于 ρ'，因此

$$Q_{\rho\rho'}=R_{\rho'}$$

据此，

$$\int_{\rho'}Q_{\rho\rho'}\mathrm{d}\rho'=\int_{\rho'}R_{\rho'}\mathrm{d}\rho'=\gamma \tag{4.167}$$

表明从状态 ρ 到其他状态的总转移几率与 ρ 无关，记此总几率为 γ。从式(4.167)、式(4.164)知 $P_{\rho\rho'}(T)$ 符合

$$\frac{\partial}{\partial T}P_{\rho\rho'}(T)=-\gamma P_{\rho\rho'}(T)+\int_{\rho''}P_{\rho\rho''}(T)\mathrm{d}\rho''$$

$$=-\gamma P_{\rho\rho'}(T)+R_{\rho'} \tag{4.168}$$

这是由于 $\int_{\rho''}P_{\rho\rho''}(T)\mathrm{d}\rho''=1$；式(4.168)的解为

$$P_{\rho\rho'}(T)=\frac{R_{\rho'}}{\gamma}[1-\exp(-\gamma T)]+\delta(\rho'-\rho)\exp(-\gamma T) \tag{4.169}$$

依 $\psi(\rho)$ 定义，

$$\lim_{T\to\infty}P_{\rho\rho'}(T)=\frac{R_{\rho'}}{\gamma}=\psi(\rho')$$

从式(4.169)、式(4.166)导出

$$\mathscr{E}\{\rho(t)\rho(t')\}-\mathscr{E}^2\{\rho\}=(\mathscr{E}\{\rho^2\}-\mathscr{E}^2\{\rho\})\exp(-\gamma T)$$

注意

$$\mathscr{E}\{\rho^n\} = \int_0^\infty \rho^n \psi(\rho) \mathrm{d}\rho$$

现假定式(4.167)定义的 γ 很大；显然 $P_{\rho\rho'}(T)$ 将很快地趋于一个平稳状态，并知若 $T \gg \frac{1}{\gamma}$，γ 很大的，则

$$P_{\rho\rho'}(T) \to \psi(\rho')$$

在上述条件下位置 t' 处的分布与位置 t 处的分布独立。当然不论 γ 多大，只要 T 在区间 $\left(0, \frac{1}{\gamma}\right)$ 中，在 t, t' 处密度就不是相互独立的。

计算 n 次相关函数只需将式(4.169)代入式(4.167)即可。首先注意：若 γ 很大，则只要 $t_i - t_{i-1} \gg \frac{1}{\gamma}$，密度 $\rho(t_1)$、…、$\rho(t_n)$ 都是相互独立的。在假设 γ 很大的情况下，这种近似相当于用 $\frac{1}{\gamma\delta(t')}$ 替代 $\exp(-\gamma t')$，而 $\delta(t')$ 为狄拉克函数。对此，将其在 $t \gg \frac{1}{\gamma}$ 的任意区域 $0 \leqslant t' \leqslant t$ 上的 t' 积分，并注意到当 $t \gg \frac{1}{\gamma}$ 时有

$$\int_0^1 \exp(-\gamma t') \mathrm{d}t' = \frac{1}{\gamma}[1 - \exp(-\gamma t)] = \frac{1}{\gamma}$$

由上述，分布函数式(4.169)可写成

$$P_{\rho\rho'}(T) = \varphi(\rho')\left[1 - \frac{1}{\gamma}\delta(t' - t)\right] + \frac{\delta(\rho' - \rho)\delta(t' - t)}{\gamma} \tag{4.170}$$

依式(4.170)、式(4.166)、式(4.163)，合并与 $\left(\frac{1}{\gamma}\right)^2$ 同阶、高阶项，推出

$$\begin{aligned}\mathscr{E}\{X^n(t)\} = &\int_0^t \mathrm{d}t_1 \cdots \int_0^t \mathrm{d}t_n \int_{\rho_n} \mathrm{d}\rho_n \cdots \int_{\rho_1} \mathrm{d}\rho_1 \cdots \rho_n \cdot \\ &\psi(\rho_1) \cdots \psi(\rho_n)\left[1 + \frac{1}{\gamma}\sum_{i=1}^n \delta(t_n - t_{n-1})\right. \\ &\left. + \sum_{i=1}^n \frac{\delta(\rho_i - \rho_{i-1})\delta(t_i - t_{i-1})}{\psi(\rho_i)}\right] + O\left(\frac{1}{\gamma^2}\right)\end{aligned} \tag{4.171}$$

据此

$$\begin{aligned}\mathscr{E}\{X^n(t)\} &= \mathscr{E}^n\{X(t)\} \\ &\quad + \frac{1}{\gamma}n(n-1)\mathscr{E}^{n-1}\{X(t)\}\mathscr{E}\{\rho\}\frac{\mathscr{E}\{\rho^2\}-\mathscr{E}^2\{\rho\}}{\mathscr{E}^2\{\rho\}} \\ &= \mathscr{E}^n\{X(t)\} + \alpha^2\tau n(n-1)\mathscr{E}^{n-1}\{X(t)\}\end{aligned} \tag{4.172}$$

式中

$$\alpha^2 = \frac{\mathscr{E}\{\rho^2\}-\mathscr{E}^2\{\rho\}}{\mathscr{E}^2\{\rho\}} \quad \tau = \frac{\mathscr{E}\{\rho\}}{\gamma}$$

而

$$\mathscr{E}^n\{\} = (\mathscr{E}\{\})^n$$

$$\mathscr{E}\{X^2(t)\} - \mathscr{E}^2\{X(t)\} = 2\alpha^2\tau\mathscr{E}\{X(t)\} = 2\alpha^2\tau\mathscr{E}\{\rho\} \tag{4.173}$$

因为 $\mathscr{E}\{X(t)\}=t\mathscr{E}\{\rho\}$，所以依式(4.173)，当 $t \gg \frac{1}{\gamma}$ 时 $X(t)$ 的方差正比于 t。也就是，如果 t_1、t_2 的定义域不相交，那么随机变量 $X(t_1)$、$X(t_2)$ 是相互独立的。

今把上述结果用于讨论银河亮度。设：

(1)观测者在原点 $t=0$ 处；

(2)沿 t 星际物质处于平稳状态，有一个连续但起伏的分布；

(3)星球在区间$[0,t]$中均匀分布，在区间$(\tau,\tau+\mathrm{d}\tau)$中对辐射强度给出确定性部分 $\mathrm{d}\tau$。

以 k 为吸收系数、ρ 为星际物质密度，于是

$$X(t) = k\int_0^t \rho\mathrm{d}\tau$$

为对应距离 t 的物质的光学厚度。适当选择单位可取 $k=\frac{1}{\mathscr{E}\{\rho\}}$，表明单位强度的辐射经过广度为 t 的物质后，其强度减弱到 $\exp[-X(t)]$，而

$$X(t) = \int_0^t \rho'\mathrm{d}\tau \qquad \rho' = \frac{\rho}{\mathscr{E}\{\rho\}}$$

这里 $\mathscr{E}\{X(t)\}=t$，但 α^2 保持不变。

由区间$(\tau,\tau+\mathrm{d}\tau)$内射出的辐射量在到达观测者之前，经过一段距离 τ 或一段光学路程 $X(\tau)$，在此过程中它减弱到 $\exp[-X$

$(t)]\mathrm{d}\tau$；因此对应于每个点 τ 可以指定一个随机变量 $Y(\tau)=\exp[-X(\tau)]$。若在区间 $[0,t]$ 上积分 $Y(\tau)$，则得到抵达原点处观测者的辐射强度。置

$$I(t)=\int_0^t Y(\tau)\mathrm{d}\tau$$

表示到达原点处观测者的辐射强度。

先计算对应于区间 $(0,t_i)$ 的光学长度分别为在区间 $(\mu_i,\mu_i+\mathrm{d}\mu_i)$ 中的联合几率 $(i=1,2,\cdots,n)$，设几率为

$$P_{\mu_1}(t_1)P_{\mu_2-\mu_1}(t_2-t_1)\cdots P_{\mu_n-\mu_{n-1}}(t_n-t_{n-1})\mathrm{d}\mu_1\cdots\mathrm{d}\mu_n$$

引进变换

$$\begin{aligned}\mu_1&=X_1\\ \mu_2-\mu_1&=X_2\\ &\vdots\\ \mu_n-\mu_{n-1}&=X_n\end{aligned}$$

此变换的雅可比行列式为 1，于是

$$\begin{aligned}&\mathscr{E}\{Y(t_1)\cdots Y(t_n)\}\\ &=\int_0^\infty\cdots\int_0^\infty \exp\{-[nX_1+(n-1)X_2+\cdots+X_n]\}\cdot\\ &\quad P_{X_1}(t_1)P_{X_2}(t_2-t_1)\cdots P_{X_n}(t_n-t_{n-1})\mathrm{d}X_1\cdots\mathrm{d}X_n \qquad (4.174)\end{aligned}$$

分析积分

$$\int_0^\infty \exp(-nX)P_X(t)\mathrm{d}X=\mathscr{E}\{\exp[-nX(t)]\} \qquad (4.175)$$

把 $\exp[-nX(t)]$ 展成级数，有

$$\mathscr{E}\{\exp[-nX(t)]\}=\mathscr{E}\left\{1-nX(t)+\frac{1}{2}n^2X^2(t)-1\cdots\right\}$$

由式(4.172)，

$$\begin{aligned}\mathscr{E}\{\exp[-nX(t)]\}&=\exp\{-n\mathscr{E}\{X(t)\}\}[1+n^2\alpha^2\tau\mathscr{E}\{X(t)\}]\\ &=\exp(-nt)(1+n^2\alpha^2\tau t) \qquad (4.176)\end{aligned}$$

事实上，$\mathscr{E}\{X(t)\}=t$。把式(4.176)代入式(4.174)，略去与 τ^2 同阶的项，得

$$\begin{aligned}
&\mathscr{E}\{Y(t_1)\cdots Y(t_2)\} \\
&=\exp\{-[nt_1+(n-1)(t_2-t_1)+\cdots+(t_n-t_{n-1})]\}\cdot \\
&\quad \{1+[n^2t_1+(n-1)^2(t_2-t_1)+\cdots+(t_n-t_{n-1})]\alpha^2\tau\}
\end{aligned} \tag{4.177}$$

式中 $t_1<t_2<\cdots<t_n$。当计算 $\int_0^t Y(\tau)\mathrm{d}\tau$ 时将 $\mathscr{E}\{Y(t_1)\cdots Y(t_n)\}$ 在 t 的整个定义域上对 t_1、…、t_n 积分。所以到达观测者的辐射强度的 n 阶矩为

$$\begin{aligned}
\mathscr{E}\{I^n(\infty)\} &= \mathscr{E}\{I^n\} \\
&= 1+\frac{n(n+1)}{2}\alpha^2\tau+O(\tau^2)
\end{aligned} \tag{4.178}$$

式(4.178)适用于无限延伸的系统。由于 $\mathscr{E}(I)=1+\alpha^2\tau+O(\tau^2)$，因此

$$\frac{\mathscr{E}(I^n)}{\mathscr{E}^n\{I\}} = 1+\frac{n(n-1)}{2}\alpha^2\tau$$

还可以证明:对有限 t,$I(t)$的 n 阶矩为

$$\mathscr{E}\{I^n(t)\} = n!\sum_{k=0}^{n}\frac{\exp(-\alpha_k t)}{\prod_{j=0}^{n}(\alpha_j-\alpha_k)} \quad (j\neq k) \tag{4.179}$$

这里

$$\alpha_n = n(1-n\alpha^2\tau) \tag{4.180}$$

4.7 星系密度波

4.7.1 基本问题

本节使用气体盘模型,在准稳紧卷螺旋近似下讨论密度波非线性的稳定性以及基态为超音速时的准稳定性。

类似于星系激波的处理方式,在等角螺旋正交坐标系(ξ,η)中扰动场的方程为

$$(\sigma_0+\sigma_1)(w_{\eta_0}+w_\eta) = \sigma_0 w_{\eta_0} \tag{4.181}$$

$$[(w_{\eta_0}+w_\eta)^2-a^2]\frac{\partial w_\eta}{\partial \eta}=(w_{\eta_0}+w_\eta)(Aw_\xi+G-x_2)$$

$$+a^2\left(1+\frac{\overline{w}}{\sigma_0+\sigma_1}\frac{\mathrm{d}\sigma_0}{\mathrm{d}\,\overline{w}}\right)x_1 \tag{4.182}$$

$$(w_{\eta_0}+w_\eta)\frac{\partial w_\xi}{\partial \eta}=Bw_\eta-x_3 \tag{4.183}$$

$$\nabla^2 U_1=4\pi G\sigma_1\delta(Z) \tag{4.184}$$

这里 a 为恒星的弥散速度，其他符号的意义在参考文献 3 中给出。扰动引力

$$G=-\frac{\partial U_1}{\partial \eta} \tag{4.185}$$

对于线性密度波，

$$G=C\sin(b\eta+\eta_0)\quad\left(b=\frac{2}{\sin i}\right) \tag{4.186}$$

而

$$A=2Q\overline{w}>0\quad B=-\frac{k^2\overline{w}}{2Q}<0\quad C=F(\overline{w}Q)^2 \tag{4.187}$$

恒星弥散速度都较大，在一般的紧卷螺旋中

$$w_{\eta_0}=(\Omega-\Omega_p)\overline{w}\sin i$$

均小于 a，于是讨论基本亚音速流基态附近的非线性连续周期解，也就是非线性密度波，应满足

$$w_{\eta_0}<a\qquad |w_\eta+w_{\eta_0}|<a \tag{4.188}$$

可以证明它是不稳定的，但当

$$w_{\eta_0}>a \tag{4.189}$$

时其是准稳定性的。

4.7.2 非线性不稳定性

为方便把 w_η、w_{η_0}、w_ξ、η 记作 y、y_0、z、x。当忽略小量 x_i 时式(4.182)、式(4.183)可表达成

$$\begin{cases}\dfrac{(y+y_0)^2-a^2}{y+y_0}\dfrac{\mathrm{d}y}{\mathrm{d}x}=Az+G\\[2ex](y+y_0)\dfrac{\mathrm{d}z}{\mathrm{d}x}=By\end{cases} \tag{4.190}$$

式中的 G 由泊松方程式(4.184)决定。

定理 4.1 若已知式(4.190),其中 a 为常数且存在常数 A_0、B_0、K 使

$$A(x)>A_0>0 \quad B(x)<B_0<0 \quad 0<y_0<a \tag{4.191}$$

$$|G(x)|<K \quad (K>0) \tag{4.192}$$

则在区间

$$|y|<y_0 \qquad |y+y_0|<a \tag{4.193}$$

内式(4.190)无稳定的周期解。

证明:式(4.190)左边系数在

$$y+y_0=0 \quad (y+y_0)^2-a^2=0 \tag{4.194}$$

变为0或∞,在(x,y,z)三维空间中式(4.194)表明式(4.190)有三张奇面;当 x 增大时式(4.190)的积分曲线一般不能通过它们,因此加上式(4.193)的限制。

讨论两种情况:式(4.190)在式(4.193)区间中无周期解和有周期解。对于前者定理无需证明;对于后者任取一个周期解$(y^{(0)}(x),z^{(0)}(x))$。下面证明$(y^{(0)}(x),z^{(0)}(x))$对于式(4.190)的积分曲线族为不稳定的周期解,对此引进新变量

$$\varphi=y(x)-y^{(0)}(x) \quad \psi=z(x)-z^{(0)}(x) \tag{4.195}$$

将式(4.195)代入式(4.190),并把方程对(φ,ψ)作级数展开

$$\frac{\mathrm{d}}{\mathrm{d}x}\begin{pmatrix}\varphi\\ \psi\end{pmatrix}=\begin{pmatrix}\alpha_1(x) & \alpha_2(x)\\ \alpha_3(x) & 0\end{pmatrix}\begin{pmatrix}\varphi\\ \psi\end{pmatrix}+(\varphi,\psi)_2 \tag{4.196}$$

式中

$$\begin{cases}\alpha_1(x)=\dfrac{[Az^{(0)}(x)+G(x)]\{a^2+[y_0+y^{(0)}(x)]^2\}}{\{a^2-[y_0+y^{(0)}(x)]^2\}^2}\\[2ex] \alpha_2(x)=\dfrac{y_0+y^{(0)}(x)}{[y_0+y^{(0)}(x)]^2-a^2}A\\[2ex] \alpha_3(x)=\dfrac{B}{[y_0+y^{(0)}(x)]^2}\end{cases} \tag{4.197}$$

$(\varphi,\psi)_2$ 为(φ,ψ)二次以上的项。

注意到$(y^{(0)}(x),z^{(0)}(x))$为式(4.193)中的连续周期解,在一

个周期里它是有界闭集上的连续函数，所以应用式(4.193)、式(4.192)、式(4.190)，可有3个常数K_1、K_2、K_3使

$$\begin{cases}\alpha_1(x)\geqslant -K_1 \quad (K_1\geqslant 0)\\ \alpha_2(x)\leqslant -K_2<0\\ \alpha_3(x)\leqslant -K_3<0\end{cases} \tag{4.198}$$

只要能证明式(4.196)的线性部分，$(\varphi,\psi)=(0,0)$是不稳定的，那么加上非线性部分$(\varphi,\psi)_2$之后此结论还正确，这里的关于稳定性的意义是依照李亚普诺夫意义定义的。据此，定理的证明归结为定理4.2。

定理 4.2 若线性微分方程组

$$\frac{\mathrm{d}}{\mathrm{d}x}\begin{pmatrix}\varphi\\ \psi\end{pmatrix}=\begin{pmatrix}\alpha_1(x) & \alpha_2(x)\\ \alpha_3(x) & 0\end{pmatrix}\begin{pmatrix}\varphi\\ \psi\end{pmatrix} \tag{4.199}$$

满足式(4.198)，则式(4.199)的解$(\varphi,\psi)=(0,0)$是不稳定的。

定理4.2是定理4.3的特例。

定理 4.3 若微分方程组

$$\frac{\mathrm{d}}{\mathrm{d}x}\begin{pmatrix}\varphi\\ \psi\end{pmatrix}=\begin{pmatrix}\alpha_1(x) & \alpha_2(x)\\ \alpha_3(x) & \alpha_4(x)\end{pmatrix}\begin{pmatrix}\varphi\\ \psi\end{pmatrix} \tag{4.200}$$

对所有$x>0$，有常数K_1、K_2、K_3使

$$\begin{cases}①\alpha_1(x)\geqslant -K_1 \quad (K_1\geqslant 0) \quad \alpha_2(x)\leqslant -K_2<0\\ \quad \alpha_3(x)\leqslant -K_3<0 \quad \alpha_4(x)\geqslant -K_4 \quad (K_4\geqslant 0)\\ ②K_2K_3-K_1K_4>0\end{cases} \tag{4.201}$$

则$(\varphi,\psi)=(0,0)$为不稳定。

证明：K_2、$K_3>0$可将K_2、K_3略变小使②保持，即取$\bar{K}_1$、$\bar{K}_2$、$\bar{K}_3$使

$$\begin{cases}①'\alpha_1(x)\geqslant -\bar{K}_1 \quad (K_1\geqslant \bar{K}_1\geqslant 0)\\ \quad \alpha_2(x)\leqslant -K_2<-\bar{K}_2<0\\ \quad \alpha_3(x)\leqslant -K_3<-\bar{K}_3<0\\ \quad \alpha_4(x)\geqslant -\bar{K}_4 \quad (K_4\geqslant \bar{K}_4\geqslant 0)\\ ②'\bar{K}_2\bar{K}_3-\bar{K}_1\bar{K}_4>0\end{cases}$$

取比较方程组

$$\begin{cases}\dfrac{\mathrm{d}\varphi}{\mathrm{d}x}=-\bar{K}_1\varphi-\bar{K}_2\psi \\ \dfrac{\mathrm{d}\psi}{\mathrm{d}x}=-\bar{K}_3\psi-\bar{K}_4\psi\end{cases} \tag{4.202}$$

分析(φ,ψ)平面上第二象限$(\varphi<0,\psi>0)$，于是

$$\left.\frac{\mathrm{d}\varphi}{\mathrm{d}x}\right|_{(4.200)}<\left.\frac{\mathrm{d}\varphi}{\mathrm{d}x}\right|_{(4.202)}$$

$$\left.\frac{\mathrm{d}\psi}{\mathrm{d}x}\right|_{(4.200)}>\left.\frac{\mathrm{d}\psi}{\mathrm{d}x}\right|_{(4.202)}$$

式(4.202)的特征方程为

$$\begin{vmatrix}-\bar{K}_1-\lambda & -\bar{K}_2 \\ -\bar{K}_2 & -\bar{K}_1-\lambda\end{vmatrix}=\lambda^2+p\lambda+q=0$$

这里 $p=\bar{K}_1+\bar{K}_2\geqslant 0, q=\bar{K}_1\bar{K}_3-\bar{K}_2\bar{K}_4<0$，特征根

$$\begin{cases}\lambda_1=\dfrac{-p+\sqrt{p^2-4q}}{2}>0 \\ \lambda_2=\dfrac{-p-\sqrt{p^2-4q}}{2}<0\end{cases} \tag{4.203}$$

因为 $\bar{K}_3\neq 0$，作变换

$$\begin{cases}X=\bar{K}_3\varphi+(-\bar{K}_1-\lambda_1)\psi \\ Y=\bar{K}_3\varphi+(-\bar{K}_1-\lambda_2)\psi\end{cases} \tag{4.204}$$

所以式(4.202)经过变换式(4.203)变为

$$\frac{\mathrm{d}X}{\mathrm{d}x}=\lambda_1X \quad \frac{\mathrm{d}Y}{\mathrm{d}x}=\lambda_2Y$$

其积分曲线族为

$$V(X,V)=|X|^{-\lambda_2}|Y|^{\lambda_1}=C \quad (常数)$$

将第二象限$(\varphi<0,\psi>0)$用半直线

$$l_1: \bar{K}_1\varphi+\bar{K}_2\psi=0 \quad l_2: \bar{K}_3\varphi+\bar{K}_4\psi=0$$

分为 A、B、C 三个区，其中依 ψ，A 区在 B 区上方、B 区在 C 区上

方；依 φ，A 区在 B 区右方、B 区在 C 区右方。由于②′，因此 l_2 在 l_1 上方。

(1)A 区

在第二象限内半直线 l_2 在直线 $Y=0$ 上方，于是 A 区内 $X<0$、$Y>0$；在 A 区作李亚普诺夫函数，

$$\begin{aligned}V_1(\varphi,\psi)&=V(-X,Y)=(-X)^{-\lambda_2}Y^{\lambda_1}\\&=[-\bar{K}_3\varphi+(\bar{K}_1+\lambda_1)\psi]^{-\lambda_2}[\bar{K}_3\varphi+(-\bar{K}_1-\lambda_2)\psi]^{\lambda_1}\end{aligned}$$

将它沿式(4.200)的积分曲线关于 x 求导

$$\frac{\mathrm{d}V_1}{\mathrm{d}x}=\frac{\partial V}{\partial X}\left(\frac{\partial X}{\partial\varphi}\frac{\mathrm{d}\varphi}{\mathrm{d}x}+\frac{\partial X}{\partial\psi}\frac{\mathrm{d}\psi}{\mathrm{d}x}\right)+\frac{\partial V}{\partial Y}\left(\frac{\partial Y}{\partial\varphi}\frac{\mathrm{d}\varphi}{\mathrm{d}x}+\frac{\partial Y}{\partial\psi}\frac{\mathrm{d}\psi}{\mathrm{d}x}\right)$$

因为

$$\frac{\partial V}{\partial X}=-\frac{\lambda_2}{X}V\qquad\frac{\partial V}{\partial Y}=\frac{\lambda_1}{Y}V$$

$$\frac{\partial X}{\partial\varphi}=\bar{K}_3\quad\frac{\partial Y}{\partial\varphi}=\bar{K}_3\quad\frac{\partial X}{\partial\psi}=-\bar{K}_1-\lambda_1\quad\frac{\partial Y}{\partial\psi}=-\bar{K}_1-\lambda_2$$

所以

$$\begin{aligned}\left.\frac{\mathrm{d}V_1}{\mathrm{d}x}\right|_{(4.200)}&=\frac{V}{XY}\left\{\left[\bar{K}_3(-\lambda_2Y+\lambda_1X)\frac{\mathrm{d}\varphi}{\mathrm{d}x}\right]_{(4.200)}\right.\\&\quad\left.+\left[\lambda_2(\bar{K}_1+\lambda_1)Y-\lambda_1(\bar{K}_1+\lambda_2)X\frac{\mathrm{d}\psi}{\mathrm{d}x}\right]_{(4.200)}\right\}\end{aligned}$$

$$=\bar{K}_3(\lambda_1-\lambda_2)\frac{V}{(-XY)}\left[\left.\frac{\mathrm{d}\varphi}{\mathrm{d}x}\right|_{(4.200)}\left.\frac{\mathrm{d}\psi}{\mathrm{d}x}\right|_{(4.202)}-\left.\frac{\mathrm{d}\varphi}{\mathrm{d}x}\right|_{(4.202)}\left.\frac{\mathrm{d}\psi}{\mathrm{d}x}\right|_{(4.200)}\right]$$

在 A 区中

$$\left.\frac{\mathrm{d}\varphi}{\mathrm{d}x}\right|_{(4.202)}<0\qquad\left.\frac{\mathrm{d}\psi}{\mathrm{d}x}\right|_{(4.202)}<0$$

且

$$0>\left.\frac{\mathrm{d}\varphi}{\mathrm{d}x}\right|_{(4.202)}>\left.\frac{\mathrm{d}\varphi}{\mathrm{d}x}\right|_{(4.200)}\quad\left.\frac{\mathrm{d}\psi}{\mathrm{d}x}\right|_{(4.202)}<\left.\frac{\mathrm{d}\psi}{\mathrm{d}x}\right|_{(4.200)}$$

于是

$$\left.\frac{\mathrm{d}\varphi}{\mathrm{d}x}\right|_{(4.200)}\left.\frac{\mathrm{d}\psi}{\mathrm{d}x}\right|_{(4.202)}>\left.\frac{\mathrm{d}\varphi}{\mathrm{d}x}\right|_{(4.202)}\left.\frac{\mathrm{d}\psi}{\mathrm{d}x}\right|_{(4.202)}>0$$

有

$$\left.\frac{\mathrm{d}V_1}{\mathrm{d}x}\right|_{(4.200)} > \bar{K}_1(\lambda_1-\lambda_2)\frac{V}{(-XY)}\left[\left.\frac{\mathrm{d}\varphi}{\mathrm{d}x}\right|_{(4.202)}\left.\frac{\mathrm{d}\psi}{\mathrm{d}x}\right|_{(4.202)}\right.$$

$$\left.-\left.\frac{\mathrm{d}\varphi}{\mathrm{d}x}\right|_{(4.202)}\left.\frac{\mathrm{d}\psi}{\mathrm{d}x}\right|_{(4.200)}\right]$$

$$=\bar{K}_3(\lambda_1-\lambda_2)\frac{V}{(-XY)}\left.\frac{\mathrm{d}\varphi}{\mathrm{d}x}\right|_{(4.202)}\left[\left.\frac{\mathrm{d}\psi}{\mathrm{d}x}\right|_{(4.202)}-\left.\frac{\mathrm{d}\psi}{\mathrm{d}x}\right|_{(4.200)}\right]>0$$

(2)B 区

取李亚普诺夫函数

$$V_2(\varphi,\psi)=\psi-\varphi$$

故在 B 内 $V_2(\varphi,\psi)>0$,并有

$$\left.\frac{\mathrm{d}V_2}{\mathrm{d}x}\right|_{(4.200)}=\left.\frac{\mathrm{d}\psi}{\mathrm{d}x}\right|_{(4.200)}-\left.\frac{\mathrm{d}\varphi}{\mathrm{d}x}\right|_{(4.200)}>\left.\frac{\mathrm{d}\psi}{\mathrm{d}x}\right|_{(4.202)}-\left.\frac{\mathrm{d}\varphi}{\mathrm{d}x}\right|_{(4.202)}>0$$

(3)C 区(略)

若 G 的形式为式(4.186),则当 $F\ll 1$ 时有自洽的线性密度波。略去 x_1、x_2、x_3 就得式(4.190),由此可见本节的论断对线性密度波成立。

当 $|G|$ 充分小时式(4.190)在 $(\varphi,\psi)=(0,0)$ 附近可以产生周期解。如命 $|y|\ll y_0$,式(4.190)左边系数中以 y_0 代 $y+y_0$,于是式(4.190)变为常系数线性方程组,存在通解

$$\begin{cases} y=C_1\exp(\tau x)+C_2\exp(-\tau x)+C_3\cos(bx+x_0) \\ z=\dfrac{y_0^2-a^2}{Ay_0}C_1\exp(\tau x)-\dfrac{y_0^2-a^2}{Ay_0}C_2\exp(-\tau x)+C_4\sin(bx+x_0) \end{cases} \tag{4.205}$$

式中 C_1、C_2 为常数,而

$$C_3=\frac{by_0}{b^2(a^2-y_0^2)-AB}\quad C_4=\frac{B}{b^2(a^2-y_0^2)-AB} \tag{4.206}$$

$$\tau=\sqrt{\frac{A(-B)}{a^2-y_0^2}}>0 \tag{4.207}$$

当 $C_1=C_2=0$ 时有唯一的周期解。

当 $C_1=0$ 时积分曲线对 $C\to\infty$ 趋于该周期解。

当 $C_1 \neq 0$ 时积分曲线以指数 $\exp(\tau x)$ 发散，即在 (x, y, z) 三维空间中除了一个零测度的二维曲面外，其他积分曲线以 $\exp(\tau x)$ 发散，表明周期解尽管存在但是不稳定。另一方面，由于有一个零测度的二维曲面上的积分曲线趋于此周期解，因此可以用数值计算估计。

从式(4.207)知 $\tau \approx 10$，因为 x 即

$$\eta = \cos i \ln\left(\frac{\varpi}{\varpi_U}\right) + \sin i(\theta - t\Omega_p)$$

所以 η 变化 0.1 左右就可使速度变化 e 倍。在太阳附近变化 0.1 对应于$\frac{1}{8}$银年，大约 0.3 亿年。

条件 $|y| \ll y_0$ 要求 $|C_3| \ll y_0$ 或

$$F \ll \frac{b^2(a^2 - y_0^2) + A(-B)}{(\varpi\Omega)^2} = F_0 \tag{4.208}$$

在徐遐生算例中 $F_0 \approx 0.3$，得

$$F = 0.01 \sim 0.05$$

周期解可用近似解

$$y = C_3 \cos(bx + x_0) \quad z = C_4 \sin(bx + x_0) \tag{4.209}$$

表述。

考虑 x_1、x_2、x_3 小量，式(4.199)变为式(4.200)，式(4.198)应加强到式(4.201)，此刻式(4.200)可写成

$$\begin{cases} \dfrac{\mathrm{d}y}{\mathrm{d}x} = \dfrac{(y+y_0)(Az+f)}{(y+y_0)^2 - a^2} \\ \qquad + \dfrac{y+y_0}{a^2 - (y+y_0)^2}x_2 + \dfrac{a^2(1+\beta)}{(y+y_0)^2 - a^2}x_1 \\ \dfrac{\mathrm{d}z}{\mathrm{d}x} = \dfrac{By}{y+y_0} - \dfrac{x_3}{y+y_0} \end{cases} \tag{4.210}$$

式中

$$\begin{cases} x_1 = y\cos i - z\sin i \\ x_2 = \alpha(y\cos i - z\sin i)\sin i - z(y\sin i + z\cos i) + \alpha^2\beta\cos i \\ x_3 = -\alpha z\sin i\cos i + y(y\sin i + z\cos i) - \alpha^2\beta\sin i \end{cases} \tag{4.211}$$

$$\alpha = \overline{w}^2 \frac{\mathrm{d}Q}{\mathrm{d}\overline{w}} \qquad \beta = \frac{\overline{w}}{\sigma_0 + \sigma} \frac{\mathrm{d}\sigma}{\mathrm{d}\overline{w}} \tag{4.212}$$

则在式(4.199)的矩阵$\begin{pmatrix} \alpha_1(x) & \alpha_2(x) \\ \alpha_3(x) & 0 \end{pmatrix}$的基础上还应加上一个小量矩阵

$$\begin{pmatrix} \Delta\alpha_1(x) & \Delta\alpha_2(x) \\ \Delta\alpha_3(x) & \Delta\alpha_4(x) \end{pmatrix} \tag{4.213}$$

其中

$$\begin{aligned} \Delta\alpha_1(x) =& \frac{a^2 + [y_0 + y^{(0)}]^2}{\{a^2 - [y_0 + y^{(0)}]^2\}^2} \{ay^{(0)} \cos i \sin i \\ & - \alpha z^{(0)} \sin^2 i - z^{(0)} y^{(0)} \sin i - [z^{(0)}]^2 \cos i + \alpha^2 \beta \cos i\} \\ & + \frac{y_0 + y^{(0)}}{a^2 - [y_0 + y^{(0)}]^2} [\alpha \cos i \sin i - z^{(0)} \sin i] \\ & - \frac{2a^2(1+\beta)[y_0 + y^{(0)}]}{\{a^2 - [y_0 + y^{(0)}]^2\}^2} [y^{(0)} \cos i - z^{(0)} \sin i] \\ & - \frac{a^2(1+\beta)\cos i}{a^2 - [y_0 + y^{(0)}]^2} \end{aligned} \tag{4.214}$$

$$\begin{aligned} \Delta\alpha_2(x) =& -\frac{y_0 + y^{(0)}}{a^2 - [y_0 + y^{(0)}]^2} [\alpha \sin^2 i + y^{(0)} \sin i + 2z^{(0)} \cos i] \\ & + \frac{a^2(1+\beta)\sin i}{a^2 - [y_0 + y^{(0)}]^2} \end{aligned}$$

$$\begin{aligned} \Delta\alpha_3(x) =& -\frac{2y^{(0)} \sin i + z^{(0)} \cos i}{y_0 + y^{(0)}} + \frac{1}{[y_0 + y^{(0)}]^2} \cdot \\ & \{-\alpha z^{(0)} \sin i \cos i + [y^{(0)}]^2 \sin i + y^{(0)} z^{(0)} \cos i - \alpha^2 \beta \sin i\} \end{aligned}$$

$$\Delta\alpha_4(x) = \frac{\alpha \sin i \cos i - y^{(0)} \cos i}{y_0 + y^{(0)}}$$

这里 $y^{(0)}$、$z^{(0)}$ 由 C_3、C_4 制约。不难验证当 $F=0.01\sim0.05$ 时 $\Delta\alpha_i$ $(i=1,2,3,4)$不影响式(4.199)的稳定性，也就是式(4.181)～式(4.184)系统无稳定周期解，即使考虑了二级量密度波也不稳定。

线性和弱非线性的密度波都是自洽的，一般讨论气体的非线性响应、星系激波不满足自洽条件。利用气体盘模型时没有具体要求自洽的非线性解，在上述讨论中对扰动引力场的要求较宽，式(4.192)只要求扰动引力场为空间的有界函数，显见有物理意义的自洽解也应包括其中，完全自洽解可以用数值方法解出。

当扰动引力场很弱时非线性就是通常的线性密度波，本节的论述对于自洽密度波解应该适用。

以式(4.186)代入式(4.182)并把 a 理解为气体的等效音速，于是本节结果可应用到气体的非线性响应和星系激波中。这表明亚音速流动基态附近的周期解是不稳定的。完全亚音速流动出现在共转圈附近，所以该结论对星系螺旋结构的意义是：在共转圈附近不会有稳定的密度波且不会形成星系激波。这样，明亮的螺旋结构应当中止于共转圈以内的某个半径之处。

基本方程式(4.181)～式(4.184)在许多近似、简化下推出，可归结如下：

(1)准稳螺旋结构。基本方程是在等 Ω_p 旋转的坐标系中推导的，其中假定了随时间的变化很慢并忽略不计。

(2)紧卷螺旋。一般认为星系存在螺旋状况。在紧卷螺旋下 $\left|\frac{\partial}{\partial\xi}\right|\ll\left|\frac{\partial}{\partial\eta}\right|$、$|\mathrm{tg}i|\ll1$，因而忽略了对 ξ 的导数项、x_i 项。

(3)无限薄盘模型，忽略厚度效应。

(4)气体盘模型，用气体盘模拟星系盘；许多情况证实：气体盘与恒星盘主要行为有对应关系。

(5)等角螺旋近似，在星云激波的研究中大多采用这种简化。

总之，因为很弱的非线性密度波为线性密度波，所以这种不稳定性也存在于自洽的线性密度波中。该不稳定是基于上述(1)、(2)、(3)、(4)条件导出的。

4.7.3 基态为超音速时的准稳定性

今研究基态流为超音速($w_{\eta_0}>a$)时星系密度波非线性周期解的性质。

式(4.190)等价于下式

$$\frac{\mathrm{d}}{\mathrm{d}x}\left[m(y)\frac{\mathrm{d}y}{\mathrm{d}x}\right]+\tau(y)y=\frac{\mathrm{d}}{\mathrm{d}x}G(x) \tag{4.215}$$

式中

$$m(y)=\frac{(y+y_0)^2-a^2}{y+y_0} \tag{4.216}$$

$$\tau(y)=\frac{A(-B)}{y+y_0} \tag{4.217}$$

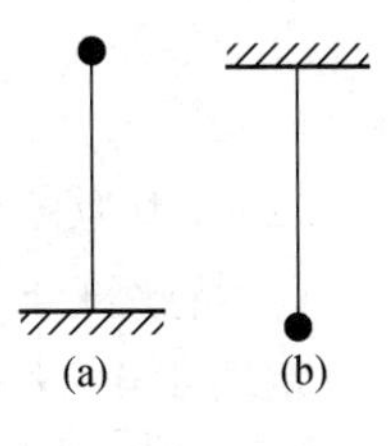

图 4.2

式(4.215)可以理解为在外力$\frac{\mathrm{d}}{\mathrm{d}x}G(x)$作用下的变质量$m(y)$及变弹性力$\tau(y)$的振动系统。当$(y+y_0)^2<a^2$时$m(y)\tau(y)<0$,这可以类比一个具有排斥力的系统,如图 4.2(a)所示倒立摆。可以证明其周期解的不稳定性;当$(y+y_0)^2>a^2$时$m(y)\tau(y)>0$,这可以类比一个铅垂摆,如图 4.2(b)所示。据此,在不大的外力作用下,其周期解具有稳定性或准稳定性。

4.7.4 准稳定性条件推导

对式(4.190)任取特解$(y^{(0)}(x),z^{(0)}(x))$,作变换

$$\varphi=y-y^{(0)}(x) \qquad \psi=z-z^{(0)}(x) \tag{4.218}$$

式(4.190)变为

$$\frac{\mathrm{d}}{\mathrm{d}x}\begin{pmatrix}\varphi\\ \psi\end{pmatrix}=\begin{bmatrix}\alpha_1(x) & \alpha_2(x)\\ \alpha_3(x) & 0\end{bmatrix}\begin{pmatrix}\varphi\\ \psi\end{pmatrix}+\begin{pmatrix}\varphi\\ \psi\end{pmatrix}_2 \tag{4.219}$$

其中

$$\begin{cases}\alpha_1(x)=-\dfrac{[y_0+y^{(0)}(x)]^2+a^2}{\{[y_0+y^{(0)}(x)]^2-a^2\}^2}[Az^{(0)}(x)+G(x)]\\ \alpha_2(x)=\dfrac{[y_0+y^{(0)}(x)]A}{[y_0+y^{(0)}(x)]^2-a^2}\\ \alpha_3(x)=\dfrac{B}{[y_0+y^{(0)}(x)]^2}\end{cases} \tag{4.220}$$

$\begin{pmatrix}\varphi\\ \psi\end{pmatrix}_2$为$(\varphi,\psi)$的二次以上的项,其系数为$y^{(0)}(x)$、$z^{(0)}(x)$、$G(x)$

的函数。

依式(4.220)知：$B\alpha_3(x)>0$，当 $y_0+y^{(0)}(x)>a$ 时，$\alpha_2(x)>0$，可以证明当 $G(x)$ 为周期函数且 $|G(x)|$ 不很大时式(4.190)可以近似地求出周期解$(y^{(0)}(x),z^{(0)}(x))$，其周期与 $G(x)$ 相同；当 $|G(x)|$ 不很大时也有 $y_0+y^{(0)}(x)>a$。由于 $\alpha_2(x)\alpha_3(x)<0$，解族的定性行为发生根本变化。

下面假定：

(1)$a^2<y_0^2$；

(2)外力为 $|G(x)|$ 不很大；

(3)特解符合 $y_0+y^{(0)}(x)>a$。

定理 4.4 若式(4.199)满足

(1)$\alpha_1(x)\leqslant A_1 \quad (A_1>0)$；

(2)$0<\underline{A}_2\leqslant\alpha_2(x)\leqslant\overline{A}_2 \quad (\overline{A}_2\geqslant\underline{A}_2>0)$；

(3)$0<-\overline{A}_3\leqslant-\alpha_3(x)\leqslant-\underline{A}_3 \quad (\underline{A}_3\leqslant\overline{A}_3<0)$；

(4)$A_1^2<-4\,\underline{A}_2\overline{A}_3$。

这里 A_1、$\underline{A}_2$、$\overline{A}_2$、$\underline{A}_3$、$\overline{A}_3$ 为常数，则式(4.199)的解或停留在(0,0)附近，或尽管离开(0,0)但是以螺旋形式离开，且离开的速度由 $\exp\left(\frac{1}{2}A_1x\right)$ 制约。

事实上，先对式(4.199)的积分曲线在 $\varphi=0$ 及 $\psi=0$ 轴上作定性分析。

在 $\varphi>0$、$\psi=0$ 上，$\dfrac{\mathrm{d}\psi}{\mathrm{d}x}=\alpha_3(x)\varphi<0$；

在 $\varphi=0$、$\psi>0$ 上，$\dfrac{\mathrm{d}\varphi}{\mathrm{d}x}=\alpha_2(x)\psi>0$；

在 $\varphi<0$、$\psi=0$ 上，$\dfrac{\mathrm{d}\psi}{\mathrm{d}x}=\alpha_3(x)\varphi>0$；

在 $\varphi=0$、$\psi<0$ 上，$\dfrac{\mathrm{d}\varphi}{\mathrm{d}x}=\alpha_2(x)\psi<0$。

定性行为如图 4.3 所示，故有一种旋转的趋势。在每个象限还可能有不同的拓扑结构。

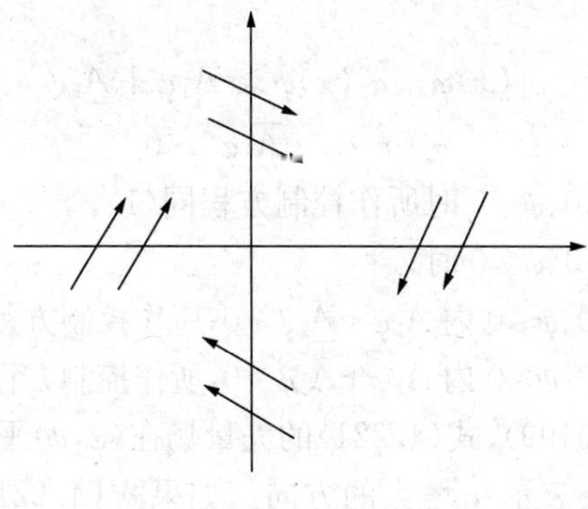

图 4.3

作控制方程

$$\frac{\mathrm{d}}{\mathrm{d}x}\begin{pmatrix}\varphi\\ \psi\end{pmatrix}=\begin{bmatrix}\beta_1(\varphi,\psi) & \beta_2(\varphi,\psi)\\ \beta_3(\varphi,\psi) & 0\end{bmatrix}\begin{pmatrix}\varphi\\ \psi\end{pmatrix} \tag{4.221}$$

而 $\beta_1(\varphi,\psi)$、$\beta_2(\varphi,\psi)$、$\beta_3(\varphi,\psi)$ 为：

〈1〉当 $\varphi\geqslant 0$、$\psi>0$ 时取

$$\beta_1(\varphi,\psi)=A_1\quad \beta_2(\varphi,\psi)=\overline{A}_2\quad \beta_3(\varphi,\psi)=\overline{A}_3$$

得到

$$\alpha_1(x)\varphi+\alpha_2(x)\psi\leqslant A_1\varphi+\overline{A}_2\psi$$

$$\alpha_3(x)\varphi\leqslant\overline{A}_3\varphi<0$$

〈2〉当 $\varphi<0$、$\psi\geqslant 0$ 时以直线

$$A_1\varphi+A_2\psi=0$$

将第二象限分为两个部分：

①′在 $\varphi<0$、$\psi\geqslant 0$ 内 $A_1\varphi+A_2\psi>0$，取

$$\beta_1(\varphi,\psi)=A_1\quad \beta_2(\varphi,\psi)=\underline{A}_2\quad \beta_3(\varphi,\psi)=\underline{A}_3$$

得到

$$\alpha_1(x)\varphi+\alpha_2(x)\psi\geqslant A_1\varphi+\underline{A}_2\psi>0$$

$$0<\alpha_3(x)\varphi\leqslant\underline{A}_3\varphi$$

②′在 $\varphi<0$、$\psi\geqslant 0$ 内 $A_1\varphi+A_2\psi\leqslant 0$，取

$$\beta_1(\varphi,\psi)=A_1 \quad \beta_2(\varphi,\psi)=\underline{A}_2 \quad \beta_3(\varphi,\psi)=\overline{A}_3$$

得到

$$\alpha_1(x)\varphi+\alpha_2(x)\psi\geqslant A_1\varphi+\underline{A}_2\psi$$
$$\alpha_1(x)\varphi\geqslant\overline{A}_3\varphi>0$$

〈3〉当 $\varphi<0$、$\psi<0$ 时所作控制方程同〈1〉；

〈4〉当 $\varphi>0$、$\psi\leqslant0$ 时；

①′在 $\varphi>0$、$\psi\leqslant0$ 内 $A_1\varphi+\underline{A}_2\psi\leqslant0$，所作控制方程同〈2〉①′；

②′在 $\varphi>0$、$\psi\leqslant0$ 内 $A_1\varphi+A_2\psi>0$，所作控制方程同〈2〉②′。

于是式(4.199)、式(4.221)的矢量场在(φ,ψ)平面上如图 4.4 所示，其中箭头表示 x 增大的方向。如果式(4.221)的积分曲线绕$(\varphi,\psi)=(0,0)$旋转，那么式(4.221)就构成了对式(4.199)的积分曲线的一组控制曲线。

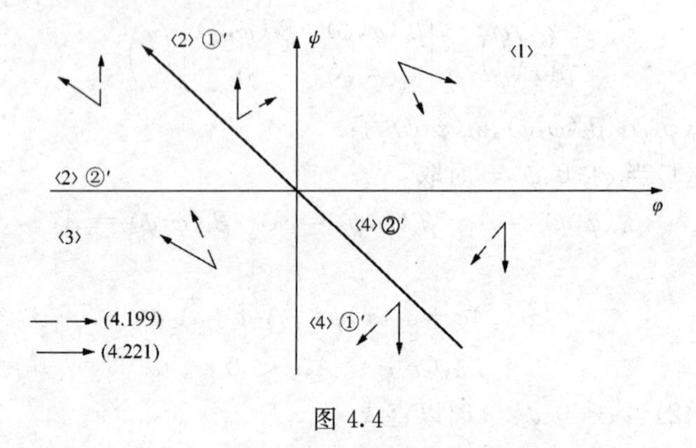

图 4.4

关于式(4.221)在不同区域中的性质：在〈1〉、〈3〉中式(4.221)为

$$\frac{\mathrm{d}}{\mathrm{d}x}\begin{pmatrix}\varphi\\ \psi\end{pmatrix}=\begin{bmatrix}A_1 & \overline{A}_2\\ \overline{A}_3 & 0\end{bmatrix}\begin{pmatrix}\varphi\\ \psi\end{pmatrix} \tag{4.222}$$

其特征根为

$$\begin{vmatrix}A_1-\lambda & \overline{A}_2\\ \overline{A}_3 & -\lambda\end{vmatrix}=\lambda^2-A_1\lambda-\overline{A}_2\overline{A}_3=0$$

$$\lambda=\frac{A_1 \pm \sqrt{A_1^2+4\overline{A}_2\overline{A}_3}}{2}$$

在〈2〉①′、〈4〉①′中式(4.221)为

$$\frac{\mathrm{d}}{\mathrm{d}x}\begin{pmatrix}\varphi\\ \psi\end{pmatrix}=\begin{pmatrix}A_1 & \underline{A}_2\\ \underline{A}_3 & 0\end{pmatrix}\begin{pmatrix}\varphi\\ \psi\end{pmatrix} \tag{4.223}$$

其特征根为

$$\begin{vmatrix}A_1-\lambda & \underline{A}_2\\ \underline{A}_3 & -\lambda\end{vmatrix}=\lambda^2-A_1\lambda-\underline{A}_2\,\underline{A}_3=0$$

$$\lambda=\frac{A_1 \pm \sqrt{A_1^2+4\,\underline{A}_2\,\underline{A}_3}}{2}$$

在〈2〉②′、〈4〉②′中式(4.221)为

$$\frac{\mathrm{d}}{\mathrm{d}x}\begin{pmatrix}\varphi\\ \psi\end{pmatrix}=\begin{pmatrix}A_1 & \underline{A}_2\\ \overline{A}_3 & 0\end{pmatrix}\begin{pmatrix}\varphi\\ \psi\end{pmatrix} \tag{4.224}$$

其特征根为

$$\begin{vmatrix}A_1-\lambda & \underline{A}_2\\ \overline{A}_3 & -\lambda\end{vmatrix}=\lambda^2-A_1\lambda-\underline{A}_2\overline{A}_3=0$$

$$\lambda=\frac{A_1 \pm \sqrt{A_1^2+4\underline{A}_2\overline{A}_3}}{2}$$

因为

$$-\underline{A}_2\overline{A}_3<-\overline{A}_2\overline{A}_3 \qquad -\underline{A}_2\overline{A}_3<-\underline{A}_2\,\underline{A}_3$$

所以依定理 4.4 条件④知 λ 为复数。

在第一、三象限内式(4.222)为一族绕原点的螺线，在二、四象限内式(4.223)为一族绕原点的螺线，在〈2〉②′、〈4〉②′内式(4.224)为一族绕原点的螺线。这些螺线在 φ 轴、ψ 轴及直线 $A_1\varphi+\underline{A}_2\psi=0$ 上连接形成一族新的螺线。这族新螺线构成了对式(4.199)的积分曲线的控制曲线族。

下面分析两种情形：一种是式(4.199)的某条积分曲线进入四个象限之一后不离开该象限，一种是积分曲线进入任何象限后离开该象限。

对第一种情况，因为这个象限由式(4.221)控制，所以该积分

曲线就停留在(0,0)附近。

对于第二种情况,积分曲线或停留在(0,0)附近打圈或逐渐离开,但由于式(4.221)的螺线族的限制,因此只能打圈地离开,不能如当 $a^2>y_0^2$ 时那样不打圈地离开。这时控制曲线式(4.221)增加的量级,不超过 $\exp\left(\frac{1}{2}A_1 x\right)$,其也可以作为式(4.199)的控制量级的上限。

注意定理 4.4 的条件(4)不能削弱。因为若 α_1、α_2、α_3 为常数,则该条件是必要的。

根据式(4.220)可求出 A_1、$\overline{A}_2$、$\underline{A}_2$、$\underline{A}_3$、$\overline{A}_3$ 由于 $y^{(0)}(x)$ 为 $z^{(0)}(\dot{x})$在 $0\leqslant x\leqslant 2\pi$ 上的连续函数,因此有最大值、最小值

$$|y^{(0)}(x)|\leqslant Y$$

可以看出 $\alpha_2(x)$为 $y^{(0)}(x)$的单调递减函数,即

$$\alpha_2(x)=A\left[y_0+y^{(0)}(x)-\frac{\alpha^2}{y_0+y^{(0)}(x)}\right]^{-1}$$

得出

$$\frac{A(y_0+Y)}{(y_0+Y)^2-a^2}\leqslant\alpha_2(x)\leqslant\frac{A(y_0-Y)}{(y_0-Y)^2-a^2}$$

取

$$\underline{A}_2=\frac{A(y_0+Y)}{(y_0+Y)^2-a^2}\quad \overline{A}_2=\frac{A(y_0-Y)}{(y_0-Y)^2-a^2}$$

而$-\alpha_3(x)=-\frac{B}{[y_0+y^{(0)}(x)]^2}$为 $y^{(0)}(x)$的单减函数,有

$$-\frac{B}{(y_0+Y)^2}\leqslant-\alpha_3(x)\leqslant-\frac{B}{(y_0-Y)^2}$$

取

$$\underline{A}_3=\frac{B}{(y_0-Y)^2}\quad \overline{A}_3=\frac{B}{(y_0+Y)^2}$$

记 $\alpha_1(x)$中的因子

$$f[y^{(0)}(x)]=\frac{[y_0+y^{(0)}(x)]^2-a^2}{\{[y_0+y^{(0)}(x)]^2-a^2\}^2}$$

因为

$$\frac{\mathrm{d}}{\mathrm{d}y^{(0)}(x)}f[y^{(0)}(x)]$$

$$=-\frac{2[y_0+y^{(0)}(x)]\{[y_0+y^{(0)}(x)]^2+3a^2\}}{\{[y_0+y^{(0)}(x)]^2-a^2\}^3}<0$$

所以 f 为 $y^{(0)}(x)$ 的单调函数，得

$$\frac{[y_0+y^{(0)}(x)]^2+a^2}{\{[y_0+y^{(0)}(x)]^2-a^2\}^2}\leqslant\frac{(y_0-Y)^2+a^2}{[(y_0-Y)^2-a^2]^2}$$

又由于连续函数存在上界，因此

$$-K\leqslant Az^{(0)}(x)+G(x)\leqslant K$$

有

$$-[Az^{(0)}(x)+G(x)]\frac{[y_0+y^{(0)}(x)]^2+a^2}{\{[y_0+y^{(0)}(x)]^2-a^2\}^2}$$

$$\leqslant K\frac{[y_0+y^{(0)}(x)]^2+a^2}{\{[y_0+y^{(0)}(x)]^2-a^2\}^2}\leqslant K\frac{(y_0-Y)^2+a^2}{[(y_0-Y)^2-a^2]^2}$$

于是置

$$A_1=K\frac{(y_0-Y)^2+a^2}{[(y_0-Y)^2-a^2]^2}$$

这样定理 4.4 条件(4)变为

$$K^2\left\{\frac{(y_0-Y)^2+a^2}{[(y_0-Y)^2-a^2]^2}\right\}^2<-\frac{4AB}{(y_0+Y)[(y_0+Y)^2-a^2]} \tag{4.225}$$

式(4.225)为保证特解($y^{(0)}(x)$,$z^{(0)}(x)$)附近的解在其附近绕圈的定性条件。

定理 4.5 若在式(4.190)中 $A>0$、$B<0$、$a^2<y_0^2$ 且存在特解($y^{(0)}(x)$,$z^{(0)}(x)$)、$y_0+y^{(0)}(x)>a$、$|y^{(0)}(x)|\leqslant Y$，则有式(4.225)保证($y^{(0)}(x)$,$z^{(0)}(x)$)附近的解或停留在其附近或当将离开它时必须在其附近以绕圈的方式逐渐离开。

定理 4.5 的物理意义是：当 $a^2>y_0^2$ 时($y^{(0)}(x)$,$z^{(0)}(x)$)是不稳定的，其附近的解除了一个零测度集合上的解外都与它远离；当 $a^2<y_0^2$ 并满足式(4.225)时($y^{(0)}(x)$,$z^{(0)}(x)$)是稳定的解或准稳的解。

当$|Y| \ll y_0$时式(4.225)为

$$\frac{K}{\sqrt{A(-B)}} < 2\frac{(y_0^2 - a^2)^{\frac{3}{2}}}{y_0^2 + a^2} \tag{4.226}$$

符合式(4.226)即可确保准稳定性。

定理 4.6 定理4.5中考虑非线性项后，在$y_0 + y^{(0)}(x) > a$及式(4.225)的控制下，周期解或稳定或准稳定。

线性密度波的自洽解有$G(x) = C\sin bx$，而弱非线性密度波解就是线性解，当$|y^{(0)}(x)| \ll y_0$时近似得到

$$y^{(0)}(x) = C_3 \cos bx \tag{4.227}$$

$$z^{(0)}(x) = C_4 \sin bx \tag{4.228}$$

这里

$$C_3 = -\frac{bc}{AB + b^2(y_0^2 - a^2)} \tag{4.229}$$

$$C_4 = -\frac{Bc}{AB + b^2(y_0^2 - a^2)} \tag{4.230}$$

对$|y^{(0)}(x)| \ll y_0$要求$|C_3| \ll y_0$，代入系数

$$\begin{cases} A = 2(\varpi\Omega) \quad B = -\dfrac{K^2\varpi}{2\Omega} \quad C = F(\varpi\Omega)^2 \\ b = \dfrac{2}{\sin i} \qquad y_0 = (\Omega - \Omega_p)\varpi\sin i \end{cases} \tag{4.231}$$

$$F \ll \left| \frac{1}{2\sin i}\left\{\left[\left(\frac{K}{\Omega}\right)^2 - 4\left(1 - \frac{\Omega_p}{\Omega}\right)^2\right]\sin i + 4\left(\frac{a}{\varpi\Omega}\right)^2\right\}\right| \tag{4.232}$$

另外，由于

$$\begin{aligned} K &= \max\{|Az^{(0)}(x) + G(x)|\} = |AC_4 + C| \\ &= C\left|\frac{b^2(y_0^2 - a^2)}{AB + b^2(y_0^2 - a^2)}\right| \end{aligned}$$

因此式(4.226)变为

$$F < \frac{1}{2}\frac{K}{\Omega}\sqrt{\left|\left(1 - \frac{\Omega_p}{\Omega}\right)^2 \sin^2 i - \left(\frac{a}{\varpi\Omega}\right)^2\right|} \cdot$$

$$\left|\frac{4\left[\left(1-\frac{\Omega_p}{\Omega}\right)^2\sin^2 i-\left(\frac{a}{\varpi\Omega}\right)^2\right]-\left(\frac{K}{\Omega}\right)^2\sin^2 i}{\left(1-\frac{\Omega_p}{\Omega}\right)^2\sin^2 i+\left(\frac{a}{\varpi\Omega}\right)^2}\right| \tag{4.233}$$

式(4.232)确保$|\nu^{(0)}(r)|\ll\nu_0$,式(4.233)确保准稳。

对于普通的银河系,如果恒星的弥散速度 $a\approx30\text{km/s}$,那么

$$\frac{K}{\Omega}\approx1.2\quad \sin i\sim\frac{1}{8}$$

当$\frac{\Omega_p}{\Omega}\approx0.5$时,$F\ll0.27$就可以保证准稳定性。

4.8 统一场论

统一场论的思想源于爱因斯坦,由于历史的局限性,因此爱因斯坦时代的物理学家不可能完成。这里介绍物理学家关于统一场论早期的工作,了解统一场论的历史沿革。

今设只有引力与无电荷的电磁力,于是麦克斯韦能量-动量张量满足下式,

$$T_\alpha^\alpha=0 \tag{4.234}$$

$$T_{00}>0 \tag{4.235}$$

$$T_\mu^\alpha T_\alpha^\nu=\frac{1}{4}(T_{\alpha\beta}T^{\alpha\beta})\delta_\mu^\nu \tag{4.236}$$

若引力场方程为

$$R_\mu^\nu-\frac{1}{2}\delta_\mu^\nu R=\frac{8\pi G}{c^4}T_\mu^\nu$$

并对指标运算,利用式(4.236),则

$$R=0 \tag{4.237}$$

导致

$$R_{\mu\nu}=\frac{8\pi G}{c^4}T_{\mu\nu} \tag{4.238}$$

依式(4.238)、式(4.236),

$$R_\alpha^\beta R_\beta^\gamma=\frac{1}{4}\delta_\alpha^\nu R_{\sigma\tau}R^{\sigma\tau} \tag{4.239}$$

几何关系式(4.239)、式(4.237)适用于任何以散度为零的麦克斯韦场作场源的引力场。但尚需另一种关系保证用以构成 $T_{\mu\nu}$、$R_{\mu\nu}$ 的反对称张量满足麦克斯韦方程,即

$$\left(\frac{\varepsilon_{\beta\lambda\mu\nu}R^{\lambda\gamma;\mu}R_{\gamma}^{\mu}\sqrt{-g}}{R_{\sigma\tau}R^{\sigma\tau}}\right)_{,\kappa}=\left(\frac{\varepsilon_{\kappa\lambda\mu\nu}R^{\lambda\gamma;\mu}R_{\gamma}^{\nu}\sqrt{-g}}{R_{\sigma\tau}R_{\sigma\tau}}\right)_{,\beta} \tag{4.240}$$

事实上,先定义电磁场张量 $F^{\mu\nu}$ 的对偶张量,

$$^{*}F_{\mu\nu}=\frac{1}{2}\xi_{\mu\nu\alpha\beta}F^{\alpha\beta}\sqrt{-g} \tag{4.241}$$

运算 $e^{*\theta}$定义为

$$e^{*\theta}F_{\mu\nu}=F^{\mu\nu}\cos\theta+{}^{*}F_{\mu\nu}\sin\theta \tag{4.242}$$

称式(4.242)构成了 $F_{\mu\nu}$ 的对偶旋转;张量 $\xi_{\mu\nu}$ 定义为

$$\xi_{\mu\nu}=e^{-*\theta}F_{\mu\nu} \tag{4.243}$$

式(4.243)相当于对偶旋转$-\theta$角。

适当选择θ可得到比 $F_{\mu\nu}$ 更简单的张量。考虑不变量:

$$\begin{aligned}\frac{1}{2}\xi_{\alpha\beta}\xi^{\alpha\beta}&=\frac{1}{2}(F_{\alpha\beta}\cos\theta-{}^{*}F_{\alpha\beta}\sin\theta)^{2}\\&=\frac{1}{2}F_{\alpha\beta}F^{\alpha\beta}\cos2\theta-\frac{1}{2}F_{\alpha\beta}{}^{*}F^{\alpha\beta}\sin2\theta\end{aligned} \tag{4.244}$$

$$\frac{1}{2}\xi_{\alpha\beta}{}^{*}\xi^{\alpha\beta}=\frac{1}{2}F_{\alpha\beta}F^{\alpha\beta}\sin2\theta+\frac{1}{2}F_{\alpha\beta}{}^{*}F^{\alpha\beta}\cos2\theta \tag{4.245}$$

在洛仑兹系统中式(4.244)为 $\boldsymbol{H}^{2}-\boldsymbol{E}^{2}$、式(4.245)为 $2\boldsymbol{H}\cdot\boldsymbol{E}$,而 $\boldsymbol{E}$、$\boldsymbol{H}$ 为与 $\xi_{\alpha\beta}$ 相关联的电场、磁场。取θ使式(4.245)变为零,那么另一个不变量为

$$\begin{aligned}\frac{1}{2}\xi_{\alpha\beta}\xi^{\alpha\beta}&=-\left[\left(\frac{1}{2}F_{\alpha\beta}F^{\alpha\beta}\right)^{2}+\left(\frac{1}{2}F_{\alpha\beta}{}^{*}F^{\alpha\beta}\right)^{2}\right]^{\frac{1}{2}}\\&=-\frac{c^{4}}{2G}(R_{\mu\nu}R^{\mu\nu})^{\frac{1}{2}}\end{aligned} \tag{4.246}$$

$\xi_{\alpha\beta}$称为致极场(extremal field),本节的 $\xi_{\alpha\beta}$ 均为致极场,任何场可借助对偶旋转、标量因子由 $\xi_{\alpha\beta}$ 获得。因此即使给定了源于麦克斯韦场的 $R_{\mu\nu}$ 也无法单值地确定麦克斯韦场,但是可以将该场确定

到仅差一个对偶旋转及一个常数因子。如先以 $\xi_{\mu\nu}$ 表出麦克斯韦方程,再借助 $R_{\mu\nu}$ 写成 $\xi_{\mu\nu}$ 的另一个二次表达式,终据此式推出式(4.240)。麦克斯韦方程可表示成

$$0 = F^{\mu\nu}_{;\nu} = \left(\xi^{\mu\nu}_{;\nu} + {}^{*}\xi^{\mu\nu}\frac{\partial\theta}{\partial x^{\nu}}\right)\cos\theta + \left({}^{*}\xi^{\mu\nu}_{;\nu} + \xi^{\mu\nu}\frac{\partial\theta}{\partial x_{0}}\right)\sin\theta \tag{4.247}$$

$$0 = F^{\mu\nu}_{;\nu} = \left(-\xi^{\mu\nu}_{;\nu} - {}^{*}\xi^{\mu\nu}\frac{\partial\theta}{\partial x^{\nu}}\right)\sin\theta + \left({}^{*}\xi^{\mu\nu}_{;\nu} - \xi^{\mu\nu}\frac{\partial\theta}{\partial x^{\nu}}\right)\cos\theta \tag{4.248}$$

整理,

$$\xi^{\mu\nu}_{;\nu} + {}^{*}\xi^{\mu\nu}\frac{\partial\theta}{\partial x^{\nu}} = 0 \tag{4.249}$$

$${}^{*}\xi^{\mu\nu}_{;\nu} - \xi^{\mu\nu}\frac{\partial\theta}{\partial x^{\nu}} = 0 \tag{4.250}$$

麦克斯韦方程满足恒等式

$$F_{\mu\alpha}F^{\nu\alpha} - {}^{*}F_{\mu\alpha}{}^{*}F^{\nu\alpha} = \frac{1}{2}\delta^{\nu}_{\mu}F_{\alpha\beta}F^{\alpha\beta} \tag{4.251}$$

式(4.249)乘 ${}^{*}\xi_{\beta\mu}$,式(4.250)乘 $\xi_{\beta\mu}$,用式(4.251),

$$\frac{\partial\theta}{\partial x^{\beta}} = -2\,\frac{{}^{*}\xi_{\beta\mu}\xi^{\mu\nu}_{;\nu} + \xi_{\beta\mu}{}^{*}\xi^{\mu\nu}_{;\nu}}{\xi_{\gamma\sigma}\xi^{\gamma\sigma}} \tag{4.252}$$

引入四秩张量:由里奇张量构成,具有黎曼张量的对称性。依

$$E^{\mu\nu}_{\tau\sigma} = \frac{1}{2}\left(-\delta^{\mu}_{\tau}R^{\nu}_{\sigma} + \delta^{\mu}_{\sigma}R^{\nu}_{\tau} - \delta^{\nu}_{\alpha}R^{\mu}_{\tau} + \delta^{\nu}_{\tau}R^{\mu}_{\sigma}\right) \tag{4.253}$$

且

$$E^{\gamma\sigma\beta\tau}_{;\tau} = \frac{1}{2}\left(R^{\sigma\beta;\gamma} - R^{\gamma\beta;\sigma}\right) \tag{4.254}$$

通过洛仑兹系统中的致极麦克斯韦张量知

$$\frac{c^{4}}{G}E_{\alpha\beta\gamma\sigma} = -\xi_{\alpha\beta}\xi_{\gamma\sigma} - {}^{*}\xi_{\alpha\beta}{}^{*}\xi_{\gamma\sigma} \tag{4.255}$$

为张量方程。可以证明

$$\frac{c^{4}}{G}E_{\alpha\beta\gamma\kappa}E^{\gamma\kappa}_{\mu\nu} = \left(R_{\sigma\tau}R^{\sigma\tau}\right)^{\frac{1}{2}}\left(-\xi_{\alpha\beta}\xi_{\mu\nu} + {}^{*}\xi_{\alpha\beta}{}^{*}\xi_{\mu\nu}\right) \tag{4.256}$$

对式(4.256)、式(4.255)解 $\xi_{\mu\nu}\xi_{\sigma\gamma}$，

$$\frac{G}{c^4}\xi_{\mu\nu}\xi_{\sigma\tau}=-\frac{1}{2}E_{\mu\nu\sigma\tau}-\frac{1}{2}(R_{\alpha\beta}R^{\alpha\beta})^{\frac{1}{2}}E_{\mu\nu\gamma\iota}E^{\gamma\iota}_{\sigma\tau} \quad (4.257)$$

现定义张量 $F_{\alpha\beta\gamma\sigma}$ 为

$$\begin{aligned}F_{\alpha\beta\gamma\sigma}E^{\gamma\sigma\beta\tau}_{;\tau}&=-\xi_{\mu\nu}\xi^{\mu\nu}(\xi_{\alpha\beta}\xi^{\beta\tau}_{;\tau}+\xi_{\alpha\beta}{}^{*}\xi^{\beta\tau}_{;\tau})\left(\frac{G}{c^4}\right)^2\\&=\frac{1}{2}\varepsilon_{\gamma\sigma\mu\nu}(\delta^{\nu}_{\alpha}R^{\mu}_{\beta}-\delta^{\nu}_{\beta}R^{\mu}_{\alpha})R^{\sigma\beta;\gamma}\sqrt{-g}\\&=\frac{1}{2}\varepsilon_{\alpha\sigma\gamma\mu}R^{\sigma\beta;\gamma}R^{\mu}_{\beta}\sqrt{-g}\end{aligned} \quad (4.258)$$

由 $F_{\mu\nu}$ 表示 $T_{\mu\nu}$ 的关系式和式(4.238)引致式(4.246)：

$$-\frac{G}{c^2}\xi_{\alpha\beta}\xi^{\alpha\beta}=(R_{\mu\nu}R^{\mu\nu})^{\frac{1}{2}} \quad (4.259)$$

比较式(4.259)、式(4.252)知，式(4.252)可利用里奇张量表示为

$$\frac{\partial\theta}{\partial x^{\beta}}=\frac{\varepsilon_{\beta\lambda\mu\nu}R^{\lambda\gamma;\mu}R^{\nu}_{\gamma}\sqrt{-g}}{R_{\sigma\tau}R^{\sigma\tau}} \quad (4.260)$$

因为式(4.260)为标量的梯度，所以其旋度为零，即式(4.240)，

$$\theta_{,\iota\beta}=\theta_{,\beta\iota}$$

4.9 引力场中的旋量

定义满足反对易关系

$$\gamma_{\mu}\gamma_{\nu}+\gamma_{\nu}\gamma_{\mu}=2g_{\mu\nu}I \quad (4.261)$$

的 γ 矩阵场，I 为单位矩阵。取 γ 的分量为坐标的连续函数，且在坐标变换下其变换如一个矢量。对于旋转变换

$$(旋量)_{新(n)}=S^{-1}(旋量)_{旧(o)}S \quad (4.262)$$

γ 依下式变换

$$(\gamma_{\alpha})_{n}=S^{-1}(\gamma_{\alpha})_{o}S \quad (4.263)$$

旋量张量在旋量变换下依下式变换，

$$(T_{\mu\nu})_{n}=S^{-1}(T_{\mu\nu})_{o}S \quad (4.264)$$

为构造协变导数，引进 4×4 辅助矩阵 Γ_{α}，由式(4.261)，Γ_{α} 可由关系

$$\gamma_{\mu,\nu}-\Gamma^{\alpha}_{\mu\nu}\gamma_{\alpha}-\Gamma_{\nu}\gamma_{\mu}+\gamma_{\mu}\Gamma_{\nu}=0 \quad (4.265)$$

确定到只差一个单位矩阵的倍数。若一个量具有旋量变换性质，则它对 x^μ 的协变导数记作∇_μ，而

$$\begin{cases}\nabla_\mu(AB)=(\nabla_\mu A)B+A(\nabla_\mu B)\\ \nabla_\mu(A^*)=(\nabla_\mu A)^*\\ \nabla_\mu\gamma_\mu=0\end{cases}\tag{4.266}$$

这里 * 表示共轭转置矩阵。利用狭义相对论使用的 γ 矩阵线性组合 $\tilde{\gamma}_\mu$，并有

$$\begin{cases}\tilde{\gamma}_\mu\tilde{\gamma}_\nu+\tilde{\gamma}_\nu\tilde{\gamma}_\mu=2\delta_{\mu\nu}\\ \tilde{\gamma}_i^*=\tilde{\gamma}_i\quad\tilde{\gamma}_0^*=-\tilde{\gamma}_0\end{cases}\tag{4.267}$$

由于应用四维标架系统，因此借用关系

$$\mathrm{d}x^\mu=a_\nu^\mu\mathrm{d}\tilde{x}^\nu\quad\mathrm{d}\tilde{x}^\mu=b_\beta^\mu\mathrm{d}x^\beta\tag{4.268}$$

在每个点引入局部洛仑兹度规。这里 $\tilde{x}^\nu$ 为对应于洛仑兹度规的坐标、x^ν 为广义坐标。

符合式(4.261)的一组 γ 矩阵为

$$\gamma_\mu=b_\mu^\nu\tilde{\gamma}_\nu\tag{4.269}$$

对式(4.265)求解 Γ_μ，得

$$\Gamma_\mu=\frac{1}{2}g_{\iota\alpha}\left[\left(\frac{\partial b_\nu^\beta}{\partial x^\mu}a_\beta^\alpha-\Gamma_{\mu\nu}^\alpha\right]S^{\iota\nu}+a_\mu I\tag{4.270}$$

a_μ 为任意的、$S^{\mu\nu}=\frac{1}{2}(\gamma^\mu\gamma^\nu-\gamma^\nu\gamma^\mu)$。如果采用四维标架的形式系统，那么旋量的相似变换相当于四维标架的洛仑兹变换。

旋量 ψ 的协变导数为

$$\nabla_\mu\psi=\frac{\partial\psi}{\partial x^\mu}-\Gamma_\mu\psi\tag{4.271}$$

旋量张量 $F_{\mu\nu}$ 的协变导数为

$$\nabla_\alpha F_{\mu\nu}=F_{\mu\nu;\alpha}+F_{\mu\nu}\Gamma_\alpha-\Gamma_\alpha F_{\mu\nu}\tag{4.272}$$

ψ 的泡利共轭记作 ψ^+，定义为：

$$\psi^+=\psi^*\beta\tag{4.273}$$

其中 β 为埃尔米特矩阵，并选择之使 $i\beta\gamma\nu$ 也是埃尔米特矩阵。在四维标架的形式系统中 $\beta=i\tilde{\gamma}^0$。类似于电流密度这样的实量可

写成

$$\zeta^{\mu} = \psi^{+} i\gamma^{\mu}\psi \tag{4.274}$$

在引力场中的狄拉克方程为

$$\gamma^{\alpha}\nabla_{\alpha}\psi + k\psi = 0 \qquad (k\text{ 为常数}) \tag{4.275}$$

并且这样选择 Γ_{μ} 的任意的迹，使之可将四维势的效应包括在内，式(4.275)可通过变分原理

$$\delta\int_{\Omega}(\psi^{+}\gamma^{\alpha}\nabla_{\alpha}\psi + k\psi^{+}\psi)\sqrt{-g}\,\mathrm{d}\Omega = 0 \tag{4.276}$$

获得。式中 ψ^{+}、ψ 各自独立变化。

【例 4.1】 引力场中的麦克斯韦方程。

解：电动力学的拉格朗日密度为

$$\mathscr{L}_{M} = -\frac{1}{16\pi}F_{\alpha\beta}F^{\alpha\beta} + \frac{1}{c}J^{\alpha}A_{\alpha} + \mathscr{L}_{P} \qquad ①$$

式中 $\mathscr{L}_{P}$ 为带电粒子的拉格朗日密度，J^{α} 为四维电流密度。先考虑洛仑兹度规，场张量 $F_{\mu\nu}$ 源于四维势 A_{μ}，即

$$F_{\mu\nu} = A_{\nu,\mu} - A_{\mu,\nu} \qquad ②$$

四维势的分量可当作式①的场变量。用场张量与四维电流密度表示的麦克斯韦方程为

$$F^{\mu\nu}_{,\nu} = \frac{4\pi}{c}J^{\mu} \qquad ③$$

$$\frac{\partial F_{\alpha\beta}}{\partial x^{\gamma}} + \frac{\partial F_{\gamma\alpha}}{\partial x^{\beta}} + \frac{\partial E_{\beta\gamma}}{\partial x^{\alpha}} = 0 \qquad ④$$

将式②代入式④，就可看出式④变成恒等式，它是按式②求得的任意 $F_{\mu\nu}$ 所满足的，因此对于由四维势求得的场张量，式③构成了麦克斯韦方程的全部内容。

当采用洛仑兹规范

$$A^{\nu}_{,\nu} = 0 \qquad ⑤$$

将式②代入式③，得

$$A^{\mu,\alpha}_{,\alpha} = -\frac{4\pi}{c}J^{\mu} \qquad ⑥$$

式⑥为电动力学的四维表达。

今推广这些结果于任意坐标系，式①依然成立，式③变为

$$F^{\mu\nu}_{;\nu}=\frac{4\pi}{c}J^{\mu} \tag{⑦}$$

式②变为

$$F_{\mu\nu}=A_{\nu;\mu}-A_{\mu;\nu} \tag{⑧}$$

由于 $F^{\mu\nu}$ 为反对称张量，利用

$$F^{\alpha\beta}_{;\beta}=\frac{1}{\sqrt{-g}}\frac{\partial}{\partial x^{\beta}}(F^{\alpha\beta}\sqrt{-g}) \tag{⑨}$$

推出

$$\frac{1}{\sqrt{-g}}(F^{\alpha\beta}\sqrt{-g})_{,\nu}=\frac{4\pi}{c}J^{\mu} \tag{⑩}$$

式④相应推广为

$$\left(\frac{1}{\sqrt{-g}}\varepsilon^{\alpha\beta\gamma\iota}F_{\alpha\beta}\right)_{;\iota}=0 \tag{⑪}$$

但上式括号中的量为一个关于 γ、ι 反对称的二秩张量，又利用式⑨，式②在任意坐标系中变为式④。式⑤变为

$$A^{\nu}_{;\nu}=0 \tag{⑫}$$

在短程线坐标系中可导出

$$A^{\nu}_{;\iota\sigma}-A^{\nu}_{;\sigma\iota}=R^{\nu}_{\alpha\iota\sigma}A^{\alpha}$$

将上式用于式⑦。先借助 A^{μ}，该式表成

$$A^{\nu;\mu}_{;\mu}-A^{\mu;\nu}_{;\nu}=\frac{4\pi}{c}J^{\mu}$$

再降标 μ 并由 $A^{\nu}_{;\nu\mu}$ 写出 $A^{\nu}_{;\mu\nu}$，最后由式⑫，

$$A_{\mu;\nu}{}^{;\nu}-R_{\mu\alpha}A^{\alpha}=-\frac{4\pi}{c}J_{\mu} \tag{⑬}$$

式⑬为式⑥的推广。

【例 4.2】 引力场中带电粒子运动。

解：带有电荷 e 的粒子的作用量为

$$I=-mc\int \mathrm{d}s+\frac{e}{c}\int A_{\mu}\mathrm{d}x^{\mu} \tag{①}$$

而从变分 $\delta I=0$ 得到

$$-mc\delta\int \mathrm{d}s = -mc\int\left(\frac{\mathrm{d}^2 x^\mu}{\mathrm{d}s^2} + \Gamma^\mu_{\alpha\beta}\frac{\mathrm{d}x^\alpha}{\mathrm{d}s}\frac{\mathrm{d}x^\beta}{\mathrm{d}s}\right)g_{\mu\gamma}\delta x^\gamma \mathrm{d}s \qquad ②$$

对式①的第二项，

$$\frac{e}{c}\delta\int A_\mu \mathrm{d}x^\mu = \frac{e}{c}\int \delta A_\mu \mathrm{d}x^\mu + \frac{e}{c}\int A_\mu \mathrm{d}(\delta x^\mu)$$

$$= \frac{e}{c}\int[\mathrm{d}(A_\mu \delta x^\mu) - \delta x^\mu \mathrm{d}A_\mu + \delta A_\mu \mathrm{d}x^\mu] \qquad ③$$

最右端的被积函数的第一项积分为零，因在线路两端变分为零；对其他各项，

$$\mathrm{d}A_\mu = \frac{\partial A_\mu}{\partial x^\iota}\mathrm{d}x^\iota \qquad \delta A_\mu = \frac{\partial A_\mu}{\partial x^\nu}\delta x^\nu$$

利用式①，命式②加式③为零，最后升高 $F_{\alpha\beta}$ 的一个指标，则

$$\frac{\mathrm{d}x^\mu}{\mathrm{d}s^2} + \Gamma^\mu_{\alpha\beta}\frac{\mathrm{d}x^\alpha}{\mathrm{d}s}\frac{\mathrm{d}x^\beta}{\mathrm{d}s} = \frac{e}{mc^2}F^\mu_\alpha\frac{\mathrm{d}x^\alpha}{\mathrm{d}s} \qquad ④$$

5 量子效应

5.1 自伴算子

在波动力学中系统的状态由复波函数描述、表示几率密度幅。因为几率为实数且可归一化，所以此波函数模的平方必勒贝格可积。实轴$(-\infty,\infty)$上的勒贝格平方可积函数$\psi(x)$的集合$L_2(-\infty,\infty)$构成希尔伯特空间，即完备的、定义有内积的线性矢量空间。在$L_2(-\infty,\infty)$中矢量$\psi(x)$、$\phi(x)$的内积定义为勒贝格积分

$$\langle\psi \mid \phi\rangle=\int_{-\infty}^{\infty}\psi^*(x)\phi(x)\mathrm{d}x$$

该符号与狄拉克左、右矢量相同。

线性算子A的定义域$D(A)$的映射为$L_2(-\infty,\infty)$，如果A满足

$$\begin{aligned}\langle\psi \mid A\phi\rangle&=\int_{-\infty}^{\infty}\psi^*(x)A\phi(x)\mathrm{d}x\\&=\int_{-\infty}^{\infty}(A\psi)^*(x)\phi(x)\mathrm{d}x=\langle A\psi \mid \phi\rangle\end{aligned}\tag{5.1}$$

那么称A为自伴算子。$\psi(x)$、$\phi(x)\in D(A)$；而A的$D(A)$闭包$\overline{D}$为

$$\overline{D}(A)=L_2(-\infty,\infty)\tag{5.2}$$

严格地讲，算子的自伴性是指其对称性。

当算子$-i\hbar\dfrac{\partial}{\partial x}$将一阶可导函数作为它的定义域时它就不是自伴的。因为量子力学中的对称算子的定义可以拓展，所以其中的非自伴算子可变为自伴算子。

就每个具有纯离散谱的自伴算子A而言，存在一个正交归一的本征矢量集$\{\phi_k(x)\}$。其本征值a_k为实数，

$$A\phi_k(x) = a_k\phi_k(x) \quad \phi_k(x) \in D(A)$$

并使希尔伯特空间 $L_2(-\infty,\infty)$ 中的任意矢量 $\psi(x)$ 可依之展开，

$$\psi(x) = \sum_k C_k\psi_k(x)$$

$$C_k = \int_{-\infty}^{\infty} \phi_k^*(x)\psi(x)\mathrm{d}x$$

其正交归一性可表为

$$\langle \phi_k \mid \phi_j \rangle = \int_{-\infty}^{\infty} \phi_k^*(x)\phi_j(x)\mathrm{d}x = \delta_{kj}$$

但是量子力学中的许多自伴算子并非纯离散谱。

若对于自伴算子 A 存在一个“正规”本征矢量集合 $\{\phi_k(x)\}$，其本征值 a_k 为实数，则

$$(A\phi_k)(x) = a_k\phi_k(x) \quad \phi_k(x) \in D(A) \tag{5.3}$$

当然也存在一个“不正规”本征矢量集合 $\{\phi(\lambda;x)\}$，其本征值 $a(\lambda)$ 也为实数

$$A\phi(\lambda;x) = a(\lambda)\phi(\lambda;x) \tag{5.4}$$

$\phi(\lambda;x) \notin L_2(-\infty,\infty)$，而且使希尔伯特空间 $L_2(-\infty,\infty)$ 中的任意矢量按它展开，

$$\psi(x) = \sum_k C_k\phi_k(x) + \int C(\lambda)\phi(\lambda;x)\mathrm{d}\lambda \tag{5.5}$$

于是称 A 为可观察量，这里

$$C_k = \int_{-\infty}^{\infty} \phi_k^*(x)\psi(x)\mathrm{d}x \tag{5.6}$$

$$C(\lambda) = \int_{-\infty}^{\infty} \phi^*(\lambda;x)\psi(x)\mathrm{d}x \tag{5.7}$$

在物理中称 a_k 为属于 A 的谱中的离散部分，$a(\lambda)$ 属于连续部分。氢原子的哈密顿函数对于束缚态有离散谱，对于电离态有连续谱。

由于不正规矢量不能平方可积，因此应拓展 A 定义，使 A 对不正规本征矢量的运算有意义。当 ψ 与正规本征矢量 $\phi_k(x)$ 作内积时，利用式(5.5)

$$0 = \sum_l C_l\left[\int_{-\infty}^{\infty} \phi_k^*(x)\phi_k(x)\mathrm{d}x - \delta_{lk}\right]$$

$$+\int C(\lambda)\left[\int_{-\infty}^{\infty}\phi_k^*(x)\phi(\lambda;x)\mathrm{d}x\right]\mathrm{d}\lambda \tag{5.8}$$

当取 $\psi(x)$ 与不正规本征矢量 $\phi(\lambda;x)$ 的"内积"时，应用式(5.5)，

$$0=\sum_l C_l\left[\int_{-\infty}^{\infty}\phi^*(\lambda;x)\phi_l(x)\mathrm{d}x\right]$$

$$+\int C(\lambda')\left[\int_{-\infty}^{\infty}\phi^*(\lambda;x)\phi(\lambda';x)\mathrm{d}x-\delta(\lambda-\lambda')\right]\mathrm{d}\lambda' \tag{5.9}$$

式中 $\delta(\lambda-\lambda')$ 为狄拉克函数，且

$$\delta(\lambda-\lambda')=0\quad(\lambda\neq\lambda')$$

$$\int_{-\infty}^{\infty}C(\lambda')\delta(\lambda-\lambda')\mathrm{d}\lambda'=C(\lambda) \tag{5.10}$$

其中 $C(\lambda')$ 为在 λ 的某个邻域内的连续函数。因为式(5.8)、式(5.9)对任意 $C(\lambda)$、$C_{k'}$ 均成立，所以

$$\int_{-\infty}^{\infty}\phi_k^*(x)\phi_l(x)\mathrm{d}x=\delta_{lk} \tag{5.11}$$

$$\int_{-\infty}^{\infty}\phi^*(\lambda;x)\phi(\lambda';x)\mathrm{d}x=\delta(\lambda-\lambda') \tag{5.12}$$

$$\int_{-\infty}^{\infty}\phi_k^*(\lambda)\phi(\lambda;x)\mathrm{d}x=0 \tag{5.13}$$

这些等式恰是所有正规和不正规本征矢量 $\{\phi_k(x),\phi(\lambda;x)\}$ 的集合所满足的正交归一化条件。若量子物理中的自伴算子为可观察量，则可以应用本征函数展开的一般定理。

利用傅里叶分析可以保证任意 $\psi(x)\in L_2(-\infty,\infty)$ 用不正规本征矢量 $\phi(k;x)=\dfrac{1}{\sqrt{2\pi}}\exp(ikx)$ 依下列方式展开，

$$\psi(x)=\lim{}^*\ \frac{1}{\sqrt{2\pi}}\int_{-\infty}^{\infty}C(k)\exp(ikx)\mathrm{d}k$$

这里 $\lim^*$ 指的是此不正规积分需作为平均值极限来积分。

在薛定谔方程中势能具有修匀效应，它使总哈密顿函数通常既有正规本征矢量又有不正规本征矢量。上述分析确定了量子物理中的自伴算子在一个正交归一基中的可对角化。按照本征函数的展开性质称之构成一个完备集。

5.2 量子力学假设

(1)对于由点粒子构成的系统,其状态由复波函数 $\psi(x,t)$完全确定,将它解释为几率密度幅是指当

$$|\psi(x,t)|^2 \mathrm{d}x$$

表示在 t 时刻测量粒子位置时,粒子处于 $x \sim x+\mathrm{d}x$ 区间的几率。因为全部几率为 1,所以有归一化条件

$$\int_{-\infty}^{\infty} |\psi(x,t)|^2 \mathrm{d}x = 1 \tag{5.14}$$

(2)在(1)中所述系统的可能状态构成集合 $L_2(-\infty,\infty)$,它由定义在$(-\infty,\infty)$上的可归一化的所有平方可积函数组成。

依(2)知线性迭加定理:系统在 t 时刻,两个可能状态的任意归一化线性组合也是该系统在时刻 t 的可能状态。取 $\psi_1(x,t)$、$\psi_2(x,t)$作运动学上的可能状态,若对复数 C_1、C_2 有

$$|C_1|^2 + |C_2|^2 = 1 \tag{5.15}$$

则

$$\psi_3(x,t) = C_1\psi_1(x,t) + C_2\psi_2(x,t) \tag{5.16}$$

是运动学上的可能状态。

(3)有关系统的所有可能信息都包含在波函数中,可以通过一组适当的线性自伴算子将其提取出来。设系统处于状态 $\psi(x,t)$,对其进行由算子 A 表示的物理量的测量,得到 a_k 值的几率为 $|C_k|^2$,这里 a_k 为 A 对应于本征函数 $\phi_k(x)$在离散谱中的本征值

$$A\phi_k(x) = a_k\phi_k(x) \tag{5.17}$$

而 C_k 为 A 在 t 时刻的本征函数展开 $\psi(x)$的系数

$$\psi(x,t) = \sum_l C_l\phi_l(x) + \int C(\lambda)\phi(\lambda;x)\mathrm{d}\lambda \tag{5.18}$$

类似地,对 A 的测量得到连续谱中从 $a(\lambda)$到 $a(\lambda+\mathrm{d}\lambda)$的值的几率为$|C(\lambda)|^2$,这里 $a(\lambda)$为 A 对应于不正规本征函数 $\psi(\lambda,x)$的本征值

$$A\phi(\lambda;x) = a(\lambda)\phi(\lambda;x) \tag{5.19}$$

$C(\lambda)$表示 $\psi(x)$在 t 时刻的展开式(5.18)中 $\phi(\lambda;x)$前的展开

系数。

第(3)表明处于自伴算子 A 的一个给定的不正规态中的几率应为零。因此由(2),不正规本征矢量不是系统的可能状态。

对于全同系统的大量同时测量,平均值(期望值)$\langle P\rangle$ 为

$$\langle P\rangle=\sum_k |C_k|^2 a_k+\int |C(\lambda)|^2 a(\lambda)\mathrm{d}\lambda$$

$$=\int_{-\infty}^{\infty}\phi^*(x,t)P\psi(x,t)\mathrm{d}x \tag{5.20}$$

(4)仿效经典力学中的哈密顿形式,在量子力学中表示动力学量的算子为以下基本位置算子和动量算子的自伴算子函数

$$x_{\mathrm{op}}=x\quad(\text{以 } x \text{ 作代数乘法}) \tag{5.21}$$

$$p_{\mathrm{op}}=-i\hbar\frac{\partial}{\partial x} \tag{5.22}$$

有完备的本征函数集,也就是可观察量;式中约化普朗克常数 $\hbar=\frac{h}{2\pi}$(h 为普朗克常数)。

式(5.22)中的动量算子 p(省略下标)形式如下推定:德布罗意波

$$\psi(x,t)=a\exp[i(kx-\omega t)] \tag{5.23}$$

对应于以不变动量运动的自由粒子,而 $\hbar\omega=\frac{\hbar^2k^2}{2m}$($a$ 为常振幅)。依(3),德布罗意波为动量算子的不正规本征函数,

$$-i\hbar\frac{\partial}{\partial x}a\exp[i(kx-\omega t)]=\hbar ka\exp[i(kx-\omega t)] \tag{5.24}$$

德布罗意波的动能算子 $T=\frac{p^2}{2m}$ 的本征函数为

$$Ta\exp[i(kx-\omega t)]=-\frac{\hbar^2}{2m}\frac{\partial^2}{\partial x^2}a\exp[i(kx-\omega t)]$$

$$=\frac{\hbar^2k^2}{2m}a\exp[i(kx-\omega t)] \tag{5.25}$$

若势能 $V(x)$ 只与粒子位置有关,则哈密顿算子由

$$H=H(p,x)=T+V=-\frac{\hbar^2}{2m}\frac{\partial^2}{\partial x^2}+V(x) \tag{5.26}$$

给出。为方便讨论，将哈密顿函数仍记作 H。

平面波 $a\exp[i(kx-\omega t)]$为动量算子的不正规本征矢量，因为其非勒贝格平方可积。不正规本征矢量的归一化条件给出

$$|a|=\frac{1}{2\pi}$$

依(2)知在数学意义下，不可能把这种函数解释为表示系统的可能状态；在物理意义下这种复杂性没有实际的重要性。

在数学上，两个自伴算子具有共同的本征函数完备集的充要条件是其可以对易。将算子 A、B 的对易子记作$[A,B]=AB-BA$。如果两个自伴算子的对易子不为零，那么它们可能有共同的本征函数，但不构成完备集。

算子 x、p 不对易，因为

$$[x,p]=i\hbar\neq 0 \tag{5.27}$$

于是它们没有共同的本征函数完备集。事实上，它们没有任何共同的本征函数。因为若其存在一个共同的本征函数 $\psi(x)$，即

$$x\psi(x)=a\psi(x)$$
$$p\psi(x)=b\psi(x)$$

则据此导出

$$\psi(x)=\frac{1}{i\hbar}[x,p]\psi(x)=\frac{ab}{i\hbar}\psi(x)-\frac{ba}{i\hbar}\psi(x)=0$$

所以一个系统不可能在同一时刻处于确定的位置和确定的动量的状态，这就是海森堡测不准原理 $\Delta x\Delta p\geqslant\frac{1}{2}\hbar$。

(5)量子系统的动力学由薛定谔方程

$$H\psi(x,t)=i\hbar\frac{\partial}{\partial t}\psi(x,t) \tag{5.28}$$

确定。

如果已知系统在 t_0 时的状态，那么理论上可以通过积分薛定谔方程获得此后在 t 时的状态。将 $\psi(x,t)$在 t_0 时展开，

$$\psi(x,t)=\psi(x,t_0)+\left(\frac{\partial\psi}{\partial t}\right)_{t_0}(t-t_0)+\cdots$$

$$=1-\frac{i(t-t_0)}{\hbar}H\psi+\cdots \tag{5.29}$$

命 $\Delta t=t-t_0$ 且依 $\tau=n(\Delta t)$ 给出某个有限间隔 τ（n 为大整数），于是有

$$\psi(x,t_0+\tau)=\lim_{n\to\infty}\left(1-\frac{i\tau}{n\hbar}H\right)^n\psi(x,t_0)=\psi(x,t_0)\exp\left(-\frac{iH}{\hbar}\tau\right) \tag{5.30}$$

算子

$$U(\tau)=\exp\left(-\frac{iH}{\hbar}\tau\right) \tag{5.31}$$

$U(\tau)$为么正算子，称为系统的时间演化（平移）算子。

在式(1.29)中，若取 $t_0=0$ 为时间标度，则系统在任意状态 $\psi(x,t)$的时间演化由下式表出

$$\psi(x,t)=\psi(x,0)\exp\left(-\frac{iH}{\hbar}t\right) \tag{5.32}$$

同样可用能量本征函数的完备集展开 $\psi(x,0)=\psi(x)$，这里 $A=H$ 为哈密顿算子，$a_k=E_k$、$a(\lambda)=E(\lambda)$ 为离散的、连续的能量本征值；式(5.29)的形式为

$$\psi(x,t)=\sum_k C_k\phi_k(x)\exp\left(-\frac{iE_k}{\hbar}t\right)$$

$$+\int C(\lambda)\phi(\lambda;x)\exp\left[-\frac{iE(\lambda)}{\hbar}\right]\mathrm{d}\lambda \tag{5.33}$$

故已知能量本征值谱以及在 $t=0$ 时的展开系数，就可完全确定此后 t 时刻的演化状态 $\psi(x,t)$。

5.3 矩阵力学

取 $\phi_k(x)$为某个适当的自伴算子 W 的完备正交归一函数集，其本征值 ω_k，

$$W\phi_k(x)=\omega_k\phi_k(x) \tag{5.34}$$

取 $\psi(x)$ 为描述系统的某个特定状态的海森堡“波函数”、取 B 为对应于某个动力学的线性算子。设 B 对 $\psi(x)$ 的作用给出量子态 $\mathscr{X}$，

$$B\psi(x) = \mathscr{X}(x) \tag{5.35}$$

将 $\psi(x)$、$\mathscr{X}(x)$ 以完备集合 $\phi_k(x)$ 展开，

$$\psi(x) = \sum_k C_k \phi_k(x)$$

$$C_k = \int_{-\infty}^{\infty} \phi_k^*(x)\psi(x)\mathrm{d}x$$

$$\mathscr{X}(x) = \sum_j a_j \phi_j(x)$$

$$a_j = \int_{-\infty}^{\infty} \phi_j^* \mathscr{X}(x)\mathrm{d}x \tag{5.36}$$

代入式(5.35)

$$\sum_j a_j \phi_j(x) = \sum_k C_k B \phi_k(x) \tag{5.37}$$

以 $\phi_n^*(x)$ 乘并积分，得到矩阵方程

$$a_n = \sum_k b_{nk} C_k \tag{5.38}$$

$$b_{nk} = \int_{-\infty}^{\infty} \phi_n^*(x) B \phi_k(x)\mathrm{d}x \tag{5.39}$$

称算子 B 为表象 $\phi_k(x)$ 中的矩阵元。而

$$\begin{pmatrix} a_1 \\ a_2 \\ a_3 \\ \vdots \end{pmatrix} = \begin{pmatrix} b_{11} & b_{12} & b_{13} & \cdots \\ b_{21} & b_{22} & b_{23} & \cdots \\ b_{31} & b_{32} & b_{33} & \cdots \\ \vdots & \vdots & \vdots & \vdots \end{pmatrix} \begin{pmatrix} c_1 \\ c_2 \\ c_3 \\ \vdots \end{pmatrix} \tag{5.40}$$

可以证明：若线性微分算子的相继作用以矩阵表述，则可采用矩阵乘法。在薛定谔理论中当有算子关系 $H=BG$ 时可用海森堡表达

$$h_{ij} = \sum_k b_{ik} g_{kj} \tag{5.41}$$

这里 H、G 的矩阵元定义完全类似于 B 的矩阵元。关系式 $\mathscr{X}=B\psi$ 表达为

$$|\mathscr{X}\rangle = B|\psi\rangle \tag{5.42}$$

式中$|\mathscr{X}\rangle$、$|\psi\rangle$这类矢量称为右矢量，其复共轭量称为左矢量。在希尔伯特空间中标积对应于封闭的括号。如

$$|\psi\rangle = \begin{pmatrix} c_1 \\ c_2 \\ c_3 \\ \vdots \end{pmatrix} \quad \langle\mathscr{X}| = (a_1^* \quad a_2^* \quad a_3^* \quad \cdots)$$

于是

$$\langle\mathscr{X}|\psi\rangle = \sum_k a_k^* c_k = (a_1^* \quad a_2^* \quad a_3^* \quad \cdots)\begin{pmatrix} c_1 \\ c_2 \\ c_3 \\ \vdots \end{pmatrix}$$

$$= \int_{-\infty}^{\infty} \mathscr{X}^*(x)\psi(x)\mathrm{d}x \tag{5.43}$$

若考察某个动力学算子 G 在系统的两个态 $\mathscr{X}(x)$、$\psi(x)$之间更一般的“矩阵元”，则

$$\langle\mathscr{X}|G|\psi\rangle = \sum_{k,j} a_k^* c_j \langle\phi_k^*|G|\phi_j\rangle = \sum_{k,j} a_k^* c_j g_{kj} \tag{5.44}$$

称这种矩阵元为跃迁矩阵元。这里算子 G 使$|\psi\rangle$变到$|\mathscr{X}\rangle$。当 G 为哈密顿算子中的微扰项时跃迁几率正比于$|\langle\mathscr{X}|G|\psi\rangle|^2$。

事实上，矩阵力学等价于波动力学。

一维谐振子的薛定谔方程为

$$\left(-\frac{\hbar^2}{2m}\frac{\partial^2}{\partial x^2} + \frac{1}{2}kx^2\right)\psi(x,t) = i\hbar\frac{\partial\psi}{\partial t} \tag{5.45}$$

式中左端的第一项为动能、第二项为势能。对有确定能量 E 的解而言，以

$$\Psi = \psi(x)\exp\left(-\frac{iE}{\hbar}t\right) \tag{5.46}$$

代入，得到和时间无关的方程

$$\left(-\frac{\hbar^2}{2m}\frac{\partial^2}{\partial x^2} + \frac{1}{2}kx^2\right)\psi(x,t) = E\psi(x) \tag{5.47}$$

谐振子的可能本征值对应于式(5.47)的平方可积的解。为方便，将经典频率写成 $\omega_0=\sqrt{\dfrac{k}{m}}$ 并引进无量纲长度 ξ、能量 λ，

$$E=\frac{1}{2}\lambda\hbar\omega_0 \quad x=\sqrt{\frac{\hbar}{m\omega_0\xi}}$$

通过这些代换，式(5.45)变为

$$\frac{\partial^2\psi}{\partial\xi^2}+(\lambda-\xi^2)\psi=0 \tag{5.48}$$

式(5.48)的级数解为

$$\psi_n(x)=\frac{1}{\sqrt{\pi 2^n n!}}\exp\left(-\frac{1}{2}\xi^2\right)H_n(\xi) \tag{5.49}$$

式中 n 为非负整数；$H_n(\xi)$ 为埃尔米特多项式，前四项为

$$H_0=1 \quad H_2=4\xi^2-2$$
$$H_1=2\xi \quad H_3=8\xi^2-12\xi$$

与 ψ_n 相应的第 $n+1$ 个能级的本征值为

$$E_n=\left(n+\frac{1}{2}\right)\hbar\omega_0$$

因此能级从基态能量 $\dfrac{1}{2}\hbar\omega_0$ 开始，间隔是均匀的。$\psi_n(x)$ 构成完备正交归一集合；满足相同边界条件的任意函数可用它们展开，

$$\begin{aligned} f(x)&=\sum_n c_n\psi_n(x) \\ &=\sum_n\frac{c_n}{\sqrt{\pi 2^n n!}}\exp\left(-\frac{1}{2}\xi^2\right)H_n(\xi) \end{aligned} \tag{5.50}$$

$$c_n=\frac{1}{\sqrt{\pi 2^n n!}}\int_{-\infty}^{\infty}f(x)\exp\left(-\frac{1}{2}\xi^2\right)H_n(\xi)\mathrm{d}x \tag{5.51}$$

且

$$\int_{-\infty}^{\infty}\psi_n(x)\psi_m(x)\mathrm{d}x=\delta_{nm} \tag{5.52}$$

利用谐振子作基础给出任意动力学算子的矩阵表示。埃尔米特

多项式的递推关系为

$$H_{n+1}-2\xi H_n+2nH_{n-1}=0 \tag{5.53}$$

位置算子 x 的矩阵元为

$$\begin{aligned}\langle\psi_n\mid x\mid\psi_m\rangle&=\langle n\mid x\mid m\rangle\\&=\sqrt{\frac{\hbar}{m\omega_0}}\left(\sqrt{\frac{n}{2}}\delta_{m(n-1)}+\sqrt{\frac{n+1}{2}}\delta_{m(n+1)}\right)\end{aligned} \tag{5.54}$$

动量算子 $p=-i\hbar\dfrac{\partial}{\partial x}$的矩阵元为

$$\begin{aligned}\langle\psi_n\mid p\mid\psi_m\rangle&=\langle n\mid p\mid m\rangle\\&=i\sqrt{\hbar m\omega_0}\left(-\sqrt{\frac{n}{2}}\delta_{m(n-1)}+\sqrt{\frac{n+1}{2}}\delta_{m(n+1)}\right)\end{aligned} \tag{5.55}$$

于是

$$x=\sqrt{\frac{\hbar}{2m\omega_0}}\begin{pmatrix}0&\sqrt{1}&0&0&\cdots\\\sqrt{1}&0&\sqrt{2}&0&\cdots\\0&\sqrt{2}&0&\sqrt{3}&\cdots\\\vdots&\vdots&\vdots&\vdots&\vdots\end{pmatrix} \tag{5.56}$$

$$p=i\sqrt{\frac{\hbar m\omega_0}{2}}\begin{pmatrix}0&-\sqrt{1}&0&0&\cdots\\\sqrt{1}&0&-\sqrt{2}&0&\cdots\\0&\sqrt{2}&0&-\sqrt{3}&\cdots\\0&0&\sqrt{3}&0&\cdots\\\vdots&\vdots&\vdots&\vdots&\vdots\end{pmatrix} \tag{5.57}$$

不难验证若使用 x、p 的矩阵,则可得到哈密顿算子的矩阵

$$H=\frac{1}{2m}p^2+\frac{1}{2}kx^2=\frac{1}{2}\hbar\omega_0\begin{pmatrix}1&&&&\\&3&&0&\\&&5&&\\&0&&7&\\&&&&\ddots\end{pmatrix} \tag{5.58}$$

式(5.58)中的矩阵为对角型，这是由于利用了 H 的本征函数作为矩阵表示的基。

考虑偶极矩算子 ex，其中 e 为振动粒子电荷、x 为位置变量。从式(5.56)知跃迁只发生在彼此相差一个振动量子 $\hbar\omega_0$ 的状态之间；对于偶极矩跃迁，产生了选择法则 $n\rightarrow n\pm1$。

5.4 结构性粒子

结构性粒子指具有内部构造的粒子。“宇称”属于内部结构的性质，它是指在空间中某点的波函数在坐标反演下的行为，即从右手系变为左手系或反之。因为在量子力学中只有波函数的模平方是可观察的，所以波函数成为真标量场

$$I\psi(\boldsymbol{r},t)=\psi(-\boldsymbol{r},t) \tag{5.59}$$

或为伪标量场

$$I\psi(\boldsymbol{r},t)=-\psi(-\boldsymbol{r},t) \tag{5.60}$$

式中 I 为反演算子。ε 粒子是标量、π 介子是伪标量类。可以说宇称量子数±1 为量子力学中的纯几何性质。当然基本粒子的自旋、电荷、磁矩、同位旋、奇异数等内禀性质可能有、可能没有纯几何意义。

本节利用非相对论性量子力学研究角动量(自旋)，并将其作为与内禀结构有关的仅有的量子性质。在经典力学中，能量可分成与质心相关的以及与内禀动力学相关的两部分；作为类比，这里假定哈密顿算子可表示成

$$H=H_e+H_i=\left[-\frac{\hbar^2}{2m}\nabla^2+V(\boldsymbol{r})\right]+H_i \tag{5.61}$$

式中 $V(\boldsymbol{r})$为外界加入的势能；H_i 仅与内禀变量有关。今用 τ 表示内禀变量的全体，从分离成内、外两部分线性性质出发，若取解的形式为

$$\psi(\boldsymbol{r},t)=\phi(\boldsymbol{r})\mathscr{X}(\tau) \tag{5.62}$$

则显然与时间无关的薛定谔方程为

$$H\psi=E\psi$$

以 ψ 除之，

$$\frac{1}{\phi}H_e\phi+\frac{1}{\mathscr{X}}H_i\mathscr{X}=E \tag{5.63}$$

因为上式左边第一项只与独立变量 $\boldsymbol{r}$ 有关、第二项只与独立变量 τ 有关，且 E 为常数，所以断言：每一项等于一个常数，有

$$H_i\mathscr{X}=\varepsilon\mathscr{X} \tag{5.64}$$

$$\left(-\frac{\hbar^2}{2m}\nabla^2+V\right)\phi=(E-\varepsilon)\phi \tag{5.65}$$

式中 ε 为内禀能。

在电子的非相对论性理论中，与量子数 $S=\frac{1}{2}$，总自旋角动量 $\sqrt{S(S+1)}\hbar$，z 分量 $S_z=\pm\frac{1}{2}\hbar$ 对应的两个自旋态是内禀波函数 $\phi(\tau)$ 的两个能量简并态，即自旋向上态 $\phi_{\frac{1}{2}(\frac{1}{2})}=\alpha(\tau)$ 和自旋向下态 $\phi_{\frac{1}{2}(-\frac{1}{2})}=\beta(\tau)$。在角动量量子理论中已知动力学自旋算子 S 的分量有关系

$$[S_z,S_y]=i\hbar S_z\quad（包括循环置换）$$

且

$$[S^2,S_x]=[S^2,S_y]=[S^2,S_z]=0 \tag{5.66}$$

注意 $S^2=S_x^2+S_y^2+S_z^2$。于是在自旋空间中对易算子的最大集合可取为 S^2、S_z，它们可以有共同的本征函数 ϕ，

$$\begin{aligned}S^2\phi_{\frac{1}{2}(\pm\frac{1}{2})}&=\frac{1}{2}\left(\frac{1}{2}+1\right)\hbar^2\phi_{\frac{1}{2}(\pm\frac{1}{2})}\\ S_z\phi_{\frac{1}{2}(\pm\frac{1}{2})}&=\pm\frac{1}{2}\hbar\phi_{\frac{1}{2}(\pm\frac{1}{2})}\end{aligned} \tag{5.67}$$

当用狄拉克符号时

$$\begin{cases}S^2\left|\frac{1}{2},\pm\frac{1}{2}\right\rangle=\frac{1}{2}\left(\frac{1}{2}+1\right)\hbar\left|\frac{1}{2},\pm\frac{1}{2}\right\rangle\\ S_z\left|\frac{1}{2},\pm\frac{1}{2}\right\rangle=\pm\frac{1}{2}\hbar\left|\frac{1}{2},\pm\frac{1}{2}\right\rangle\end{cases} \tag{5.68}$$

当用泡利自旋矩阵 σ 时

$$\begin{cases} S_x = \frac{1}{2}\hbar\sigma_x = \frac{1}{2}\hbar\begin{pmatrix} 0 & 1 \\ 1 & 0 \end{pmatrix} \\ S_y = \frac{1}{2}\hbar\sigma_y = \frac{1}{2}\hbar\begin{pmatrix} 0 & -i \\ i & 0 \end{pmatrix} \\ S_z = \frac{1}{2}\hbar\sigma_z = \frac{1}{2}\hbar\begin{pmatrix} 1 & 0 \\ 0 & -1 \end{pmatrix} \\ S^2 = \frac{3}{4}\hbar^2\begin{pmatrix} 1 & 0 \\ 0 & 1 \end{pmatrix} \end{cases} \tag{5.69}$$

以及依

$$\left|\frac{1}{2},\frac{1}{2}\right\rangle = \begin{pmatrix} 1 \\ 0 \end{pmatrix} \qquad \left|\frac{1}{2},-\frac{1}{2}\right\rangle = \begin{pmatrix} 0 \\ 1 \end{pmatrix} \tag{5.70}$$

表示的自旋向上态、自旋向下态，可以得到算子方程式(5.68)的一个实现。电子任意自旋态可由矩阵

$$a\begin{pmatrix} 1 \\ 0 \end{pmatrix} + b\begin{pmatrix} 0 \\ 1 \end{pmatrix} = \begin{pmatrix} a \\ b \end{pmatrix} \tag{5.71}$$

表述，其中$|a|^2+|b|^2=1$。

更一般地，自旋为 S 的粒子由一个有 $2S+1$ 个分量的波函数描述，其由乘积函数

$$\phi(\boldsymbol{r})\mathscr{X}_{S(M_S(\tau))}$$

线性组合表示，式中 $M_S=S$、$S-1$、…、$-S+1$、$-S$；$\mathscr{X}$ 同样可用 $2S+1$ 维矢量空间的基矢量表示：

$$\mathscr{X}_{S(S)} = \begin{pmatrix} 1 \\ 0 \\ \vdots \\ 0 \\ 0 \end{pmatrix} \mathscr{X}_{S(S-1)} = \begin{pmatrix} 0 \\ 1 \\ 0 \\ \vdots \\ 0 \end{pmatrix} \cdots \mathscr{X}_{S(-S)} = \begin{pmatrix} 0 \\ 0 \\ \vdots \\ 0 \\ 1 \end{pmatrix} \tag{5.72}$$

尽管此处的自旋算子仍然满足电子自旋应满足的量子对易关系，但是对应于这些算子的矩阵将是 $2S+1$ 维方阵。

5.5 量子化轨道角动量

对于薛定谔方程

$$\left[-\frac{\hbar^2}{2m}\nabla^2+V(\boldsymbol{r})\right]\psi(\boldsymbol{r})=(E-\varepsilon)\psi=E\psi \tag{5.73}$$

这里 E 为电子质心运动的能量，也就是总能量与内禀能量的差，$V(\boldsymbol{r})$为电子在氢原子中受到的中心场。将乘积函数

$$\psi(\boldsymbol{r})=R(r)Y(\theta,\psi) \tag{5.74}$$

代入式(5.73)，并除 RY 得到径向方程

$$\frac{1}{r^2}\frac{\mathrm{d}}{\mathrm{d}r}\left(r^2\frac{\mathrm{d}R}{\mathrm{d}r}\right)+\frac{2m}{\hbar^2}\left\{[E-V(\boldsymbol{r})]-\frac{\lambda}{r^2}\right\}R=0 \tag{5.75}$$

角方程

$$L^2Y(\theta,\psi)=\lambda\hbar^2Y(\theta,\psi) \tag{5.76}$$

而 L^2 为角动量算子的平方

$$L^2=-\hbar^2\left[\frac{1}{\sin\theta}\frac{\partial}{\partial\theta}\left(\sin\theta\frac{\partial}{\partial\theta}\right)+\frac{1}{\sin^2\theta}\frac{\partial^2}{\partial\psi^2}\right] \tag{5.77}$$

通过自伴矢量算子

$$\boldsymbol{L}=\boldsymbol{r}\times\boldsymbol{p}=-i\hbar\boldsymbol{r}\times\nabla \tag{5.78}$$

用球坐标及 $L^2=\boldsymbol{L}\cdot\boldsymbol{L}$ 推出式(5.78)。

利用平方可积以及几率密度应为单值连续函数的条件，有本征解

$$Y_{lm}=(-1)^m\sqrt{\frac{2l+1}{4\pi}\frac{(l-|m|)!}{(l+|m|)!}}P_l^{|m|}(\cos\theta)\exp(im\psi) \tag{5.79}$$

其满足

$$\begin{aligned}L^2Y_{lm}&=l(l+1)\hbar^2Y_{lm}\\ L_zY_{lm}&=-i\hbar\frac{\partial}{\partial\psi}Y_{lm}=m\hbar Y_{lm}\end{aligned} \tag{5.80}$$

式中已将 z 选作量子轴、$P_l^{|m|}$ 为标准的连带勒让德多项式、Y_{lm} 在单位球面上组成完备的正交归一集合；l 为非负整数、$m=l,l-1,\cdots,-l$。

满足相同边界条件和正则条件的角函数 $f(\theta,\psi)$ 与 $Y_{lm}(\theta,\psi)$ 的关系为

$$f(\theta,\psi)=\sum_{b=0}^{\infty}\sum_{m=-l}^{l} g_{bm} Y_{bm}(\theta,\psi) \tag{5.81}$$

$$g_{bm}=\int_0^{2\pi}\mathrm{d}\psi\int_0^{\pi} Y_{lm}^{*}(\theta,\psi) f(\theta,\psi)\sin\theta\mathrm{d}\theta \tag{5.82}$$

式(5.68)为由 Y_{lm} 的正交归一性获得,

$$\int_0^{2\pi}\int_0^{\pi} Y_{lm}^{*}(\theta,\psi) Y_{b'm'}(\theta,\psi)\sin\theta\mathrm{d}\theta\mathrm{d}\psi=\delta_{blbl'}\delta_{nm'} \tag{5.83}$$

若以本征函数 Y_{lm} 为矩阵表象的基,则尽管 L^2、L_z 已对角化。如

$$L^2=\hbar^2\begin{pmatrix} 0 &&&&&&&&& \\ & 2 &&&&&&&& \\ && 2 &&&&&&& \\ &&& 6 &&&&&& \\ &&&& 6 &&&&& \\ &&&&& 6 &&&& \\ &&&&&& 6 &&& \\ &&&&&&& 6 && \\ &&&&&&&& 6 & \\ &&&&&&&&& \ddots \end{pmatrix}$$

$$L_z=\hbar\begin{pmatrix} 0 &&&&&&&&& \\ & 1 &&&&&&&& \\ && 0 &&&&&&& \\ &&& -1 &&&&&& \\ &&&& 2 &&&&& \\ &&&&& 1 &&&& \\ &&&&&& 0 &&& \\ &&&&&&& -1 && \\ &&&&&&&& -2 & \\ &&&&&&&&& \ddots \end{pmatrix} \tag{5.84}$$

但是由于 L_x、L_y、L_z 不对易，因此在该表象中它们并未对角化，不难验证算子组合 $L_\pm = L_x \pm iL_y$，即上升、下降算子符合关系

$$(L_x \pm iL_y)Y_{lm} = \sqrt{l(l+1) - m(m\pm 1)}\,\hbar Y_{l(m\pm 1)} \quad (5.85)$$

这样在与它们对应的矩阵中，除了直接在对角上的矩阵元不为零外，其他的矩阵元为零。

5.6 转动算子的群表示

设参考系绕 z 轴转动 $\Delta\phi$，定义角 $\theta'=\theta$、$\phi'=\phi-\Delta\phi$，而级数

$$\begin{aligned} f'(\theta,\phi) &= f(\theta,\phi+\Delta\phi) \\ &= \left(1+\Delta\phi\frac{\partial}{\partial\phi}\right)f(\theta,\phi)+\cdots \\ &= \left(1+\frac{i\Delta\phi}{\hbar}L_z\right)f(\theta,\phi) \end{aligned} \quad (5.86)$$

若通过 n 个此种相继的转动实现 $\phi_z=n\Delta\phi$ 的有限转动，则

$$\begin{aligned} R_z(\phi_z)f(\theta,\phi) &= \lim_{n\to\infty}\left(1+\frac{i\phi_z}{n\hbar}L_z\right)^n f(\theta,\phi) \\ &= \exp\left(\frac{i\phi_z}{\hbar}L_z\right)f(\theta,\phi) = f'(\theta,\phi) \end{aligned} \quad (5.87)$$

式中的指数映射为么正算子，它用原变量 θ、ϕ 表示 $f'(\theta,\phi)$。当记转动 $\boldsymbol{\alpha}$、转角 $|\boldsymbol{\alpha}|$、转轴 $\hat{\alpha}$ 时式(5.87)推广成

$$R(\boldsymbol{\alpha})f(\theta,\phi) = \exp\left(i\frac{\boldsymbol{\alpha}\cdot\boldsymbol{L}}{\hbar}\right)f(\theta,\phi) \quad (5.88)$$

由于 $\hat{\alpha}$ 包括了一切可能的转动轴，因此算子 $R(\boldsymbol{\alpha})$ 给出了转动群的一个实现。据此，通过选择基函数集合且将指数算子 $R(\boldsymbol{\alpha})$ 用矩阵表示，从而构成转动群的矩阵表示。

依 $Y_{lm}(\theta,\phi)$ 组成的集合是基函数的自然选择。注意到 L^2 与 L_x、L_y、L_z 对易，所以与 $\boldsymbol{L}$、$R(\boldsymbol{\alpha})$ 也对易；表明 L^2 与所有群算子对易，称之为卡塞米尔算子。该算子的本征值可用标记转动群的不可约表示。但是 L^2 的本征值为 $l(l+1)\hbar^2$，其中 l 为角动量量子数，为非负整数，于是 $SO(3)$ 的不可约表示恰好由对应于在式

(5.85)、式(5.84)中的取固定的 l 值，又依式(5.88)中 $R(\boldsymbol{\alpha})$ 的定义由指数映射给出的 z 矩阵组成。

对于 $l=0$，L_z 是一维零矩阵、$L_\pm$ 也是零矩阵；对于 $l=1$，得到三维不可约表示，其行、列可用量子数 $m_l=1$、0、-1 标注。这样 L_x、L_y、L_x+iL_y 矩阵均由式(5.85)求得。若取

$$Y_{11}=\begin{pmatrix}1\\0\\0\end{pmatrix}\quad Y_{10}=\begin{pmatrix}0\\1\\0\end{pmatrix}\quad Y_{1(-1)}=\begin{pmatrix}0\\0\\1\end{pmatrix}$$

则对 $l=1$，

$$L^2=2\hbar^2\begin{pmatrix}1&0&0\\0&1&0\\0&0&1\end{pmatrix}\qquad L_z=\hbar\begin{pmatrix}1&0&0\\0&0&0\\0&0&-1\end{pmatrix}$$

$$L_+=\hbar\begin{pmatrix}0&\sqrt{2}&0\\0&0&\sqrt{2}\\0&0&0\end{pmatrix}\qquad L_-=\hbar\begin{pmatrix}0&0&0\\\sqrt{2}&0&0\\0&\sqrt{2}&0\end{pmatrix}\tag{5.89}$$

因为

$$L_+Y_{11}=0\qquad L_+Y_{10}=\sqrt{2}\begin{pmatrix}1\\0\\0\end{pmatrix}=\sqrt{2}Y_{11}=\cdots$$

所以有上升算子、下降算子之名。

虽然上述结论是从质心运动的薛定谔方程的角部分获得的，可是这些结果具有一定的普遍性，而且可以严格地从自伴角动量算子的下列对易关系

$$[J_\alpha,J_\beta]=i\hbar J_\gamma\quad(\alpha、\beta、\gamma\text{ 为 }1,2,3\text{ 的循环})\tag{5.90}$$

以及

$$J^2=J_x^2+J_y^2+J_z^2\tag{5.91}$$

导出。注意这里使用 $\boldsymbol{J}$ 而非 $\boldsymbol{L}$，是为说明该结果能够用于任意角动量，无论是轨道的、自旋的还是总角动量。所需步骤概括为：

(1)对易关系

$$[J^2, J_\pm] = 0$$
$$[J_z, J_\pm] = \pm \hbar J_\pm \tag{5.92}$$
$$[J_+, J_-] = 2\hbar J_z$$

用$|j,m\rangle$表示J^2、J_z未知的共同本征函数，而j、m待定。但是

$$J_z \mid j,m\rangle = \hbar m \mid j,m\rangle$$
$$J^2 \mid j,m\rangle = \hbar^2 \lambda_j \mid j,m\rangle \tag{5.93}$$

式中m、λ_j为适当的本征值。

(2)定义态

$$\mid jm\rangle_\pm = J_\pm \mid jm\rangle$$

于是由J^2、$J_\pm$的对易性，

$$J^2 \mid jm\rangle_\pm = J^2 J_\pm \mid jm\rangle = J_\pm J^2 \mid jm\rangle = \hbar^2 \lambda_j \mid jm\rangle_\pm \tag{5.94}$$

因而$|jm\rangle_\pm$、$|jm\rangle$关于J^2的本征值相同。

(3)关系 - 1

$$J_z \mid jm\rangle_\pm = J_z J_\pm \mid jm\rangle$$
$$= (J_\pm J_z + [J_z, J_\pm]) \mid jm\rangle$$
$$= \hbar(m \pm 1) \mid jm\rangle_\pm \tag{5.95}$$

表明$|jm\rangle$为J_z的本征态，可其本征值或上升或下降$\hbar$，或为零态。

(4)关系 - 2

$$J_\pm J_\mp = (J_x \mp iJ_y)(J_x \pm iJ_y) = J_x^2 + J_y^2 \pm [J_z, J_y]$$
$$= J_x^2 + J_y^2 \pm \hbar J_z = J^2 - J_z^2 \mp \hbar J_z \tag{5.96}$$

(5)$|jm\rangle_\pm$长度平方

$${}_\pm\langle jm \mid jm\rangle_\pm = \langle jm \mid J_\mp J_\pm \mid jm\rangle$$
$$= \langle jm \mid J^2 - J_z^2 \pm \hbar J_z \mid jm\rangle$$
$$= \hbar^2(\lambda_j - m^2 \mp m)$$
$$\langle jm \mid jm\rangle = \hbar^2(\lambda_j - m^2 \mp m) \tag{5.97}$$

式中利用了$|jm\rangle$的归一化假定。

基于上述分析知$\lambda_j \geqslant m^2 + m$，因此必有最大值$m_l$、最小值$m_s$。经过反复使$J_+$作用于状态$|jm_s\rangle$，得到一系列状态，而$m$为

$$m_s, m_s+1, \cdots, m_l$$

故 $m_l = m_s + n$ （n 为整数）。

(6)设 $J_+|jm_l\rangle = 0$ 和 $J_-|jm_s\rangle = 0$

计算这些长度，有

$$\lambda_j - m_l(m_l+1) = 0 \tag{5.98}$$

$$\lambda_j - m_s(m_s+1) = 0$$

当把该结果与(5)的结果结合时 $\lambda_j = j(j+1)$，j 为非负整数或非负半整数。于是 J^2 可能的本征值为 $j(j+1)\hbar^2$；$j=0,\frac{1}{2},\frac{2}{2},\frac{3}{2},\cdots$以及对给定的 j、m 取值为 $j, j-1, j-2, \cdots, -j$。

当然轨道角动量只用整数的 j；具有内禀结构的粒子(如电子有自旋)只用半整数的 j，甚至可作为和经典力学的刚体转动相应的量子情况。

5.7 多粒子系统

设有无相互作用的自由点粒子。暂不计统计性，只考虑波函数结构。

在多粒子系统的量子力学中，波函数视为多粒子几率幅，

$$|\Psi(x_1, x_2, \cdots, x_n, t)|^2 \mathrm{d}x_1 \mathrm{d}x_2 \cdots \mathrm{d}x_n$$

表示时刻 t 在关于 x_1 的间隔 $\mathrm{d}x_1$ 中出现粒子 1、在关于 x_2 的间隔 $\mathrm{d}x_2$ 同时出现粒子 2，…的几率。波函数 ψ 满足多粒子薛定谔方程

$$H\Psi = i\hbar \frac{\partial \Psi}{\partial t}$$

$$H = -\sum_{k=1}^{n} \frac{\hbar^2}{2m} \nabla_k^2 + \sum_{j,k} V(x_j, x_k) \qquad (j \neq k)$$

对于无相互作用的自由粒子，能量算子可加，假定具有形式

$$\Psi(x_1, x_2, \cdots, x_n, t) = \prod_{j=1}^{n} \phi_{kj}(x_j) \exp\left(-\frac{iE}{\hbar} t\right) \tag{5.99}$$

的解，将薛定谔方程分成几个单粒子方程，ϕ_k 符合

$$-\frac{\hbar^2}{2m}\nabla_k^2\phi_k=\varepsilon_k\phi_k \qquad E=\frac{1}{2m}\hbar^2k^2 \tag{5.100}$$

式中各粒子能量$\varepsilon_k=\frac{1}{2m}\hbar^2k^2$。

因为各函数ϕ_k在单粒子空间中构成完备正交归一集，所以$\prod_{j=1}^{n}\phi_{kj}(x_j)$在$n$个粒子的乘积空间中构成完备集。事实上，该空间为张量空间，这是由于它对应于n个单粒子的矢量空间的外积。

对对应于单粒子的基矢量$\phi(x)$作么正变换，基矢量$\phi(x)$线性地变换。结果在该么正群的作用下$\prod_{j=1}^{n}\phi_{kj}(x_j)$依一个$n$阶张量的分量形式作线性变换。由于基是完备的，因此可以将其当作由n个粒子问题的所有解组成张量空间的基。

今考虑n个粒子的包括相互作用项的薛定谔方程的某个解$\psi(x_1,x_2,\cdots,x_n)$。有了这种解就可找到$n!$个解。因为粒子的全同性，所以从$\psi(x_1,x_2,\cdots,x_n)$出发，经过取n个变量x_j的$n!$个置换，可以得到$\psi(x_1,x_2,\cdots,x_n)$和

$$P_{12}\psi(x_1,x_2,\cdots,x_n)=(12)\psi(x_1,x_2,\cdots,x_n)$$

等。对于自旋量子数为整数的粒子，其波函数是对称的，

$$\psi_S(x_1,x_2,\cdots,x_n)=\sum_P P\psi(x_1,x_2,\cdots,x_n) \tag{5.101}$$

式中P遍历坐标x_j的一切$n!$个置换；该唯一的函数对应于对称群的杨盘为

1	2	$\cdots$	n

的一维不可约表示。自旋量子数为半整数的粒子，其波函数是反对称的，

$$\psi_A(x_1,x_2,\cdots,x_n)=\sum_P \delta_P P\psi(x_1,x_2,\cdots,x_n) \tag{5.102}$$

式中δ_P为置换P的符号，当P为偶置换时$\delta_P=1$、当P为奇置换时$\delta_P=-1$，该唯一的函数对应于对称群的杨盘为

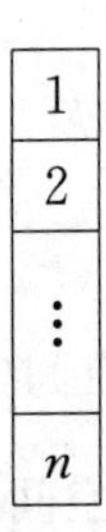

的一维表示。

事实上,对称性粒子服从玻色统计,反对称性粒子服从费米统计;费米子组成坚固的物质,玻色子传递费米子之间的相互作用。

5.8 微扰法

考虑含时间的微扰方法。设系统的哈密顿算子 $H(t)$ 由 H_0、$H'(t)$ 两部分组成,

$$H(t) = H_0 + H'(t) \tag{5.103}$$

其中 H_0 与时间无关、微扰部分 H' 与时间有关。系统波函数 ψ 符合

$$i\hbar \frac{\partial \psi}{\partial t} = H(t)\psi \tag{5.104}$$

已知 H_0 的本征函数为 ϕ_n,

$$H_0 \phi_n = \varepsilon_n \phi_n \tag{5.105}$$

将 ψ 按 H_0 的定态波函数 $\Phi_n = \phi_n \exp\left(-\frac{i\varepsilon_n}{\hbar}t\right)$ 展开,

$$\psi = \sum_n a_n(t)\Phi_n \tag{5.106}$$

代入式(5.91),

$$\begin{aligned} & i\hbar \sum_n \Phi_n \frac{\mathrm{d}}{\mathrm{d}t} a_n(t) + i\hbar \sum_n a_n(t) \frac{\partial \Phi_n}{\partial t} \\ & = \sum_n a_n(t) H_0 \Phi_n + \sum_n a_n(t) H' \Phi_n \end{aligned} \tag{5.107}$$

利用 $i\hbar \frac{\partial \Phi_n}{\partial t} = H_0 \Phi_n$,得到

$$i\hbar \sum_n \Phi_n \frac{\mathrm{d}}{\mathrm{d}t} a_n(t) = \sum_n a_n(t) H' \Phi_n$$

以 Φ_m^* 左乘上式并对整个空间积分，

$$i\hbar \sum_n \frac{\mathrm{d}}{\mathrm{d}t} a_n(t) \int_\tau \Phi_m^* \Phi_n \mathrm{d}\tau = \sum_n a_n(t) \int_\tau \Phi_m^* H' \Phi_n \mathrm{d}\tau$$

依 $\int_\tau \Phi_m^* \Phi_n \mathrm{d}\tau = \delta_{mn}$，

$$i\hbar \frac{\mathrm{d}}{\mathrm{d}t} a_m(t) = \sum_n a_n(t) D'_{mn} \exp(it\omega_{mn}) \tag{5.108}$$

式中

$$D'_{mn} = \int_\tau \phi_m^* H' \phi_n \mathrm{d}\tau \tag{5.109}$$

是微扰矩阵元，

$$\omega_{mn} = \frac{1}{\hbar}(\varepsilon_m - \varepsilon_n) \tag{5.110}$$

为系统从能级 ε_m 跃迁到能级 ε_n 的玻尔频率。因为式(5.108)为式(5.104)经过式(5.106)改变而来，所以式(5.108)是另一种形式的薛定谔方程。

关于式(5.108)的解，设在 $t=0$ 时引入微扰，此时系统处于 H_0 的第 k 个本征态 Φ_k，由式(5.106)，得

$$a_n(0) = \delta_{nk} \tag{5.111}$$

式(5.108)的右端已包括一级微量 D'_{mn}，在只计一级近似不计其他近似的条件下，式(5.108)的 $a_n(0)$ 作为 $a_n(t)$ 代入式(5.108)右端，产生

$$i\hbar \frac{\mathrm{d}}{\mathrm{d}t} a_m(t) = \sum_n \delta_{nk} D'_{mn} \exp(it\omega_{mn}) = D'_{mk} \exp(it\omega_{mk})$$

据此推出式(5.108)的一级近似解

$$a_m(t) = \frac{1}{i\hbar} \int_0^t D'_{mk} \exp(iT\omega_{mk}) \mathrm{d}T \tag{5.112}$$

由式(5.106)，在 t 时刻系统处于 Φ_m 态的几率为 $|a_m(t)|^2$，于是系统在微扰作用下从初态 Φ_k 跃迁到终态 Φ_m 的几率为

$$W_{km} = |a_m(t)|^2 \tag{5.113}$$

5.9 跃迁几率

设 H' 在 $0<t<T$ 时段是与时间无关的非零值。系统在 $t=0$ 时的状态为 Φ_k，在 H' 作用下系统跃迁到连续分布的或接近连续分布的终态 Φ_m，这些终态的能量 ε_m 的在初态能量 ε_k 上、下连续分布。若以 $\rho(m)\mathrm{d}\varepsilon_m$ 表示在能量 $\varepsilon_m \sim \varepsilon_m + \mathrm{d}\varepsilon_m$ 范围内这些终态的数量，则 $\rho(m)$ 为终态的状态密度；从初态到终态的跃迁几率之和。于是依式(5.113)，从初态到终态的跃迁几率为

$$W = \sum_m |a_m(t)|^2 \to \int_{-\infty}^{\infty} |a_m(t)|^2 \rho(m)\mathrm{d}\varepsilon_m \tag{5.114}$$

利用式(5.99)，

$$a_m(t) = -\frac{D'_{mk}}{\hbar}\frac{\exp(it\omega_{mk})-1}{\omega_{mk}} \tag{5.115}$$

得

$$\begin{aligned}
|a_m(t)|^2 &= \frac{|D'_{mk}|^2}{\hbar^2\omega_{mk}^2}[\exp(it\omega_{mk})-1][\exp(-it\omega_{mk})-1] \\
&= \frac{2|D'_{mk}|^2}{\hbar^2\omega_{mk}^2}[1-\cos(\omega_{mk}t)] \\
&= \frac{4|D'_{mk}|^2}{\hbar^2}\frac{\sin^2\left(\frac{\omega_{mk}t}{2}\right)}{\omega_{mk}^2}
\end{aligned} \tag{5.116}$$

式(5.116)代入式(5.115)，并注意到 $\mathrm{d}\varepsilon_m = \hbar\mathrm{d}\omega_{mk}$，有

$$W = \frac{4}{\hbar}\int_{-\infty}^{\infty} |D'_{mk}|^2\rho(m)\frac{\sin^2\frac{\omega_{mk}t}{2}}{\omega_{mk}^2}\mathrm{d}\omega_{mk} \tag{5.117}$$

命 $x=\frac{1}{2}\omega_{mk}$，并令 $t\to\infty$ 且令 $x=0$，式(5.117)可变为

$$W = \frac{2\pi t}{\hbar}\int_{-\infty}^{\infty} |D'_{mk}|^2\rho(m)\delta(\omega_{mk})\mathrm{d}\omega_{mk}$$

当只考虑 $|D'_{mk}|$、$\rho(m)$ 随 ε_m 平滑变化时，

$$W = \frac{2\pi t}{\hbar}|D'_{mk}|^2\rho(m) \tag{5.118}$$

单位时间的跃迁几率 w 为

$$w=\frac{W}{t}=\frac{2\pi}{\hbar}\mid D'_{mk}\mid^2\rho(m) \tag{5.119}$$

称式(5.119)为黄金规则。

取终态为自由粒子动量的本征函数，采用箱归一化，

$$\varphi_m(\boldsymbol{r})=L^{-\frac{3}{2}}\exp\left(\frac{i}{\hbar}\boldsymbol{p}\cdot\boldsymbol{r}\right)$$

L 为箱边长，如图 5.1 所示正方体形箱。因为在箱内动量的本征值为

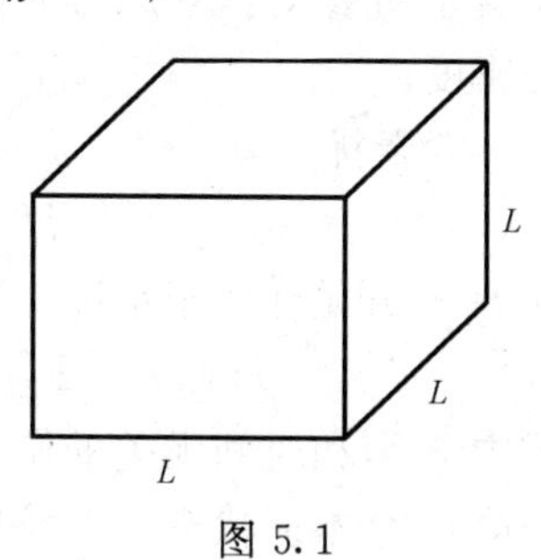

图 5.1

$$p_x=\frac{2\pi\hbar n_x}{L}$$

$$p_y=\frac{2\pi\hbar n_y}{L}$$

$$p_z=\frac{2\pi\hbar n_z}{L}$$

式中 n_x、n_y、n_z 为整数，每组 $\{n_x,n_y,n_z\}$确定一个状态，所以在动量

$$p_x\sim p_x+\mathrm{d}p_x\quad p_y\sim p_y+\mathrm{d}p_y\quad p_z\sim p_z+\mathrm{d}p_z$$

范围内状态的数量为

$$\left(\frac{L}{2\pi\hbar}\right)^3\mathrm{d}p_x\mathrm{d}p_y\mathrm{d}p_z$$

由极坐标表示，动量大小、方向在

$$p\sim p+\mathrm{d}p\quad \theta\sim\theta+\mathrm{d}\theta\quad \varphi\sim\varphi+\mathrm{d}\varphi \tag{5.120}$$

范围内状态的数量为

$$\left(\frac{L}{2\pi\hbar}\right)^3p^2\sin\theta\mathrm{d}p\mathrm{d}\theta\mathrm{d}\varphi$$

能量为

$$\varepsilon_m=\frac{p^2}{2\mu}$$

的终态有许多，其中动量大小为 p 但方向不同，用 $\rho(m)\mathrm{d}\varepsilon_m$ 表示动量在(5.121)范围内状态的数量，则

$$\rho(m)\mathrm{d}\varepsilon_m=\left(\frac{L}{2\pi\hbar}\right)^3p^2\sin\theta\mathrm{d}p\mathrm{d}\theta\mathrm{d}\varphi$$

由于

$$\varepsilon_m = \frac{p^2}{2\mu} \qquad \mathrm{d}\varepsilon_m = \frac{p}{\mu}\mathrm{d}p$$

因此

$$\rho(m) = \left(\frac{L}{2\pi\hbar}\right)^3 \mu p \sin\theta \mathrm{d}p \mathrm{d}\theta \mathrm{d}\varphi \tag{5.121}$$

这就是动量大小为 p、方向在立体角 $\mathrm{d}\Omega=\sin\theta\mathrm{d}\theta\mathrm{d}\varphi$ 内的终态的状态密度。

置微扰

$$H'(t) = A\cos\omega t$$

从 $t=0$ 开始作用于系统。为方便将 $H'(t)$写成指数形式

$$H'(t) = F[\exp(i\omega t) + \exp(-i\omega t)] \tag{5.122}$$

式中 F 为和时间无关的微扰算子。在 H_0 的第 k 个本征状态 ϕ_k 与第 m 个本征状态 ϕ_m 之间的微扰矩阵元是

$$\begin{aligned} D'_{mk} &= \int_\tau \phi_m^* H'(t) \phi_k \mathrm{d}\tau \\ &= f_{mk}[\exp(i\omega t) + \exp(-i\omega t)] \end{aligned} \tag{5.123}$$

$$f_{mk} = \int_\tau \phi_m^* F \phi_k \mathrm{d}\tau \tag{5.124}$$

式(5.123)代入式(5.112),

$$\begin{aligned} a_m(t) &= \frac{f_{mk}}{i\hbar}\int_0^t \{\exp[i(\omega_{mk}+\omega)T] + \exp[i(\omega_{mk}-\omega)T]\}\mathrm{d}T \\ &= \frac{f_{mk}}{\hbar}\left\{\frac{\exp[i(\omega_{mk}+\omega)t]-1}{\omega_{mk}+\omega} + \frac{\exp[i(\omega_{mk}-\omega)t]-1}{\omega_{mk}-\omega}\right\} \end{aligned} \tag{5.125}$$

当

$$\omega = \omega_{mk} \qquad (\varepsilon_m = \varepsilon_k \pm \hbar\omega) \tag{5.126}$$

时才出现显著的跃迁。即只有当外界微扰含时间频率 ω_{mk},系统可以从初状态 Φ_k 跃迁到终状态 Φ_m,此时系统吸收(发射)的能量为 $\hbar\omega_{mk}$。表明这里的跃迁是一种共振现象;故只需讨论 ω_{mk} 的情况。

把式(5.125)代入式(5.113),当 $\omega \approx \omega_{mk}$ 时式(5.126)右边取第二项,当 $\omega \approx -\omega_{mk}$ 时取第一项,于是得到从状态 Φ_k 跃迁到状态 Φ_m 的几率为

$$W_{km} = |a_m(t)|^2 \frac{4|f_{mk}|^2 \sin^2\left(\frac{\omega_{mk} \pm \omega}{2} t\right)}{\hbar^2 (\omega_{mk} \pm \omega)^2} \tag{5.127}$$

上式对 $\omega \approx -\omega_{mk}$ 用正号,对 $\omega \approx \omega_{mk}$ 用负号。进一步推出

$$W_{km} = \frac{2\pi t}{\hbar} |f_{mk}|^2 \delta(\varepsilon_m - \varepsilon_k \pm \hbar\omega) \tag{5.128}$$

单位时间跃迁几率 w_{km} 为

$$w_{km} = \frac{2\pi}{\hbar} |f_{mk}|^2 \delta(\varepsilon_m - \varepsilon_k \pm \hbar\omega) \tag{5.129}$$

注意到 δ 函数的性质,式(5.128)、式(5.129)中的 δ 函数将能量守恒式(5.126)明显地表达出来。当 $\varepsilon_k > \varepsilon_m$ 时式(5.129)变为

$$w_{km} = \frac{2\pi}{\hbar} |f_{mk}|^2 \delta(\varepsilon_m - \varepsilon_k + \hbar\omega) \tag{5.130}$$

也就是当 $\varepsilon_m = \varepsilon_k - \hbar\omega$ 时跃迁几率不为零,系统从状态 Φ_k 跃迁到状态 Φ_m,发出能量 $\hbar\omega$。当 $\varepsilon_k < \varepsilon_m$ 时式(5.129)给出

$$w_{km} = \frac{2\pi}{\hbar} |f_{mk}|^2 \delta(\varepsilon_m - \varepsilon_k - \hbar\omega) \tag{5.131}$$

也就是当 $\varepsilon_m = \varepsilon_k + \hbar\omega$ 时跃迁几率不为零,在跃迁过程中系统吸收能量 $\hbar\omega$。

交换 m、k,在式(5.128)中产生系统从状态 Φ_m 跃迁到状态 Φ_k 的几率。由于 F 为埃尔米特算子且 $|f_{mk}|^2 = |f_{km}|^2$,因此

$$W_{mk} = W_{km} \tag{5.132}$$

表明从状态 Φ_m 跃迁到状态 Φ_k 与从状态 Φ_k 跃迁到状态 Φ_m 的几率相等。

若初状态 k 为分立的,终状态 m 为连续的,则 $\varepsilon_m > \varepsilon_k$。命微扰 $H'(t) = A\cos\omega t$ 只在从 $t=0$ 到 $t=\tau$ 时段对系统有作用,于是式(5.127)在 $t>\tau$ 时刻系统从 k 状态跃迁到 m 状态的几率为

$$W_{km} = \frac{4|f_{mk}|^2 \sin^2\left[\left(\frac{\omega_{mk} - \omega}{2}\right)\tau\right]}{\hbar^2 (\omega_{mk} - \omega)^2}$$

其情况如图 5.2 所示。从图中可知跃迁几率发生在主峰区域，即 $\omega_{mk}-\omega$ 由 $-\frac{2\pi}{\tau}$ 到 $\frac{2\pi}{\tau}$ 内明显不为零，在该区域之外跃迁几率很小。在此过程中能量守恒 $E_m=E_k+\hbar\omega$ 或 $\omega_{mk}=\omega$ 非严格成立，仅在原点处严格成立。因为 $\omega_{mk}=-\omega$ 只要在由 $-\frac{2\pi}{\tau}$ 到 $\frac{2\pi}{\tau}$ 范围内跃迁几率不为零，所以 ω_{mk} 不但可以取 ω 值而且可以取从 $\omega-\frac{2\pi}{\tau}$ 到 $\omega+\frac{2\pi}{\tau}$ 之间的任何值，也就是 ω_{mk} 的不确定范围是 $\Delta\omega_{mk}\sim\frac{1}{\tau}$。又因 k 为分立能级，E_k 可确定，故 ω_{mk} 的不确定也是终态能量 E_m 的不确定，即

$$\Delta\omega_{mk}=\Delta\left(\frac{E_m-E_k}{\hbar}\right)=\frac{1}{\hbar}\Delta E_m$$

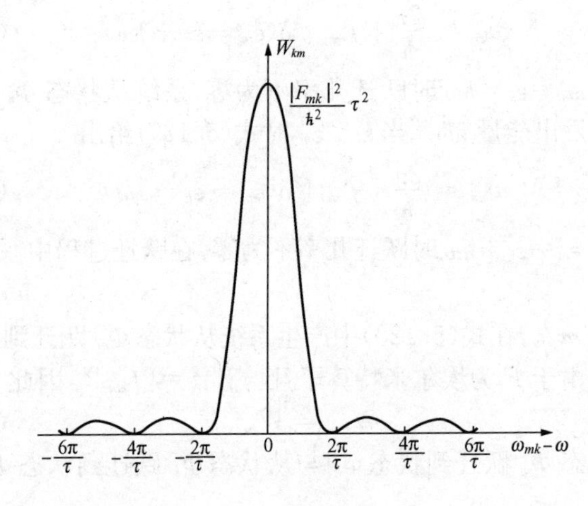

图 5.2

依此知

$$\tau\Delta E_m\sim\hbar \tag{5.133}$$

在一般情况下当测量时间为 Δt 时，测量能量不确定范围是 ΔE，有

$$\Delta\tau\Delta E\sim\hbar \tag{5.134}$$

式(5.134)就是能量-时间测不准关系。

【例 5.1】 分析氢原子。

解: 电子在有心力场中运动的波动方程为

$$i\frac{\partial\psi}{\partial t} - \frac{\pi^2}{2\mu}\nabla^2\psi+V(r)\psi \tag{①}$$

式中 μ 为电子质量、$V(r)$ 为电子在有心力场中势能、r 为电子到力心距离。

考虑方程定态解,分离变量

$$\psi(r,t)=u(r)f(t) \tag{②}$$

式②代入①,

$$f(t)=C\exp\left(-\frac{i}{\hbar}Et\right) \tag{③}$$

E 为电子总能量。波函数的空间部分 $u(r)$ 满足

$$-\frac{\hbar^2}{2\mu}\nabla^2 u+V(r)u=Eu \tag{④}$$

依 $V(r)$ 的球对称性,利用球坐标,于是 $u(\boldsymbol{r})=u(r,\theta,\varphi)$,式④变为

$$-\frac{\hbar^2}{2\mu}\left[\frac{1}{r^2}\frac{\partial}{\partial r}\left(r^2\frac{\partial u}{\partial r}\right)+\frac{1}{r^2\sin\theta}\frac{\partial}{\partial\theta}\left(\sin\theta\frac{\partial u}{\partial\theta}\right)\right.$$
$$\left.+\frac{1}{r^2\sin^2\theta}\frac{\partial^2 u}{\partial\varphi^2}\right]+V(r)u=Eu \tag{⑤}$$

继续分离变量,即径向部分 $R(r)$ 及角部分 $Y(\theta,\varphi)$,

$$u(r,\theta,\varphi)=R(r)Y(\theta,\varphi) \tag{⑥}$$

得

$$-\frac{\hbar^2}{2\mu}\left[\frac{1}{r^2R}\frac{\mathrm{d}}{\mathrm{d}r}\left(r^2\frac{\mathrm{d}R}{\mathrm{d}r}\right)+\frac{1}{Y}\frac{1}{r^2\sin\theta}\frac{\partial}{\partial\theta}\left(\sin\theta\frac{\partial Y}{\partial\theta}\right)\right.$$
$$\left.+\frac{1}{Y}\frac{1}{r^2\sin^2\theta}\frac{\partial^2 Y}{\partial\varphi^2}\right]+V(r)=E$$

又统乘 r^2,产生

$$r^2\left[\frac{1}{r^2R}\frac{\mathrm{d}}{\mathrm{d}r}\left(r^2\frac{\mathrm{d}R}{\mathrm{d}r}\right)+\frac{2\mu E}{\hbar^2}-\frac{2\mu}{\hbar^2}V(r)\right]$$

$$=-\frac{1}{Y}\left[\frac{1}{\sin\theta}\frac{\partial}{\partial\theta}\left(\sin\theta\frac{\partial Y}{\partial\theta}\right)+\frac{1}{\sin^2\theta}\frac{\partial^2 Y}{\partial\varphi^2}\right]$$

因该式左方为 r 的函数，右方为 θ 和 φ 的函数，故上式必为常数 λ，推出

$$\frac{1}{r^2}\frac{\mathrm{d}}{\mathrm{d}r}\left(r^2\frac{\mathrm{d}R}{\mathrm{d}r}\right)+\left[\frac{2\mu E}{\hbar^2}-\frac{2\mu}{\hbar^2}V(r)-\frac{\lambda}{r^2}\right]R=0 \tag{⑦}$$

$$\frac{1}{\sin\theta}\frac{\partial}{\partial\theta}\left(\sin\theta\frac{\partial Y}{\partial\theta}\right)+\frac{1}{\sin^2\theta}\frac{\partial^2 Y}{\partial\varphi^2}+\lambda Y=0 \tag{⑧}$$

这里 E、λ 待定。

对式⑧进一步分离变量。取

$$Y(\theta,\varphi)=\Theta(\theta)\Phi(\varphi) \tag{⑨}$$

有

$$\frac{1}{\sin\theta}\frac{\mathrm{d}}{\mathrm{d}\theta}\left(\sin\theta\frac{\mathrm{d}\Theta}{\mathrm{d}\theta}\right)+\left(\lambda-\frac{m^2}{\sin^2\theta}\right)\Theta=0 \tag{⑩}$$

$$\frac{\mathrm{d}^2\Phi}{\mathrm{d}\varphi^2}+m^2\Phi=0 \tag{⑪}$$

式中 m 与 λ 相似。这时式⑥变为

$$u(r,\theta,\varphi)=R(r)\Theta(\theta)\Phi(\varphi)$$

因为 $|\psi|^2$ 为几率密度并对于定态 $|\psi|^2=|u|^2$，所以

$$|u|^2=|R(r)Y(\theta,\varphi)|^2=|R(r)\Theta(\theta)\Phi(\varphi)|^2$$

表示几率密度。乘以体元 $\mathrm{d}\tau=r^2\sin\theta\mathrm{d}r\mathrm{d}\theta\mathrm{d}\varphi=r^2\mathrm{d}r\mathrm{d}\Omega$，而 $\mathrm{d}\Omega=\sin\theta\mathrm{d}\theta\mathrm{d}\varphi$ 为 (θ,φ) 方向上的立体角元，有

$$|R(r)|^2r^2\mathrm{d}r\,|Y(\theta,\varphi)|^2\mathrm{d}\Omega$$

表示 $r\sim r+\mathrm{d}r$，$\theta\sim\theta+\mathrm{d}\theta$、$\varphi\sim\varphi+\mathrm{d}\varphi$ 体元中的几率，得到 $|R(r)|^2 4\pi r^2\mathrm{d}r$ 代表在距力心 r 处、厚度为 $\mathrm{d}r$ 的球壳内电子出现的几率，$|Y(\theta,\varphi)|^2\mathrm{d}\Omega$ 代表以力心为顶端、(θ,φ) 方向上的立体角元 $\mathrm{d}\Omega=\sin\theta\mathrm{d}\theta\mathrm{d}\varphi$ 中电子出现的几率。对于式⑪，其解为

$$\Phi(\varphi)=A\exp(im\varphi)+B\exp(-im\varphi) \tag{⑫}$$

式中 A、B 为常数。令 $u(r,\theta,\varphi+2\pi)=u(r,\theta,\varphi)$，有

$$\Phi(\varphi+2\pi)=\Phi(\varphi) \tag{⑬}$$

式⑬的解为

$$\Phi_m(\varphi) = A\exp(im\varphi) \tag{14}$$

m 为整数。置 $x=\cos\theta$、$\Theta(\theta)=y(x)$，式⑩变为

$$\frac{d}{dx}\left[(1-x^2)\frac{dy}{dx}\right]+\left(\lambda-\frac{m^2}{1-x^2}\right)y = 0 \tag{15}$$

由 $0\leqslant\theta\leqslant\pi$ 知 $-1\leqslant x\leqslant 1$。对 λ 取

$$\lambda = l(l+1) \tag{16}$$

l 为非负整数。对每个 l，式⑮两个线性无关解中有且只有两个为整个区间 $-1\leqslant x\leqslant 1$ 中有界的函数，符合波函数要求。其通解为

$$y(x) = P_l^{|m|}(x) = (1-x^2)^{\frac{|m|}{2}}\frac{d^{|m|}}{dx^{|m|}}P_l(x) \tag{17}$$

式中 $P_l(x)$ 为勒让德多项式、$P_l^{|m|}(x)$ 为连带勒让德多项式。

从式⑪看，由于 $P_l(x)$ 为 x 的 l 次多项式又 $|m|\leqslant l$，因此对一定的 l，m 取 $2l+1$ 个整数：

$$m = 0, \pm 1, \pm 2, \cdots, \pm l \tag{18}$$

式⑯、式⑱可用于研究原子结构和光谱。l 为角量子数，m 为磁量子数。把式⑭、式⑮综合，得到氢原子波函数的角部分

$$Y_{lm}(\theta,\varphi) = N_{lm}P_l^m(\cos\theta)\exp(im\varphi) \tag{19}$$

式中 $l=0$、1、2、…，$m=0$、±1、±2、…、$\pm l$，N_{lm} 为归一因子，其使波函数 Y_{lm} 归一化

$$\int_\Omega |Y|^2 d\Omega = \int_0^{2\pi}\int_0^{\pi} Y_{lm}^*(\theta,\varphi)Y_{lm}(\theta,\varphi)\sin\theta d\theta d\varphi = 1 \tag{20}$$

Y_{lm}^* 为 Y_{lm} 的复共轭。式⑳表明电子出现在空间不同方向上的总几率为 1。

波函数径向部分 $R(r)$ 的方程式⑦重写为

$$\frac{1}{r^2}\frac{d}{dr}\left(r^2\frac{dR}{dr}\right)+\left[\frac{2\mu E}{\hbar^2}+\frac{2\mu}{\hbar^2}\frac{e^2}{r}-\frac{l(l+1)}{r^2}\right]R = 0 \tag{21}$$

e 为电子电量。λ 由 $l(l+1)$ 代替、$V(r)$ 由静电库仑场中势能 $-\dfrac{e^2}{r}$ 代替。当 E 为负时，

$$E_n = -\frac{\mu e^4}{2\hbar^2 n^2} \tag{22}$$

n为正整数。否则$\lim\limits_{r\to\infty}R(r)=\infty$,不符合波函数要求。但$E$取值为式㉒,对每个$n$,有

$$R_{nl}(r)=\frac{N_{nl}}{\rho}\exp\left(-\frac{\rho}{n}\right)f_n(\rho) \quad ㉓$$

其中$\rho=\dfrac{r}{a}$、$a=\dfrac{\hbar^2}{\mu e^2}=0.53\times10^{-10}$米为第一玻尔半径,$f_n(\rho)$为$\rho$的$n$次多项式,是归一因子。

能量E取负值为束缚状态,即电子与原子核结合形成原子的情形;处于束缚态的电子,能量是量子化的,构成原子能级。氢原子最低能级(基态)

$$E_1=-\frac{\mu e^4}{2\hbar^2}=13.61 \quad (\text{eV})$$

实验值为13.60eV。

【例 5.2】 金属中的自由电子运动。

解:只考虑一维的自由电子运动,其方程为

$$i\hbar\frac{\partial\psi}{\partial t}=-\frac{\hbar^2}{2m}\frac{\partial^2\psi}{\partial x^2} \quad (0<x<L) \quad ①$$

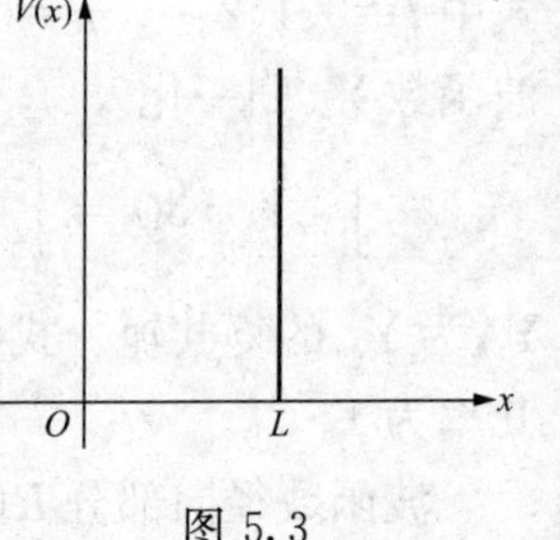

图 5.3

它的势能如图5.3所示,且设金属内的势能为零。式①的解$|\psi(x,t)|^2$给出了电子在各个时刻出现在金属内不同地点x的几率。

关于式①的定态解,分离变量

$$\psi(x,t)=u(x)f(t) \quad ②$$

这时$|\psi|^2$恒定并且其他运动状态可以用定态的迭加表示。式②代入式①,

$$i\hbar u(x)\frac{\mathrm{d}f}{\mathrm{d}t}=-\frac{\hbar^2}{2m}\frac{\mathrm{d}^2u}{\mathrm{d}x^2}f(t)$$

整理,得

$$i\hbar\frac{1}{f}\frac{\mathrm{d}f}{\mathrm{d}t}=-\frac{\hbar^2}{2m}\frac{1}{u}\frac{\mathrm{d}^2u}{\mathrm{d}x^2}$$

因该式左方为 t 的函数、右方为 x 的函数，故上式等于常数 E，

$$i\hbar\,\frac{1}{f}\,\frac{\mathrm{d}f}{\mathrm{d}t}=E \tag{③}$$

$$-\frac{\hbar^2}{2m}\,\frac{1}{u}\,\frac{\mathrm{d}^2u}{\mathrm{d}x^2}=E \tag{④}$$

依③，

$$f(t)=C\exp\left(-\frac{i}{\hbar}Et\right) \tag{⑤}$$

依④，

$$u(x)=A\sin kx+B\cos kx \tag{⑥}$$

式中 A、B、C 为常数。但

$$k=\frac{\sqrt{2mE}}{\hbar} \tag{⑦}$$

为待定常数。式⑤、式⑥代入式②，

$$\psi(x,t)=(A\sin kx+B\cos kx)\exp\left(-\frac{i}{\hbar}Et\right) \tag{⑧}$$

据此，

$$|\,\psi(x,t)\,|^2=|\,A\sin kx+B\cos kx\,|^2$$

表明定态波函数表达的几率不随时间变化。

因为电子限制在金属中运动，所以在金属之外电子出现的几率为零。当 $x<0$（或 $x>L$）时 $\psi(x,t)=0$；注意到波函数为连续函数，$\psi(x,t)$ 在金属表面上也为零，

$$\psi(0,t)=0 \quad \psi(L,t)=0 \tag{⑨}$$

称式⑨为边界条件。式②代入式⑨，

$$u(0)=0 \quad u(L)=0 \tag{⑩}$$

式⑩加于式⑥，

$$u(0)=B=0$$

$$u(L)=A\sin kL=0$$

因为 $\psi\neq0$，所以

$$\sin kL=0 \tag{⑪}$$

或

$$kL = n\pi \quad (n\text{ 为非零整数})$$

结果

$$k_n = \frac{n\pi}{L} \tag{12}$$

导出

$$u_n(x) = A\sin k_n x = A\sin\left(\frac{n\pi}{L}x\right) \tag{13}$$

由式⑦，有

$$E_n = \frac{\hbar^2 k_n^2}{2m} = \frac{\pi^2 \hbar^2}{2mL^2}n^2 \tag{14}$$

由于符号相反而绝对值相等的 n 对应的两个解 $u_n(x)$ 只相差正、负号，因此表示同一个状态，n 取值为正整数

$$n = 1,2,3,\cdots \tag{15}$$

若对

$$\psi_n(x,t) = A\sin\left(\frac{n\pi}{L}x\right)\exp\left(-\frac{i}{\hbar}E_n t\right) \tag{16}$$

时间求导，则

$$i\hbar\frac{\partial\psi_n}{\partial t} = E_n\psi_n$$

比较式⑧知 E_n 表示电子的总能量。依式⑭可以断言：在金属中运动的自由电子，其能量是分立的，即量子化的，形成能级。$n=1$ 的状态为基态，也就是能量最低值

$$E_1 = \frac{\pi^2\hbar^2}{2mL^2}$$

因为电子必在金属内，所以它在金属中出现的总几率为 1，

$$\int_0^L |\psi_n(x,t)|^2 \mathrm{d}x = 1 \tag{17}$$

式⑰就是波函数的归一化条件。从式⑰、式⑯，

$$|A_n|^2\int_0^L \sin^2(k_n x)\mathrm{d}x = \frac{1}{2}L|A_n|^2 = 1$$

得

$$|A_n|^2 = \frac{2}{L} \quad A_n = \sqrt{\frac{2}{L}}\exp(i\varphi)$$

这里 φ 为实数。命 $\varphi=0$，导出

$$\psi_n(x,t)=\sqrt{\frac{2}{L}}\sin(k_n x)\exp\left(-\frac{i}{\hbar}E_n t\right) \tag{18}$$

k_n、E_n 由式⑫、式⑭给出。

由不同能量 E_n、E_m 表征的波函数 ψ_n、ψ_m 满足正交关系，

$$\int_0^L \psi_m^* \psi_n \mathrm{d}x = 0 \quad (m\neq n) \tag{19}$$

式中 ψ_m^* 为 ψ_n 的复共轭。

事实上，根据式④，

$$\begin{cases} -\dfrac{\hbar^2}{2\mu}\dfrac{\mathrm{d}^2 u_n}{\mathrm{d}t^2}=E_n u_n \\ -\dfrac{\hbar^2}{2\mu}\dfrac{\mathrm{d}^2 u_m}{\mathrm{d}t^2}=E_m u_m \end{cases}$$

这里 μ 为电子质量。从中推出

$$-\frac{\hbar^2}{2\mu}\int_0^L\left(u_m\frac{\mathrm{d}^2 u_n}{\mathrm{d}x^2}-u_n\frac{\mathrm{d}^2 u_m}{\mathrm{d}x^2}\right)\mathrm{d}x=(E_n-E_m)\int_0^L u_n u_m \mathrm{d}x$$

令

$$\int_0^L\left(u_m\frac{\mathrm{d}^2 u_n}{\mathrm{d}x^2}-u_n\frac{\mathrm{d}^2 u_m}{\mathrm{d}x^2}\right)\mathrm{d}x=\int_0^L\frac{\mathrm{d}}{\mathrm{d}x}\left(u_m\frac{\mathrm{d}u_n}{\mathrm{d}_x}-u_n\frac{\mathrm{d}u_m}{\mathrm{d}x}\right)\mathrm{d}x$$

$$=\left(u_m\frac{\mathrm{d}u_n}{\mathrm{d}x}-u_n\frac{\mathrm{d}u_m}{\mathrm{d}_x}\right)\Bigg|_0^L=0$$

上式推导中利用 u_m, u_n 满足的边界条件式⑩，得到

$$(E_n-E_m)\int_0^L u_m u_n \mathrm{d}x=0$$

当 $n\neq m$ 时 $E_n-E_m\neq 0$，有

$$\int_0^L u_m u_n \mathrm{d}x=0$$

推出

$$\int_0^L \psi_m^*\psi_n \mathrm{d}x=\frac{2}{L}\exp\left[-\frac{i}{\hbar}(E_n-E_m)\right]\int_0^L u_m u_n \mathrm{d}x=0$$

综合式⑰、式⑲，

$$\int_0^L \psi_m^*\psi_n \mathrm{d}x=\delta_{mn} \tag{20}$$

$$\delta_{mn} = \begin{cases} 1 & (m = n) \\ 0 & (m \neq n) \end{cases} \qquad ㉑$$

式⑳为波函数的正交归一化关系。

在外界激发下，电子可能从一个定态跃迁到另一个定态，即从一个能级跃迁到另一个能级，电子的这种运动可用定态波函数的迭加表示，

$$\psi(x,t) = \sum_{n} C_n \psi_n(x,t) \qquad ㉒$$

迭加系数 C_n 与时间 t 有关。

6 基本粒子构造

6.1 相对论性波动方程

德布罗意提出自由电子波函数

$$\psi = A\exp[i(\boldsymbol{k}\cdot\boldsymbol{r}-\omega t)] = A\exp(ik_\nu x_\nu) \tag{6.1}$$

式中 $\nu=1、2、3、4$；$E=\hbar\omega$、$\boldsymbol{p}=\hbar\boldsymbol{k}$。爱因斯坦的色散方程为

$$E^2 = c^2p^2 + m_0^2c^4$$

式中 m_0 为电子静止质量、c 为光速。德布罗意波传播由闵可夫斯基度规确定，

$$\left(\frac{\partial^2}{\partial x_\nu \partial x_\nu} - \kappa^2\right)\psi = 0 \tag{6.2}$$

或

$$\left(\nabla^2 - \frac{1}{c^2}\frac{\partial^2}{\partial t^2}\right)\psi = \left(\frac{m_0c}{\hbar}\right)^2\psi \tag{6.3}$$

这里 $\kappa=\dfrac{m_0c}{\hbar}$ 为康谱顿波长倒数，为标量。式(6.2)是协变的，德布罗意波构成了这个方程的相对论性不变波解的完备集合。因为 $k_\nu x_\nu$ 为 4 维标量，$\dfrac{\partial^2}{\partial x_\nu \partial x_\nu}$ 为 4 维标量算子。对于

$$E = \pm\sqrt{c^2p^2 + m_0^2c^4} \tag{6.4}$$

定义的算子

$$E_{0p} = i\hbar\frac{\partial}{\partial t} \quad p_{0p} = -i\hbar\nabla \tag{6.5}$$

与之相容。狄拉克引入 4 分量波函数

$$\psi = \begin{pmatrix}\psi_1\\ \psi_2\\ \psi_3\\ \psi_4\end{pmatrix} \tag{6.6}$$

和哈密顿算子

$$H = c\boldsymbol{\alpha} \cdot \boldsymbol{p} + \beta m_0 c^2 \tag{6.7}$$

并使系统满足薛定谔方程

$$H\psi = i\hbar \frac{\partial \psi}{\partial t} \tag{6.8}$$

于是依狄拉克方程的二次形式与戈登方程相容的条件,

$$\left(i\hbar \frac{\partial}{\partial t} + c\boldsymbol{\alpha} \cdot \boldsymbol{p} + \beta m_0 c^2\right)\left(i\hbar \frac{\partial}{\partial t} - c\boldsymbol{\alpha} \cdot \boldsymbol{p} - \beta m_0 c^2\right)\psi = 0$$

可确定 $\boldsymbol{\alpha}$、β 到一个么正等价性,故

$$\Big[-\hbar^2 \frac{\partial^2}{\partial t^2} - c^2(\alpha_1^2 p_1^2 + \cdots) - \beta^2 m_0^2 c^4$$

$$- c^2(\alpha_1 p_1 \alpha_2 p_2 + \alpha_2 p_2 \alpha_1 p_1 + \cdots)\Big]\psi = 0$$

整理,

$$\Big[-\hbar^2 \frac{\partial^2}{\partial t^2} + \hbar^2 c^2\left(\alpha_1 \frac{\partial^2}{\partial x_1^2} + \cdots\right) - \beta^2 m_0^2 c^4 + \hbar^2 c^2 \cdot$$

$$\left(\alpha_1\alpha_2 \frac{\partial^2}{\partial x_1 \partial x_2} + \alpha_2\alpha_1 \frac{\partial^2}{\partial x_2 \partial x_1} + \cdots\right)\Big]^4 \psi = 0$$

若

$$\begin{aligned} &\alpha_1^2 + \alpha_2^2 + \alpha_3^2 = \beta^2 = 1 \\ &\alpha_j\alpha_l + \alpha_l\alpha_j = 0 \quad \alpha_j\beta + \beta\alpha_j = 0 \end{aligned} \tag{6.9}$$

这里 $j \neq l$, j、$l=1,2,3$;则对 ψ 的每个分量给出一个戈登方程。哈密顿算子的自伴随性要求 $\boldsymbol{\alpha}$、β 也有自伴随性,

$$\alpha_j^+ = \alpha_j \quad \beta^+ = \beta \quad (j = 1,2,3) \tag{6.10}$$

$$\boldsymbol{\alpha} = \begin{pmatrix} 0 & \boldsymbol{\sigma} \\ \boldsymbol{\sigma} & 0 \end{pmatrix} \quad \beta = \begin{pmatrix} I & 0 \\ 0 & -I \end{pmatrix} \tag{6.11}$$

式中 $\boldsymbol{\sigma}$ 为泡利自旋矢量、I 为单位矩阵。以 β 左乘式(6.7)再除以 $\hbar c$,

$$\left(\gamma_\mu \frac{\partial}{\partial x_\mu} + \boldsymbol{\kappa}\right)\psi(x_\mu) = 0 \tag{6.12}$$

其中

$$\begin{cases}\gamma_l = -i\beta\alpha_l \quad (l = 1,2,3) \\ \gamma_4 = \beta\end{cases} \tag{6.13}$$

且

$$\gamma_\mu\gamma_\nu + \gamma_\nu\gamma_\mu = 2\delta_{\mu\nu} \quad (\mu,\nu = 1,2,3,4) \tag{6.14}$$

不难验证式(6.11)中的α_x、α_y、α_z、β为埃尔米特型矩阵，从而γ_μ也为埃尔米特型矩阵。

对式(6.12)取埃尔米特共轭并右乘γ_4，得到伴随方程，

$$\frac{\partial}{\partial x_\mu}\Psi\gamma_\mu - \kappa\Psi = 0 \tag{6.15}$$

这里

$$\Psi = \psi^+\gamma_4 = (\psi_1^* \quad \psi_2^* \quad -\psi_3^* \quad -\psi_4^*) \tag{6.16}$$

称式(6.15)为式(6.12)的伴随式。用Ψ左乘式(6.12)，

$$\Psi\gamma_\mu\frac{\partial}{\partial x_\mu}\psi + \kappa\Psi\psi = 0$$

用Ψ右乘式(6.12)，

$$\frac{\partial\Psi}{\partial x_\mu}\gamma_\mu\psi - \kappa\Psi\psi = 0 \tag{6.17}$$

表明狄拉克4分量波函数符合连续方程。式(6.17)与将

$$j_\mu = ic\Psi\gamma_\mu\psi$$

解释成4维流是相容的，于是几率密度为

$$\rho = -\frac{ij_4}{c} = \psi_1^*\psi_1 + \psi_2^*\psi_2 + \psi_3^*\psi_3 + \psi_4^*\psi_4 \tag{6.18}$$

这是与每个分量相关的各个密度的线性相加。考虑到电磁场对电子的作用，狄拉克把这4个场解释为电子自旋向上，电子自旋向下、正电子自旋向上、正电子自旋向下的状态的几率(振)幅。

因为γ_μ矩阵的性质，所以式(6.12)表示电子、正电子振幅的4个耦合方程组。在式(6.12)中代入平面波解，

$$\begin{cases}\psi = \psi_0\exp[i(\boldsymbol{k}\cdot\boldsymbol{r} - \omega t)] \\ E = \hbar\omega \\ \boldsymbol{p} = \hbar\boldsymbol{k}\end{cases} \tag{6.19}$$

ψ_1、ψ_2服从正能量，

$$E = \sqrt{c^2 p^2 + m_0^2 c^4} \tag{6.20}$$

ψ_3、ψ_4 服从负能量，

$$E = -\sqrt{c^2 p^2 + m_0^2 c^4} \tag{6.21}$$

电子偶的产生如图 6.1 所示。

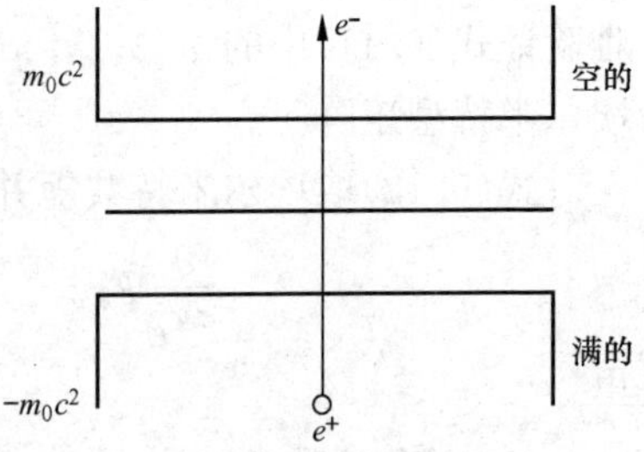

图 6.1

对时空变换

$$X_\mu = \Lambda_{\mu\nu} x_\nu \tag{6.22}$$

式(6.12)变为

$$\left(\gamma_\mu \frac{\partial}{\partial X_\mu} + \kappa\right)\psi'(X_\mu) = 0 \tag{6.23}$$

式中 κ 为普适常数，当状态矢量 $\psi'(X_\mu)$、$L\psi(x_\mu)$ 相等时伴随状态矢量就依

$$\Psi'(X_\mu) = \Psi(x_\mu)L^{-1}$$

变换，L 为 4×4 变换矩阵。变换后式(6.23)为

$$\gamma_\mu \Lambda_{\mu\nu} \frac{\partial}{\partial x_\nu} L\psi + \kappa L\psi = 0 \tag{6.24}$$

左乘 L^{-1}，

$$(L^{-1}\gamma_\mu \Lambda_{\mu\nu} L) \frac{\partial}{\partial x_\nu}\psi + \kappa\psi = 0 \tag{6.25}$$

比较式(6.12)，

$$L^{-1}\gamma_\mu \Lambda_{\mu\nu} L = \gamma_\nu \tag{6.26}$$

把上式乘 $\Lambda_{\lambda\nu}$ 并对 ν 求和，故从 Λ 矩阵所满足的正交条件推出

$$L^{-1}\gamma_\lambda L = \Lambda_{\lambda\nu}\gamma_\nu \tag{6.27}$$

这就是协变条件。这些方程表明 4 维流矢量有下列变换性质

$$J_\mu(X_\lambda) = ic\Psi'(X_\lambda)\gamma_\mu\psi(X_\lambda) = ic\Psi(x_\lambda)(L^{-1}\gamma_\mu L)\psi(x_\lambda)$$
$$= \Lambda_{\mu\nu} ic\Psi(x_\lambda)\gamma_0\psi(x_\lambda) = \Lambda_{\mu\nu} j_\nu(x_\lambda)$$

$\Lambda_{\mu\nu}$ 为矩阵元，每个 γ_ν 为作用在 4 分量波函数 ψ 上的 4×4 矩阵。

将戈登方程重写成 $\psi_1 = \phi$、$\psi_2 = \dfrac{\partial \phi}{\partial t}$ 的下面两个耦合的一阶微分方程

$$i\hbar\frac{\partial\psi_1}{\partial t}=i\hbar\psi_2 \tag{6.28}$$

$$i\hbar\frac{\partial\psi_2}{\partial t}=i\hbar c^2\nabla^2\psi_1-i\left(\frac{m_0^2c^4}{\hbar}\right)\psi_1 \tag{6.29}$$

式(6.28)、式(6.29)构成了哈密顿形式为戈登方程，且描述自旋为零的粒子。可以证明戈登波函数中的两个分量是与自旋为零的粒子的粒子态和反粒子态相关的；对矢量介子也有同样的关系。

现将狄拉克矩阵 $r_\mu(\mu=1,2,3,4)$ 推广到 n 维；狄拉克矩阵由泡利矩阵构成。考虑 n 个变量中的任意非奇异二次型

$$Q=\sum_{\alpha,\beta}g_{\alpha\beta}x^\alpha x^\beta \tag{6.30}$$

式中复系数 $g_{\alpha\beta}=g_{\beta\alpha}$ 且 $\det(g_{\alpha\beta})\neq 0$。$Q$ 的 Clifford 代数是由单位元 1 及 n 个元

$$u_1、u_2、\cdots、u_n$$

所生成的复数域上的代数，u_1、u_2、…、u_n 符合条件

$$u_\alpha u_\beta+u_\beta u_\alpha=2g_{\alpha\beta}\cdot 1 \tag{6.31}$$

该代数有一个包括 2^n 个元的基

$$1,u_\alpha,u_\alpha u_\beta,u_\alpha u_\beta u_\gamma,\cdots\quad(\alpha<\beta<\gamma<\cdots)$$

可以断言：

(1)当 n 为偶数时 Clifford 代数同构于全矩阵代数，当 n 为奇数时其同构于两个全矩阵代数的直和；

(2)当 n 为偶数时 Clifford 代数的全部自同构是内自同构，也就是由下式表出

$$U_\alpha=\tau u_\alpha\tau^{-1} \tag{6.32}$$

在复数域上每个非奇异的二次型 Q 可以通过坐标的线性变换变成系数为 $\delta_{\alpha\beta}$ 的特殊形式

$$Q=\sum_{\alpha,\beta}x^\alpha x^\beta$$

使 Q 保持不变的线性变换为正交变换。若对 Clifford 的代数元 u_α 进行正交变换 T，则得到满足式(6.31)的一组元 U_α，因而为代数的同构映射。对于偶数的 n，由式(6.10)变换 u_α，可以得到正交

变换 T。这样任意正交变换 T 对应于 Clifford 代数的元 τ，即对应于一个 2^m 阶矩阵 τ；对于奇数的 n，可有类似结果，而第二 C-代数是由偶数因子的积

$$1, u_\alpha u_\beta, u_\alpha u_\beta u_\gamma u_\sigma, \cdots$$

所生成的子代数。对 $n=2m+1$，它是 2^m 阶全矩阵代数。

6.2 哈密顿函数的不变性

设非相对论性的哈密顿函数为 H，O 为表示某个动力学量的与时间无关的自伴算子。当 O、H 可对易时

$$\begin{aligned}\frac{\mathrm{d}}{\mathrm{d}t}\langle O\rangle &= \frac{\mathrm{d}}{\mathrm{d}t}\int \psi^*(x,t) O\psi(x,t)\mathrm{d}x \\ &= \int\left[\frac{\mathrm{d}}{\mathrm{d}t}\psi^*(x,t)\right] O\psi(x,t)\mathrm{d}x + \int \psi^*(x,t) O\left[\frac{\mathrm{d}}{\mathrm{d}t}\psi(x,t)\right]\mathrm{d}x\end{aligned} \tag{6.33}$$

利用薛定谔方程

$$\frac{\mathrm{d}\psi}{\mathrm{d}t} = -\frac{i}{\hbar}(H\psi) \tag{6.34}$$

式(6.33)变为

$$\begin{aligned}\frac{\mathrm{d}}{\mathrm{d}t}\langle O\rangle &= \frac{i}{\hbar}\int (H\psi)^*(x,t) O\psi(x,t)\mathrm{d}x \\ &\quad - \int \psi^*(x,t) OH\psi(x,t)\mathrm{d}x \\ &= \frac{i}{\hbar}\int \psi^*(x,t)[H,O]\psi(x,t)\mathrm{d}x = 0\end{aligned}$$

推证上式中使用了 H 的自伴性及对易子 $[O,H]=0$。若一个算子和哈密顿函数对易，则该算子表示所讨论系统的一个守恒量。总角动量(平方)算子

$$L^2 = -\hbar^2\left[\frac{1}{\sin\theta}\frac{\partial}{\partial\theta}\left(\sin\theta\frac{\partial}{\partial\theta}\right) + \frac{1}{\sin^2\theta}\frac{\partial^2}{\partial\phi^2}\right] \tag{6.35}$$

与氢原子的非相对论性理论中的哈密顿算子

$$H = -\frac{\hbar^2}{2m}\nabla^2 - \frac{e^2}{r} \tag{6.36}$$

对易。另外，动量守恒和两个在中心力相互作用下粒子的哈密顿函数的平移不变性有关，

$$H=-\frac{\hbar^2}{2m_1}\nabla_1^2-\frac{\hbar^2}{2m_2}\nabla_2^2+V(|\boldsymbol{r}_1-\boldsymbol{r}_2|) \tag{6.37}$$

$$\boldsymbol{P}=-i\hbar\nabla_1-i\hbar\nabla_2 \tag{6.38}$$

$$[H,\boldsymbol{P}]=0 \tag{6.39}$$

哈密顿函数的平移不变性可由式(6.39)给出，此时$[H,T(\boldsymbol{\alpha})]=0$，而

$$T(\boldsymbol{\alpha})=\exp\left(\frac{i\boldsymbol{\alpha}\cdot\boldsymbol{P}}{\hbar}\right) \tag{6.40}$$

可知

$$T(\boldsymbol{\alpha})\psi(\boldsymbol{r}_1,\boldsymbol{r}_2,t)=T(\boldsymbol{\alpha})\psi(\boldsymbol{r},R,t)=\psi(\boldsymbol{r},R+\boldsymbol{\alpha},t)$$

$$R(\boldsymbol{\alpha})=\exp\left(\frac{i\boldsymbol{\alpha}\cdot\boldsymbol{L}}{\hbar}\right) \tag{6.41}$$

如果 P 的空间反演算子，

$$P\psi(\boldsymbol{r},t)=\psi(-\boldsymbol{r},t) \tag{6.42}$$

且

$$[H,P]=0 \tag{6.43}$$

那么对 H 的任意本征函数 ψ，有

$$H(P\psi)=P(H\psi)=E(P\psi) \tag{6.44}$$

说明 $P\psi$ 也是本征函数并有相同的本征值 E。注意到 H、P 的对易性，使其可同时对角化。因为 $P^2=I$，所以宇称算子的本征值为 ±1。

今将时间倒逆(反演)算子 T 作用于薛定谔方程，

$$THT^+\,T\psi=T\left(i\hbar\frac{\partial\psi}{\partial t}\right)=-i\hbar\frac{\partial}{\partial t}(T\psi) \tag{6.45}$$

或

$$H'\psi'=-i\hbar\frac{\partial\psi'}{\partial t} \tag{6.46}$$

式中的撇号表示时间反演(倒逆)状态和算子，由 $\psi'(x,t)=\psi(x,-t)$知

$$H'\psi(x,\tau) = i\hbar \frac{\partial}{\partial t}\psi(x,\tau) \tag{6.47}$$

其中 $\tau=-t$。综上，若 ψ 为解，则时间反演状态也为解。满足 $H=H'$ 的系统称作时间反演不变性。

复共轭运算与粒子的电荷符号改变有关。如果 $H'=CHC^{-1}=H$，那么称哈密顿函数具有电荷共轭不变性；表明当 ψ 为电荷 q 的粒子的薛定谔方程的解时 ψ^* 也是电荷为 $-q$ 的粒子的薛定谔方程的解。

可以证明：量子系统在哈密顿函数中的联合运算 CPT 下保持不变，即 CPT 定理。费曼指出，对电子而言，CPT 不变性就是一个正电子本质上为一个逆时间方向运动的电子。

时间反演在量子力学中为反么正算子，反么正算子 T 为复共轭算子 K 与么正算子 U 的积，

$$T = KU$$

且

$$K^2 = I \quad K\psi = \psi^*$$

若 A、B 为波函数，a、b 为复数，则

$$T(aA + bB) = a^* TA + b^* TB$$

由于 U 为么正的，因此

$$\langle A \mid B\rangle = \langle UA \mid UB\rangle$$

可是

$$\langle TA \mid TB\rangle = \langle UA \mid UB\rangle^* = \langle A \mid B\rangle^*$$

类似于跃迁几率，这样的量只与 $|\langle A|B\rangle|^2$ 有关，与时间反演不变性无关。

6.3 具有内对称性的同位旋

总自旋算子

$$S^2 = \frac{1}{4}\hbar^2(\sigma_x^2 + \sigma_y^2 + \sigma_z^2) \tag{6.48}$$

在 $SU(2)$ 或 $R(3)$ 下的不变性表明：两个基本自旋态的任意归一

化线性组合

$$a\begin{pmatrix}1\\0\end{pmatrix}+b\begin{pmatrix}0\\1\end{pmatrix}=\begin{pmatrix}a\\b\end{pmatrix} \tag{6.49}$$

$$|a|^2+|b|^2=1$$

为拥有相同的角动量

$$s(s+1)\hbar^2=\frac{1}{2}\,\frac{3}{2}\hbar^2=\frac{3}{4}\hbar^2 \tag{6.50}$$

的一个状态，但其$\frac{1}{2}\hbar$分量为沿着量子化z轴以外的另一根轴，即自旋矢量有另外的取向。

海森堡认为如同$\pm\frac{1}{2}\hbar$的态对应于同一个粒子的不同状态，可以设想中子、质子为同一个粒子在某种电荷空间中的两种状态，

$$n=\begin{pmatrix}0\\1\end{pmatrix}\quad p=\begin{pmatrix}1\\0\end{pmatrix} \tag{6.51}$$

依量子力学，

$$ap+bn=a\begin{pmatrix}1\\0\end{pmatrix}+b\begin{pmatrix}0\\1\end{pmatrix}=\begin{pmatrix}a\\b\end{pmatrix} \tag{6.52}$$

$$|a|^2+|b|^2=1$$

据此知可用乘积波函数描述核子的状态，

$$\psi=\psi_{①}\psi_{②} \tag{6.53}$$

式中①表示空间-自旋、②表示同位旋，$\psi_{②}=\begin{pmatrix}a\\b\end{pmatrix}$为该核子的内部空间。事实上，混合状态不会出现，只会出现纯状态$p=\begin{pmatrix}1\\0\end{pmatrix}$、$n=\begin{pmatrix}0\\1\end{pmatrix}$。为了与对应的物理观测吻合，应假设在海森堡的同位旋理论上增加超选择定则。可以在同位旋理论中将2维电荷旋量空间中形如式(6.52)的$SU(2)$变换，当作一个3维电荷超空间中的转动，经过算子

$$Q = \frac{1}{2}(1 + \tau_3) \quad \tau_3 \begin{pmatrix} 1 & 0 \\ 0 & -1 \end{pmatrix} \tag{6.54}$$

由沿第 3 轴的距离能够得到粒子的实际电荷，这是因为该算子对于质子态$\begin{pmatrix} 1 \\ 0 \end{pmatrix}$、中子态$\begin{pmatrix} 0 \\ 1 \end{pmatrix}$的本征值为 1、0。式(6.54)$\tau_3$ 为泡利同位旋矢量 $\boldsymbol{\tau}$ 的第 3 分量，$\boldsymbol{\tau}$ 在形式上等同于泡利自旋矢量 $\boldsymbol{\sigma}$，它作用在 3 维电荷空间而非普通的 3 维空间。

对于多电子系统，可用单粒子自旋函数乘积的适当线性组合构造多重态；当多粒子系统构造同位旋多重态时也可采用这种表述。对于双粒子系统：第一可将相互作用与电荷的无关性表达成哈密顿函数在 $R(3)$ 电荷空间的转动下的不变性，第二同位旋表述可以描述电荷交换力；因为

$$\tau_1 = \begin{pmatrix} 0 & 1 \\ 1 & 0 \end{pmatrix} \tag{6.55}$$

把中子变为质子、质子变为中子。不难证明对于多核子系统，波函数在交换中子、交换质子下的反对称化，在形式上等价于同位旋表述中对交换核子的同时反对称化。

对于双核子系统可构造总同位旋 $T=1$、$T=0$ 的“三重态”、“单态”：$\underline{T=1}$，$\underline{T=0}$。

$$M_T = \begin{cases} 1 & p(1)p(2) \\ 0 & \dfrac{p(1)n(2) + n(1)p(2)}{\sqrt{2}} \quad \dfrac{p(1)n(2) - n(1)p(2)}{\sqrt{2}} \\ -1 & n(1)n(2) \end{cases} \tag{6.56}$$

在这些表达式中，质子态为同位旋“向上”态、中子态为同位旋“向下”态。在同位旋空间的转动下，该三重态中的 3 个态在自身中变换，而该单态仍变换为自身。于是 $T=1$ 的状态构成了 $SO(3)$ 或等价于 $SU(2)$ 的一个三维不可约表示的基，$T=0$ 的态是一维不可约表示的基。就多重态而言，亚状态由 M_T 标定，

$$M_T = \frac{1}{2}(Z - N) \tag{6.57}$$

这里 Z 为态中质子数、N 为中子数。

从同位旋和通常自旋角动量在形式上的相似性知，强相互作用粒子构成的复合系统可以按照它们的同位旋多重态结构分类。

6.4 SU(3)对称性

在夸克模型中 $SU(3)$ 既可以表示“味”的对称性也可以表示“色”的对称性。强相互作用对于

$$\begin{pmatrix} p \\ n \end{pmatrix} \to u \begin{pmatrix} p \\ n \end{pmatrix}$$

具有不变性，而 u 为 2×2 矩阵，且

$$u^+ u = 1 \quad (\det u = 1)$$

u^+、u 的关系为 $(u^+)^a_b = (u^b_a)^*$，u 矩阵的全体 $\{u\}$ 组成了 $SU(2)$ 群。置

$$q = \begin{pmatrix} q^1 \\ q^2 \\ q^3 \end{pmatrix} \tag{6.58}$$

q^l 中的 $l=1,2,3$ 可表示“味”，也可表示“色”。强相互作用对变换

$$q = \begin{pmatrix} q^1 \\ q^2 \\ q^3 \end{pmatrix} \to uq \tag{6.59}$$

有某种不变性，式(6.59)中的 u 为 3×3 矩阵，

$$u = (u^a_b) = \begin{pmatrix} u^1_1 & u^1_2 & u^1_3 \\ u^2_1 & u^2_2 & u^2_3 \\ u^3_1 & u^3_2 & u^3_3 \end{pmatrix} \tag{6.60}$$

同样，

$$u^+ u = 1 \quad (\det u = 1) \tag{6.61}$$

这里 u 的全体 $\{u\}$ 构成 $SU(3)$ 群。

定义 6.1 $T^{i_1\cdots i_n}_{a_1\cdots a_m}$ 称为(n,m)阶混合张量，当 $q^a\to u^a_b q^b$ 时

$$T^{i_1\cdots i_n}_{a_1\cdots a_m} \to u^{i_1}_{j_1}\cdots u^{i_n}_{j_n}(u^+)^{b_1}_{a_1}\cdots(u^+)^{b_m}_{a_m}T^{j_1\cdots j_n}_{b_1\cdots b_m} \tag{6.62}$$

定义 6.2 $T^{i_1\cdots i_n}_{a_1\cdots a_m}$ 称为可约张量，如果它是(n,m)级张量，且

$$T^{i_1\cdots i_s}_{b_1\cdots b_t} = \sum T^{i_1\cdots i_n}_{a_1\cdots a_m}A_0 \tag{6.63}$$

是不为零的(s,t)级张量，A_0 可能为 δ^i_j、ε^{abc}、ε_{ijk}，又 $s+t<n+m$，否则 $T^{i_1\cdots i_n}_{a_1\cdots a_m}$ 称为不可约张量。不可约张量的性质：

(1) $T^{i_1\cdots i_n}_{a_1\cdots a_m}$ 对任何一对上标(i_α, i_β)或任何一对下标(a_r, a_s)是对称的；

(2) 以 δ^a_i 缩并 $T^{i_1\cdots i_n}_{a_1\cdots a_m}$ 任何一对上、下标时结果为零。表 6.1 列出 3 部分不可约张量。

表 6.1

张量	级	(表示)维数
1	(0,0)	①
T^i	(1,0)	③
T_a	(0,1)	③
T^i_a	(1,1)	⑧
T^{ij}	(2,0)	⑥
T_{ab}	(0,2)	⑥
T^{ijk}	(3,0)	⑩
T_{abc}	(0,3)	⑩
T^{ij}_{ab}	(2,2)	㉗

对于维数是 Ⓝ的不可约张量 $T^{i_1\cdots i_n}_{a_1\cdots a_m}$，可取 N 个线性无关的分量 v_1、v_2、…、v_N，

$$v = \begin{pmatrix} v_1 \\ v_2 \\ \vdots \\ v_N \end{pmatrix} \tag{6.64}$$

在 $q\to uq$ 变换下 $v\to Uv$，U 为 $N\times N$ 方阵，集合$\{U\}$称作群 $SU(3)$

$=\{u\}$在 N 维空间的不可约表示并以 Ⓝ表示。若 $T_{a_1\cdots a_m}^{i_1\cdots i_n}$ 为可约张量，则表示$\{U\}$称为可约的；可约表示与不可约表示的矩阵性质不同。

一般而言，任何 $SU(3)$的可约表示均可约化为不可约表示之和，而对不可约表示则没有这种约化。

设$\{U\}$是 N 维空间表示。在该空间内换基：$v \rightarrow X=\mathscr{F}v$，其中 $\mathscr{F}$ 为非奇异的 $N\times N$ 方阵。在变换 U 下 $v\rightarrow v'=Uv$，于是 $X\rightarrow \mathscr{F}U\mathscr{F}^{-1}\mathscr{F}v=\mathscr{F}U\mathscr{F}^{-1}X$。故换基使表示$\{U\}$变成$\{\mathscr{F}U\mathscr{F}^{-1}\}$。$\{\mathscr{F}U\mathscr{F}^{-1}\}$称为是与$\{U\}$等价的表示。$\{U\}$、$\{\mathscr{F}U\mathscr{F}^{-1}\}$有相同的结构。如果$\{U\}$为不可约(可约)，那么$\{\mathscr{F}U\mathscr{F}^{-1}\}$也不可约(可约)。

6.5 夸克

夸克属于基本粒子，它有分数电荷。可能的夸克有 u、d、s、c、b、t 等。有时称这些夸克之间的不同是“味”的差别，此外每个夸克还有“色”的附加量子数，研究夸克可利用量子色动力学。夸克和反夸克由表示 3、$\overline{3}$ 的权图，如图 6.2 所示。

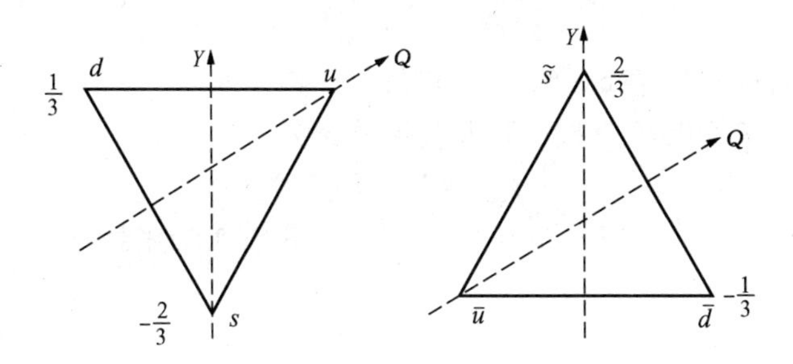

图 6.2

使用基(础)矢量 u、d、s 和 $\overline{u}$、$\overline{d}$、$\overline{s}$构成并取其线性组合，从而可形成对应于 $SU(3)$的高维表示的零迹对称张量。

将核子及其他重子作为 3 夸克的系统，将重子作为夸克-反夸克的系统：

$$qqq \rightarrow \text{重子}$$

$$q\bar{q} \rightarrow \text{介子}$$

3 个夸克的任意线性组合为

$$\boldsymbol{q} = q^1 u + q^2 d + q^3 s = \begin{pmatrix} q^1 \\ q^2 \\ q^3 \end{pmatrix} \tag{6.65}$$

在 $SU(3)$下如同矢量那样变换

$$Q_l = U_{lk} q^k \tag{6.66}$$

式中 U_{lk} 为 3×3 么正矩阵的矩阵元,反夸克的任意线性组合为

$$\bar{\boldsymbol{q}} = \bar{q}^1 \bar{u} + \bar{q}^2 d + \bar{q}^3 \bar{s} = \begin{pmatrix} \bar{q}^1 \\ \bar{q}^2 \\ \bar{q}^3 \end{pmatrix} \tag{6.67}$$

在 $SU(3)$下依矢量形式变换

$$\overline{Q}_K = U^*_{KL} \bar{q}^L \tag{6.68}$$

这里 U^*_{KL} (K、L=1,2,3)为 U_{lk} 的复共轭;大写角标表明它是与反夸克基矢量相关的。因为

$$\begin{aligned} Q_k \overline{Q}_K &= U_{kl} q^l U^*_{KM} \bar{q}^M = (U_{kl} U^*_{KM}) q^l q^M \\ &= \delta_{lM} q^l \bar{q}^M = q^m \bar{q}^M \end{aligned} \tag{6.69}$$

所以内积 $q^k \bar{q}^K$ 在 $SU(3)$下如同标量一样变换。

介子外积 $q^k \bar{q}^L$ 按 2 阶混合张量变换,

$$f_{kL} = U_{km} U^*_{LN} F^{mN} \tag{6.70}$$

3 夸克的重子外积 $q^{k_1} q^{k_2} q^{k_3}$ 在 $SU(3)$下依 3 阶张量 $F^{k_1 k_2 k_3}$ 一样变换,

$$f_{k_1 k_2 k_3} = U_{k_1 m_1} U_{k_2 m_2} U_{k_3 m_3} F^{m_1 m_2 m_3}$$

考虑从任意 3 阶张量 $F^{k_1 k_2 k_3}$ 通过线性组合构成的不可约对称张量。由于此时没有出现大写角标,因此求迹运算已不再是有效的约化方法。与下列标准杨盘

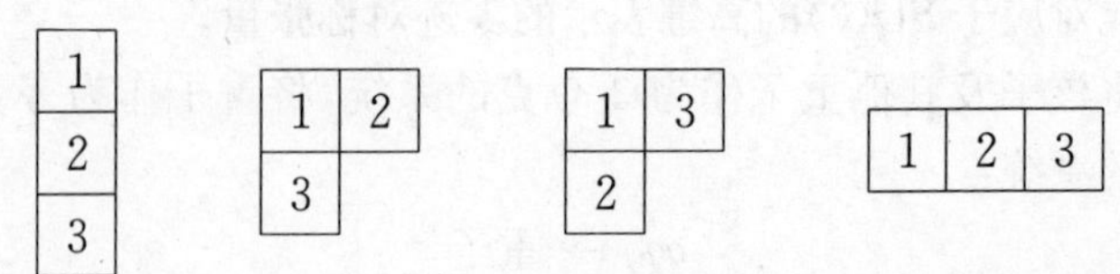

相对的杨算子对 $F^{k_1k_2k_3}$ 作用，故可得到不可约对称类。第一盘给出只有一个独立变量的不可约张量，即标量；第二、三盘给出有 8 个独立分量的不可约张量，得到如图 6.3 所示的重子八重态；第四盘给出一个有 10 个独立分量的不可约张量，得到如图 6.4 所示的十重态。

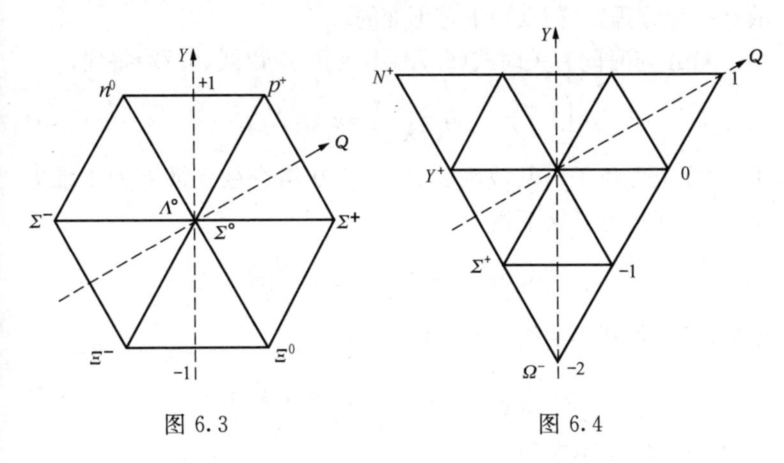

图 6.3　　图 6.4

6.6　规范不变性

薛定谔方程在"规范"变换 $U=\exp(i\alpha)$ 下是协变的（α 为实数）

$$H'\Psi = (UHU^{-1})U\psi = UH\psi$$
$$= i\hbar \frac{\partial}{\partial t}(U\psi) = i\hbar \frac{\partial \Psi}{\partial t} \tag{6.71}$$

因为算子 $U(\alpha)$ 构成阿贝尔群是由和时空无关的实数 α 为参数的，所以称此类规范具有整体性。如果使某个李群的参数与时空有关，那么称对应的规范变换是局部的。当描述基本粒子相互作用时局部规范变换具有重要作用。

考察狄拉克方程

$$\left(\gamma^{\mu} \frac{\partial}{\partial X_{\mu}} + \kappa\right)\psi(x_{\mu}) = 0 \tag{6.72}$$

以及相变李群 $U(1)$，

$$\Psi(x_\mu) = U(\Lambda)\psi(x_\mu) \tag{6.73}$$

式中 Λ 为与时空无关的实数、$U(\Lambda)=\exp(iq\Lambda)$，$q$ 为粒子电荷，而 Ψ 满足

$$\left(\gamma^\mu \frac{\partial}{\partial X_\mu} + \kappa\right)\Psi(x_\mu) = 0 \tag{6.74}$$

故狄拉克方程在群 $U(1)$ 下是不变的。

当 Λ 与时间有关时式(6.73)不成立，应以式(6.72)替代，

$$\gamma^\mu\left[\left(\frac{\partial}{\partial X_\mu} + iq\frac{\partial\Lambda}{\partial X_\mu}\right) + \kappa\right]\psi(X_\mu) = 0 \tag{6.75}$$

引进"规范玻色子"，其波函数 $A_\mu(X_\nu)$ 在洛仑兹变换下为 4 维矢量，在局部规范变换下按

$$A_\mu(x_\nu) \to a_\mu = A_\mu + \frac{\partial\Lambda}{\partial X_\mu} \tag{6.76}$$

变换，于是得到不变的波动方程

$$\left[\gamma^\mu\left(\frac{\partial}{\partial X_\mu} - iqA_\mu\right) + \kappa\right]\psi(X_\nu) = 0 \tag{6.77}$$

它在 $U(1)$ 下为不变的。

6.7 量子色动力学

量子色动力学的基础是杨振宁、米尔斯的规范场理论，而杨-米尔斯规范场是量子电动力学的推广。关于规范场理论将在后文中专门讨论。在量子电动力学中光子场 A_μ 和电子场 ψ 的拉格朗日密度为

$$\mathscr{L} = -\frac{1}{4}F_{\mu\nu}^2 - \psi^+\gamma_4(\gamma_\mu D_\mu + m)\psi \tag{6.78}$$

其中

$$F_{\mu\nu} = \frac{\partial A_\nu}{\partial x_\mu} - \frac{\partial A_\mu}{\partial x_\nu} \quad D_\mu = \frac{\partial}{\partial x_\mu} - ieA_\mu$$

式(6.78)中的 L 对规范变换：

$$\begin{cases}\psi \to \psi\exp(-i\theta) \\ A_\mu \to A_\mu\end{cases} \tag{6.79}$$

是不变的；这里 θ 为与 x_μ 无关的实数，其不变性导致电流

$$j_\mu = ie\psi^+ \gamma_4 \gamma_\mu \psi$$

守恒 $\frac{\partial j_\mu}{\partial x_\mu}=0$。$\mathscr{L}$ 对规范变换：

$$\begin{cases} \psi \to \psi\exp[-i\theta(x)] \\ A_\mu \to A_\mu - \frac{1}{e}\frac{\partial}{\partial x_\mu}\theta(x) \end{cases} \tag{6.80}$$

也是不变的；这是一种定域不变性，$\theta(x)$ 取决于 x_μ；杨振宁、米尔斯的理论就是式(6.80)思想的推广。

设存在两种场：一种是自旋 $\frac{1}{2}$ 的同位旋空间的旋量场 $\psi=\begin{pmatrix}\psi^1\\ \psi^2\end{pmatrix}$，一种是在同位旋空间和四维空时均为矢量的规范场 $\mathbf{V}_\mu$，其拉格朗日密度为

$$\mathscr{L}=-\frac{1}{4}\mathbf{V}_{\mu\nu}^2-\psi^+\gamma_4(\gamma_\mu D_\mu+m)\psi \tag{6.81}$$

式中

$$\begin{aligned} \mathbf{V}_{\mu\nu} &=-\frac{\partial \mathbf{V}_\nu}{\partial x_\mu}-\frac{\partial \mathbf{V}_\mu}{\partial x_\nu}+g\mathbf{V}_\mu\times\mathbf{V}_\nu \\ D_\mu &= \frac{\partial}{\partial X_\mu}-\frac{1}{2}ig\boldsymbol{\tau}\cdot\mathbf{V}_\mu \end{aligned} \tag{6.82}$$

这里 $\boldsymbol{\tau}=(\tau_1,\tau_2,\tau_3)$ 为 2×2 的泡利矩阵矢量；

$$\begin{cases} \mathrm{tr}(\tau_l\tau_j) = 2\delta_{lj} \\ [\tau_l,\tau_j] = 2i\varepsilon_{ljk}\tau_k \\ \{\tau_l,\tau_j\} = \tau_l\tau_j+\tau_j\tau_l = 2\delta_{lj} \end{cases} \tag{6.83}$$

定义

$$\begin{aligned} V_\mu &= \frac{1}{2}\boldsymbol{\tau}\cdot\mathbf{V}_\mu \\ V_{\mu\nu} &= \frac{1}{2}\boldsymbol{\tau}\cdot\mathbf{V}_{\mu\nu} \end{aligned} \tag{6.84}$$

式(6.78)写成

$$\mathscr{L}=-\frac{1}{2}\operatorname{tr}(V_{\mu\nu}\cdot V_{\mu\nu})-\psi^{+}\gamma_4(\gamma_\mu D_\mu+m)\psi$$

$$D_\mu=\frac{\partial}{\partial x_\mu}-igV_\mu \tag{6.85}$$

式(6.85)中的 L 对规范变换:

$$\begin{cases}V_\mu\rightarrow uV_\mu u^{+}-\dfrac{i}{g}\dfrac{\partial u}{\partial x_\mu}u^{+}\\ \psi\rightarrow u\psi\end{cases} \tag{6.86}$$

是不变的,其中 $u=u(x)\in SU(2)$,为 2×2 方阵。对于无穷小变换

$$u=1-\frac{1}{2}i\boldsymbol{\tau}\cdot\boldsymbol{\theta}\quad(\boldsymbol{\theta}\text{ 为无穷小量})$$

在此变换下,保留 $\boldsymbol{\theta}$ 的一次项,得到

$$uV_\mu u^{+}=\left(1-\frac{1}{2}i\boldsymbol{\tau}\cdot\boldsymbol{\theta}\right)\frac{1}{2}\boldsymbol{\tau}\cdot\boldsymbol{V}_\mu\left(1+\frac{1}{2}i\boldsymbol{\tau}\cdot\boldsymbol{\theta}\right)$$

$$=V_\mu+\frac{1}{2}\boldsymbol{\tau}\cdot(\boldsymbol{\theta}\times\boldsymbol{V}_\mu)$$

于是

$$\boldsymbol{V}_\mu\rightarrow\boldsymbol{V}_\mu+\boldsymbol{\theta}\times\boldsymbol{V}_\mu-\frac{1}{g}\frac{\partial\boldsymbol{\theta}}{\partial x_\mu} \tag{6.87}$$

今将规范群由 $SU(2)$推广到 $SU(3)$。取 $u=u(x)\in SU(3)$,为 3×3 方阵且 $u^{+}u=1$、$\det u=1$;u 可以盖尔曼矩阵 λ^a 表示:

$$\lambda^1=\begin{pmatrix}0&1&0\\1&0&0\\0&0&0\end{pmatrix}\qquad\lambda^2=\begin{pmatrix}0&-i&0\\i&0&0\\0&0&0\end{pmatrix}$$

$$\lambda^3=\begin{pmatrix}1&0&0\\0&-1&0\\0&0&0\end{pmatrix}\qquad\lambda^4=\begin{pmatrix}0&0&1\\0&0&0\\1&0&0\end{pmatrix}$$

$$\lambda^5=\begin{pmatrix}0&0&-i\\0&0&0\\i&0&0\end{pmatrix}\qquad\lambda^6=\begin{pmatrix}0&0&0\\0&0&1\\0&1&0\end{pmatrix}$$

$$\lambda^7 = \begin{pmatrix} 0 & 0 & 0 \\ 0 & 0 & -i \\ 0 & i & 0 \end{pmatrix} \qquad \lambda^8 = \begin{pmatrix} \frac{1}{\sqrt{3}} & 0 & 0 \\ 0 & \frac{1}{\sqrt{3}} & 0 \\ 0 & 0 & \frac{1}{\sqrt{3}} \end{pmatrix}$$

λ^a 为埃尔米特的并无迹，

$$\begin{aligned} \lambda^{a^+} &= \lambda^a \\ \mathrm{tr}\lambda^a &= 0 \end{aligned} \tag{6.88}$$

另外

$$\begin{cases} \mathrm{tr}(\lambda^a\lambda^b) = 2\delta^{ab} \\ [\lambda^a, \lambda^b] = 2if^{abc}\lambda^c \\ \{x^a, \lambda^b\} = 2d^{abc}\lambda^c + \frac{4}{3}\delta^{ab} \end{cases} \tag{6.89}$$

其中 f^{abc} 为全反对称的、d^{abc} 为全对称的。无穷小变换可以写成

$$u = 1 + i\alpha - \frac{1}{2}\lambda^a\theta^a$$

α、θ^a 为独立的无穷小参数。依 $\det u=1$ 知 $\alpha=0$，故

$$u = 1 - \frac{1}{2}\lambda^a\theta^a \tag{6.90}$$

依 $u^+u=1$ 知 $(\theta^a)^*=\theta^a$，故 $SU(3)$ 群的元素包括 8 个实参数。

在量子色动力学中规范群为 $SU(3)$，其元素 u 为颜色空间的变换。考虑两个场：一个是夸克场 ψ_q^α，而 $q=u$、d、s、c…是味道指标，$\alpha=1$、2、3 是颜色指标；一个是规范场 V_μ^a，而 $a=1$、2、3、4、5、6、7、8 是颜色指标。置

$$V_\mu = \frac{1}{2}\lambda^a V_\mu^a$$

$$V_{\mu\nu} = \frac{1}{2}\lambda^a V_{\mu\nu}^a = \frac{\partial V_\nu}{\partial x_\mu} - \frac{\partial V_\mu}{\partial x_\nu} - ig[V_\mu, V_\nu]$$

利用

$$\begin{aligned} -ig[V_\mu, V_\nu] &= -\frac{1}{4}ig[\lambda^a, \lambda^b]V_\mu^b V_\nu^c \\ &= \frac{1}{2}\lambda^a g f^{abc} V_\mu^b V_\nu^c \end{aligned} \tag{6.91}$$

有

$$V_{\mu\nu}^{a} = \frac{\partial V_{\nu}^{a}}{\partial x_{\mu}} - \frac{\partial V_{\mu}^{a}}{\partial x_{\nu}} + g f^{abc} V_{\mu}^{b} V_{\nu}^{c} \tag{6.92}$$

量子色动力学的拉格朗日密度为

$$\mathscr{L} = -\frac{1}{2}\mathrm{tr}(V_{\mu\nu} \cdot V_{\mu\nu}) - \sum_{q} \psi^{+} \gamma_{4} (\gamma_{\mu} D_{\mu} + m_{q}) \psi_{q} \tag{6.93}$$

式中

$$\psi_{q} = \begin{pmatrix} \psi_{q}^{1} \\ \psi_{q}^{2} \\ \psi_{q}^{3} \end{pmatrix} \quad D_{\mu} = \frac{\partial}{\partial x_{\mu}} - igV_{\mu} \tag{6.94}$$

式(6.93)中的 $\mathscr{L}$ 对规范变换：

$$\begin{cases} V_{\mu} \to uV_{\mu}u^{+} - \dfrac{i}{g}\dfrac{\partial u}{\partial x_{\mu}}u^{+} \\ \psi \to u\psi \end{cases} \tag{6.95}$$

是不变的。

事实上，先命 u 与 x_{μ} 无关，这样规范变换可变为

$$V_{\mu} \to V'_{\mu} = uV_{\mu}u^{+}$$

因此

$$V_{\mu\nu} \to V'_{\mu\nu} = \frac{\partial V'_{\nu}}{\partial x_{\mu}} - \frac{\partial V'_{\mu}}{\partial x_{\nu}} - ig[V'_{\mu}, V'_{\nu}] = uV_{\mu\nu}u^{+} \tag{6.96}$$

同时

$$D_{\mu}\psi \to \left(\frac{\partial}{\partial x_{\mu}} - iguV_{\mu}u^{+}\right)u\psi = u\left(\frac{\partial}{\partial x_{\mu}} - igV_{\mu}\right)\psi$$

或

$$D_{\mu}\psi \to uD_{\mu}\psi \tag{6.97}$$

从式(6.96)、式(6.97)可导致 $\mathscr{L}$ 在规范变换下的不变性。

再令 $u = 1 - \frac{1}{2}i\lambda^{a}\theta^{a}(x)$ 与 x_{μ} 有关，这样 $\theta^{a}(x)$ 为无穷小量。如同在 $SU(2)$ 规范场情况，证明 $\mathscr{L}$ 的不变性。在规范变换下，

$$V_\mu \rightarrow uV_\mu u^+ - \frac{i}{g}\frac{\partial u}{\partial x_\mu}u^+$$

$$= V_\mu - \frac{1}{2}i\theta^a[\lambda^a, V_\mu] - \frac{1}{2g}\lambda^a \frac{\partial\theta^a}{\partial x_\mu} \tag{6.98}$$

推出

$$V_{\mu\nu} \rightarrow uV_{\mu\nu}u^+ - ig\left[-\frac{1}{2g}\lambda^a \frac{\partial\theta^a}{\partial x_\mu}, V_\nu\right]$$

$$-ig\left[V_\mu, -\frac{1}{2g}\lambda^a\frac{\partial\theta^a}{\partial x_\nu}\right] + \frac{\partial}{\partial x_\mu}\left(-\frac{1}{2}i\theta^a\right)[\lambda^a, V_\mu]$$

$$-\frac{\partial}{\partial x_\nu}\left(-\frac{1}{2}i\theta^a\right)[\lambda^a, V_\mu] = uV_{\mu\nu}u^+ \tag{6.99}$$

同时 $D_\mu\psi$ 变换如下

$$D_\mu\psi \rightarrow uD_\mu\psi + \frac{\partial}{\partial x_\mu}\left(-\frac{1}{2}i\theta^a\right)\lambda^a\psi$$

$$-ig\left(-\frac{1}{2g}\lambda^a\frac{\partial\theta^a}{\partial x_\mu}\right)\psi = uD_\mu\psi \tag{6.100}$$

表明当 u 与 x_μ 有关时 $\mathscr{L}$在规范变换下具有不变性。

6.8 袋模型

如果真空的色介常数 $\kappa_\infty \rightarrow 0$，那么围绕夸克形成袋（孤粒子解）。当袋内夸克处于色单态时袋的质量有限并使夸克脱离袋时需作功无限。强子可以当作无色的袋。

取强子内部真空的色介常数 $\kappa_l = 1$（l 为强子半径），强子外部真空的色介常数 κ_∞ 或为零或远小于 1，如图 6.5 所示。由于色介常数 κ 与空间位置有关，因此根据相对论，可认为它是空间-时间坐标的函数，唯象地说其为一种场，这样 κ 为唯象标量场，事实上它是长程有序场。

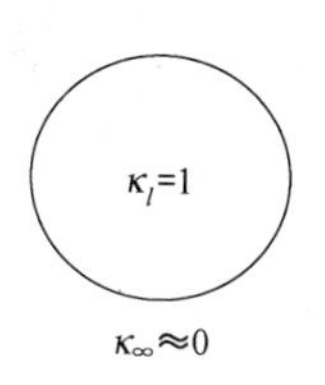

图 6.5

今定义唯象标量场 σ，

$$\sigma(x) \propto 1 - \kappa(x)$$

或

$$\sigma(x) = \sigma_0 \frac{1-\kappa(x)}{1-\kappa_\infty} \tag{6.101}$$

式中 σ_0 对应于真空的情况。因此 $\kappa_\infty \approx 0$,故

$$\sigma(x) = \sigma_0[1-\kappa(x)] \tag{6.102}$$

以量子色动力学为基础的唯象拉格朗日密度为

$$\mathscr{L} = -\frac{1}{4}\kappa V_{\mu\nu}^a V_{\mu\nu}^a - \psi^+ \gamma_4(\gamma_\mu D_\mu + f\sigma + m)\psi - \frac{1}{2}\left(\frac{\partial\sigma}{\partial x_\mu}\right)^2 - U(\sigma) \tag{6.103}$$

式中 ψ 为夸克场,规范场 V_μ^a 包括在 $V_{\mu\nu}^a$、D_μ^a 中,

$$\begin{aligned} V_{\mu\nu}^a &= \frac{\partial V_\nu^a}{\partial x_\mu} - \frac{\partial V_\mu^a}{\partial x_\nu} + g f^{abc} V_\mu^b V_\nu^c \\ D_\mu &= \frac{\partial}{\partial x_\mu} - \frac{1}{2} i g \lambda^a V_\mu^a \end{aligned} \tag{6.104}$$

λ^a 为盖尔曼矩阵、f^{abc} 为 $SU(3)$ 群的结构常数;势能 $U(\sigma)$ 在 $\sigma=\sigma_0$ 处有最小值,在 $\sigma=0$ 处有极小值如图 6.6 所示。

$$U(\sigma_0) = 0$$
$$U(0) = p > 0$$

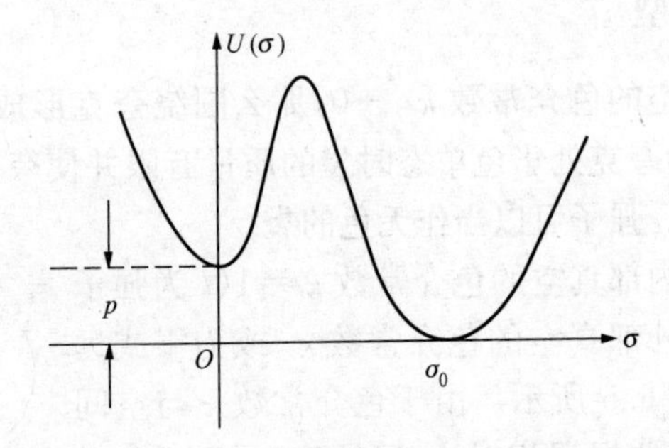

图 6.6

假定 $U(\sigma)$ 的非线性程度很高,从而使袋的边界厚度很小。

当忽略交换规范场量子效应时得到零级近似。这样强子可用只包括 σ 场、ψ 场的简单的孤粒子模型描述,式(6.103)变为

$$\mathscr{L}=-\psi^{+}\gamma_4\left(\gamma_\mu\frac{\partial}{\partial x_\mu}+f\sigma+m\right)\psi-\frac{1}{2}\left(\frac{\partial\sigma}{\partial x_\mu}\right)^2-U(\sigma) \tag{6.105}$$

相应的哈密顿密度为

$$\mathscr{H}=\psi^{+}\left[\frac{1}{i}\boldsymbol{\alpha}\cdot\nabla+\beta(m+f\sigma)\right]\psi+\frac{1}{2}\pi^2+\frac{1}{2}(\nabla\sigma)^2+U(\sigma) \tag{6.106}$$

其中 π 为与 σ 共轭的动量。因为 σ 是描述量子色动力学长程集体效应的唯象场，其高频部分不存在，所以可不计 σ 圈图仅保留 σ 树图。这类似于准经典近似，为此把 σ 视为经典场，但对 ψ 量子化。

设 $\varphi_l^{(\pm)}$ 是符合方程

$$\left[\frac{1}{i}\boldsymbol{\alpha}\cdot\nabla+\beta(m+f\sigma)\right]\varphi_l^{(\pm)}=\pm\varepsilon_l\varphi_l^{(\pm)} \tag{6.107}$$

的解，$\varphi_l^{(\pm)}$ 的上标正、负号对应于等式右端的正、负号，这里 $\varepsilon_l>0$ 并

$$0<\varepsilon_0<\varepsilon_1\leqslant\varepsilon_2\leqslant\cdots$$

式(6.107)的每个解 $\varphi_l^{(+)}$，必有另一个解 $\varphi_l^{(-)}$ 对应，它们本征值大小相等、符号相反，这与 σ 场的 C 字称为正密切相关。

证明：设 $\varphi_l^{(+)}$ 为式(6.107)的解，

$$\left[\frac{1}{i}\boldsymbol{\alpha}\cdot\nabla+\beta(m+f\sigma)\right]\varphi_l^{(+)}=\varepsilon_l\varphi_l^{(+)} \tag{6.108}$$

对式(6.108)取复共轭，然后上式乘 γ_2，由 $\gamma_2\beta\gamma_2=-\beta$、$\gamma_2\boldsymbol{\alpha}^*\gamma_2=\boldsymbol{\alpha}$、$\sigma^*=\sigma$ 知

$$\left[\frac{1}{i}\boldsymbol{\alpha}\cdot\nabla+\beta(m+f\sigma)\right]\gamma_2\varphi_l^{(+)*}=-\varepsilon_l\gamma_2\varphi_l^{(+)*} \tag{6.109}$$

于是每个 $\varphi_l^{(+)}$ 对应另一个解，

$$\varphi_l^{(-)}=\gamma_2\varphi_l^{(+)*} \tag{6.110}$$

其本征值大小相等、符号相反。

$\{\varphi_l^{(\pm)}\}$为完备的正交归一的 C 数函数系，利用它展开量子化的夸克场 ψ，

$$\psi=\psi_q^c=\sum_l\left[a_l^c(q)\varphi_l^{(+)}+b_l^c(q)^{+}\varphi_l^{(-)}\right] \tag{6.111}$$

式中 c 为色指标、q 为味指标、$a_i^c(q)$、$b_i^c(q)^+$ 表示夸克湮灭算子、反夸克产生算子，它们满足标准的反对易关系。使用 $a_i^c(q)^+$、$b_i^c(q)^+$ 可以构造强子的状态矢量，它们都是色单态。如

$$\begin{cases} |\Delta^{++}\rangle = a_0^1(u)^+ a_0^2(u)^+ a_0^3(u)^+ |0\rangle \\ |\rho^+\rangle \propto a_0(u)^+ b_0(d)^+ |0\rangle \end{cases} \tag{6.112}$$

a_0^{c+}、b_0^{c+} 的下标 0 表示与 $\varphi_0^{(+)}$、$\varphi_0^{(-)}$ 对应，$\varphi_0^{(\pm)}$ 为 $l_J = S_{\frac{1}{2}}$、$J_z = \pm\dfrac{1}{2}$的解。依 $\varphi_i^{(\pm)}$ 的正交归一性，

$$\begin{aligned} &\int \psi^+ \left[\frac{1}{i}\boldsymbol{\alpha}\cdot\nabla + \beta(m + f\sigma)\right]\psi \mathrm{d}^3 r \\ &= a_0^c(q)^+ a_0^c(q)\varepsilon_0 - b_0^c(q) b_0^c(q)^+ \varepsilon_0 + \cdots \end{aligned} \tag{6.113}$$

结果

$$\int \langle | : \mathscr{H} : | \rangle \mathrm{d}^3 r = N\varepsilon(\sigma) + \int \left[\frac{1}{2}\pi^2 + \frac{1}{2}(\nabla\sigma)^2 + U(a)\right]\mathrm{d}^3 r \tag{6.114}$$

式中$|\rangle$为最低质量态的强子态矢量，$\varepsilon(\sigma) = \varepsilon_0(\sigma)$；$N$ 是强子中夸克、反夸克的总数。对于介子 $N=2$，对于重子 $N=3$，在最低质量态中应有 $\pi=0$，即 σ 场静止。再依

$$\frac{\delta}{\delta\sigma}\int \langle | : \mathscr{H} : | \rangle \mathrm{d}^3 r = 0 \tag{6.115}$$

推出

$$-\nabla^2\sigma + \frac{\mathrm{d}}{\mathrm{d}\sigma}U(\sigma) = -N\frac{\delta}{\delta\sigma}\varepsilon(\sigma) \tag{6.116}$$

另外，

$$\int \psi^+ \left[\frac{1}{i}\boldsymbol{\alpha}\cdot\nabla + \beta(m + f\sigma)\right]\varphi \mathrm{d}^3 r = \varepsilon(\sigma)$$

$\varphi = \varphi_0^{(+)}$，将上式对 σ 求变分，

$$f\varphi^+ \beta\psi = \frac{\delta}{\delta\sigma}\varepsilon(\sigma) \tag{6.117}$$

式(6.117)代入式(6.116)，

$$-\nabla^2\sigma + \frac{\mathrm{d}U}{\mathrm{d}\sigma} = -fN\varphi^+ \beta\varphi \tag{6.118}$$

从式(6.108)，

$$\left[\frac{1}{i}\boldsymbol{\alpha}\cdot\nabla+\beta(m+f\sigma)\right]\varphi=\varepsilon\varphi \tag{6.119}$$

令势能形式为

$$U(\sigma)=p+\frac{1}{2}m_{\sigma}^{2}\sigma^{2}+\frac{\lambda}{3!}\sigma^{3}+\frac{\lambda'}{4!}\sigma^{4}+\cdots \tag{6.120}$$

定 R 为强子半径、$\frac{1}{R}\sim m_N$(核子质量)，设 $\rho R^3\sim m_N$ 并认为 $U(\sigma)$ 曲线曲率很大，

$$m_{\sigma}\gg m_N$$

同时所有非线性系数 λ、λ'、…均很大，在图 6.6 中曲线变化很陡，在强子内部 σ 只能在 $\sigma=0$ 附近小范围内变化，否则系统能量达不到最低，这样 $U(\sigma)\approx\frac{1}{2}m_{\sigma}^{2}\sigma^{2}$。又 $\nabla^2\sigma\sim\frac{\sigma}{R^2}$，有

$$\frac{\mathrm{d}}{\mathrm{d}\sigma}U(\sigma)\approx m_{\sigma}^{2}\sigma\gg|-\nabla^{2}\sigma| \tag{6.121}$$

从式(6.118)，

$$\sigma=-\frac{f}{m_{\sigma}^{2}}N\varphi^{+}\beta\varphi \tag{6.122}$$

式中 m_{σ}^{2}、f 很大，而 $\frac{f}{m_{\sigma}^{2}}\sim O(1)$。将式(6.122)代入式(6.119)，

$$\left[\frac{1}{i}\boldsymbol{\alpha}\cdot\nabla+\beta m-N\frac{f^{2}}{m_{\sigma}}(\varphi^{+}\beta\varphi)\right]\varphi=\varepsilon\varphi \tag{6.123}$$

式(6.122)表明唯象场 σ 由夸克产生，即夸克是 σ 场源，反过来 σ 场又把夸克束缚在强子内。这类似于固体物理中的极化子。在离子晶体中电子和等离子波有强烈的相互作用，反过来它又将电子束缚在该场内。当电子运动时带着周围的等离子波共同运动。

强子的边界由 σ 场的源为零定义，

$$\varphi^{+}\beta\varphi=0 \tag{6.124}$$

在强子边界上($r=R$)依式(6.124)、式(6.118)，

$$\nabla^{2}\sigma-\frac{\mathrm{d}U}{\mathrm{d}\sigma}=0$$

就 U 变化而言，R 是很大距离，强子边界可以当作平面，于是 $\nabla^2\sigma \approx \frac{\mathrm{d}^2\sigma}{\mathrm{d}r^2}$，从而

$$\frac{\mathrm{d}^2\sigma}{\mathrm{d}r^2} - \frac{\mathrm{d}U}{\mathrm{d}\sigma} = 0 \tag{6.125}$$

积分，

$$\frac{1}{2}\left(\frac{\mathrm{d}\sigma}{\mathrm{d}r}\right)^2 - U(\sigma) = 0 \tag{6.126}$$

式(6.126)有一维拓扑性孤粒子解。由特征能量(m_σ)很大知，上式在孤粒子的边界层内 σ 的变化很陡，所以边界厚度 $\delta \ll R$，如图 6.7 所示。

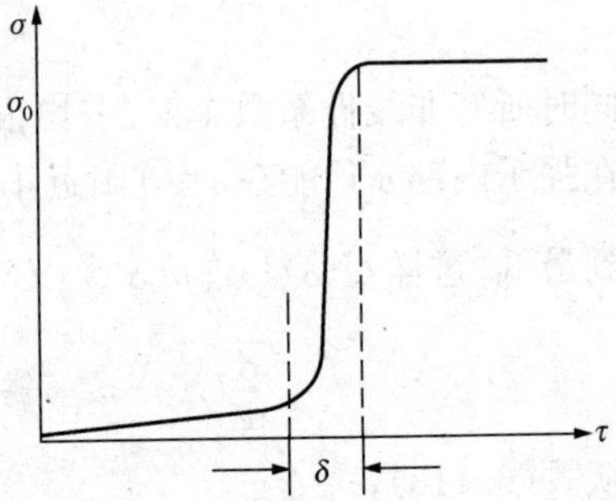

图 6.7

强子的表面能 E_s 为

$$E_s = \int_{r \geqslant R}\left[\frac{1}{2}(\nabla\sigma)^2 + U(\sigma)\right]\mathrm{d}^3 r$$

$$= 4\pi R^3 s$$

$$s = 2\int_k^\infty U(\sigma)\mathrm{d}r \approx 2\int_R^{R+\delta} U(\sigma)\mathrm{d}r \tag{6.127}$$

式(6.127)中的因数 2 源于 $\frac{1}{2}\left(\frac{\mathrm{d}\sigma}{\mathrm{d}r}\right)^2 = U(\sigma)$。在强子内部命

$$\begin{cases} \boldsymbol{\rho} = \varepsilon \boldsymbol{r} \\ \varphi = \Phi \dfrac{m_\sigma}{f}\sqrt{\dfrac{\varepsilon}{N}} \end{cases} \tag{6.128}$$

并设夸克质量 $m=0$，把式(6.123)化成

$$\left[\frac{1}{i}\boldsymbol{\alpha} \cdot \nabla - (\Phi^+ \beta\Phi)\beta\right]\Phi = \Phi \tag{6.129}$$

对于 $S_{\frac{1}{2}}$ 轨道的夸克 $\left(J_z = \pm\frac{1}{2}\right)$，取

$$\Phi = \begin{pmatrix} u \\ i\boldsymbol{\alpha} \cdot \boldsymbol{\rho}_0 \nu \end{pmatrix}\zeta \quad \zeta = \begin{pmatrix} 1 \\ 0 \end{pmatrix} \quad \text{or} \quad \begin{pmatrix} 0 \\ 1 \end{pmatrix} \tag{6.130}$$

这里 $u=u(\rho)$、$v=v(\rho)$ 为待定函数，$\boldsymbol{\rho}_0=\frac{\boldsymbol{\rho}}{|\boldsymbol{\rho}|}$ 为 $\boldsymbol{\rho}$ 方向的单位矢量，由于

$$\frac{1}{i}\rho\boldsymbol{\sigma}\cdot\nabla_{\rho}\Phi=\begin{pmatrix}\dfrac{3v}{\rho}+\dfrac{\mathrm{d}v}{\mathrm{d}\rho}\\-i\boldsymbol{\sigma}\cdot\boldsymbol{\rho}_0\dfrac{\mathrm{d}u}{\mathrm{d}\rho}\end{pmatrix}\zeta \tag{6.131}$$

因此从式(6.129)得到

$$\begin{cases}\dfrac{2v}{\rho}+\dfrac{\mathrm{d}v}{\mathrm{d}\rho}=(u^2-v^2+1)u\\\dfrac{\mathrm{d}u}{\mathrm{d}\rho}=(u^2-v^2-1)v\end{cases} \tag{6.132}$$

对式(6.132)可做数值计算。当 $\rho\to0$ 时 $v\to0$、$u\to u(0)$，对于从 0 到 u_c(临界值 1.7419)之间的任何 $u(0)$，式(6.132)都有解。从 $\varphi=0$ 到 $\rho=\rho_0$ 直接积分即得到该解。对 $\rho=\rho_0$，有 $u(\rho_0)=v(\rho_0)$，故满足边界条件式(6.124)。强子半径

$$R=\frac{\rho_0}{\varepsilon} \tag{6.133}$$

可取 $u(0)$ 或以

$$n=\int_{\rho\leqslant\rho_0}\varphi+\Phi\mathrm{d}^3\rho=\int_{\rho\leqslant\rho_0}(u^2+v^2)\mathrm{d}^3\rho \tag{6.134}$$

作为式(6.132)解的参数。当 $u(0)\to0$ 时 $n\to0$，当 $u(0)=u_c$ 时 $n\to\infty$，这两种情况如图 6.8 所示。

对 $n\to0$，可不计 u、v 的非线性项；式(6.132)变成

$$\begin{cases}\dfrac{\mathrm{d}v}{\mathrm{d}\rho}+\dfrac{2v}{\rho}=u\\-\dfrac{\mathrm{d}u}{\mathrm{d}\rho}=v\end{cases}$$

这组方程的解为

$$u\propto j_0(\rho)=\frac{\sin\rho}{\rho}$$

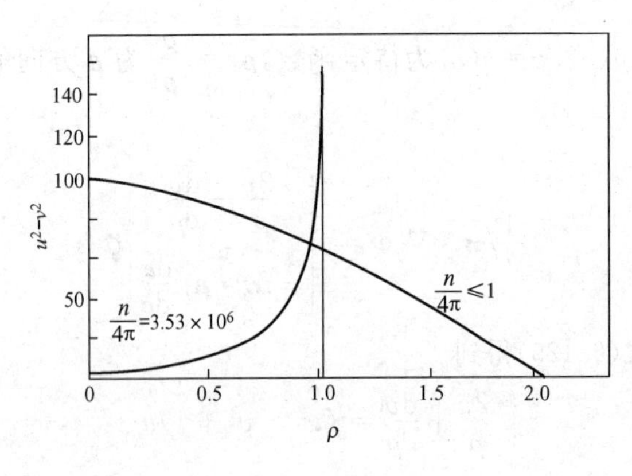

图 6.8

$$v \propto J(\rho)=\frac{\sin\rho}{\rho^2}-\frac{\cos\rho}{\rho}$$

对 $\rho=\rho_0$，$u(\rho_0)=v(\rho_0)$ 或 $j_0(\rho_0)=J(\rho_0)$，故 $\rho_0=2.0428$，同时

$$\varepsilon=\frac{2.0428}{R}$$

当 $n\to\infty$ 时 $\rho_0=1$，因此

$$\varepsilon=\frac{1}{R}$$

孤粒子解类似于介质(真空)中的气泡(强子)。强子质量由参数 p、s、n 决定。p 由式(6.120)给出，代表介质对气泡压强；表面张力 s 由式(6.127)给出，它是因为在穿过孤粒子界面 σ 从 0 变到 σ_0 引起的；n 确定气泡内气体的压强，它是因为夸克的动能和 σ 的激发引起的。零级近似的强子能量可表达成

$$M=M_0=\frac{N\rho_0}{R}+\frac{4\pi}{3}R^3p+4\pi R^2 s \tag{6.135}$$

6.9 核子级联过程

核子级联是因为高能核子贯穿原子核引起的，贯穿原子核的核子导致更多核子的形成，并与介质的其他原子核碰撞。本节分析核子级联的随机性，尤其是一维情形。为方便在核子级联中只

考虑一种类型的粒子，这样不必区分中子、质子。

假设所有高能核子的碰撞只发生在两个核子之间，当能量略大于 10^9 eV 时核子-核子碰撞将是非弹性的，产生一个反冲及一个次级核子，并以一部分能量损失于介子的形成。所以当一个能量为 E_0 的核子与一个静止的核子碰撞时，$E_0=E_1+E_2+E_m$，其中 E_1、E_2 是次级核子、反冲核子的能量，E_m 是原核子由于生成介子而损失的能量，其几率为

$$w(E_1,E_2;E_0)\mathrm{d}E_1\mathrm{d}E_2=w\left(\frac{E_1}{E_0},\frac{E_2}{E_0}\right)\frac{\mathrm{d}E_1\mathrm{d}E_2}{E_0^2}$$

有

$$\int_0^1\int_0^{1-\frac{E_1}{E_0}}w\left(\frac{E_1}{E_0},\frac{E_2}{E_0}\right)\frac{\mathrm{d}E_1\mathrm{d}E_2}{E_0^2}=k\quad(\text{常数})$$

于是总截面和原能量、次级能量无关。函数 $w\left(\frac{E_1}{E_0},\frac{E_2}{E_0}\right)$的性质如下：(1)因为碰撞后产生的反冲核子、次级核子无法区分，所以 $w\left(\frac{E_1}{E_0},\frac{E_2}{E_0}\right)$关于 E_1、E_2 对称；(2)当 E_1、E_2 之一为零或 E_0 时 $w\left(\frac{E_1}{E_0},\frac{E_2}{E_0}\right)=0$。又 $E_1+E_2\leqslant E_0$ 且 $w\left(\frac{E_1}{E_0},\frac{E_2}{E_0}\right)$为正定。

对于在均匀核材料中的级联，设它是由一个单位能量的入射原核子导致的。取

$$F_n(\varepsilon_1,\varepsilon_2,\cdots,\varepsilon_n;t)\mathrm{d}\varepsilon_1\mathrm{d}\varepsilon_2\cdots\mathrm{d}\varepsilon_n$$

表示在均匀核材料的深度 t 处，有 n 个位于区间$(\varepsilon_l,\varepsilon_l+\mathrm{d}\varepsilon_l)$的核子而其他处没有任何核子的微分几率且 $\varepsilon_l=\frac{E_l}{E_0}$，$F_n(\varepsilon_1,\varepsilon_2,\cdots,\varepsilon_n;t)$满足扩散方程

$$\frac{\partial}{\partial t}F_n(\varepsilon_1,\varepsilon_2,\cdots,\varepsilon_n;t)=-nF_n(\varepsilon_1,\varepsilon_2,\cdots,\varepsilon_n;t)$$
$$+\sum_{l,k}\int_0^1F_{n-1}(\varepsilon'_1,\varepsilon'_2,\cdots,\varepsilon'_{n-2},\varepsilon;t)w\left(\frac{\varepsilon_l}{\varepsilon},\frac{\varepsilon_k}{\varepsilon}\right)\varepsilon^{-2}\mathrm{d}\varepsilon\quad(l\neq k)$$

(6.136)

式中撇号表示 $n-2$ 个能量比 ε'_l 既不包括 ε_l、也不包括 ε_k；而

$$F_n(\varepsilon_1,\varepsilon_2,\cdots,\varepsilon_n;t)=f_n(t)A_n(\varepsilon_1,\varepsilon_2,\cdots,\varepsilon_n) \tag{6.137}$$

$$\begin{aligned} f_n(t) &= \frac{1}{n!}\int_0^1\cdots\int_0^1 F_n(\varepsilon_1,\varepsilon_2,\cdots,\varepsilon_n;t)\mathrm{d}\varepsilon_1\mathrm{d}\varepsilon_2\cdots\mathrm{d}\varepsilon_n \\ &= \exp(-t)[1-\exp(-t)]^{n-1} \end{aligned} \tag{6.138}$$

式(6.138)为在 t 处 n 个具有任意能量粒子的几率。显然 $f_n(t)$ 为具有参数 $\lambda=1$ 的 Furry 分布，

$$\sum_{n=0}^{\infty} f_n(t)=1$$

表明 $F_n(\varepsilon_1,\varepsilon_2,\cdots,\varepsilon_n;t)$ 可归一化为 1。从式(6.136)、式(6.137)知

$$A_n(\varepsilon_1,\varepsilon_2,\cdots,\varepsilon_n)$$

$$=\frac{1}{n-1}\sum_{l,k}A_{n-1}(\varepsilon'_1,\varepsilon'_2,\cdots,\varepsilon'_{n-2},\varepsilon)w\left(\frac{\varepsilon_k}{\varepsilon},\frac{\varepsilon_l}{\varepsilon}\right)\varepsilon^{-2}\mathrm{d}\varepsilon \quad (l\neq k) \tag{6.139}$$

置 $M_n(s_1,s_2,\cdots,s_n)=\mathscr{U}\{A_n(\varepsilon_1,\varepsilon_2,\cdots,\varepsilon_n)\}$，依式(6.139)

$$M_n(s_1,s_2,\cdots,s_n)$$

$$=\frac{1}{n-1}\sum_{l,k}W(s_l,s_k)M_{n-1}(s'_1,s'_2,\cdots,s'_{n-2},s_l+s_k) \tag{6.140}$$

这里

$$W(s_l,s_k)=\int_0^1\int_0^{1-\varepsilon_l}\varepsilon_l^{s_l}\varepsilon_k^{s_k}w(\varepsilon_l,\varepsilon_k)\mathrm{d}\varepsilon_l\mathrm{d}\varepsilon_k$$

设级联是由单个能量为 E_0 的核子在 $t=0$ 处开始的，得到初始条件

$$F_1(\varepsilon;0)=A_1(\varepsilon)=\delta(1-\varepsilon) \tag{6.141}$$

因 $M_1(s)=1$，有式(6.140)的解为

$$M_n(s_1,s_2,\cdots,s_n)=\frac{2^{n-1}}{(n-1)!}\Lambda_n(s_1,s_2,\cdots,s_n) \tag{6.142}$$

其中

$$\Lambda_n(s_1,s_2,\cdots,s_n)=\prod_k\sum_{*}W(s_k,s_{k+1}+\cdots+s_n) \tag{6.143}$$

式(6.143)中 $\sum\limits_{*}$ 表示对 $k+1$ 个变换变量($s_1,\cdots,s_k,s_{k+1}+\cdots+s_n$)每次取两个所得的一切组合求和。

由式(6.143)、式(6.142)、式(6.138)并利用 Mellin 变换的反演定理,得到解

$$F_n(\varepsilon_1,\varepsilon_2,\cdots,\varepsilon_n;t)=\frac{2^{n-1}}{(n-1)!}L_n\Lambda_n(s_1,s_2,\cdots,s_n)f_n(t) \quad (6.144)$$

$$L_n=\frac{1}{(2\pi i)^n}\int_{c_1-i\infty}^{c_1+i\infty}\cdots\int_{c_n-i\infty}^{c_n+i\infty}\varepsilon_1^{-s_1+1}\cdots\varepsilon_n^{-s_n+1}\mathrm{d}\varepsilon_1\cdots\mathrm{d}\varepsilon_n \quad (6.145)$$

为 Mellin 逆变换算子。

从 $F_n(\varepsilon_1,\varepsilon_2,\cdots,\varepsilon_n;t)$可以求出在 t 处有 n 个能量大于或等于 εE_0 的核子以及任意数量的能量小于 εE_0 的核子的几率 $\Phi(\varepsilon,n;t)$为

$$\Phi(\varepsilon,n;t)=\sum_{l=0}^{\infty}\frac{1}{l!n!}\int_0^{\varepsilon}\mathrm{d}\varepsilon_1\cdots\int_0^{\varepsilon}\mathrm{d}\varepsilon_l\int_0^1\mathrm{d}\varepsilon_{l+1}\cdots\cdot$$
$$\int_0^1 F_{l+n}(\varepsilon_1,\varepsilon_2,\cdots,\varepsilon_{l+n};t)\mathrm{d}\varepsilon_{l+n} \quad (6.146)$$

对于在有限吸收体中的级联,令

$$H_n(E_0;E_1,\cdots,E_n;t)\mathrm{d}E_1\mathrm{d}E_2\cdots\mathrm{d}E_n$$

表示一个能量为 E_0 的原核子在到达深度 t 处产生的 n 个能量位于区间($E_l,E_l+\mathrm{d}E_l$)内的核子的微分几率。$H_n(E_0;E_1,\cdots,E_n;t)$满足扩散方程

$$\frac{\partial}{\partial t}H_n(E_0;E_1,\cdots,E_n;t)=-nH_n(E_0;E_1,\cdots,E_n;t)$$
$$+\sum_{l=1}^{n}\sum_{(l)}Q_l(\varepsilon;E'_1,\cdots,E'_l)H_{n-l+1}(E_0;E'_{l+1},\cdots,E'_n;t) \quad (6.147)$$

式中 $\sum\limits_{(l)}$ 表示把能量 E_1、…、E_n 分成($E'_1,\cdots,E'_l$)和($E'_{l+1},\cdots,E_l$)两部分后对所有组成求和。函数 $Q_l(E_1,\cdots,E_1)$为

$$Q_l(E_1,\cdots,E_l)=N(\gamma_A)F_l(E_1,\cdots,E_l;t) \quad (6.148)$$

式中 $F_l(E_1,\cdots,E_n;t)$由式(6.144)给出,且

$$N(\gamma_A)=\int_0^{\gamma_A}\frac{2x}{\gamma_A^2}\mathrm{d}x$$

上式中 γ_A 定义成当一个核子沿一个原子量为 A 的原子核的直径穿过时所经历的平均碰撞次数。依式(6.148)得到的 $Q_l(E_0;E_1,\cdots,E_l)$ 为核子-原子核碰撞的截面。今用该截面替代核子-核子碰撞的截面 $w(\varepsilon_1,\varepsilon_2)$。若将 $Q_l(E_0;E_1,\cdots,E_l)$ 归一化为 1,则以深度 t 所述吸收体的相互作用平均自由程度量。命

$$R_n(\varepsilon_1,\cdots,\varepsilon_n;p)$$
$$=\int_0^\infty \mathrm{d}E_1\cdots\int_0^\infty \mathrm{d}E_n\int_0^\infty \exp(-pt)\varepsilon_1^{s_1}\cdots\varepsilon_n^{s_n}H_n(E_0;E_1,\cdots,E_n;t)\mathrm{d}t \tag{6.149}$$

$$N_n(s_1,\cdots,s_n)$$
$$=\int_0^\infty \mathrm{d}E_1\cdots\int_0^\infty \varepsilon_1^{s_1}\cdots\varepsilon_n^{s_n}Q_n(E_0;E_1,\cdots,E_n)\mathrm{d}E_n \tag{6.150}$$

以及

$$h=1-\frac{2}{\gamma_A^2}[1-(1+\gamma_A)]\exp(-\gamma_A)$$

则扩散方程式(6.147)满足初始条件

$$H_1(E_0;E;0)=\delta(E_0-E) \tag{6.151}$$

的解

$$H_n(E_0;E_1,\cdots,E_n;t)=E_0^{-n}K_n^*R_n(s_1,\cdots,s_n;p) \tag{6.152}$$

其中 K_n^* 为作用在能量比的 n 重 Mellin 逆变换上的拉普拉斯逆变换。R_{n+1} 确定为

$$R_{n+1}=\frac{1}{p+h}\sum_c\prod_j\sum_{c'}N_{n(j)+1}\cdot\frac{(s_{q(j-1)+1},\cdots,s_{q(j)},s_{q(j)+1}+\cdots+s_{n+1})}{p+[q(j)+1]h} \tag{6.153}$$

式中(1) $\sum\limits_c$ 表示对 n 的 2^{n-1} 个组成求和,c 是组成 $n(1)$、…、$n(m)$,而 $\sum\limits_{j=1}^{n}n(j)=m$,$m$ 为核子-原子核碰撞次数;(2) $q(j)=\sum\limits_{l=1}^{j}n(l)$、$q(0)=0$ 并从(1)知 $q(m)=n$;(3) $\sum\limits_{c'}$ 表示对所有从 $q(l)+1$ 个符号 $s_1\cdots s_{q(j)}$、$s_{q(j)+1}+\cdots+s_{n+1}$ 中每次取 $n(j)+1$ 个的

组合数为$\binom{n(j)+1}{q(j)+1}$的组合求和。

记$\Phi(E_0;E,n;t)$表示在深度t处有n个能量不少于E的核子以及任意数量的能量小于E的核子几率，

$$\Phi(E_0;E,n;t)=\sum_{l=0}^{\infty}\frac{1}{l!n!}\int_0^E \mathrm{d}E_1\cdots\int_0^E \mathrm{d}E_l\int_E^{\infty}\mathrm{d}E_{l+1}\cdots\cdot$$

$$\int_E^{\infty}H_{l+n}(E_0;E_1,\cdots,E_{l+n};t)\mathrm{d}E_{l+n} \tag{6.154}$$

最后讨论核子级联的涨落。今从扩散方程计算各阶矩。先分析均匀核子材料中的级联。命$S_k(\varepsilon,t)$为式(6.150)给出的分布函数$\Phi(\varepsilon,n;t)$的k阶因子矩。依定义，

$$S_k(\varepsilon,t)=\sum_{l=0}^{\infty}\frac{(k+l)!}{l!}\Phi(\varepsilon,k+l;t) \tag{6.155}$$

而又

$$S_k(\varepsilon,t)=\int_{\varepsilon}^{1}\mathrm{d}\varepsilon_1\cdots\int_{\varepsilon}^{1}C_k(\varepsilon_1,\cdots,\varepsilon_k;t)\mathrm{d}\varepsilon_k \tag{6.156}$$

这里

$$\frac{\partial}{\partial t}C_k(\varepsilon_1,\cdots,\varepsilon_k;t)=-kC_k(\varepsilon_1,\cdots,\varepsilon_k;t)$$

$$+\int_0^1\sum_{l=1}^{k}C_k(\varepsilon_1',\cdots,\varepsilon_{k-1}',\varepsilon;t)\overline{w}\left(\frac{\varepsilon_l}{\varepsilon}\right)\varepsilon^{-1}\mathrm{d}\varepsilon$$

$$+\int_0^1\sum_{l,h}C_{k-1}(\varepsilon_1',\cdots,\varepsilon_{k-2}',\varepsilon;t)\overline{w}\left(\frac{\varepsilon_l}{\varepsilon},\frac{\varepsilon_h}{\varepsilon}\right)\varepsilon^{-2}\mathrm{d}\varepsilon \tag{6.157}$$

式中$l\neq h$且

$$\overline{w}=\int_0^{1-\varepsilon}[w(\varepsilon_1,\varepsilon)+w(\varepsilon,\varepsilon_1)]\mathrm{d}\varepsilon_1$$

$C_k(\varepsilon_1,\cdots,\varepsilon_k;t)\mathrm{d}\varepsilon_1\cdots\mathrm{d}\varepsilon_k$表示深度$t$处有$k$个位于区间$(\varepsilon_l,\varepsilon_l+\mathrm{d}\varepsilon_l)$内的核子以及任何数量的具有任意能量的核子的几率。若已知$C_k(\varepsilon_1,\cdots,\varepsilon_k;t)$，则由式(6.156)，对$C_k(\varepsilon_1,\cdots,\varepsilon_k;t)$的$k$个能量变量积分即可得到矩$S_k(\varepsilon,t)$。式(6.157)的解为

$$C_k(\varepsilon_1,\cdots,\varepsilon_k;t)=K_kV_k(s_1,\cdots,s_k;p) \tag{6.158}$$

其中

$$V_{k+1}(s_1,\cdots,s_{k+1};p)=\frac{1}{p+\alpha(s_1+\cdots+s_{k+1})}\cdot$$

$$\prod_j\sum_* \frac{W(s_j;s_{j+1}+\cdots+s_{k+1})}{p+\alpha(s_1)+\cdots+\alpha(s_j)+\alpha(s_{j+1}+\cdots+s_{k+1})} \tag{6.159}$$

式(6.158)中 K_k 为作用于 $V_k(s_1,\cdots,s_k;p)$ 的 k 重 Mellin,逆变换上的拉普拉斯逆变换:

$$\frac{1}{(2\pi i)^k}\int_{c_1-i\infty}^{c_1+i\infty}\frac{\mathrm{d}s_1}{s_1}\cdots\int_{c_k-i\infty}^{c_k+i\infty}\exp[-(s_1+\cdots+s_k)]\frac{\mathrm{d}s_k}{s_k}$$

式(6.159)中的 W 与前述的相同,函数 $\alpha(s)=1-W(0,s)-W(s,0)$。另外,式(6.159)中 $\sum\limits_*$ 表示对 $j+1$ 个变量 s_1、$\cdots$、s_j、$s_{j+1}+\cdots+s_k$ 每次取两个的组合数为 $\begin{pmatrix}2\\j+1\end{pmatrix}$ 的组合求和。于是由式(6.156),k 阶矩 $S_k(\varepsilon,t)$ 为

$$S_k(\varepsilon,t)=K_kV_k(s_1,\cdots,s_k;p) \tag{6.160}$$

对有限吸收体中核子级联的情况,k 阶因子矩为

$$T_k(E_0;E;t)=\sum_{l=0}^{\infty}\frac{(k+l)!}{l!}\Phi(E_0;E,k+l;t) \tag{6.161}$$

式(6.161)中 Φ 由式(6.154)给出。这时

$$T_k(E_0;E;t)=\int_E^{\infty}\mathrm{d}E_1\cdots\int_E^{\infty}J_k(E_0;E_1,\cdots,E_k;t)\mathrm{d}E_k \tag{6.162}$$

这里 $J_k(E_0;E_1,\cdots,E_k;t)\mathrm{d}E_1\cdots\mathrm{d}E_k$ 表示一个能量为 E_0 的原核子引起的在深度 t 处有 k 个能量位于区间$(E_l,E_l+\mathrm{d}E_l)$内的粒子以及任意数量的具有任意能量的粒子的几率。$J_k(E_0;E_1,\cdots,E_k;t)$ 满足扩散方程

$$\begin{aligned}\frac{\partial}{\partial t}J_k(E_0;E_1,\cdots,E_k;t)=&-kJ_k(E_0;E_1,\cdots,E_k;t)\\&+\sum_{l=1}^{k}\sum_{j=1}^{\infty}\sum_{(l)}\frac{1}{(j-l)!}\int_0^{\infty}\mathrm{d}\varepsilon\int_0^{\infty}\mathrm{d}\xi_1\cdots\int_0^{\infty}\mathrm{d}\xi_{j-1}\cdot\\&Q_j(\varepsilon;E'_1,\cdots,E'_l,\xi_1,\cdots,\xi_{j-l})J_{k-l+1}(E_0;E'_{l+1},\cdots,E'_k,\varepsilon;t)\end{aligned} \tag{6.163}$$

式(6.163)中 $\sum\limits_{(l)}$ 表示对所有将 E_1、…、E_k 分成($E'_1,\cdots,E'_{k-1}$)及($E'_{k-l+1},\cdots,E'_k$)两部分的组成求和。式(6.163)的解为

$$J_k(E_0;E_1,\cdots,E_k;t)=E_0^{-k}K_k^*Y_k(s_1,\cdots,s_k;p) \quad (6.164)$$

$$Y_{k+1}(s_1,\cdots,s_{k+1};p)=\frac{1}{p+h(s_1+\cdots+s_{k+1})}\cdot$$

$$\sum_c\sum_j\sum_{c'}\frac{B_{k(j)+1}(s_{q(j-1)+1},\cdots,s_{q(j)},s_{q(j)+1}+\cdots+s_{k+1})}{p+h(s_1)+\cdots+h(s_{q(j)})+h(s_{q(j)+1}+\cdots+s_{k+1})} \quad (6.165)$$

$$B_k(s_1,\cdots,s_k)=\int_0^1\mathrm{d}\varepsilon_1\cdots\int_0^1\varepsilon_1^{s_1}\cdots\varepsilon_k^{s_k}N(\gamma_A)C_k\mathrm{d}\varepsilon_k$$

$$h(s)=1-2\frac{1-[1+\gamma_A\alpha(s)]\exp[-\gamma_A\alpha(s)]}{[\gamma_A\alpha(s)]^2}$$

式中的符号意义与式(6.153)中的相同。

从式(6.164)、式(6.162)得到 k 阶因子矩

$$T_k(E_0;E;t)=K_k^*Y_k(s_1,\cdots,s_k;p) \quad (6.166)$$

现在考虑 JánossyG- 方程。记 $G(\varepsilon,z;t)$ 为几率 $\Phi(\varepsilon,z;t)$ 的母函数,而 $\Phi(\varepsilon,n;t)$ 是由一个能量为 E_0 的原子核引起的在深度 t 处有 n 个能量大于 εE_0 的核子的几率。$G(\varepsilon,z;t)$ 满足积分方程

$$G(\varepsilon,z;t)=\int_0^t\exp[-\alpha(t-\tau)]\int_0^\infty\int_0^\infty$$

$$G\left(\frac{\varepsilon}{\varepsilon'},z;\tau\right)G\left(\frac{\varepsilon}{\varepsilon''},z;\tau\right)w(\varepsilon',\varepsilon'')\mathrm{d}\varepsilon'\mathrm{d}\varepsilon''\mathrm{d}\tau \quad (6.167)$$

令 $S_k(\varepsilon,t)$ 表示 $\Phi(\varepsilon,n;t)$ 的 k 阶因子矩,Jánossy 证明当 $0\leqslant\varepsilon<1$ 时它符合

$$S_k(\varepsilon,t)=\int_0^1\exp[-\alpha(t-\tau)]\int_0^1\int_0^1\sum_{n=0}^k\binom{k}{n}S_n\left(\frac{\varepsilon}{\varepsilon'},\tau\right)\cdot$$

$$S_{k-n}\left(\frac{\varepsilon}{\varepsilon''},\tau\right)w(\varepsilon',\varepsilon'')\mathrm{d}\varepsilon'\mathrm{d}\varepsilon''\mathrm{d}\tau+\delta_{1k}\exp(-\alpha t) \quad (6.168)$$

并 $S_0(\varepsilon,t)=1$。若考虑平均数的积分方程,则

$$m(\varepsilon,t)=\int_0^t\exp[-\alpha(t-\tau)]\int_0^1\int_0^1\left[m\left(\frac{\varepsilon}{\varepsilon'},\tau\right)+m\left(\frac{\varepsilon}{\varepsilon''},\tau\right)\right]\cdot$$

$$w(\varepsilon',\varepsilon'')\mathrm{d}\varepsilon'\mathrm{d}\varepsilon''\mathrm{d}\tau + \exp(-\alpha t) \tag{6.169}$$

式中 $m(\varepsilon,t)=S_1(\varepsilon,t)$。类似地可以求出 2 阶因子矩的积分方程。从这些积分方程的解可以得到级联中核子数的平均数与方差。

当 $0<\varepsilon<1$ 时 k 阶因子矩可写成

$$S_k(\varepsilon,t) = \exp(-\alpha k)W_k(\varepsilon,k)$$

且

$$\lim_{t\to\infty}[\exp(\lambda t)S_k(\varepsilon,t)] = \begin{cases} 0 & (\lambda < \alpha) \\ \infty & (\lambda \geqslant \alpha) \end{cases} \tag{6.170}$$

这里 α 为核子-核子碰撞总截面。由于式(6.170)对 $k=1$ 成立，因此上述论断表明核子平均数的渐近性态及其对总截面的依赖性。命

$$\Gamma(\varepsilon,s;t) = 1 - G(\varepsilon,s;t)$$

可以证明对 $0<\varepsilon<\varepsilon'$，有

$$\lim_{t\to\infty}\frac{\Gamma(\varepsilon',0;t)}{\Gamma(\varepsilon,0;t)} = 0 \tag{6.171}$$

式(6.171)的意义在于：对于很大的吸收体深度，如果至少检测到一个能量大于 ε 的核子，那么可以确定级联的核子能量位于区间 $(\varepsilon,\varepsilon+\mathrm{d}\varepsilon)$ 内。置

$$\Phi^*(\varepsilon,n;t) = \frac{\Phi(\varepsilon,n;t)}{\sum_{m=1}^{\infty}\Phi(\varepsilon,m;t)}$$

$\Phi^*(\varepsilon,n;t)$ 为在深度 t 处已知至少有一个能量大于 ε 的核子的条件下 n 个能量大于 ε 的核子的几率。事实上，

$$\lim_{t\to\infty}\Phi^*(\varepsilon,n;t) = \begin{cases} 1 & (n=1) \\ 0 & (n\geqslant 2) \end{cases} \tag{6.172}$$

式(6.172)要求 $\varepsilon>0$；其意义是：对于很大的吸收体深度，如果至少有一个能量大于 ε 的核子，那么可以确定只有一个核子。对于大 l，可把式(6.172)的结果用几率分布函数 $\Phi(h,\varepsilon;t)$ 写成

$$\begin{cases} \Phi(\varepsilon,0;t) \sim 1 \\ \Phi(\varepsilon,1;t) \sim S_1(\varepsilon,t) = m(\varepsilon,t) \\ \Phi(\varepsilon,n;t) = o(\Phi(\varepsilon,1;t)) \quad (n>1) \end{cases} \tag{6.173}$$

以上结果代表对大且有限的深度所做的近似。而且

$$\begin{cases}\Phi(\varepsilon,2;t)\sim\dfrac{1}{2}S_2(\varepsilon,t)\\ \Phi(\varepsilon,n;t)=o(\Phi(\varepsilon,2;t))\quad(n\geqslant 3)\end{cases}\tag{6.174}$$

般地，

$$\begin{cases}\Phi(\varepsilon,n;t)\sim\dfrac{1}{n!}S_n(\varepsilon,t)\\ \Phi(\varepsilon,n;t)=o(\Phi(\varepsilon,m;t))\quad(n>m,\varepsilon>0)\end{cases}\tag{6.175}$$

式中 n、$m=1,2,\cdots$。

用 $\Phi(E_0;E,n;t)$ 表示在深度 t 处有 n 个能量大于 E 的粒子和任意数量能量小于 E 的粒子的几率，于是

$$\Phi(E_0;E,n;t)=\sum_{l=0}^{\infty}\frac{1}{l!n!}\int_0^{\infty}\mathrm{d}E_1\cdots\int_E^{\infty}\mathrm{d}E_n\int_0^{\infty}\mathrm{d}E_{n+1}\int_0^{E}H_{n+l}(E_0;E_1,\cdots,E_{n+l};t)\mathrm{d}E_{n+l}\tag{6.176}$$

$$T_n(E_0;E;t)=\sum_{j=0}^{\infty}\frac{(n+j)!}{j!}\Phi(E_0;E,n+j;t)\tag{6.177}$$

$$J_n(E_0;E_1,\cdots,E_n;t)=\sum_{k=0}^{\infty}\frac{1}{k!}\int_0^{\infty}\mathrm{d}E_{n+l}\cdots\int_0^{\infty}\mathrm{d}E_{n+k}\cdot H_{n+k}(E_0;E_1,\cdots,E_{n+k};t)\tag{6.178}$$

式(6.177)代入式(6.176)，

$$T_n(E_0;E;t)=\sum_{l,j}\frac{1}{l!j!}\int_E^{\infty}\mathrm{d}E_1\cdots\int_E^{\infty}\mathrm{d}E_{n+l}\int_0^{E}\mathrm{d}E_{n+l+1}\cdots\cdot\int_0^{\infty}H_{n+l+j}(E_0;E_1,\cdots,E_{n+l+j};t)\mathrm{d}E_{n+l+j}\tag{6.179}$$

取 $l=k-j$，式(6.179)变为

$$T_n(E_0;E;t)=\int_E^{\infty}\mathrm{d}E_1\cdots\int_E^{\infty}\mathrm{d}E_n\sum_{k=0}^{\infty}\frac{1}{k!}\int_0^{\infty}\mathrm{d}E_{n+1}\cdots\cdot\int_0^{\infty}H_{n+k}(E_0;E_1,\cdots,E_{n+k};t)\mathrm{d}E_{n+k}\tag{6.180}$$

从式(6.178)得到

$$T_n(E_0;E;t)=\int_E^{\infty}\mathrm{d}E_1\cdots\int_E^{\infty}J_n(E_0;E_1,\cdots,E_n;t)\mathrm{d}E_n \tag{6.181}$$

式(6.181)给出了用分布函数 $J_n(E_0;E_1,\cdots,E_n;t)$ 通过对 n 个能量变量积分表示的第 n 阶矩。函数 J_n 由式(6.164)确定,故分布函数的矩可不用JáonssyG-方程得到。

定义 $\psi_n(E_1,\cdots,E_n)\mathrm{d}E_1\cdots\mathrm{d}E_n$ 为在区间$(E_l,E_l+\mathrm{d}E_l)(l=1,2,\cdots,n)$内有一个粒子,同时其他能态无粒子的几率,并且

$$\psi_n(E_1,\cdots,E_n)=P(n)f_n^{(n)}(E_1,\cdots,E_n) \tag{6.182}$$

式中 $P(n)$ 为在整个能量范围内有 n 个粒子的几率,$f_n^{(n)}(E_1,\cdots,E_n)$ 为在整个能量范围内有 n 个粒子条件下的 n 次乘积密度,而

$$f_n(E_1,\cdots,E_n)=\sum_{l=0}^{\infty}\frac{1}{(l-n)!}\int_E\cdots\int_{E_{n+1}}\psi_l(E_1,\cdots,E_l)\mathrm{d}E_l\cdots\mathrm{d}E_{n+1} \tag{6.183}$$

【例 6.1】 求证正、反粒子的质量相等。

证明:取 $|e^-\rangle_m$ 为物理 e^- 在其静止系中的态,m 表示自旋在 z 轴的分支 J_z 的本征值:

$$J_z\mid e^-\rangle_m=m\mid e^-\rangle_m \tag{①}$$

因为 $\mathscr{F}H\mathscr{F}^{-1}=H$ 且 $\mathscr{F}=CPT$(或 PTC、TCP 等),所以 $\mathscr{F}|e^-\rangle_m$ 也为 H 的本征态。依

$$\boldsymbol{TJT}^{-1}=-\boldsymbol{J} \tag{②}$$

式②中的角动量算子为

$$\boldsymbol{J}=\int\psi^+\left(\frac{1}{i}\boldsymbol{r}\times\nabla+\frac{1}{2}\boldsymbol{\sigma}\right)\psi\mathrm{d}^3r \tag{③}$$

知

$$\mathscr{F}\mid e^-\rangle_m=\exp(i\theta)\mid e^+\rangle_{-m} \tag{④}$$

于是质量 M_{e^-}、M_{e^+} 的关系为

$$\begin{aligned}M_{e^-}&=\langle e^-\mid H\mid e^-\rangle_m=\langle e^-\mid H\mid e^-\rangle_m^*\\&=\langle e^-\mid\mathscr{F}^{-1}\mathscr{F}H\mathscr{F}^{-1}\mathscr{F}\mid e^-\rangle_m=\langle e^+\mid H\mid e^+\rangle_{-m}=M_{e^+}\end{aligned}$$

即

$$M_{e^-} = M_{e^+} \qquad ⑤$$

显然质量与 z 分支的自旋 m 的符号无关；同理，

$$M_p = M_{\bar{p}} \qquad ⑥$$

$$\langle K^0 \mid H \mid K^0 \rangle = \langle \overline{K}^0 \mid H \mid \overline{K}^0 \rangle \qquad ⑦$$

实验表明

$$\frac{\Delta M_K}{M_K} \approx 7 \times 10^{-15} \qquad ⑧$$

式中 ΔM_K 为 K^0、$\overline{K}^0$ 的质量差。

以上的证明是非微扰的，包括了强相互作用、弱相互作用、电磁相互作用的影响。

【例 6.2】 估计氢原子半径 a。

解：因为波长与 a 同数量级，所以动量与 $\frac{1}{a}$ 同数量级。能量 E 可估计为

$$E \sim \frac{1}{2m_e}\left(\frac{1}{a}\right)^2 - \frac{\alpha}{a}$$

求其最小值，从 $\frac{\mathrm{d}E}{\mathrm{d}a}=0$ 得

$$a = \frac{1}{\alpha m_e} \qquad ①$$

这就是玻尔半径。利用精细结构常数

$$\alpha = \frac{e^2}{4\pi} \approx \frac{1}{137} \qquad ②$$

反质子、介子质量

$$\begin{cases} m_p \approx 1800 m_e \\ m_\pi \approx \dfrac{1}{7} m_p \end{cases} \qquad ③$$

推出

$$a \approx 5 \times 10^{-9}\,\mathrm{cm} \qquad ④$$

注意在量子电动力学中的三个重要长度值

$$\begin{cases} \text{玻尔半径为}\dfrac{1}{\alpha m_e} \\ e^- \text{的康普顿波长为}\dfrac{1}{m_e} \\ e^- \text{的经典半径为}\dfrac{\alpha}{m_e} \end{cases} \qquad ⑤$$

【例 6.3】 估计强子 p、π、ρ、…的大小。

解: 由于最小质量的强子为 π 介子，而强相互作用的耦合常数～1，因此在强相互作用中的估计可如[例 6.2]，但以 m_π 代 m_e、1 代 α，于是一般强子的大小$\sim\dfrac{1}{m_\pi}\sim10^{-13}$ cm(1fm)。此估计可与实验测出的质子的电磁半径

$$r_p\approx0.81(\text{fm})$$

相比较。

7 场的量子理论

7.1 场的相互作用与正则表述

7.1.1 电磁作用的正则表述

关于量子场论的问题在前面的章、节中已有体现，本章将对此略作集中讨论。

对于电磁场 $A_\mu(x)$，引入变换

$$A_\mu(x) \to A'_\mu(x) = A_\mu(x) + \frac{\partial}{\partial x_\mu} X(x) \tag{7.1}$$

式中 $X(x)$满足

$$\frac{\partial}{\partial x_\mu} \frac{\partial}{\partial x_\mu} X(x) = 0 \tag{7.2}$$

该变换对一切电磁场的物理观察量不产生影响，式(7.1)为第一种规范变换。对于介子场、狄拉克场的波函数 $\varphi(x)$、$\psi(x)$定义另一个变换

$$\varphi(x) \to \varphi'(x) = \varphi(x)\exp[i\alpha(x)] \tag{7.3}$$

$$\psi(x) \to \psi'(x) = \psi(x)\exp[i\beta(x)] \tag{7.4}$$

式中 $\alpha(x)$、$\beta(x)$为任意函数，上述变换称为第二种规范变换，它对场的所有物理观察量也不产生影响。

当电磁场和狄拉克场(或介子场)之间存在相互作用时，$X(x)$、$\alpha(x)$、$\beta(x)$并不是相互独立的函数。有电磁场的狄拉克方程取为

$$\gamma_\mu\left(\frac{\partial}{\partial x_\mu} - ieA_\mu\right)\psi + m\psi = 0 \tag{7.5}$$

式(7.5)是因在自由场的狄拉克方程中引进变换

$$\frac{\partial}{\partial x_\mu} \to \frac{\partial}{\partial x_\mu} - ieA_\mu \tag{7.6}$$

得到。利用这个变换可以推出电磁场对任意带电粒子的场的作

用。今要求规范变换式(7.1)、式(7.4)对电磁场、狄拉克场之间存在相互作用的条件下，对一切物理观察量也不产生任何影响。为此，式(7.5)应在规范变换下保持不变的形式，即

$$\gamma_\mu\left(\frac{\partial}{\partial x_\mu}-ieA'_\mu\right)\psi'+m\psi'=0 \tag{7.7}$$

也就是当上式中代入式(7.1)、式(7.4)，得出式(7.5)。这样，

$$\gamma_\mu\left(\frac{\partial}{\partial x_\mu}-ieA_\mu+ie\frac{\partial}{\partial x_\mu}X\right)\psi\exp[i\beta(x)]+m\psi\exp[i\beta(x)]=0$$

为使上式与式(7.5)相同，必须

$$\beta(x)=-eX(x)$$

于是对狄拉克波函数的第二种规范变换应为

$$\psi(x)\rightarrow\psi'(x)=\psi(x)\exp[-ieX(x)] \tag{7.8}$$

同样的考虑得出戈登波函数 $\varphi(x)$ 的规范变换为

$$\varphi(x)\rightarrow\varphi'(x)=\varphi(x)\exp[-ieX(x)] \tag{7.9}$$

描述与电磁场相互作用的带电介子场的戈登方程为

$$\left(\frac{\partial}{\partial x_\gamma}-ieA_\gamma\right)\left(\frac{\partial}{\partial x_\gamma}-ieA_\gamma\right)\varphi-\mu^2\varphi=0 \tag{7.10}$$

式(7.10)在变换式(7.1)、式(7.9)下保持不变的形式。

式(7.6)定义的带电粒子的场和电磁场的相互作用并非唯一作用形式，当狄拉克场的自旋和电磁场直接作用时狄拉克方程为

$$\gamma_\mu\left(\frac{\partial}{\partial x_\mu}-ieA_\mu\right)\psi+\kappa_\mu\gamma_\nu F_{\mu\nu}\psi+m\psi=0 \tag{7.11}$$

若 μ、ν 为空间标数，则式(7.11)中的第二项可写成

$$\kappa\sigma_{lj}F_{lj}\psi=\kappa\sigma_l H_l\psi \tag{7.12}$$

这里 H_l 表示磁场强度的分量；σ_l 为狄拉克粒子自旋的 4×4 方阵。式(7.12)表示狄拉克场的自旋与电磁场强度 $F_{\mu\nu}$ 直接作用的项，称之为泡利作用，κ 为泡利作用常数。这个作用依式(7.6)确定，且对于中性介子场及中性狄拉克场($e=0$)也是可能存在的。

为了进一步分析各种场的相互作用在不同变换下的不变性。利用正则描述更方便。在此描述中对于有相互作用场可定义拉格朗日函数密度 $\mathscr{L}(x)$。在时空点 x_μ，该函数是由参加作用的各

种波函数及其在 x 点时 x_μ 的一阶导数决定。当计算电子场和电磁场的相互作用时 $\mathscr{L}$ 为

$$\mathscr{L}(x)=\mathscr{L}\left(\psi(x),\frac{\partial\psi}{\partial x_\mu},\overline{\psi}(x),\frac{\partial\overline{\psi}}{\partial x_\mu},A_\mu(x),F_{\mu\nu}(x)\right)\tag{7.13}$$

或

$$\mathscr{L}(x)=\mathscr{L}\left(\phi_l(x),\frac{\partial}{\partial x_\mu}\phi_l(x)\right)\tag{7.14}$$

式中 $l=1,2,\cdots$；而 ϕ_1、ϕ_2、ϕ_3、ϕ_4、…表示 $\psi(x)$、$\overline{\psi}(x)$、$A_1(x)$、$A_2(x)$、…。取 $\mathscr{L}(x)$ 时整个空间的积分、时间从 $x_4'=it'$ 到 $x_4''=it''$，有

$$S(t'',t')=-i\int_{x_4'}^{x_4''}\mathscr{L}(x)\mathrm{d}^4x\tag{7.15}$$

式(7.15)称为作用积分，其在任何洛仑兹变换下为不变量。当 $\phi_l(x)$ 作任意小变化时

$$\begin{aligned}&\phi_l(x)\rightarrow\phi_l(x)+\delta\phi_l(x)\\&\delta\phi_l(x)=0\quad(\text{当 } t=t'\text{、}t''\text{ 时})\end{aligned}\tag{7.16}$$

$S(t'',t')$ 的变分为零

$$\delta S(t'',t')=0\tag{7.17}$$

得到拉格朗日方程

$$\frac{\partial}{\partial x_\mu}\frac{\partial\mathscr{L}}{\partial\phi_{l,\mu}}-\frac{\partial\mathscr{L}}{\partial\phi_l}=0\tag{7.18}$$

若以 $\mathscr{L}_1$ 为自由电子场的拉格朗日函数密度、$\mathscr{L}_2$ 为自由电磁场的拉格朗日函数密度，则自由电子场和自由电磁场的总拉格朗日函数密度为

$$\mathscr{L}=\mathscr{L}_1+\mathscr{L}_2\tag{7.19}$$

而

$$\mathscr{L}_1=-\frac{1}{2}\overline{\psi}\left(\gamma_\nu\frac{\partial}{\partial x_\nu}+\mu\right)\psi+\frac{1}{2}\left(\gamma_\nu\frac{\partial\overline{\psi}}{\partial x_\nu}-\overline{\psi}m\right)\psi\tag{7.20}$$

$$\mathscr{L}_2=-\frac{1}{4}\left(\frac{\partial A_\nu}{\partial x_\mu}-\frac{\partial A_\mu}{\partial x_\nu}\right)\left(\frac{\partial A_\nu}{\partial x_\mu}-\frac{\partial A_\mu}{\partial x_\nu}\right)\tag{7.21}$$

不难验证狄拉克方程、麦克斯韦方程正是下面三个拉格朗日

方程，

$$\begin{cases} \dfrac{\partial}{\partial x_\mu}\dfrac{\partial \mathscr{L}}{\partial \overline{\psi}_{,\mu}}-\dfrac{\partial \mathscr{L}}{\partial \overline{\psi}}=0 \\ \dfrac{\partial}{\partial x_\mu}\dfrac{\partial \mathscr{L}}{\partial \psi_{,\mu}}-\dfrac{\partial \mathscr{L}}{\partial \psi}=0 \\ \dfrac{\partial}{\partial x_\nu}\dfrac{\partial \mathscr{L}}{\partial A_{\mu,\nu}}-\dfrac{\partial \mathscr{L}}{\partial A_\mu}=0 \end{cases} \tag{7.22}$$

若参照式(7.6)，在 $\mathscr{L}$ 中引进变换

$$\begin{aligned} \frac{\partial \psi}{\partial x_\mu} &\rightarrow \left(\frac{\partial}{\partial x_\mu}-ieA_\mu\right)\psi \\ \frac{\partial \overline{\psi}}{\partial x_\mu} &\rightarrow \left(\frac{\partial}{\partial x_\mu}+ieA_\mu\right)\overline{\psi} \end{aligned} \tag{7.23}$$

则式(7.20)变为

$$\begin{aligned} \mathscr{L}_1+\mathscr{L}_4 = &-\frac{1}{2}\overline{\psi}\left[\gamma'_\mu\left(\frac{\partial}{\partial x_\mu}-ieA_\mu\right)+m\right]\psi \\ &+\frac{1}{2}\left[\left(\frac{\partial}{\partial x_\mu}+ieA_\mu\right)\overline{\psi}\,\gamma_\mu-m\overline{\psi}\right]\psi \end{aligned} \tag{7.24}$$

式(7.24)中的 $\mathscr{L}_4$ 为有相互作用场的拉格朗日函数密度。以式(7.24)替代(7.20)代入式(7.22)、式(7.19)，

$$\left(\frac{\partial}{\partial x_\mu}+ieA_\mu\right)\overline{\psi}\,\gamma_\mu-m\overline{\psi}=0 \tag{7.25}$$

$$\frac{\partial}{\partial x_\nu}\frac{\partial}{\partial x_\nu}A_\mu=-ie\overline{\psi}\,\gamma_\mu\,\psi \tag{7.26}$$

式(7.25)为式(7.5)的埃尔米特共轭，式(7.26)的右端为电子场的电流，于是式(7.26)又可写成

$$\frac{\partial}{\partial x_\nu}\frac{\partial}{\partial x_\nu}A_\mu=-j_\mu \tag{7.27}$$

依式(7.24)，总拉格朗日函数密度取为

$$\mathscr{L}=\mathscr{L}_1+\mathscr{L}_2+\mathscr{L}_4 \tag{7.28}$$

$$\mathscr{L}_4=ie\overline{\psi}\,\gamma_\mu\,\psi A_\mu \tag{7.29}$$

或

$$\mathscr{L}_4=j_\mu A_\mu \tag{7.30}$$

泡利作用可通过式(7.28)右端增加新项 $\mathscr{L}_4'$ 得到，

$$\mathscr{L}_4' = \kappa \bar{\psi} \gamma_\mu \gamma_\nu \psi F_{\mu\nu} \tag{7.31}$$

当然也可考虑带电子介子场和电磁场的相互作用。自由介子场的拉格朗日函数密度 $\mathscr{L}_3$ 取为

$$\mathscr{L}_3 = -\left(\frac{\partial \varphi^*}{\partial x_\nu}\frac{\partial \varphi}{\partial x_\nu} + \mu^2 \varphi^* \varphi\right) \tag{7.32}$$

定义变换，

$$\begin{aligned} \frac{\partial \varphi}{\partial x_\mu} &\rightarrow \left(\frac{\partial}{\partial x_\mu} - ieA_\mu\right)\varphi \\ \frac{\partial \varphi^*}{\partial x_\mu} &\rightarrow \left(\frac{\partial}{\partial x_\mu} + ieA_\mu\right)\varphi^* \end{aligned} \tag{7.33}$$

得

$$\mathscr{L}_3 + \mathscr{L}_4 = -\left[\left(\frac{\partial}{\partial x_\nu} + ieA_\nu\right)\varphi^* \left(\frac{\partial}{\partial x_\nu} - ieA_\nu\right)\varphi + \mu^2 \varphi^* \varphi\right] \tag{7.34}$$

由式(7.21)、式(7.34)推出介子场和电磁场的总拉格朗日函数密度，

$$\mathscr{L} = \mathscr{L}_2 + \mathscr{L}_3 + \mathscr{L}_4 \tag{7.35}$$

其中 $\mathscr{L}_2$、$\mathscr{L}_3$ 依式(7.32)、式(7.21)给出，而

$$\begin{aligned} \mathscr{L}_4 &= ie\left(\varphi \frac{\partial \varphi^*}{\partial x_\mu} - \varphi^* \frac{\partial \varphi}{\partial x_\mu}\right)A_\mu - e^2 \varphi^* \varphi A_\mu A_\mu \\ &= j_\mu A_\mu + e^2 \varphi^* \varphi A_\mu A_\mu \end{aligned} \tag{7.36}$$

这里

$$j_\mu = ie\left(\varphi \frac{\partial \varphi^*}{\partial x_\mu} - \varphi^* \frac{\partial \varphi}{\partial x_\mu}\right) - 2e^2 \varphi^* \varphi A_\mu \tag{7.37}$$

当 e^2(或 A_μ)充分小时忽略式(7.37)变为

$$j_\mu = ie\left(\varphi \frac{\partial \varphi^*}{\partial x_\mu} - \varphi^* \frac{\partial \varphi}{\partial x_\mu}\right) \tag{7.38}$$

式(7.37)右端的最后一项表示由于电磁场的作用产生的诱导电流、电荷。可以验证式(7.35)表示的拉格朗日方程为

$$\frac{\partial}{\partial x_\mu}\frac{\partial \mathscr{L}}{\partial \varphi_{,\mu}}-\frac{\partial \mathscr{L}}{\partial \varphi}=0$$

$$\frac{\partial}{\partial x_\nu}\frac{\partial \mathscr{L}}{\partial \mathrm{A}_{\mu,\nu}}-\frac{\partial \mathscr{L}}{\partial \mathrm{A}_\mu}=0 \tag{7.39}$$

由介子场满足式(7.10)知式(7.37)给出了 j_μ 符合电荷守恒条件

$$\frac{\partial j_\mu}{\partial x_\mu}=0$$

但当狄拉克场由式(7.5)表述时,满足上式的 j_μ 仍然因为无电磁作用可从式(7.30)给出。

7.1.2 量子场论的正则形式

当已知 $\mathscr{L}$ 为 $\phi_l(x)$、$\frac{\partial}{\partial x_\mu}\phi_l(x)$的函数时,除了积分限 t'、t''变化导致 S 改变外,$\phi_l(x)$的变化也使 S 变化,有

$$\begin{aligned}S&=\int_{t'+\delta t'}^{t''+\delta t''}\int \mathscr{L}(\phi'_l,\phi'_{l,\mu})\,\mathrm{d}^3\boldsymbol{r}\mathrm{d}t-\int_{t'}^{t''}\int \mathscr{L}(\phi_l,\phi_{l,\mu})\,\mathrm{d}^3\boldsymbol{r}\mathrm{d}t\\&=\int\left(\mathscr{L}\delta t+\frac{\partial \mathscr{L}}{\partial \phi_{l,t}}\delta\phi_l\right)_{t'}^{t''}\mathrm{d}^3\boldsymbol{r}+\int_{t'}^{t''}\int\left(\frac{\partial \mathscr{L}}{\partial \phi_l}\delta\phi_l+\frac{\partial \mathscr{L}}{\partial \phi_{l,\nu}}\delta\phi_{l,\nu}\right)\mathrm{d}^3\boldsymbol{r}\mathrm{d}t\end{aligned} \tag{7.40}$$

约定 $\phi_{l,t}=\frac{\partial \phi_l}{\partial t}$;事实上,

$$\delta\phi_{l,t}=\frac{\partial}{\partial x_\mu}\phi'_l(x)-\frac{\partial}{\partial x_\mu}\phi(x)=\frac{\partial}{\partial x_\mu}\delta\phi_l(x) \tag{7.41}$$

得到

$$\begin{aligned}\int_{t'}^{t''}\int\frac{\partial \mathscr{L}}{\partial \phi_{l,t}}\delta\phi_{l,\mu}\mathrm{d}^3\boldsymbol{r}\,\mathrm{d}t&=\int_{t'}^{t''}\int\left[\frac{\partial}{\partial x_\mu}\left(\frac{\partial \mathscr{L}}{\partial \phi_{l,\mu}}\delta\phi_l\right)-\frac{\partial}{\partial x_\mu}\left(\frac{\partial \mathscr{L}}{\partial \phi_{l,\mu}}\right)\delta\phi_l\right]\mathrm{d}^3\boldsymbol{r}\,\mathrm{d}t\\&=\int\frac{\partial \mathscr{L}}{\partial \phi_{l,t}}\delta\phi_l\bigg|_{t'}^{t''}\mathrm{d}^3\boldsymbol{r}-\int_{t'}^{t''}\int\frac{\partial}{\partial x_\mu}\left(\frac{\partial \mathscr{L}}{\partial \phi_{l,\mu}}\right)\delta\phi_l\mathrm{d}^3\boldsymbol{r}\,\mathrm{d}t\end{aligned}$$

于是式(7.40)变为

$$\delta S=\iint\Big[\mathscr{L}(\boldsymbol{r},t'')\delta t''+\left(\frac{\partial\mathscr{L}}{\partial\phi_{l,t}}\right)_{t''}\delta\phi_l(\boldsymbol{r},t'')-\mathscr{L}(\boldsymbol{r},t')\delta t'-\left(\frac{\partial\mathscr{L}}{\partial\phi_{l,t}}\right)_{t'}\delta\phi_l(\boldsymbol{r},t')\Big]\mathrm{d}^3\boldsymbol{r}-\int_{t'}^{t''}\!\!\int\left(\frac{\partial}{\partial x_\mu}\frac{\partial\mathscr{L}}{\partial\phi_{l,\mu}}-\frac{\partial\mathscr{L}}{\partial\phi_l}\right)\delta\phi_l\,\mathrm{d}^3\boldsymbol{r}\,\mathrm{d}t \tag{7.42}$$

若 $\phi_l(x)$ 符合式(7.18)，则式(7.42)的最后一项为零。

定义 $\bar{\delta}\phi_l$ 为

$$\begin{aligned}\bar{\delta}\phi_l&=\phi_l'(\boldsymbol{r},t+\delta t)-\phi_l(\boldsymbol{r},t)\\&=\delta\phi_l+\frac{\partial\phi_l}{\partial t}\delta t=\delta\phi_l+\phi_{l,t}\,\delta t\end{aligned} \tag{7.43}$$

代入式(7.42)，

$$\delta S=\int\Big[-\mathscr{H}(\boldsymbol{r},t'')\delta t''+\left(\frac{\partial\mathscr{L}}{\partial\phi_{l,t}}\right)_{t''}\bar{\delta}\phi_l(\boldsymbol{r},t'')+\mathscr{H}(\boldsymbol{r},t')\delta t'-\left(\frac{\partial\mathscr{L}}{\partial\phi_{l,t}}\right)_{t'}\bar{\delta}\phi_l(\boldsymbol{r},t')\Big]\mathrm{d}^3\boldsymbol{r} \tag{7.44}$$

其中

$$\mathscr{H}(\boldsymbol{r},t)=-\mathscr{L}(\boldsymbol{r},t)+\sum_l\frac{\partial\mathscr{L}}{\partial\phi_{l,t}}\phi_{l,t}(\boldsymbol{r},t) \tag{7.45}$$

为哈密顿密度，$\bar{\delta}\phi_l$ 为当 δt 任意值时 ϕ_l 的变化。$\bar{\delta}\phi_l$ 应当作一个任意的但数值很小的函数，$\delta\phi_l$ 只是在 $\delta t=0$ 时 ϕ_l 的改变。从式(7.44)得

$$S=S(t'',\phi_l(t'');t',\phi_l(t')) \tag{7.46}$$

式(7.46)中 t''、t'、$\phi_l(t'')$、$\phi_l(t')$ 为独立变量，有

$$\begin{cases}\dfrac{\partial S}{\partial t}=-\displaystyle\int\mathscr{H}(\boldsymbol{r},t)\mathrm{d}^3\boldsymbol{r}\\[2ex]\dfrac{\delta S}{\delta\phi_l}=\dfrac{\partial\mathscr{L}}{\partial\phi_{l,t}}\end{cases} \tag{7.47}$$

导入总哈密顿量 H、正则动量 $\pi_l(\boldsymbol{r},t)$，

$$H=\int\mathscr{H}(\boldsymbol{r},t)\mathrm{d}^3\boldsymbol{r} \tag{7.48}$$

$$\pi_l(\boldsymbol{r},t)=\frac{\partial\mathscr{L}}{\partial\phi_{l,t}} \tag{7.49}$$

于是

$$\begin{cases}\dfrac{\partial S}{\partial t}=-H\\[2mm]\dfrac{\delta S}{\delta\phi_l}=\pi_l\end{cases}\tag{7.50}$$

由式(7.45)给出的$\mathscr{H}$依下式得到$T_{\mu\nu}$的分量，

$$T_{\mu\nu}=\frac{\partial\mathscr{L}}{\partial\phi_{l,\nu}}\phi_{l,\mu}-\delta_{\mu\nu}\mathscr{L}\tag{7.51}$$

可以证明式(7.51)满足能量-动量哈密顿守恒，

$$T_{\mu\nu,\nu}=0\tag{7.52}$$

以上就是对有相互作用的经典的正则描述。ϕ_l 表示介子场的场变量φ_1、φ_2、φ_3、…，狄拉克场的场变量 ψ、$\overline{\psi}$ 及电磁场的四维势 A_μ 等。

由于$\mathscr{L}$为 ϕ_l、$\phi_{l,\mu}$为函数，因此

$$\delta\mathscr{L}=\frac{\partial\mathscr{L}}{\partial\phi_l}\delta\phi_l+\frac{\partial\mathscr{L}}{\partial\phi_{l,\mu}}\delta\phi_{l,\mu}\tag{7.53}$$

依式(7.49)、式(7.45)，

$$\delta\mathscr{H}=-\frac{\partial\mathscr{L}}{\partial\phi_l}\delta\phi_l-\frac{\partial\mathscr{L}}{\partial\phi_{l,\mu}}\delta\phi_{l,\mu}+\sum_l\frac{\partial\mathscr{L}}{\partial\phi_{l,t}}\delta\phi_{l,t}+\varphi_{l,t}\delta\pi_l\tag{7.54}$$

注意 $\varphi_{l,t}\delta\pi_l$ 中 l 不计和，且

$$\frac{\partial\mathscr{L}}{\partial\phi_{l4}}\delta\phi_{l4}=\sum_l\frac{\partial\mathscr{L}}{\partial\phi_{l,t}}\delta\phi_{l,t}$$

结果式(7.54)可写成

$$\delta\mathscr{H}=-\frac{\partial\mathscr{L}}{\partial\phi_l}\delta\phi_l-\frac{\partial\mathscr{L}}{\partial\phi_{l,j}}\delta\phi_{l,j}+\phi_{l,t}\delta\pi_l$$

上式表明$\mathscr{H}$仅为 ϕ_l、$\phi_{l,j}$ $(j=1,2,3)$、π_l 的函数，

$$\mathscr{H}=\mathscr{H}(\phi_l,\phi_{l,j},\pi_l)\tag{7.55}$$

这样式(7.50)可写成

$$\begin{cases}\dfrac{\partial S}{\partial t}+\displaystyle\int\mathscr{H}(\phi_l,\phi_{l,j},\pi_l)=0\\[2mm]\dfrac{\delta S}{\delta\phi_l}=\pi_l\end{cases}\tag{7.56}$$

从式(7.56)中消去 π_l，

$$\frac{\partial S}{\partial t}+\int\mathscr{H}\left(\phi_l,\nabla_j\phi_l,\frac{\delta S}{\delta\phi_l}\right)\mathrm{d}^3\boldsymbol{r}=0 \tag{7.57}$$

这恰是经典力学中的哈密顿-雅可比方程，式(7.57)也可写成

$$\frac{\partial S}{\partial t}+H\left[\phi_l,\nabla_j\phi_l,\frac{\delta S}{\delta\phi_l}\right]=0 \tag{7.58}$$

式(7.58)中的方括号表示 H 为 $\phi_l(\boldsymbol{r})$、$\nabla_j\phi_l$ 等函数对 $\boldsymbol{r}$ 的积分。

在式(7.58)中代入

$$\Psi=\exp(iS) \tag{7.59}$$

得出薛定谔方程

$$i\frac{\partial\Psi}{\partial t}=H\left[\phi_l,\nabla_j\phi_l,i\frac{\delta}{\delta\phi_l}\right]\psi \tag{7.60}$$

式(7.60)为薛定谔提出量子化的最初形式。该量子化主要效果是将经典的哈密顿量 H 通过代换：

$$\pi_l(\boldsymbol{r})=-i\frac{\delta}{\delta\phi_l(\boldsymbol{r})} \tag{7.61}$$

变成作用于 Ψ 的算子。上述量子化也可由下面对易关系表达，

$$[\pi_l(\boldsymbol{r}),\phi_n(\boldsymbol{r}')]=-i\delta_{ln}\delta^3(\boldsymbol{r}-\boldsymbol{r}') \tag{7.62}$$

实际上式(7.61)正是式(7.25)的一个表象。

容易验证式(7.62)就是前后过程自由介子场、自由电磁场时引入的对易关系。对于自由的中性介子场

$$\pi(\boldsymbol{r})=\frac{\partial\mathscr{L}}{\partial\varphi_{,t}}=\frac{\partial}{\partial t}\phi^*(\boldsymbol{r}) \tag{7.63}$$

从式

$$[\varphi_l(x),\varphi_l(x')]=-i\hbar c\Delta(x-x') \tag{7.64}$$

$$\Delta(x-x')=\frac{i}{(2\pi)^3}\int\frac{\exp[i(k,x-x')]-\exp[-i(k,x-x')]}{2k_0}\mathrm{d}^3\boldsymbol{k}$$

式中 k_0 为振动频率，从中推出的自由介子场的对易关系为

$$[\varphi(\boldsymbol{r},t),\varphi(\boldsymbol{r}',t')]=-i\Delta(x-x')$$

上式对 t 求导，

$$\left[\frac{\partial}{\partial t}\varphi(\boldsymbol{r},t),\varphi(\boldsymbol{r}',t')\right]=-i\frac{\partial}{\partial t}\Delta(x-x') \tag{7.65}$$

置 $t=t'$ 再过渡到薛定谔表象且代入式(7.63),

$$[\pi(\boldsymbol{r}),\varphi(\boldsymbol{r}')]=-i\delta^3(\boldsymbol{r}-\boldsymbol{r}') \tag{7.66}$$

对于自由电磁场,依式(7.62)得

$$\pi_l(\boldsymbol{r})=\frac{\partial}{\partial t}A_l(\boldsymbol{r}) \tag{7.67}$$

从式

$$[A_\mu(x),A_\nu(x')]=-i\delta_{\mu\nu}D(x-x') \tag{7.68}$$

$$D(x-x')=-\frac{1}{(2\pi)^3 i}\int\frac{\exp[i(k,x-x')]-\exp[-i(k,x-x')]}{2k}\mathrm{d}^3\boldsymbol{k} \tag{7.69}$$

这里 $\boldsymbol{k}$ 为前进矢量。由上得到自由电磁场对易关系

$$[A_l(\boldsymbol{r},t),A_j(\boldsymbol{r},t)]=-i\delta_{lj}D(x-x')$$

对上式 t 求导,

$$\left[\frac{\partial}{\partial t}A_l(\boldsymbol{r},t),A_j(\boldsymbol{r}',t')\right]=-i\delta_{lj}\frac{\partial}{\partial t}D(x-x')$$

取 $t=t'$ 过渡到薛定谔表象,再代入(7.67)并利用式(7.69),

$$[\pi_l(\boldsymbol{r}),A_j(\boldsymbol{r}')]=-i\delta_{lj}\delta(\boldsymbol{r}-\boldsymbol{r}') \tag{7.70}$$

式(7.70)中 l、$j=1,2,3$;它正是式(7.62)。

对于费米统计场,量子化条件式(7.70)变为

$$\begin{cases}\{\pi(\boldsymbol{r}),\psi(\boldsymbol{r}')\}=\{\pi^*(\boldsymbol{r}),\psi^*(\boldsymbol{r}')\}=-i\delta^3(\boldsymbol{r}-\boldsymbol{r}')\\[2mm] \pi(\boldsymbol{r})=\dfrac{\partial\mathscr{L}}{\partial\psi_{,t}}=i\psi^*(\boldsymbol{r})\\[2mm] \pi^*(\boldsymbol{r})=\dfrac{\partial\mathscr{L}}{\partial\psi^*}=-i\psi(\boldsymbol{r})\end{cases} \tag{7.71}$$

式(7.71)中的{·,·}为反对易括号、[·,·]为对易括号。注意反对易关系只对同一个场的场变量有意义,而对不同的费米场 l、j 可经历如下的关系

$$[\pi_l(\boldsymbol{r}),\psi_j(\boldsymbol{r})]=0\quad(j\neq l)$$

在费米场式(7.71)不可能产生式(7.61),但有类似关系。利用式(7.71),有

$$
\begin{cases}
[\delta\psi(\boldsymbol{r})\pi(\boldsymbol{r}),\psi(\boldsymbol{r}')]=-i\delta\psi(\boldsymbol{r})\delta^3(\boldsymbol{r}-\boldsymbol{r}') \\
[\delta\psi^*\pi^*(\boldsymbol{r}),\psi^*(\boldsymbol{r}')]=-i\delta\psi^*(\boldsymbol{r})\delta^3(\boldsymbol{r}-\boldsymbol{r}') \\
[\delta\psi(\boldsymbol{r})\pi(\boldsymbol{r}),\psi^*(\boldsymbol{r}')]=0 \\
[\delta\psi^*(\boldsymbol{r})\pi^*(\boldsymbol{r}),\psi(\boldsymbol{r}')]=0
\end{cases}
\tag{7.72}
$$

满足上面交换关系的解可取为

$$
\delta\psi(\boldsymbol{r})\pi(\boldsymbol{r})=\delta\psi(\boldsymbol{r})\frac{\delta}{\delta\psi(\boldsymbol{r})} \tag{7.73}
$$

$$
\delta\psi^*(\boldsymbol{r})\pi^*(\boldsymbol{r})=\delta\psi^*(\boldsymbol{r})\frac{\delta}{\delta\psi^*(\boldsymbol{r})} \tag{7.74}
$$

当这些算子作用于任意 $\psi(\boldsymbol{r})$、$\psi^*(\boldsymbol{r})$的乘积时，它满足通常微分算子所遵守的分配、对易法则。当式(7.73)作用于乘积的某个因子 $\psi(\boldsymbol{r}')$时，其将该因子换成 $\delta\psi(\boldsymbol{r})\delta^3(\boldsymbol{r}-\boldsymbol{r}')$；同理当式(7.74)作用于因子 $\psi^*(\boldsymbol{r}')$时，其将该因子换成 $\delta\psi^*(\boldsymbol{r})\delta^3(\boldsymbol{r}-\boldsymbol{r}')$。这样当 $\psi(\boldsymbol{r})$变为 $\psi(\boldsymbol{r})+\delta\psi(\boldsymbol{r})$时状态矢量 Ψ 产生的变化为

$$
\delta\Psi=\int\Psi\,\delta\psi(\boldsymbol{r})\pi_l(\boldsymbol{r})\mathrm{d}^3\boldsymbol{r} \tag{7.75}
$$

使用 $\phi_l(\boldsymbol{r})$，式(7.25)变为

$$
\delta\Psi=\int\Psi\,\delta\phi_l(\boldsymbol{r})\pi_l(\boldsymbol{r})\mathrm{d}^3\boldsymbol{r} \tag{7.76}
$$

式(7.76)中的 ϕ_l 可以包括玻色统计场。

从式(7.76)、式(7.60)得知当 t、$\phi_l(\boldsymbol{r})$独立变化时

$$
\delta\Psi=-i[H\delta t-\int\pi_l(\boldsymbol{r})\delta\phi_l(\boldsymbol{r})\mathrm{d}^3\boldsymbol{r}]\Psi
$$

或

$$
\delta\psi=-i\Psi\,\delta S
$$

7.1.3 相互作用下的电磁场纵场

今考虑有相互作用的电子场和电磁场的量子场论。依式(7.20)、式(7.21)、式(7.28)、式(7.29)、式(7.51)，系统的哈密顿密度为

$$\mathscr{H} = \mathscr{H}_1 + \mathscr{H}_2 + \mathscr{H}_4 \tag{7.77}$$

其中 $\mathscr{H}_1$、$\mathscr{H}_2$、$\mathscr{H}_4$ 表示自由电子场、自由电磁场、有相互作用场的哈密顿密度

$$\mathscr{H}_4 = -\mathscr{L}_4 = -ie\overline{\psi}\gamma_\mu\psi A_\mu \tag{7.78}$$

在薛定谔表象里

$$\psi(\boldsymbol{r}) = \frac{1}{(2\pi)^{3/2}}\int\sqrt{\frac{m}{\varphi_0}}\,[a_l(\boldsymbol{p})u_l(\boldsymbol{p})\exp(i\boldsymbol{p}\cdot\boldsymbol{r}) + b_l^*(\boldsymbol{p})v_l(\boldsymbol{p})\exp(-i\boldsymbol{p}\cdot\boldsymbol{r})]\mathrm{d}^3\boldsymbol{p} \tag{7.79}$$

$$\overline{\psi}(\boldsymbol{r}) = \frac{1}{(2\pi)^{3/2}}\int\sqrt{\frac{m}{p_0}}[a_l^*(\boldsymbol{p})\overline{u}_l(\boldsymbol{p})\exp(i\boldsymbol{p}\cdot\boldsymbol{r}) + b_l^*(\boldsymbol{p})\overline{v}_l(p)\exp(i\boldsymbol{p}\cdot\boldsymbol{r})]\mathrm{d}^3\boldsymbol{k} \tag{7.80}$$

$$A_\mu(\boldsymbol{r}) = \frac{1}{(2\pi)^{3/2}}\cdot \sum_\lambda\int\frac{e_\mu^{(\lambda)}(\boldsymbol{k})[c_\lambda(\boldsymbol{k})\exp(i\boldsymbol{k}\cdot\boldsymbol{r}) + c_\lambda^*(\boldsymbol{k})\exp(-i\boldsymbol{k}\cdot\boldsymbol{r})]}{\sqrt{2k}}\mathrm{d}^3\boldsymbol{k} \tag{7.81}$$

$\boldsymbol{p}$ 为电子动量，式(7.79)、式(7.80)中的计和 $l=1,2$；式(7.81)中的$\lambda=1,2,3,4$。而 $k=|\boldsymbol{k}|$；a_l、a_l^*、b_l、b_l^* 表示增加和减少粒子的算子；u_l、v_l 为自旋波函数。该系统的薛定谔方程为

$$i\frac{\partial\Psi}{\partial t} = H\Psi \tag{7.82}$$

$$H = \int\mathscr{H}\mathrm{d}^3\boldsymbol{r} = H_1 + H_2 + H_4 \tag{7.83}$$

H_1、H_2、H_4 表示自由电子场、自由电磁场、有相互作用场的哈密顿算子，

$$H_4 = \int\mathscr{H}_4\mathrm{d}^3 r \tag{7.84}$$

式(7.78)又可写为

$$\mathscr{H}_4 = -j_\mu A_\mu^{(t)} - j_\mu A_\mu^{(l)} - j_\mu A_\mu^{(k)} \tag{7.85}$$

这里

$$A_\mu^{(t)}(\boldsymbol{r}) = \frac{1}{(2\pi)^{3/2}} \sum_\lambda \int \frac{e_\mu^{(\lambda)}[c_\lambda(\boldsymbol{k})\exp(i\boldsymbol{k}\cdot\boldsymbol{r}) + c_\lambda^* \exp(-i\boldsymbol{k}\cdot\boldsymbol{r})]}{\sqrt{2k}} \mathrm{d}^3\boldsymbol{k} \tag{7.86}$$

$$A_\mu^{(l)}(\boldsymbol{r}) = \frac{1}{(2\pi)^{3/2}} \int \frac{e_\mu^{(l)}[c_l(\boldsymbol{k})\exp(i\boldsymbol{k}\cdot\boldsymbol{r}) + c_l^* \exp(-i\boldsymbol{k}\cdot\boldsymbol{r})]}{\sqrt{2k}} \mathrm{d}^3\boldsymbol{k} \tag{7.87}$$

$$A_\mu^{(k)}(\boldsymbol{r}) = \frac{1}{(2\pi)^{3/2}} \int \frac{e_\mu^{(k)}[c_k(\boldsymbol{k})\exp(i\boldsymbol{k}\cdot\boldsymbol{r}) + c_k^*(\boldsymbol{k})\exp(-i\boldsymbol{k}\cdot\boldsymbol{r})]}{\sqrt{2k}} \mathrm{d}^3\boldsymbol{k} \tag{7.88}$$

即 $A_\mu^{(t)}$ 表示横场算子，$A_\mu^{(l)}$、$A_\mu^{(k)}$ 表示 l-光子、k-光子的场算子。

从上知 $\mathscr{H}_4$ 包括 k-光子、l-光子的放出粒子算子。式中的矢量

$$e_\mu^{(k)} = \frac{e_\mu^{(3)}(\boldsymbol{k}) + e_\mu^{(0)}(\boldsymbol{k})}{\sqrt{2}}$$

$$e_\mu^{(l)} = \frac{e_\mu^{(3)}(\boldsymbol{k}) - e_\mu^{(0)}(\boldsymbol{k})}{\sqrt{2}}$$

并有

$$e_\mu^{(l)} e_\mu^{(l)} = e_\mu^{(k)} e_\mu^{(k)} = 0$$

$$e_\mu^{(l)} e_\mu^{(k)} = 1$$

而算子

$$c_k(\boldsymbol{k}) = \frac{c_3(\boldsymbol{k}) + c_0(\boldsymbol{k})}{\sqrt{2}}$$

$$c_l(\boldsymbol{k}) = \frac{c_3(\boldsymbol{k}) - c_0(\boldsymbol{k})}{\sqrt{2}}$$

且

$$e_\mu^{(3)} c_3(\boldsymbol{k}) + e_\mu^{(0)} c_0(\boldsymbol{k}) = e_\mu^{(l)} c_l(\boldsymbol{k}) + e_\mu^{(k)} c_k(\boldsymbol{k})$$

对于关系

$$c_l(\boldsymbol{k})\Psi = 0 \tag{7.89}$$

在空间中除了横光子外还有 l-光子，可以证明

$$[H, c_l(\boldsymbol{k})] \neq 0 \tag{7.90}$$

表明任何 H 的本征状态均不可能同时为 $c_l(\boldsymbol{k})$ 的本征状态，故式(7.89)不可能满足，因为该条件要求 $\boldsymbol{\Psi}$ 是 $c_l(\boldsymbol{k})$ 的本征值为零的本征态。为了得到式(7.90)，可以证明

$$\left[\int j_\mu A_\mu^{(k)} \mathrm{d}^3 \boldsymbol{r}, c_l(\boldsymbol{k})\right] \neq 0 \tag{7.91}$$

事实上，H 中其他各项都和 $c_l(\boldsymbol{k})$ 对易，应用式

$$\begin{cases}[c_l(\boldsymbol{k}), c_k^*(\boldsymbol{k}')] = \delta^3(\boldsymbol{k}-\boldsymbol{k}') \\ [c_k(\boldsymbol{k}), c_l^*(\boldsymbol{k}')] = \delta^3(\boldsymbol{k}-\boldsymbol{k}') \\ [c_l(\boldsymbol{k}), c_k^*(\boldsymbol{k}')] = [c_k(\boldsymbol{k}), c_k^*(\boldsymbol{k}')] = 0\end{cases} \tag{7.92}$$

代入式(7.86)，推出

$$\left[\int j_\mu A_\mu^{(k)} \mathrm{d}^3 \boldsymbol{r}, c_l(\boldsymbol{k})\right] = -\frac{1}{(2\pi)^{3/2}} \int j_\mu(\boldsymbol{r}) e_\mu^{(k)}(\boldsymbol{k}) \exp(-i\boldsymbol{k} \cdot \boldsymbol{r}) \mathrm{d}^3 \boldsymbol{r}$$

从而有式(7.91)、式(7.90)。

当电磁场中存在电荷时，k-光子、l-光子的效应由电荷之间的库仑场替代。引入变换

$$\begin{aligned}\boldsymbol{\Psi} &= \exp(iH_0 t)\boldsymbol{\Psi}_I \\ H_0 &= H_2 + H_3\end{aligned} \tag{7.93}$$

当无相互作用时 $\boldsymbol{\Psi}_I$ 就是海森堡表象，当有相互作用时 $\boldsymbol{\Psi}_I$ 就是相互作用表象；所谓相互作用表象为介于海森堡表象与薛定谔表象之间的表象。用式(7.93)代入式(7.82)并在结果上左乘 $\exp(-iH_0 t)$，得到

$$i\frac{\partial \boldsymbol{\Psi}_I}{\partial t} = H_I \boldsymbol{\Psi}_I \tag{7.94}$$

$$H_I = \exp(-iH_0 t) H_4 \exp(iH_0 t)$$

H_I 是由式(7.78)、式(7.84)给出的相同的函数，而

$$\begin{aligned}\psi(x) = \frac{1}{(2\pi)^{3/2}} \int \sqrt{\frac{m}{p_0}} \{ & a_l(\boldsymbol{p}) u_l(\boldsymbol{p}) \exp[i(px)] \\ & + b_l^*(\boldsymbol{p}) v_l(\boldsymbol{p}) \exp[-i(px)]\} \mathrm{d}^3 \boldsymbol{p}\end{aligned} \tag{7.95}$$

$$\begin{aligned}\overline{\psi}(x) = \frac{1}{(2\pi)^{3/2}} \int \sqrt{\frac{m}{p_0}} \{ & a_l^*(\boldsymbol{p}) \overline{u}_l(\boldsymbol{p}) \exp[-i(px)] \\ & + b_l(\boldsymbol{p}) \overline{v}_l(\boldsymbol{p}) \exp[i(px)]\} \mathrm{d}^3 \boldsymbol{p}\end{aligned} \tag{7.96}$$

$$
\begin{aligned}
&A_\mu(x)\\
&= \frac{1}{(2\pi)^{3/2}}\sum_\lambda\int \frac{e_\mu^{(\lambda)}(\boldsymbol{k})\{c_\lambda(\boldsymbol{k})\exp[i(kx)]+c_\lambda^*(\boldsymbol{k})\exp[-i(kx)]\}}{\sqrt{2k}}\mathrm{d}^3\boldsymbol{k}
\end{aligned}
\tag{7.97}
$$

$$
(kx) = k_\mu x_\mu \quad (px) = p_\mu x_\mu \tag{7.98}
$$

式(7.95)、式(7.96)中的 $l=1,2$；式(7.97)中的 $\lambda=1,2,3,4$；式(7.98)中的 $\mu=1,2,3,4$。从式(7.95)到式(7.97)正是这些算子在自由场的海森堡表象里的表达式。

进一步引进变换

$$
\Psi_J = \exp(iX)\Psi_J \tag{7.99}
$$

$$
X = \int_{-\infty}^{t} j_\mu(x')A_\mu^{(k)}(x')\mathrm{d}^4x \tag{7.100}
$$

代入式(7.94)上左乘 $\exp(-iX)$，

$$
i\frac{\partial\Psi_I}{\partial t} = -\exp(-iX)\int\mathrm{d}^3\boldsymbol{r}[j_\mu A_\mu^{(t)} + j_\mu A_\mu^{(I)}]\exp(-iX)\psi_J \tag{7.101}
$$

上式中已消去在两边出现的包括 $j_\mu A_\mu^{(k)}$ 的相同的项，定义

$$
B(x) = \frac{i}{(2\pi)^{3/2}}\int\frac{\{c_k(\boldsymbol{k})\exp[i(kx)] - c_k^*(\boldsymbol{k})\exp[-i(kx)]\}}{2k^{3/2}}\mathrm{d}^3\boldsymbol{k} \tag{7.102}
$$

验证知

$$
A_\mu^{(k)}(x) = \frac{\partial}{\partial x_\mu}B(x) \tag{7.103}
$$

这样式(7.100)可写成

$$
X = \int_{-\infty}^{t} j_\mu(x')\frac{\partial}{\partial x'_\mu}B(x')\mathrm{d}^4x' \tag{7.104}
$$

使用高斯定理，得

$$
X = \int j_0(x)B(x)\mathrm{d}^3\boldsymbol{r} \tag{7.105}
$$

由 $j_\mu(x)=ie\psi(x)\gamma_\mu\psi(x)$ 及

$$
\{\psi_\alpha(\boldsymbol{r}),\psi_\beta(\boldsymbol{r}')\} = \gamma_{4\alpha\beta}\delta^3(\boldsymbol{r}-\boldsymbol{r}') \tag{7.106}
$$

有

$$[j_\mu(\boldsymbol{r},t),j_0(\boldsymbol{r}',t)]=-e^2\overline{\psi}(\boldsymbol{r},t)\gamma_\mu\psi(\boldsymbol{r}',\boldsymbol{t})\delta^3(\boldsymbol{r}-\boldsymbol{r}')+e^2\overline{\psi}(\boldsymbol{r}',t)\gamma_\mu\psi(\boldsymbol{r},t)\delta^3(\boldsymbol{r}-\boldsymbol{r}')=0 \tag{7.107}$$

因为 $j_\mu A_\mu^{(t)}$ 与 X 的对易，所以式(7.101)变为

$$i\frac{\partial\boldsymbol{\Psi}_J}{\partial t}=-\int j_\mu A_\mu^{(f)}\boldsymbol{\Psi}_J\mathrm{d}^3\boldsymbol{r}-V\boldsymbol{\Psi}_J \tag{7.108}$$

$$V=\exp\left[-i\int j_0(x)B(x)\mathrm{d}^3\boldsymbol{r}\right]\left[\int j_\mu A_\mu^{(l)}\mathrm{d}^3\boldsymbol{r}\right]\exp\left[i\int j_0(x)B(x)\mathrm{d}^3\boldsymbol{r}\right] \tag{7.109}$$

对于算子 A、B，有恒等式

$$\exp(-B)A\exp(B)=A-[B,A]+\frac{1}{2!}[B,[B,A]]-\frac{1}{3!}[B,[B,[B,A]]]+\cdots \tag{7.110}$$

$$\begin{cases}A=j_\mu A_\mu^{(l)}\\ B=i\int j_0(x)B(x)\mathrm{d}^3\boldsymbol{r}\end{cases}$$

代入并利用对易关系式(7.107)及式(7.92)，

$$V=j_\mu A_\mu^{(l)}-i[X,j_\mu A_\mu^{(l)}] \tag{7.111}$$

式(7.111)中的 X 由式(7.105)确定。依式(7.98)、式(7.102)并使用式(7.92)、式(7.107)，得

$$i[X,j_\mu A_\mu^{(l)}]=\frac{1}{2}\int j_0(\boldsymbol{r},t)j_0(\boldsymbol{r}',t)u(\boldsymbol{r}-\boldsymbol{r}')\mathrm{d}^3\boldsymbol{r}' \tag{7.112}$$

$$\begin{aligned}&u(\boldsymbol{r}-\boldsymbol{r}')\\&=\frac{1}{2(2\pi)^3}\int\frac{\exp[i\boldsymbol{k}\cdot(\boldsymbol{r}-\boldsymbol{r}')]+\exp[-i\boldsymbol{k}\cdot(\boldsymbol{r}-\boldsymbol{r}')]}{k^2}\mathrm{d}^3\boldsymbol{R}\\&=\frac{1}{4\pi(\boldsymbol{r}-\boldsymbol{r}')}\end{aligned} \tag{7.113}$$

于是式(7.112)表示电子场中电荷分布的库仑能。

式(7.113)代入式(7.111)、式(7.108)，

$$i\frac{\partial \Psi_J}{\partial t}=-\int[j_\mu A_\mu^{(t)}+j_\mu A_\mu^{(l)}]\Psi_J \mathrm{d}^3\boldsymbol{r}$$

$$+\frac{1}{2}\iint j_0(x)j_0(x')u(x-x')\Psi_J \mathrm{d}^3\boldsymbol{r}\mathrm{d}^3\boldsymbol{r}' \qquad (t=t') \tag{7.114}$$

式(7.114)中不包括算子 $A_\mu^{(k)}$，所以 Ψ_J 表示无 k - 光子所在的状态，但在这个状态中 l - 光子仍然存在。Ψ_J 满足与自由电磁场应符合的相同的洛仑兹条件，也就是

$$c_l(\boldsymbol{k})\Psi_J=0 \tag{7.115}$$

由于式(7.114)的右边含有 l - 光子的放出（增加粒子）算子，因此 Ψ_J 表示的状态也有 l - 光子存在。命 Ψ_L 表示 l - 光子场的状态矢量，该场的真空态由 Ψ_{L0} 表示；设 Ψ_T 表示电磁场的横场和电子场的态矢量，有

$$\Psi_J=\Psi_L\Psi_T \tag{7.116}$$

注意到 Ψ_L 表示纯 l - 光子态，可以导出

$$\Psi_{Ln}^{+}\Psi_{Ln}=0 \tag{7.117}$$

式中 Ψ_{Ln} 表示任意的有 n 个 l-光子存在的状态，从式(7.115)，

$$\Psi_L^{+}j_\mu A_\mu^{(l)}\Psi_J=0$$

式(7.117)表示除 l - 光子的真空态外一切有 l - 光子存在的状态的度量(norm)均为零。在式(7.114)左乘 Ψ_{L0}^{+}，而有

$$i\frac{\partial \Psi_T}{\partial t}=-\int j_\mu A_\mu^{(t)}\Psi_T \mathrm{d}^3\boldsymbol{r}+\frac{1}{2}\iint\frac{\Psi_T j_0(x)j_0(x')}{4\pi|x-x'|}\mathrm{d}^3\boldsymbol{r}\,\mathrm{d}^3\boldsymbol{r}' \quad (t=t')$$

上述结论表明可以将电磁场的纵场及标量场完全由电荷之间的静电场代替，该静电场不能量子化；这是因为式(7.113)非零所致，即由 $A_\mu^{(k)}$、$A_\mu^{(l)}$ 的量子化条件造成的。

从上面的推证知道，当电子场和电磁场有相互作用时，自由电磁场的洛仑兹条件式(7.89)不能满足，此时的电磁场中不但有 l-光子而且有 k- 光子。因为计算电磁场的纵场、标量场作了量子化处理，所以出现电磁场与电子场的相互作用后就产生了负几率状态，当然这个负几率态对 Ψ_T 的影响源于库仑场（静电场）。如果讨论的对象不超出 Ψ_T，那么该负几率的态不会产生任何困难。

综上，纵光子、标量光子计算的结果应与将标量场和纵场代为库仑场计算的结果一致。

7.1.4 粒子-反粒子的反演不变性

这里讨论粒子-反粒子反演以及相互作用在此反演下的不变性。

关于带电介子场的粒子-反粒子反演。设 $a(\boldsymbol{k})$、$b(\boldsymbol{k})$表示正、负介子的吸收算子，于是反演为

$$\begin{cases} a(\boldsymbol{k}) \to a_c(\boldsymbol{k}) = U_c\, a(\boldsymbol{k}) U_c^{-1} = \eta_c\, b(\boldsymbol{k}) \\ a^*(\boldsymbol{k}) \to a_c^*(\boldsymbol{k}) = U_c\, a^*(\boldsymbol{k}) U_c^{-1} = \eta_c^*\, b^*(\boldsymbol{k}) \\ b(\boldsymbol{k}) \to b_c(\boldsymbol{k}) = U_c\, b(\boldsymbol{k}) U_c^{-1} = \eta_c^*\, a(\boldsymbol{k}) \\ b^*(\boldsymbol{k}) \to b_c^*(\boldsymbol{k}) = U_c\, b^*(\boldsymbol{k}) U_c^{-1} = \eta_c\, a^*(\boldsymbol{k}) \end{cases} \tag{7.118}$$

$$\eta_c\, \eta_c^* = 1$$

对于式中 U_c 的表象，证

$$a(\boldsymbol{k}) = \begin{pmatrix} d(\boldsymbol{k}) & 0 \\ 0 & \eta_c\, c(\boldsymbol{k}) \end{pmatrix} \qquad a^*(\boldsymbol{k}) = \begin{pmatrix} d^*(\boldsymbol{k}) & 0 \\ 0 & \eta_c^*\, c^*(\boldsymbol{k}) \end{pmatrix}$$

$$b(\boldsymbol{k}) = \begin{pmatrix} c(\boldsymbol{k}) & 0 \\ 0 & \eta_c^*\, d(\boldsymbol{k}) \end{pmatrix} \qquad b^*(\boldsymbol{k}) = \begin{pmatrix} c^*(\boldsymbol{k}) & 0 \\ 0 & \eta_c d^*(\boldsymbol{k}) \end{pmatrix} \tag{7.119}$$

而 $c(\boldsymbol{k})$、$c^*(\boldsymbol{k})$、$d(\boldsymbol{k})$、$d^*(\boldsymbol{k})$符合下列对易关系

$$\begin{aligned} [c(\boldsymbol{k}), c^*(\boldsymbol{k}')] &= \delta^3(\boldsymbol{k} - \boldsymbol{k}') \\ [d(\boldsymbol{k}), d^*(\boldsymbol{k}')] &= \delta^3(\boldsymbol{k} - \boldsymbol{k}') \end{aligned} \tag{7.120}$$

其他对易括号为零。由式(7.120)容易验证式(7.119)中的 a、b、a^*、b^* 等满足应有的对易关系，故

$$U_c = \begin{pmatrix} 0 & 1 \\ 1 & 0 \end{pmatrix} \tag{7.121}$$

在坐标空间的变场量 $\varphi(x)$为

$$\varphi = \frac{1}{(2\pi)^{3/2}} \int \frac{a(\boldsymbol{k}) \exp[i(kx)] + b^*(\boldsymbol{k}) \exp[-i(kx)]}{\sqrt{2k_0}} \mathrm{d}^3 \boldsymbol{k}$$

k_0 为振动频率。依式(7.118),得

$$\varphi_c(x)=U_c\varphi(x)U_c^{-1}=\eta_c\varphi^*(x) \tag{7.122}$$

当存在电磁场时 $\varphi(x)$ 的波动方程为

$$\left(\frac{\partial}{\partial x_\nu}-ieA_\nu\right)\left(\frac{\partial}{\partial x_\nu}-ieA_\nu\right)\varphi-\mu^2\varphi=0 \tag{7.123}$$

取上式的复共轭,

$$\left(\frac{\partial}{\partial x_\nu}+ieA_\nu\right)\left(\frac{\partial}{\partial x_\nu}+ieA_\nu\right)\varphi^*-\mu^2\varphi^*=0$$

代入式(7.122),

$$\left(\frac{\partial}{\partial x_\nu}+ieA_\nu\right)\left(\frac{\partial}{\partial x_\nu}+ieA_\nu\right)\varphi_c-\mu^2\varphi_c=0 \tag{7.124}$$

比较式(7.124)、式(7.123)知其差别仅在于 e 的符号相反。这表明对于带电介子,粒子-反粒子反演就是电荷共轭反演。

对于狄拉克粒子,粒子-反粒子反演可同样从式(7.118)给出。有

$$\begin{cases} a_r(\boldsymbol{p})\rightarrow a_r^c(\boldsymbol{p})=U_c\,a_r(\boldsymbol{p})U_c^{-1}=\eta_c\,b_r(\boldsymbol{p}) \\ a_r^*(\boldsymbol{p})\rightarrow a_r^c(\boldsymbol{p})=U_c\,a_r^*(\boldsymbol{p})U_c^{-1}=\eta_c^*\,b_r^*(\boldsymbol{p}) \\ b_r(\boldsymbol{p})\rightarrow b_r^c(\boldsymbol{p})=U_c\,b_r(\boldsymbol{p})U_c^{-1}=\eta_c^*\,a_r(\boldsymbol{p}) \\ b_r^*(\boldsymbol{p})\rightarrow b_r^{c*}(\boldsymbol{p})=U_c\,b_r^*(\boldsymbol{p})U_c^{-1}=\eta_c\,a_r^*(\boldsymbol{p}) \end{cases} \tag{7.125}$$

由

$$\psi(x)=\frac{1}{(2\pi)^{3/2}}\int\sqrt{\frac{m}{p_0}}\{a_r(\boldsymbol{p})u_r(\boldsymbol{p})\exp[i(px)] \\ +b_r^*(\boldsymbol{p})v_r(\boldsymbol{p})\exp[-i(px)]\}\mathrm{d}^3\boldsymbol{p} \tag{7.126}$$

推出

$$\psi_c(x)=U_c\,\psi(x)U_c^{-1}=\frac{\eta_c}{(2\pi)^{3/2}}\int\sqrt{\frac{m}{p_0}}\{b_r(\boldsymbol{p})u_r(\boldsymbol{p})\exp[i(px)] \\ +a_r^*(\boldsymbol{p})u_r(\boldsymbol{p})\exp[-i(px)]\}\mathrm{d}^3\boldsymbol{p} \tag{7.127}$$

取四阶方阵 C,使

$$\begin{aligned} u_r(\boldsymbol{p})&=C^*\,v_r^*(\boldsymbol{p}) \\ v_r(\boldsymbol{p})&=C^*\,u_r^*(\boldsymbol{p}) \end{aligned} \tag{7.128}$$

但

$$u_+(\boldsymbol{p}) = N\begin{pmatrix} \varphi_{\frac{1}{2}} \\ \dfrac{\boldsymbol{p}}{p_0+m}\varphi_{\frac{1}{2}} \end{pmatrix} \quad u_-(\boldsymbol{p}) = N\begin{pmatrix} \varphi_{-\frac{1}{2}} \\ -\dfrac{\boldsymbol{p}}{p_0+m}\varphi_{-\frac{1}{2}} \end{pmatrix}$$

$$v_+(\boldsymbol{p}) = N\begin{pmatrix} -\dfrac{\boldsymbol{p}}{p_0+m}\varphi_{-\frac{1}{2}} \\ \varphi_{-\frac{1}{2}} \end{pmatrix} \quad v_-(\boldsymbol{p}) = N\begin{pmatrix} \dfrac{\boldsymbol{p}}{p_0+m}\varphi_{\frac{1}{2}} \\ \varphi_{\frac{1}{2}} \end{pmatrix} \tag{7.129}$$

式中

$$\varphi_{\frac{1}{2}} = \begin{pmatrix} \exp\left(\dfrac{1}{2}i\Omega\right)\cos\dfrac{\theta}{2} \\ \exp\left(-\dfrac{1}{2}i\Omega\right)\sin\dfrac{\theta}{2} \end{pmatrix}$$

$$\varphi_{-\frac{1}{2}} = \begin{pmatrix} -\exp\left(-\dfrac{1}{2}\Omega i\right)\sin\dfrac{\theta}{2} \\ \exp\left(\dfrac{1}{2}\Omega i\right)\cos\dfrac{\theta}{2} \end{pmatrix} \tag{7.130}$$

θ、Ω 为矢量 $\boldsymbol{p}$ 的球面角，推出

$$C = C^* = \begin{pmatrix} 0 & 0 & 0 & 1 \\ 0 & 0 & -1 & 0 \\ 0 & -1 & 0 & 0 \\ 1 & 0 & 0 & 0 \end{pmatrix} = -\gamma_2 \tag{7.131}$$

由式(7.128)、式(7.127)，

$$\psi_c(x) = \eta_c C^* \psi^*(x) = \eta_c C\psi^*(x) \tag{7.132}$$

或

$$\psi_c(x) = \eta_c \overline{C}\,\overline{\psi}^T \tag{7.133}$$

式(7.133)中的上标 T 表示矩阵转置。比较上两式，

$$C = -\overline{C}^{-1} = -\overline{C}^T = \gamma_4 C = -\gamma_4\gamma_2 = \gamma_2\gamma_4 \tag{7.134}$$

验证有

$$\begin{aligned} \overline{C}^{-1}\gamma_\mu\overline{C} &= -\gamma_\mu^T \\ \overline{C}^{-1}\gamma_5\overline{C} &= \gamma_5^T \end{aligned} \tag{7.135}$$

进一步考察带电粒子场和电磁场的相互作用，在粒子-反粒子变换下的不变性。介子场与电磁场的相互作用的拉格朗日函数密度取为

$$\mathscr{L}_4 = ie\left(\frac{\partial \varphi^*}{\partial x_\mu}\varphi - \varphi^* \frac{\partial \varphi}{\partial x_\mu}\right)A_\mu - e^2\varphi^* \varphi A_\mu A_\mu \quad (7.136)$$

注意到式(7.136)对于介子场的粒子、反粒子并不对称。如果以正介子为粒子，依 φ^*、φ 在上式中出现的顺序，那么可以看到 φ 中放出负介子的部分 $\varphi^{(+)}$ 能与 φ^* 中吸收负介子的部分 $\varphi^{*(+)}$ 互相抵消，但是 φ^* 中放出正介子的部分 $\varphi^{*(+)}$ 不可能与 φ 中吸收正介子的部分 $\varphi^{(-)}$ 相互抵消。在粒子-反粒子反演下，$\mathscr{L}_4$ 为

$$\mathscr{L}_4^c = U_c\mathscr{L}_4U_c^{-1} = -ie\left(\frac{\partial \varphi}{\partial x_\mu}\varphi^* - \varphi\frac{\partial \varphi^*}{\partial x_\mu}\right)A_\mu - e^2\varphi\varphi^* A_\mu A_\mu \quad (7.137)$$

在推证中引入了关系

$$U_c A_\mu U_c^{-1} = -A_\mu \quad (7.138)$$

而 A_μ 具有负“电荷宇称”。依式(7.137)、式(7.136)和 $\mathscr{L}_4 \neq \mathscr{L}_4^c$，表明 $\mathscr{L}_4$ 在粒子-反粒子反演下并非不变。在此反演下保持不变的$\mathscr{L}_4^{(0)}$可由式(7.137)、式(7.136)的平均给出，

$$\begin{aligned}\mathscr{L}_4^{(0)} &= \frac{1}{2}(\mathscr{L}_4 + \mathscr{L}_4^c) \\ &= \frac{1}{2}\left(\frac{\partial \varphi^*}{\partial x_\mu}\varphi + \varphi\frac{\partial \varphi^*}{\partial x_\mu} - \varphi^*\frac{\partial \varphi}{\partial x_\mu} - \frac{\partial \varphi}{\partial x_\mu}\varphi^*\right)A_\mu \\ &\quad -\frac{1}{2}e^2(\varphi^*\varphi + \varphi\varphi^*)A_\mu A_\mu \end{aligned} \quad (7.139)$$

考虑到经典波动的极限，式(7.139)、式(7.138)、式(7.137)相同。事实上该极限使 φ、φ^* 可对易，于是在粒子-反粒子反演下的不变性要求的作用正是消除从经典理论过渡到量子理论后存在于各个因子的顺序排列上的不确定性。

简化式(7.139)，有

$$\varphi(x) = \varphi^{(+)}(x) + \varphi^{(-)}(x) \quad (7.140)$$

式(7.140)中的 $\varphi^{(+)}(x)$、$\varphi^{(-)}(x)$表示 φ 的正、负频率部分，也就是包括放出算子 $b^*(\boldsymbol{k})$、吸收算子 $a(\boldsymbol{k})$的部分，

$$
\begin{cases}
\varphi^{(+)} = \dfrac{1}{(2\pi)^{3/2}} \displaystyle\int \dfrac{b^*(\boldsymbol{k}) \exp[-i(kx)]}{\sqrt{2k_0}} \mathrm{d}^3 \boldsymbol{k} \\
\varphi^{(-)} = \dfrac{1}{(2\pi)^{3/2}} \displaystyle\int \dfrac{a(\boldsymbol{k}) \exp[i(kx)]}{\sqrt{2k_0}} \mathrm{d}^3 \boldsymbol{k}
\end{cases}
\tag{7.141}
$$

同理，$\varphi^*(x)$表示成

$$
\varphi^*(x) = \varphi^{*(+)}(x) + \varphi^{*(-)}(x)
$$

$$
\begin{cases}
\varphi^{*(+)} = \dfrac{1}{(2\pi)^{3/2}} \displaystyle\int \dfrac{a^*(\boldsymbol{k}) \exp[-i(kx)]}{\sqrt{2k_0}} \mathrm{d}^3 \boldsymbol{k} \\
\varphi^{*(-)} = \dfrac{1}{(2\pi)^{3/2}} \displaystyle\int \dfrac{b(\boldsymbol{k}) \exp[i(kx)]}{\sqrt{2k_0}} \mathrm{d}^3 \boldsymbol{k}
\end{cases}
\tag{7.142}
$$

得到

$$
\begin{aligned}
\mathscr{L}_4^{(0)} = & ieN\left[\frac{\partial \varphi^*}{\partial x_\mu}\varphi - \varphi^* \frac{\partial \varphi}{\partial x_\mu}\right]A_\mu - e^2 N[\varphi^* \varphi]A_\mu A_\mu \\
& + \frac{1}{2} ie\left\{\left[\frac{\partial}{\partial x_\mu}\varphi^{*(-)}, \varphi^{(+)}\right] - \left[\varphi^{*(-)}, \frac{\partial \varphi^{(+)}}{\partial x_\mu}\right]\right. \\
& \left. + \left[\varphi^{(-)}, \frac{\partial}{\partial x_\mu}\varphi^{*(+)}\right] - \left[\frac{\partial \varphi^{(-)}}{\partial x_\mu}, \varphi^{*(+)}\right]\right\} A_\mu \\
& - \frac{1}{2} e^2 \{[\varphi^{*(-)}, \varphi^{(+)}] + [\varphi^{(-)}, \varphi^{*(+)}]\} A_\mu A_\mu
\end{aligned}
\tag{7.143}
$$

式(7.143)中的$N[\cdots]$表示将括号内一切算子的正频率部分都放在乘积的左边，所有算子的负频率均放在乘积的右边。对于

$$
\begin{aligned}
N[\varphi^*(x)\varphi(y)] &= N[(\varphi^{*(+)}(x) + \varphi^{*(-)}(x))(\varphi^{(+)}(y) + \varphi^{(-)}(y))] \\
&= \varphi^{*(+)}(x)\varphi^{(+)}(y) + \varphi^{*(+)}(x)\varphi^{(-)}(y) \\
&\quad + \varphi^{(+)}(y)\varphi^{*(-)}(x) + \varphi^{*(-)}(x)\varphi^{(-)}(y)
\end{aligned}
$$

乘积$N[\cdots]$称为正规乘积。由式(7.142)、式(7.141)$a(\boldsymbol{k})$、$b(\boldsymbol{k})$等满足的对易关系可知

$$
\begin{aligned}
\left[\frac{\partial}{\partial x_\mu}\varphi^{*(-)}, \varphi^{(+)}\right] &= \left[\frac{\partial \varphi^{(-)}}{\partial x_\mu}, \varphi^{*(+)}\right] \\
\left[\varphi^{*(-)}, \frac{\partial \varphi^{(+)}}{\partial x_\mu}\right] &= \left[\varphi^{(-)}, \frac{\partial}{\partial x_\mu}\varphi^{*(+)}\right] \\
[\varphi^{*(-)}, \varphi^{(+)}] &= [\varphi^{(-)}, \varphi^{*(+)}]
\end{aligned}
\tag{7.144}
$$

该式右端正是左端的粒子-反粒子反演，对于自由场所有对易关系在这个反演下是不变的，这样式(7.143)可写成

$$\mathscr{L}_4^{(0)} = ieN\left[\frac{\partial\varphi^*}{\partial x_\mu}\varphi - \varphi^* \frac{\partial\varphi}{\partial x_\mu}\right]A_\mu - e^2 N[\varphi^* \varphi]A_\mu A_\mu \quad (7.145)$$

式(7.145)的最后一项为

$$-e^2 N[\varphi^* \varphi]\{N[A_\mu A_\mu] + [A_\mu^{(-)}, A_\mu^{(+)}]\}$$

若推广正规乘积定义使之在乘积中含有不同类型场的算子时也有意义，则

$$N[\varphi^* \varphi A_\mu A_\mu] = N[\varphi^* \varphi]N[A_\mu A_\mu]$$

式(7.145)变为

$$\mathscr{L}_4^{(0)} = N\left[ie\left(\frac{\partial\varphi^*}{\partial x_\mu}\varphi - \varphi^* \frac{\partial\varphi}{\partial x_\mu}\right)A_\mu - e^2\varphi^* \varphi A_\mu A_\mu\right] = N[\mathscr{L}_4] \quad (7.146)$$

在上式中由于所有放出介子的算子都在吸收介子算子左端，因此该式中的算子无法相互抵消，这是产生粒子-反粒子变换下不变性的原因。

同样，在电子与电磁场相互作用中 $\mathscr{L}_4$ 为

$$\mathscr{L}_4 = ie\overline{\psi}\gamma_\mu\psi A_\mu = ie\overline{\psi}_\alpha\gamma_{\mu\alpha\beta}\psi_\beta A_\mu \quad (7.147)$$

经过粒子-反粒子反演，式(7.147)变为

$$\mathscr{L}_4^c = -\sum_\mu ie\overline{\psi}_c\gamma_\mu\psi_c A_\mu = \sum_\mu ie\psi^{T+}\overline{C}^{-1}\gamma_\mu\overline{\psi}^T \quad (7.148)$$

导出上式时应用了关系

$$\psi_c = \overline{C}\overline{\psi}^T \qquad \overline{\psi}_c = -\psi^T C^{-1} \quad (7.149)$$

其中的第二式从第一式推出；依式(7.135)得

$$\mathscr{L}_4^c = -\sum_\mu ie\psi^T\gamma_\mu^T\overline{\psi}^T = -ie\psi_\beta\gamma_{\mu\alpha\beta}\overline{\psi}_\alpha$$

据此，

$$\begin{aligned}\mathscr{L}_4^{(0)} &= \frac{1}{2}(\mathscr{L}_4 + \mathscr{L}_4^c)\\ &= ieN[\overline{\psi}\gamma_\mu\psi]A_\mu + \gamma_{\mu\alpha\beta}(\{\overline{\psi}_\alpha^{(-)}, \psi_\beta^{(+)}\} - \{\psi_\beta^{(-)}, \overline{\psi}_\alpha^{(+)}\})\end{aligned} \quad (7.150)$$

这里 $N[\cdots]$当乘积为狄拉克场里算子 $\overline{\psi}$、ψ 时与前面的定义一致；但不同于介子场是每交换一次算子位置必须引进一个负号，即

$$
\begin{aligned}
[\overline{\psi}^{(-)}, \psi^{(+)}] &= -\psi^{(+)}\overline{\psi}^{(-)} \\
[\psi^{(+)}, \psi^{(-)}] &= \psi^{(+)}\psi^{(-)}
\end{aligned}
\tag{7.151}
$$

等等。另

$$
\begin{aligned}
N[\overline{\psi}\gamma_\mu\psi] &= N[(\overline{\psi}_\alpha^{(+)} + \overline{\psi}_\alpha^{(-)})\gamma_{\mu\alpha\beta}(\psi_\beta^{(+)} + \psi_\beta^{(-)})] \\
&= \gamma_{\mu\alpha\beta}(\overline{\psi}_\alpha^{(+)}\psi_\beta^{(+)} + \overline{\psi}_\alpha^{(+)}\psi_\beta^{(-)} - \psi_\beta^{(+)}\overline{\psi}_\alpha^{(-)} + \overline{\psi}_\alpha^{(-)}\psi_\beta^{(-)})
\end{aligned}
\tag{7.152}
$$

使用 $\overline{\psi}^{(+)}$、$\overline{\psi}^{(-)}$、$\psi^{(+)}$、$\psi^{(-)}$ 的展开式及 $a(\boldsymbol{k})$、$b(\boldsymbol{k})$对易关系，有

$$
\{\overline{\psi}_\alpha^{(-)}, \psi_\beta^{(+)}\} = \{\psi_\beta^{(+)}, \overline{\psi}_\alpha^{(+)}\} \tag{7.153}
$$

从式(7.150)变为

$$
\mathscr{L}_4^{(0)} = ie[\overline{\psi}\gamma_\mu\psi A_\mu] = N[\mathscr{L}_4] \tag{7.154}
$$

利用式(7.149)、式(7.135)，

$$
\begin{aligned}
\sum_{\alpha,\beta}\gamma_{\mu\alpha\beta}\{\overline{\psi}_{c\alpha}^{(-)}(x), \psi_{c\beta}^{(+)}(x')\} &= \sum_{\lambda,\rho}(\gamma_\mu^T)_{\lambda\rho}\{\psi_\lambda^{(-)}, \overline{\psi}_\rho^{(+)}\} \\
&= \sum_{\alpha,\beta}\gamma_{\mu\alpha\beta}\{\psi_\beta^{(-)}(x), \overline{\psi}_\alpha^{(+)}(x')\}
\end{aligned}
$$

于是

$$
\{\overline{\psi}_{c\alpha}^{(-)}(x), \psi_{c\beta}^{(+)}(x')\} = \{\psi_\beta^{(-)}(x), \overline{\psi}_\alpha^{(+)}(x')\} \tag{7.155}
$$

当对易关系在粒子-反粒子反演下不变时，

$$
\{\overline{\psi}_{c\alpha}^{(-)}(x), \psi_{c\beta}^{(+)}(x')\} = \{\overline{\boldsymbol{\Psi}}_\alpha^{(-)}(x), \psi_\beta^{(+)}(x')\} \tag{7.156}
$$

由式(7.155)、式(7.154)

$$
\{\overline{\psi}_\alpha^{(-)}(x), \psi_\beta^{(+)}(x)\} = \{\psi_\beta^{(-)}(x), \overline{\psi}_\alpha^{(+)}(x')\}
$$

令 $x=x'$而有式(7.152)。

7.2 S-矩阵

7.2.1 S-矩阵的微扰展开

量子力学处理的问题分为两大类：一类是稳定状态问题，如原子的各种能级，原子核的磁偶极矩等；一类是碰撞问题，如光被原子散射，质子和中子的弹性散射等。碰撞对于物理实验具有极

其重要的意义，因为所有的物理可观察量包括稳定态的物理量都必须通过碰撞现象进行观察。处理碰撞问题无需了解薛定谔方程解的全部，只要知道在离开碰撞区域很远处该解的渐近行为或该解当 $t \to +\infty$、$t \to -\infty$（或 $t \to \infty$）时的极限行为即可。置

$$\Psi_{a_1' a_2' \cdots} = | a_1' a_2' \cdots \rangle = | a_{t_1}' \rangle \tag{7.157}$$

为所有相互对易的观察量 a_1、a_2、…经过实验观察在时间 t_1 确定的值为 a_1'、a_2'、…的状态。这个态在上式中记作 $|a_{t_1}'\rangle$，a_{t_1}' 为求解薛定谔方程时引进的初始条件。设在碰撞问题中需考虑的状态为 $|a_{-\infty}'\rangle$，$a_{-\infty}'$ 表示在碰撞很久之前独立的一切观察量值。

在碰撞后必须再进行一次测量以测定碰撞产生的变化，但此次测量得不到确定的 $a_{+\infty}''$ 值，故所考虑的态应由不同的 $a_{+\infty}''$ 值态的迭加给出，也就是

$$| a_{-\infty}' \rangle = \sum_{a''} | a_{+\infty}'' \rangle \langle a_{+\infty}'' | a_{-\infty}' \rangle \tag{7.158}$$

式中 $\langle a_{+\infty}'' | a_{-\infty}'' \rangle$ 表示 $|a_{-\infty}'\rangle$ 状态在 $|a_{+\infty}''\rangle$ 状态上的投影，$|a_{+\infty}''\rangle$ 为在 $t_1 \to +\infty$ 时，也就是碰撞很久之后测到的 a 值为 $a_{+\infty}''$ 的态，它是满足末态条件 $a = a_{+\infty}''$ 的薛定谔方程的解。$\langle a_{+\infty}'' | a_{-\infty}' \rangle$ 作为从初态 $a_{-\infty}'$ 到末态 $a_{+\infty}''$ 的跃迁矩阵元，称这个矩阵为 S-矩阵（碰撞矩阵）。

式(7.158)与表象的选择无关。如果取薛定谔表象，$|a_{-\infty}'\rangle$、$|a_{+\infty}''\rangle$ 为时间 t 的函数，那么式(7.158)可以写成

$$\langle t | a_{-\infty}' \rangle = \sum_{a''} \langle t | a_{+\infty}'' \rangle \langle a_{+\infty}'' | a_{-\infty}' \rangle \tag{7.159}$$

或

$$\Psi_{a_{-\infty}'}(t) = \sum_{a''} \Psi_{a_{+\infty}''}(t) \langle a_{+\infty}'' | a_{-\infty}' \rangle \tag{7.160}$$

因为 $|a_{-\infty}'\rangle$、$|a_{+\infty}''\rangle$ 为同一个薛定谔方程的解，所以 $\langle a_{+\infty}'' | a_{-\infty}' \rangle$ 和 t 无关，这与选用海森堡表象所得结果相同。

进一步分析状态矢量 $|a_{t_1}'\rangle$。当 $t_1 \to \infty$ 时该态矢量就给出了前面需要的 $|a_{\infty}'\rangle$。$|a_{t_1}'\rangle$ 符合薛定谔方程为

$$t \frac{\partial}{\partial t} | a_{t_1}' \rangle = H | a_t' \rangle \tag{7.161}$$

而

$$i\delta \mid a'_{t_1} \rangle = \int \mathrm{d}^3 \boldsymbol{r} \{ \mathscr{H}(\phi_m(\boldsymbol{r},t_1),\pi_m(\boldsymbol{r},t_1)) \mid \delta t - \pi_l(\boldsymbol{r},t_1)\delta\phi_l(\boldsymbol{r},t_1)\} \mid a'_{t_1} \rangle \tag{7.162}$$

式(7.162)中 $\phi_l(\boldsymbol{r},t_1)$、$\pi_l(\boldsymbol{r},t_1)$表示各种相互作用的场的正则变量。

另取薛定谔表象，使之在 $t=t_2$ 时与海森堡表象重合。在这个表象里式(7.162)应变为

$$i\delta \mid a''_{t_2} \rangle = \int \mathrm{d}^3 \boldsymbol{r} \{ (\phi_m(\boldsymbol{r},t_2),\pi_m(\boldsymbol{r},t_2))\delta t - \pi_l(\boldsymbol{r},t_2)\delta\phi_l(\boldsymbol{r},t_2)\} \mid a''_{t_2} \rangle \tag{7.163}$$

$|a''_{t_2}\rangle$、$|a'_{t_2}\rangle$在一般情况下不表示同一个态。取式(7.163)埃尔米特共轭，得

$$-i\delta\langle a''_{t_2} | = \langle a''_{t_2} | \int \{ \mathscr{H}(\phi_m(\boldsymbol{r},t_2),\pi_m(\boldsymbol{r},t))\delta t - \pi_l(\boldsymbol{r},t_2)\delta\phi_l(\boldsymbol{r},t_2)\}\mathrm{d}^3\boldsymbol{r} \tag{7.164}$$

在式(7.162)中命 $\delta t=\delta t_1$，这相应于在 $\Psi_{a'_{t_1}}(t)$、$\langle t|a'_{t_1}\rangle$中令 $t=t_1$；同理，在式(7.164)中令 $t=t_2$，依式(7.162)、式(7.164)，有

$$-i\delta\langle a''_{t_2} \mid a'_{t_1} \rangle = \langle a''_{t_2} \mid \int_{t=t_2} \{ \mathscr{H}(\phi_m(x),\pi_m(x))\delta t_2 - \pi_l(x)\delta\phi_l(x)\}\mathrm{d}^3\boldsymbol{r} - \int_{t=t_1} \mathrm{d}^3\boldsymbol{r}\{\mathscr{H}(\phi_m(x), \pi_m(x))\delta t_1 - \pi_l(x)\delta\phi_l(x)\} \mid a'_{t_1} \rangle \tag{7.165}$$

定义作用函数(action function)：

$$\mathrm{S} = \int_{t_1}^{t_2} \mathscr{L}(\phi_m(x),\phi_{m,\mu}(x))\mathrm{d}^4 x \tag{7.166}$$

作为海森堡表象中的算子 $\phi_m(x)$选项满足的场方程为

$$\frac{\partial}{\partial x_\mu}\frac{\partial \mathscr{L}}{\partial \phi_{m,\mu}} - \frac{\partial \mathscr{L}}{\partial \phi_m} = 0 \tag{7.167}$$

式中 $m=1,2,3,\cdots$；记 $\phi_m(x)$的微小变化为 $\delta\phi_m(x)$，当

$$\phi_m(x) \to \phi'_m(x) = \phi_m(x) + \delta\phi_m(x) \tag{7.168}$$

时且当 $t_1 \to t_1 + \delta t_1$、$t_2 \to t_2 + \delta t_2$，S 的变化 δS 为

$$\delta S = \int_{t=t_2} \{\mathscr{H}(\phi_m(x), \pi_m(x))\delta t_2 - \pi_l(x)\delta\phi_l(x)\} \mathrm{d}^3 r$$
$$- \int_{t=t_1} \{\mathscr{H}(\phi_m(x), \pi_m(x))\delta t_1 - \pi_l(x)\delta\phi_l(x)\} \mathrm{d}^3 r \qquad (7.169)$$

式(7.169)、式(7.166)代入式(7.165)，

$$-i\delta\langle a''_{t_2} \mid a'_{t_1}\rangle = \left\langle a''_{t_2} \middle| \delta\int_{t_1}^{t_2} \mathscr{L}(\phi_m(x), \phi_{m,\mu}(x))\mathrm{d}^4 x \middle| a'_{t_1} \right\rangle \qquad (7.170)$$

上述 ϕ_l 的变化 $\delta\phi_l(x)$ 可以是由于拉格朗日函数密度 $\mathscr{L}$ 的变化造成的，这个 $\mathscr{L}$ 的变化相当于力学系统性质的变化。命 $\mathscr{L}$ 的变化为

$$\mathscr{L} \to \mathscr{L}' = \mathscr{L} + \delta\mathscr{L} \qquad (7.171)$$

于是 $\phi'_m(x)$ 就是通过新的场方程给出，

$$\frac{\partial}{\partial x_\mu}\frac{\partial \mathscr{L}'}{\partial \phi'_{m,\mu}} - \frac{\partial \mathscr{L}'}{\partial \phi'_m} = 0 \qquad (7.172)$$

在电子和电磁场相互作用中

$$\mathscr{L} = \mathscr{L}_1 + \mathscr{L}_2 + e_1 \mathscr{L}_{(1)}$$
$$\mathscr{L}' = \mathscr{L}_1 + \mathscr{L}_2 + e'_1 \mathscr{L}_{(1)}$$

即

$$\delta\mathscr{L} = \mathscr{L}_4 = \delta e_1 \mathscr{L}_{(1)} \qquad (7.173)$$

其中

$$\mathscr{L}_{(1)} = N[\overline{\psi}\gamma_\mu \psi A_\mu] \qquad (7.174)$$
$$e'_1 = e_1 + \delta e_1 \qquad (7.175)$$

将 e_1 作为可变参数，当 e_1 从 0 增加到最大值 e 时，自由场变为有相互作用的场。将式(7.173)代入式(7.170)，

$$\frac{\mathrm{d}}{\mathrm{d}e}\langle a''_{t_2} \mid a'_{t_1}\rangle = i\left\langle a''_{t_2} \middle| \int_{t_1}^{t_2} \mathscr{L}_1 \mathrm{d}^4 x \middle| a'_{t_1} \right\rangle \qquad (7.176)$$

或

$$\frac{\mathrm{d}}{\mathrm{d}e}\langle a''_{t_2} \mid a'_{t_1}\rangle$$

$$= i\int_{t_1}^{t_2} d^4 x \sum_{a'''_x} \sum_{a''''_x} \langle a''_{t_2} \mid a'''_x \rangle \langle a'''_x \mid \mathscr{L}_{(1)}(x) \mid a''''_x \rangle \langle a''''_x \mid a'_{t_1} \rangle \tag{7.177}$$

$\langle a'''_x | \mathscr{L}_1(x) | a''''_x \rangle$为在 x 点及海森堡表象重合的薛定谔表象中的矩阵元，它与 e_1 无关，故在对 e_1 求导时可视作常数。$\langle a''_{t_2} | a'''_x \rangle$、$\langle a'''_x | a'_{t_1} \rangle$对 e_1 求导可从式(7.176)得到

$$\frac{d^2}{de^2}\langle a''_{t_2} \mid a'_{t_1} \rangle = i^2\int_{t_1}^{t_2} d^4 x \sum_{a'''_x} \sum_{a''''_x} \left\langle a''_{t_2} \middle| \int_x^{t_2} \mathscr{L}_{(1)}(x') d^4 x' \middle| a''''_x \right\rangle \cdot$$
$$\langle a'''_x \mid \mathscr{L}_1(x) \mid a''''_x \rangle \langle a''''_x \mid a'_{t_1} \rangle$$
$$+ i^2\int_{t_1}^{t_2} d^4 x \sum_{a'''_x} \sum_{a''''_x} \langle a''_{t_2} \mid a'''_x \rangle \langle a'''_x \mid \mathscr{L}_{(1)}(x) \mid a''''_x \rangle \cdot$$
$$\left\langle a''''_x \middle| \int_{t_1}^{x} \mathscr{L}_{(1)}(x') d^4 x' \middle| a'_{t_1} \right\rangle$$

即

$$\frac{d^2}{de^2}\langle a''_{t_2} \mid a'_{t_1} \rangle = i^2 \left\langle a''_{t_2} \middle| \int_{t_1}^{t_2} d^4 x \int_{t_1}^{t_2} d^4 x' T[\mathscr{L}_{(1)}(x)\mathscr{L}_{(1)}(x')] \middle| a'_{t_1} \right\rangle \tag{7.178}$$

式中

$$T[\mathscr{L}_{(1)}(x)\mathscr{L}_{(1)}(x')] = \begin{cases} \mathscr{L}_{(1)}(x)\mathscr{L}_{(1)}(x') & (t > t') \\ \mathscr{L}_{(1)}(x')\mathscr{L}_{(1)}(x) & (t < t') \end{cases} \tag{7.179}$$

$T[\cdots]$表示对括号中算子的乘积重新排列，使之按时间减少的顺序从左向右排列；但在排列中每改变一个费米场的两个算子的顺序，必须乘一个因子-1。称 $T[\cdots]$为 T- 乘积。

对式(7.178)e 求导，重复由式(7.176)到式(7.178)的计算，有

$$\frac{d^3}{de^3}\langle a''_{t_2} \mid a'_{t_1} \rangle$$
$$= i^3 \left\langle a''_{t_2} \middle| \int_{t_1}^{t_2} d^4 x \int_{t_1}^{t_2} d^4 x' \int_{t_1}^{t_2} d^4 x'' T[\mathscr{L}_{(1)}(x)\mathscr{L}_{(1)}(x')\mathscr{L}_{(1)}(x'')] \middle| a'_{t_1} \right\rangle \tag{7.180}$$

同样，

$$\frac{\mathrm{d}^n}{\mathrm{d}e^n}\langle a''_{t_2} \mid a'_{t_1}\rangle = i^n \left\langle a''_{t_2} \middle| \int_{t_1}^{t_2} \mathrm{d}^4 x' \int_{t_1}^{t_2} \mathrm{d}^4 x'' \cdots \int_{t_1}^{t_2} \mathrm{d}^4 x^{(n)} T \right.$$

$$\left. [\mathscr{L}_{(1)}(x')\mathscr{L}_{(1)}(x')\cdots\mathscr{L}_{(1)}(x^{(n)})] \middle| a'_{t_1} \right\rangle \tag{7.181}$$

利用上面结论，可将有电磁作用时的矩阵元$\langle a''_{t_2} | a''_{t_1}\rangle$在 $e=0$ 附近展开，

$$\langle a''_{t_2} \mid a'_{t_1}\rangle = {}_0\langle a''_{t_2} \mid a'_{t_1}\rangle_0 + ie\, {}_0\left\langle a''_{t_2} \middle| \int_{t_1}^{t_2} \mathrm{d}^4 x' \mathscr{L}_{(1)}(x') \middle| a'_{t_1} \right\rangle_0$$

$$+ \frac{(ie)^2}{2!}\, {}_0\left\langle a''_{t_2} \middle| \int_{t_1}^{t_2} \mathrm{d}^4 x' \int_{t_1}^{t_2} \mathrm{d}^4 x'' \right.$$

$$\left. T[\mathscr{L}_{(1)}(x')\mathscr{L}_{(1)}(x'')] \middle| a'_{t_1} \right\rangle_0$$

$$+ \frac{(ie)^3}{3!}\, {}_0\left\langle a''_{t_2} \middle| \int_{t_1}^{t_2} \mathrm{d}^4 x' \int_{t_1}^{t_2} \mathrm{d}^4 x'' \int_{t_1}^{t_2} \mathrm{d}^4 x''' \cdot \right.$$

$$\left. T[\mathscr{L}_{(1)}(x')\mathscr{L}_{(1)}(x'')\mathscr{L}_{(1)}(x''')] \middle| a'_{t_1} \right\rangle_0 + \cdots$$

$$+ \frac{(ie)^n}{n!}\, {}_0\left\langle a''_{t_2} \middle| \int_{t_1}^{t_2} \mathrm{d}^4 x' \int_{t_1}^{t_2} \mathrm{d}^4 x'' \cdots \cdot \right.$$

$$\left. \int_{t_1}^{t_2} \mathrm{d}^4 x^{(n)} T[\mathscr{L}_{(1)}(x')\mathscr{L}_{(1)}(x'')\cdots\mathscr{L}_{(1)}(x^{(n)})] \middle| a'_{t_1} \right\rangle_0$$

或

$$\langle a''_{t_2} \mid a'_{t_1}\rangle = {}_0\left\langle a''_{t_2} \middle| U(t_2, t_1) \middle| a'_{t_1} \right\rangle_0 \tag{7.182}$$

$$U(t_2, t_1) = 1 + ie\int_{t_1}^{t_2} \mathrm{d}^4 x' \mathscr{L}_{(1)}(x')$$

$$+ \frac{(ie)^2}{2!}\int_{t_1}^{t_2} \mathrm{d}^4 x' \int_{t_1}^{t_2} \mathrm{d}^4 x'' T[\mathscr{L}_{(1)}(x')\mathscr{L}_{(1)}(x'')] + \cdots$$

$$+ \frac{(ie)^n}{2!}\int_{t_1}^{t_2} \mathrm{d}^4 x' \int_{t_1}^{t_2} \mathrm{d}^4 x'' \cdots \int_{t_1}^{t_2} \mathrm{d}^4 x^{(n)} \cdot$$

$$T[\mathscr{L}_{(1)}(x')\mathscr{L}_{(1)}(x'')\cdots\mathscr{L}_{(1)}(x^{(n)})] + \cdots \tag{7.183}$$

这里${}_0\langle a'' |$和$| a'\rangle_0$ 表示无作用时的状态矢量。当 $t_1 \to -\infty$、$t_2 \to +\infty$时$\langle a''_{t_2} | a'_{t_1}\rangle$趋于 S-矩阵。

$$\langle a''_{+\infty} \mid a'_{-\infty} \rangle = {}_0\langle a''_{+\infty} \mid S \mid a'_{-\infty} \rangle_0$$

$$\begin{aligned} S = 1 + ie\int_{-\infty}^{+\infty} \mathrm{d}_{x'}^4 \mathscr{L}_{(1)}(x') \\ + \frac{(ie)^2}{2!}\int_{-\infty}^{+\infty} \mathrm{d}^4 x' \int_{-\infty}^{+\infty} \mathrm{d}^4 x'' T[\mathscr{L}_{(1)}(x')\mathscr{L}_{(1)}(x'')] \\ + \cdots + \frac{(ie)^n}{n!}\int_{-\infty}^{+\infty} \mathrm{d}^4 x' \int_{-\infty}^{+\infty} \mathrm{d}^4 x'' \cdots \int_{-\infty}^{+\infty} \mathrm{d}^4 x^{(n)} \cdot \\ T[\mathscr{L}_{(1)}(x')\mathscr{L}_{(1)}(x'')\cdots\mathscr{L}_{(1)}(x^{(n)})] + \cdots \end{aligned} \tag{7.184}$$

当上式第 $n+1$ 项中的 n 个时间变量满足 $t^{(m_1)} > t^{(m_2)} > \cdots > t^{(m_n)}$ 时,式(7.184)中的 T-乘积为

$$\begin{aligned} & T[\mathscr{L}_{(1)}(x')\mathscr{L}_{(1)}(x'')\cdots\mathscr{L}_{(1)}(x^{(n)})] \\ & = \mathscr{L}_{(1)}(x^{(m_1)})\mathscr{L}_{(1)}(x^{(m_2)})\cdots\mathscr{L}_{(1)}(x^{(m_n)}) \end{aligned}$$

在电子和电磁场作用下 $\mathscr{H}_4 = -\mathscr{L}_4$,引入 $\mathscr{L}_4 = e\mathscr{H}_{(1)}$,上式

$$\begin{aligned} S = 1 - ie\int_{-\infty}^{+\infty} \mathrm{d}^4 x' \mathscr{H}_{(1)}(x') \\ + \frac{(-ie)^2}{2!}\int_{-\infty}^{+\infty} \mathrm{d}^4 x' \int_{-\infty}^{+\infty} \mathrm{d}^4 x'' T[\mathscr{H}_{(1)}(x')\mathscr{H}_{(1)}(x'')] + \cdots \\ + \frac{(-ie)^n}{n!}\int_{-\infty}^{+\infty} \mathrm{d}^4 x' \int_{-\infty}^{+\infty} \mathrm{d}^4 x'' \int_{-\infty}^{+\infty} \mathrm{d}^4 x^{(n)} \cdot \\ T[\mathscr{H}_{(1)}(x')\mathscr{H}_{(1)}(x'')\cdots\mathscr{H}_{(1)}(x^{(n)})] + \cdots \end{aligned} \tag{7.185}$$

这就是通常在相互作用表象中得到的 S-矩阵的微扰展开式。

7.2.2 电子-光子的康普顿散射

此碰撞过程的初态、终态可表达为

$$\mid \boldsymbol{p}r, \boldsymbol{k}\varepsilon \rangle_0 = c_\varepsilon^*(\boldsymbol{k}) a_r^*(\boldsymbol{p}) \mid 0 \rangle \tag{7.186}$$

$$\mid \boldsymbol{p}'r', \boldsymbol{k}'\varepsilon' \rangle_0 = c_{\varepsilon'}^*(\boldsymbol{k}') a_{r'}^*(\boldsymbol{p}') \mid 0 \rangle \tag{7.187}$$

式中 $c_\varepsilon^*(\boldsymbol{k})$、$a_r^*(\boldsymbol{p})$表示光子、电子的产生算子。从初态到终态的跃迁矩阵元为

$$\begin{aligned} \langle \boldsymbol{p}'r', \boldsymbol{k}'\varepsilon'_{+\infty} \mid \boldsymbol{p}r, \boldsymbol{k}\varepsilon_{-\infty} \rangle &= {}_0\langle \boldsymbol{p}'r', \boldsymbol{k}'\varepsilon' \mid S \mid \boldsymbol{p}r, \boldsymbol{k}\varepsilon \rangle_0 \\ &= \langle 0 \mid a_{r'}(\boldsymbol{p}') c_{\varepsilon'}(\boldsymbol{k}') S a_r^*(\boldsymbol{p}) c_\varepsilon^*(\boldsymbol{k}) \mid 0 \rangle \end{aligned} \tag{7.188}$$

式(7.188)代入 S 中比例于 e^2 的项给出最低级的微扰结果为

$$\langle b \mid a\rangle = \left\langle 0 \middle| a_{r'}(\boldsymbol{p}')c_{\varepsilon'}(\boldsymbol{k}')\frac{(ie)^2}{2!}\int_{-\infty}^{+\infty}\mathrm{d}^4x_1\int_{-\infty}^{+\infty}\mathrm{d}^4x_2 T[\mathscr{L}_{(1)}(x_1)\mathscr{L}_{(1)}(x_2)] \cdot \right.$$

$$\left. a_r^*(\boldsymbol{p})c_\varepsilon^*(\boldsymbol{k}) \middle| 0 \right\rangle$$

$$= \frac{(ie)^2}{2!}\int_{-\infty}^{\infty}\int_{-\infty}^{\infty}\mathrm{d}^4x_1\mathrm{d}^4x_2 \left\langle 0 \middle| a_{r'}(\boldsymbol{p}')c_{\varepsilon'}(\boldsymbol{k}') \cdot \right.$$

$$T[N[\overline{\psi}(x_1)\gamma_\mu\psi(x_1)A_\mu(x_1)]N[\overline{\psi}(x_2)\gamma_\nu(x_2)A_\nu(x_2)]] \cdot$$

$$\left. a_r^*(\boldsymbol{p})c_\varepsilon^*(\boldsymbol{k}) \middle| 0 \right\rangle \tag{7.189}$$

因为电子、光子产生吸收算子是相互独立的;两个乘积的真空平均值为

$$\langle 0 \mid c_{\varepsilon'}(\boldsymbol{k})T[A_\mu(x_1)A_\nu(x_2)]c_\varepsilon^*(\boldsymbol{k}) \mid 0\rangle \tag{7.190}$$

$$\langle 0 \mid a_r(\boldsymbol{p}')T[N[\overline{\psi}(x_1)\gamma_\mu\psi(x_1)]N[\overline{\psi}(x_2)\gamma_\mu\psi(x_2)]]a_r^*(\boldsymbol{p}) \mid 0\rangle \tag{7.191}$$

当 $t_2 > t_1$ 时式(7.190)可写成

$$\langle 0 \mid c_{\varepsilon'}(\boldsymbol{k}')A_\mu(x_1)A_\nu(x_2)c_\varepsilon^*(\boldsymbol{k}) \mid 0\rangle \tag{7.192}$$

为使上式非零,$A_\mu(x_1)A_\nu(x_2)$ 中必有一个算子和 $c_\varepsilon^*(\boldsymbol{k})$ 相抵消,即必有一个算子吸收 $c_\varepsilon^*(\boldsymbol{k})$ 放出的光子。该算子必是 $A_\mu(x_1)$ 或 $A_\nu(x_2)$ 的负频率部分 $A_\mu^{(-)}(x_1)$ 或 $A_\nu^{(-)}(x_2)$。同理,$A_\mu(x_1)A_\nu(x_2)$ 中必有一个算子,$A_\mu^{(+)}(x_1)$ 或 $A_\nu^{(+)}(x_2)$ 放出将被 $c_\varepsilon(\boldsymbol{k}')$ 算子吸收的光子。于是 $A_\mu(x_1)A_\nu(x_2)$ 中只有 $A_\mu^{(+)}(x_1)A_\nu^{(-)}(x_2)$、$A_\mu^{(-)}(x_1)A_\nu^{(+)}(x_2)$ 项对式(7.192)有贡献。考察

$$\langle 0 \mid c_{\varepsilon'}(\boldsymbol{k})A_\mu^{(+)}(x_1)A_\nu^{(-)}(x_2)c_\varepsilon^*(\boldsymbol{k}) \mid 0\rangle \tag{7.193}$$

由关系

$$A_\nu^{(-)}(x_2)c_\varepsilon^*(\boldsymbol{k}) = [A_\nu^{(-)}(x_2), c_\varepsilon^*(\boldsymbol{k})] + c_\varepsilon^*(\boldsymbol{k})A_\nu^{(-)}(x_2)$$

$$c_{\varepsilon'}(\boldsymbol{k}')A_\mu^{(+)}(x_1) = [c_{\varepsilon'}(\boldsymbol{k}'), A_\mu^{(+)}(x_1)] + A_\mu^{(+)}(x_1)c_{\varepsilon'}(\boldsymbol{k}')$$

并由真空态 $|0\rangle$ 满足的条件

$$A_\nu^{(-)}(x_2) \mid 0\rangle = 0$$

$$\langle 0 \mid A_\mu^{(+)}(x_1) = 0$$

式(7.193)可表为

$$
\begin{aligned}
&\langle 0 \mid c_{\varepsilon'}(\boldsymbol{k}')A_{\mu}^{(+)}(x_1)A_{\nu}^{(-)}(x_2)c_{\varepsilon}^{*}(\boldsymbol{k}) \mid 0\rangle \\
&= [c_{\varepsilon'}(\boldsymbol{k}'),A_{\mu}^{(+)}(x_1)][A_{\nu}^{(-)}(x_2),c_{\varepsilon}^{*}(\boldsymbol{k})] \\
&= \frac{e_{\mu}^{(\varepsilon')}e_{\nu}^{(\varepsilon)}}{2(2\pi)^3\sqrt{kk'}}\exp[-i(kx_1)]\exp[i(kx_2)]
\end{aligned} \tag{7.194}
$$

推导上式时利用了

$$
\langle 0 \mid 0\rangle = 1 \tag{7.195}
$$

$$
\begin{cases}
A_{\mu}^{(+)}(x) = \dfrac{1}{(2\pi)^{3/2}}\displaystyle\int \frac{\sum_{\lambda} e_{\mu}^{(\lambda)}(\boldsymbol{k})c_{\lambda}^{*}(\boldsymbol{k})\exp[-i(kx)]}{\sqrt{2k}}\mathrm{d}^3\boldsymbol{k} \\
A_{\mu}^{(-)}(x) = \dfrac{1}{(2\pi)^{3/2}}\displaystyle\int \frac{\sum_{\lambda} e_{\mu}^{(\lambda)}(\boldsymbol{k}')c_{\lambda}(\boldsymbol{k}')\exp[i(kx)]}{\sqrt{2k}}\mathrm{d}^3\boldsymbol{k}'
\end{cases} \tag{7.196}
$$

以及 $c_{\lambda}(\boldsymbol{k})$、$c_{\varepsilon}^{*}(\boldsymbol{k})$等对易关系。同样，

$$
\begin{aligned}
&\langle 0 \mid c_{\varepsilon'}(\boldsymbol{k}')A_{\mu}^{(-)}(x_1)A_{\nu}^{(+)}(x_2)c_{\varepsilon}^{*}(\boldsymbol{k}) \mid 0\rangle \\
&= \langle 0 \mid c_{\varepsilon'}(\boldsymbol{k}')A_{\nu}^{(+)}(x_2)A_{\mu}^{(-)}(x_1)c_{\varepsilon}^{*}(\boldsymbol{k}) \mid 0\rangle \\
&= [c_{\varepsilon'}(\boldsymbol{k}'),A_{\nu}^{(+)}(x_2)][A_{\mu}^{(-)}(x_1),c_{\varepsilon}^{*}(\boldsymbol{k})] \\
&= \frac{e_{\nu}^{(\varepsilon')}e_{\mu}^{(\varepsilon)}}{2(2\pi)^3\sqrt{kk'}}\exp[-i(k'x_2)]\exp[i(kx_1)]
\end{aligned} \tag{7.197}
$$

式(7.193)应为(7.197)、式(7.194)之和。当 $t_1 < t_2$ 时得到的结果一致。

从前面的讨论可知 T-乘积必有一个 $\overline{\psi}^{(+)}$ 算子抵消电子的吸收算子 $a_{r'}(\boldsymbol{p}')$，并出现一个 $\psi^{(-)}$ 算子抵消电子放出算子 $a_{r}^{*}(\boldsymbol{p})$，为不破坏狄拉克矩阵乘积的顺序，在式(7.191)中取的项为

$$
\langle 0 \mid a_{r'}(\boldsymbol{p}')T[\overline{\psi}^{(+)}(x_1)\gamma_{\mu}\psi(x_1)\overline{\psi}(x_2)\gamma_{\mu}\psi^{(-)}(x_2)]a_{r}^{*}(\boldsymbol{p}) \mid 0\rangle \tag{7.198}
$$

式中 $\overline{\psi}^{(+)}(x_1)$与 $a_{r}(\boldsymbol{p}')$相互抵消，$\psi^{(-)}(x_2)$与 $a_{r}^{*}(\boldsymbol{p})$相互抵消。在式(7.198)里已略去了 N-乘积符号。已了解的是所有坐标(x_1 或 x_2)相同的算子乘积均为 N-乘积；以后也如此。式(7.191)中另一有贡献的项为

$$
\langle 0 \mid a_{r'}(\boldsymbol{p}')T[\overline{\psi}(x_1)\gamma_{\mu}\psi^{(-)}(x_1)\overline{\psi}^{(+)}(x_2)\gamma_{\nu}(x_2)]a_{r}^{*}(\boldsymbol{p}) \mid 0\rangle \tag{7.199}
$$

上式可通过交换积分变换 $x_1 \longleftrightarrow x_2$ 变成式(7.198)。于是下面仅考虑式(7.198)对式(7.191)的贡献。

在式(7.198)中 $a_r^*(\boldsymbol{p})$ 与 $\psi^{(-)}(x_2)$、$\psi(x_1)$ 依下面公式交换顺序，

$$\psi^{(-)}(x_2)a_r^*(\boldsymbol{p}) = -a_r^*(\boldsymbol{p})\psi^{(-)}(x_2) + \{\overline{\psi}^{(+)}(x_1), a_r^*(\boldsymbol{p})\}$$
$$= -a_r^*(\boldsymbol{p})\psi^{(-)}(x_2) + \frac{1}{(2\pi)^{3/2}}\sqrt{\frac{m}{p_0}}u_r(\boldsymbol{p})\exp[i(px)] \quad (7.200)$$

$$\psi(x_1)a_r^*(p) = -a_r^*(\boldsymbol{p})\psi(x_1) + \frac{1}{(2\pi)^{3/2}}\sqrt{\frac{m}{p_0}} \cdot \mu_r(\boldsymbol{p})\exp[i(px)] \quad (7.201)$$

除 $\psi^{(-)}(x_2)$、$\psi(x_1)$ 外 $a_r^*(\boldsymbol{p})$ 及式(7.198)中的其他算子都是反对易的，所以当这些算子和 $a_r^*(\boldsymbol{p})$ 交换顺序时只需引进一个因子 -1。注意到式(7.201)最后一项是由 $\psi^{(-)}(x_1)$、$a_r^*(\boldsymbol{p})$ 相抵造成的，其贡献应归于式(7.199)，因此当讨论式(7.199)时 $\psi(x_1)$ 也可作为与 $a_r^*(\boldsymbol{p})$ 反对易的。将式(7.199)中的 $a_r^*(\boldsymbol{p})$ 利用上述关系移到最左端时，式(7.199)变为

$$(-1)^5\langle 0 | a_r^*(\boldsymbol{p})a_{r'}(\boldsymbol{p}')T[\overline{\psi}^{(+)}(x_1)\gamma_\mu\psi(x_1)\overline{\psi}(x_2)\gamma_\nu\psi^{(-)}(x_2)] | 0\rangle$$
$$+ \langle 0 | a_{r'}(\boldsymbol{p}')T[\overline{\psi}^{(+)}(x_1)\gamma_\mu(x_1)\overline{\psi}(x_2)]\gamma_\nu \cdot \frac{1}{(2\pi)^{3/2}}\sqrt{\frac{m}{p_0}}\overline{u}_r(\boldsymbol{p})\exp[i(px_2)] | 0\rangle \quad (7.202)$$

由于 $\langle 0 | a_r^*(\boldsymbol{p}) = 0$，因此式(7.202)第一项为零；同样方法把 $a_{r'}(\boldsymbol{p})$ 移到最右端，这时 $a_{r'}(\boldsymbol{p}')$ 同除 $\overline{\psi}^{(+)}(x_1)$ 之外的一切算子均可看成是反对易的。$a_{r'}(\boldsymbol{p}')$、$\overline{\psi}^{(+)}(x_1)$ 改变顺序的公式为

$$a_{r'}(\boldsymbol{p}')\overline{\psi}^{(+)}(x_1) = -\overline{\psi}^{(+)}(x_1)a_{r'}(\boldsymbol{p}') + \frac{1}{(2\pi)^{3/2}} \cdot \sqrt{\frac{m}{p_0'}}\overline{u}_{r'}(\boldsymbol{p}')\exp[-i(k'x_1)] \quad (7.203)$$

故当 $a_{r'}(\boldsymbol{p}')$ 移到最右时，因为 $a_{r'}(\boldsymbol{p})|0\rangle = 0$，式(7.202)变为

$$\frac{1}{(2\pi)^3}\frac{m}{\sqrt{pp'_0}}u_{r'}(\boldsymbol{p})\gamma_\mu\langle 0 | T[\psi(x_1)\overline{\psi}(x_2)] | 0\rangle\gamma_\nu u_r(\boldsymbol{p}) \cdot$$

$$\exp[-i(px_1)+i(px_2)] \tag{7.204}$$

定义

$$S_F(x_1-x_2)=\langle 0 \mid T[\psi(x_1)\overline{\psi}(x_2)] \mid 0\rangle \tag{7.205}$$

以式(7.204)替代式(7.199),并注意式(7.199)、式(7.200)对式(7.189)给出相同的贡献。

利用式(7.194)、式(7.197),式(7.189)变为

$$\begin{aligned}\langle b \mid a\rangle = & (ie)^2 \frac{1}{(2\pi)^6}\frac{1}{2\sqrt{kk'}}\frac{m}{\sqrt{p_0 p'_0}} \cdot \\ & \int_{-\infty}^{+\infty} d^4 x_1 \int_{-\infty}^{+\infty} d^4 x_2 \exp[i(p'x_1) \\ & + i(px_2)]\{\exp[-i(k'x_1)+i(kx_2)] \cdot \\ & \overline{u}_{r'}(\boldsymbol{p})(\gamma\varepsilon')S_F(x_1-x_2)(\gamma\varepsilon)u_r(\boldsymbol{p}) \\ & + \exp[-i(k'x_2)+i(kx_1)]\overline{u}_{r'}(\boldsymbol{p}') \cdot \\ & (\gamma\varepsilon)S_F(x_1-x_2)(\gamma\varepsilon')u_r(\boldsymbol{p})\}\end{aligned} \tag{7.206}$$

而

$$(\gamma\varepsilon)=\gamma_\mu e_\mu^{(\varepsilon)} \quad (\gamma\varepsilon')=\gamma_\mu e_\mu^{(\varepsilon')} \tag{7.207}$$

因为式(7.198)、式(7.199)的贡献完全相等,所以原式中的因子$\frac{1}{2!}$被消去。关于$S_F(x_1-x_2)$,依定义

$$S_F(x_1-x_2)=\langle 0 \mid \psi(x_1)\overline{\psi}(x_2) \mid 0\rangle \quad (t_1>t_2) \tag{7.208}$$

$$S_F(x_1-x_2)=-\langle 0 \mid \overline{\psi}(x_2)\psi(x_1) \mid 0\rangle \quad (t_1<t_2) \tag{7.209}$$

由于$\psi^{(-)}(x)|0\rangle=\overline{\psi}^{(-)}(x)|0\rangle=0$、$\langle 0|\psi^{(+)}(x)=\langle 0|\overline{\psi}^{(+)}(x)=0$,因此式(7.208)可表示为

$$\begin{aligned}S_F(x_1-x_2) &= \langle 0 \mid \psi^{(-)}(x_1)\overline{\psi}^{(+)}(x_2) \mid 0\rangle \\ &= \langle 0 \mid \{\psi^{(-)}(x_1),\overline{\psi}^{(+)}(x_2)\} \mid 0\rangle \quad (t_1>t_2)\end{aligned} \tag{7.210}$$

利用对易关系

$$\begin{cases}\{\psi_\alpha^{(\mp)}(x),\overline{\psi}_\beta^{(\pm)}(x')\}=-iS_{\alpha\beta}^{(\mp)}(x-x') \\ \{\psi_\alpha(x),\overline{\psi}_\beta(x')\}=-iS_{\alpha\beta}(x-x')\end{cases} \tag{7.211}$$

其中

$$S_{\alpha\beta}(x-x')=S_{\alpha\beta}^{(-)}(x-x')+S_{\alpha\beta}^{(+)}(x-x') \quad (7.212)$$

从而

$$S_F(x_1-x_2)=-iS^{(-)}(x_1-x_2) \quad (t_1>t_2) \quad (7.213)$$

同理，

$$S_F(x_1-x_2)=\langle 0 \mid \{\overline{\psi}^{(-)}(x_2),\psi^{(+)}(x_1)\} \mid 0\rangle$$
$$=iS^{(+)}(x_1-x_2) \quad (t_1<t_2) \quad (7.214)$$

式中

$$\begin{cases} S^{(\pm)}(x-x')=\left(-\gamma_\mu\dfrac{\partial}{\partial x_\mu}+m\right)\Delta^{(\pm)}(x-x') \\ \Delta^{(\pm)}(x-x')=(\mp 1)\dfrac{i}{(2\pi)^3}\displaystyle\int\dfrac{\exp[\mp i(k,x-x')]}{2k_0}\mathrm{d}^3\boldsymbol{k} \end{cases}$$

(7.215)

$$\Delta_F(x)=-\frac{i}{(2\pi)^4}\int_{-\infty}^{+\infty}\mathrm{d}k_0\int\frac{\exp(i\boldsymbol{k}\cdot\boldsymbol{r})-ik_0t)}{\boldsymbol{k}^2+m^2-k_0^2-i\varepsilon}\mathrm{d}^3\boldsymbol{k}$$
$$=-\frac{i}{(2\pi)^4}\int_{-\infty}^{+\infty}\frac{\exp[i(kx)]}{k^2+m^2-i\varepsilon}\mathrm{d}^4k \quad (7.216)$$

这里 ε 是微小的正数，积分后趋于零。对 k_0 积分，得

$$\Delta_F(x)=\begin{cases}-i\Delta^{(-)}(x) & (t>0)\\ i\Delta^{(+)}(x) & (t<0)\end{cases} \quad (7.217)$$

从上述关系知

$$S_F(x_1-x_2)=\left(-\gamma_\mu\frac{\partial}{\partial x_\mu}+m\right)\Delta_F(x_1-x_2) \quad (7.218)$$

$$S_F(x_1-x_2)=\frac{i}{(2\pi)^4}\int\frac{i\hat{p}''-m}{p''^2+m-i\varepsilon}\exp[i(p'',x_1-x_2)]\mathrm{d}^4p''$$

(7.219)

而

$$\hat{p}=\gamma_\mu p_\mu \quad (7.220)$$

式(7.219)代入式(7.206)

$$\langle b \mid a\rangle=-\frac{e^2}{(2\pi)^6}\frac{m}{2\sqrt{kk'p_0p_0'}}\cdot$$

$$\int_{-\infty}^{+\infty}\mathrm{d}^4x_1\int_{-\infty}^{+\infty}\mathrm{d}^4x_2\int\mathrm{d}^4p''\Big\{\exp[-i(p'+k'-p'',x_1)]\cdot$$

$$\exp[i(p+k-p'',x_2)]\overline{u}_{r'}(\boldsymbol{p})\cdot$$

$$(\gamma\varepsilon')\frac{i}{(2\pi)^4}\frac{ip''-m}{p''^2+m^2-i\varepsilon}(\gamma\varepsilon)u_r(\boldsymbol{p})$$

$$+\exp[-i(p'-k-p'',x_1)]\exp[i(p-k'-p'',x_2)]\cdot$$

$$\overline{u}_r(\boldsymbol{p}')(\gamma\varepsilon)\frac{i}{(2\pi)^4}\frac{ip''-m}{p''^2+m^2-i\varepsilon}(\gamma\varepsilon')u_r(\boldsymbol{p})\Big\}$$

对 x_1、x_2 积分，推出

$$\langle b\mid a\rangle=-\frac{ie^2}{(2\pi)^2}\frac{m}{2\sqrt{kk'p_0p_0'}}\int\Big\{\delta^4(p'+k'-p'')\delta^4(p+k-p'')\cdot$$

$$\overline{u}_{r'}(\boldsymbol{p}')(\gamma\varepsilon')\frac{i\hat{p}''-m}{p''^2+m^2-i\varepsilon}(\gamma\varepsilon)u_r(\boldsymbol{p})$$

$$+\delta^4(p'-k-p'')\delta^4(p-k'-p'')\overline{u}_{r'}(\boldsymbol{p}')(\gamma\varepsilon)\cdot$$

$$\frac{i\hat{p}''-m}{p''^2+m^2-i\varepsilon}(\gamma\varepsilon')u_r(\boldsymbol{p})\Big\}\mathrm{d}^4p'' \tag{7.221}$$

在推导中使用了

$$\int_{-\infty}^{+\infty}\exp[-i(p,x)]\mathrm{d}^4x=(2\pi)^4\delta^4(x) \tag{7.222}$$

显然，

$$\begin{aligned}&\delta^4(p'+k'-p'')\delta^4(p+k-p'')\\&=\delta^4(p+k-p'-k')\delta^4(p+k-p'')\\&\delta^4(p'-k-p'')\delta^4(p-k'-p'')\\&=\delta^4(p+k-p'-k')\delta^4(p-k'-p'')\end{aligned}$$

把上式代入式(7.221)并对 p''积分

$$\langle b\mid a\rangle=-\frac{ie^2}{(2\pi)^2}\frac{m}{2\sqrt{kk'p_0p_0'}}\delta^4(p'+k'-p-k)\Big\{\overline{u}_{r'}(\boldsymbol{p})\hat{\varepsilon}'\cdot$$

$$\frac{i(\hat{p}-\hat{k})-m}{(p+k)^2+m^2-i\varepsilon}\hat{\varepsilon}u_r(\boldsymbol{p})$$

$$+\overline{u}_{r'}(\boldsymbol{p}')\hat{\varepsilon}\frac{i(p-k')-m}{(p-k)^2+m^2-i\varepsilon}\hat{\varepsilon}'u_r(\boldsymbol{p})\Big\} \tag{7.223}$$

而

$$\hat{\varepsilon} = \gamma_\mu e_\mu^{(\varepsilon)} \qquad \hat{\varepsilon}' = \gamma_\mu e_\mu^{(\varepsilon')}$$

以 ε_μ 替换 $e_\mu^{(\varepsilon)}$，有

$$\hat{\varepsilon} = \gamma_\mu \varepsilon_\mu \qquad \hat{\varepsilon}' = \gamma_\mu \varepsilon'_\mu \tag{7.224}$$

当然，在微扰近似下各种碰撞过程也可以用费曼图表示。

7.2.3 β 衰变

今采用式(7.184)处理 β 衰变。β 衰变过程为

$$n \rightarrow p + e^- + \tilde{\nu} \tag{7.225}$$

式中 n、p 为中子、质子，e^- 为负电子，$\tilde{\nu}$ 为零质量狄拉克粒子。狄拉克场的粒子、反粒子是相对而言的，习惯上称式(7.225)中最后一项表示的粒子为中微子，其字母上的弯曲线代表反粒子；β 衰变表示四种狄拉克场之间的相互作用，该相互作用在正洛仑兹变换下保持不变，电荷守恒，故此相互作用的场最普遍的形式可取为

$$\mathscr{L}_4 = \sum_l g_l \overline{\psi}_p O_l \psi_n \overline{\psi}_{e^-} (O_l + C_l \gamma_5 O_l) \psi_\nu + h.c. \tag{7.226}$$

而 ψ_p、ψ_n、ψ_{e^-}、ψ_ν 表示质子、中子、电子、中微子场的算子；

$$O_l = 1, \gamma_\mu, \frac{1}{2}(\gamma_\mu \gamma_\nu - \gamma_\nu \gamma_\mu), \gamma_5 \gamma_\mu, \gamma_5 \tag{7.227}$$

g_l、C_l 为参数；$h.c.$ 表示式(7.226)右边第一项的埃尔米特共轭，即

$$h.c. = \sum_l g_l^* \overline{\psi}_n \gamma_4 O_l \gamma_4 \psi_p \overline{\psi}_\nu \gamma_4 O_l \gamma_4 \psi_{e^-} \tag{7.228}$$

式(7.226)给出的 O_l 表示标量、矢量、张量、伪矢量、伪标量五种类型的相互作用。若式(7.226)在洛仑兹变换下具有不变性，属于空间反演下的不变性；这样式(7.226)中的 $C_l=0$，有

$$\mathscr{L}_4 = \sum_l g_l \overline{\psi}_p O_l \psi_n \overline{\psi}_{e^-} O_l \psi_\nu + h.c. \tag{7.229}$$

李政道、杨振宁根据实验结果认为在 K 介子衰变中宇称不守恒，所以 β 衰变可能由式(7.226)而非式(7.229)获得。在空间反演下式(7.226)变为

$$\mathscr{L}_4 \rightarrow \mathscr{L}'_4 = P \mathscr{L}_4 P^{-1}$$

$$\mathscr{L}'_4 = \sum_l g_l \overline{\psi}_p O_l \psi_n \overline{\psi}_{e^-} (O_l - C_l \gamma_5 O_l) \psi_\nu + h.c. \quad (7.230)$$

式(7.230)、式(7.226)的差别仅在于含 C_l 项的符号相反。在式(7.226)中不包括 C_l 的项是标量,包括 C_l 的项是伪标量,从式(7.230),有

$$[P, \mathscr{L}_4] \neq 0$$

表明在 β 衰变作用下 P 不是对角的,或称宇称不可能守恒。李政道、杨振宁提出的在弱相互作用下宇称不守恒的理论被吴健雄的物理实验证实。

现利用式(7.184),由式(7.226)计算式(7.225)最低级微扰矩阵元。为此将式(7.184)中的电磁作用常数 e 转换成 β 衰变作用常数 g_l。因为实验指出 g_l 很小,所以最低级微扰得到的结果足够准确,于是

$$\begin{aligned} & {}_0\langle \boldsymbol{p}_p r, \boldsymbol{p}_e s, \boldsymbol{p}_{\bar{\nu}} t \mid S \mid \boldsymbol{p}_n q \rangle \\ & = \left\langle 0 \middle| a_{pr}(\boldsymbol{p}_p) a_{es}(\boldsymbol{p}_e) a_{\bar{\nu}t}(\boldsymbol{p}) i \int \mathrm{d}^4 x \sum_l g_l \overline{\psi}_p^{(+)} O_l \psi_n^{(-)}(x) \cdot \right. \\ & \quad \left. \overline{\psi}_{e^-}^{(+)}(x) [O_l + C_l \gamma_5 O_l] \psi_\nu^{(+)}(x) a_{nq}^*(\boldsymbol{p}_n) \middle| 0 \right\rangle \end{aligned} \quad (7.231)$$

这里 $\boldsymbol{p}_p$、$\boldsymbol{p}_e$、$\boldsymbol{p}_{\bar{\nu}}$、$\boldsymbol{p}_n$ 表示对应粒子的动量,r、s、t、q 表示自旋,$a_{pr}(\boldsymbol{p}_p)$、$a_{n\,q}^*(\boldsymbol{p}_n)$表示对应粒子的吸收,放出算子。

对于中微子,

$$\psi_\nu = \psi_\nu^{(-)} + \psi_\nu^{(+)} \qquad \overline{\psi}_\nu = \overline{\psi}_\nu^{(-)} + \overline{\psi}_\nu^{(+)}$$

$$\begin{cases} \psi_\nu^{(-)} = \dfrac{1}{(2\pi)^{3/2}} \displaystyle\sum_t \int a_t(\boldsymbol{p}_\nu) u_{\nu t}(\boldsymbol{p}_\nu) \exp[i(p_\nu x)] \mathrm{d}^3 \boldsymbol{p}_\nu \\ \psi_\nu^{(+)} = \dfrac{1}{(2\pi)^{3/2}} \displaystyle\sum_t \int b_t^*(\boldsymbol{p}_\nu) v_{\nu t}(\boldsymbol{p}_\nu) \exp[-i(p_\nu x)] \mathrm{d}^3 \boldsymbol{p}_\nu \\ \overline{\psi}_\nu^{(-)} = \dfrac{1}{(2\pi)^{3/2}} \displaystyle\sum_t \int b_t(\boldsymbol{p}_\nu) \overline{v}_{\nu t}(\boldsymbol{p}_\nu) \exp[i(p_\nu x)] \mathrm{d}^3 \boldsymbol{p}_\nu \\ \overline{\psi}^{(+)} = \dfrac{1}{(2\pi)^{3/2}} \displaystyle\sum_t \int a_t^*(\boldsymbol{p}_\nu) \overline{u}_{\nu t}(\boldsymbol{p}_\nu) \exp[-i(p_\nu x)] \mathrm{d}^3 \boldsymbol{p}_\nu \end{cases} \quad (7.232)$$

其中 $t=\pm 1$，$a_t(\boldsymbol{p}_\nu)$、$a_t^*(\boldsymbol{p}_\nu)$是自旋分量为 t、动量为 $\boldsymbol{p}_\nu$ 的中微子 ν 的吸收、放出算子，$b_t(\boldsymbol{p}_\nu)$、$b_t^*(\boldsymbol{p}_\nu)$是反中微子$\tilde{\nu}$的相应算子，

$$u_{\nu t}(\boldsymbol{p}_\nu)=\frac{1}{\sqrt{2}}\begin{pmatrix}\varphi_t\\ \dfrac{(\boldsymbol{\sigma p}_\nu)}{p_\nu}\varphi_t\end{pmatrix}\quad v_{\nu t}=\frac{1}{\sqrt{2}}\begin{pmatrix}\dfrac{(\boldsymbol{\sigma p}_\nu)}{p_\nu}\varphi_{-t}\\ \varphi_{-t}\end{pmatrix}\tag{7.233}$$

这里 $\boldsymbol{\sigma}$ 为泡利矩阵矢量；算子 $\overline{\psi}_p^{(\pm)}$、$\psi_n^{(\pm)}$ 由电子的算子：

$$\begin{cases}\varphi^{(-)}=\dfrac{1}{(2\pi)^{3/2}}\displaystyle\int\sqrt{\frac{\mu}{k_0}}a_l(\boldsymbol{k})u_l(\boldsymbol{k})\exp[i(kx)]\mathrm{d}^3\boldsymbol{k}\\ \varphi^{(+)}=\dfrac{1}{(2\pi)^{3/2}}\displaystyle\int\sqrt{\frac{\mu}{k_0}}b_l^*(\boldsymbol{k})v_l(\boldsymbol{k})\exp[-i(kx)]\mathrm{d}^3\boldsymbol{k}\\ \overline{\varphi}^{(-)}=\dfrac{1}{(2\pi)^{3/2}}\displaystyle\int\sqrt{\frac{\mu}{k_0}}b_l(\boldsymbol{k})\overline{v}_l(\boldsymbol{k})\exp[i(kx)]\mathrm{d}^3\boldsymbol{k}\\ \overline{\varphi}^{(+)}=\dfrac{1}{(2\pi)^{3/2}}\displaystyle\int\sqrt{\frac{\mu}{k_0}}a_l^*(\boldsymbol{k})\overline{u}_l(\boldsymbol{k})\exp[-i(kx)]\mathrm{d}^3\boldsymbol{k}\end{cases}\tag{7.234}$$

式中计和 $l=1$、2；μ 为质量且$(kx)=k_\mu x_\mu$，而

$$u_r(\boldsymbol{k})=N\begin{pmatrix}\varphi_r\\ \dfrac{(\boldsymbol{\sigma k})}{p_0+m}\varphi_r\end{pmatrix}\quad v_r(\boldsymbol{k})=N\begin{pmatrix}-\dfrac{(\boldsymbol{\sigma k})}{p_0+m}\varphi_{-r}\\ \varphi_{-r}\end{pmatrix}\tag{7.235}$$

这里 N 为归一化因子、$r=\pm\dfrac{1}{2}$；以及通过代换 $\mu\to m_p$、m_n，$\boldsymbol{k}\to\boldsymbol{p}_p$、$\boldsymbol{p}_n$，$k_0\to p_{p0}$、$p_{n0}$，$s\to r$、$q$ 得到。进一步讨论知式(7.231)可变为

$$\begin{aligned}&{}_0\langle p_pr,p_es,p_\nu t\mid S\mid p_nq\rangle\\ &=i\frac{\sqrt{m_pm_nm_e}}{(2\pi)^2\sqrt{2p_{p0}p_{n0}p_{e0}}}\delta^4(p_p+p_e+p_\nu-p_n)\cdot\\ &\quad\sum_l g_l[\overline{u}_{pr}(\boldsymbol{p}_p)O_lqu_{nq}(\boldsymbol{p}_n)][\overline{u}_{es}(\boldsymbol{p}_e)(O_l+C_l\gamma_5O_l)v_{\nu t}(\boldsymbol{p}_\nu)]\end{aligned}\tag{7.236}$$

推导中应用了

$$\int \exp[-i(p_e + p_p + p_\nu - p_n, x)]\mathrm{d}^4 x = (2\pi)^4 \delta^4(p_p + p_e + p_\nu - p_n)$$

若取中子为静止的坐标，则 $\boldsymbol{p}_n = \boldsymbol{0}$、$p_{n0} = m_n$。由于衰变过程中涉及的能量均远小于质子的静止质量，因此可以略去含有$\dfrac{1}{m_p}$的项，这样

$$u_{pr}(\boldsymbol{p}_p) = \sqrt{\frac{p_{p0} + m_p}{2m_p}} \begin{pmatrix} \varphi_r \\ \dfrac{(\boldsymbol{\sigma p}_p)}{p_{p_0} + m_p}\varphi_r \end{pmatrix} \approx \begin{pmatrix} \varphi_r \\ 0 \end{pmatrix} \tag{7.237}$$

$$u_{nq}(0) = \begin{pmatrix} \varphi_q \\ 0 \end{pmatrix}$$

推出

$$\overline{u}_{pr}(\boldsymbol{p}_p) O_S u_{nq}(0) \approx \delta_{pq} \tag{7.238}$$

$$\overline{u}_{pr}(\boldsymbol{p}) O_V u_{nq}(0) = \overline{u}_{pr}\gamma_\mu u_{nq} \approx \begin{cases} 0 & (\mu \neq 4) \\ \delta_{pq} & (\mu = 4) \end{cases} \tag{7.239}$$

$$\begin{aligned} \overline{u}_{pr}(\boldsymbol{p}_p) O_T u_{nq}(0) &= \overline{u}_{pr} \frac{1}{2}(\gamma_\mu\gamma_\nu - \gamma_\nu\gamma_\mu) u_{nq} \\ &\approx \begin{cases} 0 & \text{当}\,\mu\,\text{或}\,\nu = 4\,\text{时} \\ \varphi_r^+ \sigma_{lj} \varphi_q & \text{当}\,\mu = l \neq 4\text{、}\nu = j \neq 4\,\text{时} \end{cases} \end{aligned} \tag{7.240}$$

$$\begin{aligned} \overline{u}_{pr}(\boldsymbol{p}_p) O_A u_{nq}(0) &= \overline{u}_{pr}\gamma_5\gamma_\mu u_{nq} \\ &= \begin{cases} 0 & \text{当}\,\mu = 4\,\text{时} \\ -i\varphi_r^+ \sigma_l \varphi_q & \text{当}\,\mu = l \neq 4\,\text{时} \end{cases} \end{aligned} \tag{7.241}$$

$$\overline{u}_{pr}(\boldsymbol{p}_p) O_P u_{nq}(0) = \overline{u}_{pr}\gamma_5 u_{nq} \approx 0 \tag{7.242}$$

从上知式(7.236)可表成

$$\begin{aligned} & {}_0\langle \boldsymbol{p}_p r, \boldsymbol{p}_e s, \boldsymbol{p}_\nu \mid S \mid Oq \rangle_0 \\ = & \frac{i}{(2\pi)^2}\sqrt{\frac{m_e}{2p_{e0}}}\delta^4(p_p + p_e + p_\nu - p_n)\{g_S \delta_{pq} \overline{u}_{es}(\boldsymbol{p}_e) \cdot \\ & (1 + C_S\gamma_5) u_{\nu t}(\boldsymbol{p}_\nu) + g_V \delta_{pq} \overline{u}_{es}(\boldsymbol{p}_e)(1 + C_V\gamma_5) u_{\nu t}(\boldsymbol{p}_\nu) \\ & + g_V \delta_{pq} \overline{u}_{es}(\boldsymbol{p}_e)(1 + C_S\gamma_5)\gamma_4 u_{\nu t}(\boldsymbol{p}_\nu) \\ & + g_T \sum_{l,j} \varphi_r^+ \sigma_{lj} \varphi_q \overline{u}_{es}(\boldsymbol{p}_e)(1 + C_T\gamma_5)\sigma_{lj} u_{\nu t}(\boldsymbol{p}_\nu) \\ & - g_A \sum_l \varphi_r^+ \sigma_l \varphi_q \overline{u}_{es}(\boldsymbol{p}_e)(1 + C_A\gamma_5)\gamma_4 \sigma_l u_{\nu t}(\boldsymbol{p}_\nu)\} \end{aligned} \tag{7.243}$$

式中 l、$j = 1,2,3$。由式(7.235)及

$$\bar{u}_{es}=\sqrt{\frac{p_{e0}+m_e}{2m_e}}\left(\varphi_s^+-\varphi_s^+\frac{(\boldsymbol{\sigma p}_e)}{p_{e0}+m_e}\right)$$

代入式(7.243),有

$$\begin{aligned}&\bar{u}_{es}(\boldsymbol{p}_e)(1+C_S\gamma_5)u_{\nu t}(\boldsymbol{p}_\nu)\\&=\frac{1}{2}\sqrt{\frac{p_{e0}+m_e}{m_e}}\varphi_s^+\Big[\frac{(\boldsymbol{\sigma p}_\nu)}{p_\nu}-\frac{(\boldsymbol{\sigma p}_e)}{p_{e0}+m_e}\\&\quad-C_S+C_S\frac{(\boldsymbol{\sigma p}_e)(\boldsymbol{\sigma p}_\nu)}{(p_{e0}+m_e)p_\nu}\Big]\varphi_{-t}\end{aligned}\tag{7.244}$$

$$\begin{aligned}&\bar{u}_{es}(\boldsymbol{p}_e)(1+C_\nu\gamma_5)\gamma_4u_{\nu t}(\boldsymbol{p}_\nu)\\&=\frac{1}{2}\sqrt{\frac{p_{e0}+m_e}{m_e}}\varphi_s^+\Big[\frac{(\boldsymbol{\sigma p}_\nu)}{p_\nu}+\frac{(\boldsymbol{\sigma p}_e)}{p_{e0}+m_e}+C_V\\&\quad+C_V\frac{(\boldsymbol{\sigma p}_e)(\boldsymbol{\sigma p}_\nu)}{(p_{e0}+m_e)p_\nu}\Big]\varphi_{-t}\end{aligned}\tag{2.245}$$

$$\begin{aligned}&\bar{u}_{es}(\boldsymbol{p}_e)(1+C_T\gamma_5)\sigma_{lj}u_{\nu t}(\boldsymbol{p}_\nu)\\&=\frac{1}{2}\sqrt{\frac{p_{e0}+m_e}{m_e}}\varphi_s^+\Big[\sigma_{lj}\frac{(\boldsymbol{\sigma p}_\nu)}{p_\nu}-\frac{(\boldsymbol{\sigma p})_e}{p_{e0}+m_e}\sigma_{lj}-C_T\sigma_{lj}\\&\quad+C_T\frac{(\boldsymbol{\sigma p}_e)\sigma_{lj}(\boldsymbol{\sigma p}_\nu)}{(p_{e0}+m_e)p_\nu}\varphi_{-t}\end{aligned}\tag{7.246}$$

$$\begin{aligned}&\bar{u}_{es}(\boldsymbol{p}_e)(1+C_A\gamma_5)\gamma_4\sigma_lu_{\nu t}(\boldsymbol{p}_\nu)\\&=\frac{1}{2}\sqrt{\frac{p_{e0}+m_e}{m_e}}\varphi_s^+\Big[\sigma_l\frac{(\boldsymbol{\sigma p}_\nu)}{p_\nu}+\frac{(\boldsymbol{\sigma p}_e)}{p_{e0}+m_e}\sigma_l+C_A\sigma_l\\&\quad+C_A\frac{(\boldsymbol{\sigma p}_e)\sigma_l(\boldsymbol{\sigma p}_\nu)}{(p_{e0}+m_e)p_\nu}\Big]\varphi_{-t}\end{aligned}\tag{7.247}$$

在得出上式时采用的狄拉克矩阵表象为

$$\gamma_4=\begin{pmatrix}1&0\\0&-1\end{pmatrix}\qquad\gamma_l=\begin{bmatrix}0&-i\sigma_l\\i\sigma_l&0\end{bmatrix}$$

$$\gamma_5=\gamma_1\gamma_2\gamma_3\gamma_4=\begin{pmatrix}0&-1\\1&0\end{pmatrix}\quad\sigma_l=\begin{bmatrix}\sigma_l&0\\0&\sigma_l\end{bmatrix}$$

这里 σ_l 又表示矩阵又表示矩阵分量;同时 $\sigma_{lj}=-\sigma_{jl}$,$\sigma_{12}=i\sigma_3$、$\sigma_{23}=i\sigma_1$、$\sigma_{31}=i\sigma_2$;注意到式(7.244)中导入 $\boldsymbol{p}_e\to-\boldsymbol{p}_{-e}$、$C_S\to-C_V$ 得到式(7.245),在式(7.246)导入 $\boldsymbol{p}_e\to-\boldsymbol{p}_e$、$C_T\to-C_T$ 得到式

(7.247)。把上述结果代入式(7.243),有

$$
\begin{aligned}
&{}_0\langle \boldsymbol{p}_p\gamma,\boldsymbol{p}_e s,\boldsymbol{p}_\nu t \mid Oq\rangle_0 \\
&=\frac{i}{2(2\pi)^2}\sqrt{\frac{p_{e0}+m_e}{p_{e0}}}\delta^4(p_p+p_e+p_\nu-p_n)\Big\{\delta_{rq}\sum_{\lambda_1}g_{\lambda_1}\varphi_s^+\cdot \\
&\left[\frac{(\boldsymbol{\sigma p}_\nu)}{p_\nu}-\varepsilon_{\lambda_1}\frac{(\boldsymbol{\sigma p}_e)}{p_{e0}+m_e}\right]\left[1-\overline{C}_{\lambda_1}\frac{(\boldsymbol{\sigma p}_\nu)}{p_\nu}\right]\varphi_{-t} \\
&-\sum_l(\varphi_r^+\sigma_l\varphi_q)\sum_{\lambda_2}g_{\lambda_2}\varphi_s^+\left[\sigma_l\frac{(\boldsymbol{\sigma p}_\nu)}{p_\nu}-\varepsilon_{\lambda_2}\frac{(\boldsymbol{\sigma p}_\nu)}{p_{e0}+m_e}\sigma_l\right]\cdot \\
&\left[1-\overline{C}_{\lambda_2}\frac{(\boldsymbol{\sigma p}_\nu)}{p_\nu}\right]\varphi_{-t}\Big\}
\end{aligned}
\tag{7.248}
$$

而

$$
\varepsilon_S=\varepsilon_T=1\qquad \varepsilon_V=\varepsilon_A=-1\qquad \overline{C}_S=-C_S
$$

$$
\overline{C}_V=-C_V\qquad \overline{C}_T=C_T\qquad \overline{C}_A=-C_A
$$

其中 $\lambda_1=S$、V;$\lambda_2=T$、A;$l=1,2,3$;并且在式(7.248)的$\{\cdots\}$中第一项为核子自旋在衰变过程中不变的情况,第二项为核子当自旋变化时的情况。如果衰变的中子是一个原子核的组成部分,那么该中子的衰变即成为原子核的 β 衰变。第一种情况对应于原子核衰变满足费米选择定则,第二种情况对应于衰变满足泰勒定则。

以矩阵

$$
\sigma_+=\frac{1}{2}(\sigma_1+i\sigma_2)=\begin{pmatrix}0&1\\0&0\end{pmatrix}\qquad \sigma_-=\frac{1}{2}(\sigma_1-i\sigma_2)=\begin{pmatrix}0&0\\1&0\end{pmatrix}
\tag{7.249}
$$

表示使沿 z 轴方向的自旋增加、减少一个单位的算子。今考察终态 ψ_f 沿 z 轴方向的自旋比初态 ψ_b 小一个单位的情形,于是

$$
(\psi_f\sigma_-\psi_b)=M_{GT}\quad (\psi_f^+\sigma_+\psi_b)=(\psi_f^+\sigma_3\psi_b)=0
$$

这里 b 表示初态,f 表示终态。据此,

$$
\begin{aligned}
M_{GT}^{(1)}&=(\psi_f^+\sigma_1\psi_b)=(\psi_f^+\sigma_+\psi_b)+(\psi_f^+\sigma_-\psi_b)=M_{GT}\\
M_{GT}^{(2)}&=(\psi_f^+\sigma_2\psi_b)=(\psi_f^+i\sigma_-\psi_b)-(\psi_f^+i\sigma_+\psi_b)=iM_{GT}\\
M_{GT}^{(3)}&=0
\end{aligned}
\tag{7.250}
$$

代入式(7.248),得

$$
\begin{aligned}
&{}_0\langle f, p_e s, p_\nu t \mid S \mid b\rangle_0 \\
&= \frac{i}{2(2\pi)^3}\sqrt{\frac{m+E}{E}}\delta^4(p_p + p_e + p_\nu - p_n)\Big\{M_F \sum_{\lambda_1} g_{\lambda_1}\varphi_s^+ \cdot \\
&\Big[(\boldsymbol{\sigma v}) - \varepsilon_{\lambda_1}\frac{(\boldsymbol{\sigma p}_e)}{E+m}\Big]\Big[1 - \overline{C}_{\lambda_1}(\boldsymbol{\sigma v})\Big]\varphi_{-t} - M_{GT}\sum_{\lambda_2} g_{\lambda_2}\varphi_s^+ \cdot \\
&\Big[\sigma_+(\boldsymbol{\sigma v}) - \varepsilon_{\lambda_2}\frac{(\boldsymbol{\sigma p}_e)}{E+m}\sigma_+\Big]\Big[1 - \overline{C}_{\lambda_2}(\boldsymbol{\sigma v})\Big]\varphi_{-t}\Big\} \qquad (7.251)
\end{aligned}
$$

其中 $\lambda_1 = S、V;\lambda_2 = T、A$ 且

$$
\boldsymbol{v} = \frac{\boldsymbol{p}_\nu}{p_\nu} \qquad m = m_e \qquad E = p_{e0}
$$

定义

$$
{}_0\langle f, \boldsymbol{p}_e s, \boldsymbol{p}_0 t \mid S \mid b\rangle_0 = \frac{E+m}{8E}\delta^4(p_p + p_e + p_\nu - p_n)\langle f \mid M \mid b\rangle
$$

于是单位时间的跃迁几率为

$$
\begin{aligned}
w = \iiint \frac{E+m}{8E}\delta^4(p_p + p_e + p_\nu - p_n) \cdot \\
|\langle f \mid M \mid b\rangle|^2 \mathrm{d}^3\boldsymbol{p}_p \mathrm{d}^3\boldsymbol{p}_e \mathrm{d}^3\boldsymbol{p}_\nu \qquad (7.252)
\end{aligned}
$$

上式乘$\frac{1}{\rho} = (2\pi)^3$ 得到每个衰变的原子核或每个衰变的中子的衰变几率,此积分应理解为包括对自旋 $r、s、t$ 的求和。依式(7.250),

$$
\begin{aligned}
&\sum_{s,t} |\langle f \mid M \mid b\rangle|^2 \\
&= \sum_s |M_F|^2 \sum_{\lambda,\lambda'} g_\lambda^* g_{\lambda'}\Big\{(1 + \overline{C}_\lambda^* \overline{C}_{\lambda'})\varphi_s^+\Big[1 + \varepsilon_\lambda\varepsilon_{\lambda'}\frac{p_e^2}{(E+m)^2} \\
&- \varepsilon_\lambda\frac{(\boldsymbol{\sigma p}_e)(\boldsymbol{\sigma v})}{E+m} - \varepsilon_{\lambda'}\frac{(\boldsymbol{\sigma v})(\boldsymbol{\sigma p}_e)}{E+m}\Big]\varphi_s - (\overline{C}_\lambda^* + C_{\lambda'})\varphi_s^+ \cdot \\
&\Big[(\boldsymbol{\sigma v}) - (\varepsilon_\lambda + \varepsilon_{\lambda'})\frac{(\boldsymbol{\sigma p}_e)}{E+m} - \varepsilon_\lambda\varepsilon_{\lambda'}\frac{(\boldsymbol{\sigma p}_\nu)}{E+m}(\boldsymbol{\sigma v}) \cdot \\
&\frac{(\boldsymbol{\sigma p}_e)}{E+m}\Big]\varphi_s\Big\} + \sum_s |M_{GT}|^2 \sum_{l,l'} g_l^* g_{l'}\Big\{(1 + C_l^* \overline{C}_l)\varphi_s^+ \cdot
\end{aligned}
$$

$$\left[\left(1+\varepsilon_l\varepsilon_{l'}\frac{p_e^2}{(E+m)^2}\right)\sigma_-\sigma_+-\varepsilon_l\frac{(\boldsymbol{\sigma p}_e)}{E+m}\sigma_-(\boldsymbol{\sigma v})\sigma_+-\varepsilon_{l'}\sigma_-\cdot\right.$$

$$\left.(\boldsymbol{\sigma v})\sigma_+\frac{(\boldsymbol{\sigma p}_e)}{E+m}\right]\varphi_s-(\overline{C}_l^*+\overline{C}_{l'})\left[\sigma_-(\boldsymbol{\sigma v})\sigma_+\right.$$

$$-\varepsilon_l\frac{(\boldsymbol{\sigma p}_e)}{E+m}\sigma_-\sigma_+-\varepsilon_\lambda\frac{(\boldsymbol{\sigma p}_e)}{E+m}\sigma_-(\boldsymbol{\sigma v})\sigma_t+\varepsilon_l\varepsilon_{l'}\frac{(\boldsymbol{\sigma p}_e)}{E+m}\sigma_-\cdot$$

$$\left.\left.(\boldsymbol{\sigma v})\sigma_+\frac{(\boldsymbol{\sigma p}_e)}{E+m}\right]\varphi_s\right\} \tag{7.252$'$}$$

在上式中λ、$\lambda'=S$、V;l、$l'=T$、A;并对中微子的自旋t求和,又使用了

$$\sum_f\varphi_{-t}\varphi_{-t}^+=1$$

从式(7.249),有

$$\begin{aligned}\sigma_-\sigma_+&=\begin{pmatrix}0&0\\0&1\end{pmatrix}=\frac{1}{2}(1-\sigma_3)\\ \sigma_-(\boldsymbol{\sigma v})\sigma_+&=\begin{pmatrix}0&0\\0&\nu_3\end{pmatrix}=\frac{1}{2}(1-\sigma_3)\nu_3\end{aligned} \tag{7.253}$$

进一步对电子自旋s求和等于在式(7.252)中取φ_s^+、φ_s之间的矩阵对角项之和。使用式(7.253),

$$\sum_{s,t}|\langle f\mid M\mid b\rangle|^2$$

$$=|M_F|^2\sum_{\lambda,\lambda'}g_\lambda^*g_{\lambda'}\left\{(1+\overline{C}_\lambda^*\overline{C}_{\lambda'})\left[1+\varepsilon_\lambda\varepsilon_{\lambda'}\frac{p_e^2}{(E+m)^2}\right.\right.$$

$$\left.\left.-(\varepsilon_\lambda+\varepsilon_{\lambda'})\frac{(\boldsymbol{p}_e\boldsymbol{v})}{E+m}\right]\right\}+|M_{GT}|^2\sum_{l,l'}g_l^*g_{l'}\left\{(1+\overline{C}_l^*C_{l'})\cdot\right.$$

$$\left[1+\varepsilon_l\varepsilon_{l'}\frac{p_e^2}{(E+m)^2}-(\varepsilon_l+\varepsilon_{l'})\frac{\nu_3p_{e3}}{E+m}\right]-(\overline{C}_l^*+\overline{C}_{l'})\cdot$$

$$\left.\left[\nu_3-(\varepsilon_{l'}+\varepsilon_l)\frac{p_{e3}}{E+m}+\frac{\nu_3p_e}{(E+m)^2}\right]\right\} \tag{7.254}$$

7.3 重整化

7.3.1 放射修正

当碰撞现象只涉及电磁作用时,计算与实验结果一致,这表

明对于电磁现象的量子理论的正确性；但更高一级的微扰修正计算得到的结果均包括发散的积分。根据场论计算，电子及其周围的电磁相互作用导致的电荷变化是发散积分。为了克服量子场论的发散困难，物理学家提出了重整化理论。

对于电子、光子的自能积分和顶角的放射修正，先讨论由下面三个费曼图代表的发散积分，如图 7.1 所示；这些图可以成为更复杂费米图的组成部分，于是一般情况下这些图的外线不应理解为表示自由的粒子，即动量变量 p_μ、q_μ 等不一定满足条件 $p^2=-m^2$、$q^2=0$。图 7.1(a)、图 7.1(b)称为电子、光子的"自能"费米图。由于该过程导致单个电子或光子总能量的变化，因此图 7.1(c)表示顶点的放射修正，它是由组成一个顶点的电子线放出和吸收光子 k 造成的。

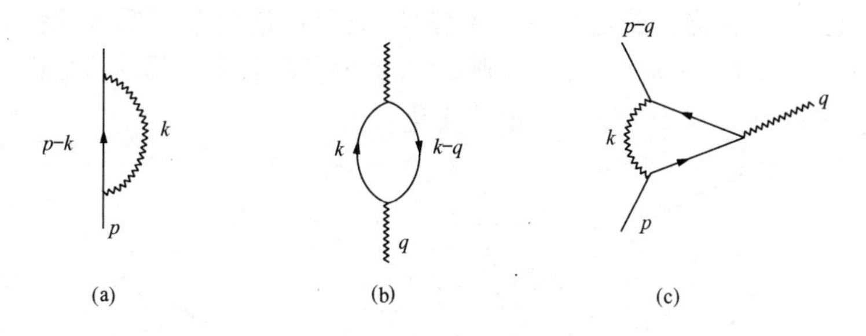

图 7.1

在费曼图中插入图 7.1(a)等于在矩阵元里引进发散的积分，

$$K(p)=\sum_{\rho}\int\gamma_{\rho}\frac{i(\hat{p}-\hat{k})-m}{(p-k)^2+m^2-i\varepsilon}\gamma_{\rho}\frac{1}{k^2-i\varepsilon}\mathrm{d}^4k \tag{7.255}$$

式中 $\hat{p}=\gamma_\mu p_\mu$、$\hat{k}=\gamma_\mu k_\mu$。注意到$(p-k)^2=(\hat{p}-\hat{k})^2$，得

$$K(\hat{p})=\sum_{\rho}\frac{e^2}{(2\pi)^4}\int\gamma_{\rho}\frac{i(\hat{p}-\hat{k})-m}{(\hat{p}-\hat{k})^2+m^2-i\varepsilon}\gamma_{\rho}\frac{1}{\hat{k}^2-i\varepsilon}\mathrm{d}^4k \tag{7.256}$$

命 $F(\hat{p},\hat{k})$表示上述积分的被积函数，由泰勒定理，

$$F(\hat{p},\hat{k})=F(im,\hat{k})+(\hat{p}-im)\left[\frac{\partial}{\partial\hat{p}}F(\hat{p},\hat{k})\right]_{\hat{p}=im}$$

$$+(\hat{p}-im)^2 F_1(\hat{p},\hat{k}) \tag{7.257}$$

记

$$\begin{cases} J_0=\dfrac{e^2}{(2\pi)^4}\displaystyle\int F(im,\hat{k})\mathrm{d}^4 k \\ J_1=-\dfrac{ie^2}{(2\pi)^4}\displaystyle\int\left[\dfrac{\partial}{\partial \hat{p}}F(\hat{p},\hat{k})\right]_{\hat{p}=im}\mathrm{d}^4 k \\ K_1(\hat{p})=-\dfrac{ie^2}{(2\pi)^4}\displaystyle\int F_1(\hat{p},\hat{k})\mathrm{d}^4 k \end{cases} \tag{7.258}$$

故式(7.256)变为

$$K(\hat{p})=J_0+(i\hat{p}+m)J_1+(i\hat{p}+m)^2 K_1(\hat{p}) \tag{7.259}$$

依 $F(im,\hat{k})$、$\left[\dfrac{\partial}{\partial \hat{p}}F(\hat{p},\hat{k})\right]_{\hat{p}=im}$、$F_1(\hat{p},\hat{k})$等函数，当 $\hat{k}$ 充分大时的渐近行为，J_0 是线性发散，J_1 是对数发散，$K_1(\hat{p})$是有限量。注意到 J_0、J_1 在洛仑兹变换下的不变性；设经过洛仑兹变换 p_μ 变为 p'_μ、$\hat{p}=\gamma_\mu p_\mu$ 变为 $\hat{p}'=\gamma_\mu p'_\mu$，则式(7.259)各项具有明确的协变性。$J_0$ 表示质量变化、J_1 表示电荷变化。

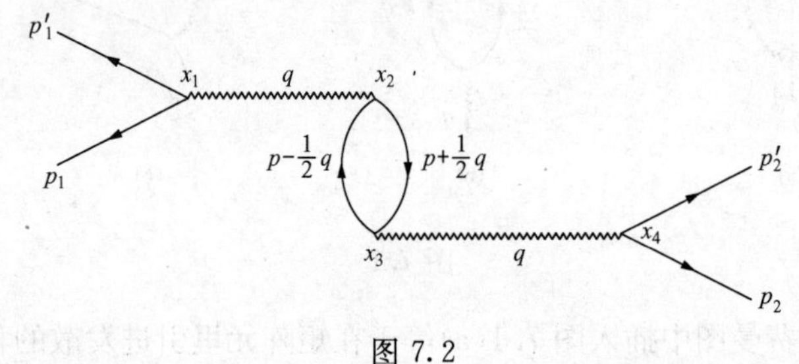

图 7.2

考虑光子的自能图 7.1(b)分析可知其属于发散积分。图 7.2 表示 Mϕller 散射的高级微扰修正。对应的 S 矩阵元为

$$\begin{aligned} &{}_0\langle \boldsymbol{p}'_1 r',\boldsymbol{p}'_2 s' \mid S_4 \mid p_1 r,p_2 s\rangle_0 \\ &=\frac{e^4}{(2\pi)^2}\delta^4(p'_1+p'_2-p_1-p_2)\frac{m^2}{\sqrt{p_{10}p_{20}p'_{10}p'_{20}}}\cdot \\ &\sum_{\mu,\nu}\overline{u}_{r'}(\boldsymbol{p}'_1)\gamma_\mu u_r(\boldsymbol{p}_1)\frac{1}{q^2-i\varepsilon}K_{\mu\nu}(q)\frac{1}{q^2-i\varepsilon}\overline{u}_{s'}(\boldsymbol{p}'_2)\gamma_\nu u_s(\boldsymbol{p}_2) \end{aligned} \tag{7.260}$$

式中 $q=p'_1-p_1$，

$$K_{\mu\nu}(q)=\frac{e^2}{(2\pi)^4}\int \mathrm{sp}\left[\frac{i\left(\hat{p}-\frac{1}{2}\hat{q}\right)-m}{\left(p-\frac{1}{2}q\right)^2+m^2-i\varepsilon}\gamma_\mu\cdot\right.$$

$$\left.\frac{i\left(\hat{p}+\frac{1}{2}\hat{k}\right)-m}{\left(p+\frac{1}{2}q\right)^2+m^2-i\varepsilon}\gamma_\nu\right]\mathrm{d}^4p \qquad (7.261)$$

该积分是不大于二次发散的；sp 表示[…]中 4×4 矩阵乘积的对角项和。

张量 $K_{\mu\nu}(q)$ 为 q_μ 的函数在最普遍情形下的形式是

$$K_{\mu\nu}=q_\mu q_\nu K_1(q^2)+\delta_{\mu\nu}K_2(q^2) \qquad (7.262)$$

因为电荷守恒，所以 $K_1(q^2)$、$K_2(q^2)$不可能相互独立。

式(7.256)可写成

$$\begin{aligned}&{}_0\langle \boldsymbol{p}'_1r',\boldsymbol{p}'_2s' \mid S_4 \mid \boldsymbol{p}_1r,\boldsymbol{p}_2s\rangle_0\\ &=\frac{e^2}{(2\pi)^3}\delta^4(p'_1+p'_2-p_1-p_2)\frac{m}{\sqrt{p_{10}p'_{10}}}\cdot\\ &\quad\sum_\mu \bar{u}_{r'}(\boldsymbol{p}_1)\gamma_\mu u_r(\boldsymbol{p}_1)\frac{1}{q^2-i\varepsilon}j_\mu(q)\end{aligned} \qquad (7.263)$$

$$j_\mu(q)=\sum_\nu\frac{2\pi e^2m}{\sqrt{p_{20}p'_{20}}}K_{\mu\nu}(q)\frac{1}{q^2-i\varepsilon}\bar{u}_{s'}(\boldsymbol{p}'_2)\gamma_\nu u_s(\boldsymbol{p}_2) \qquad (7.264)$$

$j_\mu(q)$可作为电流密度 $j_\mu(x_2)$的傅里叶分量，

$$j_\mu(x_2)=\int j_\mu(q)\exp[i(qx_2)]\mathrm{d}^4q \qquad (7.265)$$

式(7.265)给出的 $j_\mu(x_2)$可作为吸收在 x_1 点放出的光子 q 的有效电荷-电流分布。该分布实际上包括电子 2 本身的电荷-电流及其诱导出来的真空极化效应产生的电荷-电流。上式必须遵守电荷守恒：

$$\frac{\partial}{\partial x_\mu}j_\mu(x)=0 \qquad (7.266)$$

式(7.265)代入式(7.266),有

$$q_\mu j_\mu(q)=0 \tag{7.267}$$

以式(7.264)、式(7.262)代入式(7.267),有

$$q_\mu K_{\mu\nu}(q)=q^2K_1(q^2)+K_2(q^2)=0 \tag{7.268}$$

即 $K_2(q^2)=-q^2K_1(q^2)$,表明 $K_1(q^2)$、$K_2(q^2)$不是相互独立的函数。式(7.262)又可表成

$$K_{\mu\nu}(q)=(q_\mu q_\nu-\delta_{\mu\nu}q^2)K_1(q^2) \tag{7.269}$$

取 $F_{\mu\nu}(q,p)$为式(7.267)的被积函数,对 q 展开,

$$F_{\mu\nu}(q,p)=(q_\mu q_\nu-\delta_{\mu\nu}q^2)F(q^2,p) \tag{7.270}$$

若略去 $F_{\mu\nu}(q,p)$ 对积分无贡献的部分,式(7.270)是得出式(7.269)的唯一可能。从 $F_{\mu\nu}(q,p)$当 q_μ、p_μ 均充分大时的渐近行为知 $K_1(q^2)$为

$$K_1(q^2)=\int F(q^2,p)\mathrm{d}^4p \tag{7.271}$$

式(7.271)为对数发散。导入

$$F_1(q^2,p)=F(q^2,p)-F(0,p)$$

式(7.271)可写为

$$K_1(q^2)=C+\int F_1(q^2,p)\mathrm{d}^4p \tag{7.272}$$

$$C=\int F(0,p)\mathrm{d}^4p \tag{7.273}$$

式(7.273)也为对数发散,式(7.272)右边第二个积分收敛。

以式(7.272)、式(7.269)代入式(7.260),得到发散部分,

$$\begin{aligned}&{}_0\langle \boldsymbol{p}'_1r',\boldsymbol{p}'_2s' \mid S_4 \mid \boldsymbol{p}_1r,\boldsymbol{p}_2s\rangle_0\\ &=\frac{e^2}{(2\pi)^2}\delta^4(p'_1+p'_2-p_1-p_2)\frac{m^2}{\sqrt{p_{10}p_{20}p'_{10}p'_{20}}}\cdot\\ &\quad\sum_{\mu,\nu}\bar{u}_{r'}(\boldsymbol{p}'_1)\gamma_\mu u_r(\boldsymbol{p}_1)\cdot\\ &\quad\frac{1}{q^2-i\varepsilon}(q_\mu q_\nu-\delta_{\mu\nu}q^2)\frac{C}{q^2-i\varepsilon}\bar{u}_{s'}(\boldsymbol{p}'_2)\gamma_\nu u_s(\boldsymbol{p}_2)\end{aligned}$$

而 $q=p'_1-p_1=p_2-p'_2$,依电荷守恒定律式(7.266)、式(7.267)有

$$\sum_{\nu} q_{\nu} j_{\nu}(q) = \sum_{\nu} q_{\nu} \bar{u}_{s'}(\boldsymbol{p}'_2) \gamma_{\nu} u_s(\boldsymbol{p}_2) = 0$$

$j_{\nu}(q)$为电子 2 的电流，于是

$$\begin{aligned}
&{}_0\langle \boldsymbol{p}'_1 r', \boldsymbol{p}'_2 s' \mid S_4 \mid \boldsymbol{p}_1 r, \boldsymbol{p}_2 s\rangle_0 \\
&= -\frac{e^2}{(2\pi)^2}\delta^4(p'_1 + p'_2 - p_1 - p_2)\frac{m^2}{\sqrt{p_{10}p_{20}p'_{10}p'_{20}}} \cdot \\
&\quad \sum_{\mu} \bar{u}_{r'}(\boldsymbol{p}'_1)\gamma_{\mu} u_r(\boldsymbol{p}_1)\frac{1}{q^2 - i\varepsilon} q^2 \frac{C}{q^2 - i\varepsilon}\bar{u}_{s'}(\boldsymbol{p}'_2)\gamma_{\mu} u_s(\boldsymbol{p}_2)
\end{aligned} \tag{7.274}$$

可以证明发散积分 C 表示电荷的变化。今考虑图 7.3 表示的过程，其为电子 Mϕller 散射的高级微扰修正。若舍去经过 x_4 的电子线，则该图就是图 7.1(c)。对应于图 7.3 中过程散射矩阵为

$$\begin{aligned}
&{}_0\langle \boldsymbol{p}'_1 r', \boldsymbol{p}_2 r' \mid S'_4 \mid \boldsymbol{p}_1 r, \boldsymbol{p}_2 s\rangle_0 \\
&= \frac{ie^2}{(2\pi)^2}\delta^4(p'_1 + p'_2 - p - k)\frac{m^2}{\sqrt{p_{10}p_{20}p'_{10}p'_{20}}} \cdot \\
&\quad u_{r'}(\boldsymbol{p}'_1) L_{\nu} u_r(\boldsymbol{p}_1)\frac{1}{q^2 - i\varepsilon}\bar{u}_{s'}(\boldsymbol{p}_2)\gamma_{\nu} u_s(\boldsymbol{p}_2)
\end{aligned} \tag{7.275}$$

$$\begin{aligned}
L_{\nu}(q, \hat{p}_1) = &-\sum_{\mu}\frac{ie^2}{(2\pi)^4}\int \gamma_{\mu}\frac{i(\hat{p}'_1 - \hat{k}) - m}{(\hat{p}_1 - \hat{k})^2 + m^2 - i\varepsilon}\gamma_{\nu} \cdot \\
&\frac{i(\hat{p}_1 - \hat{k}) - m}{(\hat{p}_1 - \hat{k})^2 + m - i\varepsilon}\gamma_{\mu}\frac{1}{k^2 - i\varepsilon}\mathrm{d}^4 k
\end{aligned} \tag{7.276}$$

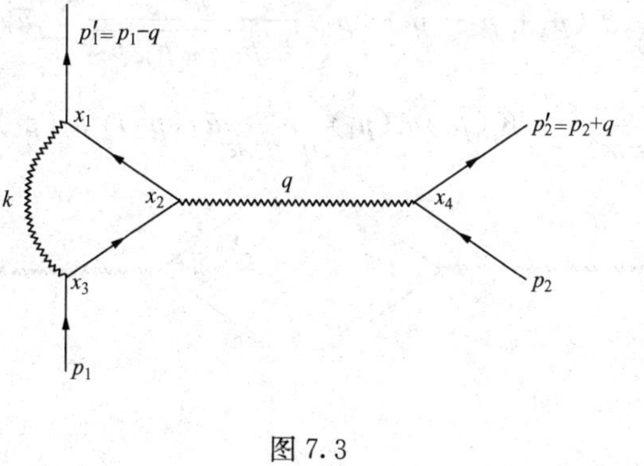

图 7.3

式(7.276)为对数发散。记 $F_\nu(\hat{p}_1, q, k)$ 为式(7.276)的被积函数，并取

$$F_{1\nu}(\hat{p}_1, q, k) = F_\nu(\hat{p}_1, q, k) - F_\nu(im, 0, k) \quad (7.277)$$

这样式(7.267)变为

$$L_\nu(q, \hat{p}_1) = L_\nu(0, im) + \frac{e^2}{(2\pi)^4}\int F_{1\nu}(\hat{p}, \hat{p}'_1, q, k)\mathrm{d}^4 k \quad (7.278)$$

$$\begin{aligned} L_\nu(0, im) &= -\frac{ie^2}{(2\pi)^4}\int F_\nu(im, 0, k)\mathrm{d}^4 k \\ &= \sum_\mu \frac{e^2}{(2\pi)^4}\int \gamma_\mu \frac{i\hat{k} + 2m}{(im - \hat{k})^2 + m^2 - i\varepsilon}\gamma_\nu \cdot \\ &\quad \frac{i\hat{k} + 2m}{(im - \hat{k})^2 + m^2 - i\varepsilon}\gamma_\mu \frac{1}{k - i\varepsilon}\mathrm{d}^4 k \end{aligned} \quad (7.279)$$

尽管式(7.277)右边各项为对数发散积分，但是其差收敛。作为矢量的式(7.279)，可有

$$L_\nu(0, im) = \gamma_\nu L \quad (7.280)$$

因为式(7.279)右边积分发散，所以式(7.280)中的 L 为无穷大常数，L 表示电荷的变化。

图 7.1(a)对 Mϕller 散射的高级修正也有贡献。相应的费曼图由图 7.4(a)、图 7.4(b)给出，对于图 7.4(a)的 S 矩阵元为

$$\begin{aligned} &{}_0\langle \boldsymbol{p}'_1 r', \boldsymbol{p}'_2 s' \mid S_4 \mid \boldsymbol{p}_1 r, \boldsymbol{p}_2 s\rangle_0 \\ &= \frac{e^2}{(2\pi)^2}\delta^4(p'_1 + p'_2 - p_1 - p_2)\frac{m^2}{\sqrt{p_{10}p_{20}p'_{10}p'_{20}}}\sum_\nu \bar{u}_{r'}(\boldsymbol{p}'_1)\gamma_\nu \cdot \\ &\quad \frac{i\hat{p}_1 - m}{p_1^2 + m^2 - i\varepsilon}K(p_1)u_r(\boldsymbol{p}_1)\frac{1}{q^2 - i\varepsilon}\bar{u}_{s'}(\boldsymbol{p}'_2)\gamma_\nu u_s(\boldsymbol{p}_2) \end{aligned} \quad (7.281)$$

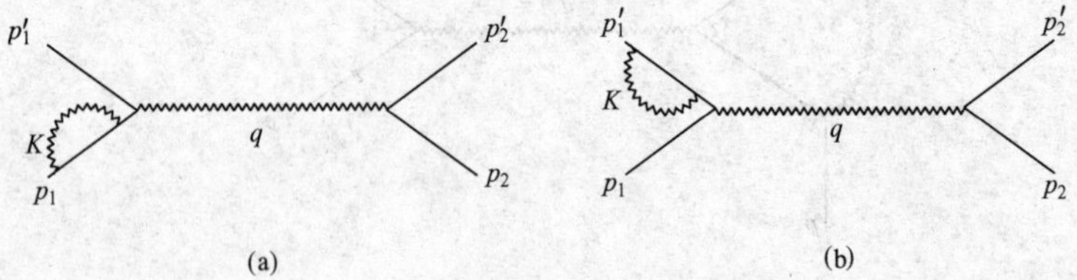

(a) (b)

图 7.4

式中 $K(p_1)$ 由式(7.259)、式(7.256)给出，故上式含有电荷变化的发散项可写成

$$\frac{e^2}{(2\pi)^2}\delta^4(p'_1+p'_2-p_1-p_2)\frac{m^2}{\sqrt{p_{10}p_{20}p'_{10}p'_{20}}}\bar{u}_{r'}(\boldsymbol{p}'_1)\gamma_\nu\cdot$$
$$\frac{i\hat{p}_1-m}{p_1^2+m^2-i\varepsilon}(\hat{p}_1-im)J_1u_r(\boldsymbol{p}_1)\frac{1}{q^2-i\varepsilon}\bar{u}_{s'}(\boldsymbol{p}'_2)\gamma_\nu u_s(\boldsymbol{p}_2)$$
$$(7.282)$$

同样图 7.4(b)的 S 矩阵包括了 J_1 的项为

$$\frac{e^2}{(2\pi)^2}\delta^4(p'_1+p'_2-p_1-p_2)\frac{m^2}{\sqrt{p_{10}p_{20}p'_{10}p'_{20}}}\bar{u}_{r'}(\boldsymbol{p}'_1)\cdot$$
$$(\hat{p}'_1-im)J_1\frac{i\hat{p}'_1-m}{p'^2_1+m^2-i\varepsilon}\gamma_\nu u_r(\boldsymbol{p}_1)\frac{1}{q^2-i\varepsilon}\bar{u}_{s'}(\boldsymbol{p}'_2)\gamma_\nu u_s(\boldsymbol{p}_2)$$
$$(7.283)$$

计算表明式(7.276)中表示电荷变化的发散项和式(7.283)、式(7.282)恰好抵消。

7.3.2 发散困难消去法

重整化理论包括三个部分：(1)证明产生发散困难的费曼图的种类有限；(2)用协变方法分离计算结果中的发散部分与有限部分；(3)证明分离出的发散部分只代表“不可观察”的质量变化和电荷变化，并给出消除该发散部分的步骤。这里仅讨论重整化理论的第三部分。

描述电子和光子系统的总拉格朗日函数密度为

$$\mathscr{L}=\mathscr{L}_1+\mathscr{L}_2+\mathscr{L}_4 \tag{7.284}$$

$$\mathscr{L}_1=-\frac{1}{2}\bar{\psi}\gamma_\mu\frac{\partial\psi}{\partial x_\mu}+\frac{1}{2}\frac{\partial}{\partial x_\mu}\bar{\psi}\gamma_\mu\psi-m_0\bar{\psi}\psi \tag{7.285}$$

$$\mathscr{L}_2=-\frac{1}{2}\frac{\partial A_\mu}{\partial x_\nu}\frac{\partial A_\nu}{\partial x_\mu} \tag{7.286}$$

$$\mathscr{L}_4=ie_0\bar{\psi}\gamma_\mu\psi A_\mu \tag{7.287}$$

这里 m_0、e_0 表示电子的原始的质量、电荷。而

$$\int \frac{\partial A_\mu}{\partial x_\nu}\frac{\partial A_\nu}{\partial x_\mu}\mathrm{d}^3 x = -\int A_\mu \frac{\partial}{\partial x_\mu}\frac{\partial A_\nu}{\partial x_\nu}\mathrm{d}^3 x = 0 \tag{7.288}$$

表明式(7.286)等价于

$$\mathscr{L}_2 = -\frac{1}{4}\left(\frac{\partial A_\nu}{\partial x_\mu} - \frac{\partial A_\mu}{\partial x_\nu}\right)\left(\frac{\partial A_\nu}{\partial x_\mu} - \frac{\partial A_\mu}{\partial x_\nu}\right) \tag{7.289}$$

相互作用导致电子质量变化,

$$m_0 \to m = m_0 + \delta m \tag{7.290}$$

式中 δm 为电子的电磁质量,m 为实际观测的质量。电磁作用导致的电荷的变化原因为:(1)电子和电磁场的作用常数 e_0 本身相互作用产生的变化;(2)相互作用产生的场算子归一化的变化。这些变化为

$$\begin{cases} e_0 = Z_1 Z_2^{-1} Z_3^{-\frac{1}{2}} e \\ \psi(x) = \sqrt{Z_2}\psi_1(x) \quad \overline{\psi}(x) = \sqrt{Z_2}\overline{\psi}_1(x) \\ A_\mu(x) = \sqrt{Z_3} A_{1\mu}(x) \end{cases} \tag{7.291}$$

式中 Z_1、Z_2、Z_3 为电荷变化的重新归一化因子。在式(7.284)~式(7.287)中代入式(7.291)、式(7.289),得

$$\mathscr{L} = \mathscr{L}_{11} + \mathscr{L}_{12} + \mathscr{L}_{14} \tag{7.292}$$

其中

$$\mathscr{L}_{11} = -\frac{1}{2}\sum_\mu \overline{\psi}_1 \gamma_\mu \frac{\partial \psi_1}{\partial x_\mu} + \frac{1}{2}\sum_\mu \frac{\partial}{\partial x_\mu}\overline{\psi}_1 \gamma_\mu \psi_1 - m\overline{\psi}_1\psi_1 \tag{7.293}$$

$$\mathscr{L}_{12} = -\frac{1}{2}\sum_{\mu,\nu}\frac{\partial A_{1\mu}}{\partial x_\nu}\frac{\partial A_{1\nu}}{\partial x_\mu} \tag{7.294}$$

$$\begin{aligned} \mathscr{L}_{14} = {} & ie\sum_\mu \overline{\psi}_1\gamma_\mu\psi_1 A_{1\mu} - \frac{1}{2}(Z_3 - 1)\sum_{\mu,\nu}\frac{\partial A_{1\mu}}{\partial x_{1\nu}}\frac{\partial A_{1\nu}}{\partial x_\mu} - (Z_2 - 1)\cdot \\ & \left(\frac{1}{2}\overline{\psi}\sum_\mu \gamma_\mu \frac{\partial \psi_1}{\partial x_\mu} - \frac{1}{2}\sum_\mu \frac{\partial}{\partial x_\mu}\overline{\psi}_1\gamma_\mu\psi_1 + m\overline{\psi}_1\psi_1\right) \\ & + ie(z_1 - 1)\sum_\mu \overline{\psi}_1\gamma_\mu\psi_1 A_{1\mu} + \sigma m z_2 \overline{\psi}_1\psi_1 \end{aligned} \tag{7.295}$$

式(7.293)中的 m 为实验观测的电子质量,这正是自由电磁场的拉格朗日密度。式(7.295)除右边第一项为通常的相互作用拉格

朗日函数外，其他项都为“抵消项”。因为没有考虑 m、e、ψ_1、$A_{1\mu}$ 与 m_0、e_0、ψ、A_μ 等之间的差别，所以这就等于舍去了全部的抵消项。

式(7.291)给出的场算子的重新归一化，事实上就是在通常微扰计算中应考虑的波函数或状态矢量。康普顿散射初态的态矢为

$$\Psi_b = a_r^*(\boldsymbol{p})c_\varepsilon^*(\boldsymbol{k}) \mid 0\rangle \tag{7.296}$$

$a_r^*(\boldsymbol{p})$、$c_\varepsilon^*(\boldsymbol{k})$为自由(裸)电子、自由(裸)光子的放出算子。$\Psi_b$($b$表示初态)满足归一化条件

$$\Psi_b^+\Psi_b = 1 \tag{7.297}$$

由于每个粒子在碰撞前均受到电磁相互作用，因此该作用使碰撞前的态矢变为

$$\Psi = \Psi_b + \Psi' \tag{7.298}$$

Ψ'表示上述矢量的变化。从 $\Psi^+\Psi=1$ 知 Ψ 满足的归一化应改为

$$\Psi_b^+\Psi_b = 1 - \Psi'^+_b\Psi'_b \tag{7.299}$$

注意到 $\psi_b^+\psi_b<1$，于是

$$\Psi_b = Z_2^{-\frac{1}{2}}Z_3^{-\frac{1}{2}}a_r^*(\boldsymbol{p})c_\varepsilon^*(\boldsymbol{k}) \mid 0\rangle \tag{7.300}$$

分析推知场算子归一化的变化等效于电荷的变化。

如果在式(7.295)中舍弃一切抵消项，那么

$$\mathscr{L}_{14} = ie\sum_\mu \overline{\psi}_1\gamma_\mu\psi_1 A_{1\mu} \tag{7.301}$$

当 ψ_1、$A_{1\mu}$ 变为 ψ、A_μ 时，式(7.301)、式(7.294)、式(7.293)、式(7.292)给出的总拉格朗日密度就是前面描述相互作用的电子场和电磁场的拉格朗日函数，这时

$$\begin{cases}\{\psi_1(x),\overline{\psi}_1(x')\} = -iS(x-x') \\ [A_{1\mu}(x),A_{1\nu}(x')] = -i\delta_{\mu\nu}D(x-x')\end{cases} \tag{7.302}$$

对应的电子的放出、吸收算子 $a_{1r}^*(\boldsymbol{p})$、$a_{1r}(\boldsymbol{p})$表示放出、吸收一个质量是 m、电荷是 e 的自由电子，即

$$\{a_{1r}(\boldsymbol{p}),a_{1r'}^*(\boldsymbol{p}')\} = \delta_{rr'}\delta(\boldsymbol{p}-\boldsymbol{p}') \tag{7.303}$$

据此，

$$\{a_r(\boldsymbol{p}),a_{r'}^*(\boldsymbol{p}')\} = Z_2^{-1}\delta_{rr'}(\boldsymbol{p}-\boldsymbol{p}') \tag{7.304}$$

这样康普顿散射的初态可表示成

$$\psi_b = a_{1r}^*(\boldsymbol{p})c_{1\varepsilon}^*(\boldsymbol{k}) \mid 0\rangle \tag{7.305}$$

命

$$\left.\begin{array}{ll} Z_1 = 1 - L & Z_2 = 1 - J_1 \\ Z_2 = 1 - 2C & Z_2\delta m = J_0 \end{array}\right\} \tag{7.306}$$

J_0、J_1、C、L 为图 7.1 给出的发散积分。以式(7.306)代入式(7.295),得

$$\begin{aligned} \mathscr{L}_{14} = & ie\sum_{\mu}\overline{\psi}_1\gamma_\mu\psi_1A_{1\mu} - C\sum_{\mu,\nu}\frac{\partial A_{1\mu}}{\partial x_\nu}\frac{\partial A_{1\nu}}{\partial x_\mu} \\ & + J_1\left(\frac{1}{2}\overline{\psi}_1\sum_{\mu}\gamma_\mu\frac{\partial\psi_1}{\partial x_\mu} - \frac{1}{2}\sum_{\mu}\frac{\partial}{\partial x_\mu}\overline{\psi}_1\gamma_\mu\psi_1 + m\overline{\psi}_1\psi_1\right) \\ & - ieL\sum_{\mu}\overline{\psi}_1\gamma_\mu\psi_1A_{1\mu} + J_0\overline{\psi}_1\psi_1 \end{aligned} \tag{7.307}$$

将费曼图中对应于上式中抵消项的新顶点及在 S 矩阵元中出现的相应于这些新顶点的因子列表如下:

对应于抵消项的新顶点,在 S 矩阵中出现的新因子

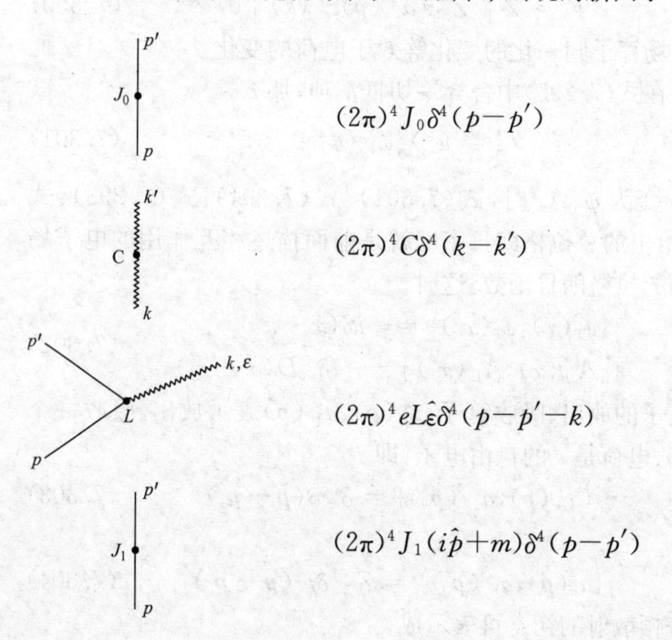

由上得到相应于图 7.5 中的两个费曼图的 S 矩阵元为

$$
\begin{aligned}
& {}_0\langle \boldsymbol{p}'r', \boldsymbol{k}'\varepsilon' \mid S \mid \boldsymbol{p}r, \boldsymbol{k}\varepsilon\rangle_0 \\
&= \frac{e^2}{(2\pi)^2}\delta^4(p'+k'-p-k)\frac{m}{2\sqrt{p_0k_0p'_0k'_0}}\bar{u}_{r'}(\boldsymbol{p}')\hat{\varepsilon}' \cdot \\
&\quad \frac{i(\hat{p}'+\hat{k}')-m}{(p'+k')^2+m^2-i\varepsilon}\{J_0+[i(\hat{p}'+\hat{k}')+m]J_1\} \cdot \\
&\quad \frac{i(\hat{p}+\hat{k})-m}{(p+k)^2+m^2-i\varepsilon}\hat{\varepsilon}u_r(\hat{\boldsymbol{p}})
\end{aligned} \tag{7.308}
$$

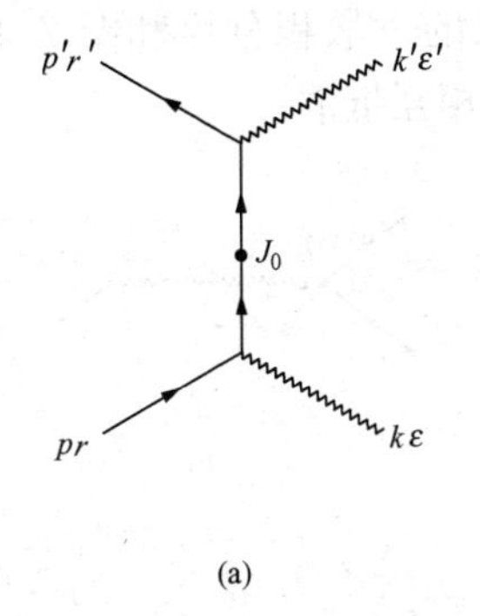

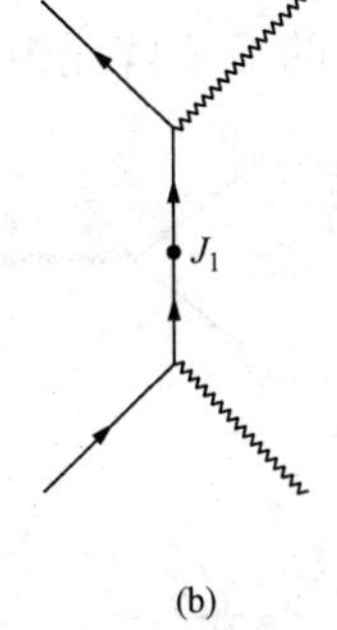

图 7.5

这正与从式(7.259)等式给出的相应于图 7.6 的过程 S 矩阵元中的发散部分相互抵消。同理计算得到对应于图 7.7(a)所示过程的 S 矩阵元为

$$
\begin{aligned}
& {}_0\langle \boldsymbol{p}'_1r', \boldsymbol{p}'_2s' \mid S \mid \boldsymbol{p}_1r, \boldsymbol{p}_2s\rangle_0 \\
&= \frac{e^2}{(2\pi)^2}\delta^4(p'_1+p'_2-p_1-p_2)\frac{m^2}{\sqrt{p_{10}p_{20}p'_{10}p'_{20}}} \cdot \\
&\quad \sum_\mu \bar{u}_{r'}(\boldsymbol{p}'_1)\gamma_\mu u_r(\boldsymbol{p}_1)\frac{(p_1-p'_1)^2}{(p_1-p'_1)^2-i\varepsilon} \cdot \\
&\quad \frac{C}{(p_1-p'_1)^2-i\varepsilon}\bar{u}_s(\boldsymbol{p}'_2)\gamma_\mu u_s(\boldsymbol{p}_2)
\end{aligned} \tag{7.309}
$$

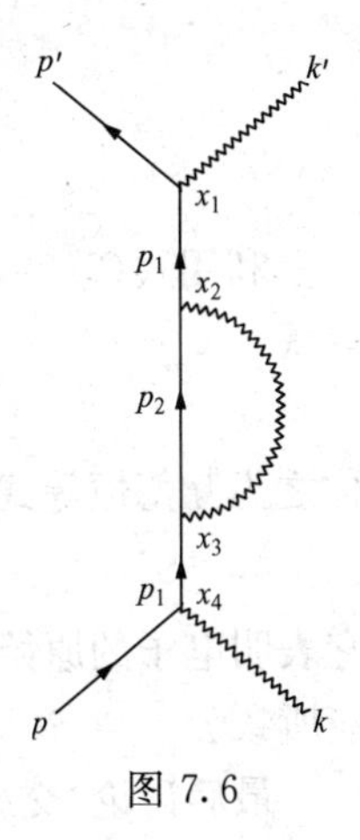

图 7.6

依式(7.308)、式(7.309)与式(7.304)中的发散项相互抵消。

图 7.7(b)的 S 矩阵元为

$$
\begin{aligned}
&{}_0\langle \boldsymbol{p}'_1 r', \boldsymbol{p}'_2 s' \mid S \mid \boldsymbol{p}_1 r, \boldsymbol{p}_2 s\rangle_0 \\
&= \frac{e^2}{(2\pi)^2}\delta^4(p'_1 + p'_2 - p_1 - p_2)\cdot \\
&\quad \frac{m^2}{\sqrt{p_{10}p_{20}p'_{10}p'_{20}}}\overline{u}_{r'}(\boldsymbol{p}'_1)\gamma_\mu u_r(\boldsymbol{p}_1) ieL\,\frac{L}{(p_1 - p'_1)^2 - i\varepsilon}\cdot \\
&\quad \overline{u}_s(\boldsymbol{p}'_2)\gamma_\mu u_s(\boldsymbol{p}_2)
\end{aligned}
\tag{7.310}
$$

对于图 7.7(c)、图 7.7(d)所贡献的发散积分恰和图 7.4(a)、图 7.4(b)的 S 矩阵元中的发散部分相互抵消。

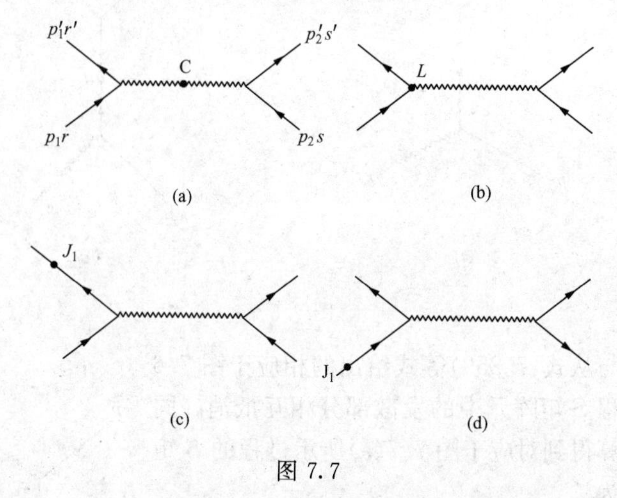

图 7.7

利用式(7.292)～式(7.295)的规范不变性可以导出 Ward 恒等式

$$Z_1 = Z_2 \tag{7.311}$$

称之为互德恒等式。式(7.311)代入式(7.291),得

$$e_0 = Z_3^{-\frac{1}{2}}e = (1 - 2C)e \tag{7.312}$$

它表明电子的原始电荷 e_0 与观测电荷 e 的差别是由真空极化效应所致。

最后讨论“交缠发散”积分。最低级的该发散积分对应于图

7.8 所示的费曼图的一个部分，这是对电子线的 e^4 级放射修正的自能图，相应的积分为

$$K=\sum_{\mu,\nu}\frac{e^4}{(2\pi)^4}\int \mathrm{d}^4k\int \mathrm{d}^4k'\gamma_\mu\frac{i(\hat{p}-\hat{k})-m}{(p-k')^2+m^2-i\varepsilon}\gamma_\nu\frac{1}{k'^2-i\varepsilon}\cdot$$

$$\frac{i(\hat{p}-\hat{k}'-\hat{k})-m}{(p-k'-k)^2+m^2-i\varepsilon}\gamma_\mu\frac{i(\hat{p}-\hat{k})-m}{(p-k)^2+m^2-i\varepsilon}\gamma_\nu\frac{1}{k^2-i\varepsilon} \tag{7.313}$$

式(7.312)所给类型积分的收敛条件为：(1)给定 k，对 k' 积分得到有限的结果；(2)给定 k'，对 k 积分得到有限的结果；(3)对 k、k' 同时积分得到有限的结果。

依式(7.313)的被积函数，当 k、k' 充分大时的渐近行为知积分不会超过线性发散。可以证明积分的发散部分可表达为

$$J'_0+(i\hat{p}+m)J'_1$$

J'_0、J'_1 是两个发散积分，它们将与图 7.9 两个过程的贡献相抵。

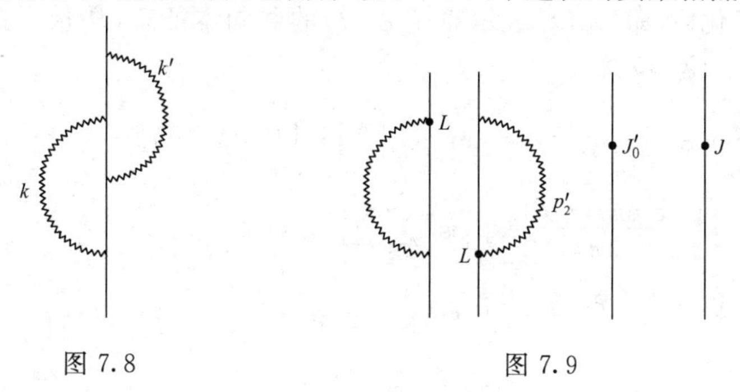

图 7.8　　　　图 7.9

7.4　路径积分

路径积分也称为泛函积分或连续积分。

7.4.1　量子场论的泛函积分形式

分析玻色场。设 $\phi(x)$ 为实标量场，这时的拉格朗日函数为

$$L=\int \mathscr{L}(\phi(x))\mathrm{d}^3x \tag{7.314}$$

将空间分成 n 个边长为 ε 的小正方格，以 $\phi_\alpha(t)$ 表示在第 α 个正方格中场 $\phi(x)$ 的平均值，视之为场坐标，即 $\phi_\alpha(t)=q_\alpha(t)$。式(7.314)改为对所有正方格的贡献求和的形式，

$$L=\lim_{n\to\infty}\sum_{\alpha=1}^{n}\varepsilon^3\mathscr{L}_\alpha(\dot{\phi}_\alpha(t),\phi_\alpha(t),\phi_{\alpha+\delta}(t)) \tag{7.315}$$

式中 $\mathscr{L}_\alpha$ 对 $\phi_{\alpha+\delta}$ 的依赖是由把场 $\phi(x)$ 对空间坐标的微分变为差分引起的。与 $\phi_\alpha(t)$ 共轭的正则动量为

$$p_\alpha(t)=\frac{\partial L}{\partial\dot{\phi}_\alpha(t)}=\varepsilon\frac{\partial\mathscr{L}_\alpha}{\partial\dot{\phi}_\alpha(t)}=\varepsilon^2\pi_\alpha(t) \tag{7.316}$$

于是哈密顿量为

$$H=\sum_\alpha p_\alpha\dot{\phi}_\alpha-L=\sum_\alpha\varepsilon^2\mathscr{H}_\alpha \tag{7.317}$$

这里

$$\mathscr{H}_\alpha(\pi_\alpha,\phi_\alpha,\phi_{\alpha+\delta})=\pi_\alpha\dot{\phi}_\alpha-\mathscr{L}_\alpha \tag{7.318}$$

量子化后，命 $|\phi_\alpha,t\rangle$ 表示算子 $\hat{\phi}_\alpha(t)$ 的共同本征态，从量子振幅 $\langle\phi'_\alpha,t'|\phi_\alpha,t\rangle$ 导出

$$\lim_{\varepsilon\to0}\langle\phi'_\alpha,t'\mid\phi_\alpha,t\rangle=\lim_{N\to\infty}\lim_{\varepsilon\to0}\int_{\phi_\alpha}^{\phi'_\alpha}\prod_{\alpha'=1}^{n}\prod_{l=1}^{N-1}[\mathrm{d}\phi_{\alpha'}(\tau_l)]\cdot$$
$$\prod_{l=1}^{N}\left[\frac{\varepsilon^3\mathrm{d}\pi_{\alpha'}(\tau_l)}{2\pi}\right]\exp\left\{i\varepsilon^4\sum_{j=1}^{N}\sum_{\alpha=1}^{n}\left[\pi_\alpha(\tau_j)\cdot\right.\right.$$
$$\left.\left.\frac{\phi_\alpha(\tau_j)-\phi_\alpha(\tau_{j-1})}{\varepsilon}-\mathscr{H}_\alpha(\pi_\alpha(\tau_j),\phi_\alpha(\tau_{j-1}),\phi_{\alpha+\delta}(\tau_{j-1}))\right]\right\} \tag{7.319}$$

或记为

$$\langle\phi'(x),t'\mid\phi(x),t\rangle=\int_{\phi(x)}^{\phi'(x)}[\mathscr{D}\phi][\mathscr{D}\varepsilon^3\pi]\cdot$$
$$\exp\left\{\frac{i}{\hbar}\int_t^{t'}\mathrm{d}\tau\int\mathrm{d}^3x\left[\pi(x,\tau)\frac{\partial\phi(x,t)}{\partial\tau}-\mathscr{H}(x',t)\right]\right\} \tag{7.320}$$

式中

$$\pi(x,t)=\frac{\partial\mathscr{L}}{\partial\dot{\phi}(x,t)}\quad\mathscr{H}=\pi\dot{\phi}-\mathscr{L} \tag{7.321}$$

π_α、$\mathscr{H}_\alpha$ 就是 $\pi(x)$,$\mathscr{H}(x)$在第 α 个方格中的平均值，

$$[\mathscr{D}\phi][\mathscr{D}\varepsilon^3\pi]=\lim_{N\to\infty}\lim_{\varepsilon\to 0}\prod_{\alpha=1}^{n}\prod_{l=1}^{N-1}(\mathrm{d}\phi_\alpha(\tau_l))\prod_{l=1}^{N}\frac{\varepsilon^3\mathrm{d}\pi_\alpha(\tau_l)}{2\pi\hbar} \tag{7.322}$$

取拉格朗日函数密度为

$$\begin{aligned}\mathscr{L}&=-\frac{1}{2}\frac{\partial\phi}{\partial x_\mu}\frac{\partial\phi}{\partial x_\mu}-\frac{1}{2}\mu^2\phi^2+\mathscr{L}_{\text{int}}(\phi)\\&=\mathscr{L}_0+\mathscr{L}_{\text{int}}\end{aligned} \tag{7.323}$$

此刻

$$\mathscr{H}=\frac{1}{2}\pi^2+\frac{1}{2}\nabla\phi(x)\cdot\nabla\phi(x)+\frac{1}{2}\mu^2\phi^2-\mathscr{L}_{\text{int}}(\phi) \tag{7.324}$$

上式代入式(7.320)，

$$\langle\phi'(x),t'\mid\phi(x),t\rangle=\left(\frac{\varepsilon}{\sqrt{2\pi i\hbar}}\right)^n\int_{\phi(x)}^{\phi'(x)}[\mathscr{D}\phi]\exp\left\{\frac{i}{\hbar}\int_t^{t'}\mathrm{d}\tau\int\mathrm{d}^3x\mathscr{L}(x',\tau)\right\} \tag{7.325}$$

$$[\mathscr{D}\phi]=\prod_{\alpha=1}^{n}\prod_{l=1}^{N-1}\frac{\varepsilon\mathrm{d}\phi'_\alpha(\tau_l)}{\sqrt{2\pi i\hbar}}$$

在量子场论中基态为真空态；取 $W[J]$表示真空态之间矩阵元，

$$W[J]=\left\langle 0\left|T\exp\left\{i\int\mathrm{d}^4xJ(x,t)\hat{\phi}(x,t)\right\}\right|0\right\rangle \tag{7.326}$$

这里 $J(x,t)$为 c 数函数，T 为编时乘积。依式(7.323)，

$$\begin{aligned}\left.\frac{\delta^k W[J]}{\delta J(x_1)\delta J(x_2)\cdots\delta J(x_k)}\right|_{J=0}&=i^k\langle 0\mid T(\hat{\phi}(x_1)\cdots\hat{\phi}(x_k))\mid 0\rangle\\&=i^k G(x_1,x_2,\cdots,x_k)\end{aligned} \tag{7.327}$$

$G(x_1,x_2,\cdots,x_k)$为 k 点格林函数。称 $W[J]$为格林函数的生成泛函。当拉格朗日函数密度为式(7.323)形式时，

$$W[J]=\exp\left\{i\int\mathrm{d}^4x\mathscr{L}_{\text{int}}\left(\frac{1}{i}\frac{\delta}{\delta J(x)}\right)\right\}W_0[J] \tag{7.328}$$

$W_0[J]$为自由场拉格朗日函数密度

$$\mathscr{L}_0 = -\frac{1}{2}\frac{\partial\phi}{\partial x_\mu}\frac{\partial\phi}{\partial x_\mu} - \frac{1}{2}m^2\phi^2 \tag{7.329}$$

情况下的生成泛函，

$$W_0[J] = \lim_{t_b\to\infty}\lim_{t_f\to\infty}\int\mathscr{D}\phi_f(x)\mathscr{D}\phi_b(x)\int_{\phi_b(x)}^{\phi_f(x)}[\mathscr{D}\phi]\Psi_0^*[\phi_f]\cdot$$

$$\exp\left\{i\int(\mathscr{L}_0(x) + J(x)\phi(x))\mathrm{d}^4x\right\}\Psi_0[\phi_b] \tag{7.330}$$

上式中 Ψ_0 为自由场真空的状态矢量泛函数，真空态的能量 E_0 取为零。

为计算 $W_0[J]$，把 ϕ 在体积中按实正规模式展开，

$$\phi(x) = \sqrt{\frac{2}{V}}\sum_{\boldsymbol{k}}(q_{1\boldsymbol{k}}(t)\cos(\boldsymbol{k}\cdot\boldsymbol{x}) + q_{2\boldsymbol{k}}\sin(\boldsymbol{k}\cdot\boldsymbol{x}))$$

$$J(x) = \sqrt{\frac{2}{V}}\sum_{\boldsymbol{k}}(j_{1\boldsymbol{k}}(t)\cos(\boldsymbol{k}\cdot\boldsymbol{x}) + j_{2\boldsymbol{k}}(t)\sin(\boldsymbol{k}\cdot\boldsymbol{x})) \tag{7.331}$$

式中对 $\boldsymbol{k}$ 求和只包括 $\boldsymbol{k}_1>0$ 的项。这样包括外源的拉格朗日函数为

$$L_J = L_0 + \int J\phi\,\mathrm{d}^3x = \sum_{\boldsymbol{k},l}\left[\frac{1}{2}(\dot{q}_{l\boldsymbol{k}}^2 - \omega_{\boldsymbol{k}}^2q_{\boldsymbol{k}}^2) + j_{l\boldsymbol{k}}q_{l\boldsymbol{k}}\right] = \sum_{\boldsymbol{k},l}L_{\boldsymbol{k}l}$$

式中

$$\omega_{\boldsymbol{k}}^2 = \boldsymbol{k}^2 + m^2$$

$$j_{1\boldsymbol{k}} = \sqrt{\frac{2}{V}}\int J(x)\cos(\boldsymbol{k}\cdot\boldsymbol{x})\mathrm{d}^3x$$

$$j_{2\boldsymbol{k}} = \sqrt{\frac{2}{V}}\int J(x)\sin(\boldsymbol{k}\cdot\boldsymbol{x})\mathrm{d}^3x \tag{7.332}$$

L_J 表示无穷多在外场中的谐振子。进一步知

$$W_0[J] = \exp\left\{\frac{i}{2}\sum_{\boldsymbol{k},l}\int_{-\infty}^{\infty}\mathrm{d}\tau\int_{-\infty}^{\infty}\mathrm{d}\tau' j_{l\boldsymbol{k}}(\tau')\cdot\right.$$

$$\left. D_{\mathrm{F}}(\tau'-\tau,\boldsymbol{k})j_{l\boldsymbol{k}}(\tau)\right\}$$

$$D_{\mathrm{F}}(\tau'-\tau,\boldsymbol{k}) = \int_{-\infty}^{\infty}\frac{1}{2\pi}\frac{\exp[-ik_0(\tau'-\tau)]}{-k_0^2+\boldsymbol{k}^2+\mu^2-i\varepsilon}\mathrm{d}k_0$$

$l=1,2$;式(7.332)代入上式且对 $\boldsymbol{k}$ 的求和 $\sum_{\boldsymbol{k}}$ 换成积分$\frac{V}{2(2\pi)^3}\int \mathrm{d}^3\boldsymbol{k}$，得到

$$W_0[J] = \exp\left\{\frac{i}{2}\int_{-\infty}^{\infty}\mathrm{d}x'\int_{-\infty}^{\infty}\mathrm{d}xJ(x')\Delta_F(x'-x)J(x)\right\} \tag{7.333}$$

而

$$\Delta_F(x) = \frac{1}{(2\pi)^4}\int\frac{\exp(ikx)}{k^2+m^2-i\varepsilon}\mathrm{d}^4k \tag{7.334}$$

为标量场费曼传播子。式(7.333)源于

$$\begin{aligned} W_0[J] &= N\int[\mathscr{D}\phi]\exp\left\{i\int[\mathscr{L}_0(x)+i\varepsilon\phi^2+J\phi]\mathrm{d}^4x\right\} \\ &= N\int[\mathscr{D}\phi]\exp\left\{i\int\left[-\frac{1}{2}\frac{\partial\phi}{\partial x_\mu}\frac{\partial\phi}{\partial x_\mu}\right.\right. \\ &\qquad\left.\left.-\frac{1}{2}(m^2-i\varepsilon)\phi^2+J\phi\right]\mathrm{d}^4x\right\} \end{aligned} \tag{7.335}$$

考察离散状况，把时空分成体积为 ε^4 的小方格，命 ϕ_α 为 $\phi(x)$在第 α 个方格中的平均值。作变换 $\int\mathrm{d}^4x\rightarrow\sum_\alpha\varepsilon^4$，则式(7.333)中的积分可表达为

$$\varepsilon^4\left(-\frac{1}{2}\phi_\alpha A_{\alpha\beta}\phi_\beta+J_\alpha\phi_\beta\right)$$

式中

$$A_{\alpha\beta}=(-\Gamma_0+m^2-i\varepsilon)_{\alpha\beta} \tag{7.336}$$

这里 Γ_0 为差分运算的矩阵，

$$\lim_{\varepsilon\to0}\Gamma_{\alpha\beta}\phi_\beta\rightarrow\left(\frac{\partial}{\partial x_\mu}\frac{\partial\phi}{\partial x_\mu}\right)_\alpha \tag{7.337}$$

依高斯定理，

$$W_0[J]=\exp\left\{\frac{1}{2}i\varepsilon^4J_\alpha A^{-1}_{\alpha\beta}J_\beta\right\} \tag{7.338}$$

其中 $A^{-1}_{\alpha\beta}$ 为矩阵 $A_{\alpha\beta}$ 的逆阵。由式(7.336)

$$(-\Gamma_0+m^2-i\varepsilon)_{\alpha\gamma}(\Lambda^{-1})_{\gamma\beta}=\delta_{\alpha\beta}\rightarrow\varepsilon^4\delta(x-y) \tag{7.339}$$

x、y 为第 α、β 个方格的坐标。由式(7.337)、式(7.339),

$$\lim_{\varepsilon\to 0}\varepsilon^{-4}(A^{-1})_{\alpha\beta}=\Delta_F(x-y) \tag{7.340}$$

$\Delta_F(x-y)$ 为方程

$$\left(-\frac{\partial}{\partial x_\mu}\frac{\partial}{\partial x_\mu}+m^2-i\varepsilon\right)\Delta_F(x-y)=\delta^4(x-y) \tag{7.341}$$

的解,这就是式(7.334)中的 Δ_F。式(7.341)代入式(7.339)并取 $\varepsilon\to 0$ 得到式(7.333)。式(7.335)代入式(7.328)得到拉格朗日函数式(7.323),于是

$$\begin{aligned}W[J]&=N\int[\mathscr{D}\phi]\exp\left\{\frac{i}{\hbar}\int\mathrm{d}^4x\left[-\frac{1}{2}\frac{\partial\phi}{\partial x_\mu}\frac{\partial\phi}{\partial x_\mu}\right.\right.\\&\qquad\left.\left.-\frac{1}{2}(m^2-i\varepsilon)\phi^2+\mathscr{L}_{\text{int}}(\phi)+\hbar J\phi\right]\right\}\\&=N[\mathscr{D}\phi]\exp\left\{\frac{i}{\hbar}\int[\mathscr{L}(x)+i\varepsilon\phi^2+\hbar J\phi]\mathrm{d}^4x\right\}\end{aligned} \tag{7.342}$$

引入欧几里得空间格林函数生成泛函 $W_E[J]$,

$$\begin{aligned}W_E[J]=N\int[\mathscr{D}\phi]\exp\left\{-\iint\mathrm{d}^3x\mathrm{d}\tau\left[\frac{1}{2}\left(\frac{\partial\phi}{\partial\tau}\right)^2+\frac{1}{2}(\nabla\phi)^2\right.\right.\\\left.\left.+\frac{1}{2}\mu^2\phi^2-\mathscr{L}_{\text{int}}(\phi)-J\phi\right]\right\}\end{aligned} \tag{7.343}$$

可以证明式(7.342)中的 $W[J]$ 是从式(7.343)的 $W_E[J]$ 把 τ 由实轴逆时钟地解析延拓到虚轴 $\tau=it$ 得到的边值。

式(7.333)代入式(7.337)得到 $W[J]$ 显式,

$$\begin{aligned}W[J]=&\exp\left\{i\int\mathscr{L}_{\text{int}}\left(\frac{1}{i}\frac{\delta}{\delta J(x)}\right)\mathrm{d}^4x\right\}\cdot\\&\exp\left\{\frac{i}{2}\int_{-\infty}^{\infty}\mathrm{d}^4x'\int_{-\infty}^{\infty}\mathrm{d}^4xJ(x')\Delta_F(x'-x)J(x)\right\}\end{aligned} \tag{7.344}$$

当 $\mathscr{L}_{\text{int}}$ 中只有一个耦合常数时微扰展开的 n 阶项为

$$\begin{aligned}&\frac{1}{n!}\left[i\int\mathscr{L}_{\text{int}}\left(\frac{1}{i}\frac{\delta}{\delta J(x)}\right)\mathrm{d}^4x\right]^n\cdot\\&\exp\left\{\frac{i}{2}\int_{-\infty}^{\infty}\mathrm{d}^4x'\int_{-\infty}^{\infty}\mathrm{d}^4xJ(x')\Delta_F(x'-x)J(x)\right\}\end{aligned} \tag{7.345}$$

据此可以推出通常的维克定理和费米规则。故可以将式(7.344)的泛函积分作为量子场论的起点,得到许多量子场论中的重要结论。

类似于式(7.343)的泛函积分是在离散状况下的公式中方格的边长 $\varepsilon\to 0$ 的极限定义的,以上的理论可以推广到多个玻色场和更一般的相互作用的情形。

现在讨论包括费米子的场论的泛函积分形式。考虑在外源 $\eta(x)$ 中的自由费米子场,其拉格朗日函数为

$$\mathscr{L}_0 = -\overline{\psi}\left(\gamma_\mu \frac{\partial}{\partial x_\mu} + m\right)\psi$$

$$\mathscr{L}_\eta = \mathscr{L}_0 + \overline{\eta}(x)\psi(x) + \overline{\psi}(x)\eta(x) \tag{7.346}$$

在量子场论中应把 $\eta(x)$、$\overline{\eta}(x)$ 视为相互反对易且与场算子 $\hat{\psi}(x)$、$\hat{\overline{\psi}}(x)$ 反对易的量。对 $\hat{\psi}(x)$、$\eta(x)$ 作三维傅里叶展开,

$$\hat{\psi}(x) = \frac{1}{\sqrt{V}}\sum_{\boldsymbol{k},s}\sqrt{\frac{m}{\omega_k}}(u_{ks}\hat{b}_{ks}(t)\exp(i\boldsymbol{k}\cdot\boldsymbol{x}) + v_{ks}d_{ks}^{+}(t)\exp(-i\boldsymbol{k}\cdot\boldsymbol{x})) \tag{7.347}$$

$$\eta(x) = \frac{1}{\sqrt{V}}\sum_{\boldsymbol{k},s}\sqrt{\frac{m}{\omega_k}}\gamma_4(u_{ks}\gamma_{ks}(t)\exp(i\boldsymbol{k}\cdot\boldsymbol{x}) + v_{ks}\lambda_{ks}^{*}(t)\exp(-i\boldsymbol{k}\cdot\boldsymbol{x}))$$

其中 $s=1、2$;γ_{ks}、γ_{ks}^*、λ_{ks}、λ_{ks}^* 相互反对易并与 $\hat{b}$、$\hat{b}^+$、$\hat{d}$、$\hat{d}^+$ 反对易。利用正交归一条件

$$\begin{cases} \overline{u}_{ks}\overline{u}_{ks'} = -\overline{v}_{ks}\gamma_4\overline{v}_{ks'} = \delta_{ss'} \\ \overline{u}_{ks}\gamma_4 u_{ks'} = \overline{v}_{ks}\gamma_4 v_{ks'} = \dfrac{\omega_k}{m}\delta_{ss'} \\ \overline{u}_{ks}v_{ks'} = \overline{v}_{ks}u_{ks'} = 0 \\ \overline{u}_{ks}\gamma_4 v_{-ks'} = \overline{v}_{ks}\gamma_4 u_{-ks'} = 0 \end{cases} \tag{7.348}$$

推出正规化的哈密顿算子,

$$\begin{aligned}\hat{H}_\eta &= \int[:\overline{\psi}(\boldsymbol{\gamma}\cdot\nabla + m)\psi: - \overline{\eta}\psi - \overline{\psi}\eta]\mathrm{d}^3x \\ &= \sum_{\boldsymbol{k},s}[\omega_k(\hat{b}_{ks}^{+}\hat{b}_{ks} + \hat{d}_{ks}^{+}\hat{d}_{ks}) - \gamma_{ks}^{*}\hat{b}_{ks} \\ &\quad - \lambda_{ks}\hat{d}_{ks} - \hat{b}_{ks}^{+}\gamma_{ks} - \hat{d}_{ks}\lambda_{ks}^{*}] = \sum_{\boldsymbol{k},s}H_{ks}\end{aligned} \tag{7.349}$$

$$W_0[\gamma^*,\gamma,\lambda^*,\lambda]=\exp\Big\{-\frac{1}{2}\sum_{k,s}\int_{-\infty}^{\infty}\mathrm{d}\tau\int_{-\infty}^{\infty}\mathrm{d}\tau'[\gamma_{ks}^*(\tau')\cdot$$

$$\exp(-i\omega_k\mid\tau-\tau\eta\mid)\gamma_{ks}(\tau)+\lambda_{ks}^*(\tau')\exp(-i\omega_k\mid\tau-\tau\eta\mid)\lambda_{ks}(\tau)]\Big\}$$

(7.350)

从式(7.347)、式(7.348)

$$\gamma_{ks}=\frac{1}{\sqrt{V}}\sqrt{\frac{m}{\omega_k}}\int\exp(-i\boldsymbol{k}\cdot\boldsymbol{x})\bar{u}_{ks}\eta(x)\mathrm{d}^3x$$

(7.351)

$$\lambda_{ks}=\frac{1}{\sqrt{V}}\sqrt{\frac{m}{\omega_k}}\int\exp(-i\boldsymbol{k}\cdot\boldsymbol{x})\bar{\eta}(x)v_{ks}(x)\mathrm{d}^3x$$

式(7.351)代入式(7.350),完成对极化求和,又以 $\sum_{k}$ 变为 $\frac{V}{(2\pi)^3}\int\mathrm{d}^3\boldsymbol{k}$,有

$$W_0[\bar{\eta},\eta]=\exp\Big\{\frac{i}{2}\iint\mathrm{d}^4x\mathrm{d}^4x'\bar{\eta}(x')S_F(x'-x)\eta(x)\Big\}$$

(7.352)

而

$$S_F(x)=\frac{1}{(2\pi)^4}\int\frac{\exp(i\boldsymbol{k}\cdot\boldsymbol{x})}{k^2+m^2-i\varepsilon}(-i\gamma k+m)\mathrm{d}^4k$$

就是费米场的费曼传播子。

进一步分析知 $W_0[\bar{\eta},\eta]$ 为

$$\begin{aligned}W_0[\bar{\eta},\eta]=N\int\prod_{k,s}[\mathrm{d}b_{ks}^*\mathrm{d}b_{ks}\mathrm{d}d_{ks}^*\mathrm{d}d_{ks}]\cdot\\ \exp\Big\{i\int_{-\infty}^{\infty}\sum_{k,s}\Big[\frac{1}{2!}(b_{ks}^*b_{ks}-b_{ks}^*b_{ks})\\ +\frac{1}{2i}(d_{ks}^*d_{ks}-d_{ks}d_{ks})-H_0(b^*,b,d^*,d)\\ +i\varepsilon(b_{ks}^*b_{ks}+d_{ks}^*d_{ks})+\gamma_{ks}^*b_{ks}+b_{ks}^*\gamma_{ks}\\ +\lambda_{ks}^*d_{ks}+d_{ks}^*\lambda_{ks}\Big]\mathrm{d}\tau\Big\}\end{aligned}\qquad(7.353)$$

这里 $b_{ks}(\tau)$、$b_{ks}^*(\tau)$、$d_{ks}(\tau)$、$d_{ks}^*(\tau)$ 为格拉斯曼代数元素。

定义

$$\psi(x)=\frac{1}{\sqrt{V}}\sum_{k,s}\sqrt{\frac{m}{w_k}}(u_{ks}b_{ks}(t)\exp(i\boldsymbol{k}\cdot\boldsymbol{x})$$
$$+v_{ks}d_{ks}^*(t)\exp(-i\boldsymbol{k}\cdot\boldsymbol{x})) \tag{7.354}$$
$$\overline{\psi}(x)=\frac{1}{\sqrt{V}}\sum_{k,s}\sqrt{\frac{m}{w_k}}(\overline{u}_{ks}b_{ks}^*(t)\exp(-i\boldsymbol{k}\cdot\boldsymbol{x})$$
$$+v_{ks}d_{ks}(t)\exp(-i\boldsymbol{k}\cdot\boldsymbol{x}))$$

$\psi(x)$、$\overline{\psi}(x)$为相互对易的格拉斯曼代数元素。由式(7.354)、式(7.348)不难验证式(7.353)的指数上的积分为

$$\int d^4x[i\psi^*(x)\dot{\psi}(x)-\overline{\psi}(x)(\boldsymbol{\gamma}\cdot\nabla+m-i\varepsilon)\psi(x)$$
$$+\overline{\eta}(x)\psi(x)+\overline{\psi}(x)\eta(x)]=\int d^4x[\mathscr{L}_0(\overline{\psi}(x),\psi(x))$$
$$+i\varepsilon\overline{\psi}(x)\psi(x)+\overline{\eta}(x)\psi(x)+\overline{\psi}(x)\eta(x)]$$

又从式(7.354),有

$$\int\psi^*(x)\psi(x)d^3x=\frac{1}{(2\pi)^3}\int\sum_s(b_{ks}^*b_{ks}+d_{ks}^*d_{ks})d^3\boldsymbol{k}$$

这里变换$\psi(x)$、$\psi^*(x)\to b_{ks}^*$、b_{ks}、d_{ks}^*、d_{ks}为函数空间的幺正变换,变换的雅可比行列式为1。又$\det(\gamma_4)=1$,于是

$$\prod_{k,s}[db_{ks}^*db_{ks}dd_{ks}^*dd_{ks}]=[\mathscr{D}\overline{\psi}][\mathscr{D}\psi]$$

式(7.353)可写为

$$W_0[\overline{\eta},\eta]=N\exp\left\{i\int d^4x[\mathscr{L}_0(\overline{\psi}(x),\psi(x))\right.$$
$$\left.+i\varepsilon\overline{\psi}(x)\psi(x)+\overline{\eta}(x)\psi(x)+\overline{\psi}(x)\eta(x)]\right\}$$
$$=N\exp\left\{i\int d^4x\left[-\overline{\psi}\left(\gamma_\mu\frac{\partial}{\partial x_\mu}+m-i\varepsilon\right)\psi\right.\right.$$
$$\left.\left.+\overline{\eta}(x)\psi(x)+\overline{\psi}(x)\eta(x)\right]\right\} \tag{7.355}$$

对于费米场与标量场的相互作用,这时拉格朗日函数密度的形式为

$$\begin{aligned}\mathscr{L}&=\mathscr{L}_0+\mathscr{L}_{\text{int}}(\overline{\psi},\psi,\phi)\\ \mathscr{L}_0&=\mathscr{L}_{0\phi}+\mathscr{L}_{0\psi}\end{aligned} \tag{7.356}$$

其中 $\mathscr{L}_{0\phi}$、$\mathscr{L}_{0\psi}$ 由式(7.329),式(7.346)确定。注意到生成泛函

$$
\begin{aligned}
W[\gamma^*,\gamma]= N\exp\left\{-i\int H_{\text{int}}\left(\frac{1}{i}\frac{\delta}{\delta\gamma(\tau')},\frac{1}{i}\frac{\delta}{\delta\gamma^*(\tau')}\right)\mathrm{d}\tau'\right\}\cdot \\
\int[\mathrm{d}b^*(\tau)\mathrm{d}b(\tau)]\exp\left\{i\int_{-\infty}^{\infty}\left[\frac{1}{2i}(b^*b-b^*b)-H_0(b^*,b)\right.\right. \\
\left.\left.+i\varepsilon b^*b+\gamma^*b+b^*\gamma\right]\mathrm{d}\tau\right\}
\end{aligned}
\tag{7.357}
$$

可以证明

$$
\begin{aligned}
W[\bar{\eta},\eta,J]= N\int[\mathscr{D}\bar{\psi}][\mathscr{D}\psi][\mathscr{D}\phi]\exp\left\{\frac{i}{\hbar}\int\mathrm{d}^4x\mathscr{L}_{\text{int}}\cdot\right. \\
\left.\left(\frac{1}{i}\frac{\delta}{\delta\eta(x)},\frac{1}{i}\frac{\delta}{\delta\eta(x)},\frac{1}{i}\frac{\delta}{\delta J(x)}\right)\right\}\cdot \\
\exp\left\{\frac{i}{\hbar}\int\mathrm{d}^4x\left[\mathscr{L}_{0\phi}+\mathscr{L}_{0\psi}+i\varepsilon\bar{\psi}\psi+i\varepsilon\phi^2\right.\right. \\
\left.\left.+\hbar\bar{\eta}\psi+\hbar\bar{\psi}\eta+\hbar J\phi\right]\right\}
\end{aligned}
\tag{7.358}
$$

有

$$
\begin{aligned}
W[\bar{\eta},\eta,J]= N\int[\mathscr{D}\bar{\psi}][\mathscr{D}\psi][\mathscr{D}\phi]\exp\left\{i\int\mathrm{d}^4x\cdot\right. \\
\left.[\mathscr{L}(\bar{\psi},\psi,\phi)+i\varepsilon\bar{\psi}\psi+i\varepsilon\phi^2+\hbar\bar{\eta}\psi+\hbar\bar{\psi}\eta+\hbar J\phi]\right\}
\end{aligned}
\tag{7.359}
$$

从式(7.358)、式(7.353)、式(7.335)可以写出 $W[\bar{\eta},\eta,J]$ 的显式和微扰展开的费曼规则。

7.4.2 连通格林函数

考察单分量标量场。由式(7.346)得到 n 点格林函数,

$$
G(x_1,x_2,\cdots,x_n)=\langle 0\mid T(\hat{\phi}(x_1)\cdots\hat{\phi}(x_n))\mid 0\rangle \tag{7.360}
$$

的微扰展开项中包括一些相应于互不连通的子图形的因子。相应于维克定理中各种可能的收缩方式,$G(x_1,\cdots,x_n)$ 可以表达成

$$
G(x_1,x_2,\cdots,x_n)=\sum_{k=1}^{n}A^{(0)}B^{(0)} \tag{7.361}
$$

式中 $A^{(0)}$ 表示对各种可能的满足 $\sum_{j=1}^{k}n_j=n$ 的 n_j 的组合求和;$B^{(0)}$

表示对 $x_1, x_2, \cdots, x_n$ 在 k 个因子中的分配与 $\prod_{j=1}^{k} G_c(x_{j1}, x_{j2}, \cdots, x_{jn_j})$ 的积求和；$G_c(x_1, x_2, \cdots, x_p)$ 为连通图对 p 点格林函数的贡献，称之为 p 点连通格林函数。置泛函 $Z[J]$，

$$W[J] = \exp(iZ[J]) = \sum_k \frac{(iZ[J])^k}{k!} \tag{7.362}$$

因为 $W[J]$ 归一化成 $W[J]_{J=0}=1$，所以

$$Z[J]_{J=0} = 0 \tag{7.363}$$

依式(7.363)、式(7.362)，

$$(-1)^n \frac{\delta^n W[J]}{\delta J(x_1)\delta J(x_2)\cdots\delta J(x_n)}\bigg|_{J=0} = \sum_k A^{(0)} C^{(0)} \tag{7.364}$$

这里 $C^{(0)}$ 表示对 x_1、x_2、…、x_n 在 k 个因子中的分配与

$$i^k \prod_{j=1}^{k} (-1)^{n_j} \frac{\delta^{n_j} Z[J]}{\delta J(x_{j1})\delta J(x_{j2})\cdots\delta J(x_{jn_j})}$$

的积求和。比较式(7.361)、式(7.364)知

$$(-1)^{n-1} \frac{\delta^n Z[J]}{\delta J(x_1)\delta J(x_2)\cdots\delta J(x_n)}\bigg|_{J=0} = G_c(x_1, x_2, \cdots, x_n)$$

称 $Z[J]$ 为连通格林函数的生成泛函。今构造可生成正规顶角的泛函，为此作勒让德变换，

$$\Gamma[\phi_c] = Z[J] - \int J(x)\phi_c(x)\,\mathrm{d}^4 x \tag{7.365}$$

经典场 $\phi_c(x)$ 定义为

$$\phi_c(x) = \frac{\delta}{\delta J} Z[J] \tag{7.366}$$

当 $J=0$ 时 $\phi_c(x)$ 为场的平均值，

$$\phi_c(x)\bigg|_{J=0} = \langle 0 \mid \hat{\phi}(x) \mid 0 \rangle = v \tag{7.367}$$

依式(7.365)，

$$\frac{\delta}{\delta\phi_c}\Gamma[\phi_c] = \int \frac{\delta Z[J]}{\delta J(y)} \frac{\delta J(y)}{\delta\phi_c(x)} \mathrm{d}^4 y - \int \mathrm{d}^4 y \frac{\delta J(y)}{\delta\phi_c(x)} \phi_c(y) - J(x)$$

结合式(7.366)，有

$$\frac{\delta}{\delta\phi_c}\Gamma[\phi_c] = -J(x) \tag{7.368}$$

$\phi_c(x)$为泛函微分方程式(7.368)的解。式(7.368)、式(7.366)在形式上对称。由式(7.368)、式(7.367)得到

$$\left.\frac{\delta}{\delta\phi_c}\Gamma[\phi_c]\right|_{\phi_c=v} = 0 \tag{7.369}$$

式(7.369)表示 $\hat{\phi}$ 场的真空期望值为$\Gamma[\phi_c]$的变分极值。

关于$\Gamma[\phi_c]$高阶变分的物理意义，依式(7.366)，

$$\int \frac{\delta^2 Z[J]}{\delta J(x)\delta J(z)}\frac{\delta J(z)}{\delta\phi_c(y)}\mathrm{d}^4 z = \delta^4(x-y) \tag{7.370}$$

从式(7.368)，

$$-\frac{\delta^2\Gamma[\phi_c]}{\delta\phi_c(z)\delta\phi_c(y)} = \frac{\delta J(z)}{\delta\phi_c(y)} \tag{7.371}$$

命

$$\Delta'_F(x-y)_J = \frac{\delta^2 Z[J]}{\delta J(x)\delta J(y)} = \frac{\delta\phi_c(x)}{\delta J(y)} \tag{7.372}$$

及其逆$(\Delta'_F)^{-1}(z-y)_J$，

$$\int\Delta'_F(x-z)_J(\Delta'_F)^{-1}(z-y)_J\mathrm{d}^4 z = \delta^4(x-y) \tag{7.373}$$

由式(7.371)、式(7.307)，

$$-\frac{\delta^2\Gamma[\phi_c]}{\delta\phi_c(x)\delta\phi_c(y)} = (\Delta'_F)^{-1}(x-y)_J \tag{7.374}$$

当$J=0$时依式(7.372)，有

$$-i\Delta'_F(x-y)_{J=0} = -i\Delta'_F(x-y) \tag{7.375}$$

为 $\hat{\phi}$ 场总传播子，则

$$\left.-\frac{\delta^2\Gamma[\phi_c]}{\delta\phi_c(x)\delta\phi_c(y)}\right|_{\phi_c=v} = (\Delta'_F)^{-1}(x-y) \tag{7.376}$$

即$\left.-i\dfrac{\delta^2\Gamma[\phi_c]}{\delta\phi_c(x)\delta\phi_c(y)}\right|_{\phi_c=v}$为总传播子的逆。

对式(7.370)变分$\dfrac{\delta}{\delta\phi_c}$并应用式(7.371)，推出

$$\iint \frac{\delta^3 Z[J]}{\delta J(x)\delta J(y')\delta J(z')} \frac{\delta J(y')}{\delta \phi_c(y)} \frac{\delta J(z')}{\delta \phi_c(z)} d^4 y' d^4 z'$$

$$-\iint \frac{\delta^2 Z[J]}{\delta J(x)\delta J(y')} \frac{\delta^3 \Gamma[\phi_c]}{\delta \phi_c(y')\delta \phi_c(y)\delta \phi_c(z)} d^4 y' d^4 z' = 0$$

在上式乘 Δ'_{FJ} 并积分，使用式(7.371)～式(7.374)，得

$$(-i)^2 \frac{\delta^3 Z[J]}{\delta J(x)\delta J(y)\delta J(z)}$$

$$=\iiint d^4 z' d^4 y' d^4 x' (-i)\Delta'_F(x-x')_J(-i)\Delta'_F(y-y') \cdot$$

$$(-i)\Delta'_F(z-z') \frac{i\delta^3 \Gamma[\phi_c]}{\delta \phi_c(x')\delta \phi_c(y')\delta \phi_c(z')} \tag{7.377}$$

依式(7.377)知

$$\left. \frac{\delta^3 \Gamma[\phi_c]}{\delta \phi_c(x)\delta \phi_c(y)\delta \phi_c(z)} \right|_{\phi_c=v}$$

为单粒子不可约三点顶角。一般而言单粒子不可约 n 点顶角是去掉外线传播子且不能通过切断一条内线而分成两个不连通部分的 n 点格林函数，称作 n 点正规顶角。

利用数学归纳法证明 $\Gamma[\phi_c]$ 在 $\phi_c=v$ 处的任意阶变分为正规顶角。设此论断对 n 阶成立，并且

$$(-i)^{n-1} \frac{\delta^n Z[J]}{\delta J(x_1)\cdots\delta J(x_n)} = \int d^n x' \prod_{j=1}^{n} \Delta'_F(x_j - x'_j)_J (-i)^n \cdot$$

$$\frac{i\delta^n \Gamma[\phi_c]}{\delta \phi_c(x'_1)\cdots\delta \phi_c(x'_n)} + R_n \tag{7.378}$$

式中 $d^n x' = dx'_1 dx'_2 \cdots dx'_n$，$R_n$ 为单粒子可约项。显然 R_n 可以表示成一些内线的树图之和，每个树图由对应于

$$\frac{\delta^m \Gamma[\phi_c]}{\delta \phi_c(x_1)\delta \phi_c(x_2)\cdots\delta \phi_c(x_m)}$$

的正规顶角及相应于 Δ'_{FJ} 的内线和外线组成。由式(7.377)知当 $n=3$ 时式(7.378)正确。又对式(7.378)变分 $\frac{\delta}{\delta J}$，故式(7.377)可写为

$$(-i)\frac{\delta}{\delta J(x)}(-i)\Delta'_F(y-z)_J$$

$$=\iiint d^4x' d^4y' d^4z' (-i)\Delta'_F(x-x')_J(-i)\Delta'_F\cdot$$

$$(y-y')_J(-i)\Delta'_F(z-z')_J\frac{i\delta^3\Gamma[\phi_c]}{\delta\phi_c(x')\delta\phi_c(y')\delta\phi_c(z')} \tag{7.379}$$

当$\frac{\delta}{\delta J}$作用于式(7.378)中因子 $\Delta'_F(y-z)_J$ 时，得到的结果是产生一条新外线、一条新内线和一个新三点正规顶角。当$\frac{\delta}{\delta J}$作用于式(7.378)的一个正规顶角因子时给出

$$-i\frac{\delta}{\delta J}\frac{\delta^m\Gamma[\phi_c]}{\delta\phi_c(y_1)\cdots\delta\phi_c(y_m)}=\int d^4x'(-i)\Delta'_F(x-x')\cdot$$

$$\frac{i\delta^{m+1}\Gamma[\phi_c]}{\delta\phi_c(x')\delta\phi_c(y_1)\cdots\delta\phi_c(y_m)}$$

依归纳假设，当 $m<n$ 时这样作用的结果是产生一条新外线，其连接在 R_n 内一个原来的 m 点正规顶角上，把它变成一个 $m+1$ 点正规顶角。上述两种情形给出的均为有内线的树图，也就是单粒子可约项。显见当$\frac{\delta}{\delta J}$作用于式(7.378)中除$\frac{\delta^n\Gamma[\phi_c]}{\delta\phi_c(x_1)\cdots\delta\phi_c(x_n)}$之外其他一切的因子时即得到 $n+1$ 点连通格林函数的有内线的树图的全部。故

$$(-i)^n\frac{\delta^{n+1}Z[J]}{\delta J(x_1)\cdots\delta J(x_{n+1})}=\int d^nx'(-i)^{n+1}\prod_{j=1}^{n+1}\Delta'_F(x_j-x'_j)_J\cdot$$

$$\frac{i\delta^{n+1}\Gamma[\phi_c]}{\delta\phi_c(x'_1)\cdots\delta\phi_c(x'_{n+1})}+R_{n+1} \tag{7.380}$$

这里 $d^nx'=dx'_1dx'_2\cdots dx'_{n+1}$，$R_{n+1}$包含所有的单粒子可约项。从而证明了

$$\left.\frac{\delta^{n+1}\Gamma[\phi_c]}{\delta\phi_c(x_1)\delta\phi_c(x_2)\cdots\delta\phi_c(x_{n+1})}\right|_{\phi_c=v}$$

为 $n+1$ 点正规顶角，称 $\Gamma[\phi_c]$ 为正规顶角生成泛函。

记 $\Gamma^{(n)}(x_1,x_2,\cdots,x_n)$ 为 n 阶正规顶角，以上结论表示正规顶角生成泛函可以表示成

$$\Gamma[\phi_c]=\sum_{n=2}^{\infty}\frac{1}{n!}\int\Gamma^{(n)}(X)\prod_{j=1}^{n}[\phi_c(x_j)-v]\mathrm{d}^nX \quad (7.381)$$

式中 $(X)=(x_1,x_2,\cdots,x_n)$、$\mathrm{d}^nX=\mathrm{d}x_1\mathrm{d}x_2\cdots\mathrm{d}x_n$。推证中使用了式(7.369)，结果式(7.381)中无 $n=1$ 的项。

由于平移不变性，$\Gamma^{(n)}(x_1,x_2,\cdots,x_n)$ 仅与 $n-1$ 个坐标差 x_j-x_n 有关，因此其傅里叶变换 $\widetilde{\Gamma}^{(n)}(x_1,x_2,\cdots,x_n)$ 定义为

$$\begin{aligned}&\widetilde{\Gamma}^{(n)}(x_1,x_2,\cdots,x_n)(2\pi)^4\delta^4(p_1+p_2+\cdots+p_n)\\&=\left[\prod_{j=1}^{n}\int\exp(-ip_jx_j)\mathrm{d}^4x_j\right]\Gamma^{(n)}(x_1,x_2,\cdots,x_n)\end{aligned} \quad (7.382)$$

上述导出的公式可以推广到 N 个标量场 $\phi_j(j=1,2,\cdots,N)$ 的情形，只要认为坐标 x 含有指标 j，对 x 的积分包含对相应的 j 求和即可。

式(7.369)确定的 $\hat{\phi}$ 场的真空期望值对于研究自发破缺具有重要意义。对此考虑 N 个标量场 $\hat{\phi}_j(x)(j=1,2,\cdots,N)$，引进超势 $\mathscr{V}(\varphi)$

$$\Gamma[\phi_c]_{\phi_c=\varphi}=-(2\pi)^4\delta^4(0)\mathscr{V}(\varphi) \quad (7.383)$$

而 $\varphi=(\varphi_j)$ 不取决于 x 依式(7.383)、式(7.382)，

$$\mathscr{V}(\varphi)=-\sum_{n=2}^{\infty}\frac{1}{n!}\widetilde{\Gamma}^{(n)}_{j_1\cdots j_n}(0,0,\cdots,0)\prod_{l=1}^{n}(\varphi_{j_l}-v_{j_l}) \quad (7.384)$$

据此，有

$$\frac{\mathrm{d}^n}{\mathrm{d}\varphi_{j_1}\mathrm{d}\varphi_{j_2}\cdots\mathrm{d}\varphi_{j_n}}\mathscr{V}(\varphi)\bigg|_{\varphi=v}=-\widetilde{\Gamma}^{(n)}_{j_1\cdots j_n}(0,0,\cdots,0) \quad (7.385)$$

对应于式(7.369)，令

$$\frac{\mathrm{d}}{\mathrm{d}\varphi_j}\mathscr{V}(\varphi)\bigg|_{\varphi=v}=0 \quad (7.386)$$

从式(7.385)、式(7.384)，

$$\frac{\mathrm{d}^2}{\mathrm{d}\varphi_j\mathrm{d}\varphi_l}\mathscr{V}(\varphi)\bigg|_{\varphi=v}=[(\tilde{\Delta}'_F)^{-1}(0)]_{jl} \tag{7.387}$$

其中$[(\tilde{\Delta}'_F)^{-1}(p)]_{jl}$为$[(\Delta'_F)^{-1}(x)]_{jl}$的傅里叶变换。矩阵$(\tilde{\Delta}'_F)^{-1}(p)$的第$j$个本征值在$p^2=-m_j^2$处有零点，$m_j$为粒子质量，此外无其他零点；在零点附近它有$p^2+m_j^2$的行为，于是矩阵$(\tilde{\Delta}'_F)^{-1}(0)$的本征值当$m_j\neq 0$时为正。式(7.387)、式(7.386)表示此刻$\mathscr{V}(\varphi)$在$\varphi=v$处极小。

取拉格朗日函数在变换

$$\phi_j\to\phi_j-i\theta_\alpha L_{jl}^\alpha\phi_l\qquad(\alpha=1,2,\cdots,r) \tag{7.388}$$

下不变，L_{jl}定为实对称矩阵，在$Z[J]$的泛函积分表示式

$$\exp(iZ[J])=N\int[\mathscr{D}\phi]\exp\left\{i\int[\mathscr{L}(\phi)+i\varepsilon\phi_j\phi_j+J_j\phi_j]\mathrm{d}^4x\right\}$$

中作形如式(7.388)的变换可以推知$Z[J]$在变换

$$J_j\to J_j-i\theta_\alpha L_{jl}^\alpha J_l \tag{7.389}$$

下不变。依$Z[J]$此性质与$\Gamma[\phi_c]$的表达式

$$\Gamma[\phi_c]=Z[J]-\int J_j(x)\phi_j(x)\mathrm{d}^4x \tag{7.390}$$

$$\phi_{cj}(x)=\frac{\delta Z[J]}{\delta J_j(x)} \tag{7.391}$$

可知$\mathscr{V}(\varphi)$在变换

$$\varphi_j\to\varphi_j-i\theta_\alpha L_{jl}^\alpha\varphi_l \tag{7.392}$$

下不变，即

$$\left[\frac{\mathrm{d}}{\mathrm{d}\varphi_j}\mathscr{V}(\varphi)\right]L_{jl}^\alpha\varphi_l=0 \tag{7.393}$$

对式(7.393)求导并结合式(7.387)、式(7.386)，有

$$\left[\frac{\mathrm{d}^2}{\mathrm{d}\varphi_j\mathrm{d}\varphi_l}\mathscr{V}(\varphi)\right]_{\varphi=v}L_{jl}^\alpha v_l=(\tilde{\Delta}'_F)^{-1}(0)_{kj}L_{jl}^\alpha v_l=0 \tag{7.394}$$

因为$(\Delta'_F)^{-1}(0)$的零本征值对应于零质量粒子，所以从式(7.394)可以推出 Goldstone 定理：零质量 Goldstone 粒子的数量等于使$L_{jl}^\alpha v_l\neq 0$的生成元的数量。以上的讨论考虑了微扰的任意阶的状况。

7.4.3 圈数展开法

为了表明按照费曼图的圈数展开的性质,引进参数 λ 使生成泛函为

$$
\begin{aligned}
W[J] &= \exp(iZ[J]) \\
&= N\int[\mathscr{D}\phi]\exp\left\{i\int\left[\frac{1}{\hbar\lambda}(\mathscr{L}(x)+i\varepsilon\phi_j\phi_j)+J_j\phi_j\right]\mathrm{d}^4x\right\} \\
&= N\exp\left\{\frac{i}{\hbar}\int\frac{1}{\lambda}\mathscr{L}_{\text{int}}\left[\frac{1}{i}\frac{\delta}{\delta J(x)}\right]\mathrm{d}^4x\right\}\exp\left\{\frac{\lambda\hbar}{2i}\iint\mathrm{d}^4x'\mathrm{d}^4x\cdot\right. \\
&\quad \left. J_j(x')\Delta_F(x'-x)J_j(x)\right\}
\end{aligned} \tag{7.395}
$$

将式(7.395)依 λ 的幂次展开然后取$\lambda=1$。由上式知每个顶点有一个因子$\frac{1}{\lambda}$,每个传播子因为有一个 λ,于是每个有 E 条外线、I 条内线、V 个顶角的费曼图有一个因子λ^{E+I-V}。又因为对任意的含有 L 个闭合圈的费曼图存在关系

$$L-I+V=1$$

所以按 λ 的幂次展开就是按圈数 L 展开。在式(7.395)中 λ、ħ 地位相似,这样按圈数的展开也是按 ħ 的幂次展开。

今表述按 ħ 幂次的展开写出生成泛函 $W[J]$、$Z[J]$、$\Gamma[\phi_c]$的方法。当 ħ 作为小量时按照稳定位相法,生成泛函 $W[J]=\exp(iZ[J])$的泛函积分表示式(7.342)中主要由极值轨道附近的轨道作出贡献。极值轨道 $\phi_0(x)$满足经典运动方程

$$\frac{\delta}{\delta\phi_0}S[\phi_0,J]\bigg|_J=0 \tag{7.396}$$

而

$$S[\phi_0,J]=\int[\mathscr{L}(\phi_0)+J\phi_0]\mathrm{d}^4x \tag{7.397}$$

或

$$\frac{\partial}{\partial x_\mu}\frac{\partial\phi_0}{\partial x_\mu}-(m_0^2-i\varepsilon)\phi_0+\mathscr{L}'_{\text{int}}(\phi_0)=-J(x) \tag{7.398}$$

上式已 $\hbar J\to J$。把 ϕ 场在 ϕ_0 附近展开，在式(7.342)中作变换 $\phi(x)\to\phi_0(x)+\phi(x)$，得到

$$
\begin{aligned}
\exp(iZ[J]) &= W[J] \\
&= N\exp\left\{\frac{i}{\hbar}S[\phi_0,J]\right\}\int[\mathscr{D}\phi]\cdot \\
&\quad \exp\left\{\frac{i}{\hbar}\int d^4x\left[-\frac{1}{2}\frac{\partial\phi}{\partial x_\mu}\frac{\partial\phi}{\partial x_\mu}-\frac{1}{2}(m_0^2-i\varepsilon\right.\right. \\
&\quad \left.\left.-\mathscr{L}''_{\text{int}}(\phi_0))\phi^2+\sum_{k\geqslant 3}\frac{\phi^k}{k!}\mathscr{L}^{(k)}_{\text{int}}(\phi_0)\right]\right\}
\end{aligned}
\tag{7.399}
$$

由于 ϕ_0 符合极值条件式(7.396)，因此 ϕ 的一次项在式(7.399)内不出现。在式(7.399)右端的泛函积分中作变换 $\phi\to\phi\sqrt{\hbar}$ 后，除一个可以吸收到归一化常数 N 中的常系数之外，该泛函积分变为

$$
\begin{aligned}
&\int\prod_\alpha\frac{d\phi_\alpha}{\sqrt{2\pi i}}\exp\left\{i\int d^4x\left[-\frac{1}{2}\frac{\partial\phi}{\partial x_\mu}\frac{\partial\phi}{\partial x_\mu}-\frac{1}{2}(m_0^2\right.\right. \\
&\left.\left.-i\varepsilon-\mathscr{L}''_{\text{int}}(\phi_0))\phi^2+\sum_{k\geqslant 3}\hbar^{\frac{1}{2}k-1}\frac{\phi^k}{k!}\mathscr{L}^{(k)}_{\text{int}}(\phi_0)\right]\right\}
\end{aligned}
\tag{7.400}
$$

将式(7.400)按 $\hbar$ 的幂级数展开，ϕ 的奇次项对积分无贡献。取 $\hbar$ 的最低阶近似，式(7.400)中 $k\geqslant 3$ 的项可不计。这时泛函积分给出

$$
\begin{aligned}
&\int\prod_\alpha\frac{d\phi_\alpha}{\sqrt{2\pi i}}\exp\left\{-i\int d^4x\left[\frac{1}{2}\frac{\partial\phi}{\partial x_\mu}\frac{\partial\phi}{\partial x_\mu}+\frac{1}{2}(m_0^2-i\varepsilon-\mathscr{L}''_{\text{int}}(\phi_0))\right]\phi^2\right\} \\
&=\int\prod_\alpha\frac{d\phi_\alpha}{\sqrt{2\pi i}}\exp(-i\varepsilon^4\phi_\alpha A_{\alpha\beta}\phi_\beta)=\frac{1}{\sqrt{\det(\varepsilon^4A_{\alpha\beta})}}
\end{aligned}
\tag{7.401}
$$

当 $\varepsilon\to 0$ 时矩阵 $A_{\alpha\beta}$ 为

$$
\begin{aligned}
A_{\alpha\beta}\phi_\beta &= (-\Gamma_0+m_0^2-i\varepsilon-\mathscr{L}''_{\text{int}}(\phi_0))_{\alpha\beta}\phi_\beta \\
&\to\left(-\frac{\partial}{\partial x_\mu}\frac{\partial}{\partial x_\mu}+m_0^2-i\varepsilon-\mathscr{L}''_{\text{int}}(\phi_0)\right)\phi(x)
\end{aligned}
\tag{7.402}
$$

Γ_0 为差分运算矩阵。由于一个常系数总能吸收到归一化因子 N 中去，因此为计算式(7.401)右边的行列式，只需研究行列式

$$
\frac{1}{\sqrt{\det(\Delta_F A)}}
$$

这里矩阵 Δ_F 为

$$(\Delta_F)_{\alpha\beta} = (-\Gamma + m_0^2 - i\varepsilon)^{-1}_{\alpha\beta} \tag{7.403}$$

即

$$\lim_{\varepsilon \to 0}(\Delta_F)_{\alpha\beta} = \varepsilon^4 \Delta_F(x - y) \tag{7.404}$$

于是

$$\Delta_F A = I - \Delta_F \mathscr{L}''_{\text{int}}(\phi_0) \tag{7.405}$$

式中 $\mathscr{L}''_{\text{int}}(\phi_0)$为对角矩阵，依式(7.403)，

$$\begin{aligned}\det(\Delta_F A) &= \exp[\operatorname{tr}\ln(\Delta_F A)] \\ &= \exp\{\operatorname{tr}\ln[I - \Delta_F \mathscr{L}''_{\text{int}}(\phi_0)]\}\end{aligned} \tag{7.406}$$

式(7.406)代入式(7.401)，再代入式(7.400)，得到

$$Z[J] = S[\phi_0, J] + \frac{1}{2} i\hbar \operatorname{tr}\ln[I - \Delta_F \mathscr{L}''_{\text{int}}(\phi_0)] + O(\hbar^2) \tag{7.407}$$

上式中舍弃了一个源于归一化的常数项。为从 $Z[J]$推出 $\Gamma[\phi_0]$，一般需由

$$\frac{\delta}{\delta J} Z[J] = \phi_c(x) \tag{7.408}$$

解出依 $\phi_c(x)$表示的 $J(x)$。但在 $\hbar$ 一次项近似下可以不解泛函方程式(7.408)导出 $\Gamma[\phi_c]$。事实上，从式(7.396)、式(7.397)给出

$$\frac{\delta}{\delta J} S[\phi_0, J]\Big|_{\phi_0} = \phi_0$$

由上式与式(7.408)、式(7.407)，

$$\phi_c(x) = \phi_0(x) + O(\hbar) \tag{7.409}$$

由上式与式(7.396)，

$$\begin{aligned}S[\phi_c, J] &= S[\phi_0, J] + \int \frac{\delta}{\delta \phi} S[\phi, J]\Big|_{\phi_0} (\phi_c - \phi_0)(x)\,\mathrm{d}^4 x \\ &\quad + f(\phi_c - \phi_0) = S[\phi_0, J] + O(\hbar^2)\end{aligned} \tag{7.410}$$

其中 $f(\phi_c - \phi_0)$为关于 $\phi_c - \phi_0$ 的二次项。注意到

$$S[\phi_c, J] = S[\phi_c] + \int J \phi_c \,\mathrm{d}^4 x$$

依式(7.410)、式(7.409)、式(7.407)，推出

$$\Gamma[\phi_c] = S[\phi_c] + \frac{1}{2} i\hbar \operatorname{tr} \ln[I - \Delta_F \mathscr{L}''_{\text{int}}(\phi_c)] + O(\hbar^2) \tag{7.411}$$

将上式中的对数展开为

$$-i\hbar \sum_{n=1}^{\infty} \frac{1}{2n} \operatorname{tr}[\Delta_F \mathscr{L}''_{\text{int}}(\phi_c)]^n$$

并利用式(7.404)把其展成积分就得到

$$\begin{aligned} \Gamma[\phi_c] = S[\phi_c] - i\hbar \sum_{n=1}^{\infty} \frac{1}{2n} \int \mathrm{d}^4 Y \cdot \\ \Delta_F(x_1 - x_2) \mathscr{L}''_{\text{int}}(\phi_c(x_2)) \Delta_F(x_2 - x_3) \mathscr{L}''_{\text{int}} \cdot \\ (\phi_c(x_3)) \cdots \Delta_F(x_n - x_1) \mathscr{L}''_{\text{int}}(\phi_c(x_1)) \end{aligned} \tag{7.412}$$

$\mathrm{d}^4 Y = \mathrm{d}^4 x_1 \mathrm{d}^4 x_2 \cdots \mathrm{d}^4 x_n$，据此知 $\Gamma[\phi_c]$的 $\hbar^0$ 阶项为经典作用量，这是树图。进一步看到 $\Gamma[\phi_c]$的 $\hbar$ 一阶项为无穷多个单圈图之和，每个图由一些表示标量场传播子 $-i\Delta_F$ 的内线和对应于因子 $i\mathscr{L}''_{\text{int}}(\phi_c)$的顶点组成。

对于拉格朗日函数密度为

$$\mathscr{L} = -\frac{1}{2} \frac{\partial \phi}{\partial x_\mu} \frac{\partial \phi}{\partial x_\mu} - \frac{1}{2} m_0^2 \phi^2 - \frac{1}{4!} g_0 \phi^4 \tag{7.413}$$

的状况，

$$\mathscr{L}''_{\text{int}}(\phi_c) = -\frac{1}{2} g_0 \phi_c^2$$

此时 $n=1,2,3$ 的三个单圈图如图 7.10 所示。超势 $\mathscr{V}(\varphi)$由式(7.412)、式(7.383)给出

$$\mathscr{V}(\varphi) = \frac{1}{2} m_0^2 \varphi^2 + \frac{1}{4!} g_0 \varphi^4 + i\hbar \int \frac{\mathrm{d}^4 k}{(2\pi)^4} \sum_{n=1}^{\infty} \frac{1}{2n} \left(\frac{0.5 g_0 \varphi^2}{k^2 + m_0^2 - i\varepsilon} \right)^n \tag{7.414}$$

其中 φ 与 x 无关。式(7.414)右边第一、二项为拉格朗日函数密度中的位势项。积分项为一些在顶点处传递动量为零的单圈图之和。每个顶点的因子$\frac{1}{2}$是由于交换这个顶点的两条外线不构

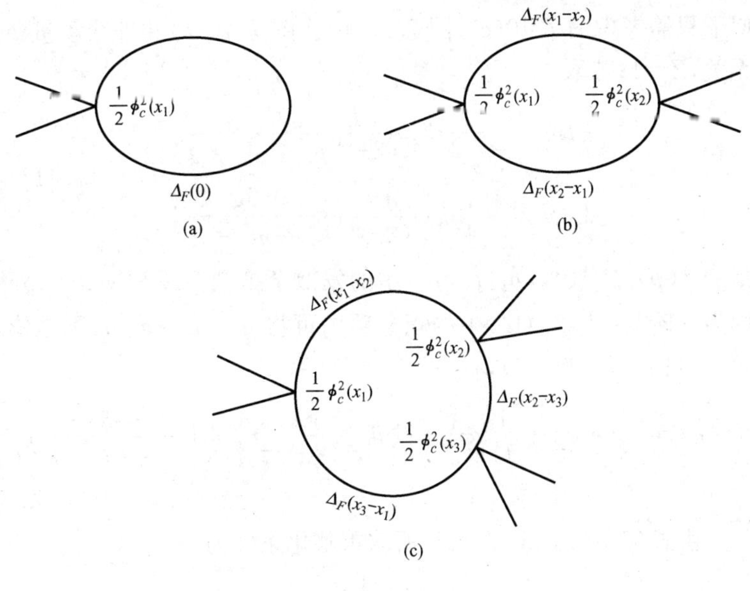

图 7.10

成新图形，ϕ^4 耦合项的系数$\frac{1}{4!}$未全消去。

式(7.414)右边 $n=1$、2 两项发散，即 $\widetilde{\Gamma}^{(2)}(0)$、$\widetilde{\Gamma}^{(4)}(0,0,0,0)$ 发散，可以采用通常的重整化方法消除。记

$$\begin{cases} \phi = \phi_R\sqrt{Z} \\ g_0 = \dfrac{g+\delta g}{Z^2} \\ m_0^2 = Z(m^2+\delta m^2) \end{cases} \tag{7.415}$$

以重整化的参数 m^2、g 及重整化场 ϕ_R 表示，式(7.413)为

$$\begin{aligned} \mathscr{L} = & -\frac{1}{2}\frac{\partial\phi}{\partial x_\mu}\frac{\partial\phi}{\partial x_\mu} - \frac{1}{2}m^2\phi_R^2 - \frac{1}{4!}g\phi_R^2 \\ & -\frac{1}{2}(Z-1)\frac{\partial\phi_R}{\partial x_\mu}\frac{\partial\phi_R}{\partial x_\mu} - \frac{1}{2}(\delta m^2)\phi_R^2 - \frac{1}{4!}(\delta g)\phi_R^2 \end{aligned} \tag{7.416}$$

选用 δm^2、Z、δg 抵消 $\widetilde{\Gamma}^{(2)}$、$\widetilde{\Gamma}^{(4)}(p_1,p_2,p_3,p_4)$中的发散，在单圈近似下只需考虑图 7.10(c)、图 7.10(b)。图 7.10(a)和外线动量 p 无关，$Z=1$；若取

$$\begin{aligned}\frac{1}{2}\delta m^2 &=-\frac{1}{2}i\hbar\int\frac{\mathrm{d}^4k}{(2\pi)^4}\frac{0.5g}{k^2+m^2-i\varepsilon}\\ \frac{1}{4!}\delta g &=-\frac{1}{4}i\hbar\int\frac{\mathrm{d}^4k}{(2\pi)^4}\left(\frac{0.5g}{k^2+m^2-i\varepsilon}\right)^2\end{aligned}\tag{7.417}$$

则 $\widetilde{\Gamma}^{(2)}(p)$、$\widetilde{\Gamma}^{(4)}(p_1,p_2,p_3,p_4)$中的发散全抵消。注意到 δm^2、δg 均为 $\hbar$ 阶，在式(7.414)中的积分项内可将 g_0、$m_0\rightarrow g$、m，于是依式(7.416)、式(7.415)，有

$$\mathscr{V}(\varphi_R)=\frac{1}{2}m^2\varphi_R^2+\frac{1}{4!}g\varphi_R^4+\frac{1}{2}i\hbar\int\frac{\mathrm{d}^4k}{(2\pi)^4}\sum_{n=3}^{\infty}\frac{1}{n}\left(\frac{0.5g\varphi_R^2}{k^2+m^2-i\varepsilon}\right)^n\tag{7.418}$$

由式(7.384)、式(7.387)所取重整化条件为

$$\begin{aligned}\widetilde{\Delta}_F(0)&=\frac{1}{m^2}\\ \widetilde{\Gamma}^{(4)}(0,0,0,0)&=g\end{aligned}\tag{7.419}$$

式(7.418)中的最后一项作维克转动之后可以写成

$$\begin{aligned}&\frac{1}{2}i\hbar\int\frac{\mathrm{d}^4k}{(2\pi)^4}\left[\ln\left(1+\frac{0.5g\varphi_R^2}{k^2+m^2}\right)-\frac{0.5g\varphi_R^2}{k^2+m^2}-\frac{1}{2}\left(\frac{0.5g\varphi_R^2}{k^2+m^2}\right)^2\right]\\ =&-\frac{\hbar}{32\pi^2}\lim_{\Lambda\to\infty}\int_0^{\Lambda^2}x\mathrm{d}x\left[\ln\left(1+\frac{0.5g\varphi_R^2}{x+m^2}\right)-\frac{0.5g\varphi_R^2}{x^2+m^2}-\frac{1}{4}\left(\frac{g\varphi_R}{x+m^2}\right)^2\right]\end{aligned}$$

从中可有

$$\begin{aligned}\mathscr{V}(\varphi_R)=&\frac{1}{2}m^2\varphi_R^2+\frac{1}{4!}g\varphi_R^4+\frac{\hbar}{64\pi^2}\left[\left(m+\frac{1}{2}g\varphi_R^2\right)^2\cdot\right.\\ &\left.\ln\left(\frac{m^2+0.5g\varphi_R^2}{m^2}\right)-\frac{1}{2}gm^2\varphi_R^2-\frac{3}{8}g^2\varphi_R^2\right]\end{aligned}\tag{7.420}$$

上述对 $\mathscr{V}(\varphi_R)$的单圈图的计算可以推广到 $m^2\leqslant 0$ 的情形，为了避免传播子中非物理的极点或避免 $k\approx 0$ 处的红外发散，定义一个任意参数 $M^2>0$ 并把势 $V(\phi)$表示为

$$V(\phi)=\frac{1}{2}M^2\phi^2-\frac{1}{2}(M^2-m^2)\phi^2+\frac{1}{4!}g\phi^4$$

同时上式中最后两项视为相互作用项,这时传播子为$\frac{1}{k^2+M^2}$,有效势可写成

$$\mathscr{V}(\varphi_R)=\frac{1}{2}m\varphi_R^2+\frac{1}{4!}g\varphi_R^4+\frac{1}{2}i\hbar\int\frac{\mathrm{d}^4k}{(2\pi)^4}\cdot$$

$$\sum_n\frac{1}{n}\left(\frac{m^2-M^2+0.5g\,\varphi_R^2}{k^2+M^2}\right)^n+\Lambda_1 \quad (7.421)$$

式(7.421)中 Λ_1 为抵消项。依上式,

$$\mathscr{V}(\varphi_R)=\frac{1}{2}m\varphi_R^2+\frac{1}{4!}g\varphi_R^4+\frac{\hbar}{64\pi^2}\left(m^2+\frac{1}{2}g\varphi_R^2\right)^2\cdot$$

$$\ln\left(\frac{m^2+0.5g\varphi_R^2}{M^2}\right)+A\hbar\varphi_R^2+B\hbar\varphi_R^4 \quad (7.422)$$

A、B 通过重整化条件确定。重新定义 M 将使 A、B 项吸收到对数项中。

上面计算也可以推广到包括规范作用的情况。对于复标量场与电磁场的作用,其拉格朗日密度为

$$\mathscr{L}=-\frac{1}{4}F_{\mu\nu}F_{\mu\nu}-\left(\frac{\partial}{\partial x_\mu}+ieA_\mu\right)\phi^*\left(\frac{\partial}{\partial x_\mu}-ieA_\mu\right)\phi$$

$$-m^2\phi^*\phi-g(\phi^*\phi)^2+\Lambda_2 \quad (7.423)$$

式(7.423)中 Λ_2 为抵消项,并舍弃下标 R,又以 φ、$F_{\mu\nu}$ 表示重整化场。复标量场 ϕ 可以表达成

$$\phi=\frac{1}{\sqrt{2}}(\phi_1+i\phi_2) \quad (7.424)$$

采用朗道规范计算有效势,该规范中传播子

$$\Delta_{\mu\nu}=\frac{1}{k^2}\left(\delta_{\mu\nu}-\frac{k_\mu k_\nu}{k^2}\right)$$

满足方程 $k_\mu\Delta_{\mu\nu}=0$。因为两条动量为 k_1、k_2 的标量场线和一条电磁场线的作用顶点正比于 k_1-k_2,所以考虑到在表示 $\mathscr{V}(\varphi)$ 的费曼图中外线动量为零可以知道在朗道规范中不存在如图 7.11 所示

的 $\mathscr{V}(\varphi)$的费曼图。另外由整体规范不变性知 $\mathscr{V}(\varphi)$只是 $\varphi^*\varphi=\frac{1}{2}(\varphi_1^2+\varphi_2^2)$的函数。对于这种图形，单圈图仅有内线均为 φ_1 或均为 φ_2 或均为规范场三种。φ_2 单圈图及规范场单圈图的计算与仅有一种实标量场 φ_1 的单圈图计算相似，其差别源于标量场耦合项

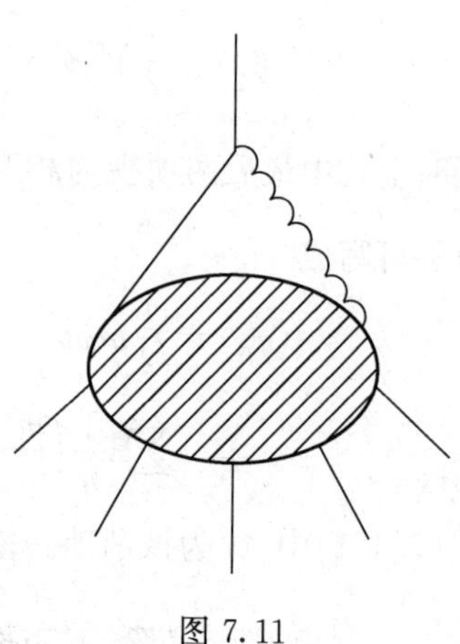

图 7.11

$$g(\varphi^*\varphi)^2=\frac{1}{4}(\varphi_1^4+2\varphi_1^2\varphi_2^2+\varphi_2^4)$$

φ_1 圈图每个顶点的系数为 $3g$，φ_2 圈图的每个顶点的系数为 g。对于规范场的圈图应考虑传播子的分子。因为

$$\left(\delta_{\mu\nu}-\frac{k_\mu k_\nu}{k^2}\right)\left(\delta_{\nu\rho}-\frac{k_\nu k_\rho}{k^2}\right)=\delta_{\mu\rho}-\frac{k_\mu k_\rho}{k^2}$$

$$\delta_{\mu\nu}-\frac{k_\mu k_\nu}{k^2}=3$$

所以规范场圈图比 φ_1 圈图多一个因子 3。此外规范场无质量，规范场耦合

$$e^2\varphi^*\varphi A_\mu^2=\frac{1}{2}e^2(\varphi_1^2+\varphi_2^2)$$

而 A_μ^2 顶点因子为 e^2，故

$$\mathscr{V}(\varphi)=m^2\varphi^*\varphi+g(\varphi^*\varphi)^2+\frac{\hbar}{64\pi^2}\Big[(m^2+2g\varphi^*\varphi)^2\cdot \ln\left(\frac{m^2+2g\varphi^*\varphi}{M^2}\right)+(m^2+6g\varphi^*\varphi)\cdot \ln\left(\frac{m^2+6g\varphi^*\varphi}{M^2}\right)+3e^4(2\varphi^*\varphi)\ln\left(\frac{2e^2\varphi^*\varphi}{M^2}\right)\Big]$$

7.4.4 路径积分量子化的时间延拓

路径积分量子化的概念由狄拉克首先提出，费曼、李政道、杨

振宁对此作了重要发展。这里简要介绍阮图南等人的部分工作。

7.4.4.1 复时间薛定谔方程

为了引入时间延拓的概念，可在薛定谔表象中将时间延拓 $t \to \tau = t\exp(-i\alpha)$、$t \in (-\infty, \infty)$，于是当固定相角 α 时相当于在复平面上转动角 $-\alpha$，形成倾角为 α 的直线。取物理系统的哈密顿量及量子化条件为

$$H = H(P,Q) \quad (\dot{Q} = 0 \quad \dot{P} = 0) \tag{7.425}$$

$$[Q,P] = i \tag{7.426}$$

定义时间延拓下的薛定谔方程

$$i\frac{\partial \psi}{\partial \tau} = H\psi \quad \psi(\tau) = \psi(0)\exp(-iH\tau) \tag{7.427}$$

对 $\alpha = 0$，式(7.427)变为普通的薛定谔方程

$$i\frac{\partial \psi}{\partial t} = H\psi \quad \psi(t) = \psi(0)\exp(iHt) \tag{7.428}$$

对 $\alpha = \frac{\pi}{2}$，式(7.427)变为欧几里得空间薛定谔方程

$$\frac{\partial \psi}{\partial t} = -H\psi \quad \psi(t) = \psi(0)\exp(-Ht) \tag{7.429}$$

其类似于统计力学中的福克方程；对 $\alpha = \pi$，式(7.427)变为时间反演波动方程

$$i\frac{\partial \psi}{\partial t} = -H\psi \quad \psi(t) = \psi(0)\exp(iHt) \tag{7.430}$$

从物理上判断 $\alpha \in (0, \pi)$；引进有源哈密顿量

$$H(t) = H - J(t)Q - K(t)P \tag{7.431}$$

式中外源 $J(t)$、$K(t) \neq 0$，当 $t \in (-\infty, \infty)$ 时建立时间延拓下的有源薛定谔方程和演化算子及其方程

$$i\frac{\partial}{\partial \tau}|\tau\rangle = H(\tau)|\tau\rangle \quad |\tau\rangle = U_s(\tau,\tau_0)|\tau_0\rangle \tag{7.432}$$

$$i\frac{\partial}{\partial \tau}U_s(\tau,\tau_0) = H(\tau)U_s(\tau,\tau_0) \quad U_s(\tau,\tau_0) = 1 \tag{7.433}$$

变为积分方程且迭代，有

$$U_s(\tau,\tau_0)=1-i\int_{\tau_0}^{\tau}H(\tau')U_s(\tau',\tau_0)\mathrm{d}\tau'$$

$$=1+\sum_{n=1}^{\infty}(-1)^n\int_{\tau_0}^{\tau}\mathrm{d}\tau_1\int_{\tau_0}^{\tau_1}\mathrm{d}\tau_2\cdots\int_{\tau_n}^{\tau_{n-1}}\mathrm{d}\tau_n\prod_{j=1}^{n}H(\tau_j) \tag{7.434}$$

这里积分沿时间复平面上某条路径进行。路径无关要求 $J(\tau)$、$K(\tau)$为 τ 的解析函数。应用演化算子的可乘性把其变为路径编序乘积

$$U_s(\tau,\tau_0)=U_s(\tau,\tau_n)\prod_{j=1}^{n}U_s(\tau_j,\ \tau_{j-1}) \tag{7.435}$$

式中 $\tau_j-\tau_{j-1}=\varepsilon_j(j=1,2,\cdots,n+1)$为一级小量。依式(7.434)得到无穷小演化矩阵

$$U_s(\tau_j,\tau_{j-1})=1-i(\tau_j-\tau_{j-1})H(\tau_j)=\exp\left[-i\int_{\tau_{j-1}}^{\tau_j}H(\tau)\mathrm{d}\tau\right] \tag{7.436}$$

因此式(7.435)可表达成

$$U_s(\tau,\tau_0)=\exp\left[-i\int_{\tau_n}^{\tau}H(\tau)\mathrm{d}\tau\right]\prod_{j=1}^{n}\exp\left[-i\int_{\tau_{j-1}}^{\tau_j}H(\tau)\mathrm{d}\tau\right]$$

$$=T\exp\left[-i\int_{\tau_0}^{\tau}H(\tau)\mathrm{d}\tau\right] \tag{7.437}$$

T 为路径编序算子，作变换

$$\begin{cases}|\tau\rangle_H=\exp(iH\tau)\mid\tau\rangle\\ Q(\tau)=\exp(iH\tau)Q\exp(-iH\tau)\\ P(\tau)=\exp(iH\tau)P\exp(-iH\tau)\end{cases} \tag{7.438}$$

给出海森堡方程及其演化矩阵

$$\frac{\partial}{\partial\tau}\mid\tau\rangle_H=i[J(\tau)Q(\tau)+K(\tau)P(\tau)]\mid\tau\rangle_H$$

$$\mid\tau\rangle_H=U_H(\tau,\tau_0)\mid\tau_0\rangle_H \tag{7.439}$$

$$U_H(\tau,\tau_0)=T\exp\left\{i\int_{\tau_0}^{\tau}[J(\tau)Q(\tau)+K(\tau)P(\tau)]\right\}\mathrm{d}\tau \tag{7.440}$$

比较式(7.438)、式(7.432)、式(7.439)得到路径编序下的公式

$$U_s(\tau,\tau_0)=\exp(-iH\tau)U_H(\tau,\tau_0)\exp(iH\tau_0) \quad (7.441)$$

$$T\exp\left\{-i\int_{\tau_0}^{\tau}[H-J(\tau)Q-K(\tau)P]\mathrm{d}\tau\right.$$

$$=\exp(-iH\tau)T\exp\left\{i\int_{\tau_0}^{\tau}\mathrm{d}\tau[JQ+KP]\right\}\exp(iH\tau_0) \quad (7.442)$$

将哈密顿量 H 分为自由与相互作用哈密顿量之和 $H=H_0+V$，作变换

$$|\tau\rangle_I=\exp(iH_0\tau)|\tau\rangle \quad (7.443)$$

$$V_I=\exp(iH_0\tau)[V-J(\tau)Q-K(\tau)P]\exp(-iH_0\tau)$$

故相互作用表象波动方程及其演化矩阵

$$i\frac{\partial}{\partial\tau}|\tau\rangle_I=V_I(\tau)|\tau\rangle_I \quad |\tau\rangle_I=U_I(\tau,\tau_0)|\tau_0\rangle_I \quad (7.444)$$

$$U_I(\tau,\tau_0)=T\exp\left[-i\int_{\tau_0}^{\tau}V_I(\tau)\mathrm{d}\tau\right] \quad (7.445)$$

比较式(7.443)、式(7.442)，由式(7.444)且使用式(7.441)，

$$U_I(\tau,\tau_0)=\exp(iH_0\tau)\exp(-iH\tau)\cdot U_H(\tau,\tau_0)\exp(iH\tau_0)\exp(iH_0\tau_0) \quad (7.446)$$

据此定义 S 矩阵

$$S[J,K]=\lim_{t_0\to-\infty}\lim_{t\to\infty}U_I(\tau,\tau_0) \quad (7.447)$$

其中 $\tau=t\exp(-i\alpha)$；$\tau_0=t_0\exp(-i\alpha_0)$。命 $J=K=0$，推出无源 S 矩阵

$$S=\lim_{t_0\to-\infty}\lim_{t\to\infty}U(\tau,\tau_0) \quad (7.448)$$

$$U(\tau,\tau_0)=\exp(iH_0\tau)\exp[-iH(\tau-\tau_0)]\exp(-iH_0\tau_0) \quad (7.449)$$

7.4.4.2 母泛函

命裸真空为自由哈密顿量的最低能态，$H_0|\rangle_0=0$、${}_0\langle 1\rangle_0=1$。由此导出总哈密顿量的最低能态，

$$H \mid \text{in}\rangle_0 = 0 \qquad {}_0\langle \text{in} \mid \text{in}\rangle_0 = 1 \qquad \mid \text{in}\rangle_0 = U(0, -\infty)\rangle$$

$$H \mid \text{out}\rangle_0 = 0 \quad {}_0\langle \text{out} \mid \text{out}\rangle_0 = 1 \quad \mid \text{out}\rangle_0 = U(0, \infty)\rangle$$

为物理真空；引进总哈密顿量 H 的本征态

$$\begin{cases} H \mid n\rangle_{\text{in}} = E_n \mid n\rangle_{\text{in}} \\ H \mid n\rangle_{\text{out}} = E_n \mid n\rangle_{\text{out}} \\ (0 = E_0 < E_1 < E_2 < \cdots) \end{cases} \tag{7.450}$$

$$\begin{cases} {}_{\text{in}}\langle n \mid n'\rangle_{\text{in}} = \delta_{nn'} \\ {}_{\text{out}}\langle n \mid n'\rangle_{\text{out}} = \delta_{nn'} \\ \sum\limits_n \mid n\rangle_{\text{in}}\langle n \mid = 1 \\ \sum\limits_n \mid n\rangle_{\text{out}}\langle n \mid = 1 \end{cases} \tag{7.451}$$

计算 S 矩阵的真空平均值。应用式(7.447)、式(7.446)、式(7.450)，从式(7.451)得

$$\begin{aligned} {}_0\langle \mid S[J,K] \mid \rangle_0 = & \lim_{t_0 \to -\infty} \lim_{t \to \infty} \sum_{n,n'} {}_0\langle \mid n\rangle_{\text{out}} \exp(-iE\tau) \cdot \\ & {}_{\text{out}}\langle n \mid U_H(\tau, \tau_0) \mid n'\rangle_{\text{in}} \exp(iE_{n'}\tau_0)_{\text{in}}\langle n' \mid \rangle_0 \end{aligned}$$

因为 $0 < \alpha_0$、$\alpha < \pi$，所以在 $t_0 \to -\infty$、$t \to \infty$ 的条件下激发态贡献为零，只有基态的贡献，也就是

$$\begin{aligned} & {}_0\langle \mid S[J,K] \mid \rangle_0 \\ = & \lim_{t_0 \to -\infty} \lim_{t \to \infty} {}_0\langle \mid \text{out}\rangle_0 \, {}_0\langle \text{out} \mid U_H(\tau, \tau_0) \mid \text{in}\rangle_0 \, {}_0\langle \text{in} \mid \rangle_0 \end{aligned} \tag{7.452}$$

令 $J = K = 0$，有无源 S 矩阵的真空平均值，

$${}_0\langle \mid S \mid \rangle_0 = {}_0\langle \mid \text{out}\rangle_0 \, {}_0\langle \text{out} \mid \text{in}\rangle_0 \, {}_0\langle \text{in} \mid \rangle_0 \tag{7.453}$$

母泛函定义

$$\begin{aligned} Z[J,K] = & \frac{{}_0\langle \mid S[J,K] \mid \rangle_0}{{}_0\langle \mid S \mid \rangle_0} = \lim_{t_0 \to -\infty} \lim_{t \to \infty} \frac{{}_0\langle \text{out} \mid U_H(\tau, \tau_0) \mid \text{in}\rangle_0}{{}_0\langle \text{out} \mid \text{in}\rangle_0} \\ = & \frac{\lim\limits_{t_0 \to -\infty} \lim\limits_{t \to \infty} \langle \text{out} \mid T\exp\left\{ i\int_{\tau_0}^{\tau} \begin{bmatrix} J(\tau) & \dot{K}(\tau) \\ Q(\tau) & P(\tau) \end{bmatrix} \mathrm{d}\tau \mid \text{in}\rangle_0 \right\}}{{}_0\langle \text{out} \mid \text{in}\rangle_0} \end{aligned} \tag{7.454}$$

其零点值为 $Z[0,0]=1$。为了定义变换矩阵,导入坐标算子的本征态及平移关系,

$$Q\mid q\rangle = q\mid q\rangle \quad \langle q\mid q'\rangle = \delta(q-q') \quad \int_{-\infty}^{\infty}\mid q\rangle\langle q\mid \mathrm{d}q = 1 \tag{7.455}$$

$$P\mid q\rangle = i\frac{\mathrm{d}}{\mathrm{d}q}\mid q\rangle \quad \exp(-i\varepsilon P)\mid q\rangle = \mid q+\varepsilon\rangle \tag{7.456}$$

计算坐标表象中的波函数

$$\begin{aligned}\psi(q,\tau) &= \langle q\mid \tau\rangle \\ &= \int_{-\infty}^{\infty}\langle q\mid U_s(\tau,\tau_0)\mid q_0\rangle\psi(q_0,\tau_0)\mathrm{d}q_0\end{aligned} \tag{7.457}$$

依此定义变换矩阵

$$F(q\tau,q_0\tau_0)^{JK} = \langle q\mid U_s(\tau,\tau_0)\mid q_0\rangle \tag{7.458}$$

使用式(7.441)且取时间极限选定的基态,有

$$\begin{aligned}\lim_{t_0\to-\infty}\lim_{t\to\infty}F(q\tau,q_0\tau_0)^{JK} = {} & \phi_{\mathrm{out}}^{(0)}(q)\phi_{\mathrm{in}}^{(0)*}(q_0)\cdot \\ & \lim_{t_0\to-\infty}\lim_{t\to\infty}{}_0\langle \mathrm{out}\mid U_H(\tau,\tau_0)\mid \mathrm{in}\rangle_0\end{aligned} \tag{7.459}$$

从 $J=K=0$ 知

$$\lim_{t_0\to-\infty}\lim_{t\to\infty}F(q\tau,q_0\tau_0) = \phi_{\mathrm{out}}^{(0)}(q)\phi_{\mathrm{in}}^{(0)}(q_0)\,{}_0\langle \mathrm{out}\mid \mathrm{in}\rangle_0 \tag{7.460}$$

母泛函和变换矩阵的关系为

$$\begin{aligned}Z[J,K] &= \lim_{t_0\to-\infty}\lim_{t\to\infty}\frac{F(q\tau,q_0\tau_0)^{JK}}{F(q\tau,q_0\tau_0)} \\ &= \lim_{t_0\to-\infty}\lim_{t\to\infty}\frac{\langle q\mid U_s(\tau,\tau_0)\mid q_0\rangle}{\langle q\mid \exp[-iH(\tau-\tau_0)]\mid q_0\rangle}\end{aligned} \tag{7.461}$$

把变换矩阵写成相空间积分,从式(7.458),

$$F(q\tau,q_0\tau_0)^{JK} = \langle q\mid U_s(\tau,\tau_n)\prod_{j=1}^{n-1}U_s(\tau_j,\tau_{j-1})\mid q_0\rangle$$

$$
\begin{aligned}
&= \int_{-\infty}^{\infty} \prod_{j=1}^{n} \mathrm{d}q_j \prod_{j=1}^{n+1} \langle q_j \mid U_s(\tau_j, \tau_{j-1}) \mid q_{j-1} \rangle \\
&= \int_{-\infty}^{\infty} \prod_{j=1}^{n} \mathrm{d}q_j \prod_{j=1}^{n+1} \langle q_j \mid 1 - i(\tau_j - \tau_{j-1}) \cdot \\
&\qquad [H(P,Q) - J_j Q - K_j P] \mid q_{j-1} \rangle
\end{aligned}
\tag{7.462}
$$

引进经典力学量 $a(p,q)$ 和量子力学量 $A(P,Q)$ 的 Weyl 对应，

$$
\langle q_1 \mid A(P,Q) \mid q_2 \rangle = \int_{-\infty}^{\infty} \frac{\mathrm{d}p}{2\pi} \exp[ip(q_1 - q_2)] a\left(p, \frac{q_1 + q_2}{2}\right)
\tag{7.463}
$$

于是给出变换矩阵的相空间积分，

$$
\begin{aligned}
F(q\tau, q_0\tau_0)^{JK} &= \iint_{-\infty}^{\infty} \prod_{j=1}^{n} \mathrm{d}q_j \prod_{j=1}^{n+1} \frac{\mathrm{d}p_j}{2\pi} \exp\left\{ i \sum_{l=1}^{n+1} (\tau_l - \tau_{l-1}) \cdot \right. \\
&\qquad \left[p_l \frac{q_l - q_{l-1}}{\tau_l - \tau_{l-1}} - h\left(p_l, \frac{q_l + q_{l-1}}{2}\right) \right. \\
&\qquad \left. \left. + J_l \frac{q_l + q_{l-1}}{2} + K_l p_l \right] \right\} \\
&= \iint_{-\infty}^{\infty} \left[\frac{\mathrm{d}p\mathrm{d}q}{2\pi} \right] \exp\left\{ i \int_{\tau_0}^{\tau} \left[p \frac{\mathrm{d}q}{\mathrm{d}\tau} - h(p,q) \right. \right. \\
&\qquad \left. \left. + Jq + Kp \right] \mathrm{d}\tau \right\}
\end{aligned}
\tag{7.464}
$$

故母泛函也可表示成相空间积分的形式，

$$
\begin{aligned}
&Z[J,K] \\
&= \lim_{t_0 \to -\infty} \lim_{t \to \infty} \frac{\iint [\mathrm{d}p\mathrm{d}q] \exp\left\{ i \int_{\tau_0}^{\tau} \left[p \frac{\mathrm{d}q}{\mathrm{d}\tau} - h(p,q) + Jq + KP \right] \mathrm{d}\tau \right\}}{\iint [\mathrm{d}p\mathrm{d}q] \exp\left\{ i \int_{\tau_0}^{\tau} \left[p \frac{\mathrm{d}q}{\mathrm{d}\tau} - h(p,q) \right] \mathrm{d}\tau \right\}}
\end{aligned}
\tag{7.465}
$$

对于固定 α 的时间延拓又得

$$
\begin{aligned}
F_\alpha(qt, q_0t_0)^{JK} &= \iint_{-\infty}^{\infty} \left[\frac{\mathrm{d}p'\mathrm{d}q}{2\pi} \right] \exp\left\{ i\exp(-i\alpha) \cdot \right. \\
&\qquad \left. \int_{t_0}^{t} [p'q\exp(i\alpha) - h(p',q) + Jq + Kp'] \mathrm{d}t \right\}
\end{aligned}
\tag{7.466}
$$

$$Z_\alpha[J,K] = \frac{\iint[\mathrm{d}p\,\mathrm{d}q]\exp\left\{i\exp(-i\alpha)\int_{-\infty}^{\infty}[p\dot{q}\exp(i\alpha)-h(p,q)+Jq+Kp]\mathrm{d}t\right\}}{\iint[\mathrm{d}p\,\mathrm{d}q]\exp\left\{i\exp(-i\alpha)\int_{-\infty}^{\infty}[p\dot{q}\exp(i\alpha)-h(p,q)]\mathrm{d}t\right\}} \tag{7.467}$$

7.4.4.3 费曼和李-杨情形

先讨论费曼状况。这时质量 m 为正常数，拉格朗日函数取为

$$L = \frac{1}{2}m\dot{q}^2 - V(q) \tag{7.468}$$

定义正则动量及哈密顿量，

$$p = \frac{\partial L}{\partial \dot{q}} = m\dot{q} \quad h = \frac{1}{2m}p^2 + V(q) \tag{7.469}$$

代入式(7.464)有变换矩阵，

$$\begin{aligned}F(q\tau,q_0\tau_0)^{JK} &= \iint_{-\infty}^{\infty}\left[\frac{\mathrm{d}p\mathrm{d}q}{2\pi}\right]\exp\left\{i\int_{\tau_0}^{\tau}\left[p\frac{\mathrm{d}q}{\mathrm{d}\tau}-\frac{p^2}{2m}\right.\right.\\&\qquad\left.\left.-V(q)+Jq+Kp\right]\mathrm{d}\tau\right\}\\&=\int_{-\infty}^{\infty}[\mathrm{d}q]\exp\left\{i\int_{\tau_0}^{\tau}[-V(q)+J(q)]\mathrm{d}\tau\right\}\cdot\\&\qquad\prod_{j=1}^{n+1}\frac{\mathrm{d}x}{2\pi}\exp\left[\frac{\varepsilon_j}{2mi}x^2+i(q_j-q_{j-1}+K_j\varepsilon_j)x\right]\end{aligned} \tag{7.470}$$

其中 $\varepsilon_j=\tau_j-\tau_{j-1}\,(j=1,2,\cdots,n+1)$ 为一级小量。当且仅当 $\mathrm{Im}\varepsilon_j<0$ 时下面的 Fresenel 积分成立，

$$\begin{aligned}&\int_{-\infty}^{\infty}\exp\left[\frac{\varepsilon_j}{2mi}x^2+i(q_j-q_{j-1}+K_j\varepsilon_j)x\right]\mathrm{d}x\\&=\sqrt{\frac{2\pi m}{i\varepsilon_j}}\exp\left[\frac{1}{2}i\varepsilon_j m\left(\frac{q_j-q_{j-1}}{2}+K_j\right)^2\right]\end{aligned} \tag{7.471}$$

代入式(7.470)且 $0<\alpha<\pi$，则变换矩阵的路径积分为

$$F(q\tau,q_0\tau_0)^{JK} = \sqrt{\frac{m}{2\pi i\varepsilon_{n+1}}}\int_{-\infty}^{\infty}\prod_{j=1}^{n}\sqrt{\frac{m}{2\pi i\varepsilon_j}}\mathrm{d}q_j\exp\left\{i\sum_{j=1}^{n+1}\varepsilon_j\cdot\right.$$

$$\left[\frac{1}{2}m\left(\frac{q_j-q_{j-1}}{2}+K_j\right)^2-V\left(\frac{q_j+q_{j-1}}{2}\right)+J_j\frac{q_j+q_{j-1}}{2}\right]\Bigg\}$$

$$=\sqrt{\frac{m}{2\pi i\varepsilon_{n+1}}}\int\left[\sqrt{\frac{m}{2\pi i\varepsilon}}\mathrm{d}q\right]\exp\left\{i\int_{\tau_0}^{\tau}\cdot\right.$$

$$\left.\left[\frac{1}{2}m\left(\frac{\mathrm{d}q}{\mathrm{d}\tau}+K\right)^2-V(q)+Jq\right]\mathrm{d}\tau\right\} \tag{7.472}$$

在拉格朗日形式中取 $K=0$，得母泛函与变换矩阵

$$F(q\tau,q_0\tau_0)^J=\sqrt{\frac{m}{2\pi i\varepsilon_{n+1}}}\int\left[\frac{m}{2\pi i\varepsilon}\mathrm{d}q\right]\exp\left\{i\int_{\tau_0}^{\tau}\left[\frac{1}{2}m\left(\frac{\mathrm{d}q}{\mathrm{d}\tau}\right)^2\right.\right.$$

$$\left.\left.-V(q)+Jq\right]\mathrm{d}\tau\right\} \tag{7.473}$$

$$Z[J]=\lim_{t_0\to-\infty}\lim_{t\to\infty}\frac{\int\left[\frac{\mathrm{d}q}{\sqrt{\varepsilon}}\right]\exp\left\{i\int_{\tau_0}^{\tau}\left[\frac{1}{2}m\left(\frac{\mathrm{d}q}{\mathrm{d}\tau}\right)^2-V(q)+Jq\right]\mathrm{d}\tau\right\}}{\int\left[\frac{\mathrm{d}q}{\sqrt{\varepsilon}}\right]\exp\left\{i\int_{\tau_0}^{\tau}\frac{1}{2}m\left(\frac{\mathrm{d}q}{\mathrm{d}\tau}\right)^2-V(q)\right]\mathrm{d}\tau\right\}} \tag{7.474}$$

在时间复平面上取积分路径为固定倾角 α 的直线，此刻 $\varepsilon_j=\varepsilon\exp(-i\alpha)$、$\varepsilon$ 为无穷小正数，代入得

$$F_\alpha(qt,q_0t_0)^J=\sqrt{\frac{m}{2\pi i\varepsilon\exp(-i\alpha)}}\int\left[\sqrt{\frac{m}{2\pi i\varepsilon\exp(-i\alpha)}}\mathrm{d}q\right]\cdot$$

$$\exp\left\{i\int_{t_0}^{t}\left[\frac{1}{2}m\dot{q}^2\exp(i\alpha)-V(q)\exp(-i\alpha)+Jq\right]\mathrm{d}t\right\} \tag{7.475}$$

$$Z\alpha[J]=\frac{\int[\mathrm{d}q]\exp\left\{i\int_{-\infty}^{\infty}\left[\frac{1}{2}m\dot{q}^2\exp(i\alpha)-V(q)\exp(-i\alpha)+Jq\right]\mathrm{d}t\right\}}{\int[\mathrm{d}q]\exp\left\{i\int_{-\infty}^{\infty}\left[\frac{1}{2}m\dot{q}^2\exp(i\alpha)-V(q)\exp(-i\alpha)\right]\mathrm{d}t\right\}} \tag{7.476}$$

命 $\alpha\to0$，即过渡到闵可夫斯基空间，

$$F(qt,q_0t_0)^J=\lim_{\alpha\to0}\sqrt{\frac{m}{2\pi i\varepsilon}}\int\left[\sqrt{\frac{m}{2\pi i\varepsilon}}\mathrm{d}q\right]\cdot$$

$$\exp\left[i\int_{t_0}^{t}(L+Jq+i\alpha h)\mathrm{d}t\right] \tag{7.477}$$

$$Z[J] = \lim_{\alpha \to 0+0} \frac{\int [\mathrm{d}q] \exp\left[i\int_{-\infty}^{\infty} (L + Jq + i\alpha h) \mathrm{d}t \right]}{\int [\mathrm{d}q] \exp\left[i\int_{-\infty}^{\infty} (L + i\alpha h) \mathrm{d}t \right]} \tag{7.478}$$

式中 L、h 由式(7.468)、式(7.469)给出。α 一次项给出的泛函积分收敛因子恰好等于哈密顿函数，于是该泛函积分收敛。命 $\alpha \to \frac{\pi}{2}$，即过渡到欧几里得空间，

$$F_E(qt, q_0 t_0)^J = \sqrt{\frac{m}{2\pi\varepsilon}} \int \left[\sqrt{\frac{m}{2\pi\varepsilon}} \mathrm{d}q \right] \exp\left[-\int_{t_0}^{t} (h - Jq) \mathrm{d}t \right] \tag{7.479}$$

$$Z_E[J] = \frac{\int [\mathrm{d}q] \exp\left[-\int_{-\infty}^{\infty} (h - Jq) \mathrm{d}t \right]}{\int [\mathrm{d}q] \exp\left(-\int_{-\infty}^{\infty} h \mathrm{d}t \right)} \tag{7.480}$$

其中 h 依式(7.469)给出。需要说明，α 一次项给出的为振荡因子，可舍。在余下的泛函积分中等效拉格朗日函数恰好等于恒正哈密顿函数，其积分收敛。

再讨论李－杨状况。这时质量 m 为坐标的函数 $m = f(q)$，取拉格朗日函数为

$$L = \frac{1}{2} f(q) \dot{q}^2 \tag{7.481}$$

引入正则动量和哈密顿函数

$$p = \frac{\partial L}{\partial \dot{q}} = f(q)\dot{q} \quad h = \frac{1}{2f(q)} p^2 \tag{7.482}$$

代入式(7.463)并对 p 积分，则变换矩阵为

$$F(q\tau, q_0\tau_0)^{JK} = \int [\mathrm{d}q] \exp\left(i\int_{\tau_0}^{\tau} Jq \mathrm{d}\tau \right) \prod_{j=1}^{n+1} \int_{-\infty}^{\infty} \frac{\mathrm{d}x}{2\pi} \cdot \exp\left[\frac{\varepsilon_j}{2if_j} x^2 + i(q_j - q_{j-1} + K_j \varepsilon_j) x \right] \tag{7.483}$$

当 $\mathrm{Im}\varepsilon_j<0$ 时下面 Fresenel 积分成立，

$$\int_{-\infty}^{\infty}\exp\left[\frac{\varepsilon_j}{2if_j}x^2+i(q_j-q_{j-1}+K_j\varepsilon_j)x\right]\mathrm{d}x$$
$$=\sqrt{\frac{2\pi}{i\varepsilon_j}}\exp\left[\frac{1}{2}i\varepsilon_j f_j\left(\frac{q_j-q_{j-1}}{\varepsilon_j}+K_j\right)^2+\frac{1}{2}\ln f_j\right]\tag{7.484}$$

于是积分路径的倾角 $\alpha\in(0,\pi)$，代入式(7.483)得

$$F(q\tau,q_0\tau_0)^{JK}=\frac{1}{\sqrt{2\pi i\varepsilon_{n+1}}}\int\left[\frac{\mathrm{d}q}{\sqrt{2\pi i\varepsilon}}\right]\exp\left\{i\int_{\tau_0}^{\tau}\left[\frac{1}{2}f(q)\cdot\left(\frac{\mathrm{d}q}{\mathrm{d}\tau}+K\right)^2-\frac{i}{2\tau_{00}}\ln f(q)+Jq\right]\mathrm{d}\tau\right\}\tag{7.485}$$

取 $K=0$ 得到路径积分形式的母泛函及变换矩阵，

$$F(q\tau,q_0\tau_0)^{J}=\frac{1}{\sqrt{2\pi i\varepsilon_{n+1}}}\int\left[\frac{\mathrm{d}q}{\sqrt{2\pi i\varepsilon}}\right]\exp\left\{i\int_{\tau_0}^{\tau}\left[\frac{1}{2}\cdot f(q)\left(\frac{\mathrm{d}q}{\mathrm{d}\tau}\right)^2-\frac{i}{2\tau_{00}}\ln f(q)+Jq\right]\mathrm{d}\tau\right\}\tag{7.486}$$

$$Z[J]=\lim_{t_0\to-\infty}\lim_{t\to\infty}\frac{\int\left[\frac{\mathrm{d}\tau}{\sqrt{\varepsilon}}\right]\exp\left\{i\int_{\tau_0}^{\tau}\left[\frac{1}{2}f(q)\left(\frac{\mathrm{d}q}{\mathrm{d}\tau}\right)^2-\frac{i}{2\tau_{00}}\ln f(q)+jq\right]\mathrm{d}\tau\right\}}{\int\left[\frac{\mathrm{d}\tau}{\sqrt{\varepsilon}}\right]\exp\left\{i\left[\frac{1}{2}f(q)\left(\frac{\mathrm{d}q}{\mathrm{d}\tau}\right)^2-\frac{i}{2\tau_{00}}\ln f(q)\right]\mathrm{d}\tau\right\}}\tag{7.487}$$

以倾角为 α 的路径、$\tau_{00}=\varepsilon\exp(-i\alpha)$，代入得

$$F_\alpha(qt,q_0t_0)^J=\frac{1}{\sqrt{2\pi i\varepsilon\exp(-i\alpha)}}\int\left[\frac{\mathrm{d}q}{\sqrt{2\pi i\varepsilon\exp(-i\alpha)}}\right]\cdot\exp\left\{i\int_{t_0}^{t}\left[\frac{1}{2}f(q)\dot{q}^2\exp(i\alpha)-\frac{i}{2\varepsilon}\ln f(q)+Jq\right]\mathrm{d}t\right\}\tag{7.488}$$

$$Z_\alpha[J]=\frac{\int[\mathrm{d}q]\exp\left\{i\int_{-\infty}^{\infty}\left[\frac{1}{2}f(q)\dot{q}^2\exp(i\alpha)-\frac{i}{2\varepsilon}\ln f(q)+Jq\right]\mathrm{d}t\right\}}{\int[\mathrm{d}q]\exp\left\{i\int_{-\infty}^{\infty}\left[\frac{1}{2}f(q)\dot{q}^2\exp(i\alpha)-\frac{i}{2\varepsilon}\ln f(q)\right]\mathrm{d}t\right\}}$$

(7.489)

命 $\alpha\to 0$，即过渡到闵可夫斯基空间，

$$F(qt,q_0t_0)^J=\lim_{\alpha\to 0}\frac{1}{\sqrt{2\pi i\varepsilon}}\int\left[\frac{\mathrm{d}q}{\sqrt{2\pi i\varepsilon}}\right]\cdot \exp\left\{i\int_{t_0}^{t}[L_{ef}(q,\dot{q})+Jq+i\alpha h]\mathrm{d}t\right\} \quad (7.490)$$

$$Z[J]=\lim_{\alpha\to 0}\frac{\int[\mathrm{d}q]\exp\left[i\int_{-\infty}^{\infty}(L_{ef}+Jq+i\alpha h)\mathrm{d}t\right]}{\int[\mathrm{d}q]\exp\left[i\int_{-\infty}^{\infty}(L_{ef}+i\alpha h)\mathrm{d}t\right]}$$

(7.491)

式中 h 依式(7.482)确定，等效拉格朗日函数为

$$L_{ef}=\frac{1}{2}f(q)\dot{q}^2-\frac{i}{2\varepsilon}\ln f(q)\quad \varepsilon\delta(0)=1 \quad (7.492)$$

α 一次项得到恒正收敛因子 h 使泛函积分收敛。命 $\alpha\to\frac{\pi}{2}$，即过渡到欧几里得空间，

$$F_E(qt,q_0t_0)^J=\frac{1}{\sqrt{2\pi\varepsilon}}\int\left[\frac{\mathrm{d}q}{\sqrt{2\pi\varepsilon}}\right]\exp\left[-\int_{t_0}^{t}(L_E-Jq)\mathrm{d}t\right]$$

(7.493)

$$Z_E[J]=\frac{\int[\mathrm{d}q]\exp\left[-\int_{-\infty}^{\infty}(L_E-Jq)\mathrm{d}t\right]}{\int[\mathrm{d}q]\exp\left(-\int_{-\infty}^{\infty}L_E\mathrm{d}t\right)} \quad (7.494)$$

而欧几里得空间的等效拉格朗日函数为

$$L_E=\frac{1}{2}f(q)\dot{q}^2-\frac{1}{2\varepsilon}\ln f(q) \quad (7.495)$$

7.4.4.4 一般情形

在一般状况下质量 m 为坐标、速度的函数。拉格朗日函数

取为

$$L = L(q,\dot{q}) \quad \delta L = \frac{\partial L}{\partial q}\delta q + \frac{\partial L}{\partial \dot{q}}\delta \dot{q} \tag{7.496}$$

引入正则动量和质量函数，

$$p = \frac{\partial L}{\partial \dot{q}} \quad m = \frac{\partial^2 L}{\partial \dot{q}^2} \tag{4.497}$$

$$\delta p = m\delta \dot{q} + \frac{\partial^2 L}{\partial q \partial \dot{q}}\delta q \tag{7.498}$$

若 Heissian 函数 $m \neq 0$，则

$$\delta \dot{q} = \frac{1}{m}\delta p - \frac{1}{m}\frac{\partial^2 L}{\partial q \partial \dot{q}}\delta q \tag{7.499}$$

表明 $\dot{q} = \dot{q}(p,q)$。据此定义哈密顿量，

$$h = p\dot{q} - L \quad \delta h = \dot{q}\delta p - \dot{p}\delta q \tag{7.500}$$

利用式(7.500)、式(7.499)，

$$\frac{\partial h}{\partial p} = \dot{q} \quad \frac{\partial^2 h}{\partial p^2} = \frac{1}{m} \quad \frac{\partial^l h}{\partial p^l} = \left(\frac{1}{m}\frac{\partial}{\partial q}\right)^{l-2}\left(\frac{1}{m}\right) \tag{7.501}$$

$$a_j = \frac{1}{j!}\frac{\partial^j h}{\partial p^j} = \frac{1}{j!}\left(\frac{1}{m}\frac{\partial}{\partial q}\right)^{j-2}\left(\frac{1}{m}\right) \tag{7.502}$$

式中 $l = 2、3、\cdots, j = 3、4、\cdots$；式(7.466)中的 p' 为积分变量而非正则动量，故在 $p = \frac{\partial L}{\partial \dot{q}}$ 处作级数展开，

$$\begin{aligned} & p'\dot{q} - [h(p',q) - Jq - Kp']\exp(-i\alpha) \\ = & L\exp(-i\alpha) + J'q + K'p + K'(p'-p) - \frac{(p'-p)^2}{2m}\cdot \\ & \exp(-i\alpha) - \exp(-i\alpha)\sum_{l=3}^{\infty}\alpha_l(p'-p)^l \end{aligned} \tag{7.503}$$

$$\begin{cases} J'(t) = J[t\exp(-i\alpha)]\exp(-i\alpha) \\ K'(t) = K[t\exp(-i\alpha)]\exp(-i\alpha) + \dot{q}[1-\exp(-i\alpha)] \end{cases} \tag{7.504}$$

将式(7.503)代入式(7.466)，平移 p' 积分限且把 p 的高次项作为泛函关系提出，有

$$F_\alpha(qt,q_0t_0)^{JK}=\int[\mathrm{d}q]\exp\left\{i\int_{t_0}^{t}\left[L\exp(-i\alpha)+J'q+K'\frac{\partial L}{\partial\dot{q}}\right]\right\}\cdot$$

$$\int\left[\frac{\mathrm{d}p}{2\pi}\right]\exp\left\{\int_{t_0}^{t}\left[\frac{p^2}{2m}\exp(-i\alpha)+iK'p\right.\right.$$

$$\left.\left.-i\exp(-i\alpha)\sum_{l=2}^{\infty}\alpha_l p^l\right]\mathrm{d}t\right\}$$

$$=\int[\mathrm{d}q]\exp\left\{i\int_{t_0}^{t}\mathrm{d}t\left[L\exp(-i\alpha)+J'q+K'\frac{\partial L}{\partial\dot{q}}\right]\right\}\cdot$$

$$\exp\left\{\frac{\exp(-i\alpha)}{i}\int_{t_0}^{t}\mathrm{d}t\sum_{l=3}^{\infty}\alpha_l\left(\frac{1}{i}\frac{\delta}{\delta K'}\right)^l\right\}\cdot$$

$$\prod_{j=1}^{n+1}\int_{-\infty}^{\infty}\frac{\mathrm{d}x}{2\pi}\exp\left[\frac{\varepsilon x^2\exp(-i\alpha)}{2im_j}+i\varepsilon K'_jx\right]\quad(7.505)$$

这里 $\varepsilon=\mathrm{d}t$ 为一级小量。当 $0<\alpha<\pi$ 时下面 Fresenel 积分成立，

$$\int_{-\infty}^{\infty}\exp\left[\frac{\varepsilon}{2im_j}x^2\exp(-i\alpha)+i\varepsilon K'_jx\right]\mathrm{d}x$$

$$=\sqrt{\frac{2\pi}{i\varepsilon\exp(-i\alpha)}}\exp\left[\frac{1}{2}\ln m_j+\frac{1}{2}i\varepsilon\exp(-i\alpha)m_jK'^2_j\right]$$

$$(7.506)$$

代入式(7.505)并使用

$$\frac{1}{i}\frac{\delta}{\delta K}\exp\left[i\exp(i\alpha)\int_{t_0}^{t}\frac{1}{2}mK'^2\mathrm{d}t\right]=\exp\left[i\exp(i\alpha)\int_{t_0}^{t}\frac{1}{2}mK'^2\mathrm{d}t\right]\cdot$$

$$\left[mK'\exp(i\alpha)+\frac{1}{i}\frac{\delta}{\delta K'}\right]$$

$$(7.507)$$

推出

$$F_\alpha(qt,q_0t)^{JK}=\sqrt{\frac{\exp(i\alpha)}{2\pi i\varepsilon}}\int\left[\sqrt{\frac{\exp(i\alpha)}{2\pi i\varepsilon}}\mathrm{d}q\right]\cdot$$

$$\exp\left\{i\int_{t_0}^{t}\left[L\exp(-i\alpha)+J'q+K'\frac{\partial L}{\partial\dot{q}}-\frac{i}{2\varepsilon}\ln m\right]\mathrm{d}t\right\}\cdot$$

$$\exp\left\{\frac{\exp(-i\alpha)}{i}\int_{t_0}^{t}\left[\sum_{l=1}^{\infty}a_l\left(\frac{1}{i}\frac{\delta}{\delta K'}\right)^l\right]\mathrm{d}t\right\}\cdot$$

$$\exp\left[i\int_{t_0}^{t}\frac{1}{2}mK'^2\exp(i\alpha)\right]dt$$

$$=\sqrt{\frac{\exp(i\alpha)}{2\pi i\varepsilon}}\int\left[\sqrt{\frac{\exp(i\alpha)}{2\pi i\varepsilon}}dq\right]\exp\left\{i\int_{t_0}^{t}\left[L\exp(-i\alpha)\right.\right.$$

$$\left.\left.+J'q+K'\frac{\partial L}{\partial\dot{q}}-\frac{i}{2\varepsilon}\ln m+\frac{1}{2}mK'^2\exp(i\alpha)\right]dt\right\}\cdot$$

$$\exp\left[\int_{t_0}^{t}D(t)dt\right] \tag{7.508}$$

而

$$D(t)=\frac{\exp(-i\alpha)}{i}\sum_{l=3}^{\infty}a_l\left[mK'\exp(i\alpha)+\frac{1}{i}\frac{\delta}{\delta K'}\right]^l \tag{7.509}$$

可以证明

$$\exp\left(\int_{t_0}^{t}D(t)dt\right)=\exp\left\{\frac{1}{\varepsilon}\int_{t_0}^{t}\left[\ln\sum_{n=0}^{\infty}\frac{\varepsilon^n}{n!}D^n(t)\right]dt\right\} \tag{7.510}$$

$$D^n(t)=\left[\frac{\exp(-i\alpha)}{i}\right]^n\sum_{l_1\cdots l_n=3}^{\infty}\left[\frac{mi\exp(i\alpha)}{2\varepsilon}\right]^{\frac{l_1+\cdots+l_n}{2}}\cdot$$

$$H_{l_1+\cdots+l_n}\left[K'\sqrt{\frac{m\varepsilon\exp(i\alpha)}{2i}}\right]_{a_{l_1}\cdots a_{l_n}} \tag{7.511}$$

其中 $H_n(x)$为埃尔米特多项式,代入式(7.508),

$$F_\alpha(qt,q_0t_0)^{JK}=\sqrt{\frac{\exp(i\alpha)}{2\pi i\varepsilon}}\int\left[\sqrt{\frac{\exp(i\alpha)}{2\pi i\varepsilon}}dq\right]\cdot$$

$$\exp\left\{i\int_{t_0}^{t}dt\left\{L\exp(-i\alpha)+J'q+K'\frac{\partial L}{\partial\dot{q}}-\frac{i}{2\varepsilon}\ln m\right.\right.$$

$$+\frac{1}{2}mK'^2\exp(i\alpha)-\frac{i}{\varepsilon}\ln\sum_{n=0}^{\infty}\frac{1}{n!}\left[\frac{\varepsilon\exp(-i\alpha)}{i}\right]^n\cdot$$

$$\sum_{l_1\cdots l_n=3}^{\infty}a_{l_1}\cdots a_{l_n}\left[\frac{mi}{2\varepsilon}\exp(i\alpha)\right]^{\frac{l_1+\cdots+l_n}{2}}\cdot$$

$$H_{l_1+\cdots+l_n}\left[K'\sqrt{\frac{m\varepsilon\exp(i\alpha)}{2i}}\right]\Big\}\Big\} \tag{7.512}$$

在拉格朗日形式中取 $K=0$ 得到时间延拓下的母泛函及变换矩阵，

$$F_\alpha(qt,q_0t_0)^J=\sqrt{\frac{\exp(i\alpha)}{2\pi i\varepsilon}}\int\left[\sqrt{\frac{\exp(i\alpha)}{2\pi i\varepsilon}}\mathrm{d}q\right]\exp\left[i\int_{t_0}^{t}(L'_f+J'q)\mathrm{d}t\right] \tag{7.513}$$

$$Z_\alpha[J]=\frac{\int[\mathrm{d}q]\exp\left[i\int_{-\infty}^{\infty}(L'_f+J'q)\mathrm{d}t\right]}{\int[\mathrm{d}q]\exp\left(i\int_{-\infty}^{\infty}L'_f\mathrm{d}t\right)} \tag{7.514}$$

这里 L'_f 为时间延拓下的等效拉格朗日函数

$$L'_f=L\exp(-i\alpha)+[1-\exp(-i\alpha)]\dot{q}\frac{\partial L}{\partial\dot{q}}$$
$$-\frac{i}{2\varepsilon}\ln m-\frac{i}{\varepsilon}\ln(1+D_\alpha) \tag{7.515}$$

$$D_\alpha=\sum_{n=1}^{\infty}\frac{1}{n!}\left[\frac{\varepsilon\exp(-i\alpha)}{i}\right]^n\sum_{l_1\cdots l_n=3}^{\infty}\left[\frac{mi\exp(i\alpha)}{2\varepsilon}\right]^{\frac{l_1+\cdots+l_n}{2}}\cdot$$
$$H_{l_1+\cdots+l_n}\left(\dot{q}\sin\frac{\alpha}{2}\sqrt{2i\varepsilon m}\right)a_{l_1}\cdots a_{l_n} \tag{7.516}$$

命 $\alpha\to0$，可过渡到闵可夫斯基空间，

$$F(qt,q_0t_0)^J=\lim_{\alpha\to0}\frac{1}{\sqrt{2\pi i\varepsilon}}\int\left[\frac{\mathrm{d}q}{\sqrt{2\pi i\varepsilon}}\right]\cdot$$
$$\exp\left[i\int_{t_0}^{t}(L_{ef}+Jq+i\alpha\Lambda)\mathrm{d}t\right] \tag{7.517}$$

$$Z[J]=\lim_{\alpha\to0}\frac{\int[\mathrm{d}q]\exp\left[i\int_{-\infty}^{\infty}(L_{ef}+Jq+i\alpha\Lambda)\mathrm{d}t\right]}{\int[\mathrm{d}q]\exp\left[i\int_{-\infty}^{\infty}(L_{ef}+i\alpha\Lambda)\mathrm{d}t\right]} \tag{7.518}$$

式中 L_{ef}、Λ 为闵可夫斯基空间的等效拉格朗日函数和收敛因子，

$$L_{ef}=L-\frac{i}{2\varepsilon}\ln m-\frac{i}{\varepsilon}\ln(1+D) \tag{7.519}$$

$$D=\sum_{n=1}^{\infty}\frac{(-i\varepsilon)^n}{n!}\sum_{l_1\cdots l_n=3}^{\infty}\left(\frac{im}{2\pi}\right)^{\frac{l_1+\cdots+l_n}{2}}H_{l_1+\cdots+l_n}(0)a_{l_a}\cdots a_{l_n}$$

(7.520)

式(7.519)中的第一项为通常拉格格朗日函数;依式(7.496)知第二项为李 - 杨拉格朗日函数;第三项为奇异拉格朗日函数。定义奇异拉格朗日函数振幅和相角,

$$1+D=\sqrt{A}\exp(i\phi) \tag{7.521}$$

于是

$$L_{ef}=L+\frac{\phi}{\varepsilon}-\frac{i}{2\varepsilon}\ln(mA) \tag{7.522}$$

$$A=h-\frac{\partial\phi}{\partial\varepsilon}+\dot{q}\frac{\partial}{\partial\dot{q}}\left(\frac{\phi}{\varepsilon}\right) \tag{7.523}$$

命 $\alpha\to\frac{\pi}{2}$,可过渡到欧几里得空间,

$$F_E(qt,q_0t_0)^J=\lim_{\alpha\to0}\frac{1}{\sqrt{2\pi\varepsilon}}\int\left[\frac{\mathrm{d}q}{\sqrt{2\pi\varepsilon}}\right]\exp\left[-\int_{t_0}^{t}(L_E-Jq+\alpha\Lambda_E)\mathrm{d}t\right]$$

(7.524)

$$Z_E[J]=\lim_{\alpha\to0}\frac{\int[\mathrm{d}q]\exp\left[-\int_{-\infty}^{\infty}(L_E-Jq+\alpha\Lambda_E)\mathrm{d}t\right]}{\int[\mathrm{d}q]\exp\left[-\int_{-\infty}^{\infty}(L_E+\alpha\Lambda_E)\mathrm{d}t\right]}$$

(7.525)

L_E、Λ_E 对应于欧几里得空间中的等效拉格朗日函数和收敛因子,

$$L_E=h\left(\frac{\partial L}{\partial\dot{q}},q\right)-i\left(\frac{\partial L}{\partial\dot{q}}-m\dot{q}\right)\dot{q}-\frac{1}{2\varepsilon}\ln m-\frac{1}{2}\ln(1+D_E)$$

(7.526)

$$D_E=\sum_{n=1}^{\infty}\frac{(-\varepsilon)^n}{n!}\sum_{l_1\cdots l_n=3}^{\infty}\left(-\frac{m}{2\varepsilon}\right)^{\frac{l_1+\cdots+l_n}{2}}H_{l_1+\cdots+l_n}(\dot{q}\sqrt{i\varepsilon m})a_{l_1}\cdots a_{l_n}$$

(7.527)

若定义奇异拉格朗日函数的振幅和相角,

$$1+D_E=\sqrt{A_E}\exp(i\phi_E) \tag{7.528}$$

$$L_E = h - \frac{1}{2\varepsilon}\ln(mA_E) - i\left(\frac{\partial L}{\partial \dot{q}} - m\dot{q}\right)\dot{q} - \frac{i}{\varepsilon}\phi_E \quad (7.529)$$

$$\Lambda_E = -6a_3(m\dot{q})^3 + \frac{\partial \phi_E}{\partial \varepsilon} - \dot{q}\frac{\partial}{\partial \dot{q}}\left(\frac{\phi_E}{\varepsilon}\right) \quad (7.530)$$

故在一般情形下奇异拉格朗日函数的存在使 $\Lambda_E \neq 0$，当且仅当 Heissian 函数 m 不取决于广义速度 $\dot{q}$ 时 $\Lambda_E = 0$。

7.5 A-S 指数定理

A-S 指数定理即 Atiyah-Singer 指数定理，它表明：作用在纤维丛截面上的微分算子的解析指数与算子所作用流形的拓扑指数相等。

A-S 指数定理在场论中有广泛的应用；A-S 指数定理的证明方法很多。这里利用超对称场论模型说明 A-S 指数。所谓超对称是指费米场与玻色场之间的对称性。

设量子场论状态矢量希尔伯特空间 $\mathscr{H}$ 可分解为玻色子与费米子状态矢量空间 $\mathscr{H}^+$、$\mathscr{H}^-$ 的直和，

$$\mathscr{H} = \mathscr{H}^+ + \mathscr{H}^-$$

定义区分玻色子和费米子的算子 $(-1)^F$，而 F 为费米子数算子，对于 $\varphi \in \mathscr{H}^+$、$\psi \in \mathscr{H}^-$，得

$$(-1)^F \varphi = \varphi$$

$$(-1)^F \psi = -\psi$$

在超对称理论中引入算子 $Q_l : \mathscr{H}^+ \to \mathscr{H}^-$，且

(1) 与 $(-1)^F$ 反对易，$(-1)^F Q_l = -Q_l(-1)^F$；

(2) 与哈密顿算子对易。

研究 0+1 维场论，故其无自旋。这时

$$\{Q_l, Q_j^*\} = 2\delta_{lj} H$$

$$\{Q_l, Q_j\} = \{Q_l^*, Q_j^*\} = 0$$

H 为系统的哈密顿函数。命超荷算子 $Q : \mathscr{H}^+ \to \mathscr{H}^-$，其伴随算子 $Q^* : \mathscr{H}^- \to \mathscr{H}^+$；取实算子

$$S = \frac{1}{\sqrt{2}}(Q + Q^*) \quad (7.531)$$

$$H=\frac{1}{2}\{Q,Q^*\}=S^2 \tag{7.532}$$

H 的本征状态方程为

$$H\mid E\rangle=E\mid E\rangle \tag{7.533}$$

$S|E\rangle$、$|E\rangle$具有相同能量，但其具有相反的费米子数的态，表明当$E\neq0$ 时 $S|E\rangle\neq0$。于是所有非零能态都成对出现，即对非零能级，可实现超对称变换 S 的二维表示。

对于基态(零能态)$|\Omega\rangle$，有

$$H\mid\Omega\rangle=0\quad S\mid\Omega\rangle=0$$

零能态为超对称的一维表示，对零能态，玻色态和费米态数可以不同。零能玻色态$|\varphi_0\rangle$与零能费米态$|\varphi_0\rangle$分别满足

$$Q\mid\varphi_0\rangle=0\quad Q^*\mid\psi_0\rangle=0$$

得

$$\begin{aligned}\mathrm{tr}(-1)^F\exp(-\beta H)&=n_B^E-n_F^E\Big|_{E=0}\\&=\mathrm{dimKer}Q-\mathrm{dimKer}Q^*=\mathrm{Ind}Q\end{aligned} \tag{7.534}$$

该指数为超对称量子场论的整体拓扑不变量，其等于零是超对称自发破缺的条件。视 $\mathrm{tr}(-1)^F\exp(-\beta H)$为密度矩阵的正则系统配分函数$\left(\beta=\frac{1}{kT}\right)$用泛函积分写成

$$\mathrm{tr}(-1)^F\exp(-\beta H)=\iint_{T_\beta}[\mathrm{d}\varphi\mathrm{d}\psi]\exp[-S_E(\varphi,\psi)] \tag{7.535}$$

式中 T_β 是以 β 为周期的周期性边界条件，S_E 为系统的欧几里得作用量。

算子的解析指数为整体拓扑不变量，当系统参数连续变化时不变，上式与 β 无关；可以计算 $\beta\to0$ 的高温极限，得到算子指数用局域拓扑量积分表达的 A-S 指数定理。

对于任意经典椭圆复形，都可以有超对称场模型，使超荷 Q 相当于需讨论的算子，在 $\beta\to0$ 的高温极限，可有相应的 A-S 指数定理。

今分析 de Rham 复形。考虑超对称 σ 模型,其拉格朗日函数为

$$L=\frac{1}{2}g_{lj}(\varphi)\dot{\varphi}^l\dot{\varphi}^j \quad \left(\dot{\varphi}=\frac{\mathrm{d}\varphi}{\mathrm{d}t}\right) \tag{7.536}$$

$g_{lj}(\varphi)$为场流形上平滑度规张量场,上述模型的超对称推广是

$$L=\frac{1}{2}g_{lj}\dot{\varphi}^l\dot{\varphi}^j+\frac{1}{2}ig_{lj}(\varphi)\,\bar{\psi}^l\gamma^0\,\frac{D\psi^j}{Dt}+\frac{1}{12}R_{mnkl}\,\bar{\psi}^m\,\psi^k\bar{\psi}^n\psi^l$$

式中$\bar{\psi}^m=\begin{pmatrix}\psi_1^m\\ \psi_2^m\end{pmatrix}$为两分量旋量。

$$\bar{\psi}_\alpha=\psi_\alpha^m\gamma_{\beta\alpha}^0 \quad \gamma^0=\begin{pmatrix}1 & -1\\ 1 & 0\end{pmatrix} \quad (\alpha、\beta=1,2)$$

$$\frac{D\psi^m}{Dt}=\frac{\mathrm{d}\psi^m}{\mathrm{d}t}+\Gamma_{nk}^m\varphi^n\psi^k \tag{7.537}$$

这里 Γ^m_{nk}、R_{mnkl} 是由度规张量场 $g_{mn}(\varphi)$确定的黎曼联络和黎曼曲率张量,

$$\Gamma^m_{nk}=\frac{1}{2}g^{ml}(g_{nl,k}+g_{kl,n}-g_{nk,m})$$

$$\begin{aligned}R_{mnkl}=&\frac{1}{2}(g_{mk,nl}+g_{nl,mk}-g_{nk,ml}-g_{ml,nk})\\ &+(\Gamma^m_{i_1k}\Gamma^n_{j_1l}-\Gamma^m_{i_1l}\Gamma^n_{j_1k})g_{mn}\end{aligned}$$

式(7.536)在下列超对称变换下不变,

$$\begin{aligned}\delta\varphi^l&=\bar{\varepsilon}\,\psi^l\\ \delta\psi^l&=-i\gamma^0\dot{\varphi}^l\varepsilon-\Gamma^l_{jk}\psi^j\psi^k\end{aligned} \tag{7.538}$$

其中 ε 为实两分量常格拉斯曼旋量。将上式取 γ^0 对角基,

$$\begin{cases}\psi^l=\dfrac{1}{\sqrt{2}}(\psi_1^l+i\psi_2^l)\\[2ex] \psi^{l*}=\dfrac{1}{\sqrt{2}}(\psi_1^l-i\psi_2^l)\end{cases} \tag{7.539}$$

并正则量子化,

$$\begin{aligned}\{\psi^l,\psi^{j*}\}&=g^{lj}(\varphi)\\ \{\psi^l,\psi^j\}&=\{\psi^{*l},\psi^{*j}\}=0\end{aligned} \tag{7.540}$$

式(7.536)变为

$$L=\frac{1}{2}g_{lj}\dot{\varphi}^l\dot{\varphi}^j+\frac{1}{2}g_{lj}(\varphi)\psi^{*l}\frac{D\psi^j}{Dt}-\frac{1}{4}R_{mnkl}\psi^{*m}\psi^{*n}\psi^k\psi^l \tag{7.541}$$

把无费米子态表示为场流形上的函数，注意到量子化费米子遵守反对易法则，单费米子态可作为流形上 1 - 形式 $\psi_j^*|\Omega\rangle\sim1$ - 形式，所以算子

$$Q,Q^*\sim\mathrm{d},\delta$$

$$H\sim\mathrm{d}\delta+\delta\mathrm{d}=\Delta$$

$$\mathrm{tr}(-1)^F\exp(-\beta H)=\sum_k(-1)^k b_k=X(M)$$

为场流形上奇偶谐和形式之差。此算子可用所有场都具有周期性边界条件的泛函积分写为

$$\mathrm{tr}(-1)^F\exp(-\beta H)=\iiint_{T_B}[\mathrm{d}\varphi\mathrm{d}\psi\mathrm{d}\psi^*]\exp\left(-\int_0^\beta H\mathrm{d}\tau\right) \tag{7.542}$$

系综正则配分函数相当于虚时（欧几里得空间）路径积分且用周期性边界条件（$-\beta\to\beta$）。当 $\beta\to0$ 时泛函积分主要贡献源于场量为常值的，动能项贡献可作微扰处理，作经典近似（$\beta\to0$），

$$\mathrm{tr}(-1)^F\exp(-\beta H)-\iiint[\mathrm{d}\varphi_0\mathrm{d}\psi_0^*\mathrm{d}\psi_0]\cdot$$

$$\exp\left(-\frac{1}{4}\beta R_{mnkl}\psi^{*m}\psi^{*n}\psi^k\psi^l\right)\iiint[\mathrm{d}\varphi(t)\mathrm{d}\psi^*(t)\mathrm{d}\psi(t)]\exp(-T_k)$$

$$=\int\frac{\mathrm{d}V_D}{(2\pi\beta)^{D/2}}\iint\prod_{l_1=1}^{D}\mathrm{d}\psi_{l_1}^*\mathrm{d}\psi_{l_1}\exp\left(-\frac{1}{4}\beta R_{mnkl}\psi^{*m}\psi^{*n}\psi^k\psi^l\right)$$

T_k 为动能项、D 为场流形的维数。应用 Beregin 公式计算上述包括格拉斯曼变量的积分，若 D 为奇数，指数展开中不能饱和格拉斯曼变量积分，则 $\mathrm{tr}(-1)^F\exp(-\beta H)=0$，这与奇维紧致流形欧拉数为零一致；若 D 为偶数，$D=2n$，则

$$\mathrm{tr}(-1)^F\exp(-\beta H)=\frac{\left(-\frac{1}{4}\beta\right)^{\frac{D}{2}}}{(\pi\beta)^{D/2}\left(\frac{D}{2}\right)!}\cdot$$

$$\int \mathrm{d}(V_D)\varepsilon^{i_1 j_1 \cdots i_n j_n}\cdots\varepsilon^{k_1 l_1 \cdots k_n l_n}R_{i_1 j_1 k_1 l_1}\cdots R_{i_n j_n k_n l_n} \tag{7.543}$$

对 $D=4$，上式为

$$\operatorname{tr}(-1)^F\exp(-\beta H) = X(M) = \frac{1}{32\pi^2}\int_M \varepsilon_{abcd}R_{ab}\wedge R_{cd}$$

这就是高斯定理，A-S 指数定理的特例。

7.6 辐射传递的随机性

本节研究无限平面平行大气中辐射能发射几率分布的随机方程。

设 $M(t)$ 为对应于空间一点的、依赖于一维参数 t 的随机变量，取 $P_\mu(t)=\mathscr{F}\{M(t)=\mu\}$ 表示 $M(t)$ 的几率分布。这里 μ 为光束方向与大气层的法线夹角的余弦，t 为以总吸收度量的光学深度。依定义 $P_\mu(t)\mathrm{d}\mu$ 为 $M(t)$ 在深度 t 处位于区间 $(\mu,\mu+\mathrm{d}\mu)$ 中的几率；$P_\mu(t)\mathrm{d}\mu$ 的物理意义为在 t 处沿方向 μ 的发射量。置

$$P_{\mu_1\mu_2}(t_1,t_2)\mathrm{d}\mu_2 = \mathscr{F}\{M(t_2)=\mu_2 \mid M(t_1)=\mu_1\} \qquad (t_1<t_2)$$

表示在已知 $M(t_1)=\mu_1$ 的条件下 $M(t_2)$ 在区间 $(\mu_2,\mu_2+\mathrm{d}\mu_2)$ 中的几率。若设 $P_\mu(t)$ 关于时间是齐次的且过程 $\{M(t),t\geqslant 0\}$ 为马尔可夫型，则

$$P_\mu(t) = \int_0^1 P_{\mu'}(t-\tau)P_{\mu'\mu}(\tau)\mathrm{d}\mu' \tag{7.544}$$

$0<\tau<t$；假定存在 $Q_{\mu'\mu}$ 使

$$\lim_{\tau\to 0}P_{\mu'\mu}(\tau) = Q_{\mu'\mu}\tau + \delta(\mu-\mu')\phi(\tau) \tag{7.545}$$

$$\phi(\tau) = 1-\int_0^1 Q_{\mu'\mu}\mathrm{d}\mu \tag{7.546}$$

又论

$$Q_{\mu'\mu} = \frac{P_\mu(0)}{2\mu'} \tag{7.547}$$

并使

$$\int_0^1 Q_{\mu'\mu}\mathrm{d}\mu' = \frac{1}{\mu} \tag{7.548}$$

式(7.548)中$\frac{1}{\mu}$可理解为总截面。式(7.545)代入式(7.544),使用式(7.547)且过渡到极限,得积分方程

$$\frac{\partial}{\partial t}P_{\mu}(t)=-\frac{P_{\mu}(t)}{\mu}+\frac{1}{2}P_{\mu}(0)\int_{0}^{1}P_{\mu'}(t)\frac{\mathrm{d}\mu'}{\mu'} \quad (7.549)$$

式(7.549)第一项为沿方向μ射出的一束平行辐射,当区间$(t, t+\mathrm{d}t)$中不被散射或吸收而传递时,系统处于状态(μ,t)的几率减少;第二项为若系统以几率$P_{\mu'}(t)\mathrm{d}\mu'$处于状态$(\mu',\mu)$,当转移到状态$\mu$时,在几率$P_{\mu}(t+\mathrm{d}t)$中所占的总的部分;该转移的发生为一次或多次散射过程的结果。等式左边为当系统处于状态μ的几率作为光学厚度t的函数时的变化率。

式(7.549)的解为

$$P_{\mu}(t)=P_{\mu}(0)\exp\left(-\frac{t}{\mu}\right)+\frac{1}{2}P_{\mu}(0)\int_{0}^{t}\mathrm{d}\tau\int_{0}^{1}\exp\left(1-\frac{t-\tau}{\mu}\right)P_{\mu'}(t)\frac{\mathrm{d}\mu'}{\mu'} \quad (7.550)$$

对于扩散的辐射场,即因为一次或多次散射导致的辐射场,源函数$J(\mu,t)$符合积分方程,

$$\frac{\partial}{\partial t}J(\mu,t)=-\frac{J(\mu,t)}{\mu}+\frac{1}{2}J(\mu,0)\int_{0}^{1}J(\mu',t)\frac{\mathrm{d}\mu'}{\mu'} \quad (7.551)$$

比较式(7.551)、式(7.549)可推知当$J(\mu,0)$满足式(7.548)时,$P_{\mu}(t)$、$J(\mu,t)$等价。

命$J(\mu,0)=H(\mu)$,$H(\mu)$的函数方程为

$$H(\mu)=1+\frac{1}{2}\int_{0}^{1}\rho(\mu',\mu)\mathrm{d}\mu' \quad (7.552)$$

$$\rho(\mu',\mu)=\int_{0}^{\infty}P_{\mu}(t)\exp\left(-\frac{t}{\mu'}\right)\frac{\mathrm{d}t}{\mu'} \quad (7.553)$$

$\rho(\mu',\mu)$为$P_{\mu}(t)$的拉普拉斯变换,该拉普拉斯变换为

$$\mathscr{L}_{\frac{1}{\mu}}\{f(x)\}=\int_{0}^{\infty}f(x)\exp\left(-\frac{x}{\mu}\right)\frac{\mathrm{d}x}{\mu}$$

又

$$\rho(\mu',\mu)\mu' = \rho(\mu,\mu')\mu = S(\mu,\mu') \tag{7.554}$$

式中 $\rho(\mu',\mu)$为标准散射函数。

对式(7.549)作上述拉普拉斯变换，有

$$\rho(\mu',\mu)\left(\frac{1}{\mu'}+\frac{1}{\mu}\right)=\frac{H(\mu)}{\mu'}+\frac{1}{2}H(\mu)\int_0^1\rho(\mu',\mu'')\frac{\mathrm{d}\mu''}{\mu''} \tag{7.555}$$

利用式(7.552)，得

$$\rho(\mu',\mu) = \frac{\mu}{\mu+\mu'}H(\mu)H(\mu') \tag{7.556}$$

式(7.556)代入式(7.552)，

$$H(\mu) = 1+\frac{1}{2}\mu H(\mu)\int_0^1\frac{H(\mu')}{\mu+\mu'}\mathrm{d}\mu' \tag{7.557}$$

今考虑当净通量为常数时，在半无限大气中射出辐射的角分布；以 $I(\mu,0)(0\leqslant\mu\leqslant1)$为角分布。此时源函数的 Milne 第一积分形式为

$$J(t) = B(t)+G(t) \tag{7.558}$$

其中

$$G(t) =- B(t)+\Lambda_t[B(\tau)]+\Lambda_t[G(\tau)] \tag{7.559}$$

Λ_t 为 Hopf 算子，

$$\Lambda_t[y(\tau)]= \frac{1}{2}\int_0^{\infty}y(\tau)E_1(|t-\tau|)\mathrm{d}\tau \tag{7.560}$$

$$E_1(z)= \int_0^1\exp\left(-\frac{z}{x}\right)\frac{\mathrm{d}x}{x}$$

式(7.558)中 $B(t)$为具有常数净通量 πF 的 Milne 问题的特解。可以证明

$$I(\mu,0) = \mathscr{L}_{\frac{1}{\mu}}\{B(t)\}+\mathscr{D}_\mu[f(t)] \tag{7.561}$$

这里 $f(t)=-B(t)+\Lambda_t[B(\tau)]$、$\mathscr{D}_\mu$ 为散射算子，

$$\mathscr{D}_\mu[f(t)] = \int_0^{\infty}P_\mu(t)f(t)\frac{\mathrm{d}t}{\mu} \tag{7.562}$$

$$B(t) = \frac{3}{4}Ft \tag{7.563}$$

应用关系

$$\Lambda_t(\tau) = t + \frac{1}{2}E_3(t)$$

为第三积分及

$$E_3(z) = \int_0^1 \exp\left(-\frac{z}{x}\right)\frac{\mathrm{d}x}{x^3}$$

并结合式(7.563)、式(7.562)、式(7.553)、式(7.560)变为

$$\begin{aligned} I(\mu,0) &= \frac{3}{4}F\left[\mu + \frac{1}{2}\int_0^\infty E_3(t)P_\mu(t)\,\frac{\mathrm{d}t}{\mu}\right] \\ &= \frac{3}{4}F\left[\mu + \frac{1}{2\mu}\int_0^1 \rho(\mu',\mu)(\mu')^2\mathrm{d}\mu'\right] \end{aligned} \tag{7.564}$$

从式(7.556),又利用式(7.557),于是式(7.564)写为

$$I(\mu,0) = \frac{3}{4}FH(\mu)\left[\mu\left(1 - \frac{1}{2}\alpha_0\right) + \frac{1}{2}\alpha_1\right] \tag{7.565}$$

式中 α_0、α_1 为 $H(\mu)$的零阶、一阶矩。$H(\mu)$的 l 阶矩为

$$\alpha_l = \int_0^1 \mu^l H(\mu)\mathrm{d}\mu$$

有

$$\alpha_0 = 2 \quad \alpha_1 = \frac{2}{\sqrt{3}}$$

推出射出辐射角分布,

$$I(\mu,0) = \frac{\sqrt{3}}{4}FH(\mu) \tag{7.566}$$

【例 7.1】 讨论阿贝尔反常。

在四维时空中费米子和规范场相互作用拉格朗日量可表达为

$$L = i\bar{\psi}\gamma^\mu\left(\frac{\partial}{\partial x^\mu} + A_\mu^a T_a\right)\psi = i\bar{\psi}\mathscr{D}\psi \tag{①}$$

式中 $\mathscr{D}=\gamma^\mu D_\mu$($D_\mu$ 为协变导数、T_a 为规范群生成元的表示矩阵),满足

$$[T_a, T_b] = F_{ab}^c T_c$$

注意到

$$\{\gamma_5, \mathscr{D}\} = 0 \tag{②}$$

使经典作用量在费米场作整体手征转动下不变，

$$\begin{aligned} \psi(x) &\to \psi'(x) = \exp(i\alpha\gamma_5)\psi(x) \\ \bar{\psi}(x) &\to \bar{\psi}'(x) = \bar{\psi}(x)\exp(i\alpha\gamma_5) \end{aligned} \tag{③}$$

并在相角 α 作任意转动下不变，依诺特定理及经典场论知矢量流 J_μ、轴矢流 J_μ^5 守恒，

$$J_\mu^{,\mu} = 0 \quad J_\mu^{5,\mu} = 0 \tag{④}$$

式中

$$J_\mu = \bar{\psi}\gamma_\mu\psi \quad J_\mu^5 = \bar{\psi}\gamma_\mu\gamma_5\psi \tag{⑤}$$

当量子化时矢量流 $\langle J_\mu \rangle$ 仍然守恒，$\langle\rangle$ 表示量子化后物理量的真空平均值，

$$\langle J_\mu^{,\mu} \rangle = 0 \tag{⑥}$$

于是轴矢流 $\langle J_\mu^5 \rangle$ 出现反常，

$$\langle J_\mu^{5,\mu} \rangle = -\frac{1}{16\pi^2}\varepsilon^{\mu\nu\rho\sigma}\mathrm{tr}F_{\mu\nu}F_{\rho\sigma} \tag{⑦}$$

而

$$F_{\mu\nu} = F_{\mu\nu}^a T_a \tag{⑧}$$

式⑧称为阿贝尔反常（或单态反常）。

【例 7.2】 讨论带边流形上 de Rham 复形的指数定理。

对 de Rham 复形，在流形 M 的边界上可采用通常局域边界条件，Dirichlet 条件。

$2n$ 维紧致带边流形 M，其边缘 ∂M 为 $2n-1$ 维紧致无边流形；在边缘 ∂M 附近，如允许乘积度规

$$\mathrm{d}s^2 = f(r_0)\mathrm{d}r^2 + g_{lj}(r_0, x)\mathrm{d}x^l\mathrm{d}x^j \tag{①}$$

边缘流形 ∂M 由

$$r = r_0$$

确定。考虑具有相同边界的两个流形 M、M'，

$$\partial M = \partial M'$$

如图 7.12 所示。当 M、M'在接近边界时都具有同样的乘积度规，于是可将此两流形沿其公共边界光滑缝合形成一个无边界的流形 $M \cup M'$，边界的拓扑指数项 $S[\partial M]$贡献为零。

若流形 M 上度规为非乘积度规，其对应的黎曼联络 1 - 形式为 ω，设法在∂M 邻域选乘积度规，使相应联络 1 - 形式 ω_0 在∂M 上仅有切分量，其切分量与最初联络 1 - 形式 ω 的切分量同。故两者的差 θ 只有法分量，称为第二基本形式

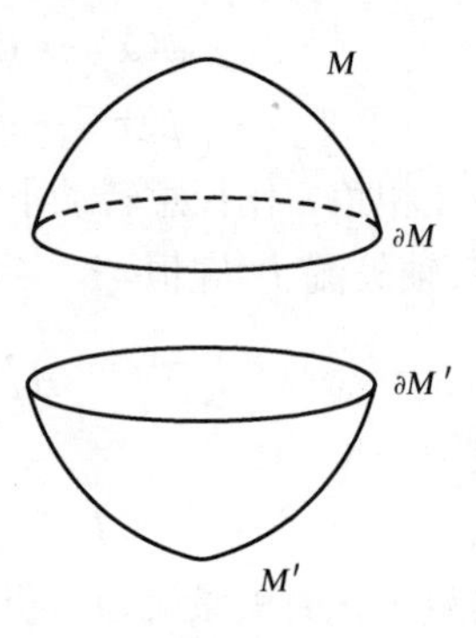

图 7.12

$$\theta = \omega - \omega_0 \tag{②}$$

它是矩阵值 1 - 形式，在标架变换下协变。

流形 M 的切丛上示性类，由流形 M 的曲率 R 的对称多项式 $P(R)$组成，$P(R)$为底流形 M 的上同调类，称为陈类。切丛的示性类标志切丛偏离平凡丛的程度，与所选联络及度规无关，即由联络 ω、ω_0 决定的示性类 $P(R)$、$P(R_0)$间可差流形上恰当形式 $\mathrm{d}Q(\omega,\omega_0)$，

$$\mathrm{d}Q(\omega,\omega_0) = P(R) - P(R_0) \tag{③}$$

这里 $Q(\omega,\omega_0)$为陈形式。

注意到乘积度规无边界拓扑指数项 $S[\partial M]$的改正；对非乘积度规需依曲率多项式对流形 M 的积分 $V[M]$再引进边界改正 $S[\partial M]$，使其效果相当于对乘积度规曲率多项式的积分，就是

$$V[M] + S[\partial M] = C\int_M P(R_0) = C\int_M P(R) - C\int_{\partial M} Q(\omega,\omega_0)$$

$$S[\partial M] = -C\int_{\partial M} Q(\omega,\omega_0) \tag{④}$$

因为流形 M 在∂M 邻域之外可能无乘积度规，所以不可能讨论 $P(R_0)$在整个流形上的积分，此时式④仍正确。$S[\partial M]$依所选联络 ω、曲率 R、边界上第二基本形式 $\theta=\omega-\omega_0$确定。

综上，对于有边界的 de Rham 复形，APS 指数定理可表示为（$\dim M=4$）

$$X=\frac{1}{32\pi^2}\left[\int_M \varepsilon_{abcd}R^a_b\wedge R^c_d-\int_{\partial M}\varepsilon_{abcd}\left(2\theta^a_b\wedge R^c_d-\frac{4}{3}\theta^a_b\wedge\theta^c_e\wedge\theta^e_d\right)\right] \quad ⑤$$

式中 R^a_b 为曲率 2 - 形式；$\theta^a_b=\omega^a_b-(\omega_0)^a_b$ 为第二基本形式。

8 场 规 范

在前面的章节中已经引述了若干与规范理论有关的结论，如量子色动力学等。这里对规范场论的初步内容作集中简述。

8.1 场的对称性

8.1.1 时空连续变换下的不变性

时空平移为时空坐标 x^μ 的平移变换，定义为

$$x^\mu \to x^{\mu'} = x^\mu + a^\mu \quad (\mu = 0,1,2,3)$$

$$\delta x^\mu = x^{\mu'} - x^\mu = a^\mu \tag{8.1}$$

a^μ 为与 x^μ 无关的常数。在该变换下场量 ϕ_σ 也发生相应的变化，且变化前、后的场量相等，即

$$\phi_\sigma(x) \to \phi'_\sigma(x') = \phi_\sigma(x) \tag{8.2}$$

σ=1、2、…、n 为场分量指标。$\phi'_\sigma(x')$由双重变化而成；作为 x 的函数，其随 x 变为 $\phi_\sigma(x')$；根据场性质，它变为 $\phi'_\sigma(x)$，引进本征变换，

$$\delta\phi_\sigma(x) = \phi'_\sigma(x) - \phi_\sigma(x)$$

依式(8.2)

$$\phi'_\sigma(x) = \phi_\sigma(x-a) = \phi_\sigma(x) - a^\mu \phi_{\sigma,\mu}(x)$$

上式中 a^μ 为小量，取一级近似，故场量的本征变化为

$$\delta\phi_\sigma(x) = - a^\mu \phi_{\sigma,\mu}(x) \tag{8.3}$$

因为时空均匀，在时空空间各点出现的物理规律相同，所以描述物理规律的拉格朗日函数密度在不同时空点具有相同的形式。在平移变换下拉格朗日函数密度 $\mathscr{L}$不变，

$$\mathscr{L}(\phi_\sigma(x), \phi_{\sigma,\mu}(x)) \to \mathscr{L}(\phi_\sigma(x), \phi_{\sigma,\mu}(x)) \tag{8.4}$$

从时空均匀性、平移不变性可推出能量、动量守恒。由式(8.4)，

$$\mathscr{L}(\phi'_\sigma(x), \phi'_{\sigma,\mu}(x)) \to \mathscr{L}(\phi'_\sigma(x-a), \phi_{\sigma,\mu}(x-a)) = 0$$

$$\begin{aligned}
&\mathscr{L}(\phi'_\sigma(x), \phi'_{\sigma,\mu}(x)) \to \mathscr{L}(\phi'_\sigma(x), \phi'_{\sigma,\mu}(x)) \\
&+ \mathscr{L}(\phi_\sigma(x), \phi_{\sigma,\mu}(x)) - \mathscr{L}(\phi_\sigma(x-a), \phi_{\sigma,\mu}(x-a)) \\
=&\frac{\partial \mathscr{L}}{\partial \phi_\sigma}\delta\phi_\sigma + \frac{\partial \mathscr{L}}{\partial \phi_{\sigma,\mu}}\delta\phi_{\sigma,\mu} + \frac{\partial \mathscr{L}}{\partial x^\mu}\delta x^\mu \\
=&\frac{\partial}{\partial x^\mu}\left[\frac{\partial \mathscr{L}}{\partial \phi_{\sigma,\mu}}\delta\phi_\sigma + \mathscr{L}\delta x^\mu\right] \\
=&\frac{\partial}{\partial x^\mu}\left[\frac{\partial \mathscr{L}}{\partial \phi_{\sigma,\mu}}(-a^\nu\phi_{\sigma,\nu}(x)) + \mathscr{L}g^\mu_\nu a^\nu\right] = 0
\end{aligned}$$

由于 a^ν 为任意小量，因此依上式知

$$\frac{\partial}{\partial x^\nu}T^{\mu\nu} = 0 \tag{8.5}$$

$$T^{\mu\nu} = \mathscr{L}g^{\mu\nu} - \phi_\sigma^{;\mu}(x)\frac{\partial \mathscr{L}}{\partial \phi_{\sigma,\nu}} \tag{8.6}$$

式中 $\phi_\sigma^{;\mu}$ 的上角逗号表示对协变量的导数。式(8.5)是连续性方程，为能量、动量的微分形式。式(8.6)中 $T^{\mu\nu}$ 为能量－动量张量。对式(8.5)积分，得

$$\int_V\left(\frac{\partial T^{\mu 1}}{\partial x^1} + \frac{\partial T^{\mu 2}}{\partial x^2} + \frac{\partial T^{\mu 3}}{\partial x^3}\right)\mathrm{d}V + \int_V \frac{\partial T^{\mu 0}}{\partial t}\mathrm{d}V = 0$$

使用高斯定理，

$$\oint_S T^{\mu l}\,\mathrm{d}S_l + \frac{\partial}{\partial t}\int_V T^{\mu 0}\,\mathrm{d}V = 0 \tag{8.7}$$

这是能量－动量守恒的积分形式。

将式(8.7)用于场的全部空间，在其表面上 $T^{\mu l}=0$，于是

$$\frac{\partial}{\partial t}\int_V T^{\mu 0}\,\mathrm{d}V = 0$$

据此，

$$P^\mu = \int_V T^{\mu 0}\,\mathrm{d}V$$

为守恒量，称之为场的四维动量，又

$$-E = \int_V T^{00}\,\mathrm{d}V = \int_V[\mathscr{L} - \phi_\sigma(x)\pi_\sigma(x)]\mathrm{d}V \tag{8.8}$$

为场能量，

$$P^{l} = \int_{V} T^{l0} \mathrm{d}V = -\int_{V} \pi_{\sigma}(x) \phi_{\sigma}^{;l} \mathrm{d}V \tag{8.9}$$

为场动量；而

$$\pi_{\sigma}(x) = \frac{\delta \mathscr{L}}{\delta \dot{\phi}_{\sigma}}$$

是和场量 $\phi_{\sigma}(x)$ 对应的正则动量（密度）。

若时空中标度换为

$$x^{\mu} \rightarrow x^{\mu'} = a^{\mu\nu} x_{\nu}$$

$$x^{\mu'} x_{\mu'} = x^{\nu} x_{\nu}$$

则称之为洛仑兹变换。$a^{\mu\nu}$ 为与 x^{μ} 无关的变换系数。由上式，

$$a^{\mu\nu} a_{\mu\lambda} = g_{\lambda}^{\mu}$$

如果

$$a^{\mu\nu} = g^{\mu\nu} + \varepsilon^{\mu\nu}$$

$\varepsilon^{\mu\nu}$ 为小量，又

$$\varepsilon^{\mu\nu} = -\varepsilon^{\nu\mu} \tag{8.10}$$

那么这就是无穷小洛仑兹变换；此时

$$\delta x^{\mu} = x^{\mu'} - x^{\mu} = \varepsilon^{\mu\nu} x_{\nu} \tag{8.11}$$

在无穷小洛仑兹变换下场量 $\phi_{\sigma}(x)$ 也应为无穷小变换，

$$\phi_{\sigma}(x) \rightarrow \phi'_{\sigma}(x') = \left(\delta_{\mu\nu} + \frac{1}{2} i\varepsilon^{\mu\nu} S_{\mu\nu,\sigma\rho}\right) \phi_{\rho}(x) \tag{8.12}$$

$S_{\mu\nu,\sigma\rho}$ 为场量 $\phi_{\sigma}(x)$ 性质确立的变换系数，事实上是由相应粒子的自旋确立的变换系数。$\phi'_{\sigma}(x')$ 也包括双重变换，其本征变化为

$$\delta\phi_{\sigma}(x) = \phi'_{\alpha}(x) - \phi_{\alpha}(x)$$

由式(8.12)，

$$\begin{aligned}
\phi'_{\sigma}(x) &= \phi_{\sigma}(x - \varepsilon x) + \frac{1}{2} i\varepsilon^{\mu\nu} S_{\mu\nu,\sigma\rho} \phi_{\rho}(x - \varepsilon x) \\
&= \phi_{\sigma}(x) - \varepsilon^{\mu\nu} x_{\nu} \phi_{\alpha,\mu}(x) + \frac{1}{2} i\varepsilon^{\mu\nu} S_{\mu\nu,\sigma\rho} \phi_{\rho}(x) \\
&= \phi_{\sigma}(x) + \frac{1}{2} \varepsilon^{\mu\nu} \left[\left(x_{\mu} \frac{\partial}{\partial x^{\nu}} - x_{\nu} \frac{\partial}{\partial x^{\mu}} \right) \delta_{\sigma\rho} + i S_{\mu\nu,\sigma\rho} \right] \phi_{\rho}(x)
\end{aligned}$$

代入上式，得

$$\delta\phi_\sigma(x)=\frac{1}{2}\varepsilon^{\mu\nu}\left[\left(x_\mu\frac{\partial}{\partial x^\nu}-x_\nu\frac{\partial}{\partial x^\mu}\right)\delta_{\sigma\rho}+iS_{\mu\nu,\sigma\rho}\right]\phi_\rho(x)\tag{8.13}$$

从洛伦兹变换下的不变性可给出时空空间各向同性，且

$$\mathscr{L}(\phi'_\sigma(x'),\phi'_{\sigma,\mu}(x))-\mathscr{L}(\phi_\sigma(x-\varepsilon x),\phi_{\sigma,\mu}(x-\varepsilon x))$$

$$=\frac{\partial\mathscr{L}}{\partial\phi_\sigma}\delta\phi_\sigma+\frac{\partial\mathscr{L}}{\partial\phi_{\sigma,\mu}}\delta\phi_{\sigma,\mu}+\frac{\partial\mathscr{L}}{\partial x^\mu}\delta x^\mu=\frac{\partial}{\partial x^\mu}\left(\frac{\partial\mathscr{L}}{\partial\phi_{\sigma,\mu}}\delta\phi_\sigma+\mathscr{L}g^{\mu\nu}\delta x_\nu\right)=0$$

式(8.11)、式(8.13)代入上式，

$$\frac{\partial}{\partial x^\mu}\left\{\frac{\partial\mathscr{L}}{\partial\phi_{\sigma,\mu}}\frac{1}{2}\varepsilon^{\nu\lambda}\left[\left(x_\nu\frac{\partial}{\partial x^\lambda}-x_\lambda\frac{\partial}{\partial x^\nu}\right)\delta_{\rho\sigma}+iS_{\nu\lambda,\sigma\rho}\right]\cdot\right.$$

$$\left.\phi_\rho(x)+\mathscr{L}g^{\mu\nu}\varepsilon_{\nu\lambda}x^\lambda\right\}$$

$$=\frac{1}{2}\varepsilon^{\mu\nu}\frac{\partial}{\partial x^\mu}\left[x_\lambda\left(g^\mu_\nu\mathscr{L}-\frac{\partial\mathscr{L}}{\partial\phi_{\sigma,\mu}}\phi_{\sigma,\nu}\right)\right.$$

$$\left.-x_\nu\left(g^\mu_\lambda\mathscr{L}-\frac{\partial}{\partial\phi_{\sigma,\mu}}\phi_{\sigma,\lambda}\right)+i\frac{\partial\mathscr{L}}{\partial\phi_{\sigma,\mu}}S_{\nu\lambda,\sigma\rho}\phi_\rho(x)\right]=0$$

$\varepsilon^{\mu\nu}$为任意的，式(8.6)代入上式，有

$$\frac{\partial}{\partial x_\mu}M_{\lambda\nu,\mu}=0\tag{8.14}$$

$$M_{\lambda\nu,\mu}=x_\lambda T_{\nu\mu}-x_\nu T_{\lambda\mu}+i\frac{\partial\mathscr{L}}{\partial\phi_\sigma^{,\mu}}S_{\nu\lambda,\sigma\rho}\phi_\rho\tag{8.15}$$

这是四维角动量守恒定律和四维角动量张量。守恒的四维角动量为

$$J_{\lambda\nu}=\int_V M_{\lambda\nu,0}\mathrm{d}V$$

当 λ、$\nu=l$、$j=1,2,3$ 时为普通角动量，

$$J_{lj}=\int_V[x_lT_{j0}-x_jT_{l0}+i\pi_\sigma(x)S_{ji,\sigma\rho}\phi_\rho(x)]\mathrm{d}V$$

而

$$-i\int_V\pi_\sigma(x)S_{ji,\sigma\rho}\phi_\rho(x)\mathrm{d}V$$

为自旋角动量。

事实上，诺特定理已经表明守恒定律和对称性、不变性的关系。

8.1.2 整体规范不变性

在规范理论中内部空间是描述粒子场内在性质的抽象空间；内部空间的转动可用规范群 G 表示，其元素记作

$$u(\theta) = \exp(-i\theta^{\alpha} T^{\alpha}) \tag{8.16}$$

T^{α} 为群 G 的生成元，满足对易关系

$$[T^{\alpha}, T^{\beta}] = if^{\alpha\beta\gamma} T^{\gamma} \tag{8.17}$$

$f^{\alpha\beta\gamma}$ 为群 G 的结构常数。α、β、$\gamma=1,2,\cdots,N$。N 为群 G 维数，θ^{α} 为群 G 参数。

如果规范群为 $SU(n)$，那么 $N=n^2-1$，即 n^2-1 个生成元 T^{α}。群元素的表示 $u(\theta)$ 为么正、么模的矩阵；生成元的表示为埃尔米特的、无迹的矩阵，且在 n^2-1 分生成元中有 $n-1$ 个可同时对角化。

如果规范群是 n 维实空间的转动群，那么有 $N=\frac{1}{2}n(n-1)$ 个生成元；其表示 T^{α} 为埃尔米特的、纯虚的、反对称的矩阵。它的基本表示记作

$$L_{lj} = -i(E_{lj} - E_{jl})$$
$$(E_{lj})_{mn} = \delta_{lm}\delta_{jn} \tag{8.18}$$

l、$j=1,2,\cdots,n$。当然群的生成元可作为描述粒子性质的算子。在量子电动力学中应用 $U(1)$ 群，生成元 $T=Q$ 为电荷算子；在弱电统一理论中应用 $SU(2)\times U(1)$ 群，生成元 $T^{l}(l=1,2,3)$ 为同位旋算子、生成元 Y 为超荷算子；在量子色动力学中应用 $SU(3)$ 群，生成元 $G^{\alpha}(\alpha=1,2,\cdots,8)$ 为颜色算子；在大统一理论中应用 $SU(5)$ 群，生成元不仅有 T^{l}、Y、G^{α} 而且有 12 个既有颜色又有味道的算子 T_{r}^{α}、$T_{\alpha}^{r}(\alpha=1,2,3;r=4,5)$。

在内部空间转动下场量 $\phi_{\sigma}(x)$ 作变换

$$\phi_\sigma(x) \to \phi'_\sigma(x) = \exp(-i\theta^\alpha T^\alpha_{\sigma\rho})\phi_\rho(x) \tag{8.19}$$

称该变换为规范变换。当群参数 θ^α 为与时空坐标 x 无关的常数时称作整体规范不变性；当群参数 θ^α 为时空坐标 x 的函数时称作定域规范变换。所谓“整体”意为时空各点的场作同样变换；所谓“定域”意为时空各点不同的变换。

此处讨论整体规范变换。σ、$\rho=1,2,\cdots,n$ 为场在内部空间的分量指数，n 为内部空间表示的维数。$T^\alpha_{\sigma\rho}$ 为生成元 T^α 的 n 维表示，为 $n\times n$ 方阵的矩阵元，n 维表示空间的矢量 $\phi(x)$ 的 n 个分量 ϕ_σ 可表达为

$$\phi(x) = \begin{pmatrix} \phi_1(x) \\ \phi_2(x) \\ \vdots \\ \phi_n(x) \end{pmatrix}$$

在内部空间转动下的变换，即式(8.19)可记为

$$\phi'(x) = \exp(-i\theta^\alpha T^\alpha)\phi(x) \tag{8.20}$$

由于 θ^α 为和时空坐标 x 无关的常数，因此场量的时空导数如同场量 $\phi(x)$ 一样变换，也就是

$$\phi_{,\mu}(x) \to \phi'_{,\mu}(x) = \exp(-i\theta^\alpha T^\alpha)\phi_{,\mu}(x) \tag{8.21}$$

这是整体规范不变的一个重要特征。

物理系统内部空间的对称性，用它的拉格朗日函数密度在此式(8.20)、式(8.21)表示的规范变换下的不变性，得

$$\mathscr{L}(\phi'(x),\phi'_{,\mu}(x)) = \mathscr{L}(\phi(x),\phi_{,\mu}(x)) \tag{8.22}$$

群参数 θ^α 为无穷小量，式(8.20)表示的变换为

$$\phi'(x) = (1-i\theta^\alpha T^\alpha)\phi(x)$$

$$\delta\phi(x) = \phi'(x) - \phi(x) = -i\theta^\alpha T^\alpha\phi(x)$$

依式(8.22)，

$$\mathscr{L}(\phi'(x),\phi'_{,\mu}(x)) - \mathscr{L}(\phi(x),\phi_{,\mu}(x))$$

$$= \frac{\partial\mathscr{L}}{\partial\phi}\delta\phi + \frac{\partial\mathscr{L}}{\partial\phi_{,\mu}}\delta\phi_{,\mu} = \frac{\partial}{\partial x^\mu}\left(\frac{\partial\mathscr{L}}{\partial\phi_{,\mu}}\delta\phi\right) = 0$$

将 $\delta\phi$ 代入并注意到 θ^α 的任意性，有

$$\frac{\partial}{\partial x_\mu} J_\mu^\alpha = 0$$

$$J_\mu^\alpha = -i \frac{\partial}{\partial \phi_{,\mu}} T^\alpha \phi$$

这是与内部对称性对应的守恒定律，J_μ^α 为守恒流，相应的守恒荷为

$$Q^\alpha = \int_V - J_0^\alpha \mathrm{d}V = -i\int_V \pi(x) T^\alpha \phi(x) \mathrm{d}V$$

若内部对称性为电荷、重子数、同位旋，则 T^α 为电荷算子、重子数算子、同位旋算子，J_μ^α 就是电流、重子流、同位旋流，Q^α 就是电荷、重子数、同位旋。

8.1.3 定域规范不变性

对于定域规范变换，场量给出

$$\phi(x) \to \phi'(x) = \exp[-i\theta^\alpha(x) T^\alpha]\phi(x) \tag{8.23}$$

的变换规律，而

$$\phi_{,\mu}(x) \to \phi'_{,\mu}(x) = \exp[-\theta^\alpha(x) T^\alpha]\phi_{,\mu}(x)$$
$$-i \frac{\partial}{\partial x^\mu}\theta^\beta(x) T^\beta \exp[-i\theta^\alpha(x) T^\alpha]\phi(x) \neq \exp(-i\theta^\alpha T^\alpha)\phi_{,\mu}(x) \tag{8.24}$$

与场量 $\phi(x)$ 的变换规律不同。这是与整体规范变换不同的重要特征。显然在整体规范变换下不变的拉格朗日函数密度

$$\mathscr{L}(\phi'(x), \phi'_{,\mu}(x)) = \mathscr{L}(\phi(x), \phi_{,\mu}(x))$$

推广到定域规范式(8.23)、式(8.24)。由于 $\phi_{,\mu}(x)$、$\phi(x)$ 不再依此规律变换，因此也就不再保持不变，即

$$\mathscr{L}(\phi'(x), \phi'_{,\mu}(x)) \neq \mathscr{L}(\phi(x), \phi_{,\mu}(x))$$

今以 D_μ（或分号）表示协变导数，于是

$$\phi(x) \to \phi'(x) = \exp[-i\theta^\alpha(x) T^\alpha]\phi(x)$$
$$D_\mu\phi(x) \to D'_\mu\phi(x') = \exp[-i\theta^\alpha(x) T^\alpha] D_\mu\phi(x) \tag{8.25}$$

构成的拉格朗日函数密度 $\mathscr{L}(\phi(x), D_\mu\phi(x))$ 为定域规范不变；

$$\mathscr{L}(\phi'(x), D'_\mu\phi'(x)) = \mathscr{L}(\phi(x), D_\mu\phi(x))$$

根据杨振宁、米尔斯的思想，取规范场势 $A_\mu^\alpha(x)$。而协变导数 $D_\mu(x)$ 为

$$D_\mu(x) = \frac{\partial}{\partial x^\mu} + A_\mu(x)$$

$$A_\mu(x) = -igA_\mu^\alpha(x)T^\alpha \tag{8.26}$$

g 为相互作用常数。式(8.26)代入式(8.25)，

$$\left[\frac{\partial}{\partial x^\mu} - igA_\mu^{\alpha'}(x)T^\alpha\right]u(\theta)\phi(x) = u(\theta)\left[\frac{\partial}{\partial x^\mu} - igA_\mu^\alpha(x)T^\alpha\right]\phi(x)$$

据此，

$$A_\mu^{\alpha'}(x)T^\alpha = u(\theta)A_\mu^\alpha(x)T^\alpha u^{-1}(\theta) + \frac{1}{g}iu(\theta)\frac{\partial}{\partial x^\mu}u^{-1}(\theta) \tag{8.27}$$

式(8.27)为规范势的变换规律，当作无穷小变换时

$$u(\theta) \approx 1 - i\theta^\alpha T^\alpha$$

$$\begin{aligned}
A_\mu^{\alpha'}T^\alpha &= (1 - i\theta^\beta T^\beta)A_\mu^\alpha T^\alpha(1 + i\theta^\beta T^\beta) \\
&\quad + \frac{1}{g}i(1 - i\theta^\beta T^\beta)\frac{\partial}{\partial x^\mu}(1 + i\theta^\beta T^\beta) \\
&= A_\mu^\alpha T^\alpha - i\theta^\beta A_\mu^\alpha[T^\beta, T^\alpha] - \frac{1}{g}\frac{\partial}{\partial x^\mu}\theta^\alpha T^\alpha \\
&= A_\mu^\alpha T^\alpha - i\theta^\beta A_\mu^\alpha if^{\beta\alpha\gamma}T^\gamma - \frac{1}{g}\frac{\partial}{\partial x^\mu}\theta^\alpha T^\alpha \\
&= A_\mu^\alpha T^\alpha + f^{\alpha\beta\gamma}\theta^\beta A_\mu^\gamma T^\alpha - \frac{1}{g}\frac{\partial}{\partial x^\mu}\theta^\alpha T^\alpha
\end{aligned}$$

推出

$$A_\mu^{\alpha'}(x) = A_\mu^\alpha(x) + f^{\alpha\beta\gamma}\theta^\beta(x)A_\mu^\gamma(x) - \frac{1}{g}\frac{\partial}{\partial x^\mu}\theta^\alpha(x) \tag{8.28}$$

式(8.28)与 $\phi(x)$ 场的表示 T^α 无关。

类似于电磁场，依

$$\begin{cases} F_{\mu\nu} = D_\mu A_\nu - D_\nu A_\mu \\ F_{\mu\nu} = -igF_{\mu\nu}^\alpha T^\alpha \end{cases} \tag{8.29}$$

定义规范场强 $F_{\mu\nu}^\alpha$。式(8.26)代入上式，

$$-igF^{\alpha}_{\mu\nu}T^{\alpha}=\left(\frac{\partial}{\partial x^{\nu}}-igA^{\alpha}_{\mu}T^{\alpha}\right)(-igA^{\beta}_{\nu}T^{\beta})$$

$$-\left(\frac{\partial}{\partial x^{\nu}}-igA^{\beta}_{\nu}T^{\beta}\right)(-igA^{\alpha}_{\mu}T^{\alpha})$$

$$=-ig\frac{\partial}{\partial x^{\nu}}A^{\beta}_{\nu}T^{\beta}+ig\frac{\partial}{\partial x^{\nu}}A^{\alpha}_{\mu}T^{\alpha}-g^{2}A^{\alpha}_{\mu}A^{\beta}_{\nu}[T^{\alpha},T^{\beta}]$$

$$=-ig(A^{\alpha}_{\nu,\mu}-A^{\alpha}_{\mu,\nu})T^{\alpha}-ig^{2}f^{\alpha\beta\gamma}A^{\alpha}_{\mu}A^{\beta}_{\nu}T^{\gamma}$$

得到

$$F^{\alpha}_{\mu\nu}=A^{\alpha}_{\nu,\mu}-A^{\alpha}_{\mu,\nu}+gf^{\alpha\beta\gamma}A^{\beta}_{\mu}A^{\gamma}_{\nu} \tag{8.30}$$

式(8.30)为规范场强、规范势的关系,注意到 $f^{\alpha\beta\gamma}\neq0$,这是非阿贝尔规范场和阿贝尔规范场的重要差别。

规范场强在规范变换下的规律可由式(8.29)及式(8.27)的另一种形式

$$A'_{\mu}(x)=u(\theta)A_{\mu}(x)u^{-1}(\theta)+u(\theta)\frac{\partial}{\partial x^{\mu}}u^{-1}(\theta)$$

确立。因为

$$F'_{\mu\nu}=D'_{\mu}A'_{\nu}-D'_{\nu}A'_{\mu}$$

$$=\left(\frac{\partial}{\partial x^{\mu}}+A'_{\mu}\right)A'_{\nu}-\left(\frac{\partial}{\partial x^{\nu}}+A'_{\nu}\right)A'_{\mu}$$

$$=u\left[\left(\frac{\partial}{\partial x^{\mu}}+A_{\mu}\right)A_{\nu}-\left(\frac{\partial}{\partial x^{\nu}}+A_{\nu}\right)A_{\mu}\right]u^{-1}$$

$$=u(D_{\mu}A_{\nu}-D_{\nu}A_{\mu})u^{-1}=uF_{\mu\nu}u^{-1}$$

所以

$$F'_{\mu\nu}(x)=u(\theta)F_{\mu\nu}u^{-1}(\theta) \tag{8.31}$$

对于无穷小变换,

$$u(\theta)=\exp(-i\theta^{\alpha}T^{\alpha})\approx1-i\theta^{\alpha}T^{\alpha}$$

式(8.31)变为

$$F^{\alpha'}_{\mu\nu}(x)=F^{\alpha}_{\mu\nu}(x)+f^{\alpha\beta\gamma}\theta^{\beta}F^{\gamma}_{\mu\nu}(x) \tag{8.32}$$

依式(8.31),

$$F'_{\mu\nu}F^{\mu\nu'}=uF_{\mu\nu}u^{-1}uF^{\mu\nu}u^{-1}=uF_{\mu\nu}F^{\mu\nu}u^{-1}$$

$$\mathrm{tr}(F'_{\mu\nu}F^{\mu\nu'})=\mathrm{tr}(uF_{\mu\nu}F^{\mu\nu}u^{-1})=\mathrm{tr}(F_{\mu\nu}F^{\mu\nu})$$

表明 $\mathrm{tr}(F_{\mu\nu}F^{\mu\nu})$ 规范不变，可用于构成规范场的拉格朗日函数密度。因为

$$\begin{aligned}\mathrm{tr}(F_{\mu\nu}F^{\mu\nu}) &= \mathrm{tr}[(-igF^{\alpha}_{\mu\nu}T^{\alpha})(-igF^{\mu\nu\beta}T^{\beta})] \\ &= -g^2F^{\alpha}_{\mu\nu}F^{\mu\nu\beta}\mathrm{tr}(T^{\alpha}T^{\beta}) = -g^2F^{\alpha}_{\mu\nu}F^{\mu\nu\beta}T(R)\delta_{\alpha\beta} \\ &= -g^2T(R)F^{\alpha}_{\mu\nu}F^{\mu\nu\alpha}\end{aligned}$$

式中 $T(R)$ 为常数，$F^{\alpha}_{\mu\nu}F^{\mu\nu\alpha}$ 也是规范不变，所以仿照电磁场，可置规范场的自由拉格朗日函数密度为

$$\mathscr{L}_{\mathrm{F}} = -\frac{1}{4}F^{\alpha}_{\mu\nu}F^{\mu\nu\alpha} \tag{8.33}$$

8.1.4 Higgs 机制

将拉格朗日函数密度为

$$\mathscr{L}_{\phi} = \frac{1}{2}\frac{\partial\phi^{+}}{\partial x^{\nu}}\frac{\partial\phi}{\partial x_{\nu}} - \frac{1}{2}\mu^2\phi^{+}\phi - \frac{1}{4}\lambda(\phi^{+}\phi)^2 \tag{8.34}$$

的场 $\phi(x)$ 称为 Higgs 场，式中 $\mu^2<0$、$\lambda>0$。

对于只有一个分量的内部空间，式(8.34)为

$$\mathscr{L}_{\phi} = \frac{1}{2}\frac{\partial\phi}{\partial x^{\nu}}\frac{\partial\phi}{\partial x_{\nu}} - \frac{1}{2}\mu^2\phi^2 - \frac{1}{4}\lambda\phi^4 \tag{8.35}$$

它在内部空间的反射变换中 $\phi(x)\rightarrow-\phi(x)$ 下不变，也就是内部空间具有反对称性。但真空态无此对称性，真空为最低能态，场的哈密顿密度为场的能量密度。现以 $\phi(x)$ 为广义坐标，广义动量为

$$\pi(x) = \frac{\partial\mathscr{L}_{\phi}}{\partial\dot{\phi}}$$

它的哈密顿密度为

$$\begin{aligned}\mathscr{H}(x) &= \pi(x)\dot{\phi}(x) - \mathscr{L}(x) \\ &= \frac{1}{2}\pi^2(x) + \frac{1}{2}[\nabla\phi(x)]^2 + \frac{1}{2}\mu^2\phi^2 + \frac{1}{4}\lambda\phi^4\end{aligned}$$

由于出现在上式中的场量的时空导数 $\phi_{,\mu}$ 均为二次项，且系数为正，因此能量最小条件为 $\phi(x)=$ 常数，

$$V(\phi) = \frac{1}{2}\mu^2\phi^2 + \frac{1}{4}\lambda\phi^4 \tag{8.36}$$

当取最小值时 Higgs 场的能量最低态，即真空态为

$$\phi_0^2 = -\frac{\mu^2}{\lambda}$$

命

$$\phi_0 = \langle|\ \phi\ |\rangle_0 = v = \sqrt{-\frac{\mu^2}{\lambda}} \tag{8.37}$$

为 Higgs 场真空态。场能量为

$$E_0 = V_0 = -\frac{\mu^2}{4\lambda}$$

在内部空间的反射变换下 $\phi_0 \to -\phi_0$，即从一种真空变为另一种真空。或者说，取真空式(8.37)，在内部空间反射变换下不是不变而是破缺的，$\mu^2 < 0$ 意义对应的粒子质量为虚数，虚质量粒子可以超光速运动。

据此知以式(8.35)描述为 Higgs 场，在内部空间反射变换下拉格朗日函数密度是对称的，真空是破缺的；相应的粒子质量为虚值，这是 Higgs 场的一个特点。

当 Higgs 场平移时，按

$$\phi(x) = \phi'(x) + v \tag{8.38}$$

定义新场 $\phi'(x)$。因为 $\phi_0 = v$，所以 $\phi_0' = 0$，也就是 $\langle|\phi'(x)|\rangle_0 = 0$。如此真空在内部空间的反射变换 $\phi'(x) \to -\phi'(x)$ 下是不变的，具有内部空间的反对称性。

式(8.38)代入式(8.35)，得到新 Higgs 场 $\phi'(x)$ 的拉格朗日函数密度，

$$\mathscr{L}_{\phi'} = \frac{1}{2}\frac{\partial\phi'}{\partial x^\nu}\frac{\partial\phi'}{\partial x_\nu} + \mu^2\phi'^2 - \lambda v\phi^3 - \frac{1}{4}\lambda\phi'^4 \tag{8.39}$$

它在内部空间的反对称变换 $\phi'(x) \to -\phi'(x)$ 下，由于第三项的存在而不是不变的，称为破缺；第二项表明 Higgs 粒子的质量，

$$\frac{1}{2}m^2 = -\mu^2$$

为实的，这与通常的质量概念一致。

据此知以式(8.39)描述的 Higgs 场，在内部空间反射变换下真空是对称的，拉格朗日函数密度是破缺的；相应粒子的质量为实数，这是以式(8.35)描述的 Higgs 场的又一个特点。故 Higgs 场具有两面性。

设 Higgs 场在内部空间有 n 个实分量。置

$$\phi(x) = \begin{pmatrix} \phi_1(x) \\ \phi_2(x) \\ \vdots \\ \phi_n(x) \end{pmatrix}$$

于是

$$\phi^+(x)\phi(x) = \tilde{\phi}(x)\phi(x) = \sum_{j=1}^{n} \phi_j^2(x)$$

拉格朗日函数密度为

$$\mathscr{L} = \frac{1}{2}\frac{\partial \phi^+}{\partial x^\nu}\frac{\partial \phi}{\partial x_\nu} - \frac{1}{2}\mu^2(\phi^+\phi) - \frac{1}{4}\lambda(\phi^+\phi)^2 \tag{8.40}$$

在 n 维内部空间的转动下是不变的。也就是在内部空间具有对称性。

实 n 维空间的转动可用 $SO(n)$ 群实现。$SO(n)$ 群的基本表示为 $n\times n$ 的、实正交的、归一化的矩阵，它有 n^2 个元素。由于有 $\frac{1}{2}n(n-1)$ 个正交条件及 n 个归一化条件，因此独立元素有 $\frac{1}{2}n(n-1)$ 个。$SO(n)$ 群有 $\frac{1}{2}n(n-1)$ 个群参数，有 $N=\frac{1}{2}n(n-1)$ 个生成元。这些生成元的基本表示为

$$L_{lj} = -i(E_{lj} - E_{jl}) \tag{8.41}$$

l、$j=1,2,\cdots,n$；E_{lj} 为 $n\times n$ 方阵，矩阵元为

$$(E_{lj})_{mn} = \delta_{lm}\delta_{jn} \tag{8.42}$$

群元素

$$u(\theta) = \exp(-i\theta_{lj}L_{lj})$$

对此变换，Higgs 场的变换为

$$\phi'(x) = u(\theta)\phi(x)$$

$$\phi'^{+}(x)\phi'(x) = \phi^{+}(x)u^{+}(\theta)u(\theta)\phi(x) = \phi^{+}(x)\phi(x)$$

表示式(8.40)不变。依式(8.40)，Higgs 场当

$$\phi^{+}\phi = \sum_{j=1}^{n}\phi_j^2 = v^2 = -\frac{\mu^2}{\lambda}$$

时为能量最低态；而真空态为

$$\phi_0 = \langle|\phi|\rangle_0 = v = \begin{pmatrix} v_1 \\ v_2 \\ \vdots \\ v_n \end{pmatrix}$$

$$v^2 = v^{+}v = \sum_{j=1}^{n} v_j^2 = -\frac{\mu^2}{\lambda}$$

在 n 维内部空间，在半径为 $v=\sqrt{-\frac{\mu^2}{\lambda}}$ 的球面上取真空值。若以 $\phi_j(x)$ 为 n 维空间的坐标轴如图 8.1 所示，把真空取在 $\phi_n(x)$ 轴上，命

$$\phi_0 = \langle|\phi(x)|\rangle_0 = \begin{pmatrix} 0 \\ 0 \\ \vdots \\ v \end{pmatrix}$$

这样真空在 $SO(n)$ 群的转动下不是不变的。

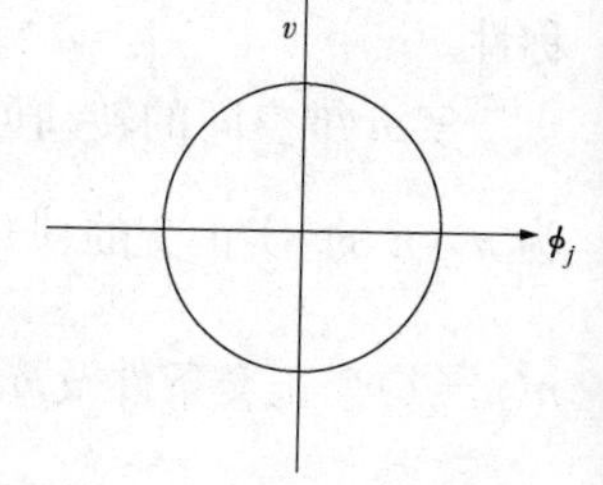

图 8.1

为了进一步分析真空破缺，把依式(8.41)、式(8.42)表示的生成元 L_{mk} 分成 l_{mk}、K_m 两组，而

$$l_{mk} = -i(E_{mk} - E_{km})$$

$$K_m = -i(E_{mn} - E_{nm})$$

式中 m、$k=1,2,\cdots,n-1$。注意到

$$l_{mk}\begin{pmatrix}0\\0\\\vdots\\v\end{pmatrix}=0\qquad K_m\begin{pmatrix}0\\0\\\vdots\\v\end{pmatrix}\neq 0$$

从而

$$\exp(-il_{mk}\theta_{mk})\begin{pmatrix}0\\0\\\vdots\\v\end{pmatrix}=\begin{pmatrix}0\\0\\\vdots\\v\end{pmatrix}\qquad \exp(-i\theta_m K_m)\begin{pmatrix}0\\0\\\vdots\\v\end{pmatrix}\neq\begin{pmatrix}0\\0\\\vdots\\v\end{pmatrix}$$

表明由$\frac{1}{2}(n-1)(n-2)$个生成元 l_{mk} 生成的变换，仍然保持真空不变，破坏真空对称的只是 $n-1$ 个生成元 K_m。

对于一般情形，用

$$v=\begin{pmatrix}v_1\\v_2\\\vdots\\v_n\end{pmatrix}\tag{8.43}$$

表示 Higgs 场的真空态矢量；用

$$L^\alpha\qquad(\alpha=1,2,\cdots,N)\tag{8.44}$$

表示规范变换群的生成元，而

$$l^\beta\qquad(\beta=1,2,\cdots,M)$$

$$l^\beta v\tag{8.45}$$

为保持真空不变的生成元，但

$$K^\gamma\qquad(\gamma=1,2,\cdots,N-M)$$

$$K^\gamma v\neq 0\tag{8.46}$$

为破坏真空对称的生成元。可以证明：保持真空不变的生成元构成子群，破坏真空对称性生成元形成相应的陪集。依式(8.45)知

$$[l^\alpha,l^\beta]v=l^\alpha l^\beta v-l^\beta l^\alpha v=0$$

另外，从生成元的对易关系给出

$$[l^\alpha,l^\beta]v=if^{\alpha\beta\gamma}L^\gamma v=0$$

当 $f^{\alpha\beta\gamma} \neq 0$ 时 $L^\gamma v = 0$，而 $L^\gamma = l^\gamma$

$$[l^\alpha, l^\beta] = i f^{\alpha\beta\gamma} l^\gamma \tag{8.47}$$

l^α 生成的群元素组成子群，称之为对称子群，为保持 Higgs 场对称的子群；K^β 生成的群元素组成相应的陪集，称之为破缺陪集，为破坏 Higgs 场对称的陪集；有时称 l^α 为对称生成元，称 K^β 为破缺生成元。

设 v 是真空态矢量，$K^\beta v$ 是 $N-M$ 个新态矢量。它和真空态矢量相互正交，且自身之间又线性无关。可以证明，它是质量算子的本征值为零的态矢。K^β 的矩阵元为纯虚的、反对称的，$K^\beta_{lj} = -K^\beta_{jl}$，得

$$(v, K^\beta v) = v_l K^\beta_{lj} v_j = \frac{1}{2} v_l v_j (K^\beta_{lj} + K^\beta_{jl}) = 0 \tag{8.48}$$

说明 $K^\beta v$、v 正交。记

$$A_{\alpha\beta} = (K^\alpha v, K^\beta v) = (v, K^\alpha K^\beta v)$$

因为 v 是实矢量、K^α 为埃尔米特的，所以 $A_{\alpha\beta}$ 为实数。又从

$$\begin{aligned} A_{\alpha\beta} - A_{\beta\alpha} &= (v, K^\alpha K^\beta v) - (v, K^\beta K^\alpha v) \\ &= (v, [K^\alpha, K^\beta] v) = i f^{\alpha\beta\gamma} (v, L^\gamma v) \\ &= \lambda f^{\alpha\beta\gamma} (v, l^\gamma v) + i f^{\alpha\beta\gamma} (v, K^\gamma v) = 0 \end{aligned}$$

$A_{\alpha\beta}$ 关于 α、β 对称。依此，$A_{\alpha\beta}$ 为实对称矩阵的矩阵元。根据代数学，实对称矩阵可以对角化，即存在正交矩阵 o 使

$$K^\alpha v \rightarrow o K^\alpha v$$

由矢量 $oK^\alpha v$ 标积构成的矩阵元是对角化的，即

$$\widetilde{A}_{\alpha\beta} = (oK^\alpha v, oK^\beta v) = A_\alpha \delta_{\alpha\beta} \tag{8.49}$$

这表明 $N-M$ 个矢量 $oK^\alpha v$ 为相互正交的，故与之由正交变换联系的 $N-M$ 个矢量 $K^\alpha v$ 就是线性无关的。

Goldstone 定理已在前面的章节中表述过，即：有一个破缺生成元，就有一个质量为零的标量粒子。

事实上，设 Higgs 场 $\phi(x)$ 的拉格朗日函数密度为

$$\mathscr{L} = \frac{1}{2} \frac{\partial \phi^+}{\partial x^\mu} \frac{\partial \phi}{\partial x_\mu} - V(x)$$

在无穷小规范变换下，

$$u(\theta) = \exp(-i\theta^{\alpha}L^{\alpha}) \approx 1 - i\theta^{\alpha}L^{\alpha}$$

$$\delta\phi = -i\theta^{\alpha}L^{\alpha}\phi$$

$$\delta\phi_l = -i\theta^{\alpha}L^{\alpha}_{lj}\phi_j$$

因为 $\mathscr{L}$ 不变,所以 $V(\phi)$ 也不变，

$$\delta V = \frac{\partial V}{\partial \phi_l}\delta\phi_l = -i\theta^{\alpha}\frac{\partial V}{\partial \phi_l}L^{\alpha}_{lj}\phi_j = 0$$

注意到 θ^{α} 的任意性，

$$\frac{\partial V}{\partial \phi_l}L^{\alpha}_{lj}\phi_j = 0$$

对 ϕ_k 求导，

$$\frac{\partial^2 V}{\partial \phi_k \partial \phi_l}L^{\alpha}_{lj}\phi_j + \frac{\partial V}{\partial \phi_l}L^{\alpha}_{lk} = 0$$

在上式中的各量取真空值,得

$$M^2_{kl}L^{\alpha}_{lj}v_j = 0 \tag{8.50}$$

其矩阵形式为

$$M^2 L^{\alpha}v = 0 \tag{8.51}$$

在 N 个生成元 L^{α} 中有 M 个对称子群的生成元 l^{β},有 $N-M$ 个破缺生成元 K^{γ},故式(8.51)中的 N 个方程有

$$M^2 l^{\beta}v = 0 \qquad l^{\beta}v = 0 \tag{8.52}$$

$$M^2 K^{\gamma}v = 0 \qquad K^{\gamma}v = 0 \tag{8.53}$$

式中 $\beta=1,2,\cdots,M$;$\gamma=1,2,\cdots,N-M$。式(8.52)无新物理意义，式(8.53)为 Goldstone 定理的数学形式。

命 $\eta(x)$ 为和 v 平行的矢量,于是 $K^{\alpha}v$、$K^{\alpha}\eta$ 就是与 v、η 正交的矢量,它们线性无关且依式(8.49)正交化。为方便,设其已正交化,即令

$$(K^{\alpha}v, K^{\beta}v) = A^2\delta_{\alpha\beta} \tag{8.54}$$

再命 $\xi^{\alpha}(x)$ 为沿 $K^{\alpha}v$ 方向的场分量,则以 $\eta(x)$、$\xi^{\alpha}(x)$($\alpha=1,2,\cdots,N-M$)替代场量 $\phi(x)$ 中的 n 个独立分量,表达为

$$\phi(x) = \exp\left[\frac{i\xi^{\alpha}(x)K^{\alpha}}{v}\right][v + \eta(x)] \tag{8.55}$$

指数上的 v 是 v 矢量的模。场量的这种形式称为参数化。由式(8.55)得

$$\phi^+(x)=[v^+ +\eta^+(x)]\exp\left[-\frac{i\xi^\alpha(x)K^\alpha}{v}\right]$$

$$\begin{aligned}\phi^+(x)\phi(x)&=[v^+ +\eta^+(x)][v+\eta(x)]\\&=v^+v+\eta^+(x)\eta(x)+v^+\eta(x)+\eta^+(x)v\end{aligned}$$

$$\begin{aligned}\frac{\partial\phi}{\partial x_\mu}&=\exp\left[\frac{i\xi^\alpha(x)K^\alpha}{v}\right]i\frac{\partial}{\partial x_\mu}\xi^\alpha(x)\frac{K^\alpha}{v}[v+\eta(x)]\\&\quad+\exp\left[\frac{i\xi^\alpha(x)K^\alpha}{v}\right]\frac{\partial}{\partial x_\mu}\eta(x)\end{aligned}$$

$$\begin{aligned}\frac{\partial}{\partial x^\mu}\phi^+(x)&=[v^+ +\eta^+(x)]\left[-i+\frac{\partial}{\partial x^\mu}\xi^\alpha(x)\frac{K^\alpha}{v}\right]\exp\left[-\frac{i\xi^\alpha(x)K^\alpha}{v}\right]\\&\quad+\frac{\partial}{\partial x^\mu}\eta^+(x)\exp\left[-\frac{i\xi^\alpha(x)K^\alpha}{v}\right]\end{aligned}$$

$$\begin{aligned}\frac{\partial\phi^+}{\partial x^\mu}\frac{\partial\phi}{\partial x_\mu}&=\frac{\partial\eta^+}{\partial x^\mu}\frac{\partial\eta}{\partial x_\mu}+\frac{\partial\xi^\alpha}{\partial x^\mu}\frac{\partial\xi^\alpha}{\partial x_\mu}\\&\quad+\frac{\partial}{\partial x^\mu}\eta^+(x)i\frac{\partial}{\partial x_\mu}\xi^\alpha(x)\frac{K^\alpha}{v}[v+\eta(x)]\\&\quad-i[v+\eta^+(x)]\frac{\partial}{\partial x^\mu}\xi^\alpha(x)\frac{K^\alpha}{v}\frac{\partial}{\partial x_\mu}\eta(x)\end{aligned}$$

将其代入式(8.40),有

$$\begin{aligned}\mathscr{L}=&\frac{1}{2}\left\{\frac{\partial\eta^+}{\partial x^\nu}\frac{\partial\eta}{\partial x_\nu}+\frac{\partial\xi^\alpha}{\partial x^\nu}\frac{\partial\xi^\alpha}{\partial x_\nu}\right.\\&+\frac{i}{v}\frac{\partial}{\partial x^\nu}\eta^+(x)\frac{\partial}{\partial x_\nu}\xi^\alpha(x)K^\alpha[v+\eta(x)]\\&\left.-\frac{i}{v}[v^+ +\eta^+(x)]\frac{\partial}{\partial x^\nu}\xi^\alpha(x)K^\alpha\frac{\partial}{\partial x_\nu}\eta(x)\right\}\\&-\frac{1}{2}\mu^2[v^2+v^+\eta(x)+\eta^+(x)v+\eta^+(x)\eta(x)]\\&-\frac{1}{4}\lambda[v^2+v^+\eta(x)+\eta^+(x)v+\eta^+(x)\eta(x)]^2\\=&\frac{1}{2}\frac{\partial}{\partial x^\nu}\eta^+(x)\frac{\partial}{\partial x_\nu}\eta(x)+\frac{1}{2}\frac{\partial}{\partial x^\nu}\xi^\alpha(x)\frac{\partial}{\partial x_\nu}\xi^\alpha(x)\end{aligned}$$

$$+\mu^2\eta^+(x)\eta(x)+\cdots \tag{8.56}$$

式(8.56)为参数化之后用新场 $\eta(x)$、$\xi^\alpha(x)$表示的拉格朗日函数密度，它在规范群变换下不具有不变性。

依式(8.55)知，由于 $\phi(x)$场的真空值为 v，新场 $\eta(x)$、$\xi^\alpha(x)$的真空值为 0，因此在规范群变换下真空是不变的。据此，用式(8.56)描述的 Higgs 场在规范变换下，真空是对称的，但拉格朗日函数密度是破缺的。并且 $\eta(x)$场的质量为$\sqrt{-2\mu^2}$，是实数；$\xi^\alpha(x)$场的质量为 0。$\xi^\alpha(x)$场的数量与破缺生成元的数量相等。即 Goldstone 粒子的数量等于破缺生成元的数量。这正是 Goldstone 定理的具体表现。

当同时考虑规范场和 Higgs 场时，可以从理论中除去无质量的规范粒子和 Goldstone 粒子，于是 Goldstone 粒子会被“吸收”，规范粒子会“收获”质量，这就是 Higgs 机制。

设 Higgs 场在内部空间有分量 $\phi_1(x)$、$\phi_2(x)$，其拉格朗日函数密度为

$$\mathscr{L}_\phi=\frac{1}{2}\frac{\partial\phi_1}{\partial x^\nu}\frac{\partial\phi_2}{\partial x_\nu}+i\frac{\partial\phi_2}{\partial x^\nu}\frac{\partial\phi_2}{\partial x_\nu}-\frac{1}{2}\mu^2(\phi_1^2+\phi_2^2)-\frac{1}{4}\lambda(\phi_1^2+\phi_2^2)$$

以相互共轭的复场

$$\begin{aligned}\phi(x)&=\phi_1(x)+i\phi_2(x)\\ \phi^+(x)&=\phi_1(x)-i\phi_2(x)\end{aligned}\tag{8.57}$$

替代实场 $\phi_1(x)$、$\phi_2(x)$，得

$$\mathscr{L}_\phi=\frac{1}{2}\frac{\partial\phi^+}{\partial x^\nu}\frac{\partial\phi}{\partial x_\nu}-\frac{1}{2}\mu^2\phi^+\phi-\frac{1}{4}\lambda(\phi^+\phi)^2 \tag{8.58}$$

该场真空态为

$$\langle|\sqrt{\phi^+\phi}|\rangle_0=v=\sqrt{-\frac{\mu^2}{\lambda}} \tag{8.59}$$

当然在规范变换下

$$\begin{aligned}\phi(x)&\rightarrow\exp(-i\theta)\phi(x)\\ \phi^+(x)&\rightarrow\phi^+(x)\exp(i\theta)\end{aligned}\tag{8.60}$$

式(8.58)表示的拉格朗日函数密度不变，式(8.59)表示的真空从

一个方向变到另一个方向，也就是在$U(1)$群$u(\theta)=\exp(-i\theta)$下是破缺对称的。θ为与时空坐标x无关的常数，破缺对称为整体规范破缺对称。

若式(8.60)表示的整体规范变换推广到定域规范变换

$$\phi(x)\to\exp[-i\theta(x)]\phi(x)$$
$$\phi^{+}(x)\to\phi^{+}(x)\exp[i\theta(x)] \tag{8.61}$$

则不论式(8.58)还是式(8.59)均不是不变的。

今修正式(8.58)。引进规范场$A_{\mu}(x)$、协变导数D_{μ}(或分号)，

$$D_{\mu}=\frac{\partial}{\partial x^{\mu}}-ieA_{\mu}(x)$$

增加自由规范场部分，有

$$\mathscr{L}=\frac{1}{2}\left(\frac{\partial}{\partial x^{\nu}}+ieA_{\nu}\right)\phi^{+}\left(\frac{\partial}{\partial x_{\nu}}-ieA^{\nu}\right)\phi-\frac{1}{2}\mu^{2}\phi^{+}\phi$$
$$-\frac{1}{4}\lambda(\phi^{+}\phi)^{2}-\frac{1}{4}F_{\sigma\nu}F^{\sigma\nu} \tag{8.62}$$

$$F_{\mu\nu}=\frac{\partial A_{\nu}}{\partial x^{\mu}}-\frac{\partial A_{\mu}}{\partial x^{\nu}}$$

式(8.62)为修正后的拉格朗日函数密度，它包括 Higgs 场和规范场及其相互作用。显然式(8.61)表示的 Higgs 场的变换和规范场的变换

$$A_{\mu}(x)\to A_{\mu}(x)-\frac{1}{e}\frac{\partial}{\partial x^{\mu}}\theta(x) \tag{8.63}$$

下是不变的；式(8.59)表示的 Higgs 场真空在该变换下也应改变方向，这就是式(8.62)表示的理论的定域规范破缺对称性。

现沿真空态矢$\boldsymbol{v}$的方向引入实场$\eta(x)$，沿垂直于真空态$\boldsymbol{v}$的方向引入实场$\xi(x)$，按照参数化

$$\phi(x)=\exp\left[\frac{i\xi(x)}{v}\right][v+\eta(x)]$$
$$\phi^{+}(x)=\exp\left[-\frac{i\xi(x)}{v}\right][v+\eta(x)] \tag{8.64}$$

的方式表示$\phi(x)$。依式(8.59)，新场的真空值为零，即

$$\langle | \eta(x) | \rangle_0 = 0 \qquad \langle | \xi(x) | \rangle_0 = 0 \tag{8.65}$$

而式(8.62)表示的拉格朗日函数密度变为

$$\mathscr{L} = \frac{1}{2}\left(\frac{\partial}{\partial x^\sigma} + ieA_\sigma\right)\exp\left[-i\frac{\xi(x)}{v}\right][v + \eta(x)]\left(\frac{\partial}{\partial x_\sigma} - ieA^\sigma\right)\cdot$$

$$\exp\left[i\frac{\xi(x)}{v}\right][v + \eta(x)] - \frac{1}{2}\mu^2[v + \eta(x)]^2$$

$$-\frac{1}{4}\lambda[v + \eta(x)]^4 - \frac{1}{4}F_{\sigma\nu}F^{\sigma\nu}$$

$$= \frac{1}{2}\frac{\partial\eta}{\partial x^\sigma}\frac{\partial\eta}{\partial x_\sigma} + \frac{1}{2}\frac{\partial\xi}{\partial x^\sigma}\frac{\partial\xi}{\partial x_\sigma} + \mu^2\eta^2 - \frac{1}{2}e^2v^2A_\mu A^\mu$$

$$+ evA^\sigma\frac{\partial\xi}{\partial x^\sigma} - \frac{1}{4}F_{\sigma\nu}F^{\sigma\nu} + f_3 \tag{8.66}$$

式中 f_3 为三次方以上的项。在以式(8.61)、式(8.63)为规范变换下,式(8.65)表示的真空不变,而式(8.66)表示的运动规律不再不变了。这是定域规范破缺的又一种形式。从式(8.66)知,$\eta(x)$有实质量 $m_\eta = \sqrt{-2\mu^2}$、规范场 A_μ 有质量 $m_A = ev$,但 $\xi(x)$ 无质量,为 Goldstone 粒子,并出现了 $\xi(x)$、$A_\mu(x)$ 直接耦合两点顶角,应消除。

规范自由度表明:Higgs 场 $\phi(x)$ 和规范场 $A_\mu(x)$,当在式(8.61)、式(8.63)表示的规范变换下变成 $\phi'(x)$、$A'_\mu(x)$ 时,式(8.62)表示的拉格朗日函数密度不变,

$$\mathscr{L} = \frac{1}{2}\left[\frac{\partial}{\partial x^\sigma} + ieA'_\sigma(x)\right]\phi^+(x)\left[\frac{\partial}{\partial x_\sigma} - ieA^{\sigma'}(x)\right]\phi'(x)$$

$$-\frac{1}{2}\mu^2\phi^{+'}(x)\phi'(x) - \frac{1}{4}\lambda[\phi^{+'}\phi']^2 - \frac{1}{4}F'_{\sigma\nu}F^{\sigma\nu'} \tag{8.67}$$

$$F'_{\mu\nu} = \frac{\partial A'_\nu}{\partial x^\mu} - \frac{\partial A'_\mu}{\partial x^\nu}$$

若规范变换群元素为

$$u(\theta) = u(\xi) = \exp\left[-i\frac{\xi(x)}{v}\right]$$

则

$$
\begin{cases}
\phi(x) \to \phi'(x) = \exp\left[-i\dfrac{\xi(x)}{v}\right]\phi(x) = v + \eta(x) \\
\phi^+(x) \to \phi^{+\prime}(x) = \exp\left[i\dfrac{\xi(x)}{v}\right]\phi^+(x) = v + \eta(x) \\
A_\mu(x) \to A'_\mu(x) = A_\mu - \dfrac{1}{ev}\dfrac{\partial}{\partial x^\mu}\xi(x)
\end{cases} \tag{8.68}
$$

式(8.68)代入式(8.67)，给出

$$
\mathscr{L} = \frac{1}{2}\left[\frac{\partial}{\partial x^\sigma} + ieA'_\sigma(x)\right][v+\eta(x)]\left[\frac{\partial}{\partial x_\sigma} - ieA'^\sigma(x)\right] \cdot
$$

$$
[v+\eta(x)] - \frac{1}{2}\mu^2[v+\eta(x)]^2 - \frac{1}{4}\lambda[v+\eta(x)]^2 - \frac{1}{4}F'_{\sigma\nu}F^{\sigma\nu\prime}
$$

$$
= \frac{1}{2}\frac{\partial\eta}{\partial x^\sigma}\frac{\partial\eta}{\partial x_\sigma} + \mu^2\eta^2 - \lambda v\eta^3 - \frac{1}{4}\lambda\eta^4
$$

$$
-\frac{1}{2}e^2A'^2_\sigma\eta(2v+\eta) - \frac{1}{2}e^2v^2A'_\sigma A^{\sigma\prime} - \frac{1}{4}F'_{\sigma\nu}F^{\sigma\nu\prime} \tag{8.69}
$$

式中已无 $\xi(x)$ 场，Goldstone 粒子及两点耦合方式也消除了，但其表示的运动规律无规范对称性，Higgs 场的真空 $\langle|\eta(x)|\rangle_0 = 0$ 仍然规范对称。

8.2 规范场的量子化

8.2.1 正则坐标和动量

对于 $SU(2)$ 规范场，记 $SU(2)$ 规范场的规范势为 $\boldsymbol{A}_\mu(x)$，规范场强为 $\boldsymbol{F}_{\mu\nu}(x)$；系统的拉格朗日函数密度取为

$$
\mathscr{L} = \frac{1}{4}\boldsymbol{F}_{\mu\nu} \cdot \boldsymbol{F}_{\mu\nu} - \frac{1}{2}\boldsymbol{F}_{\mu\nu} \cdot \left(\frac{\partial \boldsymbol{A}^\nu}{\partial x_\mu} - \frac{\partial \boldsymbol{A}^\mu}{\partial x_\nu} + g\boldsymbol{A}^\mu \times \boldsymbol{A}^\nu\right) \tag{8.70}
$$

式(8.70)中的标积、矢积为同位旋矢量的运算。将其代入拉格朗日方程，有

$$
\frac{\partial \mathscr{L}}{\partial \boldsymbol{F}_{\mu\nu}} - \frac{\partial}{\partial x_\lambda}\frac{\partial \mathscr{L}}{\partial \boldsymbol{F}_{\mu\nu}^{;\lambda}} = 0 \qquad \frac{\partial \mathscr{L}}{\partial \boldsymbol{A}_\mu} - \frac{\partial}{\partial x_\lambda}\frac{\partial \mathscr{L}}{\partial \boldsymbol{A}_\mu^{;\lambda}} = 0
$$

推出

$$\boldsymbol{F}_{\mu\nu} = \frac{\partial \mathbf{A}_\nu}{\partial x^\mu} - \frac{\partial \mathbf{A}_\mu}{\partial x^\nu} + g\mathbf{A}_\mu \times \mathbf{A}_\nu \tag{8.71}$$

$$\frac{\partial \boldsymbol{F}_{\mu\nu}}{\partial x_\nu} = g\boldsymbol{F}_{\mu\nu} \times \mathbf{A}^\nu \tag{8.72}$$

其中含时间导数的

$$\boldsymbol{F}_{0l} = \frac{\partial \mathbf{A}_l}{\partial x^0} - \frac{\partial \mathbf{A}_0}{\partial x^l} + g\mathbf{A}_0 \times \mathbf{A}_l \tag{8.73}$$

$$\frac{\partial \boldsymbol{F}_{l0}}{\partial x_0} = \frac{\partial \boldsymbol{F}_{lj}}{\partial x_j} + g\boldsymbol{F}_{l0} \times \mathbf{A}_0 - g\boldsymbol{F}_{lj} \times \mathbf{A}^j \tag{8.74}$$

称为运动方程,不含时间导数的

$$\boldsymbol{F}_{lj} = \frac{\partial \mathbf{A}_j}{\partial x^l} - \frac{\partial \mathbf{A}_l}{\partial x^j} + g\mathbf{A}_l \times \mathbf{A}_j \tag{8.75}$$

$$\frac{\partial \boldsymbol{F}_{l0}}{\partial x_l} = g\boldsymbol{F}_{l0} \times \mathbf{A}^l \tag{8.76}$$

称为约束方程,上述 l、$j=1,2,3$;$\mu=0,1,2,3$。依式(8.70)知 $\mathscr{L}$ 中有 $\mathbf{A}_l$ 的时间导数 $\dot{\mathbf{A}}_l$,且

$$\frac{\partial \mathscr{L}}{\partial \dot{\mathbf{A}}_l} = \boldsymbol{F}_{0l} \tag{8.77}$$

表明 $\mathbf{A}_l$ 与 $\boldsymbol{F}_{0l}$有正则共轭关系。若 $\mathbf{A}_l$ 为正则坐标,则 $\boldsymbol{F}_{0l}$为对应的正则动量。在规范理论中,由于规范不变性,因此应增加规范条件,对于库仑条件

$$\frac{\partial \mathbf{A}_l}{\partial x_l} = \mathbf{0} \tag{8.78}$$

式(8.78)为横向条件,独立的正则共轭变量为

$$\mathbf{A}_l^T, \boldsymbol{F}_{0l}^T = \boldsymbol{E}_l$$

式中 T 表示横向分量,即 $\mathbf{A}_l{}^{,l}=0$、$\boldsymbol{E}_l{}^{,l}=\mathbf{0}$。

$\boldsymbol{F}_{0l}$的纵向分量 $\boldsymbol{F}_{0l}^L$,$\boldsymbol{F}_{0j,l}^L - \boldsymbol{F}_{0l,j}^L = \mathbf{0}$;旋度为零的矢量可以用标量的梯度表示。于是 $\boldsymbol{F}_{0l}^L = -\boldsymbol{f}_{,l}$,而 $\boldsymbol{f}$ 为同位旋空间矢量,属于四维时空标量。故

$$\boldsymbol{F}_{0l} = \boldsymbol{F}_{0l}^T + \boldsymbol{F}_{0l}^L = \boldsymbol{E}_l - \frac{\partial \boldsymbol{f}}{\partial x^l} \tag{8.79}$$

$\boldsymbol{E}_l$、$\boldsymbol{A}_l$ 为独立的、共轭的正则变量。$\boldsymbol{f}$ 可用 $\boldsymbol{E}_l$、$\boldsymbol{A}_l$ 确立。由式(8.76)，得

$$\frac{\partial \boldsymbol{F}_{0l}}{\partial x^l}=\frac{\partial}{\partial x^l}\left(\boldsymbol{E}_l-\frac{\partial \boldsymbol{f}^2}{\partial x^l}\right)=-\frac{\partial^2 \boldsymbol{f}}{\partial (x^l)^2}=g\left(\boldsymbol{E}_l-\frac{\partial \boldsymbol{f}}{\partial x^l}\right)\times \boldsymbol{A}_l$$

$$\left(\frac{\partial^2}{\partial (x^l)^2}+g\boldsymbol{A}_l\,\frac{\partial}{\partial x^l}\times\right)\boldsymbol{f}=g\boldsymbol{A}_l\times \boldsymbol{E}_l \tag{8.80}$$

这就是以 $\boldsymbol{A}_l$、$\boldsymbol{E}_l$ 确定 $\boldsymbol{f}$ 的方程。

式(8.73)、式(8.79)代入式(8.76)，

$$\frac{\partial}{\partial x_l}\left(\frac{\partial \boldsymbol{A}_l}{\partial x^0}-\frac{\partial \boldsymbol{A}_0}{\partial x^l}+g\boldsymbol{A}_0\times \boldsymbol{A}_l\right)=g\left(\boldsymbol{E}^l-\frac{\partial \boldsymbol{f}}{\partial x_l}\right)\times \boldsymbol{A}_l$$

注意到式(8.78)，上式变为

$$\left(\frac{\partial^2}{\partial^{l2}}+g\boldsymbol{A}_l\,\frac{\partial}{\partial x^l}\times\right)\boldsymbol{A}_0=\frac{\partial \boldsymbol{f}}{\partial (x^l)^2} \tag{8.81}$$

这是由 $\boldsymbol{f}$ 确定 $\boldsymbol{A}_0$ 的方程。

$\boldsymbol{f}$、$\boldsymbol{A}_0$ 均符合式(8.81)、式(8.80)，其差别仅在于有不同的、已知的非齐次项，因而有相同的格林函数方程

$$\left(\frac{\partial^2}{\partial (x^l)^2}+g\boldsymbol{A}_l\,\frac{\partial}{\partial x^l}\times\right)\boldsymbol{D}(\boldsymbol{x},\boldsymbol{y},\boldsymbol{A}_l)=\boldsymbol{I}\delta^3(\boldsymbol{x}-\boldsymbol{y}) \tag{8.82}$$

这里 $\boldsymbol{D}$、$\boldsymbol{I}$ 为并矢表示的同位旋空间的二阶张量，$\boldsymbol{D}$ 为待定格林函数，$\boldsymbol{I}$ 为单位并矢。

当 g 很小时，式(8.52)可用微扰法求解。命

$$\boldsymbol{D}=\boldsymbol{D}_0+g\boldsymbol{D}_1+\cdots$$

代入式(8.52)，给出

$$\left(\frac{\partial^2}{\partial (x^l)^2}+g\boldsymbol{A}_l\,\frac{\partial}{\partial x^l}\times\right)(\boldsymbol{D}_0+g\boldsymbol{D}_1+\cdots)=\boldsymbol{I}\delta^3(\boldsymbol{x}-\boldsymbol{y})$$

按 g 的幂次

$$\frac{\partial^2 \boldsymbol{D}_0}{\partial (x^l)^2}=\boldsymbol{I}\delta^3(\boldsymbol{x}-\boldsymbol{y})$$

$$\frac{\partial^2 \boldsymbol{D}_l}{\partial (x^l)^2}=-\boldsymbol{A}_l\,\frac{\partial}{\partial x^l}\times \boldsymbol{D}_0$$

这是泊松方程，解为

$$D_0(\boldsymbol{x},\boldsymbol{y})=\frac{\boldsymbol{I}}{4\pi\mid\boldsymbol{x}-\boldsymbol{y}\mid}$$

$$\begin{aligned}\boldsymbol{D}(\boldsymbol{x},\boldsymbol{y},\boldsymbol{A}_l)&=\int \mathrm{d}^3 z\boldsymbol{D}_0(\boldsymbol{x},\boldsymbol{z})\cdot\boldsymbol{A}^l(\boldsymbol{z})\frac{\partial}{\partial y_l}\times\boldsymbol{D}_0(\boldsymbol{z},\boldsymbol{y})\\&=\int \mathrm{d}^3 z\frac{\boldsymbol{I}}{4\pi\mid\boldsymbol{x}-\boldsymbol{y}\mid}\cdot\boldsymbol{A}^l(\boldsymbol{z})\frac{\partial}{\partial y_l}\times\frac{\boldsymbol{I}}{4\pi\mid\boldsymbol{z}-\boldsymbol{y}\mid}\end{aligned}$$

式(8.81)、式(8.80)的解为

$$\boldsymbol{f}(\boldsymbol{x})=\int \mathrm{d}^3 y\boldsymbol{D}(\boldsymbol{x},\boldsymbol{y},\boldsymbol{A}_l)\cdot g\boldsymbol{A}_l(\boldsymbol{y})\times\boldsymbol{E}_l(\boldsymbol{y})$$

$$\boldsymbol{A}_0(\boldsymbol{x})=\int \mathrm{d}^3 y\boldsymbol{D}(\boldsymbol{x},\boldsymbol{y},\boldsymbol{A}_l)\cdot\frac{\partial^2}{\partial y^2}\boldsymbol{f}(\boldsymbol{y})$$

8.2.2 库仑规范下的生成泛函

$SU(2)$规范场的格林函数的生成泛函为

$$Z_c[J]=\iint[\mathrm{d}\boldsymbol{A}_l][\mathrm{d}\boldsymbol{E}_l]\exp\{i\int \mathrm{d}^4 x[\boldsymbol{E}_l\cdot\dot{\boldsymbol{A}}_l-\mathscr{H}+\boldsymbol{J}_l\cdot\boldsymbol{A}_l]\}\tag{8.83}$$

式中下标 c 表示库仑规范。

$\boldsymbol{A}_l$、$\boldsymbol{E}_l$ 为横向的，$\boldsymbol{A}_{l,l}=\boldsymbol{0}$、$\boldsymbol{E}_{l,l}=\boldsymbol{0}$。将 $\delta\boldsymbol{A}_{l,l}$、$\delta\boldsymbol{E}_{l,l}$ 插入式(**8.52**)，得

$$\begin{aligned}Z_c[J]=&\iint[\mathrm{d}\boldsymbol{A}_l][\mathrm{d}\boldsymbol{E}_l]\delta\boldsymbol{A}_{l,l}\delta\boldsymbol{E}_{l,l}\cdot\\&\exp\left[i\int \mathrm{d}^4 x(\boldsymbol{E}_l\cdot\dot{\boldsymbol{A}}_l-\mathscr{H}+\boldsymbol{J}_l\cdot\boldsymbol{A}_l)\right]\end{aligned}\tag{8.84}$$

式(**8.84**)的路径积分为对正则变量 $\boldsymbol{A}_l$、$\boldsymbol{E}_l$ 的积分，而被积函数

$$\int \mathrm{d}^3 x\mathscr{H}(x)=\int \mathrm{d}^3 x(\boldsymbol{E}_l\cdot\dot{\boldsymbol{A}}_l-\mathscr{L})$$

应写成其函数表达式。为此先计算

$$\begin{aligned}\int \mathrm{d}^3 x(\boldsymbol{E}\cdot\boldsymbol{A})&=\int \mathrm{d}^3 x\boldsymbol{E}_l\cdot(\boldsymbol{F}_{0l}+\boldsymbol{A}_{0,l}-g\boldsymbol{A}_0\times\boldsymbol{A}_l)\\&=\int \mathrm{d}^3 x\boldsymbol{E}_l\cdot\left[\boldsymbol{E}_l-\frac{\partial\boldsymbol{f}}{\partial x^l}+\left(\frac{\partial}{\partial x^l}+g\boldsymbol{A}_l\times\right)\boldsymbol{A}_0\right]\end{aligned}$$

积分并注意到 $\boldsymbol{E}_{l,l}=\boldsymbol{0}$、$\boldsymbol{A}_{l,l}=\boldsymbol{0}$ 和任意矢量散度的体积分为零。

依上述，给出

$$\int d^3x(\boldsymbol{E}_l \cdot \boldsymbol{A}_l) = \int d^3x(\boldsymbol{E}_l^2 + g\boldsymbol{E}_l \times \boldsymbol{A}_l \cdot \boldsymbol{A}_0)$$
$$= \int d^3x\left[\boldsymbol{E}_l^2 + \left(\frac{\partial \boldsymbol{f}}{\partial x^l}\right)^2\right]$$

另

$$\mathscr{L} = -\frac{1}{4}\boldsymbol{F}_{\mu\nu} \cdot \boldsymbol{F}^{\mu\nu} = \frac{1}{2}\boldsymbol{F}_{0l} \cdot \boldsymbol{F}_{0l} - \frac{1}{4}\boldsymbol{F}_{lj} \cdot \boldsymbol{F}_{lj}$$
$$= \frac{1}{2}\left[\boldsymbol{E}_l^2 - \left(\frac{\partial \boldsymbol{f}}{\partial x^l}\right)^2\right] - \frac{1}{2}\boldsymbol{B}_l^2$$

$$\boldsymbol{B}_l = \frac{1}{2}\varepsilon_{ljk}\boldsymbol{F}_{jk}$$

故

$$\int d^3x\mathscr{L} = \int d^3x\,\frac{1}{2}\left[\left(\boldsymbol{E}_l - \frac{\partial \boldsymbol{f}}{\partial x^l}\right)^2 - \boldsymbol{B}_l^2\right]$$
$$= \int d^3x\,\frac{1}{2}\left[\boldsymbol{E}_l^2 + \left(\frac{\partial \boldsymbol{f}}{\partial x^l}\right)^2 - \boldsymbol{B}_l^2\right]$$

得到系统的量，

$$\int d^3x\mathscr{H} = \int d^3x\,\frac{1}{2}\left[\boldsymbol{E}_l^2 + \left(\frac{\partial \boldsymbol{f}}{\partial x^l}\right)^2 + \boldsymbol{B}_l^2\right]$$

比较电磁场，$\frac{1}{2}\boldsymbol{E}_l^2$ 为横向电场能量、$\frac{1}{2}\boldsymbol{B}_l^2$ 为磁场能量、$\frac{1}{2}\left(\frac{\partial \boldsymbol{f}}{\partial x^l}\right)^2$ 为纵向电场(库仑场)能量。把它们代入式(8.84)，有

$$Z_c[J] = \iint [d\boldsymbol{A}_l][d\boldsymbol{E}_l]\delta\boldsymbol{A}_{l,l}\delta\boldsymbol{E}_{l,l} \cdot$$
$$\exp\left\{i\int d^4x\left[\boldsymbol{E}_l \cdot \boldsymbol{A}_l - \frac{1}{2}\boldsymbol{E}_l^2 - \frac{1}{2}\left(\frac{\partial \boldsymbol{f}}{\partial x^l}\right)^2 - \frac{1}{2}\boldsymbol{B}_l^2 + \boldsymbol{J}_l \cdot \boldsymbol{A}_l\right]\right\}$$

$\boldsymbol{B}_l$ 为正则坐标 $\boldsymbol{A}_l$ 的函数，由式(8.75)确定。$\boldsymbol{f}$ 为正则坐标 $\boldsymbol{A}_l$、$\boldsymbol{E}_l$ 的函数，为式(8.80)

$$\left(\frac{\partial^2}{\partial(x^l)^2} + g\boldsymbol{A}_l\,\frac{\partial}{\partial x^l}\times\right)\boldsymbol{f} = g\boldsymbol{A}_l \times \boldsymbol{E}_l$$

的解，今将

$$\int \mathrm{d}\left[\left(\frac{\partial^2}{\partial(x^l)^2}+g\boldsymbol{A}_l\frac{\partial}{\partial x^l}\times\right)\boldsymbol{f}\right]\delta\left[\left(\frac{\partial^2}{\partial(x^l)^2}+g\boldsymbol{A}_l\frac{\partial}{\partial x^l}\times\right)\boldsymbol{f}-g\boldsymbol{A}_l\times\boldsymbol{E}_l\right]=1$$

插入式(8.84)，得

$$Z_c[J]=\iiint[\mathrm{d}\boldsymbol{A}_l][\mathrm{d}\boldsymbol{E}_l]\delta\boldsymbol{A}_{l,l}\delta\boldsymbol{E}_{l,l}\mathrm{d}\left[\left(\frac{\partial^2}{\partial(x^l)^2}+g\boldsymbol{A}_l\frac{\partial}{\partial x^l}\times\right)\boldsymbol{f}\right]\cdot$$

$$\delta\left[\left(\frac{\partial^2}{\partial(x^l)^2}+g\boldsymbol{A}_l\frac{\partial}{\partial x^l}\times\right)\boldsymbol{f}-g\boldsymbol{A}_l\times\boldsymbol{E}_l\right]\cdot$$

$$\exp\left\{i\int \mathrm{d}^4x\left[\boldsymbol{E}_l\cdot\boldsymbol{A}_l-\frac{1}{2}\boldsymbol{E}_l^2-\frac{1}{2}\left(\frac{\partial\boldsymbol{f}}{\partial x^l}\right)^2-\frac{1}{2}\boldsymbol{B}_l^2+\boldsymbol{J}_l\cdot\boldsymbol{A}_l\right]\right\}$$

使 $\boldsymbol{f}$ 参数化。若 $\boldsymbol{E}_l$ 变为 $\boldsymbol{F}_{0l}=\boldsymbol{E}_l-\dfrac{\partial\boldsymbol{f}}{\partial x^l}$，则 $\mathrm{d}\boldsymbol{E}_l=\mathrm{d}\boldsymbol{F}_{0l}$，

$$Z_c[J]=\iiint[\mathrm{d}\boldsymbol{A}_l][\mathrm{d}\boldsymbol{F}_{\nu,l}]\mathrm{d}\left[\left(\frac{\partial}{\partial(x^l)^2}+g\boldsymbol{A}_l\frac{\partial}{\partial x^l}\times\right)\boldsymbol{f}\right]\cdot$$

$$\delta\boldsymbol{A}_{l,l}\delta\left(\frac{\partial\boldsymbol{F}_{0l}}{\partial x^l}+\frac{\partial^2\boldsymbol{f}}{\partial(x^l)^2}\right)\delta\left(\frac{\partial^2\boldsymbol{f}}{\partial(x^l)^2}-g\boldsymbol{A}_l\times\boldsymbol{F}_{0l}\right)\cdot$$

$$\exp\left[i\int \mathrm{d}^4x\left(\boldsymbol{F}_{0l}\cdot\boldsymbol{A}_l-\frac{1}{2}\boldsymbol{F}_{0l}^2-\frac{1}{2}\boldsymbol{B}_l^2+\boldsymbol{J}_l\cdot\boldsymbol{A}_l\right)\right] \tag{8.85}$$

式(8.85)的指数上无 $\boldsymbol{f}$，指数前有两个包括$\dfrac{\partial^2\boldsymbol{f}}{\partial(x^l)^2}$的 δ 函数和一个积分。取该积分消除一个 δ 函数，给出

$$Z_c[J]=\iiint[\mathrm{d}\boldsymbol{A}_l][\mathrm{d}\boldsymbol{F}_{0l}]\delta\boldsymbol{A}_{l,l}\delta\left(\frac{\partial F_{0l}}{\partial x^l}+g\boldsymbol{A}_l\times\boldsymbol{F}_{0l}\right)\cdot$$

$$\det M_c\exp\left[i\int \mathrm{d}^4x\left(\boldsymbol{F}_{0l}\cdot\boldsymbol{A}_l-\frac{1}{2}F_{0l}^2-\frac{1}{2}\boldsymbol{B}_l^2+\boldsymbol{J}_l\cdot\boldsymbol{A}^l\right)\right]$$

$$M_c{}^{\alpha\beta}(x,y)=\delta_{\alpha\beta}\delta^4(x-y)-g\varepsilon^{\alpha\beta\gamma}A_l^\gamma(x)\frac{\partial}{\partial y_l}G(\boldsymbol{x}-\boldsymbol{y})\delta(x_0-y_0)$$

$$\frac{\partial^2}{\partial x_l^2}G(\boldsymbol{x}-\boldsymbol{y})=\delta^3(\boldsymbol{x}-\boldsymbol{y}) \tag{8.86}$$

$M_c^{\alpha\beta}(x,y)$为矩阵 M_c 的矩阵元；依式(8.86)知 M_c 为同位旋空间的 3×3 矩阵(α、β=1,2,3)，是时空空间的无穷维矩阵，x、$y\in(-\infty,+\infty)$。

命$[\mathrm{d}\boldsymbol{A}_l]\to[\mathrm{d}\boldsymbol{A}_\mu]$、$[\mathrm{d}\boldsymbol{F}_{0l}]\to[\mathrm{d}\boldsymbol{F}_{\mu\nu}]$且由 δ 函数性质可使式

(8.85)协变。事实上，因为

$$\delta\left(\frac{\partial \boldsymbol{F}_{0l}}{\partial x^l}+g\boldsymbol{A}_l\times\boldsymbol{F}_{0l}\right)=\int\left[\frac{\mathrm{d}\boldsymbol{A}_0}{2\pi}\right]\exp\left[i\int \mathrm{d}^4x\boldsymbol{A}_0\cdot\left(\frac{\partial \boldsymbol{F}_{0l}}{\partial x^l}+g\boldsymbol{A}_l\times\boldsymbol{F}_{0l}\right)\right]$$

$$=\int\left[\frac{\mathrm{d}\boldsymbol{A}_0}{2\pi}\right]\exp\left[i\int \mathrm{d}^4x\boldsymbol{F}_{0l}\cdot(-\boldsymbol{A}_{0,l}+g\boldsymbol{A}_0\times\boldsymbol{A}_l)\right]$$

$$\exp\left(-\frac{1}{2}i\int \mathrm{d}^4x\boldsymbol{B}_l^2\right)=\exp\left[-i\int \mathrm{d}^4x\,\frac{1}{4}(\boldsymbol{A}_{j,l}-\boldsymbol{A}_{l,j}+g\boldsymbol{A}_l\times\boldsymbol{A}_j)^2\right]$$

$$=\int[\mathrm{d}\boldsymbol{F}_{lj}]\exp\left\{-i\int \mathrm{d}^4x\left[\frac{1}{2}\boldsymbol{F}_{lj}\cdot F_{lj}-\frac{1}{4}\boldsymbol{F}_{lj}\cdot(\boldsymbol{A}_{j,l}-\boldsymbol{A}_{l,j}+g\boldsymbol{A}_l\times\boldsymbol{A}_j)\right]\right\}$$

代入式(8.85)，给出

$$Z_c[J]=\iint[\mathrm{d}\boldsymbol{A}_\mu][\mathrm{d}\boldsymbol{F}_{\mu\nu}]\delta\boldsymbol{A}_{l,l}\det M_c\cdot$$
$$\exp\left\{i\int \mathrm{d}^4x\left[\frac{1}{4}\boldsymbol{F}_{\mu\nu}\cdot\boldsymbol{F}^{\mu\nu}-\frac{1}{2}\boldsymbol{F}_{\mu\nu}\cdot(\boldsymbol{A}^{\nu,\mu}-\boldsymbol{A}^{\mu,\nu}\right.\right.$$
$$\left.\left.+g\boldsymbol{A}^\mu\times\boldsymbol{A}^\nu)+\boldsymbol{J}_\mu\cdot\boldsymbol{A}^\mu\right]\right\}$$

这里 $\boldsymbol{J}_l$ 及 $\boldsymbol{J}_0=\boldsymbol{0}$ 组成 $\boldsymbol{J}_\mu$。

上式中对$[\mathrm{d}\boldsymbol{F}_{\mu\nu}]$的积分为高斯型，而费曼形式为

$$Z_c[J]=\int[\mathrm{d}\boldsymbol{A}_\mu]\delta\boldsymbol{A}_{l,l}\det M_c\exp\left\{i\int \mathrm{d}^4x\left[-\frac{1}{4}(\boldsymbol{A}_{\nu,\mu}-\boldsymbol{A}_{\mu,\nu}\right.\right.$$
$$\left.\left.+g\boldsymbol{A}_\mu\times\boldsymbol{A}_\nu)^2+\boldsymbol{J}_\mu\cdot\boldsymbol{A}^\mu\right]\right\}\tag{8.87}$$

8.2.3 法捷耶夫理论

对$[\mathrm{d}\boldsymbol{A}_\mu]$的积分是在 $\boldsymbol{A}_\mu(x)$所张函数空间中进行；从规范变换

$$\boldsymbol{A}_\mu^g(x)=\boldsymbol{A}_\mu(x)+\boldsymbol{u}\times\boldsymbol{A}_\mu(x)-\frac{1}{g}\,\frac{\partial\boldsymbol{u}}{\partial x^\mu}\tag{8.88}$$

联系着的点在函数空间划上一条轨道，不能由规范变换联系着的 $\boldsymbol{A}_\mu(x)$处于不同的轨道上。当沿同一条轨道积分时 $\mathscr{L}$ 为常数，积分贡献为轨道体积。这样的无限多个轨道体积为发散的应消除。对此，把在函数 $\boldsymbol{A}_\mu(x)$空间的积分限定在由规范条件

$$F^\alpha[A_\mu^\alpha]=0\quad(\alpha=1,2,\cdots,N)\tag{8.89}$$

确定的超曲面上，如图 8.2 所示。设每条轨道和超曲面只相交一次，用对超曲面的积分替代对整个函数的积分可消除轨道的影响。

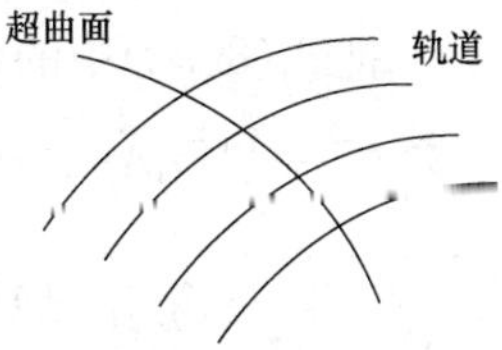

图 8.2

利用规范条件式(8.89)，依

$$\Delta_F[A_\mu^\alpha]\int[\mathrm{d}g]\delta(F^\alpha[A_\mu^{\alpha g}]) = 1 \tag{8.90}$$

定义函数 $\Delta_F[A_\mu^\alpha]$；g 为群元素、$\boldsymbol{u}$ 为其无穷小参数。式(8.90)插入

$$Z[J]=\int[\mathrm{d}\boldsymbol{A}_\mu]\exp\left\{i\int\mathrm{d}^4x\left[-\frac{1}{4}(\boldsymbol{A}_{\nu,\mu}-\boldsymbol{A}_{\mu,\nu}+g\boldsymbol{A}_\mu\times\boldsymbol{A}_\nu)^2+\boldsymbol{J}_\mu\cdot\boldsymbol{A}^\mu\right]\right\} \tag{8.91}$$

推出

$$Z_F[0] = \int[\mathrm{d}A_\mu^\alpha]\Delta_F[A_\mu^\alpha]\int[\mathrm{d}g]\delta F^\alpha[A_\mu^{\alpha g}]\exp\left(i\int\mathrm{d}^4x\mathscr{L}\right) \tag{8.92}$$

式中 $\mathscr{L}$、$[\mathrm{d}A_\mu^\alpha]$、$\Delta_F[A_\mu^\alpha]$规范不变。从式(8.90)，

$$(\Delta_F[A_\mu^{\alpha g}])^{-1} = \int[\mathrm{d}g]\delta F^\alpha[A_\mu^{\alpha g_1 g}] = \int\mathrm{d}(g_1g)\delta F^\alpha[A_\mu^{\alpha g_1 g}]$$

$$= \int[\mathrm{d}g']\delta F^\alpha[A_\mu^{\alpha g'}] = (\Delta_F[A_\mu^\alpha])^{-1}$$

表明 $\Delta_F[A_\mu^\alpha]$规范不变。在规范变换下

$$A_\mu^\alpha(x) \to A_\mu^{\alpha g}(x) = A_\mu^\alpha(x) + \varepsilon^{\alpha\beta\gamma}u^\beta(x)A_\mu^\nu(x) - \frac{1}{g}\frac{\partial}{\partial x^\mu}u^\alpha(x)$$

$$[\mathrm{d}A_\mu^\alpha] \to [\mathrm{d}A_\mu^{\alpha g}] = J[\mathrm{d}A_\mu^\alpha]$$

J 为雅可比行列式，它的矩阵元为

$$\frac{\delta}{\delta A_\nu^\beta}A_\mu^{\alpha g}(x) = \delta_{\alpha\beta}\delta_{\mu\nu}\delta^4(x-y) - \varepsilon^{\alpha\beta\gamma}u^\gamma(x)\delta^4(x-y)\delta_{\mu\nu}$$

它在 $SU(2)$空间为 3×3 方阵(α、β、$\gamma=1,2,3$)，对角线上的元素为 1，非对角线有一级小量 $u^\gamma(x)$；在时空空间为 4×4 的单位矩阵(μ、$\nu=0,1,2,3$)，它又是时空坐标的无穷维单位矩阵。于是 $J=$

$1+o(u^2)=1$，也就是$[\mathrm{d}A_\mu^\alpha]$规范不变。

把式(8.92)中的各量作群元素为 g^{-1} 的规范变换，有

$$Z[0]=\iint[\mathrm{d}A_\mu^{\alpha g^{-1}}]\Delta_F[A_\mu^{\alpha g^{-1}}][\mathrm{d}g]\delta F^\alpha[A_\mu^{\alpha g^{-1}g}]\exp\left(i\int\mathrm{d}^4x\mathscr{L}^{g^{-1}}\right)$$

$$=\int[\mathrm{d}g]\int[\mathrm{d}A_\mu^\alpha]\Delta_F[A_\mu^\alpha]\delta F^\alpha[A_\mu^\alpha]\exp\left(i\int\mathrm{d}^4x\mathscr{L}\right)$$

得到格林函数的生成泛函，

$$Z_F[J]=\int[\mathrm{d}A_\mu^\alpha]\Delta_F[A_\mu^\alpha]\delta F^\alpha[A_\mu^\alpha]\exp\left[i\int\mathrm{d}^4x(\mathscr{L}+J_\mu^\alpha A^{\alpha\mu})\right] \tag{8.93}$$

对于库仑规范，

$$F^\alpha[A_\mu^\alpha]=0\rightarrow A_{l,l}^\alpha=0 \qquad \delta F[A_\mu^\alpha]\rightarrow\delta A_{l,l}^\alpha$$

$$F^\alpha[A_\mu^{\alpha g}]\rightarrow A_{l,l}^{\alpha g}=\frac{\partial}{\partial x^l}\left(A_l^\alpha+\varepsilon^{\alpha\beta\gamma}u^\beta A_l^\gamma-\frac{1}{g}\frac{\partial u^\alpha}{\partial x^l}\right)$$

$$=\varepsilon^{\alpha\beta\gamma}\frac{\partial}{\partial x^l}u^\beta A_l^\gamma-\frac{1}{g}\frac{\partial^2u^\alpha}{\partial x^{l2}}$$

$$(\Delta_F[A_\mu^\alpha])^{-1}=\int[\mathrm{d}u]\delta\left(\varepsilon^{\alpha\beta\gamma}\frac{\partial}{\partial x^l}u^\beta A_l^\gamma-\frac{1}{g}\frac{\partial^2u^\alpha}{\partial x^{l2}}\right)=\frac{1}{\det M_c}$$

$$M_c^{\alpha\beta}(x,y)=\frac{\delta}{\delta u^\beta}\left[\varepsilon^{\alpha\beta'\gamma}\frac{\partial}{\partial x^l}u^{\beta'}A_l^\gamma(x)-\frac{1}{g}\frac{\partial^2}{\partial x^{l2}}u^\alpha(x)\right]$$

$$=\varepsilon^{\alpha\beta\gamma}\frac{\partial}{\partial x^l}\delta^4(x-y)A_l^\gamma(x)-\frac{1}{g}\frac{\partial^2}{\partial x^{l2}}\delta^{\alpha\beta}\delta^4(x-y)$$

$$=-\frac{1}{g}\frac{\partial^2}{\partial(x^l)^2}\Big[\delta_{\alpha\beta}\delta^4(x-y)-\varepsilon^{\alpha\beta\gamma}A_l^\gamma(x)\cdot$$

$$\frac{\partial}{\partial x^l}G(\boldsymbol{x}-\boldsymbol{y})\delta(x_0-y_0)\Big]$$

表明式(8.93)、式(8.87)在库仑规范下的一致性。

对于朗道规范，

$$F^\alpha[A_\mu^\alpha]=0\rightarrow A_\mu^{\alpha,\mu}=0$$

$$F^\alpha[A_\mu^{\alpha g}]\rightarrow A_\mu^{\alpha g,\mu}=\frac{\partial}{\partial x_\mu}\left(A_\mu^\alpha+\varepsilon^{\alpha\beta'\gamma}u^{\beta'}A_\mu^\gamma-\frac{1}{g}\frac{\partial u^\alpha}{\partial x_\mu}\right)$$

$$=\varepsilon^{\alpha\beta'\gamma}\frac{\partial}{\partial x_\mu}u^{\beta'}A_\mu^\gamma-\frac{1}{g}\frac{\partial^2u^\alpha}{\partial x^2}$$

$$(\Delta_F[A_\mu^\alpha])^{-1}=\int[\mathrm{d}u]\delta\left(\varepsilon^{\alpha\beta\gamma}\frac{\partial}{\partial x_\mu}u^\beta A_\mu^\gamma-\frac{1}{g}\frac{\partial^2 u^\alpha}{\partial x^2}\right)=\frac{1}{\det M_c}$$

$$\begin{aligned}M_c^{\alpha\beta}(x,y)&=\frac{\delta}{\delta u^\beta}\left[\varepsilon^{\alpha\beta'\gamma}\frac{\partial}{\partial x_\mu}u^{\beta'}(x)A_\mu^\gamma(x)-\frac{1}{g}\frac{\partial^2}{\partial x^2}u^\alpha(x)\right]\\&=\varepsilon^{\alpha\beta\gamma}A_\mu^\gamma(x)\frac{\partial}{\partial x_\mu}\delta^4(x-y)-\frac{1}{g}\delta_{\alpha\beta}\frac{\partial^2}{\partial x^2}\delta^4(x-y)\\&=-\frac{1}{g}\frac{\partial^2}{\partial x^2}\left[\delta_{\alpha\beta}\delta^4(x-y)-g\varepsilon^{\alpha\beta\gamma}A_\mu^\gamma(x)\frac{\partial}{\partial x_\mu}D_f(x-y)\right]\end{aligned}\tag{8.94}$$

$$\frac{\partial^2}{\partial x^2}D_f(x-y)=\delta^4(x-y)$$

除去部分常数因子，有

$$M_c^{\alpha\beta}(x,y)=\delta^{\alpha\beta}\delta^4(x-y)-\varepsilon^{\alpha\beta\gamma}A_\mu^\gamma(x)\frac{\partial}{\partial x_\mu}D_f(x-y)$$

而格林函数的生成泛函数

$$Z_L[J]=\int[\mathrm{d}A_\mu^\alpha]\delta A_{,\mu}^{\alpha\mu}\det M_L\exp\left[i\int\mathrm{d}^4x(\mathscr{L}+J_\mu^\alpha A^{\alpha\mu})\right]\tag{8.95}$$

8.2.4 鬼粒子

由 $2n$ 个符合条件

$$\{C_l,C_j\}=\{C_l,C_j^+\}=\{C_l^+,C_j^+\}=0\tag{8.96}$$

的元素 C_l、C_j^+（l、$j=1,2,\cdots,n$）构成有限维格拉斯曼代数，且 $C_l^2=C_j^{+2}=0$。这 $2n$ 个元素组成 2^{2n} 个非零单项式

$$1,C_1,C_2,\cdots,C_n;C_1^+,C_2^+,\cdots,C_n^+$$
$$C_1C_2\cdots C_1C_1^+\cdots C_nC_n^+\cdots C_1^+C_n^+\cdots$$
$$C_1C_2\cdots C_nC_1^+C_2^+\cdots C_n^+$$

取任意单项式 $C_{l_1}C_{l_2}\cdots C_{l_j}$ 并对 C_k 求导；注意到其中的反对易性，定义左导数，

$$\frac{\partial}{\partial C_k}[C_{l_1}C_{l_2}\cdots C_{l_j}]=\delta_{kl_1}C_{l_1}\cdots C_{l_j}-\delta_{kl_2}C_{l_1}\cdots C_{l_j}+\cdots+(-1)^{j-1}\delta_{kl_j}C_{l_1}\cdots C_{l_{j-1}}\tag{8.97}$$

定义右导数,

$$[C_{l_1}C_{l_2}\cdots C_{l_j}]\frac{\overleftarrow{\partial}}{\partial C_k}=C_{l_1}C_{l_2}\cdots C_{j-1}\delta_{kl_j}+C_{l_1}C_{l_2}\cdots C_{l_j}(-1)\delta_{kl_{j-1}}$$
$$+\cdots+C_{l_2}\cdots C_{l_j}(-1)^{j-1}\delta_{kl_1}$$

对于一个元素的积分,

$$\int \mathrm{d}C=0 \qquad \int C\mathrm{d}C=1 \tag{8.98}$$

后一个式附加了归一化假设。当有多个元素时

$$\int \mathrm{d}C_l=0 \qquad \int C_l\mathrm{d}C_j=\delta_{lj} \tag{8.99}$$

$$\{\mathrm{d}C_l,\mathrm{d}C_j\}=0 \tag{8.100}$$

依式(8.100)知格拉斯曼反对易数的积分和微分等价,这是与普通微积分的本质差别。从式(8.99),

$$\int\prod_{l=1}^{2n}C_l\prod_{j=1}^{2n}\mathrm{d}C_j=(-1)^n \tag{8.101}$$

设有另一组格拉斯曼代数的元素 $\widetilde{C}_l$,并有 $\widetilde{C}_l$、C_l 的线性关系,

$$C_l=a_{lj}\widetilde{C}_j$$

因为元素的反对易性,所以

$$\prod_{l=1}^{2n}C_l=\prod_{l=1}^{2n}a_{lj}\widetilde{C}_j=a_{1j_1}a_{2j_2}\cdots a_{2nj_{2n}}\varepsilon_{j_1j_2\cdots j_{2n}}\prod_{j=1}^{2n}\widetilde{C}_j$$

$\varepsilon_{j_1j_2\cdots j_{2n}}$ 为 $2n$ 阶的反对称张量,$\varepsilon_{1,2,\cdots,2n}=1$。把 a_{lj} 作为矩阵 A 的元素,有

$$\det A=a_{1j_1}a_{2j_2}\cdots a_{2nj_{2n}}\varepsilon_{j_1j_2\cdots j_{2n}}$$

于是

$$\prod_{l=1}^{2n}C_l=\det A\prod_{j=1}^{2n}\widetilde{C}_j \tag{8.102}$$

由于 $\widetilde{C}_j$ 为格拉斯曼代数元素,因此服从式(8.99)、式(8.101);得到

$$\int\prod_{l=1}^{2n}\widetilde{C}_l\prod_{j=1}^{2n}\mathrm{d}\widetilde{C}_j=(-1)^n=\int\prod_{l=1}^{2n}C_l\prod_{j=1}^{2n}\mathrm{d}C_j$$

应用式(8.102)，

$$\int \prod_{l=1}^{2n} \widetilde{C}_l \prod_{j=1}^{2n} \mathrm{d}\widetilde{C}_j = \int \det A \prod_{l=1}^{2n} \widetilde{C}_l \prod_{j=1}^{2n} \mathrm{d}C_j$$

$$\prod_{j=1}^{2n} \mathrm{d}\widetilde{C}_j = \det A \prod_{j=1}^{2n} \mathrm{d}C_j$$

经过变换，

$$\prod_{j=1}^{2n} \mathrm{d}C_j = J(A) \prod_{j=1}^{2n} \mathrm{d}\,\widetilde{C}_j$$

$J(A)$为雅可比行列式。比较上式，

$$J(A) = \frac{1}{\det A} \tag{8.103}$$

关于格拉斯曼代数的高斯积分，

$$G = \iint \exp\Big(\sum_{l,j} C_l^+ A_{lj} C_j\Big) \mathrm{d}^n C \mathrm{d}^n C^+$$

式中 l、$j=1,2,\cdots,n$；$\mathrm{d}^n C \mathrm{d}^n C^+ = \mathrm{d}C_1 \mathrm{d}C_1^+ \cdots \mathrm{d}C_n \mathrm{d}C_n^+$。作变换使以 A_{lj} 为元素的矩阵 A 对角化，

$$A \to vAu^+ \qquad C \to uC \qquad C^+ \to C^+ u^+ \qquad A_{lj} \to \lambda_l \delta_{lj}$$

$$G = \iint \exp\Big(\sum_{l=1}^{n} C'^+_l \lambda_l C'_l\Big) \mathrm{d}^n C' \mathrm{d}^n C'^+$$

$$= \iint \prod_{j=1}^{n} (1 + \lambda_l C'^+_l C'_l) \mathrm{d}^n C' \mathrm{d}^n C'^+ = \prod_{l=1}^{n} \lambda_l$$

式中 $\mathrm{d}^n C' \mathrm{d}^n C'^+ = \mathrm{d}C'_1 \mathrm{d}C'^+_1 \cdots \mathrm{d}C'_n \mathrm{d}C'^+_n$，故

$$G = \det A \tag{8.104}$$

在式

$$\Delta_F[A_\mu^\alpha] = \det M_F$$

中 M_F 为群空间的有限维矩阵、为时空空间的无穷维矩阵，其矩阵元为 $M_F^{\alpha\beta}(x,y)$（α、$\beta=1,2,\cdots,N$），

$$M_F^{\alpha\beta}(x,y) = \frac{\delta}{\delta u^\beta} F^\alpha[A_\mu^{\alpha g}(x)]$$

$$F^\alpha[A_\mu^\alpha] = 0 \tag{8.105}$$

使用式(8.104)定义鬼场 $C_\alpha^+(x)$、$C_\beta(y)$，

$$\det M_F = \iint [dC_\beta(y)][dC_\alpha^+(x)] \cdot$$
$$\exp\left[i\iint d^4x d^4y C_\alpha^+(x) M_F^{\alpha\beta}(x,y) C_\beta(y)\right] \quad (8.106)$$

于是式(8.93)变为

$$Z_F[J,\eta] = \iiint [dA_\mu^\alpha][dC_\alpha][dC_\beta^+]\delta F^\alpha[A_\mu^\alpha] \cdot$$
$$\exp\left[i\int d^4x(\mathscr{L} + J_\mu^\alpha A^{\alpha\mu} + \eta_\alpha^+ C_\alpha + C_\alpha^+ \eta_\alpha)\right.$$
$$\left. + i\iint d^4x d^4y C_\alpha^+ M_F^{\alpha\beta} C_\beta\right] \quad (8.107)$$

这里将鬼场与规范场等同相视,也引入了与之相应的外源 $\eta_\alpha(x)$、$\eta_\alpha^+(x)$,它们也应为反对易的 C 数。显见,$C_\alpha(x)$、$C_\alpha^+(x)$ 为群空间的 N 维矢量,为时空空间的标量。但是它们为反对易 C 数,不同于普通粒子,服从玻色统计,而是类似于旋量粒子,服从费米统计;故曰鬼粒子。

对于 $U(1)$ 场,规范变换为

$$A_\mu(x) \to A_\mu^g(x) = A_\mu(x) - \frac{1}{g}\frac{\partial}{\partial x^\mu}u(x)$$

取朗道规范,

$$A_\mu^{,\mu} = 0$$
$$A_\mu^{g,\mu} = \frac{\partial}{\partial x_\mu}\left(A_\mu - \frac{1}{g}\frac{\partial u}{\partial x^\mu}\right) = -\frac{1}{g}\frac{\partial^2 u}{\partial x^2}$$

则

$$M_L(x,y) = -\frac{1}{g}\frac{\partial^2}{\partial x^2}\delta^4(x-y)$$

M_L 为时空空间的无穷维单位矩阵,不含规范场。

对于 $SU(2)$ 场,在朗道规范下

$$M_L^{\alpha\beta}(x,y) = \delta^{\alpha\beta}\frac{\partial^2}{\partial x^2}\delta^4(x-y) - g\varepsilon^{\alpha\beta\gamma}A_\mu^\gamma(y)\frac{\partial}{\partial x_\mu}\delta^4(x-y)$$

而格林函数的生成泛函为

$$Z_F[\boldsymbol{J},\boldsymbol{\eta},\boldsymbol{\eta}^+] = \iiint [d\boldsymbol{A}_\mu][d\boldsymbol{C}][d\boldsymbol{C}^+]\delta\boldsymbol{A}_\mu^{,\mu} \cdot$$

$$\exp\left[i\int \mathrm{d}^4x\left(\mathscr{L}+\boldsymbol{C}^{+}\frac{\partial^2\boldsymbol{C}}{\partial x^2}-g\frac{\partial}{\partial x_\mu}\boldsymbol{C}^{+}\cdot\boldsymbol{A}_\mu\times\boldsymbol{C}+\boldsymbol{J}^\mu\cdot\boldsymbol{A}_\mu\right.\right.$$

$$\left.\left.+\boldsymbol{\eta}^{+}\cdot\boldsymbol{C}+\boldsymbol{C}^{+}\cdot\boldsymbol{\eta}\right)\right] \tag{8.108}$$

依式(8.90)，

$$\Delta_F[A_\mu^\alpha]\int[\mathrm{d}g]\delta F^\alpha[A_\mu^{\alpha g}]=1$$

从式(8.105)知，把规范条件作变换，

$$F^\alpha[A_\mu^\alpha]=0\rightarrow F^\alpha[A_\mu^\alpha]-P^\alpha(x)=0$$

$P^\alpha(x)$为和规范变换无关的任意函数，所以$\Delta_F[A_\mu^\alpha]$不变，生成泛函中表示规范条件的因子可作变换，

$$\delta F^\alpha[A_\mu^\alpha]\rightarrow\delta(F^\alpha[A_\mu^\alpha]-P^\alpha(x))$$

生成泛函为

$$Z_F[J,\eta,\eta^{+}]=\iiint[\mathrm{d}A_\mu^\alpha][\mathrm{d}C_\alpha][\mathrm{d}C_\alpha^{+}]\delta(F^\alpha[A_\mu^\alpha]-P^\alpha(x))\cdot$$

$$\exp\left[i\int\mathrm{d}^4x(\mathscr{L}+J_\mu^\alpha A^{\alpha\mu}+\eta_\alpha^{+}C_\alpha+C_\alpha^{+}\eta_\alpha)\right.$$

$$\left.+i\iint\mathrm{d}^4x\mathrm{d}^4yC_\alpha^{+}M^{\alpha\beta}(x,y)C_\beta\right]$$

上式乘$\exp\left\{-\frac{i}{2\alpha}\int\mathrm{d}^4x[P^\alpha(x)]^2\right\}$，进一步有

$$Z_F[J,\eta,\eta^{+}]=\iiint[\mathrm{d}A_\mu^\alpha][\mathrm{d}C_\alpha][\mathrm{d}C_\alpha^{+}]\cdot$$

$$\exp\left\{i\int\mathrm{d}^4x\left[\mathscr{L}-\frac{1}{2\alpha}(F^\alpha[A_\mu^\alpha])^2+J_\mu^\alpha A^{\alpha\mu}+\right.\right.$$

$$\left.\left.\eta_\alpha^{+}C_\alpha+C_\alpha^{+}\eta_\alpha\right]+i\iint\mathrm{d}^4x\mathrm{d}^4yC_\alpha^{+}M^{\alpha\beta}(x,y)C_\beta\right\}$$

或

$$Z_F[J,\eta,\eta^{+}]=\iiint[\mathrm{d}A_\mu^\alpha][\mathrm{d}C^\alpha][\mathrm{d}C_\alpha^{+}]\cdot$$

$$\exp\left[iS_{ef}+i\int\mathrm{d}^4x(J_\mu^\alpha A^{\alpha\mu}+\eta_\alpha^{+}C_\alpha+C_\alpha^{+}\eta_\alpha)\right]$$

$$S_{ef}=S+S_1+S_2$$

$$S = \int d^4 x \mathscr{L}(x)$$

$$S_1 = \iint d^4 x d^4 y C_\alpha^+(x) M_F^{\alpha\beta}(x,y) C_\beta(y)$$

$$S_2 = -\frac{1}{2\alpha}\int d^4 x (F^\alpha [A_\mu^\alpha])^2 \tag{8.109}$$

式(8.109)中 S_0 为规范场作用量、S_1 为鬼粒子场作用量、S_2 为规范固定项作用量，S_1、S_2 均和选择的规范相关。a 称为规范参数，$a=0$ 时为朗道规范、$a=1$ 时为费曼规范、$a=\infty$时为么正规范。

在 $SU(2)$场，

$$S_{ef} = S + S_1 + S_2$$

$$S = -\frac{1}{4}\int d^4 x (\boldsymbol{A}_{\nu,\mu} - \boldsymbol{A}_{\mu,\nu} + g\boldsymbol{A}_\mu \times \boldsymbol{A}_\nu)^2$$

$$S_1 = \int d^4 x \left(\boldsymbol{C}^+ \frac{\partial^2 \boldsymbol{C}}{\partial x^2} - g\frac{\partial}{\partial x_\mu}\boldsymbol{C}^+ \cdot \boldsymbol{A} \times \boldsymbol{C}\right)$$

$$S_2 = -\frac{1}{2\alpha}\int d^4 x (\boldsymbol{A}_\mu^{,\mu})^2 \tag{8.110}$$

置任意规范场为

$$Z[J, \eta, \eta^+] = \iiint [dA_\mu^\alpha][dC_\alpha][dC_\alpha^+] \cdot$$

$$\exp\left[iS_{ef} + i\int d^4 x (J_\mu^\alpha A^{\alpha\mu} + J_\alpha^+ C_\alpha + C_\alpha^+ \eta_\alpha)\right]$$

将指数上的函数在算子 $\hat{A}_\mu^\alpha$、$\hat{C}_\alpha$、$\hat{C}_\alpha^+$ 有外源时的真空期望值 $A_{0\mu}^\alpha$、$C_{0\alpha}$、$C_{0\mu}^+$的领域展开，

$$S_{ef}[A_\mu^\alpha, C_\alpha, C_\alpha^+] = S_{ef}[A_{0\mu}^\alpha, C_{0\alpha}, C_{0\alpha}^+] + \int d^4 x \Big(J_\mu^\alpha A_0^{\alpha\mu}$$

$$+ \eta_\alpha^+ C_\alpha + C_{0\alpha}^+ \eta\Big) + \int d^4 x F[A_\mu^\alpha - A_{0\mu}^\alpha, C_\alpha$$

$$- C_{0\alpha}, C_\alpha^+ - C_{0\alpha}^+]$$

给出

$$Z[J, \eta, \eta^+] = \exp\Big\{iS_{ef}[A_{0\mu}^\alpha, C_{0\alpha} C_{0\alpha}^+]$$

$$+ i\int d^4 x (J_\mu^\alpha A_0^{\alpha\mu} + \eta^+ C_{0\alpha} + C_{0\alpha}^+ \eta)\Big\} \iiint [dA_\mu^\alpha] \cdot$$

$$[\mathrm{d}C_\alpha][\mathrm{d}C_\alpha^+]\exp\left\{i\int \mathrm{d}^4 xF[A_\mu^\alpha - A_{0\mu}^\alpha, C_\alpha - C_{0\alpha}, C_\alpha^+ - C_{0\alpha}^+]\right\}$$

在树图近似下舍弃乘积因子，取

$$Z_0[J,\eta,\eta^+] = \exp\{iS_{ef}[A_{0\mu}^\alpha, C_{0\alpha}, C_{0\alpha}^+]$$
$$+ i\int \mathrm{d}^4 x(J_\mu^\alpha A_0^{\alpha\mu} + \eta_\alpha^+ C_{0\alpha} + C_{0\alpha}^+ \eta_\alpha)\}$$

这是树图近似的格林函数的生成泛函，而连通格林函数的生成泛函，按 $Z=\exp(iW)$ 为

$$W_0[J,\eta,\eta^+] = S_{ef}[A_{0\mu}^\alpha, C_{0\alpha}, C_{0\alpha}^+]$$
$$+ \int \mathrm{d}^4 x(J_\mu^\alpha A_0^{\alpha\mu} + \eta_\alpha^+ C_{0\alpha} + C_{0\alpha}^+ \eta)$$

由 $W[J,\eta,\eta^+]$，依

$$\frac{\delta W}{\delta J_\mu^\alpha} = A_{0\mu}^\alpha \quad \frac{\delta W}{\delta \eta_\alpha^+} = C_{0\alpha} \quad \frac{\delta W}{\delta \eta_\alpha} = -C_{0\alpha}^+$$

把 J、η、η^+ 变为 $A_{0\mu}^\alpha$、$C_{0\alpha}$、$C_{0\alpha}^+$。又依

$$\Gamma[A_{0\mu}^\alpha, C_{0\alpha}, C_{0\alpha}^+] = W[J,\eta^+,\eta] - \int \mathrm{d}^4 x(J_\mu^\alpha A_0^{\alpha\mu} + \eta_\alpha^+ C_{0\alpha} + C_{0\alpha}^+ \eta_\alpha)$$

将 $W[J,\eta,\eta^+]$ 变成正规顶角的生成泛函。在树图近似下，

$$\Gamma[A_\mu^\alpha, C_\alpha, C_\alpha^+] = S_{ef}[A_\mu^\alpha, C_\alpha, C_\alpha^+] \tag{8.111}$$

这里省去了下标 0；但应注意 A_μ^α、C^α、C_α^+ 是外源不为零时的相应算子的真空期望值。

在 $SU(2)$ 规范场下，树图顶角生成泛函为

$$\Gamma = S_{ef} = S + S_1 + S_2$$

$$S = \int \mathrm{d}^4 x\left[-\frac{1}{4}(\boldsymbol{A}_{\nu,\mu} - \boldsymbol{A}_{\mu,\nu} + g\boldsymbol{A}_\mu \times \boldsymbol{A}_\nu)^2\right]$$

$$= \int \mathrm{d}^4 x\left[-\frac{1}{4}(\boldsymbol{A}_{\nu,\mu} - \boldsymbol{A}_{\mu,\nu})^2 - \frac{1}{2}g(\boldsymbol{A}_{\nu,\mu} - \boldsymbol{A}_{\mu,\nu}) \cdot \boldsymbol{A}^\mu \times \boldsymbol{A}^\nu\right.$$
$$\left. - \frac{1}{4}g^2(\boldsymbol{A}_\mu \times \boldsymbol{A}_\nu)^2\right]$$

$$= \int \mathrm{d}^4 x\left[\frac{1}{2}\boldsymbol{A}_\mu \cdot \left(\frac{\partial^2 g^{\mu\nu}}{\partial x^2} - \frac{\partial^2}{\partial x_\mu \partial x_\nu}\right)\boldsymbol{A}_\nu - \frac{1}{2}g(\boldsymbol{A}_{\nu,\mu} - \boldsymbol{A}_{\mu,\nu}) \cdot\right.$$
$$\left. \boldsymbol{A}^\mu \times \boldsymbol{A}^\nu - \frac{1}{4}g^2(\boldsymbol{A}_\mu \times \boldsymbol{A}_\nu)^2\right]$$

$$S_1=\int d^4x\left(C_\alpha^+\frac{\partial^2 C_\alpha}{\partial x^2}-g\varepsilon^{\alpha\beta\gamma}\frac{\partial}{\partial x_\mu}C_\alpha^+A_\mu^\beta C_\gamma\right)$$

$$S_2=\int d^4x\left[-\frac{1}{2\alpha}(\mathbf{A}_\mu^{;\mu})^2\right]=\int d^4x\left(\mathbf{A}_\mu\cdot\frac{1}{2\alpha}\frac{\partial^2\mathbf{A}_\nu}{\partial x_\mu\partial x_\nu}\right)\qquad(8.112)$$

命 $D_{\mu\nu}^{\alpha\beta}(x,y)$ 为规范场的传播函数，$\Gamma_{\mu\nu}^{\beta\gamma}(y,z)$ 为规范场的两点正规顶角，有

$$\int d^4yD_{\mu\nu}^{\alpha\beta}(x,y)\Gamma_\lambda^{\beta\gamma\nu}(y,z)=\delta^{\alpha\gamma}g_{\mu\lambda}\delta^4(x-z)$$

而

$$\begin{aligned}\Gamma_{\nu\lambda}^{\beta\gamma}(y,z)&=\frac{\delta^2\Gamma}{\delta A_\nu^\beta(y)\delta A_\lambda^\gamma(z)}\bigg|_X\\&=\frac{\delta^2}{\delta A_\nu^\beta\delta A_\lambda^\gamma}\int d^4x\Big[\frac{1}{2}A_\mu^\alpha\Big(\frac{\partial^2g^{\mu\sigma}}{\partial x^2}-\frac{\partial^2}{\partial x_\mu\partial x_\sigma}\Big)A_\sigma^\alpha\\&\quad+\frac{1}{2\alpha}A_\mu^\alpha\frac{\partial^2}{\partial x_\mu\partial x_\sigma}A_\sigma^\alpha\Big]\\&=\int d^4x\delta^{\alpha\beta}g_{\mu\nu}\delta^4(x-y)\Big[\frac{\partial^2g^{\mu\sigma}}{\partial x^2}-\Big(1-\frac{1}{\alpha}\Big)\frac{\partial^2}{\partial x_\mu\partial x_\sigma}\Big]\cdot\\&\quad\delta^{\alpha\gamma}g_{\lambda\sigma}\delta^4(x-z)\\&=\delta^{\beta\gamma}\Big[\frac{\partial^2g^{\mu\lambda}}{\partial x^2}-\Big(1-\frac{1}{\alpha}\Big)\frac{\partial^2}{\partial x_\mu\partial x_\nu}\Big]\delta^4(y-z)\end{aligned}$$

式中 X 表示 A_μ^α、C_α、$C_\alpha^+=0$。代入上式，得

$$\begin{aligned}&\int d^4yD_{\mu\nu}^{\alpha\beta}(x,y)\delta^{\beta\gamma}\Big[\frac{\partial^2g^{\nu\gamma}}{\partial x^2}-\Big(1-\frac{1}{\alpha}\Big)\frac{\partial^2}{\partial x_\mu\partial x_\nu}\Big]\delta^4(y-z)\\&=\delta^{\alpha\gamma}g_\mu^\lambda\delta^4(x-z)\end{aligned}$$

$$\Big[\frac{\partial^2g^{\nu\lambda}}{\partial x^2}-\Big(1-\frac{1}{\alpha}\Big)\frac{\partial^2}{\partial x_\mu\partial x_\nu}\Big]D_{\mu\nu}^{\alpha\gamma}(x,z)=\delta^{\alpha\gamma}g_\mu^\lambda\delta^4(x-z)$$

故

$$D_{\mu\nu}^{\alpha\gamma}(x,z)=\frac{\delta^{\alpha\gamma}}{(2\pi)^4}\int d^4k\Big\{-\frac{\exp[ik(x-z)]}{k^2+i\varepsilon}\cdot\Big[g_{\mu\nu}-(1-\alpha)\frac{k_\mu k_\nu}{k^2}\Big]\Big\}$$

在动量表象中规范场的传播子为

$$iD_{\mu\nu}^{\alpha\beta}(k)=-\frac{i}{k^2+i\varepsilon}\left[g_{\mu\nu}-(1-\alpha)\frac{k_\mu k_\nu}{k^2}\right]$$

如图 8.3 所示。

图 8.3

记 $G^{\alpha\beta}(x,y)$为鬼传播函数,$\Gamma^{\beta\gamma}(y,z)$为鬼的两点正规顶角,结果

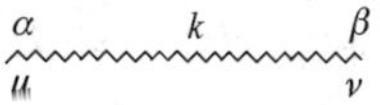

$$\int d^4 y G^{\alpha\beta}(x,y)\Gamma^{\beta\gamma}(y,z)=\delta^{\alpha\gamma}\delta^4(x-z)$$

但

$$\begin{aligned}\Gamma^{\beta\gamma}(y,z)&=\frac{\delta^2\Gamma}{\delta C_\beta(y)\delta C_\gamma^+(z)}\bigg|_X\\&=\frac{\delta^2}{\delta C_\beta\delta C_\gamma^+}\int d^4 x C_\alpha^+(x)\frac{\partial^2}{\partial x^2}C_\alpha(x)\\&=\int d^4 x\delta^{\alpha\gamma}\delta^4(x-z)\frac{\partial^2}{\partial x^2}\delta^{\alpha\beta}\delta^4(x-y)\\&=\delta^{\beta\gamma}\frac{\partial^2}{\partial x^2}\delta^4(y-z)\end{aligned}$$

代入上式,

$$\int d^4 y G^{\alpha\beta}(x,y)\delta^{\beta\gamma}\frac{\partial^2}{\partial x^2}\delta^4(y-z)=\delta^{\alpha\gamma}\delta^4(x-z)$$

$$\frac{\partial^2}{\partial x^2}G^{\alpha\beta}(x,z)=\delta^{\alpha\beta}\delta^4(x-z)$$

推出

$$G^{\alpha\beta}(x,z)=\frac{\delta^{\alpha\beta}}{(2\pi)^4}\int d^4 k\left\{-\frac{\exp[ik(x-z)]}{k^2+i\varepsilon}\right\}$$

在动量表象中鬼传播子为

$$G^{\alpha\beta}(k)=-\frac{i\delta^{\alpha\beta}}{k^2+i\varepsilon}\qquad(8.113)$$

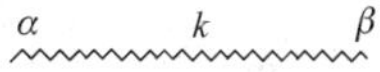

图 8.4

如图 8.4 所示。

8.3 温伯格理论

分析(l^-,ν_l)系统($l=e,\mu,\tau$)的弱相互作用和电磁作用。

(l^-,ν_l)系统的带电弱流和电磁流为

$$j_\mu^{(1)} = i\psi^+ \gamma_4 \gamma_\mu (1+\gamma_5)\psi_{\nu_l}$$
$$j_\nu^{(2)} = - i\psi_l^+ \gamma_4 \gamma_\mu \psi_l \tag{8.114}$$

据此，

$$Q_{(2)} = - i\int d^3 r j_4^{(2)} = - \int d^3 r \psi_l^+ \psi_l$$
$$Q_{(1)} = - i\int d^3 r j_4^{(1)} = \int d^3 r \psi_l^+ (1+\gamma_5)\psi_{\nu_l} \tag{8.115}$$
$$Q_{(1)}^+ = \int d^3 r \psi_{\nu_l}^+ (1+\gamma_5)\psi_l$$

式中角标(1)为带电弱作用的，角标(2)为电磁流作用的。由于这些荷已出现在实验中，因此弱电统一理论的群的生成元至少应当包括它们。

分解 $Q_{(1)}$ 为埃尔米特算子，置

$$T_1 - iT_2 = \frac{1}{2}Q_{(1)}$$
$$T_1 + iT_2 = \frac{1}{2}Q_{(1)}^+ \tag{8.116}$$

$$\psi = \begin{pmatrix} \psi_{\nu_l} \\ \psi_l \end{pmatrix} \tag{8.117}$$

或取

$$Q_{(1)} = \frac{1}{2}\int d^3 r \psi^+ (1+\gamma_5)(\tau_1 - i\tau_2)\psi \tag{8.118}$$

比较式(8.116)有

$$T_1 = \frac{1}{4}\int d^3 r \psi^+ (1+\gamma_5)\tau_1 \psi$$
$$T_2 = \frac{1}{4}\int d^3 r \psi^+ (1+\gamma_5)\tau_2 \psi$$

利用狄拉克场的等时反对易关系，

$$\{\psi(\boldsymbol{r},t), \psi^+(\boldsymbol{r}',t)\} = \delta^3(\boldsymbol{r}-\boldsymbol{r}')$$
$$\{\psi(\boldsymbol{r},t), \psi(\boldsymbol{r}',t)\} = \{\psi^+(\boldsymbol{r},t), \psi^+(\boldsymbol{r}',t)\} = 0$$

得到

$$\left[\int d^3 \boldsymbol{r} \psi^+(\boldsymbol{r},t) A\psi(\boldsymbol{r},t), \int d^3 \boldsymbol{r}' \psi^+(\boldsymbol{r}',t) B\psi(\boldsymbol{r}',t)\right]$$

$$=\int \mathrm{d}^3 \boldsymbol{r}\psi^+(\boldsymbol{r},t)[A,B]\psi(\boldsymbol{r},t) \tag{8.119}$$

进一步，有

$$-i[T_1,T_2]=-i\int \mathrm{d}^3 r\psi^+\left[\frac{1}{4}(1+\gamma_5)\tau_1,\frac{1}{4}(1+\gamma_5)\tau_2\right]\psi$$

$$=-i\int \mathrm{d}^3 \gamma\psi^+ \frac{1}{16}(1+\gamma_5)^2[\tau_1,\tau_2]\psi=\frac{1}{4}\int \mathrm{d}^3 r\psi^+(1+\gamma_5)\tau_3\psi=T_3$$

将 T_1、T_2、T_3 统一为

$$\boldsymbol{T}=\frac{1}{4}\int \mathrm{d}^3 r\psi^+(1+\gamma_5)\boldsymbol{\tau}\psi \tag{8.120}$$

显见它们是 $SU(2)$ 群的生成元。

对于 $Q_{(2)}$，依式(8.115)、式(8.117)，得

$$Q_{(2)}=\int \mathrm{d}^3 r\psi^+\begin{pmatrix}0 & 0\\ 0 & -1\end{pmatrix}\psi$$

$$=\int \mathrm{d}^3 r\psi^+\left[-\frac{1}{2}+\frac{1}{4}(1+r_5)\tau_3+\frac{1}{4}(1-r_5)\tau_3\right]\psi$$

命

$$T'=Q_{(2)}-T_3 \tag{8.121}$$

有

$$[T',T_l]=0 \qquad (l=1,2,3) \tag{8.122}$$

因为 $SU(2)\times U(1)$ 群有四个生成元，所以对应的有四个独立的规范场 $\boldsymbol{B}_\mu$、C_μ。在这些规范场中应该只有一个线性组合保持无质量(电磁场)，另外三个独立场都必须通过 Higgs 机制获得质量，这至少需引进四个埃尔米特的 Higgs 场，其中一个确定真空的方向，其他三个使三个规范场得到质量。为此可记

$$\boldsymbol{\Phi}=\begin{pmatrix}\Phi_1+i\Phi_2\\ \Phi_3+i\Phi_4\end{pmatrix} \tag{8.123}$$

它属于 $SU(2)$ 的旋量表示$\left(T_\Phi=\frac{1}{2}\right)$。在轻子场可把其左、右旋写为

$$\begin{cases}L=\frac{1}{2}(1+\gamma_5)\begin{pmatrix}\psi_{\nu_l}\\ \psi_l\end{pmatrix}\\ R=\frac{1}{2}(1-\gamma_5)\psi_l\end{cases} \tag{8.124}$$

使用式(8.124)把轻子场的弱同位旋式(8.120)表为

$$\boldsymbol{T}_l = \frac{1}{2}\int \mathrm{d}^3 \gamma L^+ \boldsymbol{\tau} L \tag{8.125}$$

以式(8.125)、式(8.121)作用于 L、R,而给出 L、R 在 $SU(2)$ 变换下的性质。

(l^-, ν_l) 系统的拉格朗日密度为

$$\mathscr{L} = -\frac{1}{4}\boldsymbol{B}_{\mu\nu}^2 - \frac{1}{4}C_{\mu\nu}^2 - R^+ \gamma_4 \gamma_\mu D_\mu R - L^+ \gamma_4 \gamma_\mu D_\mu L$$
$$- (\overline{D}_\mu \Phi^+)(D_\mu \Phi) - U(\Phi^+ \Phi) - (fL^+ \gamma_4 R\Phi + h.c.) \tag{8.126}$$

其中 μ、ν=1,2,3,4;且

$$\boldsymbol{B}_{\mu\nu} = \frac{\partial \boldsymbol{B}_\nu}{\partial x_\mu} - \frac{\partial \boldsymbol{B}_\mu}{\partial x_\nu} + g\boldsymbol{B}_\mu \times \boldsymbol{B}_\nu \tag{8.127}$$

$$C_{\mu\nu} = \frac{\partial C_\nu}{\partial x_\mu} - \frac{\partial C_\mu}{\partial x_\nu} \tag{8.128}$$

$$D_\mu L = \left[\frac{\partial}{\partial x_\mu} - ig\,\frac{1}{2}\boldsymbol{\tau}\cdot\boldsymbol{B}_\mu - ig'\left(-\frac{1}{2}\right)C_\mu\right]L \tag{8.129}$$

$$D_\mu R = \left[\frac{\partial}{\partial x_\mu} - ig'(-1)C_\mu\right]R \tag{8.130}$$

$$D_\mu \Phi = \left[\frac{\partial}{\partial x_\mu} - ig\boldsymbol{\tau}\cdot\boldsymbol{B}_\mu - ig'\left(\frac{1}{2}\right)C_\mu\right]\Phi \tag{8.131}$$

$$\overline{D}_\mu \Phi^+ = \begin{cases} (D_\mu \Phi)^+ & (\mu = 1,2,3) \quad (8.132) \\ -(D_4 \Phi)^+ & (\mu = 4) \quad (8.133) \end{cases}$$

$$U(\Phi^+ \Phi) = \frac{1}{2}a\Phi^+ \Phi + \frac{1}{2}b(\Phi^+ \Phi)^2 \tag{8.134}$$

可以证明式(8.126)在下述定域 $SU(2)\times U(1)$ 无穷小变换下的不变性。

$$\boldsymbol{B}_\mu \to \boldsymbol{B}_\mu(x) + \boldsymbol{\theta}(x) \times \boldsymbol{B}_\mu(x) - \frac{1}{g}\frac{\partial}{\partial x_\mu}\boldsymbol{\theta}(x)$$

$$
C_\mu(x) \to C_\mu(x) - \frac{1}{g}\frac{\partial}{\partial x_\mu}\alpha(x)
$$

$$
L(x) \to \exp[-i\alpha(x)T'_L]\exp\left[-\frac{1}{2}i\boldsymbol{r}\cdot\boldsymbol{\theta}(x)\right]L(x)
$$

(8.135)

$$
R(x) \to \exp[-i\alpha(x)T'_R]R(x)
$$

$$
\Phi(x) \to \exp[-i\alpha(x)T'_\Phi]\exp\left[-\frac{1}{2}i\boldsymbol{r}\cdot\boldsymbol{\theta}(x)\right]\Phi(x)
$$

这里$\boldsymbol{\theta}(x)$、$\alpha(x)$为无穷小函数。在式(8.126)中$U(\Phi^+\Phi)$的最小值于$\Phi^+\Phi=\rho^2=-\frac{a}{b}>0$处，故

$$
\langle\Phi^+\Phi\rangle_V = \sum_{l=1}^{4}\langle\Phi_l^2\rangle_V = \rho^2 \tag{8.136}
$$

V表示真空。式(8.136)表明简并的真空在四维Φ_l空间中形成半径为ρ的球面；物理的真空应取的，使其对应方向的规范场为电磁场。电磁场不带电，相应的Φ场真空期望值的方向也不应带电。依$\theta=T_3+T'$，$T'_\Phi=\frac{1}{2}$知，Φ场真空期望值的方向取在$T_3=-\frac{1}{2}$的方向。

今取么正规范，于是可通过规范变换使Φ场变换为

$$
\Phi = \begin{pmatrix} 0 \\ \Phi^0 \end{pmatrix} \tag{8.137}
$$

这里Φ^0为埃尔米特的。式(8.137)代入式(8.131)，

$$
D_\mu\Phi = \begin{pmatrix} 0 \\ \dfrac{\partial\Phi^0}{\partial x_\mu} \end{pmatrix} - \frac{1}{2}i\begin{pmatrix} g(B_\mu)_1 - ig(B_\mu)_2 \\ -g(B_\mu)_3 + ig'C_\mu \end{pmatrix}\Phi^0 \tag{8.138}
$$

$$
\begin{aligned}
\overline{D}_\mu\Phi^+ D_\mu\Phi &= (D_l\Phi)^+(D_l\Phi) - (D_4\Phi)^+(D_4\Phi) \\
&= \left(\frac{\partial\Phi^0}{\partial x_\mu}\right)^2 + \frac{1}{4}\Big\{g^2[(\boldsymbol{B}_\mu)_1^2 + (\boldsymbol{B}_\mu)_2^2] \\
&\quad + [-g(\boldsymbol{B}_\mu)_3 + g'C_\mu]^2\Big\}(\Phi^0)^2
\end{aligned} \tag{8.139}
$$

规范场粒子的质量源于该项中 Φ 场真空平均值的贡献。带电规范场 $(\boldsymbol{B}_\mu)_1$、$(\boldsymbol{B}_\mu)_2$ 及中性规范场的线性组合 $-g(\boldsymbol{B}_\mu)_3+g'C_\mu$ 为有质量的。无质量的规范场 - 电磁场必定是后者正交的中性规范场组合。所以令

$$\Phi^0=\rho+\frac{1}{\sqrt{2}}\delta\Phi^0 \tag{8.140}$$

$$Z_\mu=\frac{1}{\sqrt{g^2+g'^2}}[-g(\boldsymbol{B}_\mu)_3+g'C_\mu] \tag{8.141}$$

$$A_\mu=\frac{1}{\sqrt{g^2+g'^2}}[gC_\mu+g'(\boldsymbol{B}_\mu)_3] \tag{8.142}$$

$$W_\mu^\pm=\frac{1}{\sqrt{2}}[(\boldsymbol{B}_\mu)_1\mp i(\boldsymbol{B}_\mu)_2] \tag{8.143}$$

式(8.140)～式(8.143)代入式(8.126)，

$$\mathscr{L}=\mathscr{L}_2+\mathscr{L}_3+\mathscr{L}_4 \tag{8.144}$$

这里 $\mathscr{L}_2$、$\mathscr{L}_3$、$\mathscr{L}_4$ 为拉格朗日函数密度的二次项、三次项、四次项。

$$\mathscr{L}_2=-\frac{1}{2}m_\Phi^2(\delta\Phi^0)-m_l\psi_l^+\gamma_4\psi_l-m_W^2W_\mu^+W_\mu-\frac{1}{2}m_z^2Z_\mu^2+f' \tag{8.145}$$

f' 为场的导数项；而

$$\begin{cases} m_{\phi^0}^2=\dfrac{1}{2}U''(\rho^2)=-2a>0 \\ m_W^2=\dfrac{1}{2}g^2\rho^2 \\ m_z^2=\dfrac{1}{2}(g^2+g'^2)\rho^2>m_W^2 \\ m_l=f\rho \end{cases} \tag{8.146}$$

式(8.145)中无 A_μ、ψ_{ν_l} 的非导数二次项，这表示

$$m_A=0 \qquad m_{\nu_l}=0 \tag{8.147}$$

事实上，在所有粒子的质量均由 Higgs 机制确定的理论中，不与 Higgs 场耦合的场无质量。在式(8.126)中 A 场和中微子场都不与 Φ 场耦合，故它们的质量选为零。

为研究这些场之间的相互作用，定义

$$\mathrm{tg}\theta_W = \frac{g'}{g} \tag{8.148}$$

θ_W 称为温伯格角。依式(8.141)、式(8.142)，

$$Z_\mu = -\cos\theta_W(\boldsymbol{B}_\mu)_3 + \sin\theta_W C_\mu \tag{8.149}$$

$$A_\mu = \sin\theta_W(\boldsymbol{B}_\mu)_3 + \cos\theta_W C_\mu$$

$$(\boldsymbol{B}_\mu)_3 = \sin\theta_W A_\mu - \cos\theta_W Z_\mu \tag{8.150}$$

$$C_\mu = \cos\theta_W A_\mu + \sin\theta_W Z_\mu$$

而式(8.126)中的第三、四项可写为

$$-L^+\gamma_4\gamma_\mu D_\mu L = -L^+\gamma_4\gamma_\mu\frac{\partial L}{\partial x_\mu} + i\frac{1}{2}L^+\gamma_4\gamma_\mu \cdot \begin{pmatrix} g(B_\mu)_3 - g'C_\mu & \sqrt{2}gW^- \\ \sqrt{2}gW_\mu^+ & -g(B_\mu)_3 - g'C_\mu \end{pmatrix} L$$

$$= -L^+\gamma_4\gamma_\mu\frac{\partial L}{\partial x_\mu} + i\frac{1}{2}L^+\gamma_4\gamma_\mu \cdot \begin{pmatrix} -\sqrt{g^2+g'^2}Z_\mu & \sqrt{2}gW_\mu^- \\ \sqrt{2}gW_\mu^+ & -\sqrt{g^2+g'^2}(\sin2\theta_W A_\mu - \cos2\theta_W)Z_\mu \end{pmatrix} L \tag{8.151}$$

$$-R^+\gamma_4\gamma_\mu D_\mu R = -R^+\gamma_4\gamma_\mu\frac{\partial R}{\partial x_\mu} - iR^+\gamma_4\gamma_\mu R g'(\cos\theta_W A_\mu + \sin\theta_W Z_\mu) \tag{8.152}$$

从式(8.151)、式(8.152)，推出轻子与带电中间玻色子的相互作用，

$$\mathscr{L}_{q\text{-}W^\pm} = i\frac{g}{2\sqrt{2}}W_\mu^+\psi_{\nu_l}^+\gamma_4\gamma_\mu(1+\gamma_5)\psi_l + h.c. \tag{8.153}$$

q 表示轻子，式(8.153)完全确定了轻子带电流的弱作用。

考虑图 8.5 所示的轻子-轻子过程，并在 $k\to0$ 的条件下和对应的唯象流耦合理论比较，

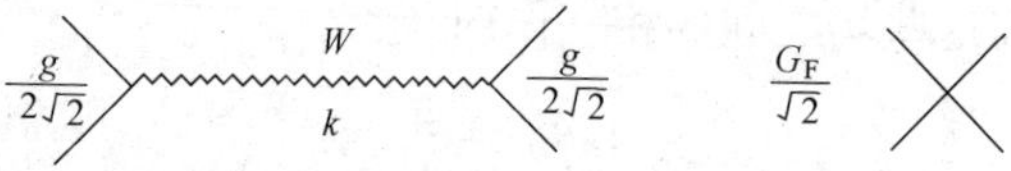

图 8.5

即

$$\frac{G_{\mathrm{F}}}{\sqrt{2}}=\frac{1}{m_{\mathrm{W}}^{2}}\left(\frac{g}{2\sqrt{2}}\right)^{2}=\frac{g^{2}}{8m_{\mathrm{W}}^{2}} \tag{8.154}$$

从式(8.153)、式(8.152)、式(8.151)，也可得到轻子(q)-光子(p)的相互作用，

$$\begin{aligned}\mathscr{L}_{q-p}=&-iR^{+}\gamma_{4}\gamma_{\mu}Rg'\cos\theta_{\mathrm{W}}A_{\mu}\\&+i\frac{1}{2}L^{+}\gamma_{4}\gamma_{\mu}\begin{pmatrix}0&0\\0&-\sqrt{g^{2}+g'^{2}}\sin2\theta_{\mathrm{W}}A_{\mu}\end{pmatrix}L\\=&-ig'\cos\theta_{\mathrm{W}}(l_{R}^{+}\gamma_{4}\gamma_{\mu}l_{k}+l_{L}^{+}\gamma_{4}\gamma_{\mu}l_{L})A_{\mu}\\=&-ig'\cos\theta_{\mathrm{W}}l^{+}\gamma_{4}\gamma_{\mu}lA_{\mu}\end{aligned} \tag{8.155}$$

对比量子电动力学的相应的表达式知，

$$e=g'\cos\theta_{\mathrm{W}}=g\sin\theta_{\mathrm{W}} \tag{8.156}$$

又对比式(8.156)、式(8.154)：

$$m_{\mathrm{W}}^{2}\equiv\frac{\sqrt{2}}{8}\frac{g^{2}}{G_{\mathrm{F}}}=\frac{\sqrt{2}e^{2}}{8G\sin^{2}\theta_{\mathrm{W}}}\geqslant\frac{e^{2}}{4\sqrt{2}G_{\mathrm{F}}} \tag{8.157}$$

实验表明 $\sin^{2}\theta_{\mathrm{W}}\approx\frac{1}{4}$，有

$$m_{\mathrm{W}}=74.6(\mathrm{GeV})$$

同理得到轻子与 Z^{0} 粒子的相互作用为

$$\begin{aligned}\mathscr{L}_{q-Z^{0}}=&-i\frac{1}{4}\sqrt{g^{2}+g'^{2}}\{\psi_{\nu_{l}}^{+}\gamma_{4}\gamma_{\mu}(1+\gamma_{5})\varphi_{\nu_{l}}\\&-\psi_{l}^{+}\gamma_{4}\gamma_{\mu}[(1-4\sin^{2}\theta_{\mathrm{W}})+\gamma_{5}]\varphi_{l}\}Z_{\mu}\end{aligned} \tag{8.158}$$

与 Z_{μ}^{0} 耦合的轻子流对应于唯象理论中的轻子中性弱流。

8.4 杨 - 米尔斯场

杨 - 米尔斯场属于 $SU(2)$ 规范场。从数学观点看，规范场相

当于主丛上的联络，物质场相当于伴矢丛的截面。

8.4.1 杨-米尔斯方程

四维时空流形上的杨-米尔斯场就是非阿贝尔规范场 $\mathscr{A}_\mu(x)$ 取值在李群 G 的李代数的表示矩阵上，

$$\mathscr{A}_\mu(x) = T_a A_\mu^a(x) \tag{8.159}$$

式中 T_a 为李代数 $\mathscr{W}$ 的反埃尔米特表示矩阵，

$$[T_a, T_b] = f_{ab}^c T_c \qquad T_a^+ = -T_a \tag{8.160}$$

下标 a 跑遍群 G 的维数，f_{ab}^c 为群 G 结构常数。为方便，取下列表示矩阵的归一，

$$\mathrm{tr}(T_a T_b) = -\frac{1}{2}\delta_{ab} \tag{8.161}$$

故规范势为

$$A_\mu^a(x) = -2\mathrm{tr}(T_a \mathscr{A}_\mu(x)) \tag{8.162}$$

对应的规范场强为

$$F_{\mu\nu}^a(x) = A_{\nu,\mu}^a - A_{\mu,\nu}^a + ef_{ab}^c(x)A_\mu^a(x)A_\nu^b(x) \tag{8.163}$$

e 为场的耦合常数，表明非阿贝尔规范场存在有自耦合。今引入含有耦合常数 e 的势，

$$\begin{aligned} A_\mu^a(x) &= e\mathscr{A}_\mu(x) = eT_a A_\mu^a(x) \\ A_\mu(x) &= -\frac{2}{e}\mathrm{tr}T^a A_\mu(x) \end{aligned} \tag{8.164}$$

此时有 e 的场强为

$$F_{\mu\nu} = eT_a F_{\mu\nu}^a = A_{\nu,\mu} - A_{\mu,\nu} + [A_\mu, A_\nu] \tag{8.165}$$

该式不显含 e。进一步给出微分形式，

$$A = A_\mu \mathrm{d}x^\mu \tag{8.166}$$

$$\begin{aligned} F &= \frac{1}{2}F_{\mu\nu}\mathrm{d}x^\mu \wedge \mathrm{d}x^\nu \\ &= \mathrm{d}A + \frac{1}{2}[A, A] = \mathrm{d}A + A \wedge A \end{aligned} \tag{8.167}$$

规范势 A 相当于主丛联络拉回到底流形，规范场强 F 相当主丛曲率拉回到底流形。可以证明 F 满足比要基等式，

$$DF = \mathrm{d}F + [A, F] = 0 \tag{8.168}$$

这里 D 为协变外微分算子。

场的运动方程利用作用量 S 相对场 A_μ 变分稳定得到,S 可表示为拉格朗日密度 $\mathscr{L}$ 的时空积分,

$$S = \int_M \mathrm{d}^4 x \mathscr{L} \tag{8.169}$$

$$\mathscr{L} = \frac{1}{2e^2}\mathrm{tr}F^{\mu\nu}F_{\mu\nu} = -\frac{1}{4}F_a^{\mu\nu}F_{\mu\nu}^a = \frac{1}{2}(E_a^2 - B_a^2) \tag{8.170}$$

而

$$E_a^l = F_a^{l0} \quad \boldsymbol{E}_a = -\dot{\mathbf{A}} - \nabla A_a^0 - ef_{ab}^c A^{0b}\mathbf{A}_c \tag{8.171}$$

$$B_a^l = -\frac{1}{2}\varepsilon^{ljk}F_{jk}^a \quad \boldsymbol{B}_a = \nabla \times \boldsymbol{A}_a - \frac{1}{2}ef_a^{bc}\mathbf{A}_b \times \mathbf{A}_c \tag{8.172}$$

注意到底流形为定义有度规的时空,S 可表为

$$S = \frac{1}{e^2}\int_M \mathrm{tr}(F \wedge *F) \tag{8.173}$$

$*$ 为作用于微分形式上的 Hodge $*$ 算子。依作用量相对场 A 的变分极值推出运动方程,

$$\frac{\partial}{\partial x^\mu}F_a^{\mu\nu} + ef_{ab}^c A_\mu^b F_c^{\mu\nu} = 0 \tag{8.174}$$

其外微分形式,

$$D * F = 0 \tag{8.175}$$

对于四维杨 - 米尔斯场,命场强 $F_{\mu\nu}$ 的对偶场为 ${}^*F_{\mu\nu}$,

$${}^*F_{\mu\nu} = \frac{1}{2}\varepsilon_{\mu\nu\lambda\rho}F^{\lambda\rho}$$

使

$$*F = *\left(\frac{1}{2}F_{\mu\nu}\mathrm{d}x^\mu \wedge \mathrm{d}x^\nu\right) = \frac{1}{2}F_{\mu\nu}\frac{1}{2}\varepsilon_{\lambda\rho}^{\mu\nu}\mathrm{d}x^\lambda \wedge \mathrm{d}x^\rho$$

$$= \frac{1}{2}{}^*F_{\mu\nu}\mathrm{d}x^\mu \wedge \mathrm{d}x^\nu \tag{8.176}$$

且

$$D_\mu {}^*F^{\mu\nu} = 0$$

D_μ 为协变导数。

杨-米尔斯场具有非线性特征，普适分析极其困难，即使讨论紧致流形 S^4 上的杨-米尔斯场也很复杂。利用场方程和比安基等式的相似性，考虑若场 F 与其对偶场 $*F$ 成正比，

$$F = \lambda * F \tag{8.177}$$

则依比安基等式，

$$DF = 0$$

于是推得欧拉-拉格朗日运动方程，

$$D * F = 0$$

对式(8.177)运算 $*$，

$$* F = \lambda * * F$$

代入式(8.177)且应用

$$* * \alpha_r = \operatorname{sgn}(g)(-1)^{r(n-r)}\alpha_r = \operatorname{sgn}(g)\begin{cases}\alpha_r & (n\text{ 为奇数}) \\ (-1)^r\alpha_r & (n\text{ 为偶数})\end{cases} \tag{8.178}$$

有

$$F = \lambda^2 * * F = \begin{cases}\lambda^2 F & (\text{对 } E^4 \text{ 度规}) \\ -\lambda^2 F & (\text{对 } M^4 \text{ 度规})\end{cases}$$

式中 E^4 为四维欧几里得空间、M^4 为四维闵可夫斯基空间。故应

$$\lambda = \pm 1 \qquad (\text{对 } E^4 \text{ 空间})$$

$$\lambda = \pm i \qquad (\text{对 } M^4 \text{ 空间})$$

在 M^4 内应

$$* F = \pm iF \tag{8.179}$$

因为 F、$*F$ 均是李代数的微分形式为使式(8.179)满足，所以不能是紧致李群，仅对非紧致李群。

在 E^4 内自对偶条件为

$$* F = \pm F \tag{8.180}$$

这时对规范群无限制，可为任意紧致李群。称 $*F=F$ 为自对偶、称 $*F=-F$ 为反自对偶。

任意场 F 都可分解为自对偶、反自对偶两部分，

$$F = F^{+} + F^{-} \tag{8.181}$$

其中

$$F^{\pm} = \frac{1}{2}(F \pm *F) \tag{8.182}$$

满足

$$*F^{\pm} = \pm F^{\pm}$$

代入作用量 I 表达式,

$$I = -\frac{1}{e^2}\int_M \mathrm{tr}(F \wedge *F) \tag{8.183}$$

有

$$\begin{aligned} I &= -\frac{1}{e^2}\int_{S^4} \mathrm{tr}(F^{+} + F^{-}) \wedge *(F^{+} + F^{-}) \\ &= -\frac{1}{e^2}\int_{S^4} \mathrm{tr}(F^{+} + F^{-}) \wedge (F^{+} + F^{-}) \\ &= -\frac{1}{e^2}\int_{S^4} [\mathrm{tr}(F^{+} \wedge F^{+}) - \mathrm{tr}(F^{-} \wedge F^{-})] \\ &= \frac{1}{e^2}(\| F^{+} \|^2 + \| F^{-} \|^2) \geqslant 0 \end{aligned} \tag{8.184}$$

这里 $\| \cdot \|$ 为微分形式的模,定义为

$$\| \alpha \|^2 = -\mathrm{tr}\langle \alpha, \alpha \rangle = -\mathrm{tr}\int \alpha \wedge *\alpha \geqslant 0$$

同理研究第二陈数式

$$c_2 = \frac{1}{8\pi^2}\int_{S^4} \mathrm{tr}(F \wedge F) = -k \tag{8.185}$$

得

$$\begin{aligned} 8\pi^2 k &= -\mathrm{tr}\int_{S^4} (F^{+} + F^{-}) \wedge (F^{+} + F^{-}) \\ &= \| F^{+} \|^2 - \| F^{-} \|^2 \end{aligned} \tag{8.186}$$

比较式(8.186)、式(8.185),

$$e^2 I = \pm 8\pi^2 k + 2\| F^{\pm} \|^2 \geqslant 8\pi^2 |k| \tag{8.187}$$

由于 $k = c_2$ 为拓扑不变量,因此对具有确定的作用量 I 的极小值

解，就是场满足自对偶条件的解。

当 $k=0$ 时 I 的绝对极小值 $I=0$，推出

$$F = F^{+} = F^{-} = 0$$

对应于平联络的平凡情形。

当 $k>0$ 时 I 为绝对极小值为自对偶解 $e^2 I=8\pi^2 k$，推出

$$F^{-} = 0 \qquad F = *F$$

当 $k<0$ 时 I 的绝对极小值为反自对偶解 $e^2 I=-8\pi^2 k$，推出

$$F^{+} = 0 \qquad F = - *F$$

综述，符合式(8.180)的解为作用量 I 具有绝对极小值的稳定解。

8.4.2 杨-米尔斯场的拓扑性质

对于 3+1 维纯杨-米尔斯场，可使用正则量子化。考虑某个时间 t 的哈密顿系统，且设杨-米尔斯场在三维欧几里得空间无穷远处快速衰减，命 S^3 为紧致化三维欧几里得空间。定 Weyl 规范 $A_0=0$，讨论所有静规范场位形空间 $\mathscr{X}^3$，注意到物理系统具有规范不变性，故对应的 $\psi[A]$ 为 $\mathscr{X}^3/\mathscr{Y}^3$ 上的波泛函。因为同伦特性，

$$\pi_1(\mathscr{X}^3/\mathscr{Y}^3) = \pi_0(\mathscr{Y}^3) = \pi_3(G) = Z \tag{8.188}$$

式中 $\mathscr{Y}^3$ 为三维规范群、G 为李群，所以当 $Z\neq 0$ 时存在拓扑障碍。根据族指标定理(A-S 定理的推广)，族指数

$$Q^1(M) = \int_{S^3} \mathrm{tr}(\mathscr{F}) = \int_{S^3} \mathrm{tr}(F\,\bar{\delta}A) \tag{8.189}$$

这里 M 为底流形，$\mathscr{F}=F^{+}\bar{\delta}A$、$\bar{\delta}A$ 为 A 的水平变更。式(8.189)仅为轨道空间 $\mathscr{X}^3/\mathscr{Y}^3$ 中 1-形式，可提升为联络空间 $\mathscr{X}^3$ 中 1-形式，

$$Q^1(M) = \int_{S^3} \mathrm{tr}(F\delta A) \tag{8.190}$$

δA 为 A 的任意变更。而

$$\delta Q^1(M) = 0 \tag{8.191}$$

$$2\pi c_2 Q^1(M) = -\delta\beta^0(M) \tag{8.192}$$

上式中 δ 为联络空间 $\mathscr{X}$ 中的任意变更，而

$$\beta^0(M) = -\frac{1}{4\pi}\int_{S^2} \mathrm{tr}\left(A\mathrm{d}A + \frac{2}{3}A^3\right) \tag{8.193}$$

c_2 为第二陈数，$\beta^0(M)$ 为 $\mathscr{X}^3$ 上泛涵 0 - 形式；$\mathscr{X}^3$ 上泛函 1 - 形式 $Q^1(M)$ 可理解为 $\mathscr{X}^3$ 上 $U(1)$ 联络 1 - 形式。今在 $\mathscr{X}^3$ 上取 1 - 链 Γ^1，其边缘 $\partial\Gamma^1 = \Sigma^0$ 属从 $\mathscr{X}(\mathscr{X}/\mathscr{Y}, \mathscr{Y})$ 上同一纤维，即端点 A、A^g 为同一规范轨道中的两点，于是

$$\begin{aligned} c_2 Q^1(\Gamma^1, M) &= c_2\int^{\Gamma^1} Q^1(M) = -\frac{1}{2\pi}\int^{\Gamma^1}\delta\beta^0(M) = -\frac{1}{2\pi}\int^{\Sigma^0}\beta^0(M) \\ &= \frac{1}{8\pi^2}\int_{S^3}\Big[\mathrm{tr}\left(A^g\mathrm{d}A^g + \frac{2}{3}(A^g)^2\right) \\ &\quad - \mathrm{tr}\left(A\mathrm{d}A + \frac{2}{3}A^3\right)\Big] = \frac{1}{24\pi^2}\int_{S^3}\mathrm{tr}(g^{-1}\mathrm{d}g)^3 = Z \end{aligned} \tag{8.194}$$

当 $Z \neq 0$ 时存在“大”规范变换，相应的波函数存在不可积相因子，

$$\psi[A^g] = \exp(2\pi i c_2 Q^1(\Gamma^1, M)\theta)\psi[A] = \exp(2\pi i Z\theta)\psi[A] \tag{8.195}$$

依式(8.192)，$c_2 Q^1(\Gamma^1, M)$ 为上边缘，

$$c_2 Q^1(\Gamma^1, M) = \frac{1}{2\pi}\Delta\alpha^0(A; g) \tag{8.196}$$

式中 g 为规范变换，则可作么正变换移出此相因子，而导入

$$\Phi[A] = \exp(i\alpha^0(A))\psi[A] \tag{8.197}$$

又

$$\Phi[A^g] = \Phi[A] \tag{8.198}$$

为规范不变，但此时哈密顿函数为

$$H = \frac{1}{2}\int \mathrm{d}^3x(\boldsymbol{\pi}_a^2 + \boldsymbol{B}_a^2)$$

这里 $\boldsymbol{\pi}_a$ 为动量。么正变换

$$H' = \exp(i\theta\alpha_0(A))H\exp(-i\theta\alpha_0(A))$$

$$=\frac{1}{2}\int \mathrm{d}^3x\left[\left(\pi_a-\frac{\theta}{8\pi^2}B_a\right)^2+B_a^2\right] \tag{8.199}$$

使相应的拉格朗日量中包括陈形式与参数 θ 的乘积。

对于 3+1 维杨—米尔斯场,应用哈密顿形式的正则量子化。考虑某个时间 t 的静规范场位形 $\mathscr{X}^2$。定 Weyl 规范 $A_0=0$,并设欧几里得空间在无穷远可紧致化为二维球 S^2。因为物理系统具有规范不变性,所以 $\psi[A]$ 为轨道空间 $\mathscr{X}^2/\mathscr{Y}^2$ 上波函数。对一般李群 G 而言,同伦特性 $\pi_2(G)=0$,结果

$$\pi_2(\mathscr{X}^2/\mathscr{Y}^2)=\pi_0(\mathscr{Y}^2)=\pi_2(G)=0 \tag{8.200}$$

而轨道空间单连通,无“大”规范变换。另,

$$\pi^2(\mathscr{X}^2/\mathscr{Y}^2)=\pi_1(\mathscr{Y}^2)=\pi_3(G)=Z \tag{8.201}$$

当 $Z\neq 0$ 时有拓扑障碍,根据族指标定理,族指标

$$Q^2(M)=\int_{S^2}\mathrm{tr}(\mathscr{F}^2)=\int_{S^2}\mathrm{tr}(\bar{\delta}A\bar{\delta}A) \tag{8.202}$$

只是轨道空间 $\mathscr{X}^2/\mathscr{Y}^2$ 上 2 - 形式,可把它提升为 $\mathscr{X}^2$ 中 2 - 形式,

$$Q^2(M)=\int_{S^2}\mathrm{tr}(\mathscr{F}^2)=\int_{S^2}\mathrm{tr}(\delta A\delta A)+2\delta\int_{S^2}\mathrm{tr}(\mathscr{A}F) \tag{8.203}$$

满足

$$\delta Q^2(M)=0 \tag{8.204}$$

$$2\pi c_2Q^2(M)=\delta\beta^1(M) \tag{8.205}$$

$$\beta^1(M)=-\frac{1}{4\pi}\int_{S^2}\mathrm{tr}(A\delta A)-\frac{1}{2\pi}\int_{S^2}\mathrm{tr}(\mathscr{A}F)$$

$\mathscr{A}$ 为联络;将 $\mathscr{X}^2$ 上 1 - 形式 $\beta^1(M)$ 视为 $\mathscr{X}^2$ 上联络 1 - 形式,而将 $\mathscr{X}^2$ 上场速度算子表达为

$$V=i\frac{\delta}{\delta A}+\beta^1(M) \tag{8.206}$$

其对易关系为

$$[V,V]=c_2Q^2(M) \tag{8.207}$$

就是 $\mathscr{X}^2$ 上 2 - 形式 $c_2Q^2(M)$ 可作为曲率 2 - 形式:“规范场强”,且依式(8.204)证明式(8.207)的对易式服从雅可比等式。

在规范变换下，波泛函 $\psi[A]$ 改变相因子，

$$\psi[A^g] = \exp\left[im\int_A^{A^g} \beta^1(M)\right]\psi[A] = \exp[im\alpha^1(A;g)]\psi[A] \tag{8.208}$$

式中 m 为具有质量量纲的参数。

当在联络空间 $\mathscr{X}^2$ 沿不同轨道从 A 到达 A^g 时，所得相因子的差为

$$\oint_A \beta^1(M) = \int^{\partial\Gamma^2} \beta^1(M) = \int^{\Gamma^2} \delta\beta^1(M) = 2\pi c_2\int^{\Gamma^2} Q^2(M) = 2\pi Z \tag{8.209}$$

相因子 $\int^{\Gamma^2} \beta^1(M)$ 为规范群 1 - 上闭链；当 $Z\neq 0$ 时为非平凡 1 - 上闭链。尽管轨道空间 $\mathscr{X}^2/\mathscr{Y}^2$ 单连通，无“大”规范，但是把场强 2 - 形式 $Q^2(M)$ 沿其边缘在同一轨道上的 2 - 闭链 Γ^2 积分，进一步知

$$c_2\int^{\Gamma^2} Q^2(M) = Z \tag{8.210}$$

而 $c_2Q^2(M)$ 相当于 $\mathscr{X}^2/\mathscr{Y}^3$ 中的单极场。表明

$$\pi_2(\mathscr{X}^2/\mathscr{Y}^3) = Z$$

［例 8.1］ 讨论闵可夫斯基平面的调和映射。

调和映射（或调和映照）在数学中有重要应用，物理学中的非线性 σ- 模型就是一种调和映射；二维空间的调和映射理论与四维空间的杨 - 米尔斯场论有许多相似之处。这里简介数学家谷超豪在调和映射方面的部分工作。

记 R^{11} 为二维闵可夫斯基平面、(t,x) 为点坐标；M_n 为洛仑兹流形，在局部坐标下其度规为

$$ds^2 = g_{\alpha\beta}(y)dy^\alpha dy^\beta \tag*{①}$$

它是正定的二次微分形式；α、$\beta=1,2,\cdots,n$。取 ϕ 表示从 R^{11} 到 M_n 的一个 C^2 映射，其坐标为

$$y^{\alpha} = \phi^{\alpha}(t,x) \quad ②$$

而作用量

$$S(\phi) = \iint_{R^{11}} g_{\alpha\beta}(\phi)\left(\frac{\partial\phi^{\alpha}}{\partial t}\frac{\partial\phi^{\beta}}{\partial t} - \frac{\partial\phi^{\alpha}}{\partial x}\frac{\partial\phi^{\beta}}{\partial x}\right)\mathrm{d}t\mathrm{d}x \quad ③$$

若 ϕ 为该作用量的临界点，则称 ϕ 为从 R^{11} 到 M_n 的调和映射。在局部坐标下式③的欧拉方程为

$$\frac{\partial^2\phi^{\alpha}}{\partial t^2} - \frac{\partial^2\phi^{\alpha}}{\partial x^2} + \Gamma^{\alpha}_{\beta\gamma}(\phi)\left(\frac{\partial\phi^{\beta}}{\partial t}\frac{\partial\phi^{\gamma}}{\partial t} - \frac{\partial\phi^{\beta}}{\partial x}\frac{\partial\phi^{\gamma}}{\partial x}\right) = 0 \quad ④$$

式中 $\Gamma^{\alpha}_{\beta\gamma}$ 为式①的克里斯托夫符号。式④为半线性双曲型方程组，最基本的定解是柯西问题，而当 $t=0$ 时的 ϕ、$\frac{\partial\phi}{\partial t}$已知，要求一个调和映射满足这个初始条件。

引进光维坐标 $\xi=\frac{t-x}{2}$、$\eta=\frac{t+x}{2}$，式④可改为

$$\phi_{\eta;\xi} = 0 \qquad \phi_{\xi;\eta} = 0 \quad ⑤$$

依式⑤，

$$\phi_{\xi}^2 = f_1(\xi) \qquad \phi_{\eta}^2 = f_2(\eta) \quad ⑥$$

这里 ϕ_{ξ}^2、ϕ_{η}^2 分别表示矢量 ϕ_{ξ}、ϕ_{η} 的长度，f_1、f_2 分别取决于 ξ、η。

结论一 在 M_n 具有正定度规条件下，设 M_n 为任意完备黎曼流形，对任何初值 $t=0$、$\phi=\phi_0(x)$、$\phi_t=\phi_1(x)$（$\phi_0\in C^2$、$\phi_1\in C^1$），从 R^{11} 到 M_n 的调和映射整体存在。

结论一的物理意义在于：在 R^{11} 上的非线性 σ- 模型，若在某个时刻无奇性，则永无奇性。

无论 M_n 的度规是否正定，从 R^{11} 到 M_n 有下列平凡的调和映射：

(1)常映射，而 $\phi(t,x)$ 为 M_n 上的定点 P；

(2)测地线映射 $\phi(t,x)=\phi(x+at)$（a 为常数），$\phi=\phi(\sigma)$ 为 M_n 的测地线参数；

(3)光速行波解 $\phi(t,x)=\phi(x\pm t)$、$\phi=\phi(\sigma)$ 为 M_n 上的任意 C^2 曲线。

结论二 当初始条件和常映射充分接近时，存在从 R^{11} 到 M_n 的整体调和映射。

取 S^2 为欧几里得空间 $R^3=\{l=(l_1,l_2,l_3)\}$ 的单位球面，而有

$$l^2 = l_1^2 + l_2^2 + l_3^2 = 1 \tag{7}$$

取 H^2 为闵可夫斯基空间 $R^{21}=\{l=(l_1,l_2,l_3)\}$ 中的曲面为

$$l^2 = l_1^2 + l_2^2 - l_3^2 = -1 \quad (l_3 > 0) \tag{8}$$

它是双曲平面的一种表述。

取 S^{11}-R^{21} 中的曲面为

$$l^2 = l_1^2 + l_2^2 - l_3^2 = 1 \tag{9}$$

它具有不定的度规，但曲率为$+1$。

经过推导，可将 R^{11} 到这些流形的调和映射的柯西问题转化为下述非线性波动方程的柯西问题：

靶流形	非线性波动方程	
S^2	$\dfrac{\partial^2\alpha}{\partial t^2}-\dfrac{\partial^2\alpha}{\partial x^2}=-\sin\alpha$	⑩
H^2	$\dfrac{\partial^2\alpha}{\partial t^2}-\dfrac{\partial^2\alpha}{\partial x^2}=\sin\alpha$	⑪
S^{11}	$\begin{cases}\dfrac{\partial^2\alpha}{\partial t^2}-\dfrac{\partial^2\alpha}{\partial x^2}=\mp\operatorname{sh}\alpha\\ \dfrac{\partial^2\alpha}{\partial t^2}-\dfrac{\partial^2\alpha}{\partial x^2}=\operatorname{ch}\alpha\end{cases}$	⑫

及解一个完全可积的系统，从而推出很多显式解。

结论三 对于从 R^{11} 到 S^{11} 的调和映射，若初始条件满足 $l_\xi^2 l_\eta^2 > 0$、$l_\xi l_\eta \geqslant 0$，则存在柯西问题的整体解。

［**例 8.2**］ 讨论 R-规范与调和映射。

调和映射为作用量

$$I = \int \mathrm{d}^4 x \sqrt{g} g^{\mu\nu} \frac{\partial \phi^A}{\partial x^\mu} \frac{\partial \phi^B}{\partial x^\nu} G_{AB}(\phi) \tag{1}$$

取极值时，由底空间(度规为 $g^{\mu\nu}$)向 ϕ 空间的映象，而符合式

$$\frac{1}{\sqrt{g}} \frac{\partial}{\partial x^\mu}\left(\sqrt{g} g^{\mu\nu} \frac{\partial \phi^c}{\partial x^\nu}\right) + g^{\mu\nu} \Gamma^c_{AB}(\phi) \frac{\partial \phi^A}{\partial x^\mu} \frac{\partial \phi^B}{\partial x^\nu} = 0 \tag{2}$$

今考虑特例，

$$\phi^A = \phi^A(\sigma(x)) \tag{3}$$

表明 ψ^A 仅仅通过标量函数 $\sigma(x)$ 依赖于 x^μ 的特殊情况，于是式②变为

$$\frac{1}{\sqrt{g}}\frac{\partial}{\partial x^\mu}\left(\sqrt{g}g^{\mu\nu}\frac{\partial\sigma}{\partial x^\nu}\right)\frac{\mathrm{d}\phi^c}{\mathrm{d}\sigma}$$

$$+g^{\mu\nu}\left[\frac{\mathrm{d}^2\phi^c}{\mathrm{d}\sigma^2}+\Gamma^c_{AB}(\phi)\frac{\mathrm{d}\phi^A}{\mathrm{d}\sigma}\frac{\mathrm{d}\phi^B}{\mathrm{d}\sigma}\right]\frac{\partial\sigma}{\partial x^\mu}\frac{\partial\sigma}{\partial x^\nu}=0 \tag{4}$$

若有一组特解使 σ、ϕ^A 分别满足

$$\frac{1}{\sqrt{g}}\frac{\partial}{\partial x^\mu}\left(\sqrt{g}g^{\mu\nu}\frac{\partial\sigma}{\partial x^\nu}\right)=0 \tag{5}$$

$$\frac{\mathrm{d}\phi^c}{\mathrm{d}\sigma^2}+\Gamma^c_{AB}(\phi)\frac{\mathrm{d}\phi^A}{\mathrm{d}\sigma}\frac{\mathrm{d}\phi^B}{\mathrm{d}\sigma}=0 \tag{6}$$

则当 $\{x^\mu\}$ 底空间为平直且 σ 和 t 无关时，得

$$\nabla^2\sigma=0 \tag{7}$$

当在底空间取

$$\mathrm{d}l^2=\mathrm{d}\rho^2+\mathrm{d}z^2+\rho^2\mathrm{d}\varphi^2 \tag{8}$$

在 ϕ 空间取

$$\mathrm{d}L^2=f^{-2}(\mathrm{d}f^2+\mathrm{d}\psi^2) \tag{9}$$

时，它们可导致 Ernst 方程；若令 $\phi^1=f$、$\phi^2=\psi$，则式⑥、式⑤变为

$$\begin{cases}\nabla^2\sigma=0 \\ f\dfrac{\mathrm{d}^2f}{\mathrm{d}\sigma^2}+\left(\dfrac{\mathrm{d}\psi}{\mathrm{d}\sigma}\right)^2-\left(\dfrac{\mathrm{d}f}{\mathrm{d}\sigma}\right)^2=0 & (10)\\ f\dfrac{\mathrm{d}^2\psi}{\mathrm{d}\sigma^2}=2\dfrac{\mathrm{d}f}{\mathrm{d}\sigma}\dfrac{\mathrm{d}\psi}{\mathrm{d}\sigma} & (11)\end{cases}$$

式⑩、式⑪联立推出

$$f^2+(\psi+b)^2=a^2 \tag{12}$$

式中 a、b 为常数。由于 ψ 平移常量为平凡的，因此可选 $b=0$，即

$$f^2+\psi^2=a^2 \tag{13}$$

注意到在无穷远平坦条件 $f\to1$、$\psi\to0$，有

$$f^2+\psi^2=1 \tag{14}$$

这恰为 R-规范所限制的条件。

9 随 机 场

9.1 量子统计中的微扰方法

9.1.1 二次量子化

取量子态为 r 的单粒子，将占有 r 态的粒子数 n_r 作为算子；对一个自由粒子，r 表示波矢 $\boldsymbol{k}$ 和自旋态 σ，此时哈密顿算子可表为

$$H_0 = \sum_r e_r n_r \quad e_r = \frac{\hbar^2 k^2}{2m} \tag{9.1}$$

粒子总数 N 也为算子，

$$N = \sum_r n_r \tag{9.2}$$

对玻色统计而言，n_r 的本征值为 0、1、2，…；对费米统计而言，n_r 为 0、1。

9.1.1.1 粒子数表象

在玻色统计中把本征值 n 的粒子数算子 n_r 记作右矢 $|n\rangle$，这种表象称之为粒子数表象。其中一个状态由粒子的数量表征。现引入算子 a^+、a(省略下标 r)符合

$$\begin{cases} a \mid n\rangle = \sqrt{n} \mid n-1\rangle \\ a^+ \mid n\rangle = \sqrt{n+1} \mid n+1\rangle \end{cases} \tag{9.3}$$

据此，a、a^+ 分别就是吸收算子、放出算子或称湮灭算子、产生算子。当讨论无限多 a、a^+ 乘积时，每个算子只对右矢作用而不作用于它的因子。对于

$$a^+ a \mid n\rangle = a^+ \sqrt{n} \mid n-1\rangle = n \mid n\rangle \tag{9.4}$$

$$aa^+ \mid n\rangle = a\sqrt{n+1} \mid n+1\rangle = (n+1) \mid n\rangle \tag{9.5}$$

显见 $a^+ a$ 为一个粒子数算子，即

$$n_r^0 = a_r^+ a_r \tag{9.6}$$

若 a、a^+ 写成矩阵并应用式(9.3)，则 a^+ 为 a 的埃尔米特共轭算子。因为式(9.6)中的算子为埃尔米特算子，所以从式(9.4)、式(9.5)可推出 $aa^+ - a^+ a = 1$。进一步，有

$$\begin{cases} a_r a_s^+ - a_s^+ a_r = \delta_{rs} \\ a_r a_s - a_s a_r = 0 \\ a_r^+ a_s^+ - a_s^+ a_r^+ = 0 \end{cases} \tag{9.7}$$

这是与玻色统计相关的对易关系。

命式(9.6)对费米统计也成立，于是

$$\begin{cases} a_r a_s^+ + a_s^+ a_r = \delta_{rs} \\ a_r a_s + a_s a_r = 0 \\ a_r^+ a_s^+ + a_s^+ a_r^+ = 0 \end{cases} \tag{9.8}$$

因为从一个真空粒子态不可能再减少粒子数，所以

$$a \mid 0\rangle = 0 \tag{9.9}$$

费米子遵守泡利不相容原理，无法使单粒子态增加第二个粒子，得

$$a^+ \mid 1\rangle = 0 \tag{9.10}$$

在玻色和费米统计中 n_r 均依式(9.6)给出，故代表动能的哈密顿算子为

$$H_0 = \sum_r e_r a_r^+ a_r \tag{9.11}$$

9.1.1.2　相互作用的哈密顿量

考虑场算子 $\psi_s(\boldsymbol{x})$，

$$\psi_s(\boldsymbol{x}) = \frac{1}{\sqrt{V}} \sum_r a_r \exp(i\boldsymbol{k} \cdot \boldsymbol{x}) \delta(s, \sigma) \tag{9.12}$$

式中 s 为自旋坐标。同理，

$$\psi_s^+(\boldsymbol{x}) = \frac{1}{\sqrt{V}} \sum_r a_r^+ \exp(-i\boldsymbol{k} \cdot \boldsymbol{x}) \delta(s, \sigma) \tag{9.13}$$

在费米统计中利用式(9.8)，

$$\psi_s(\boldsymbol{x}) \psi_{s'}^+(\boldsymbol{x}') + \psi_{s'}^+(\boldsymbol{x}') \psi_s(\boldsymbol{x})$$

$$=\frac{1}{V}\sum_{k,\sigma}\exp[i\boldsymbol{k}\cdot(\boldsymbol{x}-\boldsymbol{x}')]\delta(s',\sigma)\delta(s,\sigma)$$
$$=\delta(\boldsymbol{x}-\boldsymbol{x}')\delta(s,\sigma) \tag{9.14}$$

依此，给出

$$\begin{cases}\psi_s(\boldsymbol{x})\psi_{s'}^+(\boldsymbol{x}')\mp\psi_{s'}^+(\boldsymbol{x}')\psi_s(\boldsymbol{x})=\delta(\boldsymbol{x}-\boldsymbol{x}')\delta(s,s')\\ \psi_s(\boldsymbol{x})\psi_{s'}(\boldsymbol{x}')\mp\psi_{s'}(\boldsymbol{x}')\psi_s(\boldsymbol{x})=0\\ \psi_s^+(\boldsymbol{x})\psi_{s'}^+(\boldsymbol{x}')\mp\psi_{s'}^+(\boldsymbol{x}')\psi_s^+(\boldsymbol{x})=0\end{cases} \tag{9.15}$$

式(9.15)中负号对应玻色统计、正号对应费米统计。关于积分

$$\int\psi_s^+(\boldsymbol{x})\psi_s(\boldsymbol{x})\mathrm{d}\nu \tag{9.16}$$

式(9.12)、式(9.13)代入式(9.16)，

$$\frac{1}{V}\sum_{r,r'}\int a_{r'}^+\exp(-ik'x)\delta(s,\sigma')a_r\exp(ikx)\delta(s,\sigma)\mathrm{d}\nu=\sum_k a_{ks}^+a_{ks} \tag{9.17}$$

取

$$\rho_s(\boldsymbol{x})=\psi_s^+(\boldsymbol{x})\psi_s(\boldsymbol{x}) \tag{9.18}$$

依式(9.17)、式(8.16)知，$\rho_s(\boldsymbol{x})$对体积 V 的积分得到在体积中自旋为 s 的粒子总数，于是 $\rho_s(\boldsymbol{x})$为在点 $\boldsymbol{x}$ 处自旋为 s 的粒子密度。

若当相互作用为二体力并与自旋无关时记其势为 $\nu(\boldsymbol{x}-\boldsymbol{x}')$，则总相互作用 H'为

$$H'=\frac{1}{2}\iint\sum_{s,s'}\nu(\boldsymbol{x}-\boldsymbol{x}')\rho_s(\boldsymbol{x})\rho_{s'}(\boldsymbol{x}')\mathrm{d}\nu\mathrm{d}\nu' \tag{9.19}$$

式(9.18)代入式(9.19)，再应用式(9.15)，在玻色、费米统计中推出，

$$H'=\frac{1}{2}\iint\sum_{s,s'}\psi_s^+(\boldsymbol{x})\nu(\boldsymbol{x}-\boldsymbol{x}')\delta(\boldsymbol{x}-\boldsymbol{x}')\delta(s,s')\psi_s(\boldsymbol{x}')\mathrm{d}\nu\mathrm{d}\nu'$$
$$+\frac{1}{2}\iint\sum_{s,s'}\psi_s^+(\boldsymbol{x})\psi_{s'}^+(\boldsymbol{x}')\nu(\boldsymbol{x}-\boldsymbol{x}')\psi_{s'}(\boldsymbol{x}')\psi_s(\boldsymbol{x})\mathrm{d}\nu\mathrm{d}\nu' \tag{9.20}$$

以上方程的第一项为常数，可表为

$$\frac{1}{2}\nu(0)\int\sum_s\psi_s^+(\boldsymbol{x})\psi_s(\boldsymbol{x})\mathrm{d}\nu=\frac{1}{2}\nu(0)N \tag{9.21}$$

并有

$$H' = \frac{1}{2}\iint \psi^+(x)\psi^+(x')\nu(\boldsymbol{x}-\boldsymbol{x}')\psi(x')\psi(x)\,\mathrm{d}\tau\mathrm{d}\tau' \tag{9.22}$$

作为相互作用的哈密顿算子。这里 x 表示 $\boldsymbol{x}$ 和 s，$\mathrm{d}\tau$ 表示对空间积分及对自旋求和。

同理，式(9.11)中的 H_0 可写作

$$H_0 = \int \psi^+(x)\left(-\frac{\hbar^2}{2m}\nabla^2\right)\psi(x)\,\mathrm{d}\tau \tag{9.23}$$

因为若 $\psi(x)$ 为通常的波函数，式(9.23)将给出一个粒子的动能平均值；但在这个方法中 $\psi(x)$ 为场算子，而且具有量子化波函数的形式，所以称该方法为二次量子化。

式(9.12)、式(9.13)代入式(9.22)，就可以 a^+、a 表示 H'。事实上，

$$H' = \frac{1}{2V}\sum_{(\sigma_1)}(\boldsymbol{k}_1\boldsymbol{k}_2 \mid \nu \mid \boldsymbol{k}_3\boldsymbol{k}_4)a^+_{k_1\sigma}a^+_{k_2\sigma'},a_{k_4\sigma}a_{k_3\sigma'} \tag{9.24}$$

式中(σ_1)表示对 $\boldsymbol{k}_1$、$\boldsymbol{k}_2$、$\boldsymbol{k}_3$、$\boldsymbol{k}_4$、σ、σ'求和；而

$$(\boldsymbol{k}_1\boldsymbol{k}_2 \mid \nu \mid \boldsymbol{k}_3\boldsymbol{k}_4) = \frac{1}{V}\iint \exp(-i\boldsymbol{k}_1\cdot\boldsymbol{x}-i\boldsymbol{k}_2\cdot\boldsymbol{x}')\nu(\boldsymbol{x}-\boldsymbol{x}')\cdot \exp(i\boldsymbol{k}_3\cdot\boldsymbol{x}+i\boldsymbol{k}_4\cdot\boldsymbol{x}')\,\mathrm{d}\nu\mathrm{d}\nu' \tag{9.25}$$

定义质量中心坐标 $\boldsymbol{x}_1$ 和相对坐标 $\boldsymbol{x}_2$，

$$\begin{aligned} \boldsymbol{x}_1 &= \frac{\boldsymbol{x}+\boldsymbol{x}'}{2} \qquad & \boldsymbol{x}_2 &= \boldsymbol{x}-\boldsymbol{x}' \\ \boldsymbol{x} &= \boldsymbol{x}_1+\frac{1}{2}\boldsymbol{x}_2 \qquad & \boldsymbol{x}' &= \boldsymbol{x}_1-\frac{1}{2}\boldsymbol{x}_2 \end{aligned} \tag{9.26}$$

式(9.15)右端变为

$$\delta(\boldsymbol{k}_1+\boldsymbol{k}_2,\boldsymbol{k}_3+\boldsymbol{k}_4)\int \nu(\boldsymbol{x}_2)\exp\left[i\frac{1}{2}\boldsymbol{x}_2\cdot(\boldsymbol{k}_2-\boldsymbol{k}_1+\boldsymbol{k}_3-\boldsymbol{k}_4)\right]\mathrm{d}\nu_2 \tag{9.27}$$

导入傅里叶变换，

$$\begin{cases} \nu(\boldsymbol{x}) = \dfrac{1}{V}\sum_q r(\boldsymbol{q})\exp(iqx) \\ \nu(\boldsymbol{q}) = \int \nu(\boldsymbol{x})\exp(-iqx)\mathrm{d}\nu \end{cases} \tag{9.28}$$

有

$$(\boldsymbol{k}_1\boldsymbol{k}_2 \mid \nu \mid \boldsymbol{k}_3\boldsymbol{k}_4) = \delta(\boldsymbol{k}_1 + \boldsymbol{k}_2, \boldsymbol{k}_3 + \boldsymbol{k}_4)\nu(\boldsymbol{k}_1 - \boldsymbol{k}_3) \tag{9.29}$$

其中 δ 表示 $\boldsymbol{k}_1 + \boldsymbol{k}_2 = \boldsymbol{k}_3 + \boldsymbol{k}_4$，即动量守恒。式(9.29)代入式(9.22)又作变换，

$$\boldsymbol{k}_1 - \boldsymbol{k}_3 = \boldsymbol{q} \qquad \boldsymbol{k}_1 = \boldsymbol{k}_3 + \boldsymbol{q} \qquad \boldsymbol{k}_2 = \boldsymbol{k}_4 - \boldsymbol{q}$$

得到

$$H' = \frac{1}{2V}\sum_{(\sigma_2)} \nu(\boldsymbol{q}) a_{(k+q)\sigma}^{+} a_{(k'-q)\sigma}^{+} a_{k'\sigma'} a_{k\sigma} \tag{9.30}$$

这里(σ_2)为对 q、k、k'、σ、σ' 求和。式(9.30)表明 $\boldsymbol{k}\sigma$、$\boldsymbol{k}'\sigma'$的粒子吸收，$(\boldsymbol{k}+\boldsymbol{q})\sigma$、$(\boldsymbol{k}'-\boldsymbol{q})\sigma'$的粒子放出。其过程如图 9.1 所示，$\boldsymbol{k}'$粒子发射 $\boldsymbol{q}$、$\boldsymbol{q}$ 又被 $\boldsymbol{k}$ 吸收，这时粒子自旋 σ、σ'不变。

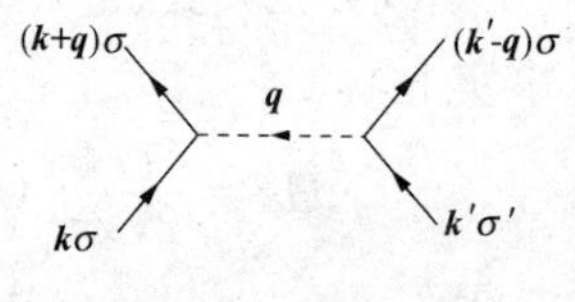

图 9.1

9.1.2 微扰展开

给定哈密顿量 H，总粒子数算子 N，巨正则系综的配分函数 Z_G 依下式

$$Z_G = \mathrm{tr}\exp[-\beta(H - \mu N)] \tag{9.31}$$

热力学势 Ω 为

$$Z_G = \exp[-\beta\Omega(V, T, \mu)] \tag{9.32}$$

熵 S、压强 P、平均粒子数$\overline{N}$由下式给出，

$$\mathrm{d}\Omega = - S\mathrm{d}T - P\mathrm{d}V - \widetilde{N}\mathrm{d}\mu \tag{9.33}$$

对 $T\to 0$K，能量为

$$\overline{E} = \Omega + \mu\overline{N} \tag{9.34}$$

当存在二体相互作用时 H 可表为

$$H = H_0 + H' \tag{9.35}$$

动能 H_0 为

$$H_0 = \sum_r e_r a_r^+ a_r \quad e_r = \frac{\hbar^2 k^2}{2m} \tag{9.36}$$

相互作用的 H'

$$H' = \frac{1}{2V}\sum_{(r)} (rs \mid \nu \mid r's') a_r^+ a_s^+ a_s a_r \tag{9.37}$$

这里(r)表示对 r、r'、s、s'求和。为方便，以 r、s、…替代 $\boldsymbol{k}_1$、$\boldsymbol{k}_2$、…，式 9.37 的$(rs|\nu|r's')$如图 9.2 所示。

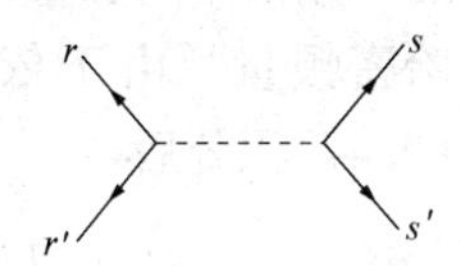

图 9.2

今取 H_0 作无微扰项、H'作微扰，Ω 可由展开式取得。为此定义

$$F(\beta) = \exp[-\beta(H_0 - \mu N + H')] \tag{9.38}$$

置算子

$$\mathscr{H}_0 = H_0 - \mu N \tag{9.39}$$

基于式(9.36)，有

$$\mathscr{H}_0 = \sum_r \varepsilon_r a_r^+ a_r \tag{9.40}$$

其中 ε_r 为单粒子能量，并从 μ 开始量度，

$$\varepsilon_r = e_r - \mu \tag{9.41}$$

定义 $U(\beta)$，

$$F(\beta) = \exp(-\beta\mathscr{H}_0)U(\beta) \tag{9.42}$$

$\beta = \frac{1}{kT}$，k 为玻耳兹曼常数。于是 Z_G 变为

$$Z_G = \mathrm{tr}[\exp(-\beta\mathscr{H}_0)U(\beta)] = \exp(-\beta\Omega_0)\langle U(\beta)\rangle_0 \tag{9.43}$$

$\langle A\rangle_0$ 为对自由粒子巨正则系综的平均值，

$$\langle A\rangle_0 = \frac{\mathrm{tr}[A\exp(-\beta\mathscr{H}_0)]}{\mathrm{tr}\exp(-\beta\mathscr{H}_0)} \tag{9.44}$$

Ω_0 为自由粒子的热力学势，

$$\Omega_0 = \pm\frac{1}{\beta}\sum_r \ln[1 \mp \exp(-\beta\varepsilon_r)] \tag{9.45}$$

依式(9.43)、式(9.32)，

$$\exp[-\beta(\Omega-\Omega_0)]=\langle U(\beta_0)\rangle_0 \tag{9.46}$$

分析式(9.42)又考虑式(9.38)，

$$\frac{\partial U}{\partial \beta}=-H'(\beta)U(\beta) \tag{9.47}$$

若式(9.47)中的 $\mathscr{H}_0$ 为总哈密顿算子，在海森伯表象中它就是相互作用的哈密顿量。式(9.47)称为相互作用表象中相互作用的哈密顿量。由于依式(9.42)、式(9.38)有 $U(0)=1$，因此式(9.47)积分后，

$$U(\beta)=1-\int_0^\beta H'(u)U(u)\mathrm{d}u \tag{9.48}$$

式(9.48)代入式(9.47)，

$$U(\beta)=1-\int_0^\beta H'(u_1)\mathrm{d}u_1\left[1-\int_0^{u_1}H'(u_2)U(u_2)\mathrm{d}u_2\right]$$

进一步，

$$U(\beta)=1+\sum_{n=1}^{\infty}(-1)^n\int_0^\beta \mathrm{d}u_1\int_0^{u_1}\mathrm{d}u_2\cdots\int_0^{u_{n-1}}\prod_{j=1}^{n}H'(u_j)\mathrm{d}u_n \tag{9.49}$$

今采用 Dyson 符号 P 处理上式，它对算子作重新排列，而最左边的一个具有最大时间，接着是下一个最大时间，…，直到最小的时间位于最右边；对 u_1、u_2，

$$P[H'(u_1)H'(u_2)]=\begin{cases}H'(u_1)H'(u_2) & (u_1>u_2)\\ H'(u_2)H'(u_1) & (u_1<u_2)\end{cases} \tag{9.50}$$

据此知

$$\int_0^\beta\int_0^\beta P[H'(u_1)H'(u_2)]\mathrm{d}u_1\mathrm{d}u_2=2\int_0^\beta \mathrm{d}u_1\int_0^{u_1}H'(u_1)H'(u_2)\mathrm{d}u_2 \tag{9.51}$$

一般的 n 重积分可作

$$\frac{1}{n!}\int_0^\beta P\Big[\prod_{j=1}^{n}H'(u_j)\Big]\mathrm{d}^n u \tag{9.52}$$

式中 $\mathrm{d}^n u = \mathrm{d}u_1 \mathrm{d}u_2 \cdots \mathrm{d}u_n$。当 $u_1 > u_2 > \cdots > u_n$ 时容易证明上式。但

$$U(\beta) = 1 + \sum_{n=1}^{\infty} \frac{(-1)^n}{n!} \int_0^\beta P\left[\prod_{j=1}^{n} H'(u_j)\right] \mathrm{d}^n u \tag{9.53}$$

由式(9.53)、式(9.46),

$$\exp[-\beta(\Omega - \Omega_0)] = 1 + \sum_{n=1}^{\infty} n! \frac{(-1)^n}{(2V)^n} \sum_{(\ )} \prod_{j=1}^{n} (r_j s_j \mid \nu \mid r'_j s'_j) \cdot$$

$$\int_0^\beta \mathrm{d}^n u \langle P[a_{r_1}^+ (u_1) a_{s_1}^+ (u_1) a_{s'_1} (u_1) a_{r'_1} (u) \cdots] \rangle_0 \tag{9.54}$$

式中 $\sum\limits_{(\ )}$ 表示对 r_j、s_j、r'_j、s'_j求和。

9.1.3 Bloch 定理

对于费米统计,命 A 表示 a^+ 或 a,讨论 $2n$ 个算子 A_1、A_2、…、A_{2n},其遵守

$$A_l A_j + A_j A_l = (lj) \tag{9.55}$$

这里(lj)不是算子而是一个普通的数。若考虑式(9.8),则式(9.55)对 a^+、a 均成立。利用式(9.55),将 A_1 从一处移到另一处,一直移到最右端,有

$$\begin{aligned} \langle A_1 A_2 \cdots A_{2n} \rangle_0 &= (12)\langle A_3 \cdots A_{2n} \rangle_0 - \langle A_2 A_1 A_3 \cdots A_{2n} \rangle_0 \\ &= (12)\langle A_3 \cdots A_{2n} \rangle_0 - (13)\langle A_2 A_4 \cdots A_{2n} \rangle_0 + \langle A_2 A_3 A_1 \cdots A_{2n} \rangle_0 \\ &= (12)\langle A_3 \cdots A_{2n} \rangle_0 - (13)\langle A_2 A_4 \cdots A_{2n} \rangle_0 + \cdots \\ &\quad + (1,2n)\langle A_2 A_3 \cdots A_{2n-1} \rangle_0 - \langle A_2 A_3 \cdots A_{2n} A_1 \rangle_0 \end{aligned} \tag{9.56}$$

注意到

$$a_r \exp(-\beta \mathscr{H}_0) = \exp(-\beta \mathscr{H}_0) a_r \exp(-\beta \varepsilon_r) \tag{9.57}$$

$$a_r^+ \exp(-\beta \mathscr{H}_0) = \exp(-\beta \mathscr{H}_0) a_r^+ \exp(\beta \varepsilon_r) \tag{9.58}$$

事实上,今在相互作用表象中研究 $a_r(\beta)$,

$$a_r(\beta) = \exp(\beta \mathscr{H}_0) a_r \exp(-\beta \mathscr{H}_0) \tag{9.59}$$

有

$$\frac{\partial}{\partial \beta} a_r(\beta) = \exp(\beta \mathscr{H}_0)(\mathscr{H}_0 a_r - a_r \mathscr{H}_0) \exp(-\beta \mathscr{H}_0)$$

由式(9.8)、式(9.40)，

$$\mathscr{H}_0 a_r - a_r \mathscr{H}_0 = \sum_s \varepsilon_s (a_s^+ a_s a_r - a_r a_s^+ a_s)$$

$$= \sum_s \varepsilon_s (a_s^+ a_s a_r + a_s^+ a_r a_s - a_s \delta_{rs}) = -\varepsilon_r \varepsilon_r$$

于是依式(9.59)、式(9.58)，

$$\frac{\partial}{\partial \beta} a_r(\beta) = -\varepsilon_r a_r(\beta) \tag{9.60}$$

又 $a_r(0)=a_r$，对式(9.60)积分，

$$a_r(\beta) = a_r \exp(-\beta \varepsilon_r) \tag{9.61}$$

同理，

$$a_r^+(\beta) = a_r^+ \exp(\beta \varepsilon_r) \tag{9.62}$$

关于式(9.56)的最后一项，应用式(9.44)，

$$\langle A_2 \cdots A_{2n} A_1 \rangle_0 = \frac{\operatorname{tr}[A_2 \cdots A_{2n} A_1 \exp(-\beta \mathscr{H}_0)]}{\operatorname{tr}\exp(-\beta \mathscr{H}_0)} \tag{9.63}$$

根据式(9.57)、式(9.58)，式(9.63)的分子可写为

$$\operatorname{tr}[A_2 \cdots A_{2n} \exp(-\beta \mathscr{H}_0) A_1] \exp(\mp \beta \varepsilon_1) \tag{9.64}$$

式中 $A_1=a_1$ 为负号；$A_1=a_1^+$ 为正号。因为一般情形下 $\operatorname{tr}(AB)=\operatorname{tr}(BA)$，式(9.64)等价于

$$\operatorname{tr}[A_1 A_2 \cdots A_{2n} \exp(-\beta \mathscr{H}_0)] \exp(\mp \beta \varepsilon_1) \tag{9.65}$$

所以依式(9.63)，得

$$\langle A_2 \cdots A_{2n} A_1 \rangle_0 = \langle A_1 A_2 \cdots A_{2n} \rangle_0 \exp(\mp \beta \varepsilon_1) \tag{9.66}$$

由于应用上述关系，因此式(9.5)可表为

$$[1 + \exp(\mp \beta \varepsilon_1)] \langle A_1 A_2 \cdots A_{2n} \rangle_0 = (12) \langle A_3 \cdots A_{2n} \rangle_0 - (13) \langle A_2 A_4 \cdots A_{2n} \rangle_0 + \cdots + (1, 2n) \langle A_2 A_3 \cdots A_{2n-1} \rangle_0 \tag{9.67}$$

这里

$$\frac{(12)}{1 + \exp(\mp \beta \varepsilon_1)} = \langle A_1 A_2 \rangle_0 \tag{9.68}$$

计算知当 $A_2=a_1$ 时 $\langle a_1^+ a_1 \rangle_0$ 为粒子数的平均，

$$\langle a_1^+ a_1 \rangle_0 = \frac{1}{1 + \exp(\beta \varepsilon_1)} \tag{9.69}$$

同样，当 $A_1 = a$ 时并注意

$$\langle a_1^+ a_1 \rangle_0 = \frac{1}{1+\exp(-\beta\varepsilon_1)} \tag{9.70}$$

表明式(9.68)在一般情况成立；而式(9.67)变为

$$\langle A_1 A_2 \cdots A_{2n} \rangle_0 = \langle A_1 A_2 \rangle_0 \langle A_3 \cdots A_{2n} \rangle_0 - \langle A_1 A_3 \rangle_0 \langle A_2 A_4 \cdots A_{2n} \rangle_0 + \cdots + \langle A_1 A_{2n} \rangle_0 \langle A_2 A_3 \cdots A_{2n-1} \rangle_0 \tag{9.71}$$

称 $\langle A_1 A_2 \rangle_0$ 为收缩。反复使用式(9.71)，最后

$$\langle A_1 A_2 \cdots A_{2n} \rangle_0 = \sum_{\langle\ \rangle} (-1)^{\delta(P)} \langle A_{l_1} A_{l_2} \rangle_0 \cdot \langle A_{l_3} A_{l_4} \rangle_0 \cdots \langle A_{l_{2n-1}} A_{l_{2n}} \rangle_0 \tag{9.72}$$

其中 $\sum\limits_{\langle\ \rangle}$ 表示在下列条件下求和

$$l_1 < l_2, l_3 < l_4, \cdots, l_{2n-1} < l_{2n} \tag{9.73}$$

$$l_1 < l_3 < l_5 < \cdots < l_{2n-1} \tag{9.74}$$

$\delta(P)$表示把 1、2、…、$2l$ 变为 l_1、l_2、…、l_{2n} 的置换次数。对 A_1、A_2、A_3、A_4，

$$\langle A_1 A_2 A_3 A_4 \rangle_0 = \langle A_1 A_2 \rangle_0 \langle A_3 A_4 \rangle_0 - \langle A_1 A_3 \rangle_0 \langle A_2 A_4 \rangle_0 + \langle A_1 A_4 \rangle_0 \langle A_2 A_3 \rangle_0 \tag{9.75}$$

对玻色统计，式(9.72)中的负号变正号，证明类似。称式(9.72)为 Bloch 定理。

9.1.4 热力学势计算

记 $g_r[u,u']$为自由粒子的格林函数，

$$g_r[u,u'] = -\langle T a_r(u) a_r^+(u') \rangle_0 \tag{9.76}$$

式中 T 为维克符号，使算子 a 或 a^+ 按时间顺序排列；当置换次数是奇数时为负号，当置换次数是偶数时为正号。依式(9.76)，

$$g_r[u,u'] = \begin{cases} -\langle a_r(u) a_r^+(u') \rangle_0 & (u > u') \\ \langle a_r^+(u) a_r(u) \rangle_0 & (u < u') \end{cases} \tag{9.77}$$

式(9.61)、式(9.62)代入式(9.77)，并利用

$$\langle a_r^+ a_r \rangle_0 = \frac{1}{1+\exp(\beta\varepsilon_r)} = f_r^- \tag{9.78}$$

$$\langle a_r a_r^+ \rangle_0 = \frac{1}{1+\exp(-\beta\varepsilon_r)} = f_r^+ \tag{9.79}$$

这里 f_r^- 为电子分布函数,f_r^+ 为空穴分布函数。对于 $u>u'$,

$$\begin{aligned} g_r[u,u'] &= -\langle a_r a_r^+ \rangle_0 \exp[(u'-u)\varepsilon_r] \\ &= -f_r^+ \exp[(u'-u)\varepsilon_r] \end{aligned} \tag{9.80}$$

对于 $u<u'$,

$$\begin{aligned} g_r[u,u'] &= \langle a_r^+ a_r \rangle_0 \exp[(u-u')\varepsilon_r] \\ &= f_r^- \exp[(u-u')\varepsilon_r] \end{aligned} \tag{9.81}$$

表明 $g_r[u,u']$仅为 $u-u'$的函数,以 u 表示。因为原 u、u'在 0、β 之间,新变量 u 为

$$-\beta \leqslant u \leqslant \beta \tag{9.82}$$

得到

$$g_r[u] = \begin{cases} -f_r^+ \exp(-u\varepsilon_r) & (u>0) \\ f_r^- \exp(-u\varepsilon_r) & (u<0) \end{cases} \tag{9.83}$$

据此,

$$g_r[u+\beta] = -g_r[u] \tag{9.84}$$

实际上,设$-\beta<u<0$。对 $0<u+\beta<\beta$ 的情形,由式(9.83)知

$$\begin{aligned} g_r[u+\beta] &= -f_r^+ \exp[-(u+\beta)\varepsilon_r] \\ &= -\frac{\exp(-\beta\varepsilon_r)}{1+\exp(-\beta\varepsilon_r)}\exp(-u\varepsilon_r) \\ &= -f_r^- \exp(-u\varepsilon_r) = -g_r[u] \end{aligned}$$

从式(9.84),

$$g_r[u+2\beta] = -g_r[u+\beta] = g_r[u] \tag{9.85}$$

显见 $g_r[u]$是以 2β 为周期的周期性函数。在$-\beta\leqslant u\leqslant\beta$ 范围内,$g_r[u]$的傅里叶级数为

$$g_r[u] = \frac{1}{\beta}\sum_n g_r(i\omega_n)\exp(-i\omega_n u) \tag{9.86}$$

其中 $$\omega_n=\frac{2\pi n}{2\beta}\quad (n\text{ 为整数}) \tag{9.87}$$

傅里叶系数

$$g_r(i\omega_n)=\frac{1}{2}\int_{-\beta}^{\beta}g_r\lfloor u\rfloor\exp(i\omega_n u)\mathrm{d}u \tag{9.88}$$

积分之，

$$g_r(i\omega_n)=\frac{1}{2}[1-\exp(-i\omega_n n)]\int_0^{\beta}g_r[u]\exp(i\omega_n u)\mathrm{d}u \tag{9.89}$$

对偶数 n，$g_r(i\omega_n)=0$。对奇数 $n=2l+1$，命

$$\omega_l=\frac{2l+1}{\beta}\pi\quad (l\text{ 为整数}) \tag{9.90}$$

式(9.83)代入式(9.88)，

$$\begin{aligned} g_r(i\omega_l) &= -f_r^+\int_0^{\beta}\exp(-u\varepsilon_r+i\omega_l u)\mathrm{d}u \\ &= f_r^+\frac{\exp(-\beta\varepsilon_r)+1}{i\omega_l-\varepsilon_r}=\frac{1}{i\omega_l-\varepsilon_r} \end{aligned} \tag{9.91}$$

式(9.91)代入式(9.86)，

$$g_r[u]=\frac{1}{\beta}\sum_l\frac{\exp(-i\omega_l u)}{i\omega_l-\varepsilon_r} \tag{9.92}$$

因为式(9.92)中的 u 对应于原 $u-u'$，所以

$$g_r[u,u']=\frac{1}{\beta}\sum_l\frac{\exp[-i\omega_l(u-u')]}{i\omega_l-\varepsilon_r} \tag{9.93}$$

将式(9.93)代入

$$\begin{aligned} \Omega-\Omega_0 &= \sum_{n=1}^{\infty}\frac{(-1)^{n+1}}{\beta n!(2V)^n}\sum_{(r)}(-1)^{n_l}\prod_{j=1}^{n}(r_js_j\mid\nu\mid r'_js'_j) \\ &= \int_0^{\beta}\prod_{(r)}g_r[u,u']\mathrm{d}^n u \end{aligned} \tag{9.94}$$

式中 $\sum\limits_{(r)}$ 表示对所有相连接的费曼图的 r_j、s_j、r'_j、s'_j 求和，$\prod\limits_{(r)}$ 表示费曼图所有的电子线的乘积。得到

$$\int_0^{\beta}\prod_{(r)}g_r[u,u']\mathrm{d}^n u \tag{9.95}$$

注意到一个变量积分，于是有一个对应于图 9.3 的积分，

$$\int_0^\beta \exp[i(\omega_{l_1}+\omega_{l_2}-\omega_{l_3}-\omega_{l_4})u]\mathrm{d}u \tag{9.96}$$

依式(9.90)，

$$\int_0^\beta \exp\left[i(l_1+l_2-l_3-l_4)\frac{2\pi u}{\beta}\right]\mathrm{d}u = \beta\delta(l_1+l_2,l_3+l_4)$$

上式表明

$$\omega_{l_1}+\omega_{l_2}=\omega_{l_3}+\omega_{l_4} \tag{9.97}$$

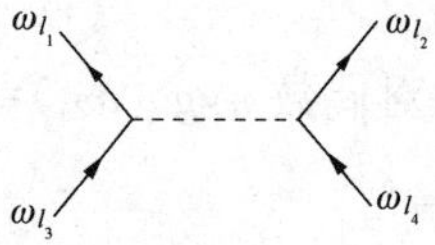

若假定每条电子线有能量 ω_l，则由式(9.97)可推得在图 9.3 中流入的能量等于流出的能量，即式(9.97)为能量守恒。

图 9.3

今在第 n 阶项中得到 n 条虚线，这与图 9.3 中的每条虚线相似，于是对 u_1、…、u_n 积分将产生因子 β^n。但是每个 $g_r[u,u']$存在因子 β^{-1}，并因第 n 阶项有 $2n$ 条电子线，这样出现因子 β^{-2n}；结果因子为 β^{-n}，故热力学势 Ω 可写成

$$\Omega=\Omega_0+\Omega' \tag{9.98}$$

Ω'源于相互作用，其计算依据：

(1)作出 n 阶的每个可能的连接图；

(2)每个图有式

$$\frac{(-1)^{n+1}(-1)^{n_l}}{\beta n!(2\beta V)^n}\prod_{j=1}^{n}(r_js_j\mid\nu\mid r'_js'_j)$$

与之相联系，n_l 为封闭的电子线数量；

(3)对电子线 r、l 有

$$g_r(i\omega_l)=\frac{1}{i\omega_l-\varepsilon_r}$$

与之相联系，而对一条连接等同点的电子线，得

$$\frac{1}{i\omega_l-\varepsilon_r}\exp(i\omega_l 0)$$

(4)注意到能量守恒，因 $\omega_{l_1}+\omega_{l_2}=\omega_{l_3}+\omega_{l_4}$，则 $l_1+l_2=l_3+l_4$；

(5)对一切 r、s、l 求和；

上述为计算 Ω' 的一般法则。

对于图 9.4 所示的费曼图，由于 $n=1$、$n_l=1$，因此对 Ω' 的贡献为

$$-\frac{1}{2\beta^2 V}\sum_{(r)}(r_1 r_2 \mid \nu \mid r_2 r_1)\frac{\exp(i\omega_1 0)\exp(i\omega_2 0)}{(i\omega_1-\varepsilon_1)(i\omega_2-\varepsilon_2)}$$

这里 $\sum\limits_{(r)}$ 为对 r_1、r_2 求和；此处为使记号简化，让 ω 的下标 l_1、ε 的下标 r_1 均记作 1。故该图中能量守恒自然满足。

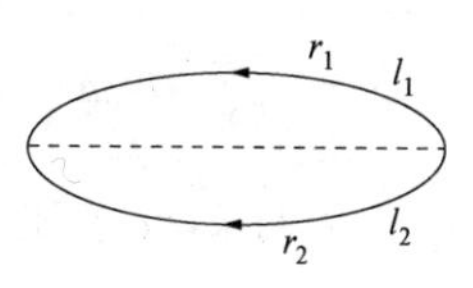

图 9.4

对于图 9.5 所示的费曼图，由于 $n=2$、$n_l=2$，因此对 Ω' 的贡献为

$$\frac{1}{2^2 2!\beta^2 V}\sum_{(l_r)}\mid(r_1 r_2 \mid \nu \mid r_3 r_4)\mid^2 \cdot \frac{\delta(l_1+l_2,l_3+l_4)}{(i\omega_1-\varepsilon_1)(i\omega_2-\varepsilon_2)(i\omega_3-\varepsilon_3)(i\omega_4-\varepsilon_4)} \tag{9.99}$$

上式应用了关系

$$(r_1 r_2 \mid \nu \mid r_3 r_4)^* = (r_3 r_4 \mid \nu \mid r_1 r_2)$$

$\sum\limits_{(l_r)}$ 为对 r_1、r_2、r_3、r_4、l_1、l_2、l_3、l_4 求和，且使用了式(9.98)的简化记号。

进一步简化式(9.99)。先分析对 r 求和中自旋的贡献。因为图 9.5 左边、右边电子线的自旋可为正、可为负，所以当求和时就出现因子 2^n。同理，根据式(9.29)知

$$(\boldsymbol{k}_1\boldsymbol{k}_2 \mid \nu \mid \boldsymbol{k}_3\boldsymbol{k}_4) = \delta(\boldsymbol{k}_1+\boldsymbol{k}_2,\boldsymbol{k}_3+\boldsymbol{k}_4)\nu(\boldsymbol{k}_1-\boldsymbol{k}_3) \tag{9.100}$$

注意到能量守恒式(9.99)、动量守恒式(9.100)，按图 9.6 表示变量，式(9.99)给出，

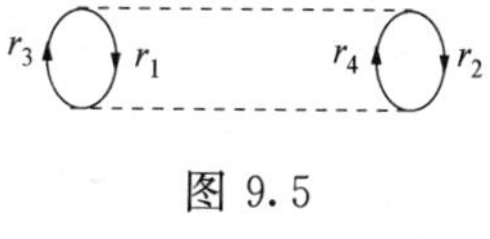

图 9.5

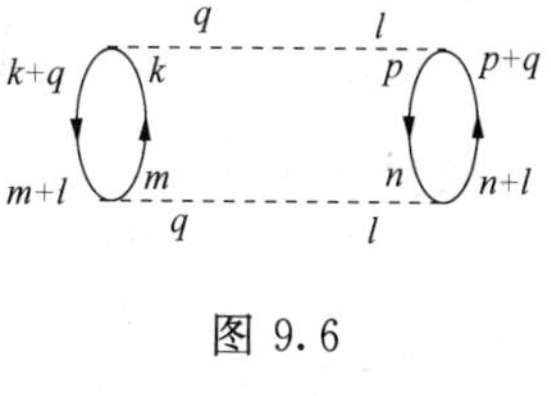

图 9.6

$$-\frac{1}{2^2 2!\beta^3 V^2}\sum_{q,l}\nu^2(\boldsymbol{q})\sum_{(m)}\frac{2}{(i\omega_m-\varepsilon_k)(i\omega_{m+1}-\varepsilon_{k+q})}\cdot$$
$$\frac{2}{(i\omega_n-\varepsilon_p)(i\omega_{n+1}-\varepsilon_{p+q})} \tag{9.101}$$

$\sum\limits_{(m)}$ 为对 m、n、p,k 求和。定义

$$\Pi_l(\boldsymbol{q})=-\frac{2}{\beta V}\sum_{(k)}\frac{1}{(i\omega_m-\varepsilon_k)(i\omega_{m+l}-\varepsilon_{k+q})} \tag{9.102}$$

$\sum\limits_{(k)}$ 为对 k,m 求和。于是式(9.101)为

$$-\frac{1}{2^2 2!\beta}\sum_{q,l}\nu^2(\boldsymbol{q})\Pi_l^2(\boldsymbol{q}) \tag{9.103}$$

式中 $\Pi_l(\boldsymbol{q})$称为极化部分。

9.2 玻耳兹曼方程

9.2.1 玻耳兹曼方程性质

多粒子系统中单体分布函数为 $f(\boldsymbol{r},\boldsymbol{v},t)$,满足

$$\frac{1}{V}\int \mathrm{d}\boldsymbol{r}\int f(\boldsymbol{r},\boldsymbol{v},t)\mathrm{d}\boldsymbol{v}=1 \tag{9.104}$$

式中 $\boldsymbol{r}$、$\boldsymbol{v}$ 为粒子位置、速度。由于粒子自由运动引发 f 的变化,

$$f(\boldsymbol{r},\boldsymbol{v},t)\to f\left(\boldsymbol{r}+\boldsymbol{v}\,\delta t,\boldsymbol{v}+\frac{\boldsymbol{F}}{m}\delta t,t+\delta t\right)$$
$$=f(\boldsymbol{r},\boldsymbol{v},t)+\left(L_0 f+\frac{\partial f}{\partial t}\right)\delta t$$

$$L_0 f=\boldsymbol{v}\cdot\frac{\partial f}{\partial \boldsymbol{r}}+\frac{\boldsymbol{F}}{m}\cdot\frac{\partial f}{\partial \boldsymbol{v}}$$

$\boldsymbol{F}$ 为外力、$\frac{\partial f}{\partial \boldsymbol{r}}$为对 $\boldsymbol{r}$ 的梯度、$\frac{\partial f}{\partial \boldsymbol{v}}$为对$\boldsymbol{v}$ 的梯度;粒子之间的散射导致 f 的变化,

$$\left(\frac{\partial f}{\partial t}\right)_c=c(f)$$

因此玻耳兹曼方程为

$$\frac{\partial f}{\partial t}+L_0 f=c(f) \tag{9.105}$$

(1)若散射是由无规分布的散射中心引起，则粒子从$\boldsymbol{v}$散射到$\boldsymbol{v}'$的几率为

$$W(\boldsymbol{v},\boldsymbol{v}') = w(\boldsymbol{v},\boldsymbol{v}')\delta(E-E')$$

$$w(\boldsymbol{v},\boldsymbol{v}') \propto n_s$$

n_s 为散射中心密度，且 $w(\boldsymbol{v},\boldsymbol{v}')=w(\boldsymbol{v}',\boldsymbol{v})$，于是

$$c(f) = \int W(\boldsymbol{v},\boldsymbol{v}')[f(\boldsymbol{r},\boldsymbol{v}',t) - f(\boldsymbol{r},\boldsymbol{v},t)]\mathrm{d}\boldsymbol{v}' \tag{9.106}$$

式(9.106)对费米系统也成立。因为 $f'(1-f)-f(1-f')=f'-f$，所以式(9.106)、式(9.105)不可逆性的出现，如图 9.7 所示。

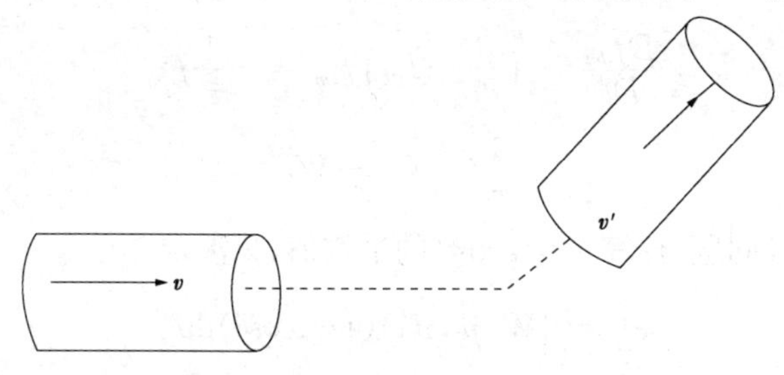

图 9.7

$\boldsymbol{v}-\boldsymbol{v}'$的散射截面为$\sigma$，这样在时间 $\mathrm{d}t$ 内$\boldsymbol{v}-\boldsymbol{v}'$的粒子数正比于

$$f(\boldsymbol{v})v\sigma\mathrm{d}t = N\mathrm{d}t$$

在相同截面和时间反演过程$-\boldsymbol{v}'\xrightarrow{\sigma}-\boldsymbol{v}$的粒子数，

$$\overline{N}'\mathrm{d}t = \overline{f}(\boldsymbol{v}')\boldsymbol{v}'\mathrm{d}t$$

$\overline{f}(\boldsymbol{v}')$应为考虑粒子从$\boldsymbol{v}$散射到$\boldsymbol{v}'$后的分布。$N$ 的时间反演过程为$\overline{N}'$，显见$\overline{N}'\neq N'=f(\boldsymbol{v}')\boldsymbol{v}'\sigma$。故玻耳兹曼方程因无考虑散射前、后状态的关联，破坏了时间反演不变，产生了时间不可逆性。

当散射为各向同性时，$W(\boldsymbol{v},\boldsymbol{v}')=W(|\boldsymbol{v}|)$、$\overline{f}=\int f'\mathrm{d}\Omega'$，$\Omega'$为$\boldsymbol{v}'$的角度坐标、$\overline{f}$为等能面上最无序的分布。玻耳兹曼方程的散射部分为

$$c(f) = -\frac{1}{2}(f - \overline{f})$$

弛豫时间 τ 为

$$\frac{1}{\tau} = \int W(\boldsymbol{v}, \boldsymbol{v}')\mathrm{d}\boldsymbol{v}'$$

当散射为各向异向时，$W(\boldsymbol{v}, \boldsymbol{v}') = W(|\boldsymbol{v}|, \cos\theta)$，$\theta$ 为 $\boldsymbol{v}$、$\boldsymbol{v}'$ 的夹角。使用球谐函数，

$$W(v, \cos\theta) = \sum_l \frac{W_l(v)}{2^{l+1}} P_l(\cos\theta)$$

$$f(\boldsymbol{v}) = \sum_{l,m} f_{lm}(|\boldsymbol{v}|, \boldsymbol{r}, t) Y_{lm}(\theta, \varphi)$$

定义

$$\frac{Df_{lm}}{Dt} = \left(\frac{\partial}{\partial t} + L_0\right) f_{lm} = -\frac{1}{\tau_l} f_{lm}$$

$$\frac{1}{\tau_l} = W_0 - W_l$$

对于电导问题，计算 $v_s = v\cos\theta$ 的平均值，只涉及

$$\frac{1}{\tau} = \int W(\boldsymbol{v}, \boldsymbol{v}')(1 - \cos\theta)\mathrm{d}\boldsymbol{v}'$$

(2)二体散射

$$c(f) = \int \mathrm{d}\boldsymbol{v}' \int |\boldsymbol{q}| (f_1' f_1 - f f') \sigma(q, \theta) \mathrm{d}\Omega$$

$$\begin{cases} \mathrm{d}\Omega = 2\pi\cos\theta\mathrm{d}\theta \\ f' = f(\boldsymbol{r}, \boldsymbol{v}', t) \\ \boldsymbol{q} = \boldsymbol{v} - \boldsymbol{v}' \end{cases}$$

同理，该表达法已破坏了时间反演不变。如果在 $\boldsymbol{v}$、$\boldsymbol{v}'$—$\boldsymbol{v}_1$、$\boldsymbol{v}_1$ 散射前，粒子分布为 ff'、$f_1 f'_1$，那么散射后不应再为 ff'、$f_1 f'_1$。$c(f)$ 中的两项并非反演过程，无关联，这就是“分子混沌”假设。当相互作用为短程排斥力时可用散射矩阵 $|\langle \boldsymbol{v}, \boldsymbol{v}' | T | \boldsymbol{v}, \boldsymbol{v}' \rangle|^2$ 替代二体相互作用的矩阵元 $|\langle \boldsymbol{v}, \boldsymbol{v}' | V | \boldsymbol{v}_1, \boldsymbol{v}_1' \rangle|^2$。

玻耳兹曼方程成立的条件为：

(1)设完成一次散射所用时间为 τ_c，两次散射间隔为 τ，玻耳

兹曼方程要求

$$\tau \gg \tau_c \tag{9.107}$$

即粒子主要是独立飞行,散射瞬时完成;

(2)注意到粒子运动的量子效应,要求

$$\frac{\hbar}{\tau} \ll k_B T \tag{9.108}$$

k_B 为玻耳兹曼常数,即粒子的能级宽度远小于能量分布宽度。对于费米统计,条件可变为

$$\frac{\hbar}{\tau} \ll E_F$$

E_F 为费米能量。

满足玻耳兹曼方程的平衡分布由 $c(f)=0$ 确定,通常取细致平衡条件 $ff'=f_1f_1'$。在散射中的守恒量是粒子数,质心速度 $\boldsymbol{v}+\boldsymbol{v}'$,能量

$$E=\frac{1}{2}mv^2+\frac{1}{2}mv'^2$$

而

$$\ln f \sim -\left(\alpha+\boldsymbol{u}\cdot\boldsymbol{v}+\beta\frac{mv^2}{2}\right)$$

$$\left(\frac{2}{\beta m}\right)^{\frac{1}{2}}=\left(\frac{2k_BT}{m}\right)^{\frac{1}{2}}$$

就是速度涨落宽度,$\boldsymbol{u}$ 为平均速度。置

$$H=\int f\ln f\mathrm{d}\boldsymbol{v}$$

有

$$\frac{\mathrm{d}H}{\mathrm{d}t}=-\frac{1}{4}\int\mathrm{d}\boldsymbol{v}\int\mathrm{d}\boldsymbol{v}'\int\sigma\mid\boldsymbol{q}\mid(ff'-f_1f_1')\cdot$$

$$[\ln(ff')-\ln(f_1f_1')]\mathrm{d}\Omega\leqslant 0$$

当且仅当 $ff'=f_1f_1'$ 时平衡态成立;表明玻耳兹曼方程描述了趋向平衡的过程,称之为 H 定理。

若 $X(\boldsymbol{r},\boldsymbol{v})$ 为散射的守恒量,则当 $\boldsymbol{v}$、$\boldsymbol{v}'\rightarrow\boldsymbol{v}_1$、$\boldsymbol{v}_1'$ 时 $X+X'=X_1+X_1'$,有

$$\int X(\boldsymbol{r},\boldsymbol{v})c(f)\mathrm{d}\boldsymbol{v}=\frac{1}{4}\int\mathrm{d}\boldsymbol{v}\int\mathrm{d}\boldsymbol{v}'\int\mathrm{d}\Omega\sigma\mid g\mid\cdot$$

$$(f_1f_1'-ff')(X+X'+X_1+X_1')=0$$

于是

$$\int X(\boldsymbol{r},\boldsymbol{v})\left(\frac{\partial}{\partial t}+\boldsymbol{v}\cdot\frac{\partial}{\partial\boldsymbol{r}}+\frac{F}{m}\cdot\frac{\partial}{\partial\boldsymbol{v}}\right)f\mathrm{d}\boldsymbol{v}=0$$

得

$$\frac{\partial}{\partial t}(nX)+\frac{\partial}{\partial\boldsymbol{r}}\cdot(n\boldsymbol{v}X)-n\left(\boldsymbol{v}\cdot\frac{\partial X}{\partial\boldsymbol{r}}\right)$$

$$-\frac{n}{m}\left(\boldsymbol{F}\cdot\frac{\partial X}{\partial\boldsymbol{v}}\right)-\frac{n}{m}\left(\frac{\partial}{\partial\boldsymbol{v}}\cdot\boldsymbol{F}X\right)=0\tag{9.109}$$

在稀薄气体中碰撞守恒量为m、$m\boldsymbol{v}$、$\frac{1}{2}m|\boldsymbol{v}-\boldsymbol{u}|^2$，且$\boldsymbol{u}=\langle\boldsymbol{v}\rangle$。代入式(9.109)，推出流体力学方程

$$\begin{cases}\dfrac{\partial\rho}{\partial t}+\nabla\cdot(\rho\boldsymbol{u})=0\\ \left(\rho\dfrac{\partial}{\partial t}+\boldsymbol{u}\cdot\nabla\right)\boldsymbol{u}=\dfrac{\rho}{m}\boldsymbol{F}-\nabla\cdot\boldsymbol{P}\\ \left(\rho\dfrac{\partial}{\partial t}+\boldsymbol{u}\cdot\nabla\right)\theta=-\dfrac{2}{3}\nabla\cdot\boldsymbol{q}-\dfrac{2}{3}\boldsymbol{P}:\boldsymbol{\Lambda}\end{cases}\tag{9.110}$$

且

$$\theta=\frac{1}{3}m\langle|\boldsymbol{v}-\boldsymbol{u}|^2\rangle$$

$$\boldsymbol{P}=\rho\langle(\boldsymbol{v}-\boldsymbol{u})(\boldsymbol{v}-\boldsymbol{u})\rangle$$

$$\boldsymbol{q}=\frac{1}{2}m\rho\langle(\boldsymbol{v}-\boldsymbol{u})|\boldsymbol{v}-\boldsymbol{u}|^2\rangle$$

$$\Lambda_{lj}=\frac{1}{2}m\left(\frac{\partial u_l}{\partial x_j}+\frac{\partial u_j}{\partial x_l}\right)$$

$$(\nabla\cdot\boldsymbol{P})_l=\sum_l\frac{\partial P_{lj}}{\partial x_l}$$

$$\boldsymbol{P}:\boldsymbol{\Lambda}=\sum_{l,j}P_{lj}\Lambda_{lj}$$

采用矩方程可以处理马尔可夫过程，但低阶矩的运动往往与高阶

矩相联系，因此为无穷链方程。

牛顿黏滞关系为

$$P_{lj}=P\delta_{lj}+P'_{lj}$$

$$P'_{lj}=-\frac{2\mu}{m}\left(\Lambda_{lj}-\frac{1}{3}m\delta_{lj}\ \nabla\cdot\boldsymbol{u}\right)-\nu\delta_{lj}\ \nabla\cdot\boldsymbol{u}$$

而傅里叶导热定律为

$$q_l=-k\frac{\partial\theta}{\partial x_l}\quad(k\text{ 为导热系数})$$

这就是纳维尔-斯托克斯方程。

当 f 偏离平衡分布 f_0 很小时，取到偏差 $f_0\delta f=f-f_0$ 的一级，

$$\left(\frac{\partial}{\partial t}+L_0\right)\delta f=c_l(\delta f)\tag{9.111}$$

$$c_l(\delta f)=-\int\mathrm{d}\boldsymbol{v}\int\sigma\mid g\mid f'_0[\delta f]\mathrm{d}\Omega$$

$$[\delta f]=\delta f+\delta f'-\delta f_1-\delta f'_1$$

命守恒量为 $X_\alpha(\alpha=0,1,2,3,4)$，所以局部平衡一般可写成

$$f_0=\exp(-\sum_\alpha g_\alpha X_\alpha)$$

注意 X_α 为 c_l 算子的零本征矢。如果记两个函数的内积

$$(f,g)=\int fgf_0\mathrm{d}\boldsymbol{v}$$

那么 c_l 为对称算子

$$(f,c_l(g))=(c_l(f),g)\tag{9.112}$$

线性玻耳兹曼方程具有不可逆性，由

$$\frac{\partial}{\partial t}\frac{(\delta f)^2}{2}+\frac{\partial}{\partial\boldsymbol{r}}\cdot\left[\frac{1}{2}\boldsymbol{v}(\delta f)^2\right]+\delta fc_l(\delta f)=0$$

得到

$$\frac{\mathrm{d}}{\mathrm{d}t}\int\mathrm{d}\boldsymbol{v}\int\frac{1}{2}(\delta f)^2f_0\mathrm{d}\boldsymbol{r}=-\iint\delta fc_l(\delta f)f_0\mathrm{d}\boldsymbol{r}\mathrm{d}\boldsymbol{v}\geqslant 0$$

当且仅当 δf 为 c_l 的零本征矢时等号成立。因为只有五个散射不变量 X_α，所以等号成立的条件为

$$\delta f_0 = \sum_\alpha \rho_\alpha X_\alpha$$

推出

$$f_0(1+\delta f_0) = \exp\left(-\sum_\alpha g_\alpha X_\alpha\right)\left(1+\sum_\alpha \rho_\alpha X_\alpha\right)$$

$$\approx \exp\left[-\sum_\alpha (g_\alpha - \rho_\alpha) X_\alpha\right]$$

仍为局部平衡状态。

利用线性玻耳兹曼方程分析输运过程。增加外场 δF_x,定态解(取到 δF_x 一级)为

$$\frac{\delta F_x}{m}\frac{\partial f_0}{\partial v_x} = f_0 c_l(\delta f)$$

$$\delta f = \frac{1}{c_l}\left(\frac{\partial}{\partial v_x}\ln f_0\right)\frac{\delta F_x}{m}$$

当 $f_0 \sim \exp\left(-\frac{mv^2}{2k_B T}\right)$时,

$$\delta f = \frac{1}{c_l} v_x \left(-\frac{\delta F_x}{k_B T}\right)$$

平均流密度为

$$\overline{nv_x} = n\int v_x f_0 \delta f \mathrm{d}\boldsymbol{v}$$

$$= -\frac{n}{k_B T}\int f_0 v_x \frac{1}{c_l} v_x \delta F_x \mathrm{d}\boldsymbol{v}$$

输运系数为

$$\sigma = -\frac{n}{k_B T}\int f_0 v_x \frac{1}{c_l} v_x \mathrm{d}\boldsymbol{v} \tag{9.113}$$

9.2.2 流体模

因为 c_l 为对称算子,所以

$$c_l X_\delta = \lambda_\delta X_\delta$$

λ_δ 为实数,一切$\{X_\delta\}$构成完备组。由于

$$\int f_0 g c_l(g) \mathrm{d}\boldsymbol{v} \leqslant 0$$

因此 $\lambda_\delta \leqslant 0$,且 $\lambda_0 = \lambda_1 = \lambda_2 = \lambda_3 = \lambda_4 = 0$ 对应的本征矢就是散射守

恒量,取

$$X_0 = 1 \quad X_1 = \left(\frac{m}{k_B T}\right)^{\frac{1}{2}} v_1 \quad X_2 = \left(\frac{m}{k_B T}\right)^{\frac{1}{2}} v_2$$

$$X_3 = \left(\frac{m}{k_B T}\right)^{\frac{1}{2}} v_3 \quad X_4 = \frac{1}{\sqrt{6}}\left(\frac{m}{k_B T}v^2 - 3\right)$$

其他本征值分布与相互作用有关。将 c_l 改为

$$c_l(\delta f) = -\gamma(v)\delta f - K(\delta f)$$

$\gamma(v)$是速度为 v 的分子碰撞频率:$\gamma(v) > \gamma_0 > 0$,有一个正下界。K 一般为完全连续算子,是分立谱,以零为凝聚点。故 c_l 的谱除零外是连续的,对普通的相互作用势,连续谱从 $-\gamma_0$ 伸向负无穷,如图 9.8 所示。

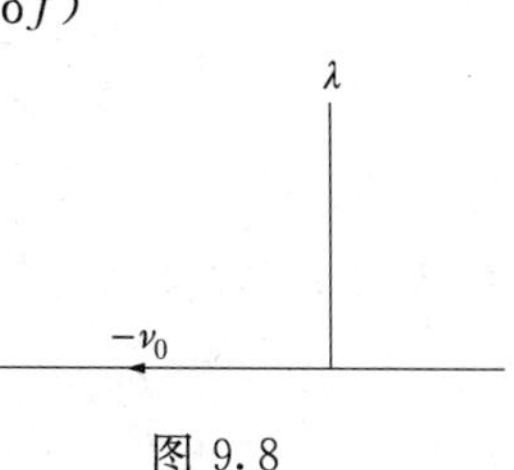

图 9.8

今只对远程的麦克斯韦势($\sim r^{-5}$),c_l 谱全分立并可给出

$$\lambda_\delta = \phi_{rlm} = s^r_{l+\frac{1}{2}}\left(\frac{v^2}{2c_0^2}\right)\left(\frac{v}{c_0}\right)^l P_l^m(\cos\theta)\frac{\exp(im\varphi)}{\sqrt{N_{rlm}}}$$

其中 s 为 Laguere 函数,P_l^m 为勒让德多项式,$X_{rlm} = \lambda_{rl}$ 为 $2l+1$ 重简并,又 $\lambda_{r0} = \lambda_{(r-1)1}$。

对于分立谱,每个 X_δ 均延续出一支频谱

$$\psi_{\delta q} = \exp(\omega_{\delta q} t + i\boldsymbol{q}\cdot\boldsymbol{r})X_{\delta q}(v)$$

展开 $X_{\delta q}$,

$$X_{\delta q} = \sum_\beta b_\beta(\boldsymbol{q})X_\beta$$

有

$$(\omega_{\delta q} + i\boldsymbol{q}\cdot\boldsymbol{v})X_{\delta q} = c_l(X_{\delta q})$$

或

$$(\omega_{\delta q} - \lambda_\delta)b_\delta(\boldsymbol{q}) + i\boldsymbol{q}\cdot\sum_\beta b_\beta(\boldsymbol{q})\,\boldsymbol{v}_{\delta\beta} = 0$$

$$\boldsymbol{v}_{\delta\beta} = \int X_\delta \boldsymbol{v} X_\beta f_0 \mathrm{d}\boldsymbol{v}$$

当 λ_δ 非简并时,

$$\omega_{\delta\boldsymbol{q}}=\lambda_\delta+\omega_{\delta\boldsymbol{q}}^{(1)}+\omega_{\delta\boldsymbol{q}}^{(2)}+\cdots$$

$$b_\beta(\boldsymbol{q})=\delta_{\delta\beta}+b_\beta^{(1)}(\boldsymbol{q})+\cdots$$

应用微扰法，

$$\omega_{\delta\boldsymbol{q}}^{(1)}=-i\boldsymbol{q}\cdot\boldsymbol{v}_{\delta\delta}=0$$

$$\omega_{\delta\boldsymbol{q}}^{(2)}=-q^2\sum_\beta\frac{|v_{\beta\delta}|^2}{\lambda_\beta-\lambda_\delta}$$

$$b_\beta^{(1)}(\boldsymbol{q})=-i\boldsymbol{q}\cdot\frac{\boldsymbol{v}_{\beta\delta}}{\lambda_\beta-\lambda_\delta}$$

若 $\lambda_{\delta_1}=\lambda_{\delta_2}$ 为二重简并，则依简并微扰

$$\omega_{\delta\boldsymbol{q}}=\lambda_{\delta1}\pm\lambda q(|v_{12}|^2)^{\frac{1}{2}}+O(q^2)$$

出现声波型激发。从 $\lambda=0$ 出发为低频谱。对麦克斯韦气体，线性玻耳兹曼方程谱如图 9.9 所示。非平衡分布指数衰减主要由 $\gamma_0=\lambda_{20}=\lambda_{11}$ 确定。

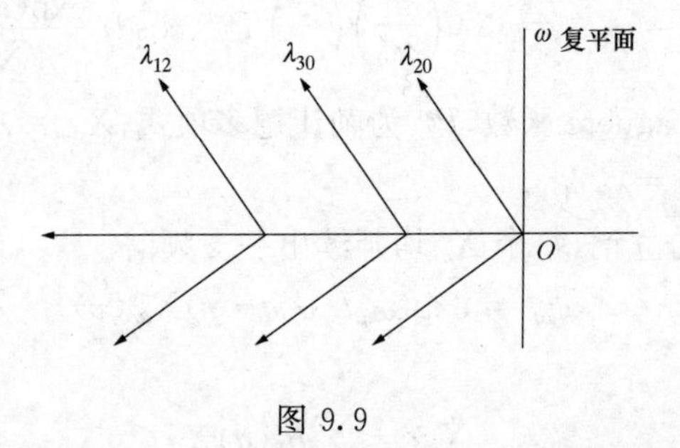

图 9.9

由于碰撞存在五个不变量，是五重简并，根据简并微扰，频率的一级修正可以仅讨论 X_0、X_1、X_2、X_3、X_4 所张空间，

$$(c_l-iqv_1)\varphi_j=\omega_j(q)\varphi_j\quad(j=0,1,2,3,4)$$

$$\varphi_j=\sum_{l=0}^{4}b_{jl}X_l$$

依 $v_{01}=v_{10}=\left(\frac{k_BT}{m}\right)^{\frac{1}{2}}$、$v_{14}=v_{41}=\left(\frac{3k_BT}{2m}\right)^{\frac{1}{2}}$，得到本征解，

$$
\begin{cases}
\omega_{01} = \pm ic_0 q & \omega_{01}^{(0)} = \dfrac{1}{\sqrt{2}}\left\{\dfrac{3}{5}X_0 \pm X_1 + \sqrt{\dfrac{3}{5}}X_4\right\} \\
c_0 = \left(\dfrac{k_B T}{m}\right)^{\frac{1}{2}} & \omega_{23} = 0 \qquad \varphi_{23}^{(0)} = X_{23} \\
\omega_4 = 0 & \varphi_4^{(0)} = \sqrt{\dfrac{2}{5}}X_0 + \sqrt{\dfrac{3}{2}}X_4
\end{cases}
\tag{9.114}
$$

二级修正应注意 $\lambda_n \neq 0$ 的中间态贡献，

$$
\omega_j^{(2)} = -q^2 \sum_n \frac{|\langle \varphi_j^{(0)} \mid v_1 \mid X_n \rangle|^2}{\lambda_n} \quad (\lambda_n \neq 0)
$$

导入 Q 投影，把 X_0、X_1、X_2、X_3、X_4 所张空间去掉，

$$
(Qc_l Q)^{-1} = \sum_n \left| X_n \rangle \frac{1}{\lambda_n} \langle X_n \right| \quad (\lambda_n \neq 0)
$$

于是

$$
\omega_j^{(2)} = -q^2 \langle \varphi_j^{(0)} \left| v_1 \frac{1}{Qc_l Q} v_1 \right| \varphi_j^{(0)} \rangle
$$

代入 $\varphi_j^{(0)}$

$$
\begin{cases}
\omega_{01} = \pm ic_0 q - \dfrac{1}{2}q^2\left[\dfrac{4\eta}{3n} + \left(\dfrac{1}{c_v} - \dfrac{1}{c_p}\right)\dfrac{\kappa}{n}\right] \\
\omega_{23} = -\dfrac{\eta}{n}q^2 \\
\omega_4 = -\dfrac{\kappa}{nc_p}q^2
\end{cases}
\tag{9.115}
$$

式中 ω_{01} 为声波、ω_{23} 为剪切模、ω_4 为热模，而

$$
c_v = \frac{3}{2}k_B \quad c_p = \frac{5}{2}k_B
$$

$$
\eta = -\frac{n}{k_B T}\lim_{\varepsilon \to 0}\int v_1 v_2 \frac{1}{Qc_l Q - \varepsilon} v_1 v_2 f_0 \mathrm{d}\boldsymbol{v} \tag{9.116}
$$

$$
\kappa = \frac{n}{k_B T^2}\lim_{\varepsilon \to 0}\int \frac{v_1 v^2}{2} \frac{1}{Qc_l Q - \varepsilon}\left(\frac{v^2}{2} - \frac{5}{2}k_B T\right) v_1 f_0 \mathrm{d}\boldsymbol{v} \tag{9.117}
$$

如果从流体力学的纳维尔－斯托克斯方程出发，那么线性化后计算频谱，也包括五支：声波两个、剪切模两个、热模一个。比较式(9.117)、式(9.116)知 η 为切变黏滞系数，κ 为导热系数。

对导热,命 $f=f_0+f_1$,

$$\boldsymbol{v}\cdot\frac{\partial\beta}{\partial\boldsymbol{r}}\varepsilon f_0=c_l(f_1)$$

f_0 为局部平衡态、$\beta(\boldsymbol{r})$和坐标有关、$\varepsilon=\frac{1}{2}mv^2$。当 β 只在 X_1 方向不均匀时,依非齐次项应与齐次方程的解正交,有

$$v_1\left(\varepsilon-\frac{5}{2}k_BT\right)\frac{\partial\beta}{\partial X_1}f_0=c_l(f_1)$$

解出

$$f_1=\frac{1}{c_l}v_1\left(\varepsilon-\frac{5}{2}k_BT\right)f_0\frac{\partial\beta}{\partial X_1}$$

热流强度为

$$\begin{aligned}q&=n\int v_1\varepsilon f_1\mathrm{d}\boldsymbol{v}\\&=\frac{n}{k_BT^2}\int v_1\varepsilon\frac{1}{c_l}v_1\left(\varepsilon-\frac{5}{2}k_BT\right)f_0\frac{\mathrm{d}T}{\mathrm{d}X_1}\mathrm{d}\boldsymbol{v}=\bar{\kappa}\frac{\mathrm{d}T}{\mathrm{d}X_1}\end{aligned}$$

因为 $v_1\left(\varepsilon-\frac{5}{2}k_BT\right)$与 X_0、X_4 正交,所以$\bar{\kappa}$中的$\frac{1}{c_l}$可改为$\frac{1}{Qc_lQ}$、$\bar{\kappa}$与 κ 重合。

9.2.3 泡利方程

命系统密度矩阵为 ρ、状态为 α,引进

$$\rho_c(\alpha,t)\Delta\alpha=\sum_{\alpha'\in\Delta\alpha}\langle\alpha'\mid\rho\mid\alpha'\rangle \tag{9.118}$$

$\Delta\alpha$ 为系统状态空间中 α 状态附近的小区域。$\rho_c(\alpha,t)$满足

$$\frac{\partial}{\partial t}\rho_c(\alpha,t)=\sum_{\alpha'}W_{\alpha\alpha'}\rho_c(\alpha',t)-\sum_{\alpha'}W_{\alpha'\alpha}\rho_c(\alpha,t) \tag{9.119}$$

$W_{\alpha\alpha'}$是从 $\Delta\alpha$ 到 $\Delta\alpha'$的跃迁几率。若相互作用为 λV、α 为 H_0 的本征态,则二级微扰结果为

$$W_{\alpha\alpha'}=2\pi\lambda^2\delta(\varepsilon_\alpha-\varepsilon_{\alpha'})|V_{\alpha\alpha'}|^2 \tag{9.120}$$

推出

$$\frac{\partial}{\partial t}\rho_c(\alpha,t)=2\pi\lambda^2\sum_{\alpha'}\delta(\varepsilon_\alpha-\varepsilon_{\alpha'})\mid V_{\alpha\alpha'}\mid^2[\rho_c(\alpha',t)-\rho_c(\alpha,t)] \tag{9.121}$$

这就是泡利方程。

式(9.121)的成立条件是:任意时刻无规相位近似。从刘维尔方程出发,

$$\begin{cases}\dfrac{\partial\rho}{\partial t}=-iL\rho \\ H=H_0+H' \\ L=L_0+L'\end{cases} \tag{9.122}$$

$$\begin{aligned}\rho(\Delta t)&=\exp[-i(L_0+L')\Delta t]\rho(0)\\&=\exp(-iL_0\Delta t)\Big[1-i\int_0^{\Delta t}L'(\tau)\mathrm{d}\tau\\&\quad-\int_0^t\mathrm{d}\tau\int_0^\tau\mathrm{d}\tau' L'(\tau)L'(\tau')\Big]\rho(0)\\L'(\tau)&=\exp(iL_0\tau)L'\exp(-iL_0\tau)\end{aligned}$$

当 $\rho(0)$ 只有对角部分 $\rho_0(0)$ 时,经过 Δt 后 $\rho(\Delta t)$ 也只有对角部分 $\rho_0(\Delta t)$,在比 Δt 小很多的微观时间内 ρ 的非对角部分存在。因为 $\exp(iL_0t\rho_0)=\rho_0$,而相对于完成一次散射的时间为 τ_c,Δt 可取∞,所以

$$\rho_c(\Delta t)-\rho_c(0)=-\Delta t\int_0^\infty L'\exp(-iLt)L'\rho_0(0)\mathrm{d}\tau$$

令

$$\psi=\int_0^\infty L'\exp(-iL\tau')L'd\tau'$$

零时刻可任取,于是

$$\frac{\partial}{\partial t}\rho_c(t)=\frac{\rho(t+\Delta t)-\rho(t)}{\Delta t}=-\psi\rho_c(t) \tag{9.123}$$

即任意时刻的无规相位近似与刘维尔方程矛盾。

泡利方程描述了趋向平衡的过程,记

$$s=-k_B\sum_\alpha\rho_c(\alpha,t)\ln\rho_c(\alpha,t)$$

$$\begin{aligned}\frac{\mathrm{d}s}{\mathrm{d}t}&=k_B\sum_{\alpha,\alpha'}\frac{1}{2}W_{\alpha\alpha'}[\rho_c(\alpha,t)-\rho_c(\alpha',t)]\cdot\\&\quad[\ln\rho_c(\alpha,t)-\ln\rho_c(\alpha',t)]\geqslant 0\end{aligned}$$

当且仅当$\frac{\rho_c(\alpha,\infty)}{\rho_c(\alpha',\infty)}=1$的等号成立，这就是微正则系综。

泡利方程和玻耳兹曼方程可以推广到各种元激发的情形；它们都是马尔可夫过程。一般空间均匀情况可以写成

$$\frac{\mathrm{d}y}{\mathrm{d}t}=-Ky \tag{9.124}$$

这里 y 为广义矢量，属于希尔伯特空间 $\mathscr{H}$，K 为 $\mathscr{H}$ 上的算子，假定它是埃尔米特的、正定的，

$$(y,Ky)\geqslant 0$$

根据热力学，$Ky=0$ 的解应唯一对应局部平衡态 f_0。

当 $\mathscr{H}$ 为有限维时 $K\varphi_\lambda=\lambda\varphi_\lambda$，$\lambda=0$ 对应平衡态，第一最小本征值为 λ_1。将初始状态 $y(t=0)$ 对 $\{\varphi_n\}$ 展开，

$$y-(\varphi_0,y)\varphi_0=\sum_\lambda(\varphi_\lambda,y(0))\varphi_\lambda\exp(-\lambda t)\quad(\lambda\neq 0)$$

表示对平衡态的偏离。

当 $\mathscr{H}$ 为无穷维时 $\lambda=0$ 仍为孤立本征值。对于

$$K\varphi_{\boldsymbol{q}\alpha}=\lambda_{\boldsymbol{q}\alpha}\varphi_{\boldsymbol{q}\alpha}$$

式中 $\boldsymbol{q}$ 为 Γ 维矢量；当 $q\to 0$ 时 $\lambda_{\boldsymbol{q}\alpha}\to 0$。对于小 $\boldsymbol{q}$，由于空间反演不变 $\lambda_{\boldsymbol{q}\alpha}\sim\beta q^2+\cdots$，因此该支谱$(\alpha_1)$对趋向平衡的贡献正比于

$$\int\exp(-\beta q^2t)G(q)\mathrm{d}\boldsymbol{q}\sim t^{-\frac{\Gamma}{2}}G(0)\quad(t\text{ 充分大})$$

表明对一个热力学系统(取热力学极限)，并不能任意应用弛豫时间近似分析扰动衰减。

以上讨论了线性马尔可夫过程。在非线性马尔可夫过程中可以出现各种时间行为，对于

$$\frac{\mathrm{d}y}{\mathrm{d}t}=-\frac{3}{2}y^{\frac{5}{3}} \tag{9.125}$$

其解为

$$y(t)=\left[t-t_0+y^{-\frac{2}{3}}(0)\right]^{-\frac{3}{2}} \tag{9.126}$$

$t\to\infty$的渐近行为是 $t^{-\frac{3}{2}}$。将此非线性过程嵌入一个无穷维线性马尔可夫过程。取

$$\boldsymbol{f}=\begin{pmatrix}f_1\\f_2\\f_3\\\vdots\end{pmatrix}$$

式中

$$f_1=y \qquad f_2=y^{\frac{5}{3}} \qquad f_3=y^{\frac{7}{3}} \qquad \cdots$$

故

$$\frac{\mathrm{d}\boldsymbol{f}}{\mathrm{d}t}=-\mathbf{A}\cdot\boldsymbol{f}$$

$$\mathbf{A}=\begin{pmatrix}0&\frac{3}{2}&0&0&0&\cdots\\0&0&\frac{5}{2}&0&0&\cdots\\\vdots&\vdots&\vdots&\vdots&\vdots&\end{pmatrix} \tag{9.127}$$

即可列无穷维线性马尔可夫过程式(9.127)至少有一个解式(9.126)。

9.3 非平衡态统计方法

9.3.1 密度矩阵

根据量子力学理论，系统量子状态全体构成希尔伯特空间 $\mathscr{H}$。力学量就是 $\mathscr{H}$ 上的埃尔米特算子，系统的运动就是状态矢量在 $\mathscr{H}$ 中的运动。于是不同的表象对于描述一个系统是等价的。

在一个统计系统中，它可能以 ρ_α 几率处于 $|\psi_\alpha\rangle$ 状态上，其中 $\{|\psi_\alpha\rangle\}$ 为相互正交的一组态矢量且 $\sum\limits_\alpha \rho_\alpha=1$；可用矩阵

$$\rho=\sum_\alpha|\psi_\alpha\rangle\rho_\alpha\langle\psi_\alpha| \tag{9.128}$$

描述混合系综，任何力学量 A 在该统计状态的平均值应为

$$\overline{A}=\sum_\alpha\rho_\alpha\langle\psi_\alpha|A|\psi_\alpha\rangle=\mathrm{tr}\rho A \tag{9.129}$$

若 $\rho_\alpha=\delta_{\alpha\alpha_0}$，则得到量子状态

$$\rho = |\psi_{\alpha_0}\rangle\langle\psi_{\alpha_0}|$$

而 $\sum_{\alpha}\rho_{\alpha} = 1$ 可表示成 $\mathrm{tr}\rho=1$。

当用 $\mathscr{H}$ 上的密度矩阵描述统计系统状态时，密度矩阵满足条件：

(1)可迹，即 $\mathrm{tr}\rho<\infty$，表明总几率有限，可归一化为 $\mathrm{tr}\rho=1$；

(2)非负，即对任意 $\psi\in\mathscr{H}$，均有 $\langle\psi|\rho|\psi\rangle\geqslant0$；$\langle\psi|\rho|\psi\rangle$ 就是系统处于 $|\psi\rangle$ 态上的几率，故非负性表明了几率为正的要求；

(3)埃尔米特性，即要求任意一个埃尔米特算子—力学量在状态中的平均值为实数；

$$(\mathrm{tr}A\rho)^* = \mathrm{tr}\rho^+ A^+ = \mathrm{tr}\rho^+ A = \mathrm{tr}A\rho^+ = \mathrm{tr}A\rho \quad (9.130)$$

对所有埃尔米特算子 A 成立。如果

$$\rho = \rho_1 + i\rho_2$$

$$\rho_1 = \frac{\rho+\rho^+}{2} \quad \rho_2 = \frac{\rho-\rho^+}{2}$$

那么式(9.130)要求 $\mathrm{tr}\rho_2 A=0$ 对一切埃尔米特算子 A 成立。$\mathscr{H}$ 中所有算子均可以通过两个埃尔米特算子组成，

$$F = A_1 + iA_2$$

$$A_1 = \frac{F+F^+}{2} \quad A_2 = \frac{F-F^+}{2i}$$

表明 ρ_2 对 $\mathscr{H}$ 中各个算子平均都为零；$F_r\rho_2 F=0$，即有 $\rho_2=0$。利用埃尔米特算子性质，总有一组正交完备基 $\{\varphi_n\}$，在其中对角本征值为实

$$\rho = \sum_{\lambda}\rho_{\lambda}|\varphi_{\lambda}\rangle\langle\varphi_{\lambda}|$$

$$\sum_{\lambda}\rho_{\lambda} = 1 \quad (\rho_{\lambda}\geqslant 0)$$

(4)利用列紧算子的性质，只有分立谱并以零为其凝聚点，因此任意密度矩阵 ρ 均可写成

$$\rho = \sum_{n}\rho_n|n\rangle\langle n| \quad (n\text{ 为整数})$$

$\lim\limits_{n\to\infty}\rho_n=0$，$\{|n\rangle\}$ 为某表象基的一部分(可数)。

所有可能的密度矩阵构成实线性空间 V，在经典统计中 V 就是相空间分布函数构成的线性空间。

在量子力学中态矢量的运动满足薛定谔方程，

$$\imath \frac{\partial}{\partial t} \mid \psi\rangle = H \mid \psi\rangle$$

或

$$-i \frac{\partial}{\partial t}\langle \psi \mid = \langle \psi \mid H$$

定义

$$[H, \mid \psi\rangle\langle \psi \mid] = i \frac{\partial}{\partial t} \mid \psi\rangle\langle \psi \mid = i\left(\frac{\partial}{\partial t} \mid \psi\rangle\right)\langle \psi \mid + i \mid \psi\rangle \frac{\partial}{\partial t}\langle \psi \mid$$

密度矩阵运动满足刘维尔方程

$$i \frac{\partial \rho}{\partial t} = [H, \rho] = L\rho$$

L 为刘维尔算子，刘维尔方程可以描述系统力学运动，仿玻耳兹曼 H 函数，记

$$s = -k_B \mathrm{tr}\rho \ln\rho$$

则

$$\frac{\mathrm{d}s}{\mathrm{d}t} = k_B \mathrm{tr}\rho \frac{\mathrm{d}}{\mathrm{d}t}\ln\rho = 0$$

熵是不变的。这是刘维尔方程满足时间反演不变的直接结果。系统的全部性质及运动均可以用希尔伯特空间的算子表述：

力学量：埃尔米特算子 A、B、…，

状态：可迹正埃尔米特算子 ρ，$\mathrm{tr}\rho=1$，有

$$\overline{A} = \mathrm{tr}\rho A$$

运动方程的两种形式：

A，海森堡方程为

$$-i \frac{\partial A}{\partial t} = LA$$

ρ，刘维尔方程为

$$i \frac{\partial \rho}{\partial t} = L\rho$$

刘维尔方程 $i\frac{\partial}{\partial t}\rho(t)=L\rho(t)$的解

$$\rho(t) = \exp(-iLt)\rho(0) \tag{9.131}$$

如果系统哈密顿量为

$$H = H_0 + \lambda H'$$

式中 $\lambda H'$为粒子之间相互作用，对 $\lambda H'$作微扰，

$$L = L_0 + \lambda L'$$

$$\exp(-iLt) = \exp(-iL_0 t)\left[1 + (-i)\lambda\int_0^t \mathrm{d}\tau L'(\tau) + (-i)^2\lambda^2\int_0^t \mathrm{d}\tau\int_0^\tau \mathrm{d}\tau' L'(\tau)L'(\tau') + \cdots\right] \tag{9.132}$$

$$L'(\tau) = \exp(iL_0\tau)L'\exp(-iL_0\tau)$$

定义

$$R_+(z) = \left(\frac{1}{Z-L}\right)_+ = -i\int_0^{+\infty} \exp(-iLt + izt)\mathrm{d}t \tag{9.133}$$

其应 $t\to+\infty$收敛、$\mathrm{Im}z>0$，表明式(9.123)定义在上半平面，如图 9.10 所示；同理，

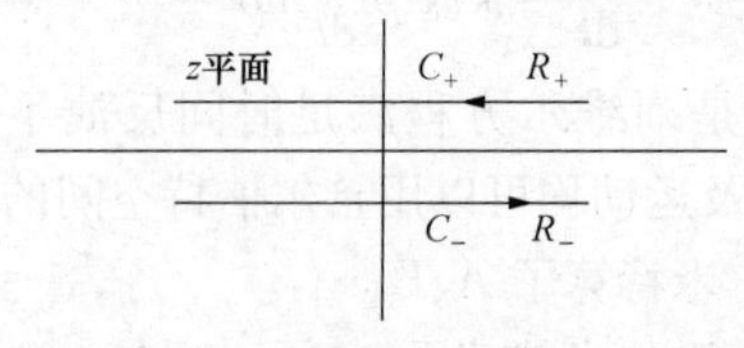

图 9.10

$$R_-(z) = \left(\frac{1}{Z-L}\right)_- = i\int_{-\infty}^0 \exp(-iLt + izt)\mathrm{d}t \quad (\mathrm{Im}z < 0)$$

$R_+(z)$、$R_-(z)$合成复 z 平面上解析函数，只在实轴上有割线及奇点，依拉普拉斯逆变换定理，

$$\exp(-iLt) = \frac{1}{2\pi i}\int_C R(z)\exp(-izt)\mathrm{d}z$$

积分回路 C 由实轴上、下侧平行线 C_-、C_+ 构成。

$R(z)$在上、下半平面解析，取热力学极限后，实轴上除孤立奇点和有限区域外，一般情形下割线均伸向$\pm\infty$。今把$R(z)$上、下半平面值分别穿过割线延拓到下面第二黎曼面下、上半平面去，则$R(z)$在第二黎曼面下、上半平面都有极点，极点的虚部就是激发的寿命。

当给定$R(z)$后，计算$\exp(-iLt)(t>0)$时，常将C_-在第一黎曼面下拉成大半圆逼向∞，如图9.11所示。

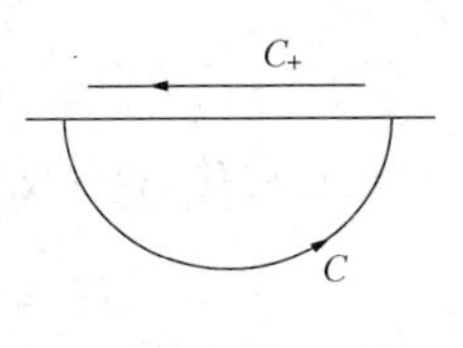

图 9.11

由于在其上$\exp(-izt)\to 0$，因此可以取消。积分回路由C_R、C_+和第二黎曼面(下半)上补充一个大半圆C'_-构成。积分结果可直接取实轴和下半面上极点的留数以及可能有的割线贡献。当考虑长时间渐近行为时，取$z=0$附近的奇点贡献，得到推迟解；反之，当$t<0$时，C_A中C_+用第二上半黎曼面上大圆C'_+代之(C_-不变)，积分结果是取上半平面奇点留数的贡献。

$R(z)$在第二黎曼面上、下半平面的奇点的对称性，表明刘维尔方程时间可逆性。只是在取得C_R、C_A和给出时间方向。

使用$R(z)$，微扰展开，

$$\frac{1}{z-L_0-\lambda L'}=\frac{1}{z-L_0}+\frac{1}{z-L_0}\sum_{n=1}^{\infty}\lambda^n\left(\frac{L'}{z-L_0}\right)^n \tag{9.134}$$

$R(z)$的展开项如图9.12所示。

$$\left\langle C_k\frac{1}{z-L}C_k^+\right\rangle=\left\langle C_k\frac{1}{z-L_0-C_k}C_k^+\right\rangle$$

每个$\lambda L'$顶点共伸出$s+3$条线(s为入射线数)。不同于一般的费曼图，每条线代表一个场算子C_k^+(或C'_k)，于是中间态能量分母$\frac{1}{z-L_0}$中L_0就是以这些粒子能量代入，不可约部分C_k就是自能，其虚部倒数是C_k^+的衰减寿命。C_k只取二级项即有Born散射。

如果将V空间的密度矩阵ρ用多粒子经典分布函数$f_N(\boldsymbol{r}^N$,

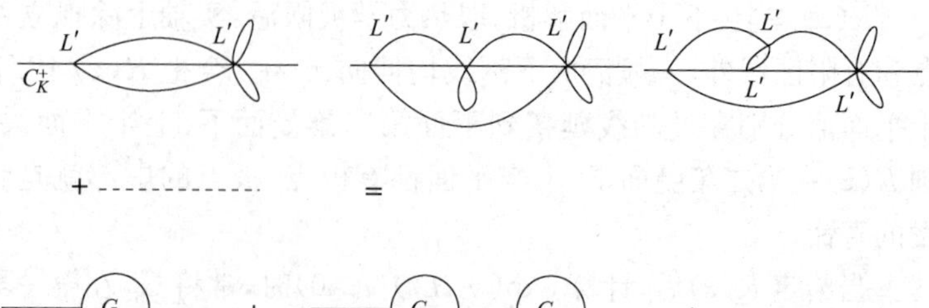

图 9.12

$\boldsymbol{v}^N,t)$替代，量子刘维尔算子换成经典刘维尔算子，

$$L=-i\sum_{j=1}^{N}\left(\frac{\partial H}{\partial \boldsymbol{r}_j}\cdot\frac{\partial}{\partial \boldsymbol{P}_j}-\frac{\partial H}{\partial \boldsymbol{P}_j}\cdot\frac{\partial}{\partial \boldsymbol{r}_j}\right)$$

刘维尔方程仍然成立。

9.3.2 算子代数

在非平衡态统计中，系统的状态和力学量都是算子，由于系统无限大，因此算子一般不是有界的。

按照量子力学的观点，给定一个系统应考虑：

(1)所有力学量的集合 $\mathscr{R}_s$；

(2)所有可能状态的集合 σ。

力学运动就是 $\mathscr{R}_s$(或 σ)上的一个单参数连续群，或半群。$\mathscr{R}_s$ 满足：

(1)对加法和数乘封闭，即 A、$B\in\mathscr{R}_s$

$$\alpha A+\beta B\in\mathscr{R}_s\quad(\alpha、\beta\text{ 为实数})$$

(2)两个力学量的乘法封闭，即 A、$B\in\mathscr{R}_s$

$$A\cdot B\in\mathscr{R}_s$$

于是 $\mathscr{R}_s$ 为一个实“代数”。如果存在复数乘法，$\mathscr{R}_s$ 可扩大到 $\mathscr{R}$，那么可在其上建立共轭对应。

(3)$G\in\mathscr{R}$、$G=A+iB$　(A、$B\in\mathscr{R}_s$)，

$$G^{+}=A-iB\in\mathscr{R}$$

(4)定义 $\mathscr{R}$ 上的模，$G\in\mathscr{R}$ 对应正实数 $|G|$，且

$$|G_1+G_2|\leqslant|G_1|+|G_2|$$
$$|\alpha G|=|\alpha||G| \quad (\alpha\text{ 为实数})$$
$$|G|=|G^+|$$

一个系统对应一个 $\mathscr{R}$。判断系统处于某状态可知所有力学量的平均值，从而给出了 $\mathscr{R}_s$ 或 $\mathscr{R}$ 上的一个泛函；显见该泛函是线性的，所以系统所有的状态就是 $\mathscr{R}$ 上线性泛函全体所构成的集合 σ。在数学上 σ 为 $\mathscr{R}$ 的对偶空间，力学运动为 $\mathscr{R}$ 上给定的单参数连续正交群。

利用算子代数可以讨论无限自由度系统，从而解决统计力学中某些基本问题。其中的关键在于没有取 σ 作一个希尔伯特空间上的矢量或可迹正算子集合。

讨论 $\mathscr{R}$(称为 C^* 代数)的性质。C^* 代数的性质；对应 $\mathscr{R}$ 上的每个态 $\varphi\in\sigma$ 都存在一个由此产生的希尔伯特空间 $\mathscr{H}_\varphi$，$\mathscr{H}_\varphi$ 及其上的线性变换就是 $\mathscr{R}$ 的一个表示 π_φ，在 $\mathscr{H}_\varphi$ 中还存在矢量 Ω_φ，使

$$(\phi,A)=\langle\Omega\mid\pi_\varphi A\mid\Omega\rangle$$

对一切 $A\in\mathscr{R}$ 成立，且

$$\{\pi_\varphi A\Omega\mid A\in\mathscr{R}\}=\mathscr{H}_\varphi$$

称之为 G. N. S 构造。Neumann 断言：有限自由度系统的一切 G. N. S 构造均等价，这表明算子代数只有一个表示空间。

对于无限自由度系统，不同的状态可以产生不等价的表示。如果从状态 φ 出发构成表示 $\{\mathscr{H}_\varphi,\pi_\varphi\}$，那么一切只和 φ 相差有限个粒子激发的状态构造的表示均与之等价，而相差无限个粒子的状态可以构造不等价表示。

今从状态 φ 出发定义 $\mathscr{R}$ 中子集：

$$N_\varphi=\{K\in\mathscr{R}_1(\varphi,AK)=0,\text{对所有 }A\in\mathscr{R}\}$$

将 $\mathscr{R}$ 中算子依 N_φ 分类，就是 A、$B\in\mathscr{R}$、$A-B\in N_\varphi$，则 A、B 为同一类；将同一类算子作为一个算子构成代数 $\overline{\mathscr{R}}$：$\overline{\mathscr{R}}=\mathscr{R}/N_\varphi$。在 $\overline{\mathscr{R}}$ 中定义内积，

$$(A,B)=(\varphi,A^+B) \quad (A\cdot B\in\overline{\mathscr{R}})$$

算子模为

$$|A|^2=(A,A)=(\varphi,A^+A)$$

按其把$\overline{\mathscr{R}}$扩大完备后即有希尔伯特空间$\mathscr{H}_\varphi$。

在$\mathscr{H}_\varphi$上可定义算子G的共轭算子G^+，

$$(A,GB)=(G^+A,B)$$

以及埃尔米特算子，满足$K=K^+$。根据希尔伯特空间理论基本定理：一个埃尔米特算子本征矢$\{\varphi_\lambda\}$可构成一个正交完备组。$\overline{\mathscr{R}}$中的任意算子G均可用$\{\varphi_\lambda\}$展开

$$G=\sum_\lambda(\varphi_\lambda,G)\varphi_\lambda$$

展开系数(φ_λ,G)可直接计算。

9.3.3 投影算子

投影也是一个变换（算子），在不同问题中是不同的：

(1)将希尔伯特空间投影到一个子空间上，

$$P_a=\sum_s(e_s,a)e_s \quad (\{e_s\}\text{ 为部分基矢})$$

(2)将多粒子算子投影到单粒子算子空间上；

(3)在某表象中将密度矩阵只保留对角矩阵元

$$\rho\rightarrow\rho\alpha$$

……

P为投影算子的充要条件是$P^2=P$。

系统密度矩阵$\rho(t)$满足方程

$$i\frac{\partial}{\partial t}\rho(t)=L\rho(t)$$

取$Q=1-P$、$Q^2=Q$，于是Q也是投影。$P\rho$、$Q\rho$的运动方程为

$$i\frac{\partial}{\partial t}P\rho=PLP\rho+PLQ\rho$$

$$i\frac{\partial}{\partial t}Q\rho=QLP\rho+QLQ\rho$$

用$Q\rho$形式解

$$Q\rho=\exp(-iQLQt)Q\rho(0)-i\int_0^t\exp[-iQLQ(t-\tau)]QLP\rho(\tau)\mathrm{d}\tau$$

代入

$$i\frac{\partial\rho_0}{\partial t}=PLP\rho_0-i\int_0^t \mathrm{d}\tau PLQ\exp(-iQLQ\tau)QLP\rho_0(t-\tau)$$
$$+PLQ\exp(-iQLQt)Q\rho(0) \tag{9.135}$$

式(9.135)与刘维尔方程等价。PLP 项为 ρ_0 的自由运动，由 Q 部分作用引起 ρ_0 受到非马尔可夫型“摩擦力”。$\int_0^t K(\tau)\rho(t-\tau)\mathrm{d}\tau$ 及因为 $Q\rho(0)$ 引发的涨落力 $PLQ\exp(-iQLQt)Q\rho(0)$；式(9.135)为朗之万型方程。当 P 的自由度远小于 Q，且 t 远大于 $PLQ\exp(-iQLQ\tau)QLP$ 的衰减时间 τ_c 时，

$$\int_0^t PLQ\exp(-iQLQ\tau)QLP\rho_0(t-\tau)\mathrm{d}\tau$$
$$\sim\int_0^\infty PLQ\exp(-iQLQ\tau)QLP\rho_0(t)\mathrm{d}\tau=\psi\rho_0(t)$$

化为马尔可夫型过程。在热力学极限下，ψ 可以有虚部 $i\pi PLQ\delta(QLQ)QLP$，这就是耗散。同理，当 $Q\rho(0)$ 快速衰减时，涨落力在长时间后也可舍弃，故

$$i\frac{\partial\rho_0}{\partial t}(t)=PLP\rho_0(t)-i\psi\rho_0(t) \tag{9.136}$$

称之为 Balescu 方程。

取刘维尔算子预解式 $R(z)=\frac{1}{z-L}$，$R(z)$ 符合

$$(z-L)R(z)=I \tag{9.137}$$

命投影算子 P、$Q=1-P$，有 L、$R(z)$ 为

$$L=\begin{pmatrix}PLP & PLQ\\ QLP & QLQ\end{pmatrix}$$

$$R(z)=\begin{pmatrix}PRP & PRQ\\ QRP & QRQ\end{pmatrix}$$

两个分量分别为 P、Q 两个部分。依式(9.137)可推出 $R(z)$ 分量满足的方程，

$$zPRP-PLPRP-PLQRP=I \tag{9.138}$$
$$zQRP-QLPRP-QLQRP=0 \tag{9.139}$$
$$zPRQ-PLPRQ-PLQRQ=0 \tag{9.140}$$

$$zQRQ - QLPRQ - QLQRQ = I \tag{9.141}$$

从式(9.139)给出 $QRP = \frac{1}{z - QLQ} QLPRP$，代入式(9.138)，

$$PRP = \frac{1}{z - PLP - \psi(z)} \tag{9.142}$$

$$\psi(z) = PLQ \frac{1}{z - QLQ} QLP$$

则

$$\begin{aligned} QRP &= \frac{1}{z - QLQ} QLP \frac{1}{z - PLP - \psi(z)} \\ &= C(z) \frac{1}{z - PLP - \psi(z)} \end{aligned} \tag{9.143}$$

$$C(z) = \frac{1}{z - QLQ} QLP$$

对式(9.143)取埃尔米特共轭，

$$PRQ = \frac{1}{z - PLP - \psi(z)} D(z)$$

$$D(z) = PLQ \frac{1}{z - QLQ} \tag{9.144}$$

$$QRQ = C(z) \frac{1}{z - PLP - \psi(z)} D(z) + \frac{1}{z - QLQ} \tag{9.145}$$

$\psi(z)$相当于 P 部分的自能、$C(z)$为广义产生算子，当 $P \to Q$ 时类似于场论中的顶角部分，$D(z)$为广义消灭算子。ψ、C、D 均为对 P 的不可约部分。

式(9.145)、式(9.141)对任意投影算子都成立。对 QLQ 中 L'部分展开，

$$\frac{1}{z - QLQ} = \frac{1}{z - QL_0Q} + \sum_{n=1}^{\infty} \frac{1}{z - QL_0Q} \left(\lambda QL'Q \frac{1}{z - QL_0Q} \right)^n$$

当然其中每一项都包括许多费曼图。

9.4 输运现象

9.4.1 随机过程中的福克方程

以$\{x\}=\{x_1,x_2,\cdots,x_s\}$表示系统的一个状态，$\{x\}$的取值范围$R$称为状态空间，$P(\{x\},t)\mathrm{d}^s x$表示$t$时刻系统处于状态$\{x\}$附近$\mathrm{d}^s x$内的几率。假设存在归一化条件，

$$\int_{\{x\}\in R} P(\{x\},t)\mathrm{d}^s x = 1 \tag{9.146}$$

当讨论全同粒子组成的系统时，只需研究其中任意一个粒子的几率分布函数$P(\{x\},t)$，而$\{x\}=\{x,y,z,v_x,v_y,v_z\}$有6个分量。注意到式(9.146)，$P(\{x\},t)$就是单粒子分布函数$f(\boldsymbol{r},\boldsymbol{v},t)$，

$$P(\{x\},t) = f(\boldsymbol{r},\boldsymbol{v},t) = \frac{1}{N}n(\boldsymbol{r},\boldsymbol{v},t) \tag{9.147}$$

n为密度分布函数。在马尔可夫过程中几率分布函数$P(\{x\},t)$的演化方程可表达成

$$\begin{aligned}\frac{\partial}{\partial t}P(\{x\},t) = \int \mathrm{d}^s x'[&-P(\{x\},t)W(\{x\},\{x'\},t)\\ &+P(\{x'\},t)W(\{x'\},\{x\},t)]\end{aligned} \tag{9.148}$$

称式(9.148)为主方程。这里$W(\{x\},\{x'\},t)\mathrm{d}^s x'\mathrm{d}t$表示系统在$\mathrm{d}t$时间内从状态$\{x\}$跃迁到$\{x'\}$附近$\mathrm{d}^s x'$之内的几率。对于马尔可夫过程，该跃迁几率仅与$\{x\}$、$\{x'\}$、$t$有关，与系统的“历史”无关。

记$\xi_l=x'_l-x_l$并把$W(\{x\},\{x'\},t)$改为$W(\{x\};\{\xi\},t)$，于是被积函数为

$$-P(\{x\},t)W(\{x\};\{\xi\},t)+P(\{x+\xi\},t)W(\{x+\xi\};\{-\xi\},t)$$

由于$\{\xi\}$为积分变量，因此不妨将第二项中的ξ_l全部变号，被积函数可改为

$$-P(\{x\},t)W(\{x\};\{\xi\},t)+P(\{x-\xi\},t)W(\{x-\xi\};\{\xi\},t)$$

而$P(\{x-\xi\},t)W(\{x-\xi\};\{\xi\},t)$当作

$$P(\{x\},t)W(\{x\};\{\xi\},t)$$

中$\{x\}$变到$\{x-\xi\}$而得，所以被积函数展开后为

$$\sum_{n=1}^{\infty} \frac{(-1)^n}{n!}\xi_{l_1}\cdots\xi_{l_n} \frac{\partial}{\partial x_{l_1}}\cdots \frac{\partial}{\partial x_{l_n}}[P(\{x\},t)W(\{x\};\{\xi\},t)]$$

或

$$\frac{\partial}{\partial t}P(\{x\},t) = \sum_{n=1}^{\infty}(-1)^n \frac{\partial}{\partial x_{l_1}}\cdots \frac{\partial}{\partial x_{l_n}}[D_{l_1\cdots l_n}^{(n)}(\{x\},t)P(\{x\},t)] \tag{9.149}$$

式中

$$D_{l_1\cdots l_n}^{(n)}(\{x\},t) = \frac{1}{n!}\int \xi_{l_1}\cdots\xi_{l_n} W(\{x\};\{\xi\},t)\mathrm{d}^s\xi \tag{9.150}$$

式(9.149)称为主方程 Moyal 展开，式(9.150)称为 Moyal 展开系数。

若式(9.149)的右边只保留级数的前两项，记

$$A_l = D_l^{(1)} \qquad B_{lj} = 2D_{lj}^{(2)} \tag{9.151}$$

则

$$\frac{\partial}{\partial t}P(\{x\},t) =- \frac{\partial}{\partial x_l}[A_l(\{x\},t)P(\{x\},t)] + \frac{1}{2} \frac{\partial^2}{\partial x_l \partial x_j}[B_{lj}(\{x\},t)P(\{x\},t)] \tag{9.152}$$

称之为 s 变量的福克方程。依式(9.150)知 $D_{lj}^{(2)}$ 为半正定的实对称矩阵。当 $s=1$ 时主方程为

$$\frac{\partial}{\partial t}P(x,t) = \sum_{n=1}^{\infty}\left(- \frac{\partial}{\partial x}\right)^n [D^{(n)}(x,t)P(x,t)] \tag{9.153}$$

福克方程为

$$\frac{\partial}{\partial t}P(x,t) =- \frac{\partial}{\partial x}[A(x,t)P(x,t)] + \frac{1}{2} \frac{\partial^2}{\partial x^2}[B(x,t)P(x,t)] \tag{9.154}$$

式中 $B(x,t)\geqslant 0$。

Pawula 断言：为使几率分布函数 $P(x,t)$ 不小于零，式

(9.153)的右边可以仅保留一到两项，否则必须保留无穷多项。

Pawula 的结论可以推广到高维状态空间。

在福克方程中称 A_l 为漂移矢量、B_{lj} 为扩散张量。如果 A_l 或 B_{lj} 与分布函数 P 有关，那么式(9.152)就是非线性福克方程；反之，就是线性福克方程。若称

$$S_l = A_l P(\{x\},t) - \frac{1}{2}\frac{\partial}{\partial x_j}[B_{lj}P(\{x\},t)] \qquad (9.155)$$

为几率流(密度)矢量，则式(9.155)可以表示成几率守恒的连续方程的形式，

$$\frac{\partial P}{\partial t} + \frac{\partial S_l}{\partial x_l} = 0 \qquad (9.156)$$

9.4.2 生灭过程

设在随机变量 X 代表的状态中 X 为整数，而且只在相邻的两个状态之间有跃迁；又设 $G(X)$、$R(X)$ 分别为单位时间从 X 态跃迁到 $X+1$ 态及 $X-1$ 态的几率，故主方程式(9.148)可写成

$$\begin{aligned}\frac{\partial}{\partial t}P(x,t) = & G(X-1)P(X-1,t) \\ & - G(X)P(X,t) + R(X+1)P(X+1,t) \\ & - R(X)P(X,t)\end{aligned} \qquad (9.157)$$

称式(9.157)表述的过程为生灭过程。因为

$$f(X+1) = \exp\left(\pm\frac{\partial}{\partial X}\right)f(X)$$

所以如果把 X 的取值拓广到实数范围，那么式(9.157)可表示成

$$\begin{aligned}\frac{\partial}{\partial t}P(X,t) = & \left[\exp\left(-\frac{\partial}{\partial X}\right)-1\right]G(X)P(X,t) \\ & + \left[\exp\left(-\frac{\partial}{\partial X}\right)-1\right]R(X)P(X,t) \\ = & \sum_{n=1}^{\infty}\left(-\frac{\partial}{\partial X}\right)^n D^{(n)}(X)P(X,t)\end{aligned} \qquad (9.158)$$

其中 Moyal 系数 $D^{(n)}(X)$为

$$D^{(n)}(X)=\frac{1}{n!}[G(X)+(-1)^n R(X)] \tag{9.159}$$

命系统的体积为 Ω,定义强度

$$x=\frac{X}{\Omega} \tag{9.160}$$

式(9.158)以 x 表示,几率分布函数变为

$$\widetilde{P}(x,t)=P(X,t)\frac{\mathrm{d}X}{\mathrm{d}x}=P(x\Omega,t)\Omega \tag{9.161}$$

式(9.158)变为

$$\frac{\partial}{\partial t}\widetilde{P}(x,t)=\sum_{n=1}^{\infty}\frac{1}{\Omega^n}\left(-\frac{\partial}{\partial x}\right)^n D^{(n)}(x\Omega)\widetilde{P}(x,t) \tag{9.162}$$

对充分大的系统,可以不计边界的影响,$G(X)$、$R(X)$给定强度 x 时近似地正比于Ω,则

$$D^{(n)}(x\Omega)\propto\Omega$$

于是不妨置

$$\widetilde{D}^{(n)}(x)=\frac{1}{\Omega}D^{(n)}(x\Omega)=\frac{1}{n!}[\widetilde{G}(x)+(-1)^n\widetilde{R}(x)] \tag{9.163}$$

式中 $\widetilde{G}(x)=\varepsilon G(X)$、$\widetilde{R}(x)=\varepsilon R(X)$。式(9.163)代入式(9.162)并舍"～",得

$$\frac{\partial}{\partial t}P(x,t)=\sum_{n=1}^{\infty}\varepsilon^{n-1}\left(-\frac{\partial}{\partial x}\right)^n D^{(n)}(x)P(x,t) \tag{9.164}$$

$\varepsilon=\frac{1}{\Omega}\ll 1$。式(9.164)对应的福克方程为

$$\frac{\partial}{\partial t}P(x,t)=-\frac{\partial}{\partial x}[A(x)P(x,t)]+\frac{\varepsilon}{2}\frac{\partial^2}{\partial x^2}[B(x)P(x,t)] \tag{9.165}$$

$$A(x)=D^{(1)}(x)=\frac{1}{\Omega}[G(x\Omega)-R(x\Omega)] \tag{9.166}$$

$$B(x)=2D^{(2)}(x)=\frac{1}{\Omega}[G(x\Omega)+R(x\Omega)] \tag{9.167}$$

将随机变量 x 表示成两部分之和，

$$x = y(t) + \sqrt{\varepsilon}\xi \tag{9.168}$$

其中 $y(t)$ 为待定函数、ξ 为新随机变量。式(9.168)代入式(9.164)，记

$$\Pi(\xi,t) = P(x,t) = P(y(t) + \sqrt{\varepsilon}\xi, t) \tag{9.169}$$

注意到

$$\begin{aligned}\frac{\partial}{\partial t}\Pi(\xi,t) &= \left[\frac{\partial}{\partial t}P(y(t) + \sqrt{\varepsilon}\xi, t)\right]_\xi \\ &= \frac{\dot{y}}{\sqrt{\varepsilon}}\frac{\partial}{\partial \xi}\Pi(\xi,t) + \frac{\partial}{\partial t}P(x,t)\end{aligned}$$

有

$$\begin{aligned}\varepsilon\frac{\partial \Pi}{\partial t} - \dot{y}\sqrt{\varepsilon}\frac{\partial \Pi}{\partial \xi} = &-\sqrt{\varepsilon}A(y)\frac{\partial \Pi}{\partial \xi} + \varepsilon\Big[-A'(y)\Pi \\ &-A'(y)\xi\frac{\partial \Pi}{\partial \xi} + \frac{1}{2}B(y)\frac{\partial^2 \Pi}{\partial \xi^2}\Big] + O(\varepsilon^{\frac{3}{2}})\end{aligned} \tag{9.170}$$

这里 $\dot{y} = \frac{\mathrm{d}y}{\mathrm{d}t}$、$A'(y) = \frac{\mathrm{d}}{\mathrm{d}y}A(y)$。进一步得到

$$\dot{y} = A(y) \tag{9.171}$$

$$\frac{\partial \Pi}{\partial t} = -A'(y)\frac{\partial}{\partial \xi}(\xi\Pi) + \frac{1}{2}B(y)\frac{\partial^2 \Pi}{\partial \xi^2} \tag{9.172}$$

式(9.171)称为决定性方程。积分，

$$t - t_0 = \int_{y_0}^{y}\frac{\mathrm{d}y'}{A(y')} \tag{9.173}$$

$y_0 = y(t_0)$。依式(9.173)有 $y = y(t)$；该轨道称为决定性轨道。式(9.172)的系数取决于时间的福克方程。

当初始条件为高斯型分布时，式(9.172)解可取为

$$\Pi(\xi,t) = \frac{1}{\sqrt{2\pi\sigma(t)}}\exp\left[-\frac{\xi^2}{2\sigma(t)}\right] \tag{9.174}$$

式(9.174)代入式(9.172)，得

$$\dot{\sigma}(t) = 2A'(y(t)\sigma(t) + B(y(t))) \tag{9.175}$$

而$\sigma(0)=\sigma_0$由初始条件确定。当给定决定性轨道时式(9.175)的严格解为

$$\sigma(t) = \sigma_0\left[\frac{A(y(t))}{A(y(0))}\right]^2 + [A(y(t))]^2\int_{y_0}^{y}\frac{B(y')}{[A(y')]^3}\mathrm{d}y' \tag{9.176}$$

这样得到式(9.174)、式(9.175)的近似解，该近似法称为Ω展开法。

注意:Ω展开法是基于式(9.168)成立，否则失效。

9.4.3 福克方程的代数结构

讨论福克方程的李代数结构有助于研究方程的整体行为。

考虑一维福克方程，

$$\frac{\partial}{\partial t}P(x,t) = -\frac{\partial}{\partial x}[\gamma x P(x,t)] + \beta\frac{\partial^2}{\partial x^2}P(x,t) \tag{9.177}$$

常数β、$\gamma>0$，记

$$L = -\frac{\partial}{\partial x}\gamma x + \beta\frac{\partial^2}{\partial x^2} \tag{9.178}$$

式(9.177)变为

$$\frac{\partial P}{\partial t} = LP \tag{9.179}$$

其解为

$$P(x,t) = \exp(tL)P(x,0) \tag{9.180}$$

将式(9.178)改为

$$L = -\gamma A - \frac{1}{2}\gamma E + \beta C_- \tag{9.181}$$

这里

$$\begin{cases} A = x\dfrac{\partial}{\partial x} + \dfrac{1}{2} \\ E = 1 \\ C_- = \dfrac{\partial^2}{\partial x^2} \end{cases} \tag{9.182}$$

注意到

$$[A,C_-]=-2C_- \qquad [A,E]=[C_-,E]=0 \quad (9.183)$$

因为 E 与 A、C_- 均对易，所以式(9.180)可表示成

$$P(x,t)=\exp\left(-\frac{1}{2}\gamma tE\right)\exp[(-\gamma A+\beta C_-)t]P(x,0) \tag{9.184}$$

定义算子

$$C_+=\frac{1}{4}x^2$$

于是

$$[A,C_\pm]=\pm 2C_\pm \quad [C_-,C_+]=A \tag{9.185}$$

考虑组成矩阵李代数 $Sl(2)$ 的基，

$$\begin{cases} g_+=\begin{pmatrix} 0 & -1 \\ 0 & 0 \end{pmatrix} \\ g_-=\begin{pmatrix} 0 & 0 \\ -1 & 0 \end{pmatrix} \\ g_3=\begin{pmatrix} \frac{1}{2} & 0 \\ 0 & -\frac{1}{2} \end{pmatrix} \end{cases} \tag{9.186}$$

并且

$$[g_3,g_\pm]=\pm g_\pm \qquad [g_+,g_-]=2g_3 \tag{9.187}$$

比较式(9.187)、式(9.185)知，$2g_3$、$g_\pm$ 分别为 A、$C_\pm$ 的矩阵表示。从 $Sl(2)$ 可以得到 $SL(2,R)$ 群。$SL(2,R)$ 的元素 G 可表示成

$$G=\exp(ag_3+bg_++cg_-)=\exp\begin{pmatrix} \frac{1}{2}a & -b \\ -c & -\frac{1}{2}a \end{pmatrix} \tag{9.188}$$

由于 g_3、$g_\pm$ 都是零迹矩阵，因此依

$$\det(\exp A)=\exp(\mathrm{tr}A)$$

知

$$|G| = \det G = 1$$

或

$$G = \exp(b' g_t)\exp(c' g_-)\exp(\tau' g_3) = \begin{pmatrix} (1+b'c')\exp\left(\frac{1}{2}\tau'\right) & -b'\exp\left(-\frac{1}{2}\tau'\right) \\ -c'\exp\left(\frac{1}{2}\tau'\right) & \exp\left(-\frac{1}{2}\tau'\right) \end{pmatrix} \quad (9.189)$$

而矩阵

$$\exp(-2\gamma t g_3 + \beta t g_-) = \exp\begin{pmatrix} -\gamma t & 0 \\ -\beta t & \gamma t \end{pmatrix} \quad (9.190)$$

又

$$\exp Q = P\exp(P^{-1}QP)P^{-1}$$

$$\exp\begin{pmatrix} x & 0 \\ 0 & y \end{pmatrix} = \begin{pmatrix} \exp x & 0 \\ c & \exp y \end{pmatrix}$$

置

$$P = \begin{pmatrix} 1 & 0 \\ \frac{\beta}{2\gamma} & 1 \end{pmatrix}$$

式(9.190)变为

$$\begin{pmatrix} \exp(-\gamma t) & 0 \\ \exp(-\gamma t)\frac{\beta}{2\gamma}[1-\exp(2\gamma t)] & \exp(\gamma t) \end{pmatrix} \quad (9.191)$$

比较式(9.191)、式(9.189),

$$\begin{cases} b' = 0 \\ c' = \frac{\beta}{2\gamma}[\exp(2\gamma t) - 1] \\ \tau' = -2\gamma t \end{cases}$$

于是

$$\exp(-2\gamma t g_3 + \beta t g_-) = \exp\left\{\frac{\beta}{2\gamma}[\exp(2\gamma t) - 1]g_-\right\}\exp(-2\gamma t g_3) \quad (9.192)$$

相应的，

$$\exp(-\gamma tA+\beta tC_-)$$
$$=\exp\left\{\frac{\beta}{2\gamma}[\exp(2\gamma t)-1]C_-\right\}\exp(-\gamma tA) \quad (9.193)$$

式(9.193)代入式(9.184)，得

$$P(x,t)=\exp\left\{\frac{\beta}{2\gamma}[\exp(2\gamma t)-1]\frac{\partial^2}{\partial x^2}\right\}\exp\left(-t\frac{\partial}{\partial x}\gamma x\right)P(x,0) \quad (9.194)$$

式(9.194)已区分漂移项、扩散项的作用；$P(x,0)$为依初始条件得到的初始几率分布。$\exp\left(-t\frac{\partial}{\partial x}\gamma x\right)$为漂移项作用、$\exp\left\{\frac{\beta}{2r}[\exp(2\gamma t)-1]\frac{\partial^2}{\partial x^2}\right\}$为扩散作用。式(9.194)给出了式(9.177)在任意初始条件下的严格解。

对于具有非线性漂移力的福克方程，

$$\frac{\partial P}{\partial t}=-\frac{\partial}{\partial x}(x-x^3)P+\varepsilon\frac{\partial^2 P}{\partial x^2} \quad (9.195)$$

也可采用上述方法处理，但需引进某种近似。事实上，对式(9.195)，算子L应为

$$L=-\frac{\partial}{\partial x}(x-x^3)+\varepsilon\frac{\partial^2}{\partial x^2}$$
$$=-x\frac{\partial}{\partial x}-1+x^3\frac{\partial}{\partial x}+3x^2+\varepsilon\frac{\partial^2}{\partial x^2} \quad (9.196)$$

若近似地取

$$x^3\frac{\partial}{\partial x}=\langle x^2\rangle x\frac{\partial}{\partial x} \quad (9.197)$$

其中$\langle x^2\rangle$作为t的函数，则式(9.196)中算子仍然可表达为A、$C_\pm$、E的线性组合。于是

$$P(x,t)=\exp\left[-\frac{1}{2}t(\rho+2)\right]\exp\left\{-\frac{6}{\rho}[1-\exp(2t\rho)]C_+\right\}\cdot$$
$$\exp\left\{\frac{\varepsilon}{2\rho}[1-\exp(-2t\rho)]C_-\right\}\exp(t\rho A)P(x,0) \quad (9.198)$$

式中 $\rho=\langle x^2\rangle-1$。将上式变为显式，

$$P(x,t)=\exp[-t(\rho+1)]\exp\left\{-\frac{3}{2\rho}[1-\exp(2t\rho)]x^2\right\}\cdot \left\{\frac{2\pi\varepsilon}{\rho}[1-\exp(-2t\rho)]\right\}^{-\frac{1}{2}}\int_{-\infty}^{\infty}\exp(-A_0)P(\xi,0)\mathrm{d}\xi \tag{9.199}$$

$$A_0=\frac{\xi-\exp(t\rho)x^2}{\frac{2\varepsilon}{\rho}[\exp(2t\rho)-1]}$$

该式表明弛豫过程的定性行为。当 $t=0$ 时如果 $P(x,0)$ 为在 $x=0$ 附近的一个高斯分布(单峰)，那么当 t 较大时峰就逐渐拉平。随着 t 继续增大，分布系数 $P(x,t)$ 逐渐成为双峰。

综上，下列 6 个算子构成李代数，

$$\begin{cases}A=x\dfrac{\partial}{\partial x}+\dfrac{1}{2}\\ B_+=\dfrac{1}{2}x\\ B_-=\dfrac{\partial}{\partial x}\end{cases}\qquad\begin{cases}C_+=\dfrac{1}{4}x^2\\ C_-=\dfrac{\partial^2}{\partial x^2}\\ E=1\end{cases}\tag{9.200}$$

它们的对易关系为

$$\begin{cases}[A,B_\pm]=\pm B_\pm\\ [A_+,C_+]=0\\ [B_-,C_+]=B_+\\ [C_-,B_+]=B_-\\ [\cdot,E]=0\end{cases}\qquad\begin{cases}[A,C_\pm]=\pm 2C_\pm\\ [B_-,C_-]=0\\ [B_-,B_+]=0\\ [B_-,B_+]=\dfrac{1}{2}E\\ [C_-,C_+]=A\end{cases}\tag{9.201}$$

对于高维福克方程，也有可能找到对应的李代数结构。应当注意，式(9.197)并非普遍适用。

9.4.4 多变量线性福克方程

多变量线性福克方程为

$$\frac{\partial}{\partial t}P(\{x\},t) = -\frac{\partial}{\partial x_l}[A_l(\{x\},t)P(\{x\},t)] + \frac{1}{2}\frac{\partial^2}{\partial x_l \partial x_j}[B_{lj}(\{x\},t)P(\{x\},t)] \tag{9.202}$$

式中 $A_l(\{x\},t)$、$B_{lj}(\{x\},t)$都是与 P 无关的已知函数，且 B_{lj} 为半正定的实对称张量，

$$B_{lj} = B_{jl} \tag{9.203}$$

式(9.202)未必存在使几率流处处为零的定态解。若 A_l、B_{lj} 与 t 无关，则假定其定态解为

$$P_{lj}(\{x\}) = \exp[2\psi(\{x\})] \tag{9.204}$$

使式(9.155)中定义的几率流密度矢量 S_l 处处为零，有

$$A_l - \frac{1}{2}\frac{\partial B_{lj}}{\partial x_j} = B_{lj}\frac{\partial \psi}{\partial x_j} \tag{9.205}$$

以 B_{lj}^{-1} 乘上式并对 l 求和，得

$$\frac{\partial \psi}{\partial x_k} = B_{kj}^{-1}\left(A_l - \frac{1}{2}\frac{\partial B_{lj}}{\partial x_j}\right) = U_k \tag{9.206}$$

U_k 应符合有势条件

$$\frac{\partial U_k}{\partial x_l} = \frac{\partial U_l}{\partial x_k} \tag{9.207}$$

这里式(9.202)存在使几率流处处为零的定态解的必要条件。可以验证：对于 A_l、B_{lj} 和 t 无关的情况，该条件也是充分的。实际上，当式(9.207)成立时可有

$$\psi(\{x\}) = \int_{\{x_0\}}^{\{x\}} B_{kj}^{-1}\left(A_l - \frac{1}{2}\frac{\partial B_{lj}}{\partial x_j}\right)\mathrm{d}x_k \tag{9.208}$$

且积分结果与路径无关。称式(9.207)为式(9.202)的可积条件。

如果 A_l、B_{lj} 与 t 有关，那么式(9.202)无定态解。

可以证明：当 $P_1(\{x\},t)$、$P_2(\{x\},t)$为式(9.202)的任意两个已归一化的正解时，经过充分长时间，该两个解趋于一致，即当 $t \to \infty$ 时

$$R = \frac{P_1(\{x\},t)}{P_2(\{x\},t)} \to 1 \tag{9.209}$$

为此证明，定义泛函

$$H(t)=\int P_1\ln P\mathrm{d}^s x \tag{9.210}$$

依不等式

$$R\ln R-R+1=\int_1^R\ln\rho\mathrm{d}\rho\geqslant 0$$

及 P_1、P_2 已归一化的条件，

$$\begin{aligned}H(t)&=\int(P_1\ln R-P_1+P_2)\mathrm{d}^s x\\&=\int P_2(R\ln R-R+1)\mathrm{d}^s x\geqslant 0\end{aligned} \tag{9.211}$$

另，导数

$$\dot{H}(t)=\int\left(\dot{P}_1\ln\frac{P_1}{P_2}+\dot{P}_1-\frac{P_1}{P_2}\dot{P}_2\right)\mathrm{d}^s x \tag{9.212}$$

“·”表示对 t 求导。命

$$L_p=-\frac{\partial A_l}{\partial x_l}+\frac{1}{2}\frac{\partial^2 B_{lj}}{\partial x_l\partial x_j} \tag{9.213}$$

$$L_p^+=A_l\frac{\partial}{\partial x_l}+\frac{1}{2}B_{lj}\frac{\partial^2}{\partial x_l\partial x_j} \tag{9.214}$$

应用式(9.208)，式(9.212)写作

$$\dot{H}(t)=\int[(L_pP_1)\ln R-R\dot{P}_2]\mathrm{d}^s x \tag{9.215}$$

积分，

$$\dot{H}(t)=\int(P_1L_p^+\ln R-R\dot{P}_2)\mathrm{d}^s x$$

因为

$$\begin{aligned}L_p^+\ln R&=\left(A_l+\frac{1}{2}B_{lj}\frac{\partial}{\partial x_j}\right)\left(\frac{1}{R}\frac{\partial R}{\partial x_j}\right)\\&=\frac{1}{R}L_p^+R-\frac{1}{2}B_{lj}\frac{1}{R^2}\frac{\partial R}{\partial x_l}\frac{\partial R}{\partial x_j}\end{aligned}$$

所以

$$\dot{H}(t)=\int\left(\frac{P_1}{R}L_p^+R-R\dot{P}_2\right)\mathrm{d}^s x-\frac{1}{2}\int P_1B_{lj}\frac{1}{R^2}\frac{\partial R}{\partial x_j}\frac{\partial R}{\partial x_l}\mathrm{d}^s x$$

$$=\int (RL_pP_2 - R\dot{P}_2)\mathrm{d}^s x - \frac{1}{2}\int P_1 R_{lj}\left(\frac{\partial}{\partial x_l}\ln R\right)\frac{\partial}{\partial x_j}\ln R \mathrm{d}^s x$$

$$=-\frac{1}{2}\int P_1 B_{lj}\left(\frac{\partial}{\partial x_l}\ln R\right)\frac{\partial}{\partial x_j}\ln R \mathrm{d}^s x \leqslant 0 \qquad (9.216)$$

推证中使用了矩阵 B_{lj} 的正定性，当且仅当

$$\frac{\partial}{\partial x_l}\ln R = 0 \quad (l = 1,2,\cdots,s) \qquad (9.217)$$

时等号成立；这时 R 为常数。注意到 P_1、P_2 已归一化，

$$R = 1$$

由式(9.211)，

$$H(t) = 0$$

当 $R\neq 1$ 时 $H(t)>0$、$\dot{H}(t)<0$，即 $H(t)$ 总是越来越小，直到 $R=1$ 为止。从而证明式(9.209)。

式(9.209)表明，尽管式(9.202)未必存在定态解，尤其是未必有几率流是零的定态解，但是有一个极限解。从任意初始条件出发，经过充分长时间，几率分布都将演变为这个极限解。若 A_l、B_{lj} 与 t 无关，则该极限解就是定态解，这时状态空间中可能存在稳定的非零几率流；若可积条件成立，则定态解使几率流处处为零。

进一步讨论，当 $S_l\neq 0$ 时计算该定态解。设有定态解式(9.204)，于是矢量

$$S_l = P_{st}\left(A_l - \frac{1}{2}\frac{\partial B_{lj}}{\partial x_j} - B_{lj}\frac{\partial \psi}{\partial x_l}\right) \qquad (9.218)$$

的散度为零。取

$$A_l^{(a)} = \frac{S_l}{P_{st}} = S_l \exp(-2\psi) \qquad (9.219)$$

而

$$A_l = A_l^{(s)} + A_l^{(a)} \qquad (9.220)$$

于是

$$\frac{\partial}{\partial x_l}[A_l^{(a)}\exp(2\psi)] = 0 \qquad (9.221)$$

$$A_l^{(s)} - \frac{1}{2}\frac{\partial B_{lj}}{\partial x_j} = B_{lj}\frac{\partial \psi}{\partial x_j} \qquad (9.222)$$

使

$$U_k^{(s)} = B_{kj}^{-1}\left[A_l^{(s)} - \frac{1}{2}\frac{\partial B_{lj}}{\partial x_j}\right]$$

满足有势条件，

$$\frac{\partial U_k^{(s)}}{\partial x_l} = \frac{\partial U_l^{(s)}}{\partial x_k} \tag{9.223}$$

将 L_p 分解成

$$L_p = L_p^{(s)} + L_p^{(a)} \tag{9.224}$$

这里

$$L_p^{(a)} = -\frac{\partial}{\partial x_l}A_l^{(a)} \tag{9.225}$$

$$L_p^{(s)} = -\frac{\partial}{\partial x_l}A_l^{(s)} + \frac{1}{2}\frac{\partial^2 B_{lj}}{\partial x_l \partial x_j} \tag{9.226}$$

命内积

$$(f,g) = \int f(\{x\})g(\{x\})\mathrm{d}^s x \tag{9.227}$$

及

$$L = \exp(-\psi)L_p\exp\psi = L_H + L_A \tag{9.228}$$

$$L_H = \exp(-\psi)L_p^{(s)}\exp\psi \tag{9.229}$$

$$L_A = \exp(-\psi)L_p^{(a)}\exp\psi \tag{9.230}$$

利用式(9.222)、式(9.229)，

$$L_H = -V(\{x\}) + \frac{1}{2}\frac{\partial}{\partial x_l}B_{lj}\frac{\partial}{\partial x_j} \tag{9.231}$$

其中

$$V(\{x\}) = \frac{1}{2}\frac{\partial B_{lj}}{\partial x_l}\frac{\partial \psi}{\partial x_j} + \frac{1}{2}B_{lj}\left(\frac{\partial^2 \psi}{\partial x_l \partial x_j} + \frac{\partial \psi}{\partial x_l}\frac{\partial \psi}{\partial x_j}\right) \tag{9.232}$$

不难验证

$$(f, L_H g) = (L_H f, g) \tag{9.233}$$

L_H 为埃尔米特算子。另依式(9.221)，式(9.230)有两个等价式，

$$L_A = -\exp(-\psi)\frac{\partial}{\partial x_l}A_l^{(a)}\exp\psi$$

$$=-\exp\psi A_l^{(a)}\frac{\partial}{\partial x_l}\exp(-\psi) \tag{9.234}$$

且有

$$(f,L_A g)=-(L_A f,g) \tag{9.235}$$

L_A 为反埃尔米特算子。注意到式(9.221),得

$$L_A\sqrt{P_{st}}=L_A\exp\psi=0 \tag{9.236}$$

进一步给出

$$\begin{aligned}L_H\sqrt{P_{st}}&=L_H\exp\psi=(L-L_A)\exp\psi=L\exp\psi\\&=\exp(-\psi)L_p\exp(2\psi)=0\end{aligned} \tag{9.237}$$

可见定态解 P_{st} 的平方根为 L_A、L_H 的零本征矢。由式(9.229)、式(9.230),

$$L_p^{(s)}P_{st}=L_p^{(s)}\exp(2\psi)=\exp\psi L_H\exp\psi=0$$

$$L_p^{(a)}P_{st}=L_p^{(a)}\exp(2\psi)=\exp\psi L_A\exp\psi=0$$

表明式(9.202)的唯一定态解同时是 $L_p^{(s)}$、$L_p^{(a)}$ 的零本征矢。这里零本征矢都属于本征值为零的本征矢量。

注意定态条件

$$L_pP_{st}=0$$

并非有

$$S_l=0 \tag{9.238}$$

如果用 L_p 表示几率流密度为零的条件,那么可写出下列算子方程,

$$L_p(\{x\})P_{st}(\{x\})=P_{st}(\{x\})L_p^+(\{x\}) \tag{9.239}$$

该算子方程的意义在于当其作用在任意函数上时均有效。式(9.238)与式(9.239)等价。实际上,使用式(9.218)、式(9.214)、式(9.213),给出

$$L_pP_{st}-L_{st}L_p^+=-2S_l\frac{\partial}{\partial x_l} \tag{9.240}$$

即式(9.238)、式(9.239)等价。

9.4.5 细致平衡

尽管式(9.239)为 $S_l=0$ 的条件，但是几率流密度为零并不一定等价于实际系统的细致平衡。实际系统中的变量分为两类：随时间反演变号的奇变量和随时间反演不变号的偶变量；一般情形下，当时间反演时假定变量 x_l 换为 $\varepsilon_l x_l$，$\varepsilon_l=\pm 1$ 分别对应奇、偶变量，这里 ε_l 的下标不计和。

在实际系统中的细致平衡条件为

$$W(\{x'\}\rightarrow\{x\})P_{st}(\{x\})=W(\{\varepsilon x\}\rightarrow\{\varepsilon x'\})P_{st}(\{\varepsilon x\}) \tag{9.241}$$

$$P_{st}(\{x\})=P_{st}(\{\varepsilon x\}) \tag{9.242}$$

对多变量，定义

$$W(\{x'\}\rightarrow\{x\})=\frac{\partial}{\partial t}P_t(\{x\})\bigg|_{t=0} \tag{9.243}$$

这里 W 与 t 无关，而 $P_t(\{x\})$ 是初始条件为 $P(\{x\},t)|_{t=0}=\delta(\{x\}-\{x'\})$ 的情况下 t 时刻的分布函数。利用式(9.202)，式(9.243)可写成

$$W(\{x'\}\rightarrow\{x\})=L_p(\{x\})\delta(\{x\}-\{x'\})$$

类似地，

$$W(\{\varepsilon x\}\rightarrow\{\varepsilon x'\})=L_p(\{\varepsilon x'\})\delta(\{\varepsilon x\}-\{\varepsilon x'\}) \tag{9.244}$$

于是式(9.241)可表示成

$$\begin{aligned}&L_p(\{x\})\delta(\{x\}-\{x'\})P_{st}(\{x'\})\\&=L_p(\{\varepsilon x'\})\delta(\{\varepsilon x\}-\{\varepsilon x'\})P_{st}(\{\varepsilon x\})\end{aligned} \tag{9.245}$$

以 $f(\{x'\})$ 乘上式，并对 $\mathrm{d}^s x'$ 积分，得

$$\begin{cases}\text{左边}=L_p(\{x\})\int\delta(\{x\}-\{x'\})P_{st}(\{x'\})f(\{x'\})\mathrm{d}^s x'\\ \quad\;\;=L_p(\{x\})P_{st}(\{x\})f(\{x\})\\ \text{右边}=\int f(\{x'\})L_p(\{x'\})\delta(\{\varepsilon x\}-\{\varepsilon x'\})P_{st}(\{\varepsilon x\})\mathrm{d}^s x'\end{cases} \tag{9.246}$$

进一步推证知

$$右边 = P_{st}(\{x\})L_p^+(\{x\})f(\{x\}) \tag{9.247}$$

式(9.247)、式(9.242)构成实际系统的细致平衡条件。经过计算,

$$\begin{aligned}&L_p(\{x\})P_{st}(\{x\})-P_{st}(\{\varepsilon x\})L_p^+(\{\varepsilon x\})\\&=-2P_{st}(\{x\})\Big\{\frac{1}{2}[A_l(\{x\})+\varepsilon_l A_l(\{\varepsilon x\})]\\&\quad-\frac{1}{2}\frac{\partial B_{lj}}{\partial x_j}-B_{lj}\frac{\partial\psi}{\partial x_j}\Big\}\frac{\partial}{\partial x_l}+P_{st}(\{x\})\cdot\\&\quad[B_{lj}(\{x\})-\varepsilon_l\varepsilon_j B_{lj}(\{\varepsilon x\})]\frac{1}{2}\frac{\partial^2}{\partial x_l\partial x_j}-\frac{\partial S_l}{\partial x_l}\end{aligned} \tag{9.248}$$

显见式(9.248)为算子方程。依此,式(9.247)等价于

$$\begin{cases}\dfrac{\partial S_l}{\partial x_l}=0\\ \dfrac{1}{2}[A_l(\{x\})+\varepsilon_l A_l(\{x\})]-\dfrac{1}{2}\dfrac{\partial B_{lj}}{\partial x_j}-B_{lj}\dfrac{\partial\psi}{\partial x_j}=0\\ B_{lj}(\{x\})-\varepsilon_l\varepsilon_j B_{lj}(\{x\})=0\end{cases} \tag{9.249}$$

取

$$A_l^{(1)}(\{x\})=\frac{1}{2}[A_l(\{x\})+\varepsilon_l A_l(\{\varepsilon x\})] \tag{9.250}$$

$$A_l^{(2)}(\{x\})=\frac{1}{2}[A_l(\{x\})-\varepsilon_l A_l(\{\varepsilon x\})] \tag{9.251}$$

$$S_l^{(1)}(\{x\})=P_{st}(\{x\})\left[A_l^{(1)}(\{x\})-\frac{1}{2}\frac{\partial B_{lj}}{\partial x_j}-B_{lj}\frac{\partial\psi}{\partial x_j}\right] \tag{9.252}$$

$$S_l^{(2)}(\{x\})=P_{st}(\{x\})A_l^{(2)}(\{x\}) \tag{9.253}$$

故有

$$A_l(\{x\})=A_l^{(1)}(\{x\})+A_l^{(2)}(\{x\}) \tag{9.254}$$

$$S_l(\{x\})=S_l^{(1)}(\{x\})+S_l^{(2)}(\{x\}) \tag{9.255}$$

$$A_l^{(1)}(\{x\})=\varepsilon_l A_l^{(1)}(\{\varepsilon x\}) \tag{9.256}$$

$$A_l^{(2)}(\{x\}) = -\varepsilon_l A_l^{(2)}(\{\varepsilon x\}) \tag{9.257}$$

其中式(9.255)应用了式(9.218)。使用该记号，式(9.249)可以表示为

$$\begin{cases} \dfrac{\partial S_l^{(2)}}{\partial x_l} = 0 \\ S_l^{(1)} = 0 \\ B_{lj}(\{x\}) = \varepsilon_l \varepsilon_j B_{lj}(\{\varepsilon x\}) \end{cases} \tag{9.258}$$

注意，上述各量中的上标(1)为“不可逆”、(2)为“可逆”。验证得

$$\frac{\mathrm{d}x_l}{\mathrm{d}t} = A_l^{(2)}(\{x\}) \tag{9.259}$$

为时间反演不变。综合之，虽然细致平衡不要求 $S_l=0$，但是要求不可逆部分几率流 $S_l^{(1)}=0$。

设式(9.258)的第三式已经满足，就可以将算子 L_p 表达为

$$L_p(\{x\}) = L_p^{(1)}(\{x\}) + L_p^{(2)}(\{x\}) \tag{9.260}$$

式中

$$L_p^{(2)}(\{x\}) = -\frac{\partial}{\partial x_l} A_l^{(2)}(\{x\}) = -L_p^{(2)}(\{x\}) \tag{9.261}$$

$$L_p^{(1)}(\{x\}) = -\frac{\partial}{\partial x_l} A_l^{(1)}(\{x\}) + \frac{1}{2}\frac{\partial^2}{\partial x_l \partial x_j} B_{lj}(\{x\}) = L_p^{(1)}(\{x\}) \tag{9.262}$$

由于 $L_p^{(2)}$ 描述可逆过程、$L_p^{(1)}$ 描述不可逆过程，因此称 $L_p^{(2)}$ 为流射算子、$L_p^{(1)}$ 为碰撞算子。

从式(9.252)，比较式(9.258)第二式与式(9.221)知，当细致平衡时 $A_l^{(s)} = \dfrac{1}{2}\dfrac{\partial B_{lj}}{\partial x_j} + B_{lj}\dfrac{\partial \psi}{\partial x_j} = A_l^{(1)}$。

以上讨论中认定扩散矩阵 B_{lj} 是正定的。当 B_{lj} 有零本征值时需要修正上述结论。对于

$$\frac{\partial}{\partial t}P(x,v,t) = -\frac{\partial}{\partial x}(vP) + \frac{\partial}{\partial v}\{[\gamma v + f'(x)]P\} + \frac{\partial^2}{\partial v^2}(qP) \tag{9.263}$$

式中 $v=\dot{x}$ 为粒子沿 x 轴的速率，常数 q、$\gamma>0$、$f(x)$ 为外场，

$f'(x)=\dfrac{\mathrm{d}f}{\mathrm{d}x}$为作用于粒子上的力，$x$ 为偶变量、v 为奇变量，显见，

$$
\begin{aligned}
A_x^{(1)} &= 0 & \qquad A_v^{(1)} &= -\gamma v \\
A_x^{(2)} &= v & \qquad A_v^{(2)} &= -f'(x) \\
B_{xx} &= 0 & \qquad B_{vx} &= 0 \\
B_{xv} &= 0 & \qquad B_{vv} &= 2q
\end{aligned}
$$

在 $S_l^{(1)}=0$ 中对于 $l=v$，

$$A_v^{(1)}-\frac{1}{2}\frac{\partial B_{vx}}{\partial x}-\frac{1}{2}\frac{\partial B_{vv}}{\partial v}-B_{vx}\frac{\partial \psi}{\partial x}-B_{vv}\frac{\partial \psi}{\partial v}=0$$

即

$$\frac{\partial \psi}{\partial v}=-\frac{\gamma}{2q}v \tag{9.264}$$

积分，

$$\psi(x,v)=-\frac{\gamma}{4q}v^2+h(x) \tag{9.265}$$

$h(x)$为 x 的任意函数。式(9.258)的第一式表明

$$\frac{\partial}{\partial x}[\exp(2\psi)v]-\frac{\partial}{\partial v}[\exp(2\psi)f'(x)]=0$$

式(9.265)代入上式，有

$$h'(x)+\frac{\gamma}{2q}f'(x)=0$$

或

$$h(x)=-\frac{\gamma}{2q}f(x)+h_0 \tag{9.266}$$

任意常数 h_0 由归一化条件确定。从式(9.266)、式(9.265)知定态解为玻耳兹曼分布，

$$P_{st}(x,v)\propto \exp\left\{-\frac{\gamma}{2q}\left[\frac{1}{2}v^2+f(x)\right]\right\} \tag{9.267}$$

由于在计算中细致平衡条件式(9.258)成立，因此存在细致平衡。

为使 P_{st} 可归一化，应

$$\lim_{x\to\infty}f(x)=+\infty \tag{9.268}$$

若式(9.268)不成立，则式(9.258)不成立。

9.4.6 多变量奥恩斯坦过程

多变量奥恩斯坦过程由线性福克方程描述，

$$\frac{\partial}{\partial t}P(\{x\},t)=\gamma_{lj}\frac{\partial}{\partial x_j}(x_jP)+\frac{1}{2}D_{lj}\frac{\partial^2 P}{\partial x_l \partial x_j} \tag{9.269}$$

式中 γ_{lj}、$D_{lj}=D_{jl}$ 为正定的常矩阵。设初始条件为

$$P(\{x\},0)=\delta(\{x\}-\{x'\}) \tag{9.270}$$

关于其定态解，由于式(9.269)相当于在标准形式中的方程式(9.202)内取

$$A_l=-\gamma_{lj}x_j \qquad B_{lj}=D_{lj} \tag{9.271}$$

因此检验知它符合有势条件式(9.207)，存在定态解，

$$P_{st}(\{x\})=\exp[2\psi(\{x\})] \tag{9.272}$$

$\psi(\{x\})$依式(9.208)计算，

$$\psi(\{x\})=-\int_{\{0\}}^{\{x\}}D_{kl}^{-1}\gamma_{lj}x_j\mathrm{d}x_k+h_0 \tag{9.273}$$

任意常数 h_0 由归一化条件确定，积分后，

$$\psi(\{x\})=-\frac{1}{2}D_{kl}^{-1}\gamma_{lj}x_jx_k+h_0 \tag{9.274}$$

于是得到定态解，

$$P_{st}(\{x\})\propto\exp(-D_{kj}^{-1}\gamma_{lj}x_jx_k) \tag{9.275}$$

即为多变量的高斯分布。

在式(9.270)给定的初始条件下，可以推测几率分布函数在演变全过程中为高斯分布。命

$$P(\{x\},t)\propto\exp\left\{-\frac{1}{2}\sigma_{kl}^{-1}[x_l-x_l^{(0)}][x_k-x_k^{(0)}]\right\} \tag{9.276}$$

σ_{kl}、$x_l^{(0)}$ 均为 t 的函数，且

$$\sigma_{kl}=\sigma_{lk} \tag{9.277}$$

为正定的。作傅里叶变换，

$$F(\{k\},t)=\int\exp(-ik_lx_l)P(\{x\},t)\mathrm{d}^sx \tag{9.278}$$

式(9.276)代入式(9.278),有

$$F(\{k\},t) \propto \exp\left[-\frac{1}{2}\sigma_{lj}k_lk_j - ik_lx_l^{(0)}\right] \tag{9.279}$$

推证中利用了关系式

$$\int \exp\left(-\frac{1}{2}\sigma_{ml}^{-1}x_mx_l - ik_lx_l\right)\mathrm{d}^sx$$

$$= (2\pi)^{\frac{s}{2}}\sqrt{\det(\sigma_{ml})}\exp\left(-\frac{1}{2}\sigma_{jl}k_jk_l\right) \tag{9.280}$$

当 $k_l=0$ 时应用式(9.280),导出式(9.276)中的归一化常数,得

$$P(\{x\},t) = \frac{(2\pi)^{-\frac{s}{2}}}{\sqrt{\det(\sigma_{kl})}}\exp\left\{-\frac{1}{2}\sigma_{kl}^{-1}[x_l - x_l^{(0)}][x_k - x_k^{(0)}]\right\} \tag{9.281}$$

对应的,

$$F(\{k\},t) = \exp\left[-\frac{1}{2}\sigma_{jl}k_jk_l - ik_lx_l^{(0)}\right] \tag{9.282}$$

以 $\exp(-ik_lx_l)$ 乘式(9.269),并对 d^sx 积分,有

$$\frac{\partial F}{\partial t} = -\gamma_{lj}k_l\frac{\partial F}{\partial x_j} - \frac{1}{2}D_{lj}k_lk_jF \tag{9.283}$$

从初始条件式(9.270)给出

$$F(\{x\},t) = \exp(-ik_lx'_l) \tag{9.284}$$

及当 $t=0$ 时比较式(9.282),

$$\sigma_{jl}(0) = 0 \qquad x_l^{(0)}(0) = x'_l \tag{9.285}$$

比较式(9.283)、式(9.284)的 k_l 同项系数,

$$\dot{x}_l^{(0)} = -\gamma_{lj}x_j^{(0)} \tag{9.286}$$

$$\dot{\sigma}_{mj} = -\gamma_{ml}\sigma_{lj} - \gamma_{ml}\sigma_{lm} + D_{mj} \tag{9.287}$$

式(9.287)的定态解为

$$\lim_{t\to\infty}x_j^{(0)}(t) = 0$$

式(9.287)的定态解为

$$\lim_{t\to\infty}\sigma_{kl}^{-1}(t) = 2D_{kl}^{-1}\gamma_{lj}$$

计算式(9.286),一般先把矩阵 γ_{lj} 对角化;计算式(9.287),可将 σ_{lj} 写成 σ_I,而 $I=(1,1)$、$(1,2)$、…、(s,s),把 σ_I 作为一个列矢,

故式(9.277)改为

$$\dot{\sigma}_I = -\Gamma_{IJ}\sigma_J + D_J$$

式中

$$\Gamma_{IJ} = \Gamma_{(mj)(kl)} = \gamma_{mk}\delta_{jl} + \gamma_{jk}\delta_{ml}$$
$$D_I = D_{lj}$$

这样计算式(9.287)、式(9.286)的方法相似。

9.4.7 转移几率 $R(\boldsymbol{v}'\to\boldsymbol{v})$

今研究气体与表面的相互作用。设静止固体边界表面为平面,将其指向气体内部的法向为 x 轴正向,且固体内部为均匀的、各向同性的、热平衡的,各处温度、密度相同。若一个气体分子以速度$\boldsymbol{v}'$撞击表面,$\boldsymbol{v}'\cdot\hat{e}_x<0$($\hat{e}_x$ 为 x 轴的单位矢量),则该气体分子和固体原子进行一系列的相互作用。当 $P(\boldsymbol{r},\boldsymbol{v},t)$为气体的单粒子分布函数时,在无外场作用下,

$$\frac{\partial P}{\partial t} + \boldsymbol{v}\cdot\frac{\partial P}{\partial \boldsymbol{r}} = \left(\frac{\partial P}{\partial t}\right)_c \tag{9.288}$$

式中$\left(\frac{\partial P}{\partial t}\right)_c$ 表示气体分子与固体原子碰撞引发的分布函数的变化率,把其表示为

$$\left(\frac{\partial P}{\partial t}\right)_c = \frac{\partial}{\partial \boldsymbol{v}}\cdot\left(\boldsymbol{D}\cdot\frac{\partial P}{\partial \boldsymbol{v}} + \boldsymbol{F}\cdot\boldsymbol{v}P\right) \tag{9.289}$$

它仅是式(9.152)右端碰撞项的另一种形式。实际上,若在式(9.289)中置

$$\boldsymbol{A} = -\boldsymbol{F}\cdot\boldsymbol{v} + \frac{\partial}{\partial \boldsymbol{v}}\cdot\boldsymbol{D} \qquad \boldsymbol{B} = 2\boldsymbol{D} \tag{9.290}$$

并把$\boldsymbol{v}$记作$\{x\}$,则它与式(9.152)右端一致。令 $\boldsymbol{F}$、$\boldsymbol{D}$ 和 P 无关,此时表达式(9.289)可忽略气体分子之间的相互作用以及在固体内的大角度散射,同时认为气体分子的进入对固体内部的热平衡状态无影响。

在定态下,式(9.288)可改作

$$\boldsymbol{v}\cdot\frac{\partial P}{\partial \boldsymbol{r}} = \frac{\partial}{\partial \boldsymbol{v}}\cdot\left(\boldsymbol{D}\cdot\frac{\partial P}{\partial \boldsymbol{v}} + \boldsymbol{F}\cdot\boldsymbol{v}P\right) \tag{9.291}$$

边界条件为对于$\boldsymbol{v}\cdot\hat{e}_x<0$，

$$P(x,\boldsymbol{v})\big|_{x=0}=\delta(\boldsymbol{v}-\boldsymbol{v}') \tag{9.292}$$

这里$\boldsymbol{v}'\cdot\hat{e}_x<0$。于是依式(9.292)计算式(9.291)，根据转移几率$R(\boldsymbol{v}'\to\boldsymbol{v})$定义

$$|\boldsymbol{v}\cdot\hat{n}|n(\boldsymbol{v})=\int_{\boldsymbol{v}'\cdot\hat{n}<0}R(\boldsymbol{v}'\to\boldsymbol{v})|\boldsymbol{v}'\cdot\hat{n}|n(\boldsymbol{v}')\mathrm{d}\boldsymbol{v}' \tag{9.293}$$

式中$\boldsymbol{v}\cdot\hat{n}>0$、$n(\boldsymbol{v})$为分布函数、$\hat{n}$为表面内法向单位矢量；当$\boldsymbol{v}\cdot\hat{e}_x>0$时，

$$[P(x,\boldsymbol{v})]_{x=0}|\boldsymbol{v}\cdot\hat{e}_x|=\int_{\boldsymbol{v}'\cdot\hat{e}_x<0}[P(x,\boldsymbol{v}')]_{x=0}\cdot R(\boldsymbol{v}'\to\boldsymbol{v})|\boldsymbol{v}\cdot\hat{e}_x|\mathrm{d}\boldsymbol{v}'$$

于是从式(9.292)得，当$\boldsymbol{v}\cdot\hat{e}_x>0$、$\boldsymbol{v}'\cdot\hat{e}_x<0$时

$$R(\boldsymbol{v}'\to\boldsymbol{v})=\frac{|\boldsymbol{v}\cdot\hat{e}_x|}{|\boldsymbol{v}'\hat{e}_x|}P(x,\boldsymbol{v})\bigg|_{x=0} \tag{9.294}$$

因为已设定固体内部均匀，$\boldsymbol{D}$、$\boldsymbol{F}$与y、z无关，所以式(9.291)、式(9.292)可变成

$$v_x\frac{\partial P}{\partial x}=\frac{\partial}{\partial\boldsymbol{v}}\cdot\left(\boldsymbol{D}\cdot\frac{\partial P}{\partial\boldsymbol{v}}+\boldsymbol{F}\cdot\boldsymbol{v}P\right) \tag{9.295}$$

对于$v_x<0$、$v_x'<0$，

$$P(0,\boldsymbol{v})=\delta(\boldsymbol{v}-\boldsymbol{v}') \tag{9.296}$$

讨论模型：

$$\begin{cases}D_{lj}=0\quad(l\neq j) & D_{xx}=\dfrac{2\theta}{l_n}|v_x|\\[2ex] D_{yy}=D_{zz}=\dfrac{2\theta}{l_t}|v_x| & E_{lj}=\dfrac{1}{\theta}D_{lj}\end{cases} \tag{9.297}$$

其中常数θ、l_n、$l_t>0$，θ为固体温度。从式(9.290)计算速度空间中的漂移矢量、扩散张量分别为

$$\mathbf{A}=\left(\frac{2\theta}{l_n}\frac{|v_x|}{v_x}-\frac{2}{l_n}|v_x|v_x,-\frac{2}{l_t}|v_x|v_y,-\frac{2}{l_t}|v_x|v_z\right)$$

$$
\boldsymbol{B} = \begin{bmatrix} \dfrac{4\theta}{l_n}|v_x| & 0 & 0 \\ 0 & \dfrac{4\theta}{l_t}|v_x| & 0 \\ 0 & 0 & \dfrac{4\theta}{l_t}|v_x| \end{bmatrix}
$$

可见，在式(9.296)下对一切 $v_x \geqslant 0$，当 $x=0$ 时 $P=0$，所以 $x<0$ 仍保持这个性质，可以只考虑 $v_x<0$ 的情况。

假定气体分子只能进入厚度为 d 的表面层，在 $x=-d$ 处被镜反射折回，通过表面 $x=0$ 返回气体中。对于模型式(9.297)、$v_x>0$ 和 $v_x<0$ 是对称的，表明在 $x=-d$ 处被镜反射该假定可以换成下述模拟方式，即由于分子经过 $x=-d$ 平面后仍然向固体深处行进到 $x=-2d$ 处，其轨迹同被 $x=-d$ 平面镜反射后的轨道是对称的，因此计算的是 $x=-2d$ 处的几率分布，

$$
P(-2d, \boldsymbol{v}) \qquad (v_x < 0)
$$

对此模型，式(9.295)可变为

$$
v_x \frac{\partial P}{\partial x} = \frac{2\theta}{l_n}\frac{\partial}{\partial v_x}\left(|v_x|\frac{\partial P}{\partial v_x} + \frac{|v_x| v_x}{\theta}P\right) + \frac{2\theta}{l_t}|v_x| \cdot
$$

$$
\left[\frac{\partial^2 P}{\partial v_y^2} + \frac{\partial}{\partial v_y}\left(\frac{v_y}{\theta}P\right) + \frac{\partial^2 P}{\partial v_z^2} + \frac{\partial}{\partial v_z}\left(\frac{v_z}{\theta}P\right)\right] \quad (9.298)
$$

为计算该定解，取

$$
\begin{cases} v_1 = v_y & v_3 = |v_x| \cos\varphi \\ v_2 = v_z & v_4 = |v_x| \sin\varphi \end{cases} \quad (9.299)
$$

$$
\begin{cases} v'_1 = v'_y & v'_3 = |v'_x| \\ v'_2 = v'_z & v'_4 = 0 \end{cases} \quad (9.300)
$$

式(9.299)中的 φ 为计算引入的角变量，$\varphi \in [-\pi, \pi]$。又取

$$
P(x, \boldsymbol{v}) = |v'_x| \int_{-\pi}^{\pi} Q(x, v_1, v_2, v_3, v_4) \mathrm{d}\varphi \quad (9.301)
$$

当 Q 符合边界条件

$$
Q(0, v_1, v_2, v_3, v_4) = \prod_{l=1}^{4} \delta(v_l - v'_l) \quad (9.302)
$$

时知 $P(x,\boldsymbol{v})$ 也满足式(9.292)。对于 $v_x<0,v'_x<0$,

$$v_x \frac{\partial P}{\partial x}=-|v_x v'_x|\int_{-\pi}^{\pi}\frac{\partial Q}{\partial x}\mathrm{d}\varphi \tag{9.303}$$

$$\frac{\partial}{\partial v_x}\left(\frac{|v_x|v_x P}{Q}\right)=|v_x v'_x|\int_{-\pi}^{\pi}\left[\frac{\partial}{\partial v_3}\left(\frac{v_3 Q}{\theta}\right)+\frac{\partial}{\partial v_4}\left(\frac{v_4 Q}{\theta}\right)\right]\mathrm{d}\varphi \tag{9.304}$$

$$|v_x|\left[\frac{\partial^2 P}{\partial v_y^2}+\frac{\partial}{\partial v_y}\left(\frac{v_y P}{\theta}\right)\right]=|v_x v'_x|\int_{-\pi}^{\pi}\left[\frac{\partial^2 Q}{\partial v_1^2}+\frac{\partial}{\partial v_1}\left(\frac{v_1 Q}{\theta}\right)\right]\mathrm{d}\varphi \tag{9.305}$$

$$|v_x|\left[\frac{\partial^2 P}{\partial v_z^2}+\frac{\partial}{\partial v_z}\left(\frac{v_z P}{\theta}\right)\right]=|v_x v'_x|\int_{-\pi}^{\pi}\left[\frac{\partial^2 Q}{\partial v_2^2}+\frac{\partial}{\partial v_2}\left(\frac{v_2 Q}{\theta}\right)\right]\mathrm{d}\varphi \tag{9.306}$$

注意到 Q 是关于 φ 的以 2π 为周期的函数,有

$$\int_{-\pi}^{\pi}\frac{\partial^2 Q}{\partial \varphi^2}\mathrm{d}\varphi=0$$

即

$$\begin{aligned}&\int_{-\pi}^{\pi}\left(v_3\frac{\partial Q}{\partial v_3}+v_4\frac{\partial Q}{\partial v_4}+2v_3 v_4\frac{\partial^2 Q}{\partial v_3\partial v_4}\right)\mathrm{d}\varphi\\ =&\int_{-\pi}^{\pi}\left(v_3^2\frac{\partial^2 Q}{\partial v_4^2}+v_4^2\frac{\partial^2 Q}{\partial v_3^2}\right)\mathrm{d}\varphi\end{aligned}$$

据此可以证明

$$\frac{\partial}{\partial v_x}\left(|v_x|\frac{\partial P}{\partial v_x}\right)=|v_x v'_x|\int_{-\pi}^{\pi}\left(\frac{\partial^2 Q}{\partial v_3^2}+\frac{\partial^2 Q}{\partial v_4^2}\right)\mathrm{d}\varphi \tag{9.307}$$

从式(9.303)~式(9.307)得到,若 Q 满足

$$\begin{aligned}-\frac{\partial Q}{\partial x}=&\frac{2\theta}{l_t}\left[\frac{\partial^2 Q}{\partial v_1^2}+\frac{\partial}{\partial v_1}\left(\frac{v_1 Q}{\theta}\right)+\frac{\partial^2 Q}{\partial v_2^2}+\frac{\partial}{\partial v_2}\left(\frac{v_2 Q}{\theta}\right)\right]\\ &+\frac{2\theta}{l_n}\left[\frac{\partial^2 Q}{\partial v_3^2}+\frac{\partial}{\partial v_3}\left(\frac{v_3 Q}{\theta}\right)+\frac{\partial^2 Q}{\partial v_4^2}+\frac{\partial}{\partial v_4}\left(\frac{v_4 Q}{\theta}\right)\right]\end{aligned} \tag{9.308}$$

则 P 满足式(9.298)。记

$$l_1=l_2=l_t$$
$$l_2=l_4=l_n$$

于是式(9.308)又可表为

$$-\frac{\partial Q}{\partial x}=\sum_{k=1}^{4}\frac{2\theta}{l_k}\left[\frac{\partial^2 Q}{\partial v_k^2}+\frac{\partial}{\partial v_k}\left(\frac{v_k Q}{\theta}\right)\right] \tag{9.309}$$

这是四维线性福克方程，$-x$ 相当于时间变量 t。对于式(9.302)形式的初始条件，进一步推出

$$Q=\prod_{k=1}^{4}\frac{1}{\sqrt{2\pi\theta\left[1-\exp\left(-\frac{2|x|}{l_k}\right)\right]}}\cdot$$

$$\exp\left\{-\frac{\left[v_k-v'_k\exp\left(-\frac{|x|}{l_k}\right)\right]^2}{2\theta\left[1-\exp\left(-\frac{2|x|}{l_k}\right)\right]}\right\} \tag{9.310}$$

把式(9.310)代入式(9.301)，再代入式(9.294)，利用对称性取 $x=-2d$ 时的值，有

$$R(\boldsymbol{v}'\to\boldsymbol{v})=\frac{v_x}{2\pi\theta^2\alpha_n\alpha_t(2-\alpha_t)}\exp\left\{-\frac{[\boldsymbol{v}_t-(1-\alpha_t)\boldsymbol{v}'_t]^2}{2\theta\alpha_t(2-\alpha_t)}\right.$$

$$\left.-\frac{v_x^2+(1-\alpha_n)v_x'^2}{2\theta\alpha_n}\right\}I_0\left(\frac{v_x v'_x\sqrt{1-\alpha_n}}{\theta\alpha_n}\right) \tag{9.311}$$

其中$\boldsymbol{v}_t=(v_y,v_x)$为垂直于 x 轴的平面上的矢量，而

$$\begin{cases}a_n=1-\exp\left(-\frac{4d}{l_n}\right)\\ a_t=1-\exp\left(-\frac{2d}{l_t}\right)\end{cases} \tag{9.312}$$

分别称之为法向动能调节系数、切向动量调节系数。函数

$$I_0(z)=\frac{1}{2\pi}\int_0^{2\pi}\exp(z\cos\varphi)\mathrm{d}\varphi \tag{9.313}$$

为第一类零阶变型贝塞尔函数。易见，当 $\alpha_t\to 0$ 时式(9.311)关于$\boldsymbol{v}_t$的因子成为δ 函数，有$\boldsymbol{v}_t=\boldsymbol{v}'_t$；当 $\alpha_t\to 1$ 时式(9.311)关于$\boldsymbol{v}_t$的因子成为与$\boldsymbol{v}'_t$无关的麦克斯韦分布。当 $\alpha_n\to 1$ 时式(9.311)关于 v_x 的因子成为与 v'_x无关的麦克斯韦分布；当 $\alpha_n\to 0$ 时利用 $I_0(x)$在$|z|\to\infty$下的渐近展开，

$$I_0(z)\sim\frac{\exp z}{\sqrt{2\pi z}}\quad(\text{正实数 } z\to\infty) \tag{9.314}$$

依此，式(9.311)关于 v_x 的因子为 δ 函数，故从式(9.312)知 $d\to\infty$相当于完全重反射；$d\to 0$ 相当于镜反射的边界条件。进一步得到

$$I_0(z)\simeq\frac{1}{2\pi}\int_0^{2\pi}\exp\left(z-\frac{1}{2}z\varphi^2\right)\mathrm{d}\varphi=\frac{\exp z}{2\pi}\int_0^{2\pi}\exp\left(-\frac{1}{2}z\varphi^2\right)\mathrm{d}\varphi$$

积分上限变为∞就是式(9.314)。

9.5 杨-巴克斯特方程

9.5.1 q 运算

q 运算可用于处理杨-巴克斯特方程。

设 q 为非单位根的非零复数，对 $n\in Z$

$$q^n\neq 1\quad(\text{或 }0)\tag{9.315}$$

定义

$$[m]=\frac{q^m-q^{-m}}{q-q^{-1}}\qquad\lim_{q\to 1}[m]=m\tag{9.316}$$

$$\begin{cases}[-m]=-[m]\\ [0]=0\\ [1]=1\end{cases}$$

由于式(9.315)，因此当 $m\neq 0$ 时

$$[m]\neq 0\tag{9.317}$$

$[m]$对 $q\to q^{-1}$变换保持不变。一般取 m 为整数，得

$$[m]=\sum_{n=0}^{m-1}q^{m-2n-1}\quad(m\in N)\tag{9.318}$$

定义阶乘，

$$\begin{cases}[m]!=[m][m-1]\cdots[1]\\ [0]!=1\qquad\qquad(m\in N)\\ [-m]!\to\infty\end{cases}\tag{9.319}$$

检验知，对 l、m、$n\in Z$，有

$$q^{-n}[m]+q^m[n]=[m+n]\tag{9.320}$$

$$[m][n]=[m+l][n-l]+[m-n+l][l]\tag{9.321}$$

据此,得到

$$[m][n]=\frac{1}{n+1}\sum_{j=0}^{n}\{[m+j][n-j]+[m-n+j][j]\}$$

$$=\frac{1}{n+1}\sum_{j=0}^{n-1}([m+j]+[m-j])[n-j] \tag{9.322}$$

及

$$q^{n}[n]-q^{m}[m]=q^{n+m}[n-m] \tag{9.323}$$

定义组合数,

$$\begin{bmatrix}n\\m\end{bmatrix}=\frac{[n]!}{[m]![n-m]!}=\begin{bmatrix}n\\n-m\end{bmatrix} \tag{9.324}$$

$$\begin{bmatrix}n\\m\end{bmatrix}=\begin{cases}0 & (n<m\text{ 或 }m<0)\\1 & (n=m\text{ 或 }m=0)\end{cases} \tag{9.325}$$

q 组合数对 $q\to q^{-1}$ 变换保持不变。依式(9.321)

$$\begin{bmatrix}n\\m\end{bmatrix}=q^{\pm m}\begin{bmatrix}n-1\\m\end{bmatrix}+q^{\mp(n-m)}\begin{bmatrix}n-1\\m-1\end{bmatrix} \tag{9.326}$$

推广之,可有

$$\begin{bmatrix}n+m+1\\m+1\end{bmatrix}=q^{\mp n(m+1)}\sum_{r=0}^{n}q^{\mp r(m+2)}\begin{bmatrix}m+r\\m\end{bmatrix} \tag{9.327}$$

对于复数 z 和正整数 n,

$$\begin{cases}(1-z)^{n}=\sum_{m=0}^{n}(-1)^{m}\begin{pmatrix}n\\m\end{pmatrix}z^{m}\\(1-z)^{-n}=\sum_{m=0}^{\infty}\begin{pmatrix}n+m-1\\m\end{pmatrix}z^{m}\end{cases} \tag{9.328}$$

在 q 运算中有恒等式

$$\prod_{r=0}^{n-1}(1-zq^{2r})=\sum_{m=0}^{n}(-1)^{m}\begin{bmatrix}n\\m\end{bmatrix}z^{m}q^{m(n-1)} \tag{9.329}$$

$$\prod_{r=0}^{n-1}(1-zq^{2r})^{-1}=\sum_{m=0}^{\infty}\begin{bmatrix}n+m-1\\m\end{bmatrix}z^{m}q^{m(n-1)} \tag{9.330}$$

证明:利用归纳法。当 $n=1$ 时式(9.330)、式(9.329)成立。设两

式对 n 成立。

由式(9.326)，得

$$\sum_{m=0}^{n+1}(-1)^m\begin{bmatrix}n+1\\m\end{bmatrix}z^m q^{mn}$$

$$=\sum_{m=0}^{n+1}(-1)^m z^m q^{mn}\left\{q^{-m}\begin{bmatrix}n\\m\end{bmatrix}+q^{n-m+1}\begin{bmatrix}n\\m-1\end{bmatrix}\right\} \tag{9.331}$$

其中第一项在 $m=n+1$ 时为零、第二项在 $m=0$ 时为零，对第二项作求和指标变换 $m=m'+1$，对 m' 从 0 到 n 计和，于是式(9.331)变为

$$\sum_{m=0}^{n}\left\{(-1)^m z^m z^{m(n-1)}\begin{bmatrix}n\\m\end{bmatrix}+(-1)^{m+1}z^{m+1}q^{(m+1)n-n-m}\begin{bmatrix}n\\m\end{bmatrix}\right\}$$

$$=\sum_{m=0}^{n}(-1)^m z^m q^{m(n-1)}\begin{bmatrix}n\\m\end{bmatrix}(1-zq^{2n})=\prod_{r=0}^{n}(1-zq^{2r})$$

即为式(9.329)；对式(9.330)，取

$$(1-zq^{2n})\sum_{m=0}^{\infty}\begin{bmatrix}(n+1)+m-1\\m\end{bmatrix}z^m q^{m(n+1-1)}$$

$$=\sum_{m=0}^{\infty}\left\{q^{-m}\begin{bmatrix}n+m-1\\m\end{bmatrix}+q^{n}\begin{bmatrix}n+m-1\\m-1\end{bmatrix}\right\}z^m q^{mn}$$

$$-\sum_{m=0}^{\infty}\begin{bmatrix}n+m\\m\end{bmatrix}z^{m+1}q^{(m+2)n}$$

前一个求和的第二项在 $m=0$ 时为零，作求和指标变换后恰与第二求和式相抵消。前一个求和式的第一项正为式(9.330)的左边，至此式(9.330)证毕。

利用二项式定理，可以得到若干恒等式，

$$\prod_{a=0}^{u+v-1}(1-zq^{2a})=\prod_{m=0}^{v-1}(1-zq^{2m})\prod_{n=0}^{u-1}(1-zq^{2v}q^{2n})$$

$$=\left\{\sum_{b=0}^{v}(-1)^b\begin{bmatrix}v\\b\end{bmatrix}z^b q^{b(v-1)}\right\}\left\{\sum_{p=0}^{u}(-1)^p\begin{bmatrix}u\\p\end{bmatrix}(zq^{2v})^p q^{p(u-1)}\right\}$$

变换 $b\to b+p=r$，有

$$\sum_{r=0}^{u+v}\sum_{p=0}^{r}(-1)^r z^r q^{r(v-1)+p(u+v)}\begin{bmatrix}v\\r-p\end{bmatrix}\begin{bmatrix}u\\p\end{bmatrix}$$

$$=\prod_{a=0}^{u+v-1}(1-zq^{2a})=\sum_{r=0}^{u+v}(-1)^r z^r q^{r(u+v-1)}\begin{bmatrix}u+v\\r\end{bmatrix}$$

比较 z^r 的系数，

$$\begin{bmatrix}u+v\\r\end{bmatrix}=\sum_p q^{\pm\{p(u+v)-ru\}}\begin{bmatrix}u\\p\end{bmatrix}\begin{bmatrix}v\\r-p\end{bmatrix} \tag{9.332}$$

对 p 的求和范围是使后面的量不为零的 p 取值范围，即

$$p=\max\begin{Bmatrix}0\\r-v\end{Bmatrix},\cdots,\min\begin{Bmatrix}u\\r\end{Bmatrix}$$

展开式(9.332)，

$$\sum_p q^{\pm\{p(u+v)-ru\}}\{[p]![u-p]![r-p]![v-r+p]!\}^{-1}$$

$$=\{[u+v]![u]![v]![r]![u+v-r]!\}^{-1} \tag{9.333}$$

从式(9.329)、式(9.330)，得

$$\prod_{a=0}^{t-u-1}(1-zq^{2a})^{-1}=\prod_{m=0}^{t-1}(1-zq^{2m})^{-1}\prod_{n=t-u}^{t-1}(1-zq^{2n})$$

$$=\sum_{b=0}^{\infty}\begin{bmatrix}t+b-1\\b\end{bmatrix}z^b q^{b(t-1)}\sum_{p=0}^{u}(-1)^p\begin{bmatrix}u\\p\end{bmatrix}(z^p q^{2(t-u)})^p q^{p(u-t)}$$

变换 $b\to b+p=r$，有

$$\sum_{r=0}^{\infty}z^r q^{p(t-u-1)}\sum_{p=1}^{r}(-1)^p\begin{bmatrix}t+r-p-1\\r-p\end{bmatrix}\begin{bmatrix}u\\p\end{bmatrix}q^{(t-u)+ru}$$

$$=\sum_{a=0}^{t-u-1}(1-zq^{2a})^{-1}=\sum_{r=0}^{\infty}z^r q^{r(t-u-1)}\begin{bmatrix}t+r-u-1\\r\end{bmatrix}$$

比较 z^r 的系数且命 $v=t+r-1$，

$$\begin{bmatrix}v-u\\r\end{bmatrix}=\sum_p(-1)^p q^{\pm\{p(v-u-r+1)+ru\}}\begin{bmatrix}u\\p\end{bmatrix}\begin{bmatrix}v-p\\r-p\end{bmatrix} \tag{9.334}$$

展开之，

$$\sum_{p}(-1)^{p}\frac{[v-p]!}{[p]![u-p]![r-p]!}q^{\pm\{p(v-u-r+1)+ru\}}$$

$$=\frac{[v-u]![v-r]!}{[u]![r]![v-u-r]!} \tag{9.335}$$

也从式(9.330)知

$$\sum_{a=0}^{u+v-1}(1-zq^{2a})^{-1}=\prod_{m=0}^{v-1}(1-zq^{2m})^{-1}\prod_{n=0}^{u-1}(1-zq^{2v}q^{2n})^{-1}$$

$$=\sum_{b=0}^{\infty}\begin{bmatrix}v+b-1\\ b\end{bmatrix}z^{b}q^{b(v-1)}\sum_{p=0}^{\infty}\begin{bmatrix}u+p-1\\ p\end{bmatrix}z^{p}q^{2vp+p(u-1)}$$

变换 $b\rightarrow b+p=r$,有

$$\sum_{r=0}^{\infty}z^{r}q^{r(u+v-1)}\sum_{p=1}^{r}\begin{bmatrix}u+p-1\\ p\end{bmatrix}\begin{bmatrix}u+r-p-1\\ r-p\end{bmatrix}q^{p(u+v)-ru}$$

$$=\prod_{a=1}^{u+v-1}(1-zq^{2a})^{-1}=\sum_{r=0}^{\infty}z^{r}q^{r(u+v-1)}\begin{bmatrix}u+v+r-1\\ r\end{bmatrix}$$

比较 z^r 的系数,

$$\begin{bmatrix}u+v+r-1\\ r\end{bmatrix}=\sum_{p}q^{\pm\{p(u+v)-ru\}}\begin{bmatrix}u+p-1\\ p\end{bmatrix}\begin{bmatrix}v+r-p-1\\ r-p\end{bmatrix} \tag{9.336}$$

$$\sum_{p}\frac{[u+p-1]![v+r-p-1]!}{[p]![r-p]!}q^{\pm\{p(u+v)-ru\}}$$

$$=\frac{[u+v+r-1]![u-1]![v-1]!}{[r]![u+v-1]!} \tag{9.337}$$

记单位根的 q 为 q_0,设

$$q_0^{p}=\lambda=\begin{cases}1(\text{或}-1) & (p\text{ 为奇数})\\ -1 & (p\text{ 为偶数})\end{cases} \tag{9.338}$$

其中 $p>1$,使

$$\begin{cases}\lim\limits_{q\to q_0}[np]=0\\ \lim\limits_{q\to q_0}[\alpha]\neq 0\end{cases}\quad(0<\alpha<p) \tag{9.339}$$

当 $q=q_0$ 时的$[n]$记作$[n]_0$,今以英语字母表示非负整数,以希腊字母表示小于 p 的非负整数。

依式(9.339)、式(9.316)知，

$$[np+\alpha]_0=\lambda^n[\alpha]_0 \quad [np-\alpha]_0=-\lambda^n[\alpha]_0 \tag{9.340}$$

从而

$$\begin{bmatrix} p-1 \\ \alpha \end{bmatrix}_0=(-\lambda)^\alpha \tag{9.341}$$

式中下标 0 表示 q 取 q_0，分解因式，

$$\frac{[np]}{[p]}=\frac{q^{np}-q^{-np}}{q^p-q^{-p}}=q^{(n-1)p}+q^{(n-2)p}+\cdots+q^{-(n-1)p} \tag{9.342}$$

由式(9.338)，

$$\begin{cases} \lim\limits_{q\to q_0}\dfrac{[np]}{[p]}=n\lambda^{n-1} \\ \lim\limits_{q\to q_0}\dfrac{[np]}{[up]}=\dfrac{n}{u}\lambda^{n-u} \end{cases} \tag{9.343}$$

可以证明，

$$\lim_{q\to q_0}\begin{bmatrix} np+\alpha \\ np+\beta \end{bmatrix}=\begin{cases} \lambda^{\alpha u+\beta n+pu(n-1)}\dbinom{n}{u}\begin{bmatrix} \alpha \\ \beta \end{bmatrix}_0 & (\alpha\geqslant\beta) \\ 0 & (\alpha<\beta) \end{cases} \tag{9.344}$$

$$\lim_{q\to q_0}\left\{\frac{1}{[p]}\begin{bmatrix} np+\alpha \\ np+\beta \end{bmatrix}\right\}$$

$$=(-1)^{\beta-\alpha-1}\binom{n}{u}(n-u)\left\{\begin{bmatrix} \beta-1 \\ \alpha \end{bmatrix}_0[\beta]_0\right\}^{-1}\lambda^{\alpha u+\beta n+pu(n-1)-1} \quad (\alpha<\beta) \tag{9.345}$$

事实上，当 $\alpha\geqslant\beta$ 时

$$\lim_{q\to q_0}\begin{bmatrix} np+\alpha \\ np+\beta \end{bmatrix}=\lim_{q\to q_0}\frac{\prod\limits_{l=1}^{n}[np+l]\prod\limits_{j=1}^{p-\alpha+\beta-1}[(n-u+1)p-j]}{[p-1]!\prod\limits_{r=1}^{\beta}[up+r]}\cdot$$

$$\frac{\prod\limits_{k=1}^{n}[(n-k+1)p]\prod\limits_{l=1}^{u-1}\prod\limits_{r=1}^{p-1}[(n-u+l)p+r]}{\prod\limits_{s=1}^{u}[sp]\prod\limits_{l=1}^{u-1}\prod\limits_{r=1}^{p-1}[tp+r]}$$

$$= \lambda^{(n-u)\beta}\lambda^{(n-u)(p-\alpha+\beta-1)}\lambda^{n(\alpha-\beta)} \lim_{q\to q_0} \frac{[\alpha][\alpha-1]\cdots[\beta+1]}{[\alpha-\beta]!} \cdot$$

$$\left(\prod_{k-1}^{n} \frac{n-k+1}{k}\right)\lambda^{(n-u)u}\lambda^{(n-u)(p-1)(u-1)} = \lambda^{(n-u)\{(up-\alpha)+u(\alpha-\beta)\}}\binom{n}{u}\begin{bmatrix}\alpha\\ \beta\end{bmatrix}_0$$

注意到$\lambda^2=1$,式(9.344)第一式证毕。当$\alpha<\beta$时分子$[rp]$的因子比分母多一个,有式(9.344)第二式。当$\alpha<\beta$时分子除掉一个因子后,给出

$$\lim_{q\to q_0}\left\{\frac{1}{[p]}\begin{bmatrix}np+\alpha\\ np+\beta\end{bmatrix}\right\}$$

$$= \lim_{q\to q_0} \frac{\prod_{l=1}^{n}[np+l]\prod_{j=1}^{\beta-\alpha-1}[(n-u)p-j]\prod_{k=0}^{n}[(n-k)p]}{\prod_{r=1}^{\beta}[u_p+r]\prod_{s=1}^{u}[sp][p]} \cdot$$

$$\frac{\prod_{l=1}^{u}\prod_{r=1}^{p-1}[(n-l)p+r]}{\prod_{t=0}^{u-1}\prod_{\tau=1}^{p-1}[tp+\tau]}$$

$$= \lambda^{(n-u)\alpha}(-\lambda^{n-lu})^{\beta-\alpha-1}\lambda^{-u} \lim_{q\to q_0}\frac{[\beta-\alpha-1]!}{[\beta][\beta-1]\cdots[\alpha+1]} \cdot$$

$$(n-u)\left(\prod_{k=1}^{u}\frac{n-k+1}{k}\right)\lambda^{(n-u)u}\lambda^{n-u-1}\lambda^{(n-u)u(p-1)}$$

$$= (-1)^{\beta-\alpha-1}\lambda^{\alpha u+\beta n+pu(n-1)-1}\binom{n}{u}(n-u)\left\{\begin{bmatrix}\beta-1\\ \alpha\end{bmatrix}_0[\beta]_0\right\}^{-1}$$

式(9.345)证毕。

关于对q求导运算,“$'$”表示对q求导,有

$$[np+\alpha]' = \left(\frac{q^{np+\alpha}-q^{-np-\alpha}}{q-q^{-1}}\right)'$$

$$= \frac{1}{q^2-1}\{(np+\alpha)(q^{np+\alpha}+q^{-np-\alpha}-[np+\alpha][2])\}$$

但是,对$1\leqslant\alpha\leqslant p-1$,

$$\lim_{q\to q_0}\frac{q^{p-\alpha}+q^{-p+\alpha}}{q^{p-\alpha}-q^{-p+\alpha}} = -\lim_{q\to q_0}\frac{q^{\alpha}+q^{-\alpha}}{q^{\alpha}-q^{-\alpha}} \qquad (9.346)$$

给出

$$\lim_{q\to q_0}\frac{[np\pm\alpha]'}{[up\pm\alpha]}=\lim_{q\to q_0}\frac{\mathrm{d}}{\mathrm{d}q}\ln[np\pm\alpha]$$

$$=\frac{1}{q^2-1}\left\{\frac{(\pm np+\alpha)[2\alpha]_0}{[\alpha]_0^2}-[2]_0\right\}\quad(\alpha\neq 0)\tag{9.347}$$

$$\lim_{q\to q_0}[np]'=\frac{2pn}{q_0^2-1}\lambda^n\tag{9.348}$$

计算得到

$$\lim_{q\to q_0}\sum_{\nu=1}^{\beta}\left(\frac{[np\pm\nu]'}{[np\pm\nu]}-\frac{[up+\nu]'}{[up+\nu]}\right)=\frac{(\pm n-u)p}{q_0^2-1}\sum_{\nu=1}^{\beta}\frac{[2\nu]_0}{[\nu]_0^2}\tag{9.349}$$

$\beta=p-1$ 时式(9.349)为零。式(9.341)对 q 求导，$q=q_j$ 为零，推出

$$\lim_{q\to q_0}\left(\frac{[np]}{[p]}\right)'=0\tag{9.350}$$

$$\lim_{q\to q_0}\left(\frac{[np]}{[up]}\right)'=0\tag{9.351}$$

同理，

$$\lim_{q\to q_0}\frac{\mathrm{d}}{\mathrm{d}q}\ln\begin{bmatrix}np-1\\up+\beta\end{bmatrix}=\lim_{q\to q_0}\sum_{\nu=1}^{\beta}\left(\frac{[(n-u)p-\nu]'}{[(n-u)p-\nu]}-\frac{[up+\nu]'}{[up+\nu]}\right)$$

$$=-\frac{np}{q_0^2-1}\sum_{\nu=1}^{\beta}\frac{[2\nu]_0}{[\nu]_0^2}\tag{9.352}$$

当 $\alpha\geqslant\beta$ 时，

$$\lim_{q\to q_0}\frac{\mathrm{d}}{\mathrm{d}q}\ln\begin{bmatrix}np+\alpha\\up+\beta\end{bmatrix}$$

$$=\lim_{q\to q_0}\left\{\sum_{\nu=1}^{\alpha}\frac{[np+\nu]'}{[np+\nu]}+\sum_{\nu=1}^{p-\alpha-\beta-1}\frac{[(n-u+1)p-\nu]'}{[(n-u+1)p-\nu]}\right.$$

$$\left.-\sum_{\nu=1}^{\beta}\frac{[up+\nu]'}{[up+\nu]}-\sum_{\nu=1}^{p-1}\frac{[\nu]'}{[\nu]}\right\}$$

$$=\frac{1}{q_0^2-1}\left\{\sum_{\nu=\alpha-\beta+1}^{\alpha}\frac{(np-up+\nu)[2\nu]_0}{[\nu]_0^2}+up\sum_{\nu=\beta+1}^{\alpha}\frac{[2\nu]_0}{[\nu]_0^2}-\sum_{\nu=1}^{\beta}\frac{\nu[2\nu]_0}{[\nu]_0^2}\right\}$$

当 $\alpha<\beta$ 时，

$$\lim_{q\to q_0}\frac{\mathrm{d}}{\mathrm{d}q}\ln\left\{\frac{1}{[p]}\begin{bmatrix}np+\alpha\\up+\beta\end{bmatrix}\right\}$$

$$=\lim_{q\to q_0}\left\{\sum_{\nu=1}^{n}\frac{[np+\nu]'}{[np+\nu]}+\sum_{\nu=1}^{\beta-\alpha-1}\frac{[(n-u)p-\nu]'}{[(n-u)p-\nu]}-\sum_{\nu=1}^{\beta}\frac{[up+\nu]'}{[up+\nu]}\right\}$$

$$=\frac{1}{q_0^2-1}\left\{\sum_{\nu=\beta-\alpha}^{\beta}\frac{(np-up-\nu)[2\nu]_0}{[\nu]_0^2}\right.$$

$$\left.-np\sum_{\nu=\alpha+1}^{\beta}\frac{[2\nu]_0}{[\nu]_0^2}+\sum_{\nu=1}^{\alpha}\frac{\nu[2\nu]_0}{[\nu]_0^2}+[2]_0\right\}$$

(9.353)

9.5.2 六顶角统计模型

二维类冰格点模型属于六顶角统计模型。

该模型横向 n 个格、纵向 m 个格，并具有周期性边界条件，即横向第 0 列与第 n 列重合，纵向第 0 行与第 m 行重合，形成环面。格点上放置氧离子，每个氧离子和周围 4 个氢离子由共价键联系，2 个氢离子较近、2 个氢离子较远，构成一定的组态，如图 9.13 所示。在图上以有向键将相邻的氧离子(格点)联系起来，箭头指向氢离子较近的一侧。每个格点共有六种可能的组态，分别对应能量从 ε_1 到 ε_6。为方便取 $\varepsilon_1=\varepsilon_2=\varepsilon_3=\varepsilon_4=\varepsilon_5=\varepsilon_6$，称之为零场模型。向右或向上的箭头用 1 表示，向左或向下的箭头用 -1 表示。每个格点的状态用四个符号表示：上、下方向用 Λ、Λ'，左、右方向用 $\mathscr{E}$、$\mathscr{E}'$，且有

$$\Lambda+\mathscr{E}=\Lambda'+\mathscr{E}' \tag{9.354}$$

如图 9.14 所示。系统的配分函数 Z 为

$$Z=\sum_{\langle\rangle}\exp\left(-\beta\sum_{l}\varepsilon_l\right)=\sum_{\{\Lambda,\mathscr{E}\}}\prod_{l}\mathscr{L}_{\Lambda\Lambda'}(\mathscr{E},\mathscr{E}') \tag{9.355}$$

这里 $\langle\rangle$ 表示组态，$\beta=\dfrac{1}{kT}$。

$\mathscr{L}_{\Lambda\Lambda'}(\mathscr{E},\mathscr{E}')=\exp(-\beta\varepsilon)$ 为每个格点对配分函数的贡献。$\mathscr{E}$ 称为二维辅助空间 $\mathscr{V}$、Λ 称为二维空间 $\mathscr{H}$、$\mathscr{L}$ 为 $\mathscr{V}\times\mathscr{H}$ 空间中的 4×4

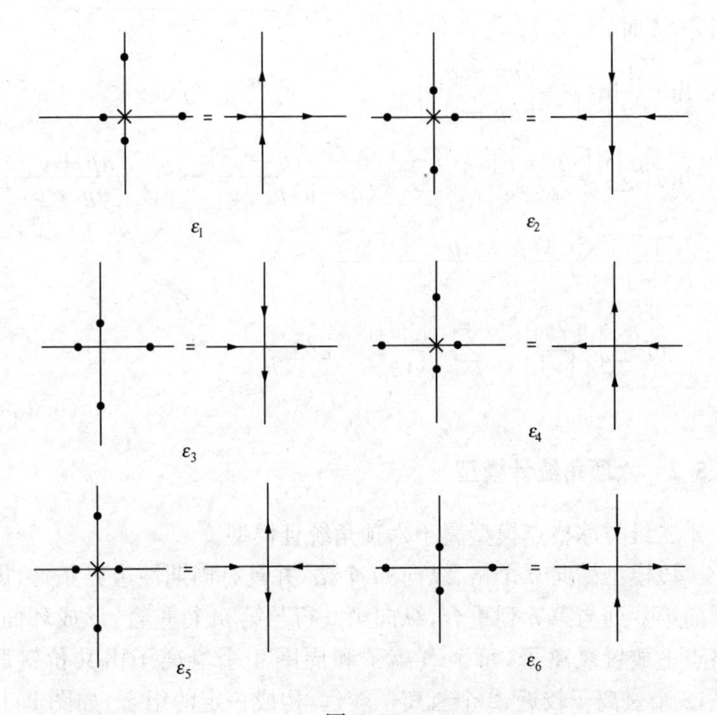

图 9.13

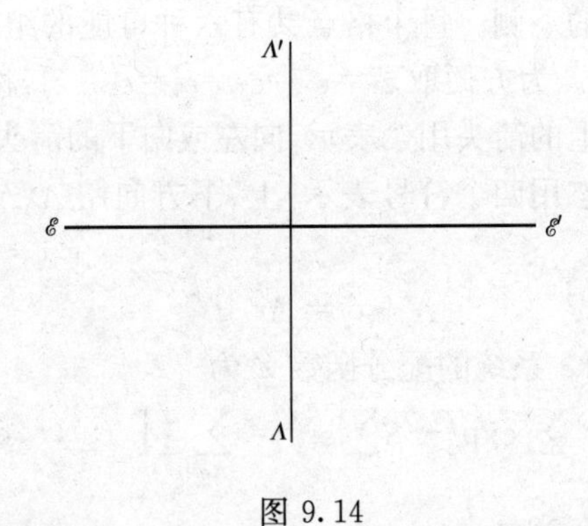

图 9.14

矩阵。

对所有可能的组态求和，就是对每个格点，这些 Λ、$\mathscr{E}$ 满足式

(9.354)。对组态求和也可分行进行,如图 9.15 所示第 j 行的组态。固定全部参数 Λ_l^j、Λ_l^{j+1},对所有 $\mathscr{E}_l$ 求和,得到转移矩阵 $\mathscr{A}_{d^j}$,

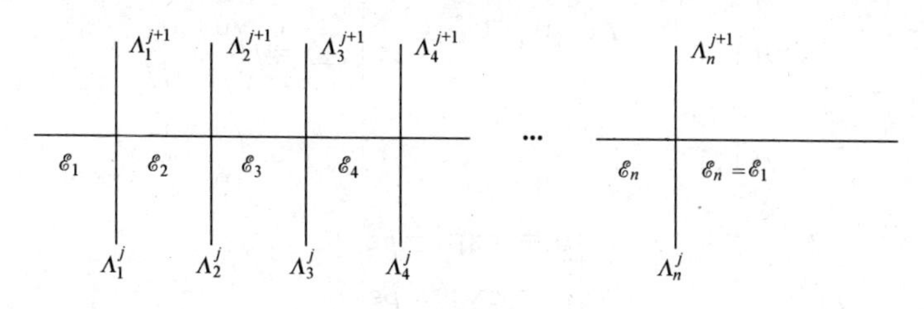

图 9.15

它是 n 个矩阵 $\mathscr{L}$ 的直积,定义在 $\mathscr{H}^{\times n}$ 空间中,维数是 2^n,

$$\mathscr{A}_{d^j} = \sum_{\mathscr{E}_1} \cdots \sum_{\mathscr{E}_n} \prod_{l=1}^{n} \mathscr{L}_{d_l^j}(\mathscr{E}_l, \mathscr{E}_{l+1}) = \mathrm{tr}(\mathscr{L}_{d_i^j} \cdots \mathscr{L}_{d_l^j}) \tag{9.356}$$

式中 $d^j = \{\Lambda^j\}\{\Lambda^{j+1}\}$、$d_l^j = \{\Lambda_l^j\}\{\Lambda_l^{j+1}\}$;$\{\Lambda^j\} = \{\Lambda_1^j, \Lambda_2^j, \cdots, \Lambda_n^j\}$;tr 为在辅助空间 $\mathscr{V}$ 求迹。

据此,配分函数 Z 为

$$Z = \sum_{\{\Lambda'\}} \cdots \sum_{\{\Lambda^n\}} \mathscr{A}_{d^1} \mathscr{A}_{d^2} \cdots \mathscr{A}_{d^n} = \mathrm{sp}(\mathscr{A}^m) \tag{9.357}$$

其中 $\mathscr{A}^m$ 为 m 个 $\mathscr{A}$ 矩阵的积,sp 为在空间 $\mathscr{H}^{\times n}$ 求迹。

依配分函数可计算系统的热力学函数。设自由能 F 为

$$F = -\frac{1}{\beta} \lim_{n,m\to\infty} \frac{1}{nm} \ln Z$$

若 $\mathscr{A}$ 可对角化,本征值为 λ_1、λ_2、…,最大本征值为 λ_0,则

$$\begin{aligned} F &= -\frac{1}{\beta} \lim_{n,m\to\infty} \frac{1}{nm} \ln\left\{\lambda_1^m \left[1 + \left(\frac{\lambda_2}{\lambda_1}\right)^m + \cdots\right]\right\} \\ &\approx -\frac{1}{\beta} \lim_{n\to\infty} \frac{1}{n} \ln\lambda_1 \end{aligned} \tag{9.358}$$

于是该模型需要计算 $\mathscr{A}$ 的最大本征值。式(9.356)简化为

$$\mathscr{A} = \mathrm{tr}\mathscr{F} \tag{9.359}$$

$$\mathscr{F} = \mathscr{L}_1 \mathscr{L}_2 \cdots \mathscr{L}_n$$

$\mathscr{L}_l$ 为 $\mathscr{V} \times \mathscr{H}_l$ 空间的 4×4 矩阵,$\mathscr{H}_l$ 为 $\mathscr{H}^{\times n}$ 空间中第 l 个子空间。式(9.359)的乘积对于辅助空间为通常的矩阵乘积,对于 $\mathscr{H}^{\times n}$ 空

间为矩阵直积。固定 $\mathscr{E}$、$\mathscr{E}'$，依图 9.13 以及 $\varepsilon_1=\varepsilon_2$、$\varepsilon_3=\varepsilon_4$、$\varepsilon_5=\varepsilon_6$ 知

$$\mathscr{L}(1,1)=\begin{pmatrix}a&0\\0&b\end{pmatrix}\qquad \mathscr{L}(1,\bar{1})=\begin{pmatrix}0&0\\c&0\end{pmatrix}$$

$$\mathscr{L}(\bar{1},1)=\begin{pmatrix}0&c\\0&0\end{pmatrix}\qquad \mathscr{L}(\bar{1},\bar{1})=\begin{pmatrix}b&0\\0&a\end{pmatrix}$$

$$\begin{cases}a=\exp(-\beta\varepsilon_1)\\ b=\exp(-\beta\varepsilon_3)\\ c=\exp(-\beta\varepsilon_5)\end{cases}$$

而$\bar{1}=-1$。把 $\mathscr{L}$ 表示成 4×4 矩阵，

$$\mathscr{L}=\begin{pmatrix}a&0&0&0\\0&b&c&0\\0&c&b&0\\0&0&0&a\end{pmatrix}=\begin{pmatrix}\frac{a+b}{2}+\frac{a-b}{2}\sigma_z & c\sigma_-\\ c\sigma_+ & \frac{a+b}{2}-\frac{a-b}{2}\sigma_z\end{pmatrix}\tag{9.360}$$

σ 为 $\mathscr{H}$ 空间的泡利矩阵。

$\mathscr{F}$ 为参数 a、b、c 的矩阵函数，$\mathscr{F}'$ 为参数 a'、b'、c' 的矩阵函数。如果存在 $\mathscr{V}\times\mathscr{V}'$ 空间的矩阵 R，使

$$R(\mathscr{L}_l\times\mathscr{L}'_l)=(\mathscr{L}'_l\times\mathscr{L}_l)R\tag{9.361}$$

式中 $\mathscr{L}_l$、$\mathscr{L}_l$ 关于 $\mathscr{H}_l$ 空间作普通的乘积，那么

$$\begin{aligned}R(\mathscr{F}\times\mathscr{F}')&=R[(\mathscr{L}_1+\mathscr{L}'_1)(\mathscr{L}_2\times\mathscr{L}'_2)\cdots(\mathscr{L}_n\times\mathscr{L}'_n)]\\&=[(\mathscr{L}'_1\times\mathscr{L}_1)(\mathscr{L}'_2\times\mathscr{L}_2)\cdots(\mathscr{L}'_n\times\mathscr{L}_n)]R=(\mathscr{L}'\times\mathscr{L})R\end{aligned}\tag{9.362}$$

取迹，

$$[\mathscr{A},\mathscr{A}']=0\tag{9.363}$$

$\mathscr{A}$，$\mathscr{A}'$ 的差别仅为参数取值不同。称式(9.361)为杨－巴克斯特关系。选

$$R=\begin{pmatrix}a''&0&0&0\\0&c''&b''&0\\0&b''&c''&0\\0&0&0&a''\end{pmatrix}\tag{9.364}$$

将式(9.361)表达出来可有参数的3个独立条件，

$$
\begin{bmatrix}
a''aa' & 0 & 0 & 0 & 0 & 0 & 0 & 0 \\
0 & a''bb' & a''bc' & 0 & a''ca' & 0 & 0 & 0 \\
0 & b''cb'+c''ac' & b''cc'+c''ab' & 0 & b''ba' & 0 & 0 & 0 \\
0 & 0 & 0 & c''ba' & 0 & b''ab'+c''cc' & b''ac'+c''cb' & 0 \\
0 & c''cb'+b''ac' & c''cc'+b''ab' & 0 & c''ba' & 0 & 0 & 0 \\
0 & 0 & 0 & b''ba' & 0 & c''ab'+b''cc' & c''ac'+b''cb' & 0 \\
0 & 0 & 0 & a''ca' & 0 & a''bc' & a''bb' & 0 \\
0 & 0 & 0 & 0 & 0 & 0 & 0 & a''aa'
\end{bmatrix}
$$

$$
=\begin{bmatrix}
a'aa'' & 0 & 0 & 0 & 0 & 0 & 0 & 0 \\
0 & b'ba'' & b'cc''+c'ab'' & 0 & b'cb''+c'ac'' & 0 & 0 & 0 \\
0 & a'ca'' & a'bc'' & 0 & a'bb'' & 0 & 0 & 0 \\
0 & 0 & 0 & b'ac''+c'cb'' & 0 & b'ab''+c'cc'' & c'ba'' & 0 \\
0 & c'ba'' & c'cc''+b'ab'' & 0 & c'cb''+b'acb'' & 0 & 0 & 0 \\
0 & 0 & 0 & a'bb'' & 0 & a'bc'' & a'ca'' & 0 \\
0 & 0 & 0 & b'cb''+c'ac'' & 0 & c'ab''+b'cc'' & b'ba'' & 0 \\
0 & 0 & 0 & 0 & 0 & 0 & 0 & a'aa''
\end{bmatrix}
$$

$$
\begin{cases}
a''b\,c' = b''a\,c' + c''c\,b' \\
a''c\,a' = b''c\,b' + c''a\,c' \\
c''b\,a' = b''c\,c' + c''a\,b'
\end{cases}
\tag{9.365}
$$

式(9.365)为关于 a''、b''、c'' 的线性齐次方程；方程存在非零解的条件是其系数行列式为零，

$$
\frac{a^2+b^2-c^2}{2ab} = \frac{a'^2+b'^2-c'^2}{2a'b'} = \cos\eta \tag{9.366}
$$

它的关系如图9.16所示。取

$$
\begin{cases}
a = r\sin(u+\eta) \\
b = r\sin u \\
c = r\sin\eta
\end{cases}
\qquad
\begin{cases}
a' = r'\sin(v+\eta) \\
b' = r'\sin v \\
c' = r'\sin\eta
\end{cases}
\tag{9.367}
$$

式(9.365)对(a',b',c')与(a'',b'',c'')交换保持不变，给出

$$
\begin{cases}
a'' = \sin(u-v+\eta) \\
b'' = \sin(u-v) \\
c'' = \sin\eta
\end{cases}
\tag{9.368}
$$

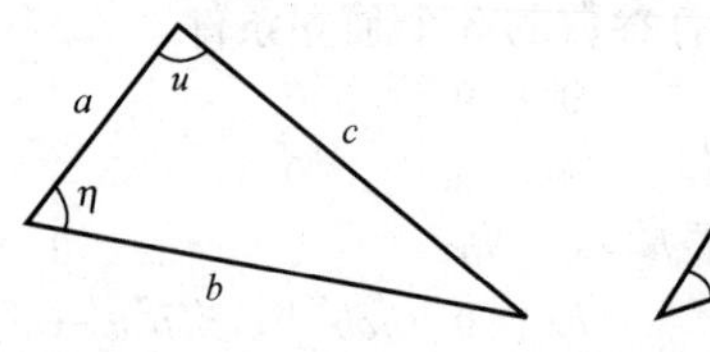

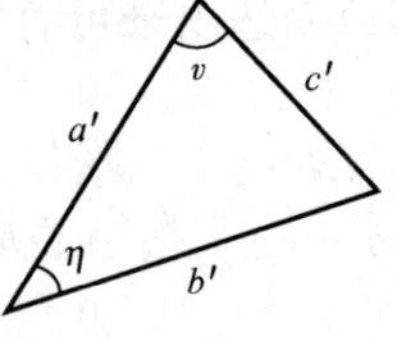

图 9.16

命

$$\mathscr{F}(u)=\begin{pmatrix}A(u) & B(u)\\ C(u) & D(u)\end{pmatrix}\qquad \mathscr{F}'(u)=\begin{pmatrix}A(v) & B(v)\\ C(v) & D(v)\end{pmatrix}\tag{9.369}$$

η 为公用参数,视作常数;令

$$\begin{aligned}\xi(u-v)&=\frac{\sin(u-v)}{\sin(u-v+\eta)}\\ \eta(u-v)&=\frac{\sin\eta}{\sin(u-v+\eta)}\end{aligned}\tag{9.370}$$

取状态 $|0\rangle$ 满足

$$\sigma_{+}(j)\mid 0\rangle=0\tag{9.371}$$

计算知

$$\begin{aligned}&D(u)\mid 0\rangle=r^{n}\sin^{n}(u)\mid 0\rangle\\ &C(u)\mid 0\rangle=0\\ &B(u)\mid 0\rangle\neq 0\\ &A(u)\mid 0\rangle=r^{n}\sin^{n}(u+\eta)\mid 0\rangle\end{aligned}\tag{9.372}$$

另设 $\mathscr{A}$ 的本征态为 $\prod\limits_{l}B(v_j)\mid 0\rangle$,有

$$\begin{aligned}&[A(u)+D(u)]\prod_{j}B(v_j)\mid 0\rangle\\ &=\rho^{n}\Big[\sin^{n}(u+\eta)\prod_{l}\xi(v_j-u)^{-1}+\sin^{n}(u)\prod_{j}\xi(u-v_j)^{-1}\Big]\cdot\\ &\quad\prod_{j}B(v_j)\mid 0\rangle-\rho^{n}\sum_{j}\Big\{\frac{\eta(v_j-u)}{\xi(v_j-u)}[\sin^{n}(v_j+\eta)\prod_{j}\xi(v_j-v_l)^{-1}\\ &\quad-\sin^{n}(v_l)\prod_{j}\xi(v_l-v_j)^{-1}]B(u)\prod_{j}B(v_j)\mid 0\rangle\Big\}\quad(j\neq l)\end{aligned}\tag{9.373}$$

取 v_l 使

$$\frac{\sin^n v_l}{\sin^n(v_l+\eta)} = \prod_j \frac{\xi(v_l-v_j)}{\xi(v_j-v_l)}$$

$$= \prod_j (-1)^{j-1} \frac{\sin(v_j-v_l+\eta)}{\sin(v_l-v_j+\eta)} \tag{9.374}$$

这里 j、$l=1,2,\cdots,n'$ 且 $j\neq l$；n' 为向下自旋态数量。$\prod_j B(v_j)\mid 0\rangle$ 为 $\mathscr{A}=A(u)+D(u)$ 的本征矢量，本征值为

$$\lambda = r^n\sin^n(u+\eta)\prod_j \xi(v_j-u)^{-1} + r^n\sin^n(u)\prod_j \xi(u-v_j)^{-1} \tag{9.375}$$

参数 r、u、η 符合式(9.367)。尽管该方程组求解困难，但是对热力学极限，即当 n、m、$n'\to\infty$ 时可给出最大本征值 λ_1。

杨-巴克斯特方程为三个空间的直积空间 $\mathscr{V}_1\times\mathscr{V}_2\times\mathscr{V}_3$ 中的矩阵方程，

$$R^{\mathscr{V}_1\mathscr{V}_2}(u,\eta)R^{\mathscr{V}_1\mathscr{V}_3}(u+v,\eta)R^{\mathscr{V}_2\mathscr{V}_3}(v,\eta)$$

$$=R^{\mathscr{V}_2\mathscr{V}_3}(v,\eta)R^{\mathscr{V}_1\mathscr{V}_3}(u+v,\eta)R^{\mathscr{V}_1\mathscr{V}_2}(u,\eta) \tag{9.376}$$

R 矩阵仅作用于两个直积空间，对第三个空间的作用相当于恒等变换。杨-巴克斯特方程包括两类参数：一类为量子参数 η，所有 R 的量子参数都取相同的值，另一类为谱参数 u，各个 R 的谱参数取值不同，却可建立一定的关系。量子参数，谱参数的物理意义与研究的物理问题有关。杨振宁得到解——杨解，

$$R(u,J)=\frac{u-iJQ}{u+iJ}$$

$$=\frac{1}{u+iJ}\begin{pmatrix} u-iJ & 0 & 0 & 0 \\ 0 & u & -iJ & 0 \\ 0 & -iJ & u & 0 \\ 0 & 0 & 0 & u-iJ \end{pmatrix} \tag{9.377}$$

J 为耦合常数(量子参数)，Q 为两个空间的对换算子，

$$Q: \mathscr{V}_1\times\mathscr{V}_2\to\mathscr{V}_2\times\mathscr{V}_1$$

$$Q: a\times b\to b\times a$$

在二维类冰格点模型中，量子参数、谱参数均和格点能量有关，

$$\begin{cases}\exp(-\beta\varepsilon_1)=r\sin(u+\eta)\\ \exp(-\beta\varepsilon_3)=r\sin u\\ \exp(-\beta\varepsilon_5)=r\sin\eta\end{cases}\tag{9.378}$$

得到

$$R(u,\eta)=r\begin{pmatrix}\sin(u+\eta) & 0 & 0 & 0\\ 0 & \sin u & \sin\eta & 0\\ 0 & \sin\eta & \sin u & 0\\ 0 & 0 & 0 & \sin(u+\eta)\end{pmatrix}\tag{9.379}$$

式(9.369)称为巴克斯特解。因为杨－巴克斯特方程为齐次方程，R 可乘任意因子，所以式(9.379)、式(9.378)前的系数可舍弃。当杨－巴克斯特方程涉及的三个空间 $\mathscr{V}_1$、$\mathscr{V}_2$、$\mathscr{V}_3$ 相同时式(9.376)变为

$$R^{12}(u,\eta)R^{13}(u+v,\eta)R^{23}(v,\eta)=R^{23}(v,\eta)R^{13}(u+v,\eta)R^{12}(u,\eta)\tag{9.380}$$

若量子参数、谱参数以指数表示

$$\begin{cases}x=\exp u\\ y=\exp v\\ q=\exp\eta\end{cases}$$

则式(9.376)表达成

$$R^{12}(x,q)R^{13}(xy,q)R^{23}(y,q)=R^{23}(y,q)R^{13}(xy,q)R^{12}(x,q)\tag{9.381}$$

9.5.3 巴克斯特解

杨－巴克斯特方程为高度非线性方程。当 $\mathscr{V}_1=\mathscr{V}_2=\mathscr{V}_3$ 时将杨－巴克斯特方程解 $R(u,\eta)$ 在量子参数 $\eta\sim0$ 附近展开，

$$R^{lj}(u,\eta)=a\{1+b[r_{lj}(u)+c1]\eta+d_{lj}\eta^2+\cdots\}\tag{9.382}$$

其中 r_{lj}、d_{lj} 为取决于谱参数 u 的矩阵，c 为取决于 u 的常数；归一化常数 a 可依赖于 u、η，b 为和 u、η 无关的常数。把它们代入式

(9.380)，方程两边 η 的零次、一次项相等，比较 η 二次方项，得到

$$
\begin{aligned}
&[r_{12}(u), r_{13}(u+v)] + [r_{12}(u), r_{23}(v)] \\
&\quad + [r_{13}(u+v), r_{23}(v)] = 0
\end{aligned}
\tag{9.383}
$$

式(9.382)称为经典杨 - 巴克斯特方程。显然经典杨 - 巴克斯特方程更易于求解，并可得到有理解和三角解。本节将表明巴克斯特解——式(9.379)属于三角解。

命杨 - 巴克斯特方程解中的谱参数取统一值，即

$$
u = u + v = v \tag{9.384}
$$

方程的一个解为

$$
u = v = 0 \tag{9.385}
$$

当 $u=0$ 时式(9.379)与对换算子 Q 成比例，据此得到 $\widetilde{R}_q$ 为常数矩阵，得不到有意义的辫子群表示。式(9.384)的另一组解为

$$
u = v \to \infty \tag{9.386}
$$

巴克斯特解式(9.379)由六顶角统计模型给出，具有较高的物理对称性。今移去式(9.379)中的因子 $r\sin(u+\eta)$，使之满足么正条件，

$$
R(u,\eta) = \begin{pmatrix} 1 & 0 & 0 & 0 \\ 0 & \dfrac{\sin u}{\sin(u+\eta)} & \dfrac{\sin\eta}{\sin(u+\eta)} & 0 \\ 0 & \dfrac{\sin\eta}{\sin(u+\eta)} & \dfrac{\sin u}{\sin(u+\eta)} & 0 \\ 0 & 0 & 0 & 1 \end{pmatrix}
$$

$$
\begin{aligned}
&\widetilde{R}(u,\eta)\widetilde{R}'(-u,\eta) = 1 \\
&\widetilde{R}'(u,\eta) = QR(u,\eta)
\end{aligned}
\tag{9.387}
$$

作变换，

$$
R''_{\alpha\beta\gamma\eta}(u,\eta) = \exp\left[\frac{i(\alpha-\beta-\gamma+\lambda)u}{4}\right] R'_{\alpha\beta\gamma\lambda}(u,\eta)
$$

$$R'(u,\eta)=\begin{pmatrix}1 & 0 & 0 & 0\\ 0 & \dfrac{\sin u}{\sin(u+\eta)} & \dfrac{\sin\eta\exp(-iu)}{\sin(u+\eta)} & 0\\ 0 & \dfrac{\sin\eta\exp(-iu)}{\sin(u+\eta)} & \dfrac{\sin u}{\sin(u+\eta)} & 0\\ 0 & 0 & 0 & 1\end{pmatrix} \tag{9.388}$$

不难验证,变换后的解满足式(9.380)及么正条件式(9.387)。省略撇号,置

$$x=\exp(-2iu)$$
$$q=\exp(-i\eta)$$

推出

$$R(x,q)=\begin{pmatrix}1 & 0 & 0 & 0\\ 0 & \dfrac{(1-x)q}{1-xq^2} & \dfrac{1-q^2}{1-xq^2} & 0\\ 0 & \dfrac{x(1-q^2)}{1-xq^2} & \dfrac{(1-x)q}{1-xq^2} & 0\\ 0 & 0 & 0 & 1\end{pmatrix} \tag{9.389}$$

取极限,

$$\widetilde{R}_q=QR(0,q)=\begin{pmatrix}1 & 0 & 0 & 0\\ 0 & 0 & q & 0\\ 0 & q & 1-q^2 & 0\\ 0 & 0 & 0 & 1\end{pmatrix} \tag{9.390}$$

$$\widetilde{R}_q^{-1}=\lim_{x\to\infty}QR(x,q)=\begin{pmatrix}1 & 0 & 0 & 0\\ 0 & 1-q^{-2} & q^{-1} & 0\\ 0 & q^{-1} & 0 & 0\\ 0 & 0 & 0 & 1\end{pmatrix} \tag{9.391}$$

式(9.389)在 $q\sim1(\eta\sim0)$ 附近展开,有,

$$R(x,q)=1-(q-1)\left[r(x)-\frac{1+x}{2(1-x)}\right]+\cdots \tag{9.392}$$

$$
r(x)=\frac{1}{2(1-x)}\begin{pmatrix}1-x & 0 & 0 & 0\\ 0 & -1-x & 4 & 0\\ 0 & 4x & -1-x & 0\\ 0 & 0 & 0 & 1+x\end{pmatrix}
$$

式(9.392)就是李代数直积空间中的三角解。

9.6 无穷粒子系统的平稳分布

对于 Schlögl 模型,设状态空间为

$$
E=\{0,1,2,\cdots\}^{Z^d}\quad(d\geqslant 1)
$$

Z^d 表示 d 维空间中具有整点坐标的点集,E 是不可数且既非局部紧也非 δ-紧。算子

$$
\begin{aligned}
\Omega f(x)=&\sum_{n\in Z^d}(\lambda_1 x^2(u)+b)[f(x+e_u)-f(x)]\\
&+\sum_{n\in Z^d}\lambda_2 x^3(u)[f(x-e_u)-f(x)]\\
&+\sum_{u}\lambda_3 x(u)\sum_{v}P(u,v)[f(x-e_u+e_v)-f(x)]
\end{aligned}
$$

这里 λ_1、λ_2、λ_3、b 为正实数。$(P(u,v):u,v\in Z^d)$ 为转移几率矩阵,算子 Ω 不可逆。

Schlögl 模型在数学上建立了一个无穷粒子系统模型,下面进一步讨论粒子系统的平稳分布问题。

9.6.1 弱收敛性

定理 9.1 若 μ、$\mu_n(n\geqslant 1)$ 为由集合 E、拓扑生成的 σ-代数 $\mathscr{E}$ 构成的距离可测空间 $(E,\mathscr{E})$ 上的几率测度,则下列论断等价:

(1)取 $C_b(E)$ 为 E 上有界连续函数的集合,对 $f\in C_b(E)$

$$
\lim_{n\to\infty}\int f\mathrm{d}\mu_n=\int f\mathrm{d}\mu
$$

(2)取 $U_\rho(E)$ 为 E 上有界一致连续函数的集合、ρ 为任意拓扑等价距离,对 $f\in U_\rho(E)$

$$
\lim_{n\to\infty}\int f\mathrm{d}\mu_n=\int f\mathrm{d}\mu
$$

(3)对于 E 中的闭集 C，

$$\overline{\lim_{n\to\infty}}\mu_n(C)\leqslant\mu(C)$$

(4)对于 E 中的开集 G，

$$\underline{\lim_{n\to\infty}}\mu_n(G)\geqslant\mu(G)$$

(5)对于 $B\in\mathscr{E}$、$\mu(\partial B)=0$

$$\lim_{n\to\infty}\mu_n(B)=\mu(B)$$

定理 9.2 以 $\mathscr{F}(E)$表示完备可分距离空间$(E,\mathscr{E})$上几率测度的集合;为使 $\mathscr{U}\subset\mathscr{F}(E)$是相对紧的,即在弱收敛拓扑下的闭包为紧集,其充要条件为对 $\varepsilon>0$,存在紧集 $K_\varepsilon\subset E$,得到

$$\inf_{\mu\in M}\mu(K_\varepsilon)\geqslant 1-\varepsilon$$

这里 $M=\mathscr{U}$,弱收敛拓扑是由开集

$$\left\{\boldsymbol{P}\,\middle|\,\boldsymbol{P}\in\mathscr{F}(E):\left|\int f\mathrm{d}\boldsymbol{P}-\int f\mathrm{d}\boldsymbol{Q}\right|<\varepsilon\right\}$$

生成的拓扑,其中 $\varepsilon>0$、$\boldsymbol{Q}\in\mathscr{F}(E)$、$f\in C_b(E)$。

定义 9.1 称 $h\in\mathscr{E}_+$ 为紧函数,如果对每个 $d\in[0,+\infty)$,$\{x\in E|h(x)\leqslant d\}$为紧集。

定理 9.3 为使 $\mathscr{U}\subset\mathscr{F}(E)$相对紧,充要条件是存在紧函数 h,有

$$\sup_{\mu\in M}\int h\mathrm{d}\mu\leqslant C<\infty$$

证明:充分性。对每个 $\varepsilon>0$,只要取

$$K_\varepsilon=\left\{x\in E\,\middle|\,h(x)\leqslant\frac{C}{\varepsilon}\right\}$$

于是

$$\sup_{\mu\in M}\mu(K_\varepsilon^c)=\sup_{\mu\in M}\mu\left\{x\,\middle|\,h(x)>\frac{C}{\varepsilon}\right\}\leqslant\sup_{\mu\in M}\frac{\varepsilon}{C}\int h\mathrm{d}\mu\leqslant\varepsilon$$

必要性。对每个 $n\geqslant1$,取紧集 K_{1/n^3} 使

$$\sup_{\mu\in M}\mu(K_{1/n^3}^c)\leqslant\frac{1}{n^3}$$

记

$$h(x)=\inf\{n\geqslant1\mid x\in K_{1/n^3}\}$$

表明

$$\{x \in E \mid h(x) \leqslant d\} = \{x \in E \mid h(x) \leqslant [d]\} = \bigcup_{n=1}^{[d]} K_{1/n^3}$$

为紧集，而

$$\sup_{\mu \in M} \int h \mathrm{d}\mu = \sup_{\mu \in M} \sum_{n=1}^{\infty} \int_{[n \leqslant h < n+1]} h \mathrm{d}\mu \leqslant \sup_{\mu \in M} \sum_{n=1}^{\infty} (n+1)\mu[h > n]$$

$$\leqslant \sup_{\mu \in M} \sum_{n=1}^{\infty} (n+1)\mu(K_{1/n^3}^c) \leqslant \sup_{\mu \in M} \sum_{n=1}^{\infty} \frac{n+1}{n^3} < \infty$$

定理 9.4 μ_n 弱收敛于 μ 的充要条件是对每个下半连续 $f \in \mathscr{E}_+$，有

$$\varliminf_{n \to \infty} \int f \mathrm{d}\mu_n \geqslant \int f \mathrm{d}\mu$$

证明:若 B 为开集，则 $I_B \in \mathscr{E}_+$ 为下半连续。表明条件是必要的。

若对有界的 f 已真，则依 $f \wedge N \in \mathscr{E}_+$（$\mathscr{E}_+$ 表示实值可测）为下半连续及

$$\varliminf_{n \to \infty} \mu_n(f) \geqslant \varliminf_{n \to \infty} \mu_n(f \wedge N) \geqslant \mu(f \wedge N)$$

和单调收敛定理给出

$$\varliminf_{n \to \infty} \mu_n(f) \geqslant \mu(f)$$

而

$$\mu(f) = \int f \mathrm{d}\mu$$

故可将问题归结为 f 是有界的情况。以 $\frac{f}{N}$ 替代 f，不妨命 $0 \leqslant f \leqslant 1$。最后，置

$$A_{mk} = \left[f > \frac{k}{m}\right] \quad (k = 0, 1, \cdots, n-1; m \geqslant 1)$$

$$f_m = \frac{1}{m} \sum_{k=0}^{m-1} I_{A_{mk}}$$

知 f_m 为下半连续，而且对每个 x，有最大 k_0 使

$$x \in A_{mk} \quad (0 \leqslant k \leqslant k_0)$$

$$x \notin A_{mk} \quad (k_0+1<k\leqslant m-1)$$

得到

$$|f(x)-f_m(x)|=\left|f(x)-\frac{1}{m}\sum_{k=0}^{k_0} I_{A_{mk}}(x)\right|$$
$$=\left|f(x)-\frac{k_0}{m}\right|\leqslant\frac{1}{m}$$

推出

$$\varliminf_{n\to\infty}\mu_n(f)\geqslant\varliminf_{n\to\infty}\mu_n(f_m)-\frac{1}{m}\geqslant\frac{1}{m}\sum_{k=0}^{m-1}\varliminf_{n\to\infty}\mu_n(A_{mk})-\frac{1}{m}$$
$$\geqslant\frac{1}{m}\sum_{k=0}^{m-1}\mu(A_{mk})-\frac{1}{m}=\mu(f_m)-\frac{1}{m}\geqslant\mu(f)-\frac{2}{m}$$

当 $m\to\infty$ 时,

$$\varliminf_{n\to\infty}\mu_n(f)\geqslant\mu(f)$$

今考虑乘积空间。设 S 为任意可数集,$\mathscr{F}_f$ 为 S 的有限子集的集合。对每个 $\Lambda\subset S$,置乘积空间

$$E^{\Lambda}=\prod_{u\in\Lambda}E_u \quad \mathscr{E}^{\Lambda}=\prod_{u\in\Lambda}\mathscr{E}_u$$

任给 $\boldsymbol{P}\in\mathscr{F}(E^S)$,定义有限维分布

$$\boldsymbol{p}_{\Lambda}(\bigtimes_{u\in\Lambda}\boldsymbol{B})=\boldsymbol{P}[x\in E^S:x\in\boldsymbol{B},u\in\Lambda]$$

式中 $\boldsymbol{B}\in\mathscr{E}_u$、$u\in\Lambda\in\mathscr{F}_f$,表明 $\{p_{\Lambda}|\Lambda\in\mathscr{F}_f\}$ 是相容的。反之,由扩张定理,对于任给的相容族 $\{p_{\Lambda}|\Lambda\in\mathscr{F}_f\}$,它唯一确定 $\boldsymbol{P}\in\mathscr{F}(E^S)$,于是 $\boldsymbol{P}=\{p_{\Lambda}|\Lambda\in\mathscr{F}_f\}$ 总有明确含义;另一方面可视 $\{x_u|u\in S\}$ 为取值于 $(E,\mathscr{E})$、以 $u\in S$ 为参数的随机过程(坐标过程),对此称 $\boldsymbol{P}\in\mathscr{F}(E^S)$ 为随机场。

在 $(E^{\Lambda},\mathscr{E}^{\Lambda})$ 上定义距离,

$$\rho_{\Lambda}(\bar{x},\bar{y})=\sum_{u\in\Lambda}\rho_u(x_u,y_u) \quad (\bar{x},\bar{y}\in E^{\Lambda})$$

在 $\mathscr{F}(E^S)$ 上定义有限维分布弱收敛拓扑,

$$p_{\Lambda}^n\xrightarrow{\omega}q_{\Lambda} \quad (\Lambda\in\mathscr{F}_f)$$

这里 $\boldsymbol{P}_n=(p_{\Lambda}^n:\Lambda\in\mathscr{F}_f)$、$\boldsymbol{Q}=(q_{\Lambda}:\Lambda\in\mathscr{F}_f)$,该拓扑即由下述开集

$$\left\{\boldsymbol{P}\left|\left|\int_{E^{\Lambda}}\varphi(\bar{x})p_{\Lambda}(\mathrm{d}\bar{x})-\int_{E^{\Lambda}}\varphi(\bar{x})q_{\Lambda}(\mathrm{d}\bar{x})\right|<\varepsilon\right.\right\}$$

生成的，而 $Q\in\mathscr{F}(E^{S})$、$\varepsilon>0$、$\Lambda\in\mathscr{F}$、$\varphi\in C_{b}(E^{\Lambda})$。这样 $\mathscr{F}(E^{S})$上的拓扑均指该拓扑。

定理 9.5 集 $\mathscr{U}\in\mathscr{F}(E^{S})$相对紧的充要条件是：存在紧函数族$\{h_{u}|u\in S\}$、常数族$\{C_{u}|u\in S\}$，使

$$\int_{E}h_{u}(z)p_{\{u\}}(\mathrm{d}z)\leqslant C_{u}\quad(u\in S)$$

对于每个 $\boldsymbol{P}=\{p_{\Lambda}|\Lambda\in\mathscr{F}_{f}\}$成立。

证明：先考虑 $\mathscr{U}$ 为相对紧的当且仅当对每个 $\Lambda\in\mathscr{F}_{f}$，测度族 p_{Λ}

$$\boldsymbol{P}=\{p_{\Lambda}\mid\Lambda\in\mathscr{F}_{f}\}\in\mathscr{U}$$

依距离 ρ_{Λ} 是 E^{Λ} 上的相对紧集，必要性显然。关于充分性，可取 $\boldsymbol{P}^{n}=\{p_{\Lambda}^{n}|\Lambda\in\mathscr{F}_{f}\}$，使$\{p_{\Lambda}^{n}\}_{n=1}^{\infty}$对每个 $\Lambda\in\mathscr{F}$ 弱收敛于 $\bar{p}_{\Lambda}$。$\{\bar{p}_{\Lambda}|\Lambda\in\mathscr{F}_{f}\}$是相容的，故 $\boldsymbol{P}_{0}=\{\bar{p}_{\Lambda}|\Lambda\in\mathscr{F}\}\in\mathscr{F}(E^{S})$且 $\boldsymbol{P}^{n}$依有限维分布弱收敛于$\boldsymbol{P}_{0}$。

其次，应用上述的结果于 $\Lambda=\{u\}$，表明条件是必要的。另外，如 h_{u} 为紧函数($u\in S$)，则对 $\Lambda_{0}\in\mathscr{F}_{f}$，

$$h_{\Lambda_{0}}(\bar{x})=\max_{u\in\Lambda_{0}}h_{u}(x_{u})\quad(\bar{x}\in E^{\Lambda_{0}})$$

也定$(E^{\Lambda},\rho_{\Lambda})$上的紧函数。从假定

$$\int_{E^{\Lambda_{0}}}h_{\Lambda_{0}}(\bar{x})p_{\Lambda_{0}}(\mathrm{d}\bar{x})\leqslant\sum_{u\in\Lambda_{0}}C_{u}$$

$$\boldsymbol{P}=\{p_{\Lambda}\mid\Lambda\in\mathscr{F}_{f}\}\in\mathscr{U}$$

应用定理 9.3 于紧函数 $h_{\Lambda_{0}}$ 得知$\{p_{\Lambda_{0}}|\boldsymbol{P}\in\mathscr{U}\}$为相对紧的，证明条件是充分的。

9.6.2 平稳分布的存在性和唯一性

9.6.2.1 存在性

定理 9.6 设$(E,\mathscr{E})$为任意的可测空间，$P(x,\mathrm{d}y)$为其上转移

几率函数。如果存在 $h \in {}_r\mathscr{E}_+$、$0 \leqslant C < \infty$、$0 < c < 1$，${}_r\mathscr{E}_+$ 为实值可测，使

$$\int P(x, \mathrm{d}y) h(y) \leqslant C + c h(x) \quad (x \in E)$$

那么对于 $P(x, \mathrm{d}y)$ 的每个平稳分布 π，有

$$\int \pi(\mathrm{d}x) h(x) \leqslant \frac{C}{1-c}$$

证明：依假设知，若以 $P^{(n)}(x, \mathrm{d}y)$ 作为 $P(x, \mathrm{d}y)$ 的 n 重卷积，则

$$\int P^{(n)}(x, \mathrm{d}y) h(y) \leqslant C(1 + c + \cdots + c^{n-1}) + c^n h(x)$$

$$(x \in E, n \geqslant 1)$$

取

$$h^{(N)} = h \wedge N \quad (1 \leqslant N < \infty)$$

于是从

$$\int \pi(\mathrm{d}x) h^{(N)}(x) = \int \pi(\mathrm{d}x) \int P^{(n)}(x, \mathrm{d}y) h^{(N)}(y)$$

给出

$$\int \pi(\mathrm{d}x) h^{(N)}(x) \leqslant \int \pi(\mathrm{d}x) \varlimsup_{n \to \infty} \int P^{(n)}(x, \mathrm{d}y) h^{(N)}(y)$$

$$\leqslant \int \pi(\mathrm{d}x) \frac{C}{1-c} = \frac{C}{1-c}$$

然后命 $N \uparrow \infty$，即有断语。

定理 9.7 设对每个 $u \in S$，存在紧函数 $h_u \in {}_r\mathscr{E}_+$，使

$$\rho_u(x_u, \theta_u) \leqslant h_u(x_u) \quad \sup_{u \in S} h_u(\theta_u) k_u < \infty \tag{9.393}$$

而且存在常数 $K \in [0, \infty)$、常数 $\eta \in (0, \infty)$ 使

$$\int q_n(x, \mathrm{d}y)(h_n(y) - h_n(x)) \leqslant K - \eta h_n(x) \tag{9.394}$$

这里 $h_n(x) = \sum_{u \in \Lambda_n} h_u(x_u) k_u$、$x \in E^{\Lambda_n}$、$n \geqslant 1$。结果

(1)对每个 $n \geqslant 1$，过程 $P_n(t, x, \cdot)$ 有平稳分布。它的每个平稳分布 π_n 满足

$$\int \pi_n(\mathrm{d}x) h_n(x) < \frac{K}{\eta} \tag{9.395}$$

(2)过程 $P(t,x,\cdot)$ 也有平稳分布 π，它可作为 $\{\pi_n\}_{n=1}^{\infty}$ 的弱极限得到，并满足

$$\int \pi(\mathrm{d}x)h(x) \leqslant \frac{k}{\eta} \tag{9.396}$$

式中 $h(x) = \sum_{u\in S}\rho_u(x_u,\theta_u)k_u$。

证明：第一步由式(9.394)和比较定理

$$\int P_n(t,x,\mathrm{d}y)h_n(y) \leqslant \exp(Kt) - 1 + h_n(x)\exp(-\eta t)$$

$x\in E^{\Lambda_n}$、$n\geqslant 1$；记 $\mathscr{F}_n$ 为 $P_n(t,x,\cdot)$ 的平稳分布的集合。固定 $t>0$，应用定理 9.6，

$$\int \pi_n(\mathrm{d}x)h_n(x) \leqslant \frac{\exp(Kt)-1}{1-\exp(-\eta t)} \quad (\pi_n \in \mathscr{F}_n) \tag{9.397}$$

但左边与 t 无关。令 $t\searrow 0$ 推出式(9.395)。

第二步固定 $t>0$，以 $\mathscr{F}_n^{(t)}$ 表示离散参数马尔可夫过程 $P_n^{(m)}(t,x,\cdot)=P_n(mt,x,\cdot)$ 的平稳分布的集合。已证 $\mathscr{F}_n^{(t)}\neq\phi$ 且为紧集。对此，置

$$C = \exp(Kt) - 1 \quad c = \exp(-\eta t)$$
$$P(x,\mathrm{d}y) = P_n(t,x,\mathrm{d}y)$$

则依第一步，

$$\int P(x,\mathrm{d}y)h_n(y) \leqslant C + ch_n(x) \quad (x \in E^{\Lambda_n})$$

由于 h_u 为紧函数，而

$$[x \in E^{\Lambda_n} : h_n(x)] \subset \bigtimes_{u\in\Lambda_n} [h_u \leqslant \mathrm{d}k_n^{-1}] \tag{9.398}$$

右边为 E^{Λ_n} 中的紧集。又，作为下半连续函数之和，h_n 也为下半连续，从而 $[h_n(x)\leqslant d]$ 为 E^{Λ_n} 中的闭集，也为紧集，表明 h_n 为 E^{Λ_n} 上的紧函数。另一方面可知，作为 E^{Λ_n} 到几率测度集上的映射，$x\to P(x,\mathrm{d}y)$ 关于弱拓扑连续，因此对每个关于距离 p_{Λ_n} 有界 Lipschitz 连续的函数 φ，$x\to\int P(x,\mathrm{d}y)\varphi(y)$ 连续。利用以上事实便可以证明 $\mathscr{F}_n^{(t)}\neq\phi$，而且对每个 $\pi_n\in\mathscr{F}_n^{(t)}$，式(9.397)成立。进一步，由 $x\to\int P(x,$

$\mathrm{d}y)\varphi(y)$ 的连续性式(9.397)及定理 9.5 知 $\mathscr{F}_n^{(t)}$ 是紧集。

第三步证明 $\mathscr{F}_n \neq \phi$。若证 $\mathscr{F}_n^{(m)} = \mathscr{F}_n^{(2-m)}$，则 $\mathscr{F}_n^{(m)} \downarrow$、$m \uparrow$。从第二步所证明的紧性，$\bigcap\limits_{m=1}^{\infty} \mathscr{F}_n^{(m)} \neq \phi$。已证 $\bigcap\limits_{m=1}^{\infty} \mathscr{F}_n^{(m)} = \mathscr{F}_n$，显然 $\bigcap\limits_{m=1}^{\infty} \mathscr{F}_n^{(m)} \supset \mathscr{F}_n$。今取 $\pi_n \in \bigcap\limits_{m=1}^{\infty} \mathscr{F}_n^{(m)}$，对每个 $t \geqslant 0$，应用二进制小数 $t_n \to t$、$k \to \infty$。那么对每个 $f \in {}_b\mathscr{E}^{\Lambda_n}$，

$$\int_{E^{\Lambda_n}} \pi_n(\mathrm{d}x) \int_{E^{\Lambda_n}} P_n(t,x,\mathrm{d}y) f(y) = \lim_{k\to\infty} \int_{E^{\Lambda_n}} \pi_n(\mathrm{d}x) \int_{E^{\Lambda_n}} P_n(t_k,x,\mathrm{d}y) f(y)$$
$$= \int_{E^{\Lambda_n}} \pi_n(\mathrm{d}x) f(x)$$

表明 $\pi_n \in \mathscr{F}_n$。

第四步证明过程 $P(t,x,\cdot)$有所述的平衡分布。任取序列 $\pi_n \in \mathscr{F}_n$、$n \geqslant 1$，由式(9.395)给出

$$\int \pi_n(\mathrm{d}x) h_u(x) \leqslant \frac{K}{\eta k_n} = C_u < \infty \quad (u \in \Lambda_n, n \geqslant 1)$$

当 $u \notin \Lambda_n$ 时上式平凡。据此及定理 9.6，$\{\pi_n\}_{n=1}^{\infty}$关于有限维分布弱收敛拓扑是相对紧的，从而存在子列$\{\pi_{n_k}\}_{k=1}^{\infty}$使 π_{n_k} 依上述拓扑收敛于π。已证 π 为$P(t,x,\cdot)$是平稳分布。为此，只要证明：对每个 $a \in \mathscr{F}_f$，每个仅依赖于 a 中坐标，关于 p_Λ 有界 Lipschitz 连续的 f，得到

$$\int_{E_0} \pi(x) f(x) = \int_{E_0} \pi(\mathrm{d}x) \int_{E_0} P(t,x,\mathrm{d}y) f(y)$$

注意到式(9.395)，推出

$$\int \pi_n(\mathrm{d}x) h_m(x) \leqslant \frac{K}{\eta} \quad (m < n)$$

当 $m \to \infty$时有式(9.396)。尤其是

$$\int \pi(\mathrm{d}x) p(x) < \infty$$

并可得到

$$\int_{E_0}\pi(\mathrm{d}x)\int P(t,x,\mathrm{d}y)f(y)=\lim_{k\to\infty}\int_{E_0}\pi_{n_k}(\mathrm{d}x)f(x)=\int\pi(\mathrm{d}x)f(x)$$

定理 9.8 设$(E,\rho,\mathscr{E})$为完备可分距离空间，$P(x,\mathrm{d}y)$为其上的转移函数，对于每个有界 Lipschitz 连续函数 f，$\int P(x,\mathrm{d}y)f(y)$ 关于 x 连续。如果存在 E 上的有限紧函数 h、常数 $c\in[0,1)$、$C\in[0,\infty)$，使

$$\int P(x,\mathrm{d}y)h(y)<C+ch(x)\quad(x\in E)$$

那么对每个 $x_0\in E$，存在 $P(x,\mathrm{d}y)$的平稳分布 π_{x_0}，有

$$\int\pi_{x_0}(\mathrm{d}x)h(x)\leqslant\max\{C+ch(x_0),C(1-c)^{-1}\}\tag{9.399}$$

证明：取 S 为整数集、$\Omega=E^S$，并赋乘积 σ 代数 $\mathscr{F}$。通过构造$(\Omega,\mathscr{F})$上的几率测度（随机场）$\boldsymbol{P}$，给出

$$\boldsymbol{P}[\xi_m\in B\mid\xi_n:n<m]=P(\xi_{m-1},B)\tag{9.400}$$

即构造马尔可夫场 $\boldsymbol{P}$，$m\in S$、$B\in\mathscr{E}$。在此基础上，构造过程$\{\xi_m|m\in S\}$的平稳分布。完成之后，$\pi(\mathrm{d}x)=\boldsymbol{P}[\xi_0\in\mathrm{d}x]$就是 $P(x,\mathrm{d}y)$的平稳分布。以下分三步完成马尔可夫场的构造，再从第四步构造$\{\xi_m|m\in S\}$的平稳分布。

(1)对每个 $\Lambda\in\mathscr{F}_f$、任意 $\tilde{x}=\{\tilde{x}_0\in E|u\in S\}$，有唯一的$(\Omega,\mathscr{F})$上的几率测度 $\boldsymbol{P}$，使

$$\boldsymbol{P}[\xi_m=\tilde{x}_m]=1\quad(m\notin\Lambda)$$

$$\boldsymbol{P}[\xi_m\in B\mid\xi_n:\Lambda\leqslant m-1]=P(\xi_{m-1},B)\quad(m\in\Lambda)$$

事实上，表明 $\Lambda=\{m_0,m_1,\cdots,m_k\}$。视 $\tilde{x}_{m_0-1},\tilde{x}_{m_k+1}$ 为吸收壁。以如下方式构成有限时间参数$\{m_0-1,m_0,m_0+1,\cdots,m_k,m_k+1\}$马尔可夫过程，

$$P(m_0-1,x;m_0,\mathrm{d}y)=\delta(x,\tilde{x}_{m_0-1})P(x,\mathrm{d}y)$$

$$P(m_0,x;m_0+1,\mathrm{d}y)=\begin{cases}P(x,\mathrm{d}y)&(m_1=m_0+1)\\\delta(\tilde{x}_{m_0+1},\mathrm{d}y)&(m_1\neq m_0+1)\end{cases}$$

其余类推。然后将其唯一扩张到$(\Omega,\mathscr{F})$上。进一步将该测度记为

$\boldsymbol{P}^{\Lambda}_{\{\tilde{x}_u|u\notin\Lambda\}}$。从中导出有限维乘积空间($E_\Lambda$、$\mathscr{E}_\Lambda$)上的几率分布 $p^{\Lambda}_{\{\tilde{x}_u|u\notin\Lambda\}}$。

(2)记 $\mathscr{Y}_D=\{\boldsymbol{P}^{\Lambda}_{\{\tilde{x}_u|u\notin\Lambda\}}|h(\tilde{x}_u)\leqslant D<\infty,u\notin\Lambda\in\mathscr{F}_f\}$

求证 $\mathscr{Y}_D$ 为相对紧的。依定理 9.5,只需证明

$$\int_E h(x_m)\mathrm{d}p^{\Lambda}_{\{\tilde{x}_u|u\notin\Lambda\}}\leqslant\max\{C+cD,\ C(1-c)^{-1}\}\quad(m\in\Lambda)\tag{9.401}$$

表明 $\Lambda=\{m_0,m_1,\cdots,m_k\}$,当 $m=m_0$ 时

$$\int_E h(x_{m_0})\mathrm{d}p^{\Lambda}_{\{\tilde{x}_u|u\notin\Lambda\}}$$

$$=\int\boldsymbol{P}(\tilde{x}_{m_0-1},\mathrm{d}y)h(y)\leqslant C+ch(\tilde{x}_{m_0-1})\leqslant C+cD$$

设对某 $m_l(l<k)$ 正确,则

$$\int_E h(x_{m_l+1})\mathrm{d}p^{\Lambda}_{\{\tilde{x}_u|u\notin\Lambda\}}\leqslant C+c\int\boldsymbol{P}^{\Lambda}_{\{\tilde{x}_u|u\notin\Lambda\}}(\mathrm{d}\xi_{m_{l+1}-1})h(\xi_{m_{l+1}-1})$$

对 $m_{l+1}-1\notin\Lambda$,于是上式右端不超过 $C+cD$;否则应用归纳法知上式右端不超过

$$C+c\max\{C+cD,C(1-c)^{-1}\}\leqslant\max\{C+cD,C(1-c)^{-1}\}$$

(3)任取 $x_0\in E$,命 $D=h(x_0)$。由(2),存在 $\mathscr{F}_f\ni\Lambda\uparrow S,n\to\infty$ 使 $\boldsymbol{P}_n=\boldsymbol{P}^{\Lambda_n}$ 弱收敛于$(\Omega,\mathscr{F})$上的几率测度 $\boldsymbol{P}_0$。

今从定理 9.4 及式(9.400),得

$$\int h(\xi_m)\mathrm{d}\boldsymbol{P}_0\leqslant\max\{C+ch(x_0),C(1-c)^{-1}\}\quad(m\in S)\tag{9.402}$$

已证 $\boldsymbol{P}_0$ 满足式(9.399)。为此,只需就有界 Lipschitz 连续的 φ 和有界连续函数的 $\psi(x_n:l\leqslant n\leqslant m-1)(l\in S)$求证

$$\int\varphi(\xi_m)\psi(\xi_n:l\leqslant n\leqslant m-1)\mathrm{d}\boldsymbol{P}_0$$

$$=\int\left[\psi(\xi_n:l\leqslant n\leqslant m-1)\int P(\xi_{m-1},\mathrm{d}y)\varphi(y)\right]\mathrm{d}\boldsymbol{P}_0$$

由于上式对每个 $\boldsymbol{P}_N$ 替代 $\boldsymbol{P}_0$ 成立;因此依弱收敛性及关于 $P(x,$

$\mathrm{d}y)$的连续性假设，上式对 $\boldsymbol{P}_0$ 也成立。

(4)过程$\{\xi_m \mid m\in S\}$的平稳分布的构造。以$(\overline{p}_\Lambda: \Lambda\in\mathscr{F}_f)$表示上述 $\boldsymbol{P}_0$ 引出的有限维分布族。由于它们相互唯一确定，因此也可写成 $\boldsymbol{P}_0=(\overline{p}_\Lambda: \Lambda\in\mathscr{F}_f)$。

取 $S_m=\{-m,\cdots,-1,0,1,\cdots,m\}$、$s+\Lambda=\{s+u\mid u\in\Lambda\}$。令

$$p_\Lambda^m[x_u\in B_u,u\in\Lambda]=\frac{1}{2m+1}\sum_{s\in S_m}\overline{p}_{s+\Lambda}[x_{s+u}\in B_u,u\in\Lambda]$$

显见 $\boldsymbol{P}=(p_\Lambda^m: \Lambda\in\mathscr{F}_f)$为有限维分布的相容族。已证 $\boldsymbol{P}_m$ 满足式(9.400)。为此，只需对于 n、$\Lambda\in\mathscr{F}_f$、$\Lambda\subset(-\infty,n)$和有界可测的 φ、$\psi(\xi_l: l\in\Lambda)$，求证

$$\int\varphi(\xi_n)\psi(\xi_l: l\in\Lambda)\mathrm{d}\boldsymbol{P}_m=\int\left[\psi(\xi_l,l\in\Lambda)\int P(\xi_{n-1},\mathrm{d}y)\varphi(y)\right]\mathrm{d}\boldsymbol{P}_m$$

实际上，

$$\int\varphi(\xi_n)\psi(\xi_l: l\in\Lambda)\mathrm{d}\boldsymbol{P}_m=\int\varphi(x_u)\psi(x_l: l\in\Lambda)\mathrm{d}p_{\Lambda\cup\{n\}}^m$$

$$=\int\psi(x_l: l\in\Lambda)\int P(x_{n-1},\mathrm{d}y)\varphi(y)\mathrm{d}p_{\Lambda\cup\{n\}}^m$$

$$=\int\psi(\xi_l: l\in\Lambda)\int P(\xi_{n-1},\mathrm{d}y)\varphi(y)\mathrm{d}\boldsymbol{P}_m$$

已知 $\boldsymbol{P}_m$ 符合式(9.400)；另一方面，从式(9.402)得到

$$\int h(\xi_u)\mathrm{d}\boldsymbol{P}_m\leqslant\max\{C+ch(x_0),C(1-c)^{-1}\}$$

式中 $u\in S$、$m\geqslant0$。同前一样，可证：存在$\{\boldsymbol{P}_m\mid m\geqslant0\}$的子列，不妨取其自身，使 $\boldsymbol{P}_m$ 弱收敛于 $\boldsymbol{P}$，并且 $\boldsymbol{P}$ 符合式(9.399)、式(9.400)。最后，对每个 $\Lambda\in\mathscr{F}_f$ 与可测函数 $\varphi(x_u: u\in\Lambda)$、$|\varphi|\leqslant1$，推出

$$\left|\int\psi(\xi_u: u\in\Lambda)\mathrm{d}\boldsymbol{P}_m-\int\varphi(\xi_{n+u}: u\in\Lambda)\mathrm{d}\boldsymbol{P}_m\right|$$

$$=\frac{1}{2m+1}\left|\sum_{s\in S_m}\int\varphi(x_{s+u}: u\in\Lambda)\mathrm{d}\,\overline{p}_{s+\Lambda}\right.$$

$$\left.-\sum_{s\in S_m}\int\varphi(x_{s+n+u}: u\in\Lambda)\mathrm{d}\,\overline{p}_{s+n+\Lambda}\right|\leqslant\frac{2n}{2m+1}\to0$$

$$(m\to\infty,n\in S)$$

故 $\boldsymbol{P}$ 为平稳分布。

9.6.2.2 唯一性

这里给出粒子系统平稳分布唯一性的充分条件,其同时也是遍历性条件。

定理 9.9 取常数 $c>R$,使

$$\int q_n(x,\mathrm{d}y)(p(y)-p(x))\leqslant c(1+p(x))\quad (x\in E_0,n\geqslant 1)\tag{9.403}$$

而对一切 $1\leqslant n\leqslant m$,有算子 Ω_n、Ω_m 的正则耦合 $\widetilde{\Omega}_{nm}$,得

$$\begin{aligned}&\widetilde{\Omega}_{nm}p_w(x_1,x_2)\\&\leqslant\sum_{u\in\Lambda_n}c_{uw}p_u(x_1,x_2)+c_w(n,m)(1+p(x_1)+p(x_2))\end{aligned}\tag{9.404}$$

式中 $w\in\Lambda_n$,x_1、$x_2\in E_0$,$m\geqslant n\geqslant 1$,$(c_{uw}:u,w\in S)$ 的非对角线元素非负,$(c_{uw}(n,m),w\in\Lambda_n)$ 非负;且满足

$$\begin{aligned}C_w(t,n,m)&=\int_0^t\{\exp[B_\Lambda^*(t-s)]c.(n,m)\}(w)\mathrm{d}s\\&=\sum_{k=0}^{\infty}\frac{t^{k+1}}{(k+1)!}[(B_n^*)^2c.(n,m)](w)\to 0\end{aligned}\tag{9.405}$$

$m\geqslant n\to\infty$,$t\geqslant 0$,$B_n^*=(c_{uv}:u,v\in\Lambda_n)$。于是存在 $(E_0,\mathscr{E}_0)$ 上的一个具有转移函数 $P(t,x,\cdot)$ 的马尔可夫过程,对每个 $a\in\mathscr{F}_f$,有距离

$$R_a(P_n(t,x,\cdot),P(t,x,\cdot))\to 0\quad (n\to\infty,x\in E_0,t\geqslant 0)$$

同时该收敛性对于

$$E_0^{(N)}=\{x\in E_0\mid p(x)\leqslant N\}$$

中的 x 是一致的。

对于每个固定的 t,$P(t,x,\cdot)$ 在如下意义上连续:取 x、$x_n\in E_0$,$n\geqslant 1$;$\sup\limits_n p(x_n)<\infty$,

$$\lim_{n\to\infty}\rho_u(x_n,x)=0\quad (u\in S)$$

故对每个 $\alpha\in\mathscr{F}_f$，有极限

$$\lim_{n\to\infty}R_n(P(t,x,\cdot),P(t,x,\cdot))=0$$

定理 9.10 在定理 9.9 的条件下，如果式(9.404)中的耦合：

$$\tilde{\Omega}_{m}p_w(x_1,x_2) \leqslant \sum_{u\in\Lambda_n}c_{uw}p_u(x_1,x_2)+c_w(n)(1+p(x_1)+p(x_2)) \tag{9.406}$$

式中 x_1、$x_2\in E_0$，$w\in\Lambda_n$，$n\geqslant 1$；其系数满足

$$\sum_{u\in S}c_{uw}\leqslant -\eta<0 \tag{9.407}$$

$$\sum_{u\in S}|c_{uw}|\leqslant K<\infty \tag{9.408}$$

则

(1)过程 $P(t,x,\cdot)$ 至多只有一个满足

$$\int_{E_0}\pi(\mathrm{d}x)p(x)<\infty$$

的平稳分布 π。事实上，若 π 为满足上式的平稳分布，则对每个 $x\in E_0$、$a\in\mathscr{F}_f$，距离

$$R_\alpha^c(P(t,x,\cdot),\pi)\leqslant K(\alpha,x)\exp(-\eta t) \tag{9.409}$$

$K(\alpha,x)$ 为与 t 无关的常数。

(2)若式(9.406)对所有 x_1、$x_2\in E^{\Lambda_n}$（n 固定）成立并有 $c_w(n)=0$，$w\in\Lambda_n$；则过程 $P_n(t,x,\cdot)$ 至多只有一个满足

$$\int_{E^{\Lambda_n}}p_{\Lambda_n}(x,\theta)\pi_n(\mathrm{d}x)<\infty \tag{9.410}$$

的平稳分布 π_n，且当 π_n 为满足式(9.410)的平稳分布时，对每个 $x\in E^{\Lambda_n}$，有

$$R_{\Lambda_n}(P_n(t,x,\cdot),\pi_n)\leqslant K_n(x)\exp(-\eta t) \tag{9.411}$$

此处 $K_n(x)$ 与 t 无关。特点地，过程 $P_n(t,x,\cdot)$ 遍历，即每个 $x\in E^{\Lambda_n}$，当 $t\to\infty$ 时 $P_n(t,x,\cdot)$ 弱收敛于 π_n。

证明： 由式(9.408)、式(9.405)等，得

$$R_w(P(t,x_1,\cdot),P(t,x_2,\cdot)) \leqslant \overline{\lim_{n\to\infty}}R_w(P_n(t,x_1,\cdot),P_n(t,x_2,\cdot))$$

$$\leqslant \overline{\lim_{n\to\infty}}(\exp(B_n^* t)p.\ (x_1,x_2))(w) \qquad (9.412)$$

$w\in S, x_1$、$x_2\in E_0$；通过式(9.412)可以证明(1)。表

$$\exp(B_n t) = (c_{uw}^{(n)}(t) : u,w\in \Lambda_n)$$

$$\exp(Bt) = (c_{uv}(t) : u,v\in S)$$

从式(9.407)，有

$$\sum_{u\in\Lambda_n} c_{uw}^{(n)}(t) \leqslant \exp(-\eta t) \quad (w\in\Lambda_n)$$

得到

$$\sum_{u\in S} c_{uw}(t) \leqslant \exp(-\eta t) \quad (w\in S) \qquad (9.413)$$

应用式(9.412)、式(9.413)及 $R_a(a\in\mathscr{F})$的凸性，推出

$$R_\alpha(P(t,x,\cdot),\pi) = R_a\left(P(t,x,\cdot),\int\pi(\mathrm{d}y)P(t,y,\cdot)\right)$$

$$\leqslant\int_{E_0}\pi(\mathrm{d}y)R_a(P(t,x,\cdot),P(t,y,\cdot))$$

$$\leqslant\sum_{w\in a}\sum_{u\in S}c_{uv}(t)\left[p_u(x,\theta)+\int_{E_0}p_u(y,\theta)\pi(\mathrm{d}y)\right]$$

$$\leqslant\sum_{w\in a}\sum_{u\in S}c_{uv}(t)\left[p(x)+\int_{E_0}p(y)\pi(\mathrm{d}y)\right]\leqslant K(a,x)\exp(-\eta t)$$

故(1)得证。同理可证(2)。

对于 Schlögl 模型，仍取 $c_u(x_u)=x_u$、$x\in E_0$、$u\in S$；取 $c_3+M<0$。为了得到平稳分布的存在条件，令 $h_u(x_u)=x_u$、$u\in S$。当直接使用估计式

$$\sum_{y\neq x}q_n(x,y)(\|y\|-\|x\|)\leqslant\|\beta\|+(c_1+M)\|x\|$$

时，对应于定理 9.7 的条件为 $c_1+M<0$。但是可以证明：对于 Schlögl 模型(有限情形)平稳分布总存在。据此，选择适当的 $K\geqslant0$、$\eta>0$，使式(9.394)成立。记

$$\left.\begin{aligned} b_u(l) &= \lambda_1\binom{l}{2}a_u+\lambda_4 b_u \\ a_u(l) &= \lambda_2\binom{l}{2}+\lambda_3 l \end{aligned}\right\} \quad (l\geqslant 0)$$

任给 $l>0$,置

$$d=\sup\left\{(M+\eta-\lambda_3)l+\lambda_1\binom{l}{2}a_u-\lambda_2\binom{l}{3}\middle| l\geqslant 0,u\in S\right\}$$

易见 $0\leqslant d<\infty$。再命

$$K=\lambda_4\sum_u b_u k_u+d\sum_u K_u$$

于是 $0<K<\infty$。另一方面,

$$\begin{aligned}\Omega_n h_n(x)&=\sum_y q_n(x,y)[h_n(y)-h_n(x)]\\&=\sum_{u\in\Lambda_n}(b_u(x_u)-a_u(x_u))k_u\\&\quad+\sum_{u\in\Lambda_n}x_n\sum_{v\in\Lambda_n}P(u,v)[h_n(x-e_u+e_v)-h_n(x)]\\&\leqslant\sum_{u\in\Lambda_n}[Mx_u+b_u(x_u)-a_n(x_u)]k_u\end{aligned}$$

从而

$$\Omega_n h_n(x)+\eta h_n(x)\leqslant\sum_{u\in\Lambda_n}[(M+\eta)x_u+b_u(x_u)-a_n(x_u)]k_u$$

$$=\sum_{u\in\Lambda_n}b_u k_u+\sum_{u\in\Lambda_n}\left[(M+\eta-\lambda_3)x_u+\lambda_1\binom{x_u}{2}a_u-\lambda_2\binom{x_u}{3}\right]k_u$$

$$\leqslant\sum_{u\in\Lambda_n}b_u k_u+d\sum_{u\in\Lambda_n}k_u\leqslant K$$

表明式(9.394)正确。

9.7 点过程

尹辛模型属于格点气体模型,在每个位置上用 1 表示有粒子、0 表示无粒子;但在实际气体中,分子位于 R^d 中的任意点而非仅位于 Z^d 的点上。今推广尹辛模型,可使格气模型成为特例。当涉及某个基础空间 S 中的粒子和这些粒子组态的分布时,称这类几率测度为点过程。

设 S 表示粒子空间,取 $S=R^d$,S 上有 σ - 代数 $\mathscr{F}$,$\mathscr{E}\subset\mathscr{F}$,且其满足条件

(1)若 Λ_1、$\Lambda_2 \in \mathscr{E}$,则 $\Lambda_1 \cup \Lambda_2 \in \mathscr{E}$;

(2)若 $\Lambda \in \mathscr{E}$、$A \in \mathscr{F}$ 并 $A \subset \Lambda$,则 $A \in \mathscr{E}$;

(3)存在一列 $\Lambda_n \in \mathscr{E}(n \geqslant 1)$,使 $S = \bigcup\limits_{n \geqslant 1} \Lambda_n$ 且若 $\Lambda \in \mathscr{E}$,则对某个 n,有 $\Lambda \subset \Lambda_n$。

$\mathscr{F}$ 为 R^d 的波莱尔子集类,$\mathscr{E}$ 为有界的波莱尔集类。基本空间 X 为$(S,\mathscr{F})$上满足下列条件的所有整值测度 x 的集。

(4)对所有 $\Lambda \in \mathscr{E}$,$x(\Lambda) < \infty$,这里整值意味着在集合$\{0,1,2,\cdots,\infty\}$中取值。于是,若 $\Lambda \in \mathscr{E}$,则只有有限多个粒子位于 Λ 中,注意不排除多重占据的可能性,即在 S 的同一个点允许两个粒子存在。

(5)$(S,\mathscr{F})$为可分的,即 $\mathscr{F}$ 是可数生成的,并对一切 $t \in S$,$\{t\} \in \mathscr{F}$。

这样就将粒子的组态等同于整值测度。

在条件(4)、(5)下,X 恰好由形如 $\sum\limits_{m \geqslant 1} n_m \delta x_m$ 的元组成,其中 δ_x 为点 x 的单点分布,$n_m \in \{0,1,2,\cdots\}$,而 x_1、x_2、$\cdots$为 S 的不同元,但在任意 $\Lambda \in \mathscr{E}$ 中只有有限个 x_j。此外,若 $x \neq y$,则 $\delta_x \neq \delta_y$;该测度对应于一个组态,它在 x_m 处有 n_m 个粒子$(m=1,2,\cdots)$。

定义 σ-代数 $\mathscr{F}$ 和$\{\mathscr{F}_\Lambda\}(\Lambda \in \mathscr{E})$。对于 $A \in \mathscr{F}$,取 $\mathscr{F}_A = \{B \in \mathscr{F} | B \subset \Lambda\}$,将其作为 A 的子集的 σ-代数,设 $X(A)$表示$(A,\mathscr{F}_A)$上的满足条件(4)的整值测度的集合。设 $\mathscr{F}_0(A)$表示形如$\{x \in X(A) | x(B) = m, m = 0,1,2,\cdots\}$,$B \in \mathscr{F}_A$ 的集生成的 σ-代数;$\mathscr{F}(A)$为由 $\mathscr{F}(A) = (P_A)^{-1}(\mathscr{F}_0(A))$定义的 X 的子集的 σ-代数,其中 $P_A: X \to X(A)$是由 $P_A(x)B = x(B) \quad (x \in X, B \in \mathscr{F}_A)$ 定义的投影。命 $\mathscr{F} = \mathscr{F}(S)$,对每个 $\Lambda \in \mathscr{E}$、$\mathscr{F}_\Lambda = \mathscr{F}(S \backslash \Lambda)$,这就给出一族 σ-代数。

若 A、$B \in \mathscr{F}$、$A \subset B$,则设 P_{BA} 表示从 $X(B)$到 $X(A)$上的投影;若 $x \in X(B)$,则 $P_{BA}(x)$记作 x_A。

定理 9.11 设 A、$B \in \mathscr{F}$、$A \cap B = \varnothing$,则在映射 $x \to (x_A, x_B)$下,$X(A \cup B)$同构于 $X(A) \times X(B)$;对此同构,$\mathscr{F}_0(A \cup B) = \mathscr{F}_0(A) \times \mathscr{F}_0(B)$。

如果 $y\in X(A)$、$z\in X(B)$，那么将其在 $X(A\cup B)$ 中的相应元记作 $y\times z$。

对每个 $\Lambda\in\mathscr{E}$，假定有 $(x(\Lambda),\mathscr{F}_0(\Lambda))$ 上的有限测度 ω_Λ，已知 $R_\Lambda\in\mathscr{F}_\Lambda$；并对所有 $\Lambda\in\mathscr{E}$，$0\in R_\Lambda$（这里 0 测度对应无粒子情况）。由于 $R_\Lambda\in\mathscr{F}_\Lambda$，因此当 $\widetilde{R}_\Lambda=P_{S\backslash\Lambda}(R_\Lambda)$ 时 $\widetilde{R}_\Lambda\in\mathscr{F}_0(S\backslash\Lambda)$，$R_\Lambda=P_{S\backslash\Lambda}^{-1}(\widetilde{R}_\Lambda)$。

设 $\{f^\Lambda\}_{\Lambda\in\mathscr{E}}$ 为 $\mathscr{F}$ 可测函数集。以

$$\pi_\Lambda(X,F)=\int_G f^\Lambda(x_{S\backslash\Lambda}\times y)\mathrm{d}\omega_\Lambda(y) \tag{9.414}$$

定义核 $\pi_\Lambda:X\times\mathscr{F}\to R$，$G=\{y\in X(\Lambda)\mid X_{S\backslash\Lambda}\times y\in F\}$，这里 X 等同于 $X(S\backslash\Lambda)\times X(\Lambda)$。令

(1)对一切 $\Lambda\in\mathscr{E}$，有 $f^\Lambda\geqslant 0$；

(2)对一切 $z\in\widetilde{R}_\Lambda(\Lambda\in\mathscr{E})$，有 $\int f^\Lambda(z\times y)\mathrm{d}w_\Lambda(y)=1$；

(3)若 $x\notin R_\Lambda(\Lambda\in\mathscr{F})$，则 $f^\Lambda(x)=0$。

若对任何 Λ_1、$\Lambda_2\in\mathscr{E}$、$\Lambda_1\cap\Lambda_2=\varnothing$，有 $\omega_{\Lambda_1\cup\Lambda_2}=\omega_{\Lambda_1}\times\omega_{\Lambda_2}$ 则称测度集 $\{\omega\}_{\Lambda\in\mathscr{E}}$ 是独立的。如果 $\{\omega_\Lambda\}_{\Lambda\in\mathscr{E}}$ 是独立的，那么对所有 $x\in X$、$\Lambda\subset\widetilde{\Lambda}\in\mathscr{E}$，有

$$f^{\widetilde{\Lambda}}(x)=f^\Lambda(x)\int f^{\widetilde{\Lambda}}(x_{S\backslash\Lambda}\times\omega)\mathrm{d}\omega_\Lambda(w) \tag{9.415}$$

式(9.415)等价于：若 $\Lambda\subset\widetilde{\Lambda}\in\mathscr{E}$，$x$、$\tilde{x}\in X$ 且 $x_{S\backslash\Lambda}=\tilde{x}_{S\backslash\Lambda}$，则

$$f^{\widetilde{\Lambda}}(\tilde{x})f^\Lambda(x)=f^{\widetilde{\Lambda}}(x)f^\Lambda(\tilde{x}) \tag{9.416}$$

以及当 $\Lambda\subset\widetilde{\Lambda}\in\mathscr{F}$ 并 $f^\Lambda(x)=0$ 时 $f^{\widetilde{\Lambda}}(x)=0$。

若 $\Lambda\in\mathscr{E}$、$f^\Lambda(0)>0$，则存在唯一的函数 $V:X_F\to[-\infty,+\infty]$、且 $V(0)=0$，使对一切 $x\in X_F\cap B_\Lambda$，

$$f^\Lambda(x)=\frac{\exp\{V(x)\}}{\int\exp\{V(x_{S\backslash\Lambda}\times w)\}\mathrm{d}\omega_\Lambda(w)} \tag{9.417}$$

从条件(4)知在 Λ 中只能有有限多个粒子，这样可以把 $X(\Lambda)$ 写成不交并 $\bigcup_{n\geqslant 0}X_n(\Lambda)$，而 $X_n(\Lambda)=\{x\in X(\Lambda)\mid x(\Lambda)=n\}$，$X_n$

(Λ)由在Λ中恰好包括n个粒子的所有组态构成。取$\Pi_n(\Lambda)$表示Λ的n重积($\Pi_0(\Lambda)$由单点组成);在$\Pi_n(\Lambda)$上定义等价关系～:$(\xi_1,\xi_2,\cdots,\xi_n)\sim(\eta_1,\eta_2,\cdots,\eta_n)$。如果存在$\{1,2,\cdots,n\}$的一个排列$\sigma$,使$\xi_l=\eta_{\sigma(l)}(l=1,2,\cdots,n)$;设$I_n(\Lambda)$同在该等价关系下的商空间,那么依一个自然方式,$I_n(\Lambda)$同构于$X_n(\Lambda)$。因为在$\Lambda$上赋有$\sigma$-代数$\mathscr{F}_\Lambda$,所以可以赋$\Pi_n(\Lambda)$以乘积$\sigma$-代数,记为$\mathscr{F}_n(\Lambda)$。这个$\sigma$-代数导出商空间$I_n(\Lambda)$上的$\sigma$-代数,记为$\mathscr{R}_n(\Lambda)$。取$I(\Lambda)$为不交并$\bigcup\limits_{n\geqslant 0}I_n(\Lambda)$且赋以由$\bigcup\limits_{n\geqslant 0}\mathscr{R}_n(\Lambda)$生成的$\sigma$-代数。由于$I(\Lambda)$同构于$X(\Lambda)$,因此$(X(\Lambda),\mathscr{F}_0(\Lambda))$同构于$(I(\Lambda),\mathscr{R}(\Lambda))$。

当有$(S,\mathscr{F})$上的测度时,就有一个自然方式构造$(I(\Lambda),\mathscr{R}(\Lambda))$上的测度:设$\lambda$为$(S,\mathscr{F})$上的测度,对一切$\Lambda\in\mathscr{E},\lambda(\Lambda)<\infty$;设$\lambda_\Lambda$为$\lambda$在$(\Lambda,\mathscr{F}_\Lambda)$上的限制,对$n\geqslant 1$,$(\Pi_n(\Lambda),\mathscr{F}_n(\Lambda))$上的乘积测度$\lambda_\Lambda\times\lambda_\Lambda\times\cdots\times\lambda_\Lambda$($n$个)导出商空间$(I_n(\Lambda),\mathscr{R}_n(\Lambda))$上的测度$\lambda_\Lambda^{(n)}$;设$\lambda_\Lambda^{(0)}$表示在$(I_0(\Lambda),\mathscr{R}_0(\Lambda))$中仅有的一点上的单点分布,其次$\lambda_\Lambda^{(n)}$的任何组合都将给出$(I(\Lambda),\mathscr{R}(\Lambda))$上的测度。定义测度

$$\lambda_\Lambda^* = \exp\{-\lambda(\Lambda)\}\sum_{n\geqslant 0}\frac{1}{n}\lambda_\Lambda^{(n)} \tag{9.418}$$

定理 9.12 $\{\lambda_\Lambda^*\}\Lambda\in\mathscr{E}$为独立的。

若将λ_Λ^*、$(X,\mathscr{F}(\Lambda))$上的测度$(P_\Lambda)^{-1}(\lambda_\Lambda^*)$等同,则$\{\lambda_\Lambda^*\}_{\Lambda\in\mathscr{E}}$是相容的,存在唯一的$\lambda^*\in P(\mathscr{F})$,使对所有$\Lambda\in\mathscr{F},P_\Lambda(\lambda^*)=\lambda_\Lambda^*$,称$\lambda^*$为相对于$\lambda$的泊松点过程。

设$\omega_\Lambda=\lambda_\Lambda^*$,$\lambda$为$(S,\mathscr{F})$上的测度。在$X$上存在一个自然的序$\leqslant$,$x\leqslant y$表示$x$是$y$的子组态。命$V$为

$$V(x) = \sum_{y\leqslant x}\Phi(y) \tag{9.419}$$

$\Phi: X_F\to[-\infty,+\infty)$且$\Phi(0)=0$。$V$表达成式(9.419)当且仅当如果$V(x)=-\infty$、$y\geqslant x$,那么$V(y)=-\infty$,称$\Phi$为相应于$V$的相互作用势。

对于每个 $\Lambda \in \mathscr{E}$,$\Phi \circ i_\Lambda : X(\Lambda) \to [-\infty, +\infty)$ 为 $\mathscr{F}_0(x)$ 可测的。称 V 是稳定的,如果存在 $N \in R$,使对所有 $n \geqslant 1$、$x \in X_F(n)$,有 $V(x) \leqslant nN$,而 $X_F(n) = \{x \in X_F \mid x(S) = n\}$;嵌入 $i_\Lambda : X(\Lambda) \to X_F$。

定理 9.13 若 V 是稳定的,则对一切 $x \in X_F$、$\Lambda \in \mathscr{E}$,积分 $\int \exp\{V(x_{S\setminus\Lambda} \times w) d\omega_\Lambda(w)\}$ 存在。

证明: 设 $x \in X_F$、$\Lambda \in \mathscr{E}$,并 $X(S\setminus\Lambda) = m$,故对 $y \in X_n(\Lambda)$,有 $x_{S\setminus\Lambda} \times y \in X_F(n+m)$,表明 $V(x_{S\setminus\Lambda} \times y) \leqslant (m+n)N$。取 $\alpha = \exp\{-\lambda(\Lambda)\}$,注意到 $\omega_\Lambda(X_n(\Lambda)) = \dfrac{\alpha}{n!}\{\lambda(\Lambda)\}^n$,于是

$$\int \exp\{V(x_{S\setminus\Lambda} \times w)\} d\omega_\Lambda(w) \leqslant \sum_{n \geqslant 0} \{\exp(n+m)N\} \omega_\Lambda(x_n(\Lambda))$$

$$= \sum_{n \geqslant 0} \frac{\alpha}{n!} (\exp mN) \{\lambda(\Lambda) \exp N\}^n = a \exp\{mN + \lambda(\Lambda) \exp N\} < \infty$$

将式(9.417)写成

$$f^\Lambda(x) = \frac{\exp\{g^\Lambda(x)\}}{\int \exp\{g^\Lambda(x_{S\setminus\Lambda} \times w)\} d\omega_\Lambda(w)} \tag{9.420}$$

式中 $g^\Lambda(x) = \sum_{y \leqslant x} \Phi(y)(y(\Lambda) > 0)$。对 Λ、$\widetilde{\Lambda} \in \mathscr{E}$、$\Lambda \subset \widetilde{\Lambda}$,定义 $g^\Lambda_{\widetilde{\Lambda}} : X \to [-\infty, +\infty)$ 为

$$g^\Lambda_{\widetilde{\Lambda}}(x) = \sum_{y \leqslant x_{\widetilde{\Lambda}}} \Phi(y) \quad (y(\Lambda) > 0) \tag{9.421}$$

这里 $g^\Lambda_{\widetilde{\Lambda}}$ 为 $\mathscr{F}$- 可测的。令

$R^0_\Lambda = \{x \in X \mid \lim\limits_{\widetilde{\Lambda} \uparrow S} g^\Lambda_{\widetilde{\Lambda}}(x)$ 存在$\} \cup \{x \in X \mid$ 对某个 $\widetilde{\Lambda}$, $g^\Lambda_{\widetilde{\Lambda}}(x) = -\infty\}$

定义 $g^\Lambda : R^0_\Lambda \to [-\infty, +\infty)$ 为 $g^\Lambda(x) = \lim\limits_{\widetilde{\Lambda} \uparrow S} g^\Lambda_{\widetilde{\Lambda}}(x)$;记

$$R^+_\Lambda = \{x \in X \mid D_0\}$$

其中 D_0:对一切 $w \in X(\Lambda)$,$x_{S\setminus\Lambda} \times w \in R^0_\Lambda$;并且存在 $N \in R$,使所有 $w \in X_m(\Lambda)$,$m \geqslant 1$,$g^\Lambda(x_{S\setminus\Lambda} \times w) \leqslant N_m$。

取 $R_\Lambda=R_\Lambda^+\cap R_\Lambda^-$，而

$$R_\Lambda^- = \{x\in X \mid 对 y\leqslant x_{S\setminus\Lambda} 的一切 y\in X_F, \Phi(y)>-\infty\}$$

显见 $R_\Lambda\in\mathscr{F}_\Lambda$ 且 V 为稳定的势导致 $X_F\subset R_\Lambda^+$。

定理 9.14 若 $x\in R_\Lambda^+$，则

$$\exp\{-\lambda(\Lambda)\}\leqslant\int\exp\{g^\Lambda(x_{S\setminus\Lambda}\times w)\}\mathrm{d}\omega_\Lambda(w)<\infty$$

定理 9.15 当 $\Lambda\subset\widetilde{\Lambda}\in\mathscr{E}$ 时 $R_\Lambda^-\cap R_{\widetilde{\Lambda}}^+\subset R_\Lambda^+$。

证明：设 $\Lambda\subset\widetilde{\Lambda}\in\mathscr{E}$、$x\in X$、$Z\in X(\Lambda)$，若 $\Lambda_{(0)}\in\mathscr{E}$、$\Lambda_{(0)}\supset\widetilde{\Lambda}$，则

$$g_{\Lambda_{(0)}}^{\widetilde{\Lambda}}(x_{S\setminus\Lambda}\times z)=g_{\Lambda_{(0)}}^{\Lambda}(x_{S\setminus\Lambda}\times z)+g_{\Lambda_{(0)}}^{\widetilde{\Lambda}}(x_{S\setminus\Lambda}) \tag{9.422}$$

取 $x\in R_\Lambda^-\cap R_{\widetilde{\Lambda}}^+$，$N$ 使对所有 $w\in X_m(\Lambda)(m\geqslant1)$，有 $g^{\widetilde{\Lambda}}(x_{S\setminus\widetilde{\Lambda}}\times w)<Nm$；设 $m_0=x(\widetilde{\Lambda}\setminus\Lambda)$。由于 $x\in R_\Lambda^-$，存在 $g^{\widetilde{\Lambda}}(x_{S\setminus\Lambda})>-\infty$ 且 $g^{\widetilde{\Lambda}}(x_{S\setminus\Lambda})<\infty$，因此当 $z\in X_m(\Lambda)$ 时 $x_{S\setminus\Lambda}\times z\in R_\Lambda^0$。在式(9.422)中令 $\Lambda_{(0)}\uparrow S$，得

$$g^\Lambda(x_{S\setminus\Lambda}\times z)=g^{\widetilde{\Lambda}}(x_{S\setminus\Lambda}\times z)-g^{\widetilde{\Lambda}}(x_{S\setminus\Lambda})$$

$$\leqslant N(m_0+m)+|g^{\widetilde{\Lambda}}(x_{S\setminus\Lambda})|\leqslant\{Nm_0+|g^{\widetilde{\Lambda}}(x_{S\setminus\Lambda})|\}m$$

从而 $x\in R_\Lambda^+$。

定理 9.16 设 V 是稳定的势，定义 $f^\Lambda: x\to R$ 为

$$f^\Lambda(x)=\begin{cases}\dfrac{\exp g^\Lambda(x)}{\int\exp\{g^\Lambda(x_{S\setminus\Lambda}\times w)\}\mathrm{d}w_\Lambda(w)} & (x\in R_\Lambda)\\ 0 & (其他)\end{cases}$$

则 $\{f^\Lambda\}_{\Lambda\in\mathscr{E}}$ 满足条件(1)、(2)、(3)及式(9.415)；经过式(9.414)可以定义一个规范。

证明：$\{f^\Lambda\}_{\Lambda\in\mathscr{E}}$ 显然满足条件(1)、(2)、(3)。设 $\Lambda\subset\widetilde{\Lambda}\in\mathscr{E}$ 并对某个 $x\in X$，$f^\Lambda(x)=0$，故有三种可解：

(1) $x\notin R_{\widetilde{\Lambda}}^-$；

(2) $x\in R_\Lambda^-$，但 $x\notin R_\Lambda^+$；

(3) $x\in R_\Lambda$，但 $g^{\widetilde{\Lambda}}(x)=-\infty$。

若(1)出现,则或 $x\notin R_{\widetilde{\Lambda}}^{-}$、或 $x\in R_{\widetilde{\Lambda}}^{-}$ 且 $g^{\widetilde{\Lambda}}(x)=-\infty$;若(2)出现,则由定理 9.15 知 $x\notin R_{\widetilde{\Lambda}}^{+}$;若(3)出现,则 $x\in R_{\widetilde{\Lambda}}$ 且 $g^{\widetilde{\Lambda}}(x)=-\infty$。

在以上各种情况中都有 $f^{\widetilde{\Lambda}}(x)=0$,表明前述的命题"当 $\Lambda\subset\widetilde{\Lambda}\in\mathscr{F}$ 并 $f^{\Lambda}(x)=0$ 时 $f^{\widetilde{\Lambda}}(x)=0$"的正确性。取 $\Lambda\subset\widetilde{\Lambda}\in\mathscr{E}$,$x$、$\widetilde{x}\in X$ 且 $x_{S\setminus\Lambda}=\widetilde{x}_{S\setminus\Lambda}$;今证

$$f^{\Lambda}(\widetilde{x})f^{\widetilde{\Lambda}}(x)=f^{\Lambda}(x)f^{\widetilde{\Lambda}}(\widetilde{x})$$

可以假定 x、$\widetilde{x}$均在 $R_{\Lambda}\cap R_{\widetilde{\Lambda}}$中,否则上式两边为零。

如果 $g^{\Lambda}(x)=-\infty$,那么同上所述,将有 $g^{\widetilde{\Lambda}}(x)=-\infty$,于是可以假定 $f^{\Lambda}(\widetilde{x})$、$f^{\widetilde{\Lambda}}(x)$、$f^{\Lambda}(x)$、$f^{\widetilde{\Lambda}}(\widetilde{x})$全大于零。需要证明等式变为

$$g^{\Lambda}(\widetilde{x})+g^{\widetilde{\Lambda}}(x)=g^{\widetilde{\Lambda}}(x)+g^{\widetilde{\Lambda}}(\widetilde{x})$$

该等式成立。因为对任何 $\Lambda_{(0)}\in\mathscr{E}$、$\Lambda_{(0)}\supset\widetilde{\Lambda}$、记 $y=x_{\Lambda_{(0)}}$,$\widetilde{y}=\widetilde{x}_{\Lambda_{(0)}}$,有

$$g_{\Lambda_{(0)}}^{\Lambda}(\widetilde{x})+g_{\Lambda_{(0)}}^{\widetilde{\Lambda}}(x)=\sum_{w\leqslant y}\Phi(w)+\sum_{w\leqslant\widetilde{y}}\Phi(w)+\sum_{w\leqslant\widetilde{y}_{S\setminus\Lambda}}\Phi(w)$$

上式右方第 1,2 项要求 $w(\Lambda)>0$、第 3 项要求 $w(\widetilde{\Lambda})>0$。推出

$$g_{\Lambda_{(0)}}^{\Lambda}(\widetilde{x})+g_{\Lambda_{(0)}}^{\widetilde{\Lambda}}(x)=g_{\Lambda_{0}}^{\Lambda}(x)+g_{\Lambda_{(0)}}^{\widetilde{\Lambda}}(x)$$

取 $S=R^{d}$、$\mathscr{F}$为 R^{d} 的波莱尔子集类、$\mathscr{E}$为有界波莱尔集类;取 λ 为 am,而 m 为$(S,\mathscr{F})$上的勒贝格测度,a 为正实数;设有对势 Φ,即当 $x(S)>2$ 时 $\Phi(x)=0$;设 Φ 为平移不变,这时存在 $\beta\in R$ 及偶函数 $\psi:R^{d}\to(-\infty,+\infty]$,使

$$\begin{cases}\phi(x)=\beta & (x(S)=1)\\ \phi(x)=-\psi(u_1-u_2) & (x(S)=2\text{ 且 }u_1\text{、}u_2\text{ 为 }x\text{ 中的点})\end{cases}\tag{9.423}$$

注意到式(9.414)中将 β 变为$\widetilde{\beta}$、λ 变为$\{\exp(\widetilde{\beta}-\beta)\}\lambda$ 恰好有同样的效果;命 V 表示由 Φ 通过式(9.419)定义的势。

V 是正则的当且仅当下列条件之一成立时:

(1)对所有 $n\geqslant 1, u_1、u_2、\cdots、u_n\in R^d$，

$$\sum_{l=1}^{n}\sum_{j=1}^{n}\psi(u_l-u_j)\geqslant 0$$

(2)$\psi\geqslant\tilde{\psi}$，而$\tilde{\psi}$为正定的，

(3)存在 $0<r_1<r_2<\infty$ 和 $\psi_1:[0,r_1]\to(0,+\infty]$，$\psi_2:[r_2,\infty)\to(0,+\infty)$，同时 ψ_1、ψ_2 为减函数，

$$\int_0^{r_1}t^{d-1}\psi_1(t)\mathrm{d}t=\infty \qquad \int_{r_2}^{\infty}t^{d-1}\psi_2(t)\mathrm{d}t<\infty$$

ψ 具有性质：$\inf\psi(u)>-\infty$，对一切 $0<|u|<r_1$，$\psi(u)\geqslant\psi_1(|u|)$；对 $|u|\geqslant r_2$，$|\psi(u)|\leqslant\psi_2(|u|)$。

如果 ψ 为上半连续，那么条件(1)等价于 V 是稳定的。

考虑在近距离排斥相互作用的情况：存在 $r>0$，使对所有 $0\leqslant|u|\leqslant r$，有 $\psi(u)=-\infty$，对此称存在硬核势，它是描述粒子半径是 r 的硬球情形，假定 V 为硬核势，$\inf\limits_{u\in R^d}\psi(u)>-\infty$。

(4)存在 $s>r$ 与正减函数 $\psi_0:[s,+\infty)\to R$，具有

$$\int_t^{\infty}t^{d-1}\psi_0(t)\mathrm{d}t<\infty$$

使对一切 $|u|\geqslant s$，$|\psi(u)|\leqslant\psi_0(|u|)$。此刻条件(3)成立，表明 V 正则；根据定理 9.15，由 V 可以构造一个规范 $\mathscr{V}$。对于对势，有

$$g_{\tilde{\Lambda}}^{\Lambda}(x)=\sum_{y\leqslant x_{\tilde{\Lambda}}}\Phi(y)=\sum_{y\leqslant x_{\Lambda}}\Phi(y)+\sum_{y\leqslant x_{\tilde{\Lambda}}}\Phi(y) \qquad (9.424)$$

式(9.424)的第一个等式右端要求 $y(\Lambda)>0$，第二个等式右端第 2 项要求 $y(\Lambda)=y(\tilde{\Lambda}\backslash\Lambda)=1$。令 $k_n\geqslant 0$、$\beta_n\geqslant 0$，当 $n\uparrow\infty$ 时 $k_n\uparrow\infty$。对于 $n\geqslant 1$；令 $W_n=\{x\in X\mid x(\Lambda_n\backslash\Lambda_{n-1})\leqslant\beta_n\}$，其中 Λ_n 为中心在原点，边长为 $2k_n$ 的正方体(约定 $\Lambda_0=\phi$)，而 $W=\bigcap\limits_{n>1}W_n$。依条件(3)，$\psi_2$ 的定义域可扩张到整个 R，对一切 $t<r_2$，定义 $\psi_2(t)=\psi_2(r_2)$。

定理 9.17 若 ψ 满足(3)并对所有 $\alpha\geqslant 0$，

$$\sum_{n\geqslant 1}\psi_2(k_n-\alpha)\beta_{n+1}<\infty$$

则对任何 $\Lambda\in\mathscr{E}$、$W\subset R_\Lambda^0$ 且在 W 上一致地有 $g_{\tilde\Lambda}^\Lambda\to g^\Lambda$。

证明：设 C 为中心在原点的正方体、$C\supset\Lambda$，并使当 $\xi\in\Lambda$、$\eta\notin C$ 时 $|\xi-\eta|\geqslant r_2$；设 C 的边长为 $2c$，当对某个 $\tilde\Lambda\in\mathscr{E}$、$g_{\tilde\Lambda}^\Lambda(x)=-\infty$ 时对一切 $\tilde\Lambda\supset C$ 也如此。在 $\{x\in X\,|\,g^\Lambda(x)=-\infty\}$ 上一致地有 $g_{\tilde\Lambda}^\Lambda\to g^\Lambda$。取 n_0 为使 $\Lambda_{n_0}\supset C$ 的最小整数；取 $n\geqslant n_0$、$\Lambda_{(0)}\supset\tilde\Lambda\supset\Lambda_n$；取 $g_{\tilde\Lambda}^\Lambda>-\infty$，于是依式(9.424)，

$$g_{\Lambda_{(0)}}^\Lambda(x)-g_{\tilde\Lambda}^\Lambda(x)=\sum_{y\leqslant x_{\Lambda_{(0)}}}\Phi(y)\quad(y(\Lambda)=y(\Lambda_{(0)}\setminus\tilde\Lambda)=1)$$

得到

$$|g_{\Lambda_{(0)}}^\Lambda(x)-g_{\tilde\Lambda}^\Lambda(x)|\leqslant\sum_{m\geqslant n}\sum_{y\leqslant x}|\Phi(y)|\quad(y(\Lambda)=y(\Lambda_{(0)}\setminus\tilde\Lambda)=1)$$

对于 $x\in W$ 及减函数 ψ_2，有

$$|g_{\Lambda_{(0)}}^\Lambda(x)-g_{\tilde\Lambda}^\Lambda(x)|\leqslant x(\Lambda)\sum_{m\geqslant n}\psi_2(k_m-C+r_2)\beta_{m+1}$$

注意到 $x(\Lambda)\leqslant\sum\limits_{n\leqslant n_0}\beta_n$，故在 W 上一致地 $g_{\tilde\Lambda}^\Lambda\to g^\Lambda$。

定理 9.18　若定理 9.17 假设成立，则对任何 $\Lambda\in\mathscr{E}$，$W\subset R_\Lambda^+$。

证明：设 $x\in W$，从定理 9.17 的证明知，对任何 $w\in X(\Lambda)$、有 $x_{S\setminus\Lambda}\times w\in R_\Lambda^0$。对于 $\tilde\Lambda\supset C$，得

$$\begin{aligned}g_{\tilde\Lambda}^\Lambda(x_{S\setminus\Lambda}\times w)&=g_{\tilde\Lambda}^\Lambda(x_{S\setminus\Lambda}\times w)-g_C^\Lambda(x_{S\setminus\Lambda}\times w)+g_C^\Lambda(x_{S\setminus\Lambda}\times w)\\&\leqslant w(\Lambda)\sum_{n\geqslant1}\psi_2(k_n-c+r_2)\beta_{n+1}+q_C^\Lambda(x_{S\setminus\Lambda}\times w)\end{aligned}$$

但 $g_C^\Lambda(x_{S\setminus\Lambda}\times w)=g^\Lambda(x_{S\setminus\Lambda}\times w)$，且因条件(3)可以推出势的稳定性，表明存在 $N\geqslant0$，使对所有 $w\in X(\Lambda)$，

$$g_C^\Lambda(x_{S\setminus\Lambda}\times w)\leqslant N\{x(C\setminus\Lambda)+w(\Lambda)\}$$

验证知 N 可与 $x\in W$ 无关。于是从 $x(C\setminus\Lambda)\leqslant\sum\limits_{n\leqslant n_0}\beta_n$，故有 $\tilde N$，使对一切 $\tilde\Lambda\supset C$，$w\in X_m(\Lambda)$，得

$$g_{\tilde\Lambda}^\Lambda(x_{S\setminus\Lambda}\times w)\leqslant\tilde Nm$$

对任何 $w\in X_m(\Lambda)$，得到 $g^\Lambda(x_{S\setminus\Lambda}\times w)\leqslant\tilde Nm$，从而 $x\in R_\Lambda^+$。

仍取 $\mathscr{A}=\bigcup\limits_{\theta\in\mathscr{N}}\mathscr{F}(\theta)$，以 $B(\mathscr{A})$ 表示有界的并对 $\theta\in\mathscr{N}$ 为 $\mathscr{F}(\theta)$-可测函数集，取

$$D=\{x\in X\mid \text{对一切 } y\leqslant x \text{ 的 } y\in X_F, \phi(y)>-\infty\}$$

显然 D、W 为 $\mathscr{A}_\delta$ 中的集合。

定理 9.19 若定理 9.17 的假设成立，则对任何 $\Lambda\in\mathscr{E}$、$F\in\mathscr{A}$、$\delta>0$，存在 $f\in B(\mathscr{A})$，使对所有 $x\in W\cap D$，得到

$$|\pi_\Lambda(x,F)-f(x)|<\delta$$

证明：对于 $\tilde{x}\in\mathscr{F}$、$\tilde{\Lambda}\supset\Lambda$，定义 $h_{\tilde{\Lambda}}: x\to R$ 为

$$h_{\tilde{\Lambda}}(x)=\frac{\int_{\tilde{F}}\exp g_{\tilde{\Lambda}}^{\Lambda}(x_{S\setminus\Lambda}\times w)\mathrm{d}\omega_\Lambda(w)}{\int\exp g_{\tilde{\Lambda}}^{\Lambda}(x_{S\setminus\Lambda}\times w)\mathrm{d}\omega_\Lambda(w)}$$

其中 $\tilde{F}=\{z\in X(\Lambda)\mid x_{S\setminus\Lambda}\times z\in F\}$，则 $h_{\tilde{\Lambda}}\in B(\mathscr{A})$。于是只需证明在 $W\cap D$ 上一致地有 $h_{\tilde{\Lambda}}\to\pi_\Lambda(\cdot,F)$，而 $W\cap D\subset R_\Lambda$。当 $x\in W\cap D$ 时

$$\pi_\Lambda(x,F)=\frac{\int_{\tilde{F}}\exp g^{\Lambda}(x_{S\setminus\Lambda}\times w)\mathrm{d}\omega_\Lambda(w)}{\int\exp g^{\Lambda}(x_{S\setminus\Lambda}\times w)\mathrm{d}\omega_\Lambda(w)}$$

因为

$$\int\exp g_{\tilde{\Lambda}}^{\Lambda}(x_{S\setminus\Lambda}\times w)\mathrm{d}\omega_\Lambda(w)\geqslant\exp\{-\lambda(\Lambda)\}$$

所以只要证明对任何 $G\in\mathscr{F}_0(\Lambda)$，

$$\int_G\exp g_{\tilde{\Lambda}}^{\Lambda}(x_{S\setminus\Lambda}\times w)\mathrm{d}\omega_\Lambda(w)\to\int\exp g^{\Lambda}(x_{S\setminus\Lambda}\times w)\mathrm{d}\omega_\Lambda(w)$$

对于 $x\in W\cap D$ 一致地成立。使用定理 9.18 得出一致估计以及

$$|\exp(\xi)-\exp(\eta)|\leqslant|\xi-\eta|\exp(\max\{\xi,\eta\})$$

这个事实，推出

$$|\exp g_{\tilde{\Lambda}}^{\Lambda}(x_{S\setminus\Lambda}\times w)-\exp g^{\Lambda}(x_{S\setminus\Lambda}\times w)|$$

$$\leqslant|g_{\tilde{\Lambda}}^{\Lambda}(x_{S\setminus\Lambda}\times w)-g^{\Lambda}(x_{S\setminus\Lambda}\times w)|\exp\{\tilde{N}w(\Lambda)\}$$

$$\leqslant \delta(\widetilde{\Lambda}) w(\Lambda) \exp\{\widetilde{N} w(\Lambda)\}$$

当$\widetilde{\Lambda} \to S$时$\delta(\tilde{x}) \to 0$，因为

$$\int w(\Lambda) \exp\{\widetilde{N} w(\Lambda)\} \mathrm{d}\omega_{\Lambda}(w) = \sum_{m \geqslant 1} m \exp(\widetilde{N} m) \frac{\{\lambda(\Lambda)\}^m}{m!} < \infty$$

今$k_n = n$、$\beta_n = (2n)^d - (2n-2)^d$。由于$\psi_2$为减函数且

$$\int t^{d-1} \psi_2(t) \mathrm{d}t < \infty$$

因此对一切$a \geqslant 0$，$\sum_{n \geqslant 1} \psi_2(n-a) \mid n^{d-1} < \infty$；对一切$a \geqslant 0$，$\sum_{n \geqslant 1} \psi_2(n-a) \beta_{n+1} < \infty$；对$n \geqslant 1$、$m \geqslant 1$，命

$$U_{nm} = \{x \in X \mid x(\Lambda_n \backslash \Lambda_{n-1}) \leqslant m\beta_n\} \text{ 与 } U_m = D \cap (\bigcap_{n \geqslant 1} U_{nm})$$

定理 9.20 若对任给的$\delta > 0$，存在$m \geqslant 0$，使对所有$\Lambda \in \mathscr{E}$，则$\pi_{\Lambda}(0, U_m) \geqslant 1 - \delta$。

证明：暂定$n \geqslant 1$，可将$\Lambda_n \backslash \Lambda_{n-1}$写成$\Lambda_n \backslash \Lambda_{n-1} = \bigcup_l C_l$，$C_l$为两两互不相交；$l = 1, 2, \cdots$。每个$C_l$的闭包都是具有单位边长的正方体。根据 Ruelle 理论，存在$p > 0$，$q > 0$（仅依赖于ψ_2），使对任何$\Lambda \in \mathscr{E}$、$M > 0$，

$$\pi_{\Lambda}(0, E(M)) < \exp\{-(pM^2 - q)\beta_n\}$$

$$E(M) = \left\{x \in X \middle| \sum_{l=1}^{\beta_n} \{x(C_l)\}^2 \geqslant M^2 \beta_n\right\}$$

应用施瓦兹不等式，

$$U_{nm} = \left\{x \in X \middle| \sum_{l=1}^{\beta_n} \{x(C_l)\} \leqslant m\beta_n\right\}$$

$$\supset \left\{x \in X \middle| \sum_{l=1}^{\beta_n} \{x(C_l)\}^2 < m^2 \beta_n\right\} = X \backslash E(m)$$

故

$$\pi_{\Lambda}(0, U_{nm}) \geqslant 1 - \exp\{-(pm^2 - q)\beta_n\}$$

依$\pi_{\Lambda}(0, D) = 1$，

$$\pi_{\Lambda}(0, U_m) \geqslant 1 - \sum_{n \geqslant 1} \exp\{-(pm^2 - q)\beta_n\}$$

对于 $m \to \infty$，

$$\sum_{n \geqslant 1} \exp\{-(pm^2 - q)\beta_n\} \to 0$$

9.8　双分子反应与质量作用定律

在化学反应中，如果两个分子结合生成一个新分子，那么称之为双分子反应。

今考虑由两种分子 A、B 组成的流体。当一个分子 A 与一个 B 分子碰撞后，以几率 1 形成一个新分子 C，

$$A + B \to C$$

命随机变量 $X_1(t)$、$X_2(t)$、$X_3(t)$ 分别表示 t 时刻流体中 A、B、C 的分子数，x_1、x_2、x_3（$x_l \geqslant 0$）表示这些随机变量可取的值。若 $X_1(0)=x_{10}$、$X_2(0)=x_{20}$，则 $X_1(t)=x_{10}-X_3(t)$、$X_2(t)=x_{20}-X_3(t)$。

对于 $X_3(t)$，取 $P_{x_3}(t)=\mathscr{F}\{X_3(t)=x_3\}$，而 $x_3=0、1、\cdots、C^*$，$C^*=\min\{x_{10}、x_{20}\}$，取 $\lambda\Delta t+o(\Delta t)$ 表示区间 $(t,t+\Delta t)$ 内任意分子 A 和分子 B 碰撞的几率。定义

$$h(x_3) = (x_{10} - x_3)(x_{20} - x_3)$$

推出

$$P_{x_3}(t + \Delta t) = [1 - \lambda h(x_3)]\Delta t P_{x_3}(t) + \lambda h(x_3 - 1)\Delta t P_{x_3 - 1}(t) + o(\Delta t) \quad (9.425)$$

当 $\Delta t \to 0$ 时，得到差分微分方程

$$\begin{cases} \dfrac{\mathrm{d}}{\mathrm{d}t}P_{x_3}(t) = \lambda[h(x_3 - 1)P_{x_3-1}(t) - h(x_3)P_{x_3}(t)] \\ \dfrac{\mathrm{d}}{\mathrm{d}t}P_0(t) = -\lambda h(x_0)P_0(t) \end{cases} \quad (9.426)$$

$x_3=1、2、\cdots、C^*$，式(9.426)取拉普拉斯变换，

$$Q_{x_3}(s) = \mathscr{L}[P_{x_3}(t)] = \frac{h(x_3 - 1)Q_{x_3-1}(s)}{s + \lambda h(x_3)} \quad (9.427)$$

$x_3=1、2、\cdots、C^*$，依式(9.426)

$$\frac{\mathrm{d}}{\mathrm{d}t}P_0(t) = -\lambda x_{10}x_{20}P_0(t) \tag{9.428}$$

初始条件 $P_0(0)=1$，于是

$$P_0(t) = \exp(-\lambda x_{10}x_{20}t) \tag{9.429}$$

$P_0(t)$的拉普拉斯变换为

$$Q(s) = \frac{1}{s+\lambda x_{10}x_{20}} \tag{9.430}$$

在式(9.428)中应用式(9.430)，由迭代得

$$Q_{x_3}(s) = \frac{\lambda^{x_3}\prod\limits_{l=1}^{x_3}h(l-1)}{\prod\limits_{l=0}^{x_3}[s+\lambda h(l)]} \tag{9.431}$$

这里 $x_3=0、1、\cdots、C^*$，或

$$Q_{x_3}(s) = \sum_{l=1}^{x_3}\frac{h(0)h(1)\cdots h(x_3-1)}{[s+\lambda h(l)]\prod\limits_{k}[h(j)-h(k)]} \tag{9.432}$$

其中 $k\neq j、0\leqslant j\leqslant x_3$。作逆变换，

$$P_{x_3}(t) = \sum_{l=0}^{x_3}\exp[-\lambda h(l)t]\prod_{k=0}^{x_3-1}h(k)\prod_{n}\frac{1}{h(j)-h(n)} \tag{9.433}$$

$n\neq j、0\leqslant j\leqslant x_3, x_3=0、1、\cdots、C^*$。

在 t 时刻混合物中 C 分子的数学期望为

$$m(t) = \mathscr{E}\{X_3(t)\} = \sum_{x_3=0}^{C^*}x_3P_{x_3}(t) \tag{9.434}$$

而

$$\frac{\mathrm{d}}{\mathrm{d}t}m(t) = \lambda\{[x_{10}-m(t)][x_{20}-m(t)]\} + \mathscr{D}^2\{X_3(t)\}$$

或

$$\frac{\mathrm{d}}{\mathrm{d}t}m(t) = \lambda\mathscr{E}\{X_1(t)\}\mathscr{E}\{X_2(t)\} + \mathscr{D}^2\{X_3(t)\} \tag{9.435}$$

这里 $\mathscr{E}\{X_1(t)\}$、$\mathscr{E}\{X_2(t)\}$分别为 A、B 分子的数学期望，$\mathscr{D}^2\{X_3$

$(t)\}$为 C 分子数的方差。式(9.435)变为

$$\frac{\mathrm{d}}{\mathrm{d}t}m(t)=\lambda\mathscr{E}\{X_1(t)X_2(t)\}$$

$$\begin{aligned}\mathscr{E}\{X_1(t)X_2(t)\}&=\mathscr{E}\{[x_{10}-X_3(t)][x_{20}-X_3(t)]\}\\&=\mathscr{E}\{X_1(t)\}\mathscr{E}\{X_2(t)\}+\mathscr{D}^2\{X_3(t)\}\end{aligned}$$

因为 $\mathscr{D}^2\{X_3(t)\}\ll\mathscr{E}\{X_1(t)\}\mathscr{E}\{X_2(t)\}$,所以近似地有

$$\frac{\mathrm{d}}{\mathrm{d}t}m(t)=\lambda\{[x_{10}-m(t)][x_{20}-m(t)]\}\tag{9.436}$$

式(9.436)称为质量作用定律;式(9.436)的解为

$$m(t)=\frac{\exp(-\lambda x_{10}t)-\exp(-\lambda x_{20}t)}{\frac{1}{x_{10}}\exp(\lambda-x_{10}t)-\frac{1}{x_{20}}\exp(\lambda-x_{20}t)}\tag{9.437}$$

当 t 较小时 $m(t)\sim x_{10}x_{20}t$,

$$\lim_{t\to\infty}m(t)=C^*=\min\{x_{10},x_{20}\}\tag{9.438}$$

9.9 生物系统中的电子输运

如果不存在外源,那么电子从一个分子移动到另一个分子就是由氧化还原化学反应产生的。在这种化学反应中一个分子失去电子称为施主(D),一个分子获得电子称为受主(A),于是氧化还原反应可表达为

$$D+A\longrightarrow D^++A^-$$

讨论 α 螺旋蛋白质分子在施主与受主之间的电子转移。取 α 螺旋分子由相距为 a 的 $N(\gg1)$个肽团组成,其能态的哈密顿量为

$$H_0=\sum_n\left[\varepsilon B_n^+B_n-\frac{1}{2}L(B_n^+B_{n+1}+B_{n+1}^+B_n)\right]\tag{9.439}$$

这里 ε 为肽团中键合最弱的电子的能量、n 为肽团在分子中的编号、$\frac{1}{2}L$ 为相邻肽团中的电子相互作用能。

取和 n_1 肽团相联系的施主分子的能量算子的形式为

$$H_D=\varepsilon_1C_{n_1}^+C_{n_1}\quad(\varepsilon_1<\varepsilon)\tag{9.440}$$

施主分子同肽团之间的相互作用可以写为

$$H_1 = \delta_1(B_{n_1}^+ C_{n_1} + B_{n_1} C_{n_1}^+) \tag{9.441}$$

算子 $B_n^+ B_n$ 表征电子编号为 n 的肽团中的 ε 能级的状态；$C_{n_1}^+ C_{n_1}$ 表征的状态：电子占据施主分子的 ε_1 能级；算子 $B_n^+ B_m$ 描述电子从第 m 号肽团跃迁到第 n 号肽团；算子 $C_{n_1} C_{n_1}^+$ 描述电子从施主到肽团的跃迁。

因为研究系统中一个电子的状态，所以

$$C_{n_1}^+ C_{n_1} + \sum_n B_n^+ B_n = 1 \tag{9.442}$$

系统中所有其余的电子和原子核决定链的位形以及该模型参数 ε、ε_1、δ_1、L 的值。

在系统（施主＋蛋白质分子）中键合最弱的电子态由下列哈密顿量确定，

$$H = H_0 + H_D + H_1 \tag{9.443}$$

利用正则变换，

$$\begin{cases} B_n = \dfrac{1}{\sqrt{N}} \sum\limits_k \exp(-inka) A_k \\ A_k = \dfrac{1}{\sqrt{N}} \sum\limits_n \exp(inka) B_n \end{cases} \tag{9.444}$$

式(9.443)变为

$$H = \sum_k [\varepsilon A_k^+ A_k + V_{n_1}(k) C_{n_1}^+ A_k + V_{n_1}^*(k) C_{n_1} A_k] + \varepsilon_1 C_{n_1}^+ C_{n_1} \tag{9.445}$$

式中波数 $k \in \left(-\dfrac{\pi}{2a}, \dfrac{\pi}{2a}\right)$，取 N 个等间距的值，ε_k 为导带内的 N 个子能级，

$$\varepsilon_k = \varepsilon - \cos ka \tag{9.446}$$

L 为导带半宽度，

$$V_{n_1}(k) = \frac{\delta_1}{\sqrt{N}} \exp(-ikn_1 a) \tag{9.447}$$

系统的波函数为

$$|\psi_{n_1}\rangle=(u_1C_{n_1}^{+}+\sum_{k}u_kA_k^{+})\,|0\rangle \tag{9.448}$$

式中$|0\rangle$为无电子状态、$A_k^{+}|0\rangle$为有一个电子处于导带中的第 k 个子能级的状态、$C_{n_1}^{+}|0\rangle$为在施主分子的 ε_1 能级上有一个电子的状态。依波函数式(9.448)的归一化推出

$$|u_1|^2+\sum_{k}|u_k|^2=1 \tag{9.449}$$

系统的能量 E 及式(9.448)的未知函数 u_1、u_k 由下述泛函为极小的条件确定:

$$J=\langle\psi_{n_1}\,|H|\,\psi_{n_2}\rangle$$

式(9.448)、式(9.449)代入上式可以证明,计算 J 的极小变为求解下边的方程组,

$$\begin{cases}(\varepsilon_k-E)a_k+V_{n_1}^{*}(k)u_1=0\\ \sum_{k}V_{n_1}(k)u_k+(\varepsilon_1-E)u_1=0\end{cases} \tag{9.450}$$

从式(9.450)的非平凡解的存在性知

$$\varepsilon_1-E=\frac{\delta_1^2}{N}\sum_{k}(\varepsilon_k-E)^{-1} \tag{9.451}$$

其决定了系统的 $N+1$ 个能级 E_0 对应于该 E 的每个值下述方程,

$$(E-\delta_k)u_k(E)=V_{n_1}^{*}u_1(E) \tag{9.452}$$

它和式(9.449)共同确定 $u_k(E)$、$u_1(E)$。特别是

$$u_1(E)=[1+\delta_1^2(E-\varepsilon_k)^{-2}]^{-1} \tag{9.453}$$

当不等式 $\varepsilon-E>L$ 成立时,式(9.451)中的对 k 求和过渡到积分,有

$$\varepsilon_1-E=\frac{\delta_1^2}{\sqrt{(E-\varepsilon)^2-L^2}} \tag{9.454}$$

在式(9.451)确定的 $N+1$ 个能级中,最低能级 E_1 与 ε_1 相差很小,故命 $E_1=\varepsilon_1-\xi$,对于$|\varepsilon-\varepsilon_1|\gg\xi$,利用式(9.454)推出

$$\xi=\frac{\delta_1^2}{\sqrt{(\varepsilon-\varepsilon_1)^2-L^2}} \tag{9.455}$$

于是和蛋白质分子相互作用的施主电子能级取为

$$E_1 = \frac{\varepsilon_1 - \delta_1^2}{\sqrt{(\varepsilon - \varepsilon_1)^2 - L^2}} \tag{9.456}$$

根据式(9.448)、式(9.452),对应于能量 E_1 的电子态的波函数为

$$\left| \psi'_{n_1} \right\rangle = u(E_1)\left(C_{n_1}^+ + \sum_k \frac{V_n^* A_k^+}{E_1 - \varepsilon_k} \right) \left| 0 \right\rangle$$

式(9.447)代入上式,且因式(9.444)变成算子 B_n^+,则 $|\psi'_{n_1}\rangle$ 在坐标表象下的形式为

$$|\psi'_{n_1}(\boldsymbol{r})\rangle = u_1(E_1)\left\{ \varphi_D(\boldsymbol{r} - n_1 a) + \frac{\delta_1}{N}\sum_{k,n} \frac{\exp[ik(n_1 - n)a]\varphi_n(\boldsymbol{r} - n\boldsymbol{a})}{E_1 - \varepsilon_k} \right\}$$

这里 φ_D、φ_n 分别为电子在自由施主分子中的波函数与在编号 n 的肽团中的波函数,

$$\varphi_D(\boldsymbol{r} - n_1\boldsymbol{a}) = C_{n_1}^+ \mid 0\rangle$$

$$\varphi_n(\boldsymbol{r} - n\boldsymbol{a}) = B_n^+ \mid 0\rangle$$

在将对 k 的求和变成积分后,波函数 $|\psi'_{n_1}(\boldsymbol{r})\rangle$ 变成

$$|\psi_{n_1}^+\rangle = u_1(E_1)\left\{ \varphi_D(\boldsymbol{r} - n_1\boldsymbol{a}) + \delta_1 \sum_n \frac{\exp(-\Lambda_1 \mid n_1 - n \mid)\varphi_n(\boldsymbol{r} - n\boldsymbol{a})}{\sqrt{(\varepsilon - E_1)^2 - L^2}} \right\} \tag{9.457}$$

$$\Lambda_1 = \ln \frac{L}{\varepsilon - E_1 - \sqrt{(\varepsilon - E_1)^2 - L^2}} \tag{9.458}$$

今设除了在第 n_1 号肽团上连带施主分子外,在第 n_2 节处还连带有受主分子,其受激振动能级能量为 ε_2。表明此时系统(施主+蛋白质分子+受主)的哈密顿量可记为

$$H = \sum_k \{\varepsilon_k A_k^+ A_k + \varepsilon_1 C_{n_1}^+ C_{n_1} + \varepsilon_2 C_{n_2}^+ C_{n_2} + [V_{n_1}(k) C_{n_1}^+ A_k + V_{n_2}(k) C_{n_2}^+ A_k + f_E^*]\} \tag{9.459}$$

$$V_{n_2}(k) = \frac{\delta_2}{N}\exp(-ikn_2 a) \tag{9.460}$$

f_E^* 为埃尔米特共轭项,且取稳态波函数为

$$|\psi\rangle = \left(u_1 C_{n_1}^{+} + u_2 C_{n_2}^{+} + \sum_k u_k A_k^{+}\right)|0\rangle \qquad (9.461)$$

各个 u 应符合归一化条件:

$$|u_1|^2 + |u_2|^2 + \sum_k |u_k|^2 = 1 \qquad (9.462)$$

u_1、u_2、u_k 取决于齐次方程

$$\begin{cases}(\varepsilon_1 + V_{11} - E)u_1 + V_{12}u_2 = 0 \\ V_{21}u_1 + (\varepsilon_2 + V_{22} - E)u_2 = 0\end{cases} \qquad (9.463)$$

其中

$$V_{11}(E) = \frac{\delta_1^2}{N}\sum_k (\varepsilon_k - E)^{-1}$$

$$V_{22}(E) = \frac{\delta_2^2}{N}\sum_k (\varepsilon_k - E)^{-1}$$

$$V_{12}(E) = V_{21}(E) = \frac{\delta_1\delta_2}{N}\sum_k \frac{\exp[-ik(a|n_2 - n_1|)]}{\varepsilon_k - E}$$

在上式中当 $E<\varepsilon-L$ 时,把对 k 的求和变为积分,得

$$\begin{cases}V_{11}(E) \dfrac{\delta_1^2}{\sqrt{(\varepsilon - E)^2 - L^2}} \\ V_{22}(E) = \dfrac{\delta_2^2}{\sqrt{(\varepsilon - E)^2 - L^2}}\end{cases} \qquad (9.464)$$

$$V_{12}(E) = V_{21}(E) = \frac{\delta_1\delta_2}{\sqrt{(\varepsilon - E)^2 - L^2}}\exp\{-\Lambda(E)|n_1 - n_2|\} \qquad (9.465)$$

$$\Lambda(E) = \ln\frac{L}{\varepsilon - E - \sqrt{(\varepsilon - E)^2 - L^2}} \qquad (9.466)$$

由式(9.463)有非平凡解的条件可推出确定系统的 $N+2$ 个能级的方程,

$$[\varepsilon_1 + V_{11}(E) - E][\varepsilon_2 + V_{22}(E) - E] = V_{12}^2(E) \qquad (9.467)$$

从

$$\varepsilon_1 + V_{11}(E) - E = 0$$

$$\varepsilon_2 + V_{22}(E) - E = 0$$

分别决定或者只包括与蛋白质分子相互作用的施主的系统能态，或者是确定只含有与蛋白质分子相互作用的受主的系统能态。式(9.467)的函数 $V_{12}(E)$ 表征了系统在能量为 E 的状态下施主分子和受主分子通过蛋白质分子引起的有效相互作用。

为方便，取自由受主分子电子基态的能量为 $\varepsilon_1 - \hbar\Omega$，使之第一个振动激发态的能量与施主的基态能量相同，即 $\varepsilon_1 = \varepsilon_2$。又命 $\delta_1 = \delta_2$，于是

$$V_{11}(E) = V_{22}(E)$$

依式(9.467)，系统稳态的方程为

$$E = \varepsilon_1 + V_{11}(E) \pm V_{12}(E) \tag{9.468}$$

能量与 ε_1 按近的稳态从下式给出

$$E_{\pm}^{(1)} = \hbar\left(\omega_0 \pm \frac{1}{2}f\right) \tag{9.469}$$

而

$$\hbar\omega_0 = V_{11}(\varepsilon_1) \quad \frac{1}{2}\hbar f = V_{12}(\varepsilon_1) \tag{9.470}$$

该状态的波函数可由施主及受主的波函数表示，

$$|\psi_{\pm}(t)\rangle = \frac{1}{\sqrt{2}}(\psi_{n_1}^D + \psi_{n_2}^A)\exp\left\{-i\left(\varphi_0 \pm \frac{1}{2}f\right)t\right\} \tag{9.471}$$

式中 $\psi_{n_1}^D$、$\psi_{n_2}^A$ 以式(9.457)描述。在式(9.471)所描述的态中电子以相同的几率分配于施主的基态与受主的振动激发态之间。构造函数

$$\psi = \frac{1}{\sqrt{2}}(|\psi_t(t)\rangle + |\psi(t)\rangle) = \psi_{n_1}^D \cos\left(\frac{1}{2}ft\right) - i\psi_{n_2}^A \sin\left(\frac{1}{2}ft\right) \tag{9.472}$$

该函数表明电子将以频率 f 在施主分子与受主分子之间往返转移。电子真正从施主分子转移到受主分子上只有在频率为 $\gamma > f$ 的受主分子振动激发能 $\hbar\Omega$ 转给耗散系统后才可能。

电子转移为受主振动态的几率为

$$W_z(t) = \frac{f^2}{\gamma^2 - f^2}\exp(-\gamma t)\left[\mathrm{sh}\left(\frac{1}{2} + \sqrt{\gamma^2 - f^2}\right)\right]^2$$

$$\approx \frac{f^2}{\gamma^2 - f^2}\left[\exp\left(-\frac{f^2 t}{2\gamma}\right) - 2\exp(-\gamma t) + \exp(-2\gamma t)\right]$$

(9.473)

电子转移到受主电子基态的几率随时间变化关系为

$$W_j(t) = 1 - \exp(-\gamma t)\left\{1 + \frac{\gamma^2}{f^2 - \gamma^2}[1 - \mathrm{ch}(t\sqrt{\gamma^2 - f^2})]\right.$$

$$\left. + \frac{\gamma}{\sqrt{\gamma^2 - f^2}}\mathrm{sh}(t\sqrt{\gamma^2 - f^2})\right\}$$

(9.474)

当 $t \to \infty$ 时 $W_z(\infty) = 0$、$W_j(\infty) = 1$。如果 $f > \gamma$，那么相应的几率为

$$W_z(t) = \frac{f^2}{f^2 - \gamma^2}\sin^2\left(\frac{t\sqrt{f^2 - \gamma^2}}{2}\right)$$

$$W_j(t) = 1 - \exp(-\gamma t)\left\{1 + \frac{\gamma^2}{f^2 - \gamma^2}[1 - \cos(t\sqrt{f^2 - \gamma^2})]\right.$$

$$\left. + \frac{\gamma}{\sqrt{f^2 - \gamma^2}}\sin(t\sqrt{f^2 - \gamma^2})\right\}$$

对于无弛豫($\gamma \approx 0$)，有

$$W_z(t) = \sin^2\left(\frac{ft}{2}\right) \quad W_j(t) = 0$$

可见蛋白质分子有助于电子从施主分子转移到受主分子。

设在全同分子组成的一条无穷长链中，$\boldsymbol{n} = n\boldsymbol{a}$ 表示平衡位置，n 为非负整数。当采用紧束缚电子模型时，在分子链中占据点 $\boldsymbol{n}$ 的一个外来电子的态由哈密顿量给出

$$H_1 = \sum_n [(\varepsilon_0 - D_0)b_n^+ b_n - D_a(b_{n+a}^+ b_n + b_n^+ b_{n+a})]$$

(9.475)

其中 b_n^+、b_n 分别为点 $\boldsymbol{n}$ 处放出、吸收一个电子的算子，ε_0 以及 $b_n^+|0\rangle = \varphi(\boldsymbol{r} - \boldsymbol{n})$ 为该电子处于孤立的分子中时的能量和波函数。

若 $W(\boldsymbol{r} - \boldsymbol{n})$ 表示坐标为 $\boldsymbol{r} - \boldsymbol{n}^*$ 的电子与相邻点 $\boldsymbol{n} + \boldsymbol{a}$ 上的电

子之间的相互作用的势能算子，则

$$D_0 = -\int |\varphi(\boldsymbol{r}-\boldsymbol{n})|^2 [W(\boldsymbol{r}-\boldsymbol{n}+\boldsymbol{a}) + W(\boldsymbol{r}-\boldsymbol{n}-\boldsymbol{a})] \mathrm{d}^3\boldsymbol{r} \geqslant 0 \tag{9.476}$$

表征处于点 $\boldsymbol{n}$ 近旁的一个电子和链中相邻分子之间的相互作用；积分

$$D_a = -\int \varphi^*(\boldsymbol{r}-\boldsymbol{n}-\boldsymbol{a}) W(\boldsymbol{r}-\boldsymbol{n}-\boldsymbol{a}) \varphi(\boldsymbol{r}-\boldsymbol{n}) \mathrm{d}^3\boldsymbol{r} \tag{9.477}$$

表征相邻分子之间电子变换能。

讨论 $D_a>0$ 的状况。令 u_n 表示分子离开平衡位置 $\boldsymbol{n}$ 的纵向位移，于是在调谐近似下分子位移能量算子取为

$$H_2 = \frac{1}{2}\sum_n \left[\frac{1}{M}\hat{p}_n^2 + k_2(u_n - u_{n-a})^2\right] \tag{9.478}$$

M 为分子质量、k_2 为纵向弹性系数、$\hat{p}_n$ 为与位移算子 u_n 相共轭的动量算子。它们符合

$$[u_n, \hat{p}_{n'}] = i\hbar\delta_{nn'}$$

当分子偏离其平衡位置时，除式(9.477)、式(9.476)外，还有电子与分子之间的相互作用能。这个相互作用的算子在最简单的情况下可表示为

$$H_3 = X\sum_n b_n^+ b_n (u_{n+a} - u_{n-a}) \tag{9.479}$$

X 为耦合参数；这样对于一个电子和一条分子链构成的系统，其状态的哈密顿量为

$$H = H_1 + H_2 + H_3 \tag{9.480}$$

这个系统的稳态波函数写成

$$\psi(t) = \sum_n A_n(t)\exp[\sigma(t)] b_n^+ |0\rangle$$

$$\sum_n |A_n(t)|^2 = 1 \tag{9.481}$$

式(9.481)中$|0\rangle$为声子和一个电子系统的真空态，$\sigma(t)$为算子，

$$\sigma(t) = -\frac{i}{\hbar}\sum_n [\beta_n(t)\ \hat{p}_n - \pi_n(t) u_n]$$

$A_n(t)$的模平方表示在点 $\boldsymbol{n}$ 处出现电子的几率。$\beta_n(t)$、$\pi_n(t)$分别确定在态式(9.481)中的分子偏离平衡位置的位移和动量的平均值。可以证明

$$\beta_n(t) = \langle \psi(t) \mid u_n \mid \psi(t) \rangle$$
$$\pi_n(t) = \langle \psi(t) \mid \hat{p}_n \mid \psi(t) \rangle$$

考虑泛函

$$\begin{aligned}\varphi_2 &= \langle \psi(t) \mid H \mid \psi(t) \rangle \\ &= \sum_n \{A_n^* [(\varepsilon_0 - D_0)A_n - D_a(A_{n+a} + A_{n-a})] \\ &\quad + X \mid A_n \mid^2 (\beta_{n+a} - \beta_{n-a}) + \frac{1}{2M}\pi_n^2 + k_2\rho_n^2\}\end{aligned} \tag{9.482}$$

$$\rho_n = \beta_{n+a} - \beta_n \tag{9.483}$$

由于式(9.482)以 A_n、β_n 为坐标变量，以 $i\hbar A_n^*$、π_n 为与之共轭的广义动量的哈密顿函数，因此从式(9.482)推出哈密顿方程，

$$i\hbar \frac{\partial A_n}{\partial t} = [\varepsilon_0 - D_0 - X(\beta_{n+a} - \beta_{n-a})]A_n - D_a(A_{n+a} + A_{n-a}) \tag{9.484}$$

$$\frac{\partial \beta_D}{\partial t} = \frac{1}{M}\pi_n \tag{9.485}$$

$$\frac{\partial \pi_n}{\partial t} = -X(\mid A_{n-a} \mid^2 - \mid A_{n+a} \mid^2) - k_2(\rho_{n+a} - \rho_n) \tag{9.486}$$

式(9.485)对 t 求导并应用式(9.487)，

$$\frac{\partial^2 \beta_n}{\partial t^2} + X(\mid A_{n-a} \mid^2 - \mid A_{n+a} \mid^2) + k_2(\rho_{n+a} - \rho_n) = 0 \tag{9.487}$$

通过式(9.487)、式(9.484)可以计算 $A_n(t)$、$\beta_n(t)$、$\pi_n(t)$，利用它们可以表示一个分子链加一个外来电子这个系统的稳态波函数式(9.481)。以 A_n、β_n、π_n 代入式(9.482)即得系统的能量，而该值应从真空态算起。

式(9.487)、式(9.484)的解在距离为 a 的范围内的变化很平

滑,此时可将分离变量 $\boldsymbol{n}$ 的函数 $A_n(t)$、$\beta_n(t)$ 变成连续变量 x 的函数。取 x 沿 $\boldsymbol{a}$ 的方向计算,在 $x=na$ 处应

$$A_n(t) = A(x,t) \quad \beta_n(t) = \beta(x,t)$$

依式(9.483),表征链的分子间距压缩的函数由下式定义

$$\rho(x,t) = -a\frac{\partial}{\partial x}\beta(x,t) \tag{9.488}$$

当利用式(9.488)从 $\beta(x,t)$ 变到 $\rho(x,t)$ 时,式(9.487)、式(9.484)在连续近似下的形式为

$$\left(i\hbar\frac{\partial}{\partial t} - \mathscr{E}_0 + \frac{\hbar^2}{2m^*}\frac{\partial^2}{\partial x^2} + 2Xa\right)A(x,t) = 0 \tag{9.489}$$

$$\left(\frac{\partial^2}{\partial t^2} - V_a^2\frac{\partial}{\partial x^2}\right)\rho(x,t) + \frac{2Xa}{M}\frac{\partial^2}{\partial x^2}\mid A(x,t)\mid^2 = 0 \tag{9.490}$$

记

$$\mathscr{E}_0 = \varepsilon_0 - D_0 - 2D_a \tag{9.491}$$

$$\frac{\hbar^2}{2m^*} = a^2 D_a \tag{9.492}$$

$$V_a^2 = \frac{a^2 k_2}{M} \tag{9.493}$$

设 $X=0$,即电子与分子偏离平衡位置的位移之间无相互作用。于是式(9.489)、式(9.488)相互独立。方程

$$\left(\frac{\partial^2}{\partial t^2} - V_a^2\frac{\partial^2}{\partial x^2}\right)\rho(x,t) = 0$$

描述纵声波

$$\rho(x,t) = \rho_0\sin\left(t \pm \frac{x}{V_a}\right)$$

以速度 V_a 沿 x 轴的正向或负向传播。式(9.489)在 $X=0$ 时也有平面波解

$$A_k(x,t) = A_0\exp\{i[kx - \omega(k)t]\}$$

其相当于导带底附近的一个电子,能量为

$$\hbar\omega(k) = \mathscr{E}_0 + \frac{\hbar^2 k^2}{2m^*} \quad (ka \ll 1)$$

有效质量为 m^*、动量为 $\hbar k$、导带底的能量为 $\mathscr{E}_0$。

由于链平移不变，因此可以计算表示该系统以速度 V 传播的激发的解。取

$$\rho(x,t)=\rho(x-Vt)$$

$$|A(x,t)|=f(x-Vt)$$

注意到 $\rho(\eta)$ 在 $f(\eta)=0$ 的各 η 值上均是零，从式(9.490)出发，对变量 $\eta=X-Vt$ 积分，

$$\rho(\eta)=\frac{2X}{k_2(1-S^2)}|A|^2 \tag{9.494}$$

这里 $S=\dfrac{V}{V_a}$。式(9.494)代入式(9.489)，得到非线性薛定谔方程

$$\left[i\hbar\frac{\partial}{\partial t}-\mathscr{E}_0+\frac{\hbar^2}{2m^*}\frac{\partial^2}{\partial x^2}+G(S)|A(x,t)|^2\right]A(x,t)=0 \tag{9.495}$$

非线性参数

$$G(S)=\frac{G(0)}{1-S^2} \qquad G(0)=\frac{4X^2}{k_2} \tag{9.496}$$

在 $G(S)$ 为正，就是当 $S<1$ 时 $G(S)|A(x,t)|^2$ 为负势场，并导致激发的定域。当 $S>1$ 时 $G(S)<0$，满足归一化条件，

$$\frac{1}{a}\int|A(x,t)|^2\mathrm{d}x=1 \tag{9.497}$$

的解不存在。这时一个平面波

$$A(x,t)=A_0\exp\{i(kx-\omega t)\}$$

形式的未归一化解具有的能量为

$$\hbar\omega=\mathscr{E}_0-|A_0|^2G(S)+\frac{\hbar^2k^2}{2m^*} \quad (G(S)<0)$$

对于 $S<1$，式(9.495)的、符合归一性式(9.497)的解为

$$A(x,t)=\frac{\sqrt{\mu a}\exp\{i[k\eta-(\omega-kV)t]\}}{\sqrt{2}\,\mathrm{ch}\mu\eta} \tag{9.498}$$

式中

$$k=\frac{m^*V}{\hbar} \quad \eta=x-x_0-Vt \tag{9.499}$$

$$
\begin{cases}
\mu = \dfrac{am^{*}G(\varepsilon)}{2\hbar^{2}} = \dfrac{X^{2}}{ak_{2}(1-S^{2})D_{a}} \\
\hbar\omega - \mathscr{E}_{0} + \dfrac{\hbar^{2}}{2m^{*}}(k^{2} - \mu^{2})
\end{cases}
\tag{9.500}
$$

以 $\Delta x=\dfrac{\pi}{\mu}$表征电子定域的范围。在连续近似下，

$$
\Delta x = \frac{\pi k_{1}a(1-S^{2})D_{a}}{X^{2}} \gg a \tag{9.501}
$$

当链参数(k_{1},X,D_{a})固定时，上述不等式对电子的速度给以限制。

从式(9.498)、式(9.494)分子间距的压缩由下式给出

$$
\rho(\eta) = \frac{a\mu X}{(1-S^{2})k_{2}\mathrm{ch}^{2}\mu\eta} \tag{9.502}
$$

分子离开平衡位置的位移以下列函数表达，

$$
\beta(\eta) = \frac{X}{k_{2}(1-S^{2})}(1-\mathrm{th}\mu\eta) \tag{9.503}
$$

依式(9.503)、式(9.494)推出

$$
\frac{\partial}{\partial t}\beta(\eta) = \frac{1}{a}V\rho(\eta) \tag{9.504}
$$

据式(9.501)，泛函式(9.482)在连续近似下变为

$$
\varphi_{2} = \frac{1}{a}\int\left\{A^{*}\left[\mathscr{E}_{0} - a^{2}D_{a}\frac{\partial^{2}}{\partial x^{2}}\right]A - 2x\,|A|^{2}\rho + \frac{k_{2}(1+S^{2})}{2}\rho^{2}\right\}\mathrm{d}\eta \tag{9.505}
$$

将式(9.502)、式(9.498)代入式(9.505)，有系统的能量，

$$
E(V) = \mathscr{E}_{0} + \frac{1}{2}m^{*}V^{2} - \frac{2X^{4}(1-3S^{2})}{3k_{2}^{2}(1-S^{2})D_{a}} \tag{9.506}
$$

当 $S\ll 1$ 时

$$
E(V) = \mathscr{E}_{0} - \frac{2X^{4}}{3k_{2}^{2}D_{a}} + \frac{1}{2}m_{0}V^{2} \tag{9.507}
$$

$$
m_{0} = m^{*} + \frac{4MX^{4}}{3k_{2}^{3}a^{2}D_{a}} \tag{9.508}
$$

故态为式(9.498)时，电子的运动伴随有分子链的局部变形。

【例 9.1】 讨论概率守恒方程与福克方程。

解:设$\{x(t)\}_{t\geqslant 0}$是 n 维随机过程,在 t 时刻,$x(t)$具有分布密度 $p(x,t)$,命其对各个分量均无穷次可导;以 $p(\Delta x,\Delta t|x,t)$表示$\Delta x(t)=x(t+\Delta t)-x(t)$在条件 $x(t)=x$ 下的条件分布密度,对应的特征函数记作

$$\varphi(u,\Delta t \mid x,t)=E\{\exp[iu\Delta x(t)] \mid x(t)=x\} \qquad ①$$

将它在 $u=0$ 处展开,

$$\varphi(u,\Delta t \mid x,t)=\sum_{k=0}^{\infty}\frac{1}{k!}\varphi^{(k)}(0)u^{k}$$

这里 n 维向量 $k=(k_1,k_2,\cdots,k_n)$, $\sum\limits_{k=0}^{\infty}$ 表示 k 遍历所有可能的 n 维正整点格求和,$k!=k_1!\ k_2!\ \cdots k_n!$、$\varphi^{(k)}=\frac{\partial^{k_1}}{\partial u_1^{k_1}}\frac{\partial^{k_2}}{\partial u_2^{k_2}}\cdots\frac{\partial^{k_n}}{\partial u_n^{k_n}}$、$u^k=u_1^{k_1}u_2^{k_2}\cdots u_n^{k_n}$、$i^k=i^{k_1+k_2+\cdots+k_n}$。

依特征函数、矩的关系,有

$$\varphi(u_1\Delta t \mid x,t)=\sum_{k=0}^{\infty}\frac{(iu)^k}{k!}\alpha_k(x,t) \qquad ②$$

$$\alpha_k(x,t)=E\{\Delta x^k \mid x(t)=x\} \qquad ③$$

利用反演公式,

$$p(\Delta x,\Delta t \mid x,t)=\frac{1}{(2\pi^n)}\int_{R^n}\exp(-iu\Delta x)\varphi(u,\Delta t \mid x,t)\mathrm{d}u$$

$$=\sum_{k=0}^{\infty}\frac{\alpha_k(x,t)}{(2\pi)^n k!}\int_{R^n}(iu)^k\exp(-iu\Delta x)\mathrm{d}u \qquad ④$$

形式地使用广义函数,置 $\Delta x=x'-x$、$\delta(x'-x)$的特征函数为$\varphi(u)=\exp(ix\cdot u)$;经过反演,

$$\delta(x'-x)=\frac{1}{(2\pi)^n}\int_{R^n}\exp[-iu(x'-x)]\mathrm{d}u \qquad ⑤$$

从而

$$\frac{\partial^k}{\partial x^k}\delta(x'-x)=\frac{1}{(2\pi)^n}\int_{R^n}(iu)^k\exp[-iu(x'-x)]\mathrm{d}u \qquad ⑥$$

得到

$$p(\Delta x,\Delta t \mid x,t)=\sum_{k=0}^{\infty}\frac{1}{k!}\alpha_n(x,t)\frac{\partial^n}{\partial x^n}\delta(x'-x) \qquad ⑦$$

取 $p(x,t)$表示 $x(t)$的绝对分布密度，由全概率公式，

$$p(x',t+\Delta t)=\int_{R^n}p(\Delta x,\Delta t \mid x,t)p(x,t)\mathrm{d}x \qquad ⑧$$

把式⑦代入，

$$\begin{aligned}p(x',t+\Delta t)&=\sum_{k=0}^{\infty}\frac{1}{k!}\int\alpha_k(x,t)\frac{\partial^n}{\partial x^n}\delta(x'-x)p(x,t)\mathrm{d}x\\&=\sum_{k=0}^{\infty}\frac{(-1)^k}{k!}\frac{\partial^k}{\partial x'^k}[\alpha_k(x',t)p(x',t)] \qquad ⑨\end{aligned}$$

$$p(x,t+\Delta t)-p(x,t)=\sum_{k=1}^{\infty}\frac{(-1)^k}{k!}\frac{\partial^k}{\partial x^k}[\alpha_k(x,t)p(x,t)]$$

上式乘$\frac{1}{\Delta t}$、令 $\Delta t\to 0$，推出

$$\frac{\partial}{\partial t}p(x,t)=\sum_{k=1}^{\infty}\frac{(-1)^k}{k!}\frac{\partial^k}{\partial x^k}[\omega_k(x,t)p(x,t)] \qquad ⑩$$

$$\omega_k(x,t)=\lim_{\Delta t\to 0}\frac{1}{\Delta t}E\{[x(t+\Delta t)-x(t)]^k \mid x(t)=x\}$$

称之为 k-导矩，式⑩称为概率守恒方程。

概率守恒方程往往只有前两项，不妨考虑一维情形。若各阶导矩 $\omega_k(x,t)$均存在，则当 $\omega_k(x,t)=0$ 对于某个偶数成立时，它对所有不小于 3 的 k 成立。事实上，若 k 为不小于 3 的奇数，则

$$\begin{aligned}\omega_k(x,t)&=\lim_{\Delta t\to 0}\frac{1}{\Delta t}E\{[x(t+\Delta t)-x(t)]^k \mid x(t)=x\}\\&=\lim_{\Delta t\to 0}\frac{1}{\Delta t}E\{[\Delta x(t)]^{\frac{k-1}{2}}[\Delta x(t)]^{\frac{k+1}{2}} \mid x(t)=x\}\end{aligned}$$

依施瓦兹不等式知

$$\omega_k^2(x,t)\leqslant\omega_{k-1}(x,t)\omega_{k+1}(x,t) \qquad ⑪$$

同理，若 k 为不小于 3 的偶数，则

$$\omega_k^2(x,t)\leqslant\omega_{k-2}(x,t)\omega_{k+2}(x,t) \qquad ⑫$$

取 r 为偶数，使 $\omega_r(x,t)=0$，于是由式⑪推出

$$\omega_{r-1}(x,t)=\omega_{r+1}(x,t)=0$$

由式⑫推出

$$\omega_{r-2}(x,t)=\omega_{r+2}(x,t)=0 \quad (r-2\geqslant 3)$$

如此递推,对所有 $k\geqslant 3, \omega_k(x,t)=0$。

对于多维情形,只要每个分量 3 阶以上导矩为零,随机向量 3 阶以上导矩也为零。当 $\omega_k(x,t)=0$ 对一切 $k\geqslant 3$ 成立时,概率守恒方程变为

$$\frac{\partial}{\partial t}p(x,t)=-\frac{\partial}{\partial x}[\omega_1(x,t)p]+\frac{1}{2}\frac{\partial^2}{\partial x^2}[\omega_2(x_1,t)p] \tag{13}$$

对于条件分布密度 $p(x,t|x_0,t_0)$,也有

$$\frac{\partial}{\partial t}p(x,t\mid x_0,t_0)=-\frac{\partial}{\partial x}[\omega_1(x,t)p(x,t\mid x_0,t_0)]$$
$$+\frac{1}{2}\frac{\partial^2}{\partial x^2}[\omega_2(x,t)p(x,t\mid x_0,t_0)] \tag{14}$$

初始条件为 $p(x,t_0|x_0,t_0)=\delta(x-x_0)$,这就是福克方程。

在马尔可夫过程中式⑭称为向前方程,对应的向后方程为

$$\frac{\partial}{\partial t_0}p(x,t\mid x_0,t_0)=-\frac{\partial}{\partial x}p(x,t\mid x_0,t_0)\omega_1(x_0,t_0)$$
$$-\frac{1}{2}\frac{\partial^2}{\partial x_0^2}p(x,t\mid x_0,t_0)\omega_2(x_0,t_0) \tag{15}$$

初始条件为 $p(x,t_0|x_0,t_0)=\delta(x-x_0)$,这就是柯尔莫格罗夫方程。马尔可夫过程可以通过向前方程或向后方程确定其转移概率密度。式⑭、式⑮的分量式为

$$\frac{\partial}{\partial t}p(x,t\mid x_0,t_0)=-\sum_{j=1}^{n}\frac{\partial}{\partial x_j}[\alpha_j(x,t)p]$$
$$+\frac{1}{2}\sum_{l,j=1}^{n}\frac{\partial^2}{\partial x_l\partial x_j}[\alpha_{lj}(x,t)p] \tag{16}$$

$$\frac{\partial}{\partial t_0}p(x,t\mid x_0,t_0)=-\sum_{j=1}^{n}\alpha_j(x,t)\frac{\partial p}{\partial x_j}$$
$$-\frac{1}{2}\sum_{l,j=1}^{n}\alpha_{lj}(x_0,t)\frac{\partial^2 p}{\partial x_{0l}\partial x_{0j}} \tag{17}$$

$$
\begin{cases}
\alpha_j(x,t) = \lim\limits_{\Delta t \to 0} \dfrac{1}{\Delta t} E\{[x_j(t+\Delta t) - x_j(t)] \mid x(t) = x\} \\
\alpha_{lj}(x,t) = \lim\limits_{\Delta t \to 0} \dfrac{1}{\Delta t} E\{[x_l(t+\Delta t) - x_l(t)] \cdot \\
\qquad [x_j(t+\Delta t) - x_j(t)] \mid x(t) = x\}
\end{cases} \tag{⑱}
$$

【例 9.2】 讨论悬浮体的输运。

解：悬浮体是一种软物质。软物质由固体、液体、气体或大分子等基本组元构成，是介于理想流体、固体之间的复杂系统；其结构单元之间的相互作用非常弱（约 kT），由热涨落、熵主导它的运动、变化，软物质的最基本特性是对外界小作用的大响应与自组织行为。软物质物理是物理学的一个分支，属于凝聚态物理学的范畴。处理软物质问题涉及非平衡态统计力学等理论。

(1)线性电介质和瑞利方法

首先研究线性电介质颗粒在外加电场条件下的性质。基质和杂质区域中的电介质的本构方程分别为

$$\boldsymbol{D}_p = \varepsilon_p \boldsymbol{E} \quad (\text{在 } \Omega_p \text{ 区域}) \tag{①}$$

其中 $\boldsymbol{E}$ 为电场程度、$\boldsymbol{D}$ 为电位移矢量，p 或表示杂质 i 或表示基质 h 中的物理量，ε_i、ε_h 分别为杂质、基质区域中的介电常数，Ω_i、Ω_h 分别表示杂质、基质区域。

在 Ω_p 内静电场方程为

$$\nabla \cdot \boldsymbol{D}_p = 0 \tag{②}$$

$$\nabla \times \boldsymbol{E}_p = \boldsymbol{0} \tag{③}$$

若电势 ϕ_p 满足 $\boldsymbol{E}_p = -\nabla\phi_p$，则电场无旋方程式③可以满足。将电势关系代入式③，有拉普拉斯方程

$$\nabla^2 \phi_p = 0 \tag{④}$$

当相界面无宏观面电荷时，两相界面上的边界条件是

$$(\boldsymbol{D}_h - \boldsymbol{D}_i) \cdot \boldsymbol{n} = 0 \quad (\text{在 } \partial\Omega_i \text{ 内}) \tag{⑤}$$

$$(\boldsymbol{E}_h - \boldsymbol{E}_i) \times \boldsymbol{n} = \boldsymbol{0} \quad (\text{在 } \partial\Omega_i \text{ 内}) \tag{⑥}$$

式中 $\boldsymbol{n}$ 为颗粒界面的法向单位矢量。

今考虑 s 个颗粒悬浮在均匀基质中形成的颗粒系统。外加电

场 $\boldsymbol{E}_0=E_0\boldsymbol{e}_z$。由基质及 $\alpha(\alpha=1,2,\cdots,s)$ 个颗粒占据的区域分别记作 Ω_h、Ω_α，以 $h(\alpha)$ 标注基质（颗粒）区域中的物理量。

取 $\boldsymbol{r}_\alpha$ 为从第 α 个颗粒的中心到某点的位矢，在球坐标系中 $\boldsymbol{r}_\alpha=(r_\alpha,\theta_\alpha,\varphi_\alpha)$，电势满足拉普拉斯方程，在 α 颗粒附近的电势为

$$\phi_i(\boldsymbol{r}_\alpha)=A_0^\alpha+\sum_{l=1}^{\infty}\sum_{m=-l}^{l}(A_{lm}^\alpha r_\alpha^l+B_{lm}^\alpha r_\alpha^{-l-1})Y_{lm}(\theta_\alpha,\varphi_\alpha) \quad ⑦$$

在 α 颗粒内的电势为

$$\phi_i(\boldsymbol{r}_\alpha)=C_0^\alpha+\sum_{l=1}^{\infty}\sum_{m=-l}^{l}C_{lm}^\alpha r_\alpha^l Y_{lm}(\theta_\alpha,\varphi_\alpha) \quad ⑧$$

$Y_{lm}(\theta_\alpha,\varphi_\alpha)$为第二类柱贝塞尔函数。

当外加电场时，颗粒表面有感应的极化电荷，可以用格林函数描述极化电荷对介质中电场的效应，计算电场的不连续即推出 α 颗粒表面的感应电荷，

$$q_\alpha(\theta_\alpha,\varphi_\alpha)=\left[\frac{\partial}{\partial r_\alpha}\phi_i(\boldsymbol{r}_\alpha)-\frac{\partial}{\partial r_\alpha}(\boldsymbol{r}_\alpha)\right]_{r_\alpha=a_\alpha}$$

$$=\sum_{l=1}^{\infty}\sum_{m=-l}^{l}H_{lm}^\alpha Y_{lm}(\theta_y,\varphi_\alpha) \quad ⑨$$

$$H_{lm}^\alpha=a_\alpha^{l-1}\left[l(C_{lm}^\alpha-A_{lm}^\alpha)+\frac{l+1}{a_\alpha^{2l+1}}B_{lm}^\alpha\right]$$

颗粒表面极化电荷对于电势的贡献为

$$\phi(\boldsymbol{r}_\alpha)=f(\boldsymbol{r}_\alpha)+\frac{1}{4\pi}\sum_{\beta=1}^{s}\int q_\beta(\boldsymbol{r})G(\boldsymbol{r}_\beta-\boldsymbol{r})\mathrm{d}\boldsymbol{r} \quad ⑩$$

这里 $f(\boldsymbol{r}_\alpha)$为外加电场的电势，$\boldsymbol{r}_\alpha$、$\boldsymbol{r}_\beta$ 分别为从第 α 个、第 β 个颗粒的中心到参考点的位矢 $\boldsymbol{r}_\beta=\boldsymbol{r}_\alpha-\boldsymbol{R}_{\alpha\beta}$，$\boldsymbol{R}_{\alpha\beta}$ 为从第 α 个颗粒的中心到第 β 个颗粒的中心的矢量，三维空间的格林函数为

$$\frac{1}{|\boldsymbol{r}-\boldsymbol{r}'|}=4\pi\sum_{l=0}^{\infty}\sum_{m=-l}^{l}\frac{1}{2l+1}\frac{r_{①}^l}{r_{②}^{l+1}}Y_{lm}^*(\theta',\varphi')Y_{lm}(\theta,\varphi) \quad ⑪$$

式中 $r_{①}$ 或 $r_{②}$ 表示 r、r'的较小者或较大者。利用勒让德函数的正交性质可以完成式⑩中的积分。以第 α 个颗粒的中心为坐标原点，基质中的电势为

$$\phi_h(\boldsymbol{r}_\alpha)=f(\boldsymbol{r}_\alpha)+\sum_{\beta=1}^{s}\sum_{l=1}^{\infty}\sum_{m=-l}^{l}\frac{H_{lm}^{\beta}}{2l+1}\frac{a_\beta^{l+2}}{r_\beta^{l+1}}Y_{lm}(\theta_\beta,\varphi_\beta) \tag{⑫}$$

第 γ 个颗粒中的电势为

$$\phi_i(\boldsymbol{r}_\gamma)=f(\boldsymbol{r}_\alpha)+\sum_{l=1}^{\infty}\sum_{m=-l}^{l}\frac{H_{lm}^{\gamma}}{2l+1}\frac{r_\gamma^{l}}{a_\gamma^{l-1}}Y_{lm}(\theta_\gamma,\varphi_\gamma)+\sum_{\beta\neq\gamma}^{s}\sum_{l=1}^{\infty}\sum_{m=-l}^{l}\frac{H_{lm}^{\beta}}{2l+1}\frac{a_\beta^{l+2}}{r_\beta^{l+1}}Y_{lm}(\theta_\beta,\varphi_\beta) \tag{⑬}$$

由式⑦、式⑧在第 α 个颗粒的表面利用边界条件，有

$$C_{lm}^{\alpha}=B_{lm}^{\alpha}\left(\frac{1}{T_l^{\alpha}}+1\right)a_\alpha^{-(2l+1)} \tag{⑭}$$

$$A_{lm}^{\alpha}=\frac{B_{lm}^{\alpha}}{T_l^{\alpha}a_\alpha^{2l+1}} \tag{⑮}$$

$$T_l^{\alpha}=\frac{1-\varepsilon_{\alpha h}}{1+\varepsilon_{\alpha h}+\frac{1}{l}} \tag{⑯}$$

$\varepsilon_{\alpha h}=\frac{\varepsilon_\alpha}{\varepsilon_h}$为第 α 个颗粒与基质的介电常数比值。在第 α 个颗粒内式⑧、式⑬成立，故在该颗粒中可以建立等式

$$\sum_{l=1}^{\infty}\sum_{m=-l}^{l}A_{lm}^{\alpha}r_\alpha^{l}Y_{lm}(\theta_\alpha,\varphi_\alpha)=-E_0z_\alpha+\sum_{\beta\neq\alpha}^{s}\sum_{l=1}^{\infty}\sum_{m=-l}^{l}\frac{B_{lm}^{\beta}}{r_\beta^{l+1}}Y_{lm}(\theta_\beta,\varphi_\beta) \tag{⑰}$$

式⑰称为瑞利恒等式，它适用于周期性或非周期性颗粒系统。在式⑰中对 z 求导，

$$\sum_{l=n+1}^{\infty}\sum_{m=-(l-n)}^{l-n}\binom{l+m}{n}P_{l-n}^{m}(\cos\theta_\alpha)r_\alpha^{l-\alpha}A_{lm}^{\alpha}\exp(im\varphi_\alpha)-\sum_{\beta\neq\alpha}^{s}\sum_{l=1}^{\infty}\sum_{m=-l}^{l}(-1)^n\binom{l-m+n}{n}\frac{B_{lm}^{\beta}}{r_\beta^{l+1+n}}P_{l+n}^{m}(\cos\theta_\beta)\exp(im\varphi_\beta)=-E_0\delta_{n1} \tag{⑱}$$

$P_{l-n}^{m}(\cos\theta_\alpha)$为关联勒让德函数。

在外场作用下，由于颗粒和基质的介电常数失配，因此在颗粒界面可能产生极化电荷且颗粒之间有各向异性的感应电作用

力，这就是电流变效应。从第 α 个，第 β 个颗粒构成的二粒子系统可以得出电流变效应公式。把坐标原点取在第 α 个颗粒的中心，即 $\boldsymbol{r}_\alpha=\boldsymbol{0}$、$\boldsymbol{r}_\beta=-\boldsymbol{R}_{\alpha\beta}$，不失一般性，将矢量 $\boldsymbol{R}_{\alpha\beta}$、$\boldsymbol{E}_0$ 取在 Oyz 平面，于是 $\varphi_\beta=0$。这时式⑱变为

$$A_{n0}^{\alpha(\beta)}-\sum_{l=1}^{\infty}\sum_{m=-l}^{l}(-1)^n\binom{l-m+n}{n}\frac{B_{lm}^{\beta(\alpha)}}{R^{l+1+n}}P_{l+n}(\cos\theta'_{\beta(\alpha)})=-E_0\delta_{n1} \tag{19}$$

这里 $R=|\boldsymbol{R}_{\alpha\beta}|$、$\theta'_{\beta(\alpha)}$ 为端点取在第 α(或 β)个颗粒中心矢量 $\boldsymbol{R}_{\alpha\beta}$(或 $-\boldsymbol{R}_{\alpha\beta}$)的极角，$\cos\theta'_{\beta(\alpha)}=-\cos\theta'_{\alpha(\beta)}$。

计算表明 $m\neq0$ 的系数 B_{lm}^β 对能量贡献很小，可忽略这些系数作近似，

$$A_{n0}^\alpha=-E_0\delta_{n1}+\sum_{l=1}^{\infty}(-1)^n\frac{(l+n)B_{l0}^\beta}{n!l!R^{l+1+n}}P_{l+n}(\cos\theta'_\beta) \tag{20}$$

推证中使用了 $B_{l0}^\beta=(-1)^{l+1}B_{l0}^\alpha$，而系数

$$B_{l0}^\alpha=-\frac{E_0}{(a_\alpha^3T_1^\alpha)^{-1}+2P_2(\cos\theta'_\alpha)R^{-2}} \tag{21}$$

在给定外电场 $\boldsymbol{E}_0$ 的作用下，把一个颗粒引进基质中导致的静电能的增量为

$$\begin{aligned}W&=\frac{1}{8\pi}\int(\boldsymbol{E}\cdot\boldsymbol{D}_h-\boldsymbol{D}\cdot\boldsymbol{E}_0)\mathrm{d}^3x\\&=\frac{1}{8\pi}\sum_{\alpha=a,b}\int_{\Omega_\alpha}(\varepsilon_h-\varepsilon_\alpha)\boldsymbol{E}\cdot\boldsymbol{E}_0\mathrm{d}^3x=W_a+W_b\end{aligned} \tag{22}$$

第二个等号右边的积分为颗粒占据的区域取积分，W_a、W_b 分别为颗粒 a、b 引起的电能增量。

将电能 W 关于联系两个颗粒中心的矢量的导数，得到作用于颗粒上的电感应力，

$$\boldsymbol{F}(R_{lj},\theta_{lj})=-\frac{\partial W}{\partial R_{lj}}\boldsymbol{e}_r-\frac{1}{R_{lj}}\frac{\partial W}{\partial\theta_{lj}}\boldsymbol{e}_\theta \tag{23}$$

$\boldsymbol{e}_r$、$\boldsymbol{e}_\theta$ 分别为颗粒中心连线的矢径方向和极角方向的单位矢量；作用于静止颗粒上的感应力的公式为

$$F_e^{(1)}=\frac{9\Omega_b}{8\pi a^3}\frac{\varepsilon_h-\varepsilon_b}{1-\varepsilon_{bh}}\frac{E_0^2}{a\left[(T_1^b)^{-1}+2P_2(\cos\theta'_{ba})\left(\frac{a}{R}\right)^2\right]^2}\cdot$$

$$\left[\left(\frac{a}{R}\right)^4(3(\cos\theta'_{ba})^2-1)\boldsymbol{e}_r+\sin(2\theta'_{ba})\boldsymbol{e}_\theta\right] \quad ㉔$$

该应力公式在整个颗粒距离的范围内均有效。对于较高阶近似，

$$B_{10}^{\alpha}=-\frac{E_0}{(a_\alpha^3T_1^\alpha)^{-1}+2P_2(\cos\theta'_a)R^{-3}+3\Theta_1P_3(\cos\theta'_a)R^{-4}} \quad ㉕$$

式中

$$\Theta_1=-\frac{3P_3(\cos\theta'_a)R^{-4}}{(a_\alpha^5T_2^\alpha)^{-1}+6P_4(\cos\theta'_a)R^{-5}}$$

这是更为精确的电流变效应计算公式。

在电流变液中，颗粒之间的各向异性相互作用使颗粒沿外电场的方向聚集成链。由于电极保持固定的电势，因此颗粒及其像形成了无穷长链，然后链又聚集成具有晶格结构的柱。

设链由相同的颗粒构成，它的半径为 a，颗粒之间的间距为 s。链的轴线沿外场的方向，沿链的轴线电势具有平移对称性。通解中出现的未知系数对于每个颗粒都相同，对于每个 a 均取 $\varepsilon_a=\varepsilon_i$。将坐标原点放在某个颗粒中心，将外加电场 $\boldsymbol{E}_0$ 的方向作为 z 轴方向并把该颗粒记作第 0 个颗粒。此时势场应与方位方向无关，故颗粒和基质区域中的电势简化为

$$\phi_i(\boldsymbol{r})=C_0+\sum_{l=-\infty}^{\infty}C_{l0}r^lY_{l0}(\theta,\varphi) \quad ㉖$$

$$\phi_h(\boldsymbol{r})=-E_0z+\sum_{j=-\infty}^{\infty}\sum_{l=-\infty}^{\infty}B_{l0}r_j^{-l-1}Y_{l0}(\theta_j,\varphi_j) \quad ㉗$$

在柱坐标中点(ρ,z,ϕ)到第 j 个颗粒中心的距离为 $r_j^2=\rho^2+(z-js_0)^2$。经过改变式㉗中的求和项，电势沿轴线的周期性质可以得到表现。对于 $l=2$，

$$\sum_{j=-\infty}^{\infty}r_j^{-3}Y_{20}(\theta_j,\varphi_j)=\sum_{l=-\infty}^{\infty}\left\{\frac{1}{[\rho^2+(z-js_0)]^{3/2}}-\frac{3}{2}\frac{\rho^2}{[\rho^2+(z-js_0)]^{5/2}}\right\}$$
$$=\frac{1}{\rho^2s_0}\sum_{k=-\infty}^{\infty}\exp\left(-\frac{2ik\pi z}{s_0}\right)[-(\bar{k}\rho)^2K_0(-\bar{k}\rho)]$$

㉘

其中$\bar{k}=\dfrac{z-ks_0}{\rho}$；$K_0$ 为修正贝塞尔函数。

对式㉗中的各项也作同样的变换，可以把基质中的电势表达成

$$\phi_h(\rho,z)=-E_0z-\frac{4}{s_0}\sum_{k=1}^{\infty}\sum_{l=1}^{\infty}(-1)^{l+\eta_0(l)}k^l(l!)^{-1}B_{l0}S_{c_{l+1}}(\bar{k}z)K_0(\bar{k}\rho) \quad ㉙$$

而

$$S_{c_n}=\begin{cases}\sin x & (n\text{ 为奇数})\\ \cos x & (n\text{ 为偶数})\end{cases}$$

$$\eta_0(1)=\eta_0(2)=1 \qquad \eta_0(3)=\eta_0(4)=-1$$

$$\eta_0(l+4m)=\eta_0(l) \qquad (m\text{ 为非负整数})$$

对 z、ρ 求导得到颗粒链的电场，

$$E_z=-\frac{\partial\phi_h}{\partial z}=E_0+\frac{4}{s_0}\sum_{k=1}^{\infty}\sum_{l=1}^{\infty}(-1)^{l+\eta_0(l+1)}\bar{k}^{l+1}(l!)^{-1}B_{l0}S_{c_{l+1}}(\bar{k}z)K_0(\bar{k}\rho) \quad ㉚$$

$$E_\rho=-\frac{\partial\phi_h}{\partial p}=-\frac{4}{s_0}\sum_{k=1}^{\infty}\sum_{l=1}^{\infty}(-1)^{l+\eta_0(l)}\bar{k}^{l+1}(l!)^{-1}B_{l0}S_{c_{l+1}}(\bar{k}z)K_1(\bar{k}\rho) \quad ㉛$$

K_1 也为修正贝塞尔函数，

在无穷长链中，因对称性、周期性，式⑳变为

$$\sum_{l=n+1}^{\infty}\frac{l!}{(l-n)!}P_{l-n}(\cos\theta)r^{l-n}\frac{B_{l0}}{T_la^{2l+1}}=-E_0\delta_{n1}+\sum_{l=1}^{\infty}(-1)^n\frac{(l+n)!}{l!}B_{l0}U_{l+n}(Q) \quad ㉜$$

定义无穷长链的格点和，

$$U_n(Q)=\sum_{j\neq 0}^{\infty}r_j^{-n-1}P_n(\cos\theta_j) \quad ㉝$$

这时式㉜为

$$\sum_{l=n+1}^{\infty}\frac{l!}{(l-n)!}P_{l-n}(\cos\theta)r^{l-n}\frac{B_{l0}}{T_l a^{2l+1}}$$

$$=-E_0\delta_{n1}+\sum_{l=1}^{\infty}(-1)^n\frac{(l+n)!}{l!}B_{l0}U_{l+n}(Q) \quad ㉞$$

利用勒让德多项式知 $U_{2n+1}(0)=0$、$U_{2n}(0)=\frac{2\zeta(2n+1)}{s_0^{2n+1}}$，$\zeta(n)$为黎曼 ζ 函数。把 Q 取为坐标原点，由 $U_n(0)$性质知 $B_{2l(0)}=0$，确定 $B_{2n+1(0)}$ 的方程为

$$\frac{(2n+1)!B_{2n+1(0)}}{T_{2n+1}a^{4n+3}}=-E_0\delta_{n0}-\sum_{l=0}^{\infty}\frac{(2l+2n+2)!}{(2l+1)!}B_{2l+1(0)}U_{2(l+n+1)}(0) \quad ㉟$$

保留充分多项，进行数值计算，得到

$$B_{10}=-\frac{E_0a^3}{T_1^{-1}+4a_0^3\zeta(3)} \quad ㊱$$

$a_0=\frac{a}{s_0}$为约化颗粒半径。

设链 a、b 为两条平行的颗粒链，链的方向与外场方向平行，链 a、b 由相同颗粒组成。$(r_{a\alpha(n)},\theta^a_{\alpha(n)},\varphi^a_{\alpha(n)})$表示原点取在链 a 上的坐标中 α $(\alpha=a,b)$链上的第 n 个颗粒的位置；同理可定义 $(r_{b\alpha(n)},\theta^b_{\alpha(n)},\varphi^b_{\alpha(n)})$。这时原点放在链 b 上，对于颗粒链对，颗粒的电势为

$$\phi_i^\alpha(\boldsymbol{r}_\alpha)=C_0^\alpha+\sum_{l=1}^{\infty}\sum_{m=-l}^{l}C^\alpha_{lm}r_\alpha^lY_{lm}(\theta_\alpha,\varphi_\alpha) \quad ㊲$$

原点取在链 a 的坐标系中，基质中的电势为

$$\phi_h(\boldsymbol{r}_a)=-E_0z_a+\sum_{n=1}^{\infty}\sum_{l=1}^{\infty}\sum_{m=-l}^{l}\left[\frac{H^a_{lm}}{2l+1}\frac{a_a^{l+2}}{r_{aa(n)}^{l+1}}Y_{lm}(\theta^a_{a(n)},\varphi^a_{a(n)})\right.$$

$$\left.+\frac{H^b_{lm}}{2l+1}\frac{a_b^{l+2}}{r_{ab(n)}^{l+1}}Y_{lm}(\theta^a_{b(n)},\varphi^a_{b(n)})\right] \quad ㊳$$

交换 a、b 得到原点放在链b 上的坐标系中基质电势的表达式。今以希腊字母标记不同的链。

系数 B^a_{lm} 由两组瑞利恒等式确定，其中一组瑞利恒等式为

$$\sum_{l=1}^{\infty}\sum_{m=-l}^{l}A_{lm}^{a}r_{a}^{l}Y(\theta_{a},\varphi_{a})$$

$$=-\ddot{E}_{0}z+\sum_{n\neq 0}^{\infty}\sum_{l=1}^{\infty}\sum_{m=-l}^{l}B_{lm}^{a}r_{aa(n)}^{-(l+1)}Y_{lm}(\theta_{a(n)}^{a},\varphi_{a(n)}^{a})$$

$$+\sum_{n=-\infty}^{\infty}\sum_{l=1}^{\infty}\sum_{m=-l}^{l}B_{lm}^{b}r_{ab(n)}^{-(l+1)}Y_{lm}(\theta_{b(n)}^{a},\varphi_{b(n)}^{a}) \quad ㊴$$

在式㊴中交换 a、b 得到另一组瑞利恒等式。定义颗粒链对的格点和，

$$U_{lm}^{a}(\theta_{\beta})=\sum_{n=-\infty}^{\infty}\frac{1}{r_{\alpha\beta(n)}^{l+1}}P_{l}^{m}(\cos\theta_{\alpha\beta(n)})\exp(im\varphi_{\alpha\beta(n)}) \quad ㊵$$

式㊴变为

$$A_{nm}^{a}-\sum_{l=1}^{\infty}\sum_{m=-l}^{l}(-1)^{n}\binom{l-m+n}{n}[B_{lm}^{a}U_{l+n(m)}^{a}(Q_{a})$$

$$+B_{lm}^{b}U_{l+n(m)}^{a}(Q_{b})]=-E_{0}\delta_{n1} \quad ㊶$$

链 b 的瑞利恒等式为

$$A_{lm}^{b}-\sum_{l=1}^{\infty}\sum_{m=-l}^{l}(-1)^{n}\binom{l-m+n}{n}[B_{lm}^{a}U_{l+n(m)}^{b}(Q_{a})$$

$$+B_{lm}^{b}U_{l+n(m)}^{b}(Q_{b})]=-E_{0}\delta_{n1} \quad ㊷$$

沿链轴线的方向电势也有周期性，于是

$$r_{ab(n)}=\sqrt{\rho^{2}+z_{ab(n)}^{2}}=\sqrt{\rho^{2}+(ns_{0}+z_{0})^{2}} \quad ㊸$$

$$\cos\theta_{b(n)}^{a}=\frac{z_{ab(n)}}{r_{ab(n)}}=\frac{ns_{0}+z_{0}}{\sqrt{\rho^{2}+(ns_{0}+z_{0})^{2}}} \quad ㊹$$

z_0 为链间的距离。

若两条链组成颗粒相同，则无需标注颗粒半径和介电常数指标。标点和的性质：

$$U_{2l(0)}^{a}(Q_{a})=U_{2l(0)}^{b}(Q_{b})$$

$$U_{2l(0)}^{b}(Q_{a})=U_{2l(0)}^{a}(Q_{b})$$

$$U_{2l+1(0)}^{b}(Q_{a})=-U_{2l+1(0)}^{a}(Q_{b})$$

$$U_{2l+1(0)}^{a}(Q_{a})=U_{2l+1(0)}^{b}(Q_{b})=0$$

不同链的系数的关系：

$$B^b_{2l+1(0)} = B^a_{2l+1(0)} \quad B^b_{2n(0)} = -B^a_{2n(0)}$$

确定系数方程为

$$n!\frac{B^a_{n0}}{T^a_n a_a^{2n+1}} - \sum_{l=1}^{\infty}(-1)^n \frac{(2l+1+n)!}{(2l+1)!}\left[B^a_{2l+1(0)}U^a_{2l+1+n(0)}(Q_a)\right.$$

$$\left.+B^a_{2l+l(0)}U^a_{2l+1+n(0)}(Q_b)\right] - \sum_{l=1}^{\infty}(-1)^n\frac{(2l+n)!}{(2l)!}\cdot$$

$$\left[B^a_{2l(0)}U^a_{2l+n(0)}(Q_a) - B^a_{2l(0)}U^a_{2l+n(0)}(Q_b)\right] = -E_0\delta_{n1} \qquad ⑮$$

在低阶近似下，

$$B^a_{10} = -\frac{E_0}{(T^a_1 a^3_a)^{-1} + 2\left[U^a_{20}(Q_a) + U^a_{20}(Q_b)\right] - 3\Theta_2 U^a_{30}(Q_b)} \qquad ⑯$$

式中

$$\Theta_2 = \frac{3U^a_{30}(Q_b)}{(T^a_2 a^5_a)^{-1} - 6\left[U^a_{40}(Q_a) - U^a_{40}(Q_b)\right]}$$

颗粒链之间的相互作用力为

$$F^{ch}_{ab}(\rho, z_0) = 2\Theta_4\left[U^{\rho}_{20}(\rho, z_0)\boldsymbol{e}_{\rho} + U^{z}_{20}(\rho, z_0)\boldsymbol{e}_z\right] \qquad ⑰$$

而

$$\Theta_4 = -\frac{\Theta_3}{\{(T_1 a^3)^{-1} + 2\left[U^a_{20}(Q_a) + U^b_{20}(Q_b)\right]\}^2}$$

$$\Theta_3 = \frac{3V_a}{8\pi a^3_a}\frac{(\varepsilon_b - \varepsilon_i)E^2_0}{1-\varepsilon}$$

V_a 是颗粒体积；又

$$U^{\rho}_{20}(\rho, z_0) = \rho\sum_{n=-\infty}^{\infty}\frac{3}{2r^2_{ab(n)}}(1 - 5\cos^2\theta^a_{b(n)}) \qquad ⑱$$

$$U^{z}_{20}(\rho, z_0) = \sum_{n=-\infty}^{\infty}\frac{3\cos\theta^a_{b(n)}}{2r^4_{ab(n)}}(3 - 5\cos^2\theta^a_{b(n)}) \qquad ⑲$$

计算表明瑞利方法具有良好的收敛性。

(2)颗粒界面的结构

现以周期性点阵模型研究悬浮体界面热阻对传热性质的效应。设在 z 轴方向有一个外加的均匀温度梯度 T_0，杂质和基质区域的温度场的通解为

$$T_i(r,\theta,\varphi) = D_0 + \sum_{s=1}^{\infty}\sum_{m=-s}^{s} D_{sm} r^s Y_{sm}(\theta,\varphi) \tag{50}$$

$$T_h(r,\theta,\varphi) = E_0 + \sum_{s=1}^{\infty}\sum_{m=-s}^{s} (E_{sm} r^s + F_{sm} r^{-s-1}) Y_{sm}(\theta,\varphi) \tag{51}$$

对于导热,界面上温度的边界条件为

$$-k_i \frac{\partial T_i}{\partial n} = h_0(T_i - T_h) \quad (\text{在 } \partial\Omega_i \text{ 上}) \tag{52}$$

这里 h_0 为接触热阻。将通解代入边界条件,得

$$E_{sm} = \frac{F_{sm}}{G_s a^{2s+1}} \tag{53}$$

$$D_{sm} = \frac{F_{sm}(2s+1)}{s\left(1-k+\frac{sk}{\mathrm{BI}}\right)a^{2s+1}} \tag{54}$$

$$G_s = \frac{1-k+\frac{sk}{\mathrm{BI}}}{k+\frac{s+1}{s}+\frac{(s+1)k}{\mathrm{BI}}}$$

其中 $k=\frac{k_i}{k_h}$,毕奥准数 $\mathrm{BI}=\frac{h_0 a}{k_h}$。利用格林函数,有

$$\sum_{s=1}^{\infty}\sum_{m=-s}^{s} E_{sm} r^s Y_{sm}(\theta,\varphi) = \sum_{\gamma\neq 0}^{\infty}\sum_{s=1}^{s}\sum_{m=-s}^{s} \frac{F_{sm}}{r_\gamma^{s+1}} Y_{sm}(\theta_\gamma,\varphi_\gamma) + T_0 z \tag{55}$$

式55为界面上势有间断的广义瑞利恒等式。

悬浮体的有效导热系数依平均热流、平均温度梯度间的本构关系定义

$$\langle q_s \rangle = -k^* \frac{\partial T}{\partial z} \tag{56}$$

k^* 为有效导热系数。当存在接触热阻时温度场在界面上不连续,温度梯度在界面上有奇性。为此把温度梯度的平均值推广为

$$\begin{aligned}\left\langle \frac{\partial T}{\partial z} \right\rangle &= \int_{\Omega_i} \frac{\partial T_i}{\partial z}\mathrm{d}\boldsymbol{x} + \int_{\Omega_h} \frac{\partial T_h}{\partial z}\mathrm{d}\boldsymbol{x} + \oint (T_h - T_i)\boldsymbol{e}_z \cdot \mathrm{d}\boldsymbol{S} \\ &= \int_{\Omega_i} \frac{\partial T_i}{\partial z}\mathrm{d}\boldsymbol{x} + \int_{\Omega_h} \frac{\partial T_h}{\partial z}\mathrm{d}\boldsymbol{x} + \frac{k_i}{h_0}\oint \frac{\partial T_i}{\partial r}\boldsymbol{e}_z \cdot \mathrm{d}\boldsymbol{S}\end{aligned} \tag{57}$$

热流在系统中到处连续，故其通常的定义也适用，

$$\langle q_s \rangle = -\int_{\Omega_l} k_i \frac{\partial T_i}{\partial z} \mathrm{d}\boldsymbol{x} - \int_{\Omega_h} k_h \frac{\partial T_h}{\partial z} \mathrm{d}\boldsymbol{x}$$

$$= -\left(k_i - k_h - \frac{k_i}{\mathrm{BI}}\right)\rho_i D_{10} - k_h \frac{\partial T}{\partial z} \qquad ㊿㊽$$

ρ_i 为颗粒浓度。综合式㊿、式㊽，给出

$$\frac{k^*}{k_h} = 1 + \frac{\left(k - 1 - \frac{k}{\mathrm{BI}}\right)\rho_i D_{10}}{\left\langle \frac{\partial T}{\partial z} \right\rangle} \qquad ㊾$$

考虑一个有效导热系数 k^* 的球形颗粒悬浮在导热系数 k_h 的基质中的系统，在 z 方向施以均匀温度梯度，推出

$$\left\langle \frac{\partial T}{\partial z} \right\rangle = \frac{3}{2 + \frac{k^*}{k_h}} \qquad ㊿$$

式㊿代入式㊾，

$$\frac{k^*}{k_h} = \frac{1 - \frac{8\pi F_{10}}{3T_0}}{1 + \frac{4\pi F_{10}}{3T_0}} \qquad ⑹①$$

(3)动态电流变效应

假定颗粒界面无自由电荷，电流变效应源于颗粒和基质之间的介电矢配；对于静止的颗粒，外加电场导致的颗粒表面的极化电荷分布为 σ_e，称之为平衡极化电荷分布。今考虑颗粒旋转对于电流变效应的影响。描述旋转颗粒表面极化电荷分布的微分方程是

$$\frac{\partial}{\partial t}\sigma(\theta,t) + \frac{\partial \theta}{\partial t}\frac{\partial}{\partial \theta}\sigma(\theta,t) = \frac{\sigma(\theta,t) - \sigma_e(\theta)}{\tau} \qquad ⑹②$$

式中 $\sigma(\theta,t)$为旋转颗粒表面取决于时间的极化电荷分布、τ 为极化过程的弛豫时间、θ 为旋转颗粒表面的极角，式⑹②称为极化电荷弛豫方程。

当颗粒绕中心匀速转动时 $\theta(t) = \omega t$，此时极化弛豫方程简

化为

$$\frac{\partial}{\partial t}\sigma(\theta,t)+\omega\frac{\partial}{\partial\theta}\sigma(\theta,t)=-\frac{\sigma(\theta,t)-\sigma_e(\theta)}{\tau} \quad ⑥③$$

这里认定平衡极化电荷的分布只是 θ 的函数。对于低颗粒浓度，可做近似处理。将颗粒的极角作周期开拓，平衡极化电荷分布的傅里叶展开式为

$$\sigma_e(\theta)=\gamma_0+\sum_{n=1}^{\infty}[\gamma_n\exp(in\theta)+\gamma_n^*\exp(-in\theta)] \quad ⑥④$$

注意极化电荷分布为实函数。同理，取决于时间的极化电荷分布的傅里叶展开式为

$$\sigma(\theta,t)=f_0(t)+\sum_{n=1}^{\infty}[f_n(t)\exp(in\theta)+f_n^*(t)\exp(-in\theta)] \quad ⑥⑤$$

上述傅里叶级数代入式⑥③，可以得到

$$f'_n(t)=-\frac{f_n(t)-\gamma_n}{\tau}-in\omega f_n(t) \quad ⑥⑥$$

式⑥⑥给出了旋转颗粒表面极化电荷分布的时间变化。作变换，

$$f_n(t)=\hat{f}_n(t)+\delta_n \quad ⑥⑦$$

式⑥⑥变为

$$\hat{f}_n(t)+\left(\frac{1}{\tau}+in\omega\right)\hat{f}_n(t)=0 \quad ⑥⑧$$

系数 δ_n 由

$$-\frac{1}{\tau}(\delta_n-\gamma_n)-in\omega\delta_n=0 \quad ⑥⑨$$

给出。式⑥⑨的解为一对实数，

$$a_n=\frac{\alpha_n+n\omega\tau\beta_n}{1+(n\omega\tau)^2}\quad b_n=\frac{\beta_n-n\omega\tau\alpha_n}{1+(n\omega\tau)^2} \quad ⑦⓪$$

其中 $\delta_n=a_n+ib_n$；$\gamma_n=a_n+i\beta_n$。式⑥⑨解为

$$\hat{f}_n(t)=c_n(\theta)\exp\left[-\left(\frac{1}{\tau}+in\omega\right)t\right] \quad ⑦①$$

综上推出匀速旋转颗粒的极化弛豫方程的通解

$$\sigma(\theta,t)=\gamma_0+\sum_{n=0}^{\infty}[\delta_n\exp(in\theta)+\delta_n^*\exp(-in\theta)]$$

$$+\left(c_0+\sum_{n=1}^{\infty}\left\{c_n(\theta)\exp[in(\theta-\omega t)]\right.\right.$$

$$\left.\left.+c_n^*(\theta)\exp[-in(\theta-\omega t)]\right\}\right)\exp\left(-\frac{t}{\tau}\right) \quad ⑫$$

若颗粒 b 以角速度 ω 绕其中心匀速转动，颗粒 a 静止，则平衡极化电荷的傅里叶级数为

$$\sigma_e(\theta_b)=U_0+\sum_{k=1}^{\infty}\frac{1}{2}U_k[\exp(ik\theta_b)+\exp(-ik\theta_b)] \quad ⑬$$

而

$$U_b=\begin{cases}\sum_{n=1}^{\infty}\xi_n^2H_{2n(0)}^b & (k=0)\\ \sum_{n=V}^{\infty}H_{2n+1(0)}^bG_o(2n+1,r) & (k=2r+1)\\ \sum_{n=r}^{\infty}H_{2n(0)}^bG_e(2n,r) & (k=2r)\end{cases} \quad ⑭$$

且

$$\xi_n=\frac{(2m-1)!!}{2^m m!} \quad ⑮$$

$$G_o(n,r)=\frac{(n-2r-2)!!(n+2r)!!}{2^{n-1}(j_n-r)!(j_n+r+1)!} \quad ⑯$$

$$G_e(n,k)=\frac{(n-2r-1)!!(n+2r-1)!!}{2^{n-1}(j_n-r)!(j_n+r)!} \quad ⑰$$

比较式⑫，有

$$\gamma_0=U_0 \quad \alpha_n=\frac{1}{2}U_n \quad \beta_n=0 \quad ⑱$$

利用极化电荷弛豫方程的通解，得到旋转颗粒表面极化电荷的分布，

$$\sigma(\theta_b,t)=U_0+\left\{c_0+\sum_{n=1}^{\infty}[c_n(\theta_b)\exp(in(\theta_b-\omega t))\right.$$

$$\left.+c_n^*(\theta_b)\exp(-in(\theta_b-\omega t))]\right\}\exp\left(-\frac{t}{\tau}\right)$$

$$+\sum_{n=1}^{\infty}[(a_n+ib_n)\exp(in\theta_b)+(a_n-ib_n)\exp(-in\theta_b)] \quad ⑲$$

其中

$$a_n=\frac{1}{1+(\tau\omega n)^2}\frac{U_n}{2} \quad b_n=-\frac{\tau\omega n}{1+(\tau\omega n)^2}\frac{U_n}{2} \quad ⑳$$

当 $t\to\infty$时，推出旋转颗粒系统极化电荷分布的定态行为，

$$\sigma(\theta_b,\infty)=U_0+\sum_{n=1}^{\infty}[2a_n\cos(n\theta_b)+2b_n\sin(n\theta_b)] \quad ㉑$$

实际上动态电流变效应中可以进行测量的量就是这种长时间下的渐近性质。

将颗粒 a 表面的极化电荷分布与旋转颗粒 b 表面的极化电荷分布代入式⑩，积分给出电流变液中的电荷分布。对于颗粒 a 静止、颗粒匀速旋转的系统，基质中的电势为

$$\phi_h(\boldsymbol{r}_b)=-E_0P_1(\cos\theta_b)+\sum_{l=1}^{\infty}\frac{H_{l0}^a}{2l+1}\frac{a_a^{l+2}}{r_a^{l+1}}P_l(\cos\theta_a)$$

$$+\sum_{l=0}^{\infty}\frac{\widetilde{H}_{l0}^a}{2l+1}\frac{a_b^{l+2}}{r_b^{l+1}}P_l(\cos\theta_b) \quad ㉒$$

颗粒 b 中的电势为

$$\phi_b(\boldsymbol{r}_b)=-E_0P_1(\cos\theta_b)+\sum_{l=1}^{\infty}\frac{H_{l0}^a}{2l+1}\frac{a_a^{l+2}}{r_a^{l+1}}P_l(\cos\theta_a)$$

$$+\sum_{l=0}^{\infty}\frac{\widetilde{H}_{l0}^b}{2l+1}\frac{r_b^l}{a_b^{l-1}}P_l(\cos\theta_b) \quad ㉓$$

如果颗粒之间的距离较大，忽略颗粒 b 表面电荷的重新分布对颗粒 a 表面电荷的影响，那么颗粒 a 中的电势分布为式⑬。$\widetilde{H}_{l0}^b$ 为旋转颗粒表面电荷分布的勒让德展开式的系数，

$$\sigma(\theta_b,\infty)=\sum_{l=0}^{\infty}\widetilde{H}_{l0}^bP_l(\cos\theta_b) \quad ㉔$$

进一步得

$$U_0+\sum_{n=1}^{\infty}[2a_n\cos(n\theta)+2b_n\sin(n\theta)]$$

$$=U_0+\sum_{n=0}^{\infty}\{[\eta^e(2n)+W(2n)]P_{2n}(\cos\theta)$$
$$+[\eta^o(2n+1)+W(2n+1)]P_{2n+1}(\cos\theta)\} \quad ⑧⑤$$

并且

$$W(r)=\begin{cases}(2r+1)2b_{r+1}(\lambda_{r+1}^s)^{-1} \\ \quad +\sum_{l=1}^{j_r}2b_{2l+1}(\lambda_{2l-1}^s)^{-1}\lambda^s(2l-1,j_r-l+1) \quad (r=2j_r) \\ (2r+1)2b_{r+1}(\lambda_{r+1}^s)^{-1} \\ \quad +\sum_{l=1}^{j_r}2b_{2l}(\lambda_{2l}^s)^{-1}\lambda^s(2l,j_r-l+1) \quad (r=2j_r+1)\end{cases} \quad ⑧⑥$$

$$\eta^o(2n+1)=\sum_{k=0}^{\infty}2a_{2k+2n+1}(\lambda_{2k+2n+1}^c)^{-1}\lambda^c(2k+2n+1,n) \quad ⑧⑦$$

$$\eta^e(2n)=\sum_{k=1}^{\infty}2a_{k+2n}(\lambda_{2k+2n}^c)^{-1}\lambda^c(2k+2n,n) \quad ⑧⑧$$

$$\lambda_n^c=\frac{(2n+1)!!}{2^{n-1}n!} \quad ⑧⑨$$

$$\lambda_n^s=\frac{2^{n+2}(n-1)!}{\pi(2n-3)!!} \quad ⑨⓪$$

比较式⑧④、式⑧⑤，有

$$\widetilde{H}_{l0}^b=\begin{cases}U_0 & (l=0) \\ \eta^e(2n)+W(2n) & (l=2n) \\ \eta^o(2n+1)+W(2n+1) & (l=2n+1)\end{cases} \quad ⑨①$$

以 $\widetilde{A}_{lm}^b$、$\widetilde{B}_{lm}^b$、$\widetilde{C}_{lm}^b$ 分别替代式⑦～式⑩中的 A_{lm}^b、B_{lm}^b、C_{lm}^b 可以得到适用于旋转颗粒区域的瑞利恒等式，

$$\widetilde{C}_0^b+\sum_{l=1}^{\infty}\widetilde{C}_{l0}^b r_b^l P_l(\cos\theta_b)=-E_0 z_b+\sum_{l=1}^{\infty}\frac{H_{l0}^a}{2l+1}\frac{a_a^{l+2}}{r_a^{l+1}}P_l(\cos\theta_a)$$
$$+\sum_{l=1}^{\infty}\frac{\widetilde{H}_{l0}^b}{2l+1}\frac{r_b^l}{a_b^{l+1}}P_l(\cos\theta_b) \quad ⑨②$$

$$\widetilde{C}_{l0}^{b}=\frac{\frac{1}{T_{l}^{a}}+1}{(2l+1)a_{a}^{l-1}}\widetilde{H}_{l0}^{a} \tag{93}$$

于是颗粒 b 中的电势变为

$$\phi_{b}(\boldsymbol{r}_{a})=\sum_{l=0}^{\infty}\widetilde{C}_{l0}^{b}r_{b}^{l}P_{l}(\cos\theta_{b}) \tag{94}$$

把颗粒 b 中的电势式⑭代入静电能的公式。利用勒让德多项式的正交性质积分，得到旋转颗粒导致的电能增量，

$$\begin{aligned}W_{b}&=\frac{1}{8\pi}\int_{\Omega_{b}}(\varepsilon_{h}-\varepsilon_{b})\boldsymbol{E}\cdot\boldsymbol{E}_{0}\mathrm{d}^{3}x\\&=-\frac{1}{8\pi}\widetilde{C}_{10}^{b}(\varepsilon_{h}-\varepsilon_{b})\Omega_{b}E_{0}=W_{e}^{b}\xi\end{aligned} \tag{95}$$

$$\xi=\frac{\widetilde{H}_{10}^{b}}{H_{10}^{b}} \tag{96}$$

W_{e} 为当颗粒 b 静止时的电能增量，

$$W_{e}^{b}=-\frac{1}{8\pi}C_{10}^{b}(\varepsilon_{h}-\varepsilon_{b})\Omega_{b}E_{0} \tag{97}$$

颗粒 a 引发的电能增量为

$$W_{e}^{a}=-\frac{1}{8\pi}C_{10}^{a}(\varepsilon_{h}-\varepsilon_{a})\Omega_{a}E_{0} \tag{98}$$

系数为

$$\begin{aligned}\widetilde{H}_{10}^{b}=&-\frac{6\tau\omega}{1+(2\tau\omega)^{2}}(\lambda_{2}^{s})^{-1}\sum_{n=1}^{\infty}H_{2n(0)}^{b}C_{e}(2n,1)\\&+\sum_{n=0}^{\infty}V(2n+1)H_{2n+1}^{b}\end{aligned} \tag{99}$$

式中

$$V(2n+1)=\sum_{k=0}^{\infty}\frac{\lambda^{c}(2k+1,0)}{1+[r\omega(2k+1)]^{2}}(\lambda_{2k+1}^{c})^{-1}C_{o}(2n+1,k) \tag{100}$$

$\widetilde{H}_{10}^{b}$ 因角速度增大而单调下降，故作用于旋转颗粒上的感应力也因角速度增大而下降。

对于由两个相同颗粒组成的系统,一阶近似下系数 B_{10}^{b} 有式㉑。式㊿中的系数 ξ 近似值为

$$\xi_1 - \frac{1}{1+(\tau\omega)^2} \tag{101}$$

由于上述公式与颗粒中心连线的矢量无关,因此旋转颗粒上感应力的主项 $F_r^{(1)}$ 和静止颗粒感应力的主项 $F_e^{(1)}$ 的关系为

$$F_r^{(1)} = \frac{1}{2}\left[1+\frac{1}{1+(\tau\omega)^2}\right]F_e^{(1)} \tag{102}$$

式⑩²表明:1)根据旋转颗粒的旋转速度及介质的极化弛豫时间,可以确定作用于旋转颗粒上的电感应力;2)通过测量不同角速度作用于颗粒上的电感应力,可以测定介质的极化弛豫时间。

(4)悬浮体弱非线性电导性质

考虑 Kerr 型的电导本构关系,

$$\boldsymbol{J}^p = \sigma_p\boldsymbol{E} + X_p\,|\,\boldsymbol{E}\,|^2\boldsymbol{E} \quad (\text{在 } \Omega_p \text{ 区域}) \tag{103}$$

其中 X_h、X_i 分别为基质、杂质区域中的非线性电导率。仍以上(或下)h 标注基质区域中的物理量、杂质区域中的物理量仍以上(或下)i 标注。运动方程为电流守恒方程与电场的无旋方程,边界条件还是流连续和势连续。式⑩³为非线性;把基质的非线性电导率取做展开参量,电势的微扰展开为

$$\phi^p = \phi_0^p + X_h\phi_1^p + X_h^2\phi_2^p + \cdots \quad (\text{在 } \Omega_p \text{ 区域}) \tag{104}$$

置 $\beta=\dfrac{X_i}{X_h}$、$G=|\boldsymbol{E}|^2$,将势的展开式代入本构关系、运动方程,将展开参量不同幂的系数集中,得到微扰势方程及边界条件。零级、一级微扰势为

$$\sigma_p\nabla^2\phi_0^p = 0 \quad (\text{在 } \Omega_p \text{ 区域}) \tag{105}$$

$$\sigma_i\nabla^2\phi_1^i + \beta(\nabla\phi_0^i\cdot\nabla G_0^i + G_0^i\,\nabla^2\phi_0^i) = 0 \quad (\text{在 } \Omega_i \text{ 区域}) \tag{106}$$

$$\sigma_h\nabla^2\phi_1^h + \nabla\phi_0^h\cdot\nabla G_0^h + G_0^h\,\nabla^2\phi_0^h = 0 \quad (\text{在 } \Omega_h \text{ 区域}) \tag{107}$$

在柱坐标系中边界条件为

$$\phi_j^h = \phi_j^i\,|_{\partial\Omega_i} \quad (j=0,1) \tag{108}$$

$$\sigma_0\,\nabla_r\phi_0^h = \sigma_1\,\nabla_r\phi_0^i\,|_{\partial\Omega_i} \tag{109}$$

$$\sigma_h \nabla_r \phi_1^h + G_0^h \nabla_r \phi_0^h = \sigma_i \nabla_r \phi_1^i + \beta G_0^i \nabla_r \phi_0^i \mid_{\partial\Omega_i} \tag{110}$$

无穷远处电势的边界条件为

$$\frac{\partial}{\partial x}\phi_h(\infty) = -E_0$$

据此,无穷远处微扰势的边界条件为

$$\begin{cases} \dfrac{\partial}{\partial x}\phi_0^h(\infty) = -E_0 \\ \dfrac{\partial}{\partial x}\phi_j^h(\infty) = 0 \quad (j = 1,2,3,\cdots) \end{cases} \tag{111}$$

零阶势的方程及边界条件等同于一个相应的线性问题,对于二维线性问题的解,

$$\phi_0^i = -cE_0 r\cos\theta \tag{112}$$

$$\phi_0^h = -E_0(r + br^{-1})\cos\theta \tag{113}$$

其中 $b=\dfrac{\sigma_h - \sigma_i}{\bar{\sigma}}$、$c=\dfrac{2\sigma_h}{\bar{\sigma}}$、$\bar{\sigma}=\sigma_i+\sigma_h$。一阶势的方程为

$$\begin{aligned} &\nabla\phi_0^h \cdot \nabla G_0^h + G_0^h \nabla^2 \phi_0^h \\ &= [(8b^2 r^{-5} - 4b^3 r^{-7})\cos\theta - 4br^{-3}\cos^3\theta]E_0^3 \end{aligned} \tag{114}$$

$$\sigma_i \nabla^2 \phi_1^i = 0 \tag{115}$$

满足给定边界条件的解为

$$\begin{aligned} \phi_1^h = -\frac{E_0^3}{\sigma_h}\Big[&\left(b_1 r^{-1} + b_2 r^{-3} - \frac{1}{6}b_2 r^{-5}\right)\cos\theta \\ &+ \left(b_2 r^{-3} + \frac{1}{2}br^{-1}\right)\cos 3\theta \Big] \end{aligned} \tag{116}$$

$$\sigma_1^i = -(b_3 r\cos\theta + b_4 r^3 \cos\theta)E_0^3 \tag{117}$$

在低浓度的悬浮体中,对非线性本构关系取平均,有

$$\begin{aligned} &\frac{1}{V}\int_V [\boldsymbol{J} - (\sigma_h \boldsymbol{E} + X_h \mid \boldsymbol{E} \mid^2 \boldsymbol{E} + \eta_h \mid \boldsymbol{E} \mid^4 \boldsymbol{E} + \cdots)]\mathrm{d}V \\ &= \overline{\boldsymbol{J}} + (\sigma_h \overline{\boldsymbol{E}} + X_h \mid \overline{\boldsymbol{E}} \mid^2 \overline{\boldsymbol{E}} + \eta_h \mid \overline{\boldsymbol{E}} \mid^4 \overline{\boldsymbol{E}} + \cdots) \end{aligned} \tag{118}$$

V 为悬浮体的体积,$\overline{\boldsymbol{J}}$、$\overline{\boldsymbol{E}}$ 分别为电流、电场的平均,η_h 为 5 阶电导率。如果基质和杂质均有形式为 $\boldsymbol{J} = X|\overline{\boldsymbol{E}}|^n\overline{\boldsymbol{E}}$ 的本构关系,那么系统的有效本构关系也有相同的形式。当基质、杂质都有 Kerr

型的本构关系且微扰展开式可以应用时，悬浮体电导的有效本构关系均有形式：

$$\overline{J}=\sigma^{*}\overline{E}+X^{*}\ |\overline{\boldsymbol{E}}|^{2}\overline{\boldsymbol{E}}+\eta^{*}\ |\overline{\boldsymbol{E}}|^{4}\overline{\boldsymbol{E}}+\cdots \tag{119}$$

由于基质区域中方程式⑱等号左边被积函数为零，因此可以推出广义朗道公式，

$$\begin{aligned}&\frac{1}{V}\int_{\Omega_i}[(\sigma_i-\sigma_h)\boldsymbol{E}+(X_i-X_h)\ |\boldsymbol{E}|^{2}\boldsymbol{E}\\&+(\eta_i-\eta_h)\ |\boldsymbol{E}|^{4}\boldsymbol{E}+\cdots]\mathrm{d}x\\=&(\sigma^{*}-\sigma_h)\overline{\boldsymbol{E}}+(X^{*}-X_h)\ |\overline{\boldsymbol{E}}|^{2}\overline{\boldsymbol{E}}\\&+(\eta^{*}-\eta_h)\ |\overline{\boldsymbol{E}}|^{4}\overline{\boldsymbol{E}}+\cdots\end{aligned} \tag{120}$$

微扰势的解析式代入式⑳，积分给出计算非线性有效电导率的公式，

$$\sigma^{*}=\sigma_h+2\sigma_h\rho_i\frac{\sigma_i-\sigma_h}{\sigma_i+\sigma_h} \tag{121}$$

$$X^{*}=X_h+\rho_i[(\sigma_i-\sigma_h)X_hb_3+(X_i-X_h)c^{3}] \tag{122}$$

$$\eta^{*}=\rho_iX_i[(\sigma_i-\sigma_h)X_hc_4+3(X_i-X_h)c^{2}b^{3}] \tag{123}$$

(5)非线性瑞利法

对于零阶势，基质和杂质区域中的方程均为拉普拉斯方程，所以一阶势的通解为

$$\phi_0^{i}(r,\theta)=C_{00}+\sum_{m=1}^{\infty}r^{m}[C_{0m}^{1}\sin(m\theta)+c_{0m}^{2}\cos(m\theta)] \tag{124}$$

$$\begin{aligned}\phi_0^{h}(r,\theta)=A_{00}+\sum_{m=1}^{\infty}\{&r^{m}[A_{0m}^{1}\sin(m\theta)+A_{0m}^{2}\cos(m\theta)]\\&+r^{-m}[B_{0m}^{1}\sin(m\theta)+B_{0m}^{2}\cos(m\theta)]\}\end{aligned} \tag{125}$$

系数A_{0m}^{q}、B_{0m}^{q}、C_{0m}^{q}中的$q(q=1,2)$以区分正弦$(q=1)$、余弦$(q=2)$基函数。系数第一个下标表示微扰的阶，第二个下标m以区分不同的基函数。

设想一个二维系统，在最低阶近似下有

$$B_{01}^2 = -\frac{E_0}{\dfrac{\sigma_f}{a^2} - \dfrac{3a^6(W_4^2)^2}{\sigma_f}} \tag{126}$$

$$B_{03}^2 = -\frac{a^6 W_4^2}{\sigma_f} B_{01}^2 \tag{127}$$

这里 W_4^2 为常数，$\sigma_f = \dfrac{\sigma_h + \sigma_i}{\sigma_h - \sigma_i}$。

基质、杂质中的特解写为

$$\psi_1^p(r,\theta) = \psi_{10}^p(r) + \sum_{m=1}^{\infty}[\psi_{1m}^{p1}\sin(m\theta) + \psi_{1m}^{p2}\cos(m\theta)] \tag{128}$$

把零阶势的结果 ϕ_0^i、ϕ_0^h 代入式⑯、式⑰，可以导出泊松方程的特解。杂质和基质区域中一阶势的通解为

$$\phi_1^i(r,\theta) = C_{10} + \psi_{10}^i(r) + \sum_{m=1}^{\infty}[r^m C_{1m}^1 + \psi_{1m}^{i1}(r)\sin(m\theta) + r^m C_{1m}^2 + \psi_{1m}^{i2}(r)\cos(m\theta)] \tag{129}$$

$$\phi_1^h(r,\theta) = A_{10} + \psi_{10}^h(r) + \sum_{m=1}^{\infty}\{[r^m A_{1m}^1 + r^{-m}B_{1m}^1 + \psi_{1m}^{h1}(r)]\sin(m\theta) + [r^m A_{1m}^2 + r^{-m}B_{1m}^2 + \psi_{1m}^{h2}(r)]\cos(m\theta)\} \tag{130}$$

边界条件用于一阶势，得到系数

$$B_{1m}^q = \frac{(\sigma_h - \sigma_i)a^{2m}A_{1m}^q + a^m\sigma_i Y_{1m}^q - a^m\left(\dfrac{aJ_{1m}^q}{m}\right)}{\sigma_h + \sigma_i} \tag{131}$$

$$C_{1m}^q = \frac{2\sigma_h A_{1m}^q - \dfrac{\sigma_h Y_{1m}^q}{a^m} - J_{1m}^q\left(\dfrac{a^{1-m}}{m}\right)}{\sigma_h + \sigma_i} \tag{132}$$

$$Y_{1m}^q = \psi_{1m}^{hq}(a) - \psi_{1m}^{iq}(a) \tag{133}$$

$$[\sigma_h \nabla_r \psi_1^h + G_0^h \nabla_r \phi_0^h - \sigma_i \nabla_r \psi_1^i - \beta G_0^i \nabla \phi_0^i]_{r=a} = J_{10} + \sum_{m=1}^{\infty}[J_{1m}^1\sin(m\theta) + J_{1m}^2\cos(m\theta)] \tag{134}$$

对于方点阵及所取的外场，有上标 1 的系数全为零。利用迭加原理可以建立一阶势的瑞利恒等式，

$$A_{10}+\sum_{m=1}^{\infty}r^{m}[A_{1m}^{1}\sin(m\theta)+A_{1m}^{2}\cos(m\theta)]$$

$$=\sum_{\gamma=1}^{\infty}\sum_{m=1}^{\infty}r_{\gamma}^{-m}[B_{1m}^{1}\sin(m\theta_{\gamma})+B_{1m}^{2}\cos(m\theta_{\gamma})] \quad ⑬⑤$$

将A_{1m}^{q}、B_{1m}^{q}的第一个下标1变为j,即推出j阶势的瑞利恒等式;据此,

$$A_{13}^{2}=-\frac{a^{2}W_{4}^{2}}{\sigma_{h}+\sigma_{i}}\left[(\sigma_{h}-\sigma_{i})A_{11}^{2}+\frac{\sigma_{1}Y_{11}^{2}}{a}-J_{11}^{2}\right] \quad ⑬⑥$$

$$A_{11}^{2}=3W_{4}^{2}\Big[a^{7}W_{4}^{12}(\sigma_{h}-\sigma_{i})(\sigma_{1}Y_{13}^{2}-aJ_{11}^{2})$$

$$-a^{3}(\sigma_{h}-\sigma_{i})\left(\sigma_{i}Y_{13}-\frac{1}{3}aJ_{13}^{2}\right)\Big]\cdot$$

$$[(\sigma_{h}+\sigma_{i})^{2}-3a^{8}(W_{4}^{2})^{2}(\sigma_{h}-\sigma_{i})^{2}] \quad ⑬⑦$$

对电导的非线性本构关系取平均,有

$$\langle\boldsymbol{J}\rangle=\langle\sigma\boldsymbol{E}+X\,|\,\boldsymbol{E}\,|^{2}\boldsymbol{E}\rangle \quad ⑬⑧$$

而平均电场和平均电流之间的有效本构关系为

$$\langle\boldsymbol{J}\rangle=\sigma^{*}\langle\boldsymbol{E}\rangle+X^{*}\langle|\,\boldsymbol{E}\,|^{2}\boldsymbol{E}\rangle+\eta^{*}\langle|\,\boldsymbol{E}\,|^{4}\boldsymbol{E}\rangle+\cdots \quad ⑬⑨$$

综合式⑬⑨、式⑬⑧,

$$\langle\sigma\boldsymbol{E}+X\,|\,\boldsymbol{E}\,|^{2}\boldsymbol{E}\rangle=\sigma^{*}\langle\boldsymbol{E}\rangle+X^{*}\langle|\,\boldsymbol{E}\,|^{2}\boldsymbol{E}\rangle+\eta^{*}\langle|\,\boldsymbol{E}\,|^{4}\boldsymbol{E}\rangle+\cdots \quad ⑭⓪$$

考察微扰展开式知微扰势及外加场之间的关系

$$\phi_{j}^{p}\propto E_{0}^{2j+1} \quad ⑭①$$

式⑭⓪必须对任意的外加场均成立,$\boldsymbol{E}_0$ 的不同幂的系数应分别为零,于是可建立有效电导率的公式。写出线性、三阶有效电导率的公式,

$$\sigma^{*}=\sigma_{h}+(\sigma_{i}-\sigma_{h})\frac{\langle\nabla_{x}\phi_{0}\rangle_{i}}{\langle\nabla_{x}\phi_{0}\rangle} \quad ⑭②$$

$$X^{*}\langle(\nabla\phi_{0})^{2}\nabla_{x}\phi_{0}\rangle=X_{h}+(\sigma_{i}-\sigma_{h})X_{h}\langle\nabla_{x}\phi_{1}\rangle_{i}$$

$$+(X_{i}-X_{h})\langle(\nabla\phi_{0})^{2}\nabla_{x}\phi_{0}\rangle_{i}+(\sigma_{h}-\sigma^{*})X_{h}\langle\nabla_{x}\phi_{1}\rangle \quad ⑭③$$

式中〈·〉表示杂质区域的平均。

因为基函数的正交性质,所以杂质区域上积分给出

$$\langle \nabla_x \phi_0 \rangle_i = C_{01}^2 \rho_i \quad ⑭④$$

$$\langle \nabla_x \phi_1 \rangle_i = \rho_i \left[C_{11}^2 + \frac{\psi_{11}^{i2}(a)}{a} \right] \quad ⑭⑤$$

$$\langle (\nabla \phi_0)^2 \nabla_x \phi_0 \rangle_i = (C_{01}^2)^2 \rho_i \quad ⑭⑥$$

为了计算整个系统上的空间平均,考虑电导为 σ^* 、X^* 的圆柱形杂质和电导为 σ^h、X^h 的基质的电导问题。利用前面的结果,得到

$$\langle \nabla_x \phi_0 \rangle = -\overline{c} \quad ⑭⑦$$

$$\langle (\nabla \phi_0)^2 \nabla_x \varphi_0 \rangle = -\overline{c}^3 \quad ⑭⑧$$

$$\langle \nabla_x \phi_1 \rangle = -\frac{1 - 2\,\overline{b}_0 - \frac{1}{3}\,\overline{b}_0^3 - \left(\frac{X^*}{X_h}\right)\overline{c}^3}{\sigma_h + \sigma^*} \quad ⑭⑨$$

这里$\overline{b}_0 = \frac{\sigma_h - \sigma^*}{\sigma_h + \sigma^*}$、$\overline{c} = \frac{2\sigma_h}{\sigma_h + \sigma^*}$。式⑭④～式⑭⑨代入式⑭②、式⑭③推出线性和三阶有效电导率的公式。

线性有效电导率、非线性有效电导率的公式分别为

$$\sigma^* = \sigma_h \frac{1 - b_0 \rho_i}{1 + b_0 \rho_i} \quad ⑮⓪$$

$$\frac{X^*}{X_h} = 1 + (\sigma_i - \sigma_h)\frac{b_3 \rho_i}{\overline{c}^3} + \left(\frac{X_i}{X_h} - 1\right)\frac{c^3 \rho_i}{\overline{c}^3} + \frac{1}{\overline{c}^3}\frac{\sigma_h - \sigma^*}{\sigma_h + \sigma^*}\left(1 - 2\,\overline{b}_0 - \frac{1}{3}\,\overline{b}_0^3 - X^*\ \overline{c}^3\right) \quad ⑮①$$

式⑮⓪对颗粒浓度作级数展开并保留到浓度一次项,

$$\sigma^* \approx \sigma_h + 2\sigma_h \rho_i \frac{\sigma_i - \sigma_h}{\sigma_i + \sigma_h} \quad ⑮②$$

可以得到正确的低颗粒浓度极限。从式⑮①,有

$$\frac{X^*}{X_h} = \frac{1}{1 + \overline{b}_0}\left[1 + (\sigma_i - \sigma_h)\frac{b_3 \rho_i}{\overline{c}^3} + \left(\frac{X_i}{X_h} - 1\right)\frac{c^3 \rho_i}{\overline{c}^3} + \overline{b}_0 \frac{1 - 2\,\overline{b}_0 - \frac{1}{3}\,\overline{b}_0^3}{\overline{c}^3}\right] \quad ⑮③$$

将有横线的系数级数展开且保留到颗粒浓度的一次项,

$$\tilde{b}_0 \approx b_0 \rho_i \quad ⑮④$$

$$\frac{1}{\bar{c}^3} \approx 1 - 3b_0\rho_i \tag{155}$$

$$\bar{b}_0^3 = \frac{1}{b_h + b^*}\left(1 - 2\bar{b}_0^2 - \frac{1}{8}\bar{b}_0^3 - \frac{X^*}{X_h}c^3\right) \tag{156}$$

上述近似公式代入式⑬也保留颗粒浓度的零次项、一次项,

$$\frac{X^*}{X_h} \approx 1 + \rho_i\left[(\sigma_i - \sigma_h)b_3 + \left(\frac{X_i}{X_h} - 1\right)c^3\right]$$

上式与式⑫完全一致。

(6)悬浮体的统计性质

今设想半径为 a 的颗粒组成的随机悬浮体,杂质和基质的导热系数为 k_i、k_h。对场量进行平均即得平均热流梯度 $\boldsymbol{G}$ 和平均热流 $\boldsymbol{F}$,

$$\boldsymbol{G} = \lim_{V\to\infty}\frac{1}{V}\int_V \nabla T \mathrm{d}V \tag{157}$$

$$\boldsymbol{F} = \lim_{V\to\infty}\frac{1}{V}\int_V k\nabla T \mathrm{d}V \tag{158}$$

可以将热流公式中的积分变为在颗粒区域中的积分,

$$\boldsymbol{F} = k_h\boldsymbol{G} + \lim_{V\to\infty}\frac{1}{V}(k_i - k_h)\int_{V_i}\nabla T \mathrm{d}V \tag{159}$$

定义在每个颗粒区域中的记号 $\boldsymbol{S}$,

$$\boldsymbol{S} = (k_i - k_h)\int_V \nabla T \mathrm{d}V \tag{160}$$

积分区域为所考虑的那个颗粒,$\boldsymbol{S}$ 为颗粒的偶极子强度。对所有颗粒的 $\boldsymbol{S}$ 取平均 $\bar{\boldsymbol{S}}$,于是热流的平均可以写成

$$\boldsymbol{F} = k_h\boldsymbol{G} + n\bar{\boldsymbol{S}} \tag{161}$$

式中 n 为单位体积中的颗粒数,其与颗粒的体积分数之间的关系为 $c = \frac{4}{3}\pi a^3 n$。

取坐标原点在某个参考颗粒中心,参考颗粒周期有中心在 $\boldsymbol{r}_1$、$\boldsymbol{r}_2$…处的颗粒,$\mathscr{L} = \{\boldsymbol{r}_1, \boldsymbol{r}_2, \cdots\}$ 为除参考颗粒以外的颗粒的位形,$P(\mathscr{L})$ 为除参考颗粒以外的其他颗粒取 $\mathscr{L}$ 位形的几率密度;P

$(\mathscr{L}|O)$为参考颗粒在坐标原点，其他颗粒取 $\mathscr{L}$ 的几率密度。它们都是归一化的，

$$\int P(\mathscr{L} \mid O)\mathrm{d}\mathscr{L} = \int P(\mathscr{L})\mathrm{d}\mathscr{L} = 1 \qquad ⑯②$$

这里 $\mathrm{d}\mathscr{L} = \mathrm{d}\boldsymbol{r}_1\mathrm{d}\boldsymbol{r}_2\cdots$。当 $\mathscr{L}$ 中的元素都和参考颗粒相距充分远时，因为随机性和无长程序，所以

$$P(\mathscr{L} \mid O) \approx P(\mathscr{L}) \qquad ⑯③$$

以 $\boldsymbol{S}(\mathscr{L})$ 表示 $\mathscr{L}$ 位形条件下参考颗粒的偶极子强度，这时原点的温度梯度记作 $T(\mathscr{L})$。利用这些随机变量可以将温度梯度、热流的系统平均表达为

$$\boldsymbol{G} = \int \nabla T(\mathscr{L})P(\mathscr{L})\mathrm{d}\mathscr{L} \qquad ⑯④$$

$$\boldsymbol{F} = k_h\boldsymbol{G} + n\int \boldsymbol{S}(\mathscr{L})P(\mathscr{L} \mid O)\mathrm{d}\mathscr{L} \qquad ⑯⑤$$

当颗粒浓度充分低时，可以将孤立颗粒的偶极子强度 $\boldsymbol{S}_0$ 作为 $\boldsymbol{S}(\mathscr{L})$ 的近似；孤立的球形颗粒内外温度场分布为

$$T(\boldsymbol{x}) = \begin{cases} 1 - \dfrac{k_i - k_h}{k_i + 2k_h}\dfrac{a^3}{|\boldsymbol{x}|^3}\boldsymbol{G}\cdot\boldsymbol{x} & |\boldsymbol{x}| > a \\ \dfrac{3k_h}{k_i + 2k_h}\boldsymbol{G}\cdot\boldsymbol{x} & |\boldsymbol{x}| \leqslant a \end{cases} \qquad ⑯⑥$$

在温度场表达式中引入参量，

$$k = \frac{k_i}{k_h} \quad \lambda = \frac{k_i - k_h}{k_i + 2k_h} = \frac{k-1}{k+2} \qquad ⑯⑦$$

代入式⑯⓪，

$$\boldsymbol{S}_0 = \frac{4}{3}\pi a^3 3\lambda k_h\boldsymbol{G} \qquad ⑯⑧$$

热流的平均为

$$\boldsymbol{F} = k_h\boldsymbol{G} + 3\lambda c k_h\boldsymbol{G} \qquad ⑯⑨$$

比较有效导热系数的定义，

$$\boldsymbol{F} = k^*\boldsymbol{G} \qquad ⑰⓪$$

得到颗粒浓度一阶近似的有效导热系数公式，

$$\frac{k^*}{k_h} = 1 - 3\lambda c \tag{171}$$

如果考虑颗粒之间的二粒子相互作用就可以导出精确到 c^2 的有效导热系数。为此热流平均值式⑯变为

$$\boldsymbol{F} = k_h\boldsymbol{G} + 3\lambda c k_h\boldsymbol{G} + n\int[\boldsymbol{S}(\mathscr{L}) - \boldsymbol{S}_0]P(\mathscr{L} \mid O)\mathrm{d}\mathscr{L} \tag{172}$$

令 $\boldsymbol{S}_1(\boldsymbol{r})$为位于 $\boldsymbol{r}$ 的第二个颗粒在参考颗粒上产生的附加偶极子强度。在二粒子相互作用近似下，可用 $\boldsymbol{S}+\boldsymbol{S}_1(\boldsymbol{r})$替代 $\boldsymbol{S}(\mathscr{L})$，

$$\boldsymbol{F} = k_h\boldsymbol{G} + 3\lambda c k_h\boldsymbol{G} + n\int\boldsymbol{S}_1(\boldsymbol{r})P(\boldsymbol{r} \mid O)\mathrm{d}\boldsymbol{r} \tag{173}$$

从二粒子相互作用的势场推出

$$\boldsymbol{S}_1(\boldsymbol{r}) = \frac{4}{3}\pi a^3 3\lambda k_h \nabla\phi(\boldsymbol{r}) + O(r^{-6}) \tag{174}$$

进一步把式⑯变为

$$\int[\nabla T(\mathscr{L}) - \boldsymbol{G}]P(\mathscr{L})\mathrm{d}\mathscr{L} = 0 \tag{175}$$

于是给出热流平均值，

$$\boldsymbol{F} = k_h\boldsymbol{G} + 3\lambda c k_h\boldsymbol{G} + n\int\{[\boldsymbol{S}(\mathscr{L}) - \boldsymbol{S}_0]P(\mathscr{L} \mid O) - 4\pi a^3\lambda k_h[\nabla T(\mathscr{L}) - \boldsymbol{G}]P(\mathscr{L})\}\mathrm{d}\mathscr{L} \tag{176}$$

在二粒子相互作用的近似下，有

$$\boldsymbol{F} = k_h\boldsymbol{G} + 3\lambda c k_h\boldsymbol{G} + n\int[\boldsymbol{S}_1(\boldsymbol{r})P(\boldsymbol{r} \mid O) - 4\pi a^3\lambda k_h\nabla\phi P(\boldsymbol{r})]\mathrm{d}\boldsymbol{r} + O(c^2) \tag{177}$$

对于数密度为 n 的统计上均匀的颗粒材料，颗粒在 $\boldsymbol{r}$ 处出现的几率密度为

$$P(\boldsymbol{r}) = n \tag{178}$$

几率密度 $P(\boldsymbol{r}|O)$与悬浮体的统计结构有关；对于由相同颗粒组成的悬浮体，$P(\boldsymbol{r}|O)$满足

$$\begin{cases} P(\boldsymbol{r} \mid O) = 0 & (r \leqslant 2a) \\ P(\boldsymbol{r} \mid O) \approx n & (r \gg a) \end{cases} \tag{179}$$

对于随机性悬浮体，几率密度为

$$P(\boldsymbol{r} \mid O) = \begin{cases} 0 & (r \leqslant a) \\ n & (r > 2a) \end{cases} \tag{180}$$

利用上述的瑞利方法，可导出二粒子相互作用的温度场分布，据此知

$$\boldsymbol{S}(\boldsymbol{R}) = \frac{4}{3}\pi a^3 \left[3\lambda_1 k_h \boldsymbol{G} - 3\lambda_1 k_h \sum_{l=1}^{\infty} \left(\frac{a}{R}\right)^l \left(\Xi_l \boldsymbol{G} - \Psi_l \frac{\boldsymbol{G} \cdot \boldsymbol{R}}{R^2} \boldsymbol{R} \right) \right] \tag{181}$$

式中

$$\lambda_n = \frac{n(k-1)}{nk+n+1}$$

$$\Xi_3 = \lambda_1 \qquad \Xi_4 = \Xi_5 = 0 \qquad \Xi_6 = -\lambda_1^2$$

$$\Xi_7 = 0 \qquad \Xi_8 = -3\lambda_1\lambda_2 \qquad \Xi_9 = \lambda_1^3$$

$$\boldsymbol{\Psi}_3 = 3\lambda_1 \qquad \boldsymbol{\Psi}_4 = \boldsymbol{\Psi}_5 = 0 \qquad \boldsymbol{\Psi}_6 = 3\lambda_1^2$$

$$\boldsymbol{\Psi}_7 = 0 \qquad \boldsymbol{\Psi}_8 = 6\lambda_1\lambda_2 \qquad \boldsymbol{\Psi}_9 = 9\lambda_1^2$$

依孤立颗粒温度场的表达式，

$$\boldsymbol{S}(\boldsymbol{R}) = \boldsymbol{S}_0 + \frac{4}{3}\pi a^3 3\lambda k_h \nabla\phi(R) - \frac{4}{3}\pi a^3 \beta k_h \sum_{l=6}^{\infty} \left(\frac{a}{R}\right)^l \cdot \left(\Xi_l \boldsymbol{G} - \Psi_l \frac{\boldsymbol{G} \cdot \boldsymbol{R}}{R^2} \boldsymbol{R} \right) \tag{182}$$

因为当 $r \leqslant 2a$ 时 $P(\boldsymbol{r}|O)=0$，所以将式⑰的积分区域分为 $r \leqslant 2a$、$r>2a$ 两部分；第一部分贡献为

$$-c\int_0^{2a} 3\lambda k_h \nabla\phi(\boldsymbol{r}) n \mathrm{d}\boldsymbol{r} = 3\lambda^2 c^3 k_n \boldsymbol{G} \tag{183}$$

应用式⑱有第二部分贡献。结合二者，得到有效导热系数，

$$\frac{k^*}{k_h} = 1 + 3\lambda c + 3\lambda c^2 \left[\lambda + \sum_{l=6}^{\infty} \frac{\Psi_l - 3\Xi_l}{(l-3)2^{l-3}} \right]$$

$$= 1 + 3\beta c + c^2 \left(3\lambda^2 + \frac{3}{4}\lambda^3 + \frac{9}{16}\lambda^3 \frac{k+2}{2k+3} + \frac{3}{64}\lambda^4 + \cdots \right) \tag{184}$$

参考文献

[1] 朗道. 场论[M]. 北京:人民教育出版社,1959.

[2] Д. 伊凡宁柯. 经典场论[M]. 北京:科学出版社,1958.

[3] A. A. 阿布里科索夫. 统计物理学中的量子场论方法[M]. 北京:科学出版社,1963.

[4] H. H. 波戈留波夫. 量子场论导引[M]. 北京:科学出版社,1966.

参考文献

[1] [illegible]

[2] [illegible]

[3] [illegible]

[4] [illegible]

冶金工业出版社部分图书推荐

书　　名	定价(元)
函数论初步	29.00
统计力学基础	30.00
离散数学概论	25.00
双相钢——物理和力学冶金(第2版)	79.00
化学热力学与耐火材料	66.00
物理污染控制工程	30.00
建筑力学	35.00
理论力学	35.00
流体力学	27.00
工程流体力学(第3版)	25.00
工程力学	28.00
模糊数学及其应用(第2版)	22.00
电工与电子技术(第2版)	49.00
电工与电子技术基础	29.00
统计动力学及其应用	39.00
金属塑性成形力学原理	32.00
金属塑性成形力学	26.00
塑性力学基础	20.00
土力学地基基础	36.00
材料物理基础	42.00
冶金物理化学教程(第2版)	45.00
冶金物理化学	39.00
材料成型的物理冶金学基础	26.00
大学物理	36.00